Atomes sous surveillance

Une histoire de la sûreté nucléaire en France

P.I.E. Peter Lang

Bruxelles · Bern · Berlin · Frankfurt am Main · New York · Oxford · Wien

Cyrille Foasso

Atomes sous surveillance

Une histoire de la sûreté nucléaire en France

« Histoire de l'énergie »
n° 3

Illustration de couverture : Vue de l'avant du réacteur G2, face de chargement (Marcoule, janvier 1962). Archives CEA © CEA/Pierre JAHAN – J 558.

1 avenue Maurice, B-1050 Bruxelles, Belgique
www.peterlang.com; info@peterlang.com

ISSN 2033-7469
ISBN 978-90-5201-887-4
D/2012/5678/71

Ouvrage imprimé en Allemagne

« Die Deutsche Nationalbibliothek » répertorie cette publication dans la « Deutsche Nationalbibliografie » ; les données bibliographiques détaillées sont disponibles sur le site http://dnb.de.

Tant que tu n'as pas traversé la rivière,
n'insulte pas l'alligator

Proverbe Sango, République centrafricaine

(*Maxi proverbes africains*, Marabout, Presses du Châtelet, 2003)

Table des matières

Deuxième partie. L'Élaboration d'une doctrine et l'institutionnalisation de la sûreté en France (1960-1970)

Troisième partie. Les répercussions du transfert de technologie depuis les États-Unis, redistribution des rôles, continuité dans la doctrine de sûreté (1970-1979)

Quatrième partie. Three Mile Island, la révision des certitudes (1979-1986)

Préface

Le 6 août 1945, la ville d'Hiroshima fut détruite par la première bombe atomique de l'histoire. Il était 8h16 et il faisait beau. Les habitants de la ville vaquaient à leurs occupations habituelles. Aucune alerte n'avait été donnée. Seize heures plus tard, la Maison Blanche donnait l'annonce de ce bombardement. Ainsi le monde fut informé que l'énergie nucléaire était effectivement maîtrisée. On était passé des visions du futur à la réalité. Les journaux en répandirent la nouvelle. En France, les quotidiens soulignèrent la prouesse scientifique. Seul Albert Camus, à ma connaissance, prit ses distances en s'interrogeant sur les conséquences de cet événement. Pouvait-on faire l'éloge d'une découverte si terrible ? se demandait l'écrivain. Et il ajoutait : « Il va falloir choisir, dans un avenir plus ou moins proche, entre le suicide collectif ou l'utilisation intelligente des conquêtes scientifiques ».

L'année 1954 marque une autre étape. Le président Eisenhower inaugure le premier sous-marin à propulsion nucléaire. Deux ans plus tard, à Marcoule, une première expérience sur ce que sera la filière française de production d'énergie électronucléaire – la filière graphite-gaz abandonnée depuis – est réalisée.

Le 4 octobre 1957, une fusée soviétique met en orbite le premier satellite, le Spoutnik. Preuve est faite que des fusées peuvent parcourir des centaines de kilomètres et porter des bombes nucléaires sur des cibles précises. On est en pleine guerre froide et les conséquences de ces trois événements ont été largement étudiées par les historiens. On peut dire qu'en 1957 le décor est planté et la peur d'une éventuelle destruction totale de l'Humanité va de pair avec l'illusion que l'on disposera *ad libitum* d'une énergie bon marché.

Doit-on s'étonner si l'une des premières réflexions sur le lien science atomique/société ait été publiée à ce moment ? En 1958 le philosophe allemand Karl Jaspers publie *La bombe atomique et l'avenir de l'homme*, traduit en français en 1963. Le public français peut lire les considérations de Jaspers alors que le 1er mai 1962, lors du deuxième essai de la bombe nucléaire française, un nuage radioactif s'était échappé de la galerie de tir. C'est l'accident de Béryl, du nom de code de l'essai. Peu de temps après, en octobre, le monde entier retiendra son souffle lors de la crise des missiles de Cuba

Jaspers fait une analyse de l'état du monde du point de vue politique et éthique. Il se demande en conclusion : « On voudrait bien savoir si d'ici cent ans, et même avant, l'humanité sera anéantie ; n'y aura-t-il plus de vie humaine ? Ou bien l'énergie atomique sera-t-elle domptée et servira-t-elle l'homme, sinon sans danger, au moins sans risque de catastrophe totale ? La bombe atomique disparaîtra-t-elle ? » Et il poursuivait un peu plus loin : « Qu'il fasse ce qu'il peut pour trouver les voies de son existence à des conditions qui montrent qu'il la domine ; qu'il comprenne pourquoi son entendement peut sans doute imaginer les possibilités négatives, présager disparition et destruction, même les prédire comme probables pour lui… »

Les ingénieurs français ont-ils lu l'interrogation de ce philosophe ? Eux qui, encore marqués par une philosophie positiviste, croyaient fermement au progrès et voyaient la technique comme apportant la solution aux problèmes de l'humanité ? Difficile d'apporter une réponse à cette question. Ce qui par contre est certain est que l'accident de la centrale nucléaire de Three Mile Island (28 mars 1979), classé *a posteriori* au niveau 5 de l'échelle internationale des événements nucléaires qui compte 7 niveaux, ensuite, et plus graves encore, l'accident de Tchernobyl en 1986 qui a atteint 100 fois le seuil de déclenchement du niveau 7, et enfin celui de Fukushima qui a été classé lui aussi à l'échelle 7, ont amené le public à s'interroger sur un éventuel accident en France.

Le travail de Cyrille Foasso répond à la question de l'attitude des ingénieurs en France et à l'étranger face à l'éventualité d'un accident majeur dans l'énergie nucléaire civile. Il est rare que l'on puisse suivre l'évolution du regard des ingénieurs par rapport à leur évaluation de ce qu'ils sont en train de faire. Cyrille Foasso a eu la possibilité non seulement de consulter les archives sur la question, mais aussi d'interroger les acteurs de cette évolution sur plusieurs années. Il est fort probable que si un ingénieur ayant exercé son métier dans les années 1950 du siècle dernier lisait ce travail, il ne reconnaîtrait pas ce qu'est devenue sa discipline et cette nouvelle manière de traiter le problème, qui prend explicitement en compte la probabilité d'accident, jamais égale à zéro. Mais pouvait-il en être autrement alors que la demande de la société était forte et aiguisée par les accidents divers ? Que l'on pense à l'alerte lancée par le film le « Syndrome chinois » sorti simultanément dans plus de six cents salles de cinéma quelques jours avant l'accident de Three Mile Island.

Cyrille Foasso a le profil de l'historien en mesure de traiter avec compétence cette question de la sécurité et de la sûreté des centrales nucléaires. Ingénieur, il s'est formé à l'histoire et a soutenu une thèse sur ce sujet à l'Université LyonII-Lumière. Aujourd'hui, ce travail qui a été favorablement accueilli par le jury est publié dans une forme plus condensée. J'espère qu'il ouvrira un débat non seulement sur le nucléaire, mais sur la formation des ingénieurs. Ce serait le signe certain que le sujet peut nourrir le débat sur les liens science, technique société.

Girolamo RAMUNNI, Professeur au Conservatoire national des arts et métiers

Paris, le 25 janvier 2012

Introduction

Au tout début du mois de janvier 1939, Otto Hahn et Fritz Strassman de Berlin découvrent la fission de l'atome. Quatre ans plus tard, le 2 décembre 1942, Enrico Fermi et ses collègues de l'Université de Chicago parviennent à réaliser la première réaction en chaîne contrôlée. De nos jours, près des quatre cinquièmes de l'électricité sont produits en France grâce à des installations utilisant le principe de la fission. Pourtant, dès l'origine, les dangers inhérents à ce phénomène étaient connus des scientifiques : le potentiel explosif allait être utilisé pour construire des bombes d'une puissance inégalée tandis que la construction des piles atomiques allait s'entourer de grandes précautions. Rarement sans doute dans l'histoire une technique aura connu un développement aussi fulgurant, mais rarement également elle aura été l'objet d'autant de critiques et d'oppositions. C'est l'histoire des mesures prises pour maîtriser les risques de cette source d'énergie qui est l'objet de cet ouvrage.[1]

Sécurité et histoire des techniques

L'histoire de ce que scientifiques et ingénieurs appelleront à partir de 1960 la « sûreté nucléaire » s'insère dans le cadre d'une réflexion plus vaste sur la sécurité dans l'histoire des techniques : en quoi offre-t-elle un moyen de comprendre à la fois la technique et la société, ainsi que leurs influences réciproques ? Le concept de sécurité des objets et systèmes techniques constitue l'interface idéale entre la gestion du progrès scientifico-technique et l'évolution de la société dans son ensemble. Il fait le lien entre les préoccupations journalières de la communauté des ingénieurs qui mettent au point ces « objets », et le reste de la société qui en dispose, mais en subit parfois aussi les conséquences. Ces objets/systèmes techniques façonnent notre société, mais ils en sont également le produit, le reflet.

Ce thème de « sécurité et technique », peu traité au plan historique, s'est pourtant hissé au cœur des préoccupations de nos sociétés. Le développement de la société industrielle avec l'apparition des complexes

---

[1] Cet ouvrage est issu d'une thèse de doctorat d'histoire moderne soutenue à l'université Lumière Lyon 2 en 2003 et intitulée « Histoire de la sûreté de l'énergie nucléaire civile en France : technique d'ingénieur, processus d'expertise, question de société », de 1 003 pages. Afin de ne pas alourdir la lecture du présent ouvrage, seules les références essentielles du texte de la thèse ont été conservées.

chimiques, pétroliers, nucléaires, biotechnologiques, avec l'accroissement des problèmes de stockage, de transport comme d'élimination de matières dangereuses montre que la technique est aussi source de nuisances, porteuse de risques majeurs, comme l'ont prouvé les catastrophes de Bhopal, Seveso, Tchernobyl, ou encore Fukushima, pour ne citer que certaines des plus marquantes. La sécurité des systèmes techniques et la prévention des accidents sont aujourd'hui un problème essentiel, aux yeux des populations, des industriels et des pouvoirs publics.

Le choix de l'électronucléaire comme objet d'étude était d'autant plus indiqué que, outre son potentiel de danger considérable, la sécurité avait été une priorité affichée dès le début par les scientifiques qui développèrent cette nouvelle forme d'énergie.

Notre premier objectif, internaliste, était de comprendre comment les scientifiques puis les ingénieurs ont élaboré les principes, les moyens techniques visant à maîtriser ce risque, en essayant de distinguer l'importance respective des théories, des règles de l'art, des expériences, des prototypes, des modèles, des simulations, dans l'arsenal dont disposent tout d'abord les concepteurs, les constructeurs puis les exploitants qui font fonctionner les installations au quotidien. La question posée était de savoir comment, malgré une connaissance non exhaustive des phénomènes, les ingénieurs parviennent à fabriquer un système technique qui fonctionne, et ainsi de tenter d'approcher l'une des particularités du savoir des ingénieurs.

Un deuxième objectif qui constitue sans doute la nouveauté de cette étude est de montrer le point de vue des ingénieurs. Car la sûreté n'est pas qu'une question de rapports de force entre acteurs, mais c'est avant tout une question technique, dont les ingénieurs sont les premiers à se préoccuper, dans le temps, mais aussi par « intérêt » : ils ne construisent pas une machine pour qu'elle explose mais pour qu'elle fonctionne le mieux possible ! Nous avons cherché à comprendre comment, au sein même de la communauté des développeurs du nucléaire, la question de la sûreté a été appréhendée : alors que l'accent est souvent mis sur le rôle du contexte extérieur, nous montrons les enjeux, les oppositions qui ont existé entre les ingénieurs du nucléaire du fait de la distinction des rôles qui s'est opérée entre développeurs et contrôleurs. Nous examinons aussi comment les préoccupations de sûreté des ingénieurs ont été influencées par les enjeux du développement de cette énergie, comment les modalités de l'expertise de la sûreté se sont modifiées, en particulier avec le changement d'échelle entre le travail de laboratoire et le programme industriel. Notre intention était de cerner ce que pouvait avoir de spécifique la démarche adoptée en France pour l'expertise de la sûreté, alors que le développement de cette forme d'énergie est concomitant dans différents pays. Par ailleurs, il paraissait intéressant de voir comment la sensibilité naissante de l'opinion vis-à-vis des impacts du développement technologique sur l'environnement à partir des années 1970 allait, ou non, modifier la perception des questions de sécurité dans le monde des techniciens.

La problématique

La problématique autour de la maîtrise du risque nucléaire peut être résumée par deux questions principales, l'une à caractère technique, l'autre plus politique. Comment décider ? Qui décide ?

Sur le plan technique, pour décider si une installation est sûre, le technicien doit élaborer une doctrine et des moyens de jugement, face au risque majeur mais aussi face aux pollutions en fonctionnement normal. La palette des risques est en effet vaste, allant du plus faible au plus catastrophique, du plus probable au plus hypothétique. Tant au niveau de la conception qu'à celui de l'analyse, le problème soulevé était de savoir « que prendre en compte, jusqu'où prendre en compte ? » La démarche s'est progressivement dédoublée : dans un premier temps, il a fallu trouver les moyens de prévenir les accidents par des procédés techniques et une philosophie de la conception ; en second lieu, il s'est agi d'inventer une démarche pour vérifier que dans la première étape on n'avait laissé qu'un risque résiduel, qu'aucune faille n'était présente dans les concepts et les moyens mis en œuvre. L'exemple du risque majeur est révélateur de ce questionnement, que ce soit au niveau des projets ou de l'analyse de la sûreté : des mesures sont prises pour que les accidents aux conséquences catastrophiques soient les plus improbables, mais jusqu'où doit-on multiplier les hypothèses sur les scénarios d'accidents ? Quels sont les seuils au-delà desquels les mesures de sûreté ne se justifient plus, sachant que la prévention de tels événements a nécessairement un coût qui va croissant pour un bénéfice marginal en termes de réduction des risques ? À partir de quel moment estime-t-on qu'on est raisonnablement protégé contre les accidents les plus graves ? Autrement dit, quel est le niveau de prévention raisonnable, et comment savoir si on a atteint le niveau souhaité ? Ces questions se sont posées pour une technologie en plein développement et dont les promoteurs ne voulaient pas faire l'apprentissage par essais-erreurs. Il a fallu trouver des méthodes de jugement, de décision, alors que les données scientifiques et techniques n'étaient encore qu'approximatives.

Si la sûreté est un problème technique géré par des spécialistes, l'acceptabilité du risque pose la question de « qui décide ? » La problématique de l'expertise et de la décision est éminemment politique. Le jugement sur la sûreté dépend du contexte politique, des rapports entre acteurs (industriels, experts, administration, pouvoir politique, opinion publique), c'est pourquoi l'analyse des institutions est fondamentale. La compétence technique justifie-t-elle le pouvoir de décision du niveau de sûreté adéquat ? Dans un monde où la technique joue un rôle croissant, quels types de rapports s'instaurent entre science et société, entre les élites scientifiques et l'opinion publique ? Sur le fond, les questions de sûreté ne sont jamais purement scientifiques ou techniques : il est toujours nécessaire d'arbitrer par exemple entre le coût des mesures de sûreté supplémentaires et la nécessité de fonctionnement à un coût raisonnable. Qui doit arbitrer ? Une question spécifique en France est de savoir si la sûreté a ou non souffert d'être gérée par des instances qui œuvraient dans le même temps à la promotion de l'énergie atomique.

Cet ouvrage se présente ainsi comme une étude de cas qui relate comment s'est posée et comment s'est construite au fil du temps la réponse à la question de l'expertise et du contrôle de la sûreté dans le domaine électronucléaire français entre le « comment décider » et « qui décide ».

Limites de l'étude, état des lieux de la littérature

L'énergie nucléaire est un domaine qui a fait l'objet de nombreuses études. Le présent travail a laissé de côté les aspects militaires et s'est limité à l'énergie nucléaire civile, et plus particulièrement aux centrales nucléaires productrices d'électricité. Les aspects touchant à la recherche des matières premières, à la fabrication du combustible ou encore au traitement des déchets sortent du cadre de cette étude même s'ils sont parfois évoqués car ils conditionnent les modes de raisonnement sur la machine elle-même, ou façonnent le contexte plus général du développement de l'énergie nucléaire. L'histoire de la radioactivité et des polémiques autour de sa nocivité en fonction des doses n'est également évoquée que partiellement et à certains moments clés, tout comme l'évolution du traitement des « agressions externes » comme les inondations ou les séismes, si importants pour la sûreté, mais communs à d'autres technologies à risque.

La littérature concernant l'énergie nucléaire est abondante. Quelques ouvrages traitent des relations internationales et stratégiques.[2] Les aspects économiques du développement de cette technologie ont été largement étudiés. La compétitivité de l'énergie nucléaire face aux autres formes d'énergie, le choix de tel ou tel type de réacteurs nucléaires, les rivalités à propos de ces filières, les styles de promotion de l'énergie

---

2 Goldschmidt, Bertrand, *L'aventure atomique, ses aspects politiques et techniques*, Fayard, 1962 ; Goldschmidt, Bertrand, *Les rivalités atomiques, 1939-1966*, Fayard, Paris, 1967 ; Goldschmidt, Bertrand, *Le complexe atomique, Histoire politique de l'énergie nucléaire*, Paris, Fayard, 1980 ; Pringle, P., Spigelman, J., *Les barons de l'atome*, Paris, Seuil, 1982.

atomique par les différents États ont fait l'objet de nombreuses publications.[3] Les aspects industriels du développement de l'énergie nucléaire ont été relatés par d'anciens acteurs ou par des analystes.[4] L'opposition à l'énergie nucléaire au cours des années 1970 a inspiré de nombreux auteurs, parfois très polémiques. Des universitaires se sont attachés à analyser la nature de ces mouvements.[5]

En revanche, les milieux universitaires français ne se sont pas penchés sur la sûreté nucléaire, et encore moins sur sa réalité technique, sa mise en œuvre, son histoire, ses enjeux, à la différence des États-Unis, où il existe une vaste historiographie de l'énergie nucléaire et de sa sûreté, en particulier grâce à l'histoire officielle de l'AEC et de la NRC.[6]

---

3 Bupp, Irvin C., Derian, J.-C., *Light Water. How the Nuclear Dream Dissolved*, New York, Basic Books, 1978 ; Finon, Dominique, *Les États face à la grande technologie dans le domaine civil. Le cas des programmes surgénérateurs*, Thèse pour le Doctorat d'État ès sciences économiques, soutenue le 18 mars 1988 ; Jasper, James M., *Nuclear Politics. Energy and the State in the United States, Sweden, and France*, Princeton, Princeton University Press, 1990 ; Hecht, Gabrielle, *The Radiance of France*, Cambridge, The MIT Press, 1998.

4 Lamiral, Georges, *Chronique de trente années d'équipement nucléaire à Électricité de France*, Paris, AHEF, 1988 ; Larroque, Dominique, *Histoire du service de la production thermique d'Électricité de France. Le temps du nucléaire*, Tome second, 1973-1992, Paris, AHEF, 1999 ; Picard, Jean-François, *Recherche et Industrie, Témoignages sur quarante ans d'études et recherches à Électricité de France*, Paris, Eyrolles, 1987 ; Picard, J.-F., Beltran, A., Bungener, M., *Histoire(s) de l'EDF*, Paris, Dunod, 1985. D'autres ouvrages écrits par de grands acteurs d'EDF ou du CEA, plus à destination du grand public, dressent un panorama de l'histoire de l'énergie nucléaire, vue des promoteurs : Cf. Leclercq, Jacques, *L'ère nucléaire*, Hachette, Paris, 1986 ; L'ouvrage rédigé sous la direction de P.-M. de la Gorce, *L'aventure de l'atome*, Flammarion, Paris, 1992, fait appel à des contributions de pionniers au CEA comme Pierre Bacher, Jean Bourgeois ou Jean Bussac.

5 Nelkin, D., Pollack, M., *The Atom Besieged : Extra-Parlamentiary Dissent in France and Germany*, Cambridge, Mass., MIT Press, 1980 ; Touraine, A., Hegedus, Z., Dubet, F., Wieviorka, M., *La prophétie antinucléaire*, Paris, Seuil, 1980 ; Fagnani, F., Nicolon, A., *Nucleopolis. Matériaux pour l'analyse d'une société nucléaire*, Grenoble, Presses universitaires de Grenoble, 1979. À côté d'une multitude de pamphlets critiques ou apologétiques de l'énergie atomique, parus essentiellement au cours des années 1970, le livre de deux physiciens critiques à l'égard de l'énergie atomique, procure de saisissantes descriptions des accidents nucléaires : Pharabod, J.-P., Schapira, J.-P., *Les jeux de l'atome et du hasard*, Paris, Calmann-Lévy, 1988.

6 Hewlett, Richard G., Anderson, Oscar E., *The New World, 1939-1946 : Volume I of a History of the United States Atomic Energy Commission*, The Pennsylvania State University Press, 1962 ; Hewlett, Richard G., Duncan, Francis, *Atomic Schield, 1957-1952 : Volume II of A History of the United States Atomic Energy Commission*, The Pennsylvania State University Press, 1969 ; Mazuzan, George T., Walker, Samuel J., *Controlling the Atom : The Beginnings of Nuclear Regulation, 1946-1962*, Berkeley, University of California Press, 1984 ; Walker, Samuel J., *Containing the Atom. Nuclear Regulation in a Changing Environment, 1963-1971*, Berkeley, University of California Press, 1992.

Pour sa part, l'un des grands experts américains de la sûreté a publié un ouvrage essentiel pour comprendre les débats, et ils ont été nombreux, qui ont eu lieu entre les protagonistes américains.[7] En Angleterre également, l'histoire officielle de la UKAEA offre de nombreuses informations, moins ciblées il est vrai sur les aspects sûreté.[8] En France, un ouvrage a été écrit par les « pères » de la sûreté au CEA.[9] Il donne les principaux jalons de l'évolution de la sûreté en France et dans le monde tout en exposant la foi des auteurs dans le fait que « l'énergie nucléaire, bien gérée, est le procédé le plus sûr aujourd'hui pour produire de l'électricité. » S'il explique le fonctionnement du contrôle, il ne relate pas les débats, les controverses autour de la gestion de la sûreté en France. Un essai de sociologie, non publié, retrace l'émergence des institutions chargées du contrôle de la sûreté nucléaire en France.[10]

Les thèmes

Retracer l'évolution de la sûreté nucléaire au cours du second XXe siècle implique une nécessaire « histoire technique des techniques ». L'un des objectifs de cette étude est d'aborder l'histoire de la sûreté en parlant aussi de la technique, de montrer de l'intérieur quels problèmes se posent, comment ils sont appréhendés, en évoquant les doutes, les questionnements provenant des problèmes techniques eux-mêmes. On souhaiterait que le lecteur assiste à l'activité des ingénieurs qui conçoivent, construisent, exploitent et analysent le fonctionnement global de la machine. On se place pour une grande part du point de vue des techniciens, mais moins du point de vue des spécialistes que de celui des généralistes : faire l'histoire ne serait-ce que d'une des multiples spécialités qui sont au cœur du fonctionnement d'une centrale nucléaire, par exemple la mécanique de la rupture, les contrôles non destructifs ou la thermohydraulique, nécessiterait sans doute un ouvrage entier consacré à chaque thème. Certains spécialistes resteront sans doute « sur leur

---

7 Okrent, David, *Nuclear Reactor Safety. On the History of the Regulatory Process*, Madison, The University of Wisconsin Press, 1981. Ou encore l'ouvrage d'un universitaire : Balogh, Brian, *Chain Reaction. Expert debate and public participation in american commercial Nuclear power, 1945-1975*, Cambridge, Cambridge University Press, 1991.

8 Gowing, Margaret, *Britain and Atomic Energy 1939-1945*, London, Macmillan, 1964 ; Gowing, Margaret, *Independance and Deterrence – Britain and Atomic Energy, 1945-1952*, 2 vols., London, Macmillan, 1974.

9 Bourgeois, J., Tanguy, P., Cogné, F., Petit, J., *La sûreté nucléaire en France et dans le monde*, Paris, Polytechnica, 1996.

10 Vallet, Bénédicte, *The Nuclear Safety Institution in France : Emergence and Development*, A dissertation in the Department of Sociology for the Degree of Doctor of Philosophy at New York University, June 1986.

faim », d'autres lecteurs trouveront peut-être que les aspects techniques sont trop approfondis. Nous avons essayé de ne retenir des questions techniques que celles qui éclairent le fonctionnement d'ensemble d'une centrale et qui permettent de comprendre les enjeux des discussions de sûreté.

Une analyse sociologique, politique, est fondamentale pour comprendre les enjeux de la sûreté nucléaire. Mais on ne peut traiter sérieusement la question sans une certaine immersion dans les questions techniques, parfois pointues. La sûreté, c'est avant tout le fonctionnement intime de la machine, qui plus est d'une machine complexe. Cependant, cette étude n'est pas un exposé technique sur le fonctionnement d'une centrale nucléaire ni sur les techniques de contrôle de sa sûreté. Ce n'est pas un cours technique. À la différence de ce type d'exposés ou de cours de sciences présentant une vérité qui apparaît immuable au moment où elle est enseignée (alors qu'elle évolue dans le temps d'un cours à l'autre), c'est l'évolution des conceptions, des motifs, des acteurs qui est remise en perspective. Cette approche doit permettre une juste intelligence des outils techniques et de leur développement.

L'histoire de la sûreté nucléaire est également l'histoire d'organisations industrielles, comme Électricité de France ou Framatome, une histoire industrielle et managériale, une histoire sociale. C'est aussi l'histoire d'une institution scientifique et technique, le Commissariat à l'Énergie Atomique où l'on assiste à la genèse d'une science, de techniques, d'un corps de doctrine, de profils individuels. Car cette histoire est celle d'ingénieurs : leur histoire est très souvent une histoire collective, l'histoire des institutions qui les ont accueillis ou qu'ils ont mises sur pied. Même si quelques personnalités jouent un rôle plus éminent, les destins d'ingénieurs sont rarement étudiés. Il existe certes des biographies des grands scientifiques (Joliot), mais l'histoire des ingénieurs souffre encore de grosses lacunes. Les destins de certains grands bâtisseurs ou administrateurs (Dautry, Guillaumat)[11] ont été retracés, mais on connaît moins bien les « chevilles ouvrières » qui ont été à l'œuvre, par exemple dans la sûreté nucléaire.

C'est une histoire administrative enfin, en particulier de l'institution d'un service au sein du ministère de l'industrie (dont l'histoire reste à faire), confié au Corps des ingénieurs des Mines.

---

[11] Baudouï, Rémi, *Raoul Dautry, 1880-1951. Le technocrate de la République*, Paris, Balland, 1992 ; Beltran, A., Soutou, G.-H. (dir.), *Pierre Guillaumat, la passion des grands projets industriels*, Paris, Rive droite, 1994 ; Pinault, Michel, *Frédéric Joliot-Curie*, Paris, Odile Jacob, 2000.

Une telle histoire est nécessairement internationale et comparative. Si les premiers développements de l'énergie nucléaire industrielle se sont déroulés dans un contexte de compétition entre nations et sous le sceau du secret, dès les années 1950, les idées en matière de sûreté émises dans certains pays font l'objet de discussions lors de congrès internationaux. Outre le récit des influences américaine, britannique, canadienne sur les conceptions françaises, et au-delà des transferts de technologie, la comparaison avec les débats de sûreté à l'étranger permet d'illustrer ce qu'a de particulier le système français.

Présentation des différents chapitres

Les quelque soixante années que compte l'énergie nucléaire industrielle sont marquées par de grandes ruptures soit au niveau des conceptions en matière de sûreté, soit dans l'organisation de son contrôle. Les observateurs s'accordent généralement sur ces différentes périodes d'une durée d'une dizaine d'années chacune environ. Ce sont souvent plusieurs faits qui distinguent la fin d'une période ou le début de la suivante, que ce soit au niveau des phases du développement technique et industriel, au niveau des ruptures conceptuelles, de l'institutionnalisation de la sûreté, ou d'événements marquants comme les accidents.

La première partie de l'étude aborde les premiers pas de l'épopée atomique depuis les découvertes de la physique au début du XXe siècle jusqu'à l'année 1959 où l'on prend conscience au CEA de la nécessité de mettre sur pied une structure spéciale chargée d'examiner ce qu'on appelle désormais la « sûreté » des différentes installations du Commissariat. Le chapitre 1 relate ainsi en préambule la découverte de la radioactivité et de ses dangers par les savants. À la suite de la découverte de la fission, l'équipe Joliot dépose en 1939 une série de brevets où sont envisagés les moyens de tirer parti de la fission du noyau pour produire de l'énergie sous forme explosive ou contrôlée. Le développement et la construction des premières piles atomiques nécessitent l'intervention d'une nouvelle catégorie professionnelle, les ingénieurs, basée sur une nouvelle science, la neutronique. Ceux-ci montent en puissance à mesure du développement d'un vaste programme militaro-industriel. Suivant les exemples américain et britannique (chapitre 2) où l'on commence à s'interroger sur les pires conséquences envisageables d'un accident de réacteur, la fin de la décennie cinquante voit la création en France d'une structure chargée d'examiner la sûreté des installations atomiques au sein du CEA et présidée par le haut-commissaire, la Commission de sûreté des installations atomiques (CSIA) (chapitre 3).

La deuxième partie relate principalement les activités de la Commission de sûreté du CEA au cours des années 1960. Comme lors de séances d'un tribunal, on assiste à l'examen de la sûreté des piles du

CEA où différents points de vue s'affrontent au sein même du Commissariat (chapitre 4) : point de vue des exploitants des piles de puissance, point de vue de la Sous-Commission de sûreté des piles et de son noyau d'ingénieurs dont la sûreté est devenue la tâche exclusive, point de vue des constructeurs, des métallurgistes, etc. La division des tâches se traduit également par le lancement d'études et de recherches consacrées à la seule sûreté, dont l'enjeu affiché est, tout en faisant progresser la sûreté, de rendre cette nouvelle forme d'énergie compétitive, grâce à une meilleure compréhension des phénomènes physiques en jeu, en autorisant notamment une réduction des marges de sécurité prises initialement de façon conservatrice alors que ces phénomènes étaient mal connus (chapitre 5). Seul organisme expert au cours de cette période, la Commission de sûreté du CEA est amenée à juger la sûreté des installations atomiques d'autres institutions, et en particulier d'EDF qui fait ses premiers pas dans l'énergie atomique. Malgré un premier décret en décembre 1963 qui instaure une procédure visant à réglementer les créations des installations nucléaires, la CSIA reste l'expert de la sûreté (chapitre 6). Le chapitre 7 clôt cette seconde partie en montrant un début d'affirmation d'une position française en matière de sûreté nucléaire, distincte de celle des États-Unis et de l'Angleterre, en particulier sur la question des accidents graves qui doivent être envisagés et sur la sélection des sites susceptibles de recevoir des installations atomiques.

La troisième période (1967-1979) s'ouvre avec l'épisode de la « guerre des filières » ayant opposé le CEA, défenseur de la filière à Uranium Naturel Graphite Gaz (UNGG), et Électricité de France, de plus en plus attirée par la filière PWR (Pressurized Water Reactor) développée aux États-Unis. La victoire d'EDF aura d'importantes conséquences, en particulier pour la sûreté : ce sont des pans entiers du CEA qui se retrouvent sans activité et une partie de ces éminents techniciens va désormais se consacrer exclusivement à la sûreté. Cette période voit l'émergence, selon un schéma conçu par les plus hautes autorités du CEA, du « tripode de la sûreté » qui caractérise la structure du contrôle de la sûreté nucléaire en France : d'un côté l'industriel qui exploite une installation, de l'autre l'autorité administrative, et enfin un organisme d'expertise (chapitre 8). En effet, à partir de 1973, c'est le Service des mines qui est chargé d'organiser pour le compte des pouvoirs publics le contrôle de la sûreté nucléaire grâce à un Service central de la sûreté des installations nucléaires, au ministère chargé de l'industrie. 1976 voit la naissance d'un Institut de protection et de sûreté nucléaire, au sein du CEA, chargé de l'expertise à la fois des questions de protection (question à caractère plus médical) et de la sûreté (plus du ressort des ingénieurs). Le chapitre 9 relate les modalités du transfert de la technologie PWR par EDF, qui tout comme le CEA ou les pouvoirs publics, doivent se mettre à « l'heure américaine », car ce sont également les règles et pratiques de sûreté qu'il s'agit d'adapter au contexte industriel et administratif français. Le lancement d'un vaste plan d'équipement nucléaire au milieu des années 1970 pose avec une acuité nouvelle la question de la sélection des sites, autour desquels se cristallise la contestation antinucléaire naissante. Nous montrons comment les diverses parties s'affrontent autour de ces questions, le jeu du pouvoir gouvernemental qui découvre l'opposition larvée d'une partie des administrations locales aux volontés d'EDF, la mise en place de critères de sélection des sites par les experts et leur opposition discrète mais résolue au choix de certains d'entre eux. Le chapitre 10 retrace quant à lui l'un des bouleversements conceptuels en matière de sûreté et des conflits qu'il a suscités, autour de ce que l'on a appelé « l'approche probabiliste » de la sûreté. Le chapitre 11 relate l'évolution des études de sûreté au cours des années 1970. Pour les réacteurs à eau pressurisée, les débats tournent autour de la vraisemblance de différents scénarios accidentels considérés jusque-là comme peu probables : la fusion du cœur ou la rupture de la cuve. Pour les réacteurs à neutrons rapides, les études de sûreté sont d'autant plus cruciales pour les hommes du CEA qu'ils ne désespèrent pas que cette filière constituera l'un des axes d'avenir de l'énergie nucléaire en France et dans le monde.

L'accident de la centrale nucléaire de Three Mile Island en mars 1979 aux États-Unis ouvre une période de remise en cause. Le chapitre 12 s'attache tout d'abord à rappeler le contexte industriel et psychologique des milieux nucléaires français à la veille de l'accident : alors que des séries de tranches nucléaires sont sur le point de démarrer en rafale, que le programme d'équipement nucléaire est présenté par les plus hautes autorités gouvernementales comme une question vitale pour la nation, des discussions vives opposent les partenaires à propos du coût des mesures de sûreté dont une partie des protagonistes envisagent le renforcement alors que d'autres estiment que celles-ci sont amplement suffisantes eu égard aux efforts consentis dans d'autres activités industrielles. Ces conflits, comme ceux avec les opposants, étant plus ou moins achevés à la fin de la décennie, le ciel semble se découvrir pour un développement plus serein de l'énergie nucléaire : confortés par les prévisions probabilistes, les promoteurs peuvent avoir le sentiment que le risque d'accident est maîtrisé, quand se produit l'accident de Three Mile Island. L'improbable est survenu, provoquant en interne une profonde remise en cause des pratiques de l'industrie nucléaire et la prise en compte de certains accidents graves considérés jusque-là comme hypothétiques, mais aussi une réévaluation du rôle dévolu à l'homme dans la conduite d'installations techniques complexes. Le chapitre 13 s'attache à montrer les enseignements tirés des premières années de fonctionnement du parc électronucléaire français, ce « retour d'expérience » d'exploitation, principale leçon tirée de l'accident américain. C'est l'occasion d'analyser à la lumière des incidents qui se produisent comment fonctionne le système de contrôle de la sûreté nucléaire, c'est-à-dire les questions techniques autour desquelles se révèlent les pouvoirs de chacun des trois acteurs, tous plus ou moins dépendants du ministère de l'Industrie.

La dernière période est à nouveau introduite par un accident, celui de Tchernobyl en avril 1986 (chapitre 14). Si les leçons tirées pour le parc électronucléaire français semblent de prime abord moins importantes qu'après Three Mile Island, les années qui suivent l'accident en Ukraine voient le déplacement du consensus entre experts dans le sens d'un approfondissement de la prise en compte des « accidents graves » pouvant conduire à la fusion du cœur, question notamment évoquée par la contre-expertise commanditée par le Conseil régional du Haut-Rhin lors de la première visite décennale de Fessenheim. Plus durablement, l'accident de Tchernobyl ouvre une ère où les relations deviennent plus tendues entre l'exploitant EDF et l'autorité administrative chargée du contrôle de la sûreté. Un certain nombre de difficiles questions techniques (chapitre 15) affectent l'ensemble du parc alors que l'opinion s'interroge fortement sur les risques du nucléaire. Le dernier chapitre (chapitre 16) montre le renforcement du pouvoir administratif de contrôle sur les activités nucléaires, dans un contexte d'internationalisation croissante des questions de sûreté. C'est l'aptitude d'un service de l'État à contrôler au nom du public des industries à risque qui est mise en doute, alors que plus généralement l'État apparaît discrédité aux yeux de cette opinion, mais aussi le rôle dévolu aux experts comme détenteurs exclusifs d'un savoir et la neutralité de leur position.

La sûreté nucléaire a une histoire. Les principes, les moyens techniques mis en œuvre, les structures de contrôle sont une construction qui s'est élaborée au fil du temps en fonction d'exigences internes au monde technique, mais toujours sous la pression plus ou moins forte de l'environnement sociétal : ce sont ces évolutions que nous nous proposons de retracer.

PREMIÈRE PARTIE

L'EMPIRISME DES DÉBUTS DE L'ÉNERGIE ATOMIQUE (1939-1959)

CHAPITRE 1

Savants, ingénieurs et médecins : la sécurité aux débuts de l'énergie atomique (1939-1959)

Au cours des vingt ans qui s'écoulent à partir de la compréhension du principe de la réaction en chaîne, l'autarcie et la course aux réalisations dominent la construction des premières installations atomiques. Cette période voit les savants physiciens pionniers de l'énergie atomique passer le relais aux ingénieurs, dans un cadre où le principal danger de l'atome – la radioactivité – est identifié et géré par les médecins. Ce développement prodigieux de l'énergie atomique va poser de nouvelles exigences en matière de gestion du risque radioactif, qui ne seront que progressivement perçues par ces différentes identités professionnelles.

1.1 Les savants et la sécurité (1932-1945)

1.1.1. La radioactivité ; la réaction en chaîne

Les débuts du XXe siècle ont connu une accélération des avancées en physique bouleversant la compréhension de la constitution de la matière, à la suite de la découverte des rayons X par Wilhelm Röntgen fin 1895. Henri Becquerel montre l'année suivante que des sels d'uranium émettent des rayonnements, mettant en évidence ce que Marie Curie qualifiera deux ans plus tard de radioactivité.

Rapidement les scientifiques constatent que ces rayonnements produisent des effets sur l'homme et qu'ils peuvent être utilisés pour traiter les cancers ; ceci allait conduire au développement d'une nouvelle discipline médicale, la radiothérapie. Mise en œuvre sans les précautions adaptées, les premiers accidents cutanés sont observés quelques mois plus tard : l'exposition aux radiations pouvait provoquer de sérieux problèmes de santé allant de l'irritation cutanée à la perte des cheveux, à la stérilité et jusqu'au cancer. Des règles de protection contre les rayonnements durent être élaborées, donnant naissance à une discipline à cheval sur la médecine et la physique : la radioprotection.

Une Commission internationale de protection contre les rayons X et le radium, créée en 1928 lors du deuxième congrès international de radiologie à Stockholm, publie ses premières recommandations l'année suivante.[1]

Si les dangers de la radioactivité sont reconnus par les médecins au début des années 1930, le domaine de la physique va faire émerger au cours de la décennie les principes conduisant à la production d'énergie d'origine atomique. Cette période est marquée par une forte émulation entre les équipes de physiciens de différents pays et les découvertes se succèdent, pressenties par les uns, annoncées par les autres, devançant d'autres encore de quelques jours, ou tirant les conclusions de précédentes publications.

En février 1932, James Chadwick annonce la découverte d'une nouvelle particule, le neutron. Quelques mois plus tard, en janvier 1934, Frédéric Joliot et Irène Curie sont en mesure d'annoncer la mise en évidence de la radioactivité artificielle. Utilisant les neutrons pour bombarder différentes substances et observer la transmutation des atomes, Enrico Fermi découvre qu'en bombardant l'uranium, ce sont non seulement un mais plusieurs éléments nouveaux qui se comportent de façon étrange ; il les baptise « transuraniens ».

Les découvertes se succèdent jusqu'à la plus déconcertante d'entre elles, la fission de l'atome. Après les travaux d'Otto Hahn, Lise Meitner, et Fritz Strassmann, après ceux d'Irène Curie et de Pavel Savitch, Hahn et Strassmann publient le 6 janvier 1939 les résultats d'expériences qu'ils n'osent interpréter. Quelques jours plus tard, la preuve est finalement apportée par Lise Meitner et Otto Frisch que le noyau d'uranium a bel et bien éclaté sous l'impact d'un neutron.

Dans les semaines qui suivent, la compétition s'engage principalement entre l'équipe du Collège de France, composée de Hans von Halban, Lew Kowarski et de leur chef Frédéric Joliot d'une part, et celle de l'université Columbia de New York derrière Fermi et Szilard d'autre part, pour mener des expériences en vue de l'exploitation de l'énergie

---

1 Cf. Sievert, Rolf M., « The Work of the International Commission on Radiological Protection » *Actes de la seconde conférence des Nations unies sur l'utilisation pacifique de l'énergie atomique, Genève, 1958,* Nations unies, N.Y., vol. 9, P/2263, 1959, p. 3-7. La commission compte quatre physiciens et un radiologiste. Elle sera transformée en 1950 en une Commission internationale sur la protection radiologique (ICRP). Entre 1928 et 1950, le concept à la base des normes de radioprotection est celui de la « dose de tolérance » qui suppose un seuil d'exposition aux radiations en dessous duquel aucun effet dommageable ne se produit. Après Hiroshima le concept de dose admissible sera abandonné au profit de celui de « dose maximum admissible » : l'idée selon laquelle les radiations sont inoffensives en-dessous d'un certain seuil est rejetée et on prend désormais en compte les effets possibles cumulés sur toute une vie ; en second lieu, la Commission établira une limite de dose pour la population en général, fixée à un dixième de la dose pour les travailleurs.

colossale qu'on sait résulter de la fission. Le 22 avril, l'équipe française annonce dans la revue *Nature* que 3,5 neutrons sont libérés lors de la fission (la valeur réelle est plus proche de 2,5). Cette publication va convaincre de nombreux savants de la possibilité de la réaction en chaîne et précipiter des programmes de recherche sur l'énergie et l'armement nucléaire dans de nombreux pays. Il est en effet clair dès lors que deux applications découlent directement du principe de la fission et de sa libération colossale d'énergie, qu'elle soit libérée de façon contrôlée à des fins énergétiques, ou de façon explosive à des fins destructrices.

1.1.2. Les brevets Joliot

L'équipe de Frédéric Joliot, à laquelle collabore Francis Perrin qui apporte au groupe la notion de « valeur critique » de la masse d'uranium nécessaire pour l'entretien de la réaction en chaîne, décide de déposer ses idées sous forme d'une série de brevets d'invention, au nom de la Caisse nationale de la recherche scientifique au début du mois de mai 1939.

Le premier brevet,[2] demandé le 1er mai 1939, est intitulé « Dispositif de production d'énergie ». Il témoigne de la préoccupation de ses auteurs à trouver un moyen de contrôler la réaction en chaîne pour empêcher tout le dispositif d'exploser :

> On sait que l'absorption d'un neutron par un noyau d'uranium peut provoquer la rupture de ce dernier avec dégagement d'énergie et émission de nouveaux neutrons en nombre en moyenne supérieur à l'unité. Parmi les neutrons ainsi émis, un certain nombre peuvent à leur tour provoquer – sur des noyaux d'uranium – de nouvelles ruptures, et les ruptures de noyaux d'uranium pourront ainsi aller en croissant suivant une progression géométrique, avec dégagement de quantités extrêmement considérables d'énergie. [...]
>
> Mais on se heurte immédiatement à une difficulté primordiale : ces chaînes pouvant se ramifier d'une manière illimitée, la réaction peut devenir explosive, ce qui restreindrait considérablement les possibilités d'utilisation de la masse d'uranium en question comme source maniable d'énergie industrielle.
>
> On a donc cherché à maîtriser le dégagement d'énergie en l'empêchant de devenir explosif [...].

La question de la sécurité est immédiatement posée, et l'une des premières idées en la matière consiste à utiliser des moyens intrinsèques de contrôle, basés sur les propriétés physiques de la matière : en particulier l'augmentation de température peut être un frein au développement de la réaction en chaîne et les auteurs du brevet suggèrent d'utiliser un absorbant de neutrons, « dont le coefficient d'absorption (ou la section

---

[2] Brevet n° 976.541 du 1er mai 1939.

efficace) devienne d'autant plus important par rapport à celui (ou celle) de l'uranium que la température est plus élevée » que l'on pourrait insérer si la réaction devenait trop rapide, le cadmium.

Après ces principes physiques, les auteurs résument le fonctionnement d'un réacteur nucléaire :

> Désormais, le dispositif de production d'énergie nucléaire conforme à l'invention se trouve donc constitué par une masse d'uranium ou de composé d'uranium, contenant en son sein un élément de ralentissement des neutrons sous forme homogène ou non, et un élément absorbant, sous forme également homogène ou non, le tout pouvant être renfermé dans une enveloppe.
>
> Grâce à l'action combinée de ces deux éléments au sein de la masse [i.e. ralentisseur et absorbant], lorsque la réaction s'amorcera [...], la stabilisation de cette réaction s'effectuera automatiquement et sans qu'une explosion puisse se produire.
>
> Au fur et à mesure du dégagement d'énergie, cette dernière sera extraite pour des fins industrielles [...].

Le brevet donne la définition de la masse critique – la masse minimum de matière fissile pour que puisse s'établir la réaction en chaîne – et les moyens de la réduire par ajout d'éléments en fer ou plomb autour de la masse d'uranium.

Un deuxième brevet, déposé le lendemain 2 mai 1939, présente lui un « Procédé de stabilisation d'un dispositif producteur d'énergie ».[3] On n'envisage plus seulement les propriétés intrinsèques de la matière pour stabiliser la réaction mais on ajoute un dispositif spécial de contrôle, en mettant à profit le fait que les chaînes mettent un certain temps à se développer.

Les auteurs proposent une série d'idées pour un tel dispositif : ils envisagent par exemple de « constituer la masse d'uranium de plusieurs éléments distincts que l'on rapproche et que l'on écarte les uns des autres momentanément et périodiquement de manière à réaliser pendant des durées limitées et déterminées les conditions du développement illimité des chaînes. » La masse d'uranium pourrait être constituée d'une partie fixe et une partie mobile manœuvrable. Ce pourrait être également l'enveloppe diffusante externe que l'on éloigne ou rapproche périodiquement de la masse d'uranium. Un autre procédé envisage d'insérer périodiquement dans la masse d'uranium un écran fait dans une matière susceptible d'absorber les neutrons. On pourrait également insuffler périodiquement un gaz à base d'hydrogène, de deutérium, de cadmium ou de mercure, ou encore soumettre la masse d'uranium à des vibrations appropriées.

---

3 Brevet n° 976.542 du 2 mai 1939.

À ce niveau les auteurs ajoutent une remarque qui est le fondement de la possibilité du contrôle de la réaction en chaîne : une partie des neutrons produits par la fission, les neutrons secondaires, sont émis avec un certain délai, allant de quelques secondes à plusieurs dizaines de secondes. Grâce à cette propriété de la nature, les appareils nécessaires au contrôle de la réaction en chaîne peuvent se contenter de temps de réponse de l'ordre de la fraction de seconde et non du dix millième de seconde. Il s'agit donc de concevoir le réacteur de telle façon que la réaction en chaîne ne puisse pas être maintenue avec les seuls neutrons prompts, mais qu'elle ne se développe qu'en comptant sur les neutrons retardés également. Ceci donne une constante de multiplication des neutrons de plusieurs secondes ce qui permet un contrôle aisé de la réaction.

Alors que les deux premiers brevets s'attachent aux utilisations pacifiques de l'énergie atomique en insistant sur les moyens de maîtriser la réaction en chaîne, un troisième brevet, déposé le 4 mai, envisage des « Perfectionnements aux charges explosives. »[4] La progression géométrique de la réaction en chaîne pouvant devenir illimitée, celle-ci peut être explosive et utilisable « non seulement pour des travaux de mine et pour des travaux publics, mais encore pour la constitution d'engins de guerre, et d'une manière générale dans tous les cas où une forte explosion est nécessaire. » À partir d'une formule permettant de calculer la masse critique pour un volume sphérique, le brevet indique à titre d'exemple une masse critique de plusieurs dizaines de tonnes pour de l'oxyde d'uranium en poudre et de quelques tonnes pour de l'uranium métallique. Ces masses étant considérables, le brevet envisage différents moyens pour les diminuer, en jouant sur la composition ou la configuration des matériaux utilisés. Différents mécanismes d'amorçage de l'engin sont proposés, comme le rapprochement de diverses parties de la masse préalablement séparée – ce qui sera réalisé à Los Alamos quatre ans plus tard – ou un démarrage de la réaction par compression de la structure de cette masse. Un certain nombre de procédés sont également décrits pour éviter une explosion prématurée.

À partir de juillet 1939, les membres de l'équipe Joliot déménagent leurs activités au Laboratoire de synthèse atomique d'Ivry et dans une annexe de l'Institut du radium à Arcueil. Après la déclaration de guerre en septembre 1939, Joliot, Halban et Kowarski multiplient les expériences et les calculs. Au printemps 1940, ils déposent deux nouvelles demandes de brevet. Ceux-ci sont signés par Hans-Heinrich von Halban, Jean-Frédéric Joliot et Lew Kowarski, en l'absence de Francis Perrin, et portent tous deux sur des perfectionnements apportés aux dispositifs

---

4 Brevet n° 971.324 du 4 mai 1939.

producteurs d'énergie.[5] Le premier perfectionnement consiste à « enrichir la masse d'uranium en isotope 235 », par diffusion thermique. Le second brevet porte sur la forme, les dimensions et la disposition des « éléments de ralentissement », ce qu'on appelle communément le modérateur : cette idée de Kowarski consiste à maintenir les neutrons à l'écart de l'uranium pendant qu'ils ralentissent, à l'aide de blocs de modérateur pur situés à l'intérieur de la masse d'oxyde d'uranium. Ces perfectionnements marquent les progrès effectués au cours du second semestre de 1939 en France, alors qu'on aboutit aux mêmes conclusions aux États-Unis.

1.1.3. La pile atomique : une question scientifique et technique

1.1.3.1. La pile de Chicago

En effet, à l'été 1939, Bohr et Wheeler, à Princeton, avaient montré dans un article théorique que seul l'isotope rare de l'uranium (l'U235) est fissile ; l'autre, l'U238, qui représente 99,3 % de la masse de l'uranium naturel, se contente d'absorber les neutrons sans éclater. Fermi de son côté comprenait qu'un mélange homogène d'uranium et d'eau avait peu de chance de permettre la réalisation d'un système critique ; un tel système serait au contraire bien plus facile à obtenir à partir d'un dispositif hétérogène séparant l'uranium et le modérateur. Fermi montrait également que la réaction en chaîne serait facilitée en utilisant un modérateur moins absorbeur de neutrons que l'hydrogène, le carbone.

Les principes régissant le fonctionnement d'une machine étaient réunis, il allait falloir les tester. Alors que les Français s'orientaient vers l'eau lourde comme ralentisseur et que l'équipe de Joliot était dispersée par la guerre, Fermi allait réaliser la première réaction en chaîne auto-entretenue : le 2 décembre 1942, sous le stade de Chicago, la première « pile » atomique « diverge ». Ce premier réacteur est constitué par l'empilement (d'où le terme « pile » utilisé à l'époque) de près de cinquante mille briques d'un graphite très pur, dont certaines sont creusées pour contenir des boules d'uranium oxyde ou métallique.

Étant donné le danger et malgré les considérations théoriques concernant la possibilité de contrôle de la réaction grâce aux neutrons retardés, les physiciens restaient préoccupés et avaient multiplié les dispositifs de sécurité pour cette première divergence : les barres absorbeuses de neutrons plongeant dans le cœur étaient retirées le plus lentement possible, des mesures étaient prises pour contrôler le nombre de neutrons, des systèmes étaient disposés de manière à insérer les barres

---

[5] Brevets n° 971.384 du 30 avril 1940 et n° 971.386 du 1er mai 1940.

absorbantes au cas où les choses tourneraient mal, et en cas de défaillance de ces dispositifs, un expérimentateur – peu rassuré dit-on – se tenait au-dessus de la pile avec un récipient contenant une solution de cadmium.

1.1.3.2. L'intervention des ingénieurs

La démonstration était apportée, les physiciens avaient inventé l'énergie atomique, prédit les différents phénomènes, compris les principes régissant le fonctionnement d'un réacteur avant qu'il soit construit. La réalisation des installations allait poser des problèmes d'une nature différente : la difficulté avait été touchée du doigt avec la nécessité de rassembler un graphite d'une pureté exceptionnelle, problème de nature moins de physique qu'industrielle.

Or à partir de l'entrée en guerre des États-Unis, une course de vitesse s'est engagée pour la production des matières nécessaires à la réalisation d'une bombe atomique, et en particulier pour la livraison de plutonium. Les États-Unis lancent à cette fin la construction de trois grands centres atomiques, à Hanford dans l'État de Washington, à Oak Ridge dans le Tennessee et à Los Alamos dans le désert du Nouveau-Mexique. La responsabilité de l'ensemble du programme de fission est transférée à l'armée sous la direction du général Groves, qui s'appuie sur les ingénieurs de la société Du Pont, notamment pour les piles à graphite plutonigènes de Hanford. Les savants purent se sentir dépossédés de leurs découvertes. Ils estimaient également que les installations ne pourraient pas être réalisées suffisamment vite si on les confiait à des militaires, des administrateurs ou à des ingénieurs ne connaissant rien à la physique nucléaire.

Au sujet des réacteurs de Hanford, le physicien Edward Teller raconte une anecdote[6] illustrant les désaccords entre les ingénieurs de Du Pont et les physiciens. Ces derniers pensaient pouvoir calculer exactement la taille du réacteur sur la base de leurs connaissances fondamentales, ce à quoi les ingénieurs de Du Pont rétorquaient qu'il faudrait le construire beaucoup plus grand, quitte à mettre plus de temps, et on les suivit. Après démarrage, le réacteur fut victime d'un phénomène imprévu : l'empoisonnement xénon. Si les physiciens avaient prévu que certains des produits de fission pourraient absorber des neutrons et ainsi agir comme des poisons, le comportement du plus important d'entre eux

6 Cf. Teller, Edward., « An Informal History of Atomic Energy », in Mills, Mark M., Biehl, Arthur T., Mainhardt, Robert (eds.), *Modern Nuclear Technology*, New York, McGraw Hill, 1960, p. 1-13, p. 11. Traduit par nos soins.

leur avait échappé : l'iode radioactif[7] qui se transforme en xénon absorbeur de neutrons. Teller reconnaît que c'est seulement parce que le réacteur fut construit plus grand que nécessaire, conformément aux recommandations des ingénieurs, qu'une réactivité supplémentaire fut disponible pour contrer cet effet inconnu, l'effet xénon. La production de plutonium put être poursuivie de façon ininterrompue.

Ce concept d'ingénieur, les marges de sécurité, jouera un rôle majeur dans le développement et la sûreté de l'énergie atomique au cours de ses premières années. Dans un deuxième temps, on essaiera de les réduire pour des raisons économiques, après qu'on aura mieux cerné les principes qui régissent le fonctionnement de ces nouvelles machines.

1.1.3.3. L'expérience des Français au Canada

Les Français réfugiés au Canada et qui participent aux recherches atomiques à visée militaire, Halban, Kowarski, Auger mais aussi Bertrand Goldschmidt et Jules Guéron, sont confrontés à la même nécessité que les scientifiques américains de collaborer avec les ingénieurs des firmes industrielles pour bénéficier de leur savoir-faire technique, par exemple pour l'évacuation de l'énergie.[8]

Ils collaborent ainsi au premier projet de grande pile expérimentale canadienne NRX (National Research Experiment) qui démarre grâce à la décision des États-Unis de fournir au Canada l'uranium métallique, l'eau lourde et les informations nécessaires. Kowarski est même chargé du projet qu'il baptise ZEEP (Zero Energy Experiment Pile), décidé après une visite auprès de Walter Zinn au laboratoire d'Argonne (non loin de Chicago). Celui-ci faisait déjà fonctionner une pile à eau lourde et lui transmit de nombreux renseignements utiles. ZEEP diverge quelques mois après la fin de la guerre, NRX divergera en 1947.

Pour les responsables scientifiques et politiques, le potentiel de l'atome a été dévoilé, de façon fracassante sur le plan militaire avec les deux explosions d'Hiroshima et Nagasaki les 6 et 9 août 1945, mais aussi sur le plan industriel. De grandes agences gouvernementales vont être créées dans les pays industrialisés pour assurer le développement de l'énergie atomique.

---

7 Celui-ci se désintègre avec une période de quelques heures en xénon radioactif, qui vit à son tour quelques heures mais possède une section efficace d'absorption énorme. Tant que le réacteur fonctionne, le xénon fabriqué disparaît naturellement avec le temps, mais si le réacteur vient à être arrêté pour quelques heures, l'iode produit réintroduit le xénon qui s'accumule et il devient difficile de faire redémarrer le réacteur.

8 Cf. Weart, S., *La grande aventure des atomistes français. Les savants au pouvoir*, Paris, Fayard, 1980, p. 278.

1.2. Les débuts du CEA : protection et sécurité par les techniciens eux-mêmes (1945-1951)

1.2.1. Création du Commissariat à l'Énergie Atomique

Dès la fin du conflit mondial, Frédéric Joliot envisage avec Irène Joliot-Curie, Raoul Dautry, Pierre Auger et Francis Perrin, la création d'un établissement de caractère scientifique, technique et industriel, chargé des questions concernant l'Énergie Atomique. À la suite d'entretiens officieux de Joliot avec les autorités anglaises à Paris et à Londres entre décembre 1944 et juillet 1945, le général de Gaulle charge Joliot et Dautry de préparer les projets d'ordonnance et de décret instituant le Commissariat à l'Énergie Atomique (CEA).

L'ordonnance est publiée au Journal Officiel le 18 octobre 1945. Placé sous l'autorité directe du président du Conseil, le nouvel organisme est chargé du développement atomique aussi bien à des fins scientifiques, industrielles que de défense. Il dispose d'un statut particulier lui conférant une autonomie financière et administrative. À sa tête se retrouvent les grands noms de la recherche atomique : la fonction de haut-commissaire, chargé des questions scientifiques et techniques, est attribuée à Frédéric Joliot. La partie administrative et financière est confiée à un administrateur général, Raoul Dautry.[9] Cette direction bicéphale est assistée d'un Comité de l'énergie atomique, comprenant Irène Joliot-Curie, Pierre Auger, Francis Perrin, le général Dassault.

Dans la présentation qu'il fait au chef du Gouvernement, Félix Gouin, le 19 mars 1946, Joliot détaille les moyens humains et matériels dont dispose le Commissariat à ses débuts :

> MM. Kowarski, Guéron et Goldschmidt, d'accord avec les autorités britanniques et américaines rentrèrent en France, parmi nous. Ils travaillent au Commissariat depuis deux mois, et leur expérience, ainsi que celle de M. Pierre Auger, nous permettra d'éviter des tâtonnements longs et onéreux. Les relations entre la Défense Nationale et le Commissariat sont assurées par un commissaire, le général Dassault, président du Comité de coordination des études scientifiques de Défense nationale. En résumé, la situation de la France concernant l'Énergie atomique est la suivante : elle dispose d'une équipe de savants ayant participé aussi bien à l'origine des recherches

---

[9] Raoul Dautry est l'archétype du technocrate que l'on rencontrera souvent dans la suite du récit. Né en 1880, polytechnicien (X 1900), ingénieur à la Compagnie des chemins de fer du Nord (1903-1928) avant d'être directeur général des Chemins de fer de l'État (1928-1937), Raoul Dautry est ministre de l'Armement (1939-1940) et joue un grand rôle dans la récupération du stock d'eau lourde de la Société norvégienne Norsk Hydro par l'équipe de Jacques Allier. Il est nommé ministre de la Reconstruction et de l'Urbanisme du gouvernement provisoire à la Libération.

dans ces domaines qu'aux réalisations faites à l'étranger, et de nombreux collaborateurs scientifiques spécialistes de la physique travaillant dans nos laboratoires. Concernant les matières premières, elle dispose d'un stock d'uranium, constitué avant juin 1940 – de gisements d'uranium dans l'Empire, suffisants pour une première étape de réalisation, enfin de grands espoirs dans la découverte de gisements nouveaux –, d'une priorité en Norvège concernant une commande d'eau lourde.[10]

Tous les moyens semblent donc réunis pour parvenir au plus vite à la construction de la première pile atomique française.

1.2.2. ZOÉ

Dès 1946, le CEA se donne pour priorité la construction d'une pile à eau lourde : le stock d'uranium (plusieurs tonnes en provenance du Haut-Katanga au Congo) est suffisant et l'on dispose de l'eau lourde norvégienne. Cette pile est confiée à Kowarski[11], qui bénéficie d'une large expérience pour avoir construit la pile à eau lourde canadienne en septembre 1945. Sur proposition de Goldschmidt en juillet 1947, il est décidé, pour obtenir la divergence au plus tôt, d'utiliser de l'oxyde d'uranium au lieu d'uranium métal qui pose des problèmes métallurgiques de mise au point. On doit renoncer de ce fait à un dégagement notable d'énergie. La pile ZOE, dont les initiales témoignent de ces choix (puissance Zéro, Oxyde d'uranium, Eau lourde), est construite dans l'ancien fort de Châtillon, mis à disposition par le ministre des Armées par l'intermédiaire du général Dassault.

Le témoignage de Lew Kowarski près de vingt ans après les faits permet d'imaginer l'état d'esprit des ingénieurs dans cette première phase du développement des applications de la fission. Leur objectif est de maîtriser au plus vite une technique nouvelle et prometteuse et ils ont conscience de participer à une aventure des temps modernes, en compétition avec d'autres scientifiques à l'étranger. Kowarski semble assez sûr de lui, un peu inconscient pourrait-on même penser :

> La réduction de notre ambition à l'énergie zéro nous épargna dans l'immédiat non seulement tous les problèmes de métallurgie d'uranium, mais aussi ceux du refroidissement, en réduisant ainsi le pompage à sa plus simple ex-

---

10 Joliot-Curie, Frédéric, « le programme du CEA », reproduit dans les *Échos du CEA*, Numéro Spécial, octobre 1965, p. 15-16.

11 Lew Kowarski (Saint-Pétersbourg 1907-Genève 1979), après avoir émigré de Russie en 1918, a commencé ses études en Pologne, en Belgique, puis à l'Université de Lyon, où il a obtenu en 1928 le diplôme d'ingénieur de l'École de Chimie Industrielle. Ingénieur à la société Le Tube d'acier pendant plusieurs années, il a préparé en parallèle une thèse de doctorat ès sciences en physique moléculaire sous la direction de Jean Perrin, avant d'entrer en 1934 au laboratoire Curie dirigé par Frédéric Joliot.

pression. Avec un flux ne dépassant pas le centième de celui prévu à l'origine, les problèmes de protection radiologique perdaient de leur acuité. Me trouvant trop flegmatique à cet égard, quelqu'un me demanda un jour sur un ton alarmé : « mais ces radiations, même à l'énergie dite zéro, sont dangereuses ; que ferez-vous le jour où elles se manifesteront à Châtillon ? » Je répondis : « Nous pavoiserons ».[12]

Kowarski avait d'autres soucis. Du point de vue de la réussite de l'opération, il était moins préoccupé par les dangers des rayonnements que par les incertitudes sur la maîtrise des phénomènes physiques ou sur les propriétés technologiques des matériaux à la base de la réaction en chaîne. Ne disposant pas de l'expérience de Los Alamos, les savants français doivent combler seuls leur retard. Et à cette étape, ce n'est pas tant la crainte qu'on ne puisse pas contrôler la réaction que la peur qu'elle ne se produise pas qui domine :

> J'étais beaucoup plus soucieux de savoir comment l'oxyde se comporterait dans la réaction en chaîne. En effet, toutes nos connaissances nucléaires, soit empiriques (tirées de l'expérience canadienne de 1945), soit théoriques, se rapportaient à l'uranium non combiné ; on savait bien que l'oxygène présent dans l'oxyde aurait un effet déprimant sur la réaction en chaîne, mais dans quelle mesure ? Comparées aux barres métalliques, celles en oxyde devraient contenir davantage d'uranium – combien ? Dans notre ignorance des données physiques de base, il fallait soit essayer de les deviner et d'en déduire les dimensions et l'écartement des barres par un calcul approprié, soit deviner ces dimensions directement. Était-on sûr de deviner juste ? L'expérience ultérieure a montré, en fait, que notre évaluation de l'effet d'oxygène était trop pessimiste et que, pour le compenser, nous avions calculé d'une façon plus que généreuse les dimensions minima de la pile. Cette marge de sécurité inespérée fut, d'ailleurs, en partie annulée par les impuretés sporadiques de l'uranium qui échappaient à notre contrôle analytique et qui ne purent finalement être décelées qu'en étudiant le comportement nucléaire des barres individuelles d'uranium dans la pile en marche.[13]

Kowarski ne faisait qu'une confiance limitée aux calculs neutroniques, effectuant de son côté des calculs qu'il qualifiait de « pifométriques », et ce sont les calculs effectués par André Ertaud[14] qui fixent

[12] Kowarski, L., « Zoé : le départ des piles françaises », *Échos du CEA*, Numéro Spécial, octobre 1965, p. 21-23.

[13] *Ibid.*

[14] Officier de marine, docteur ès sciences, spécialiste des microscopes électroniques, André Ertaud (1910-2003) est chercheur au laboratoire de Maurice de Broglie au Collège de France en 1945. Il participe en mai 1945 à une mission en Allemagne dans la zone d'occupation française pour recueillir des informations sur les progrès réalisés par les Allemands pendant la guerre dans le laboratoire de physique atomique d'Hechingen. Il entre au CEA en 1946.

les dimensions de la pile ZOE, notamment les dimensions des barreaux d'oxyde et leur espacement optimum dans la cuve d'eau lourde.[15] Une inconnue demeurait concernant la densité exacte de l'oxyde, fabriqué en céramique dans des fours spécialement construits à Châtillon.

ZOE diverge le 15 décembre 1948,[16] avec une hauteur critique d'eau lourde de 1,77 m pour une valeur de 1,79 m calculée avec la bonne densité d'oxyde. Une anecdote racontée par Jules Guéron illustre les incertitudes, l'empirisme des débuts, ainsi que les pratiques des physiciens en matière de sécurité lors de leurs expériences :

> Pour faire diverger ZOE on transvasait de l'eau lourde, par une pompe à faible débit, du réservoir inférieur à la cuve proprement dite. Une des premières expériences, après la divergence initiale, cherchait à déterminer le changement de réactivité correspondant au retrait d'une des « chaussettes » contenant les petits blocs cylindriques d'UO_2 [...]. Ceci devait élever le niveau de divergence, pensait-on. Les opérateurs, las de presser le bouton d'actionnement de la pompe, qu'une sécurité faisait disjoncter toutes les 30 secondes, se dirent qu'il serait plus simple de pomper en continu jusqu'au niveau de divergence initial, puis de procéder lentement. Nul n'avait imaginé que le réseau de ZOE pût être sous-modéré, et que le retrait du combustible augmenterait la réactivité. La sécurité fut donc court-circuitée. Heureusement, le débit de la pompe était lent, on surveillait les instruments... et ZOE ne subit pas l'accident qui devait survenir quelques années plus tard à Vinca,[17] en Yougoslavie, mais nous l'avions échappé belle. Moralité : ne jamais court-circuiter un dispositif de sécurité ![18]

---

15 Le combustible de ZOE est composé d'oxyde d'uranium, comprimé en pastilles empilées dans des gaines d'aluminium de 1,8 m de haut et 7 cm de diamètre, en 69 barres, disposées en réseau hexagonal. Elles plongent dans une cuve d'aluminium de 1,91 m de diamètre et 2,35 m de hauteur, remplie d'eau lourde. Un réflecteur en graphite entoure la cuve. De l'air pur passe dans l'intervalle situé entre la cuve et le réflecteur pour assurer le refroidissement. La protection du personnel est assurée par un mur en béton armé de 1,5 m d'épaisseur.

16 L'état-major de la divergence de ZOE est composé de messieurs Echard (approvisionnement industriel), Ertaud (expériences et calculs physiques préliminaires), Goldschmidt (fabrication de l'oxyde d'uranium), Guéron (chimie générale), Le Meur (construction mécanique), Stohr (physique industrielle) et Surdin (construction électrique).

17 L'accident qui surviendra le 15 octobre 1958 sur la pile expérimentale à eau lourde de Vinca en Yougoslavie provoquera l'irradiation à très haute dose de six techniciens. L'un succombera à ses blessures. C'est une avarie du circuit de montée d'eau lourde dans la cuve qui a provoqué une excursion de puissance, passée inaperçue des expérimentateurs en l'absence de système de sécurité automatique.

18 Jules Guéron, texte postérieur à 1979, cité par Georges et Maurice Géron, *Jules Guéron (1907-1990), Aperçus d'une vie dans un monde en mutation*, 1992, p. 77-78.

1.2.3. Le Service d'électronique du CEA (1945-1951)

Dans les années qui courent de 1945 à 1951, le CEA traite les risques dus aux rayonnements et aux substances radioactives comme un problème de sécurité du travail classique : on estime qu'il est du ressort des agents eux-mêmes d'assurer leur protection, du moment qu'ils sont au courant des risques qu'ils encourent. On ne voit pas l'intérêt d'une organisation spécifique consacrée à la protection contre les rayonnements. Mais, pour se protéger des rayonnements, il faut tout d'abord les détecter, et c'est le service chargé de tous les problèmes d'électronique au CEA, le Service d'électronique dirigé par M. Surdin[19] qui est chargé de mettre au point divers dispositifs de mesure des rayonnements, les premiers stylos électromètres individuels, dosimètres photographiques, dosimètres collectifs ou d'ambiance (chambres Baby, Babylog puis Babyline).

Petit à petit, on prend conscience de la nécessité d'une organisation particulière chargée d'étudier et de mettre en œuvre la prévention et la surveillance des risques dus aux substances radioactives, ce qui donnera naissance au Service de protection contre les radiations en 1951. Quant aux mesures et dispositifs de sécurité des piles, ce sont les savants et les techniciens impliqués directement dans les projets qui les définissent et les mettent en œuvre. Ce n'est qu'à partir de 1957 qu'on ressentira la nécessité de confier à un organisme spécialisé les questions de sécurité des piles.

1.2.4. P1 et les études de protection

ZOE est améliorée en 1952 et 1953. Cette nouvelle pile, d'une puissance thermique de 150 kW, appelée P1, puis EL1, utilise l'uranium métallique désormais disponible à la place de l'oxyde d'uranium. Le flux de neutrons au centre de la cuve est sensiblement plus important, 10^{12} n/cm^2.s au lieu de 3.10^{10}. La nouvelle pile est utilisée notamment pour les études de protection. Chaque projet de réacteur s'accompagne en effet d'une étude des niveaux de rayonnement dans les différents milieux (eau, graphite, acier, plomb, béton, liquides organiques, etc.), étude indispensable pour prévoir l'encombrement et le poids des blindages[20] devant assurer la protection biologique des techniciens. De ce

---

[19] Ingénieur électronicien (École Supérieure d'Électricité 1932) d'origine palestinienne, Maurice Surdin avait travaillé au Collège de France sous la direction de Langevin jusqu'à la guerre, puis sur le radar en Grande-Bretagne : c'est dans son service que sont conçus les milliers de compteurs de divers types dont le CEA a besoin.

[20] Cette nécessité de protéger des rayonnements le voisinage immédiat des réacteurs est d'ailleurs un facteur qui limite les possibilités d'application de la fission à l'échelle industrielle : alors qu'on imaginait dans les années 1940 et au début des années 1950

fait, la conception des protections contre les rayonnements émis par les réacteurs est une branche d'une discipline scientifique nouvelle, fille de la fission et mère de l'énergie atomique, la neutronique.[21]

1.2.5. La neutronique au Service de physique mathématique : Yvon et Horowitz

La neutronique est en effet la discipline reine des débuts de l'énergie atomique : les neutrons étant à la base de la réaction en chaîne, la neutronique qui s'est constituée comme la science de la multiplication des neutrons, du contrôle de la réaction en chaîne, s'est trouvée au cœur du calcul des réacteurs.

Au début des années 1950, on ressent le besoin d'asseoir le développement des piles sur des bases plus théoriques, ce qui conduit à la création en 1949 du Service de physique mathématique au sein du CEA, à l'instigation de Jacques Yvon.

Lorsque Kowarski quitte le CEA pour le CERN, Yvon[22] prend sa succession et devient en 1952 chef du Département d'études des piles (DEP), le département phare du CEA, le cœur de toutes les études de réacteurs menées au sein d'un Commissariat en pleine expansion. Il reste chef du DEP jusqu'en 1959, date à laquelle il prend la responsabilité de la Direction de la physique et des piles atomiques, jusqu'en 1962.[23]

---

pouvoir construire des avions, des fusées, propulsés grâce à un réacteur à uranium, la taille et le poids des blindages nécessaires pour protéger les équipages s'avéreront rédhibitoires, et les seules applications concerneront des installations de grande taille comme les sous-marins et les centrales électronucléaires.

21 Notons qu'un certain nombre de physiciens qui font leurs armes sur le calcul des protections de réacteurs seront chargés par la suite des questions de sûreté. Cf. Bourgeois, J., Lafore, P., Millot, J.-P., Rastoin, J., de Vathaire, F., « Méthodes et coefficients expérimentaux des protections de réacteurs », *Rapport CEA n° 1307*, 1959.

22 Né à Angoulême en 1903, Jacques Yvon est admis à l'École Normale Supérieure en 1922. Il débute en 1927 une carrière de professeur. En 1937 il publie sa thèse consacrée à la mécanique statistique. En 1938 il est nommé maître de conférences de Physique Mathématique à la Faculté de Strasbourg et poursuit ses travaux de recherche sur l'interprétation de la thermodynamique et des propriétés des états de la matière en fonction de sa structure moléculaire. Déporté en Allemagne de 1943 à 1945, il retourne en 1946 à la faculté de Strasbourg comme professeur de physique théorique. Conseiller du CEA en 1948, il enseigne la théorie de la diffusion du neutron. Il est recruté au Commissariat par Jules Guéron en 1949 et est nommé chef du Service de physique mathématique, nouvellement créé.

23 Jacques Yvon quittera le CEA en 1962. Professeur de théories physiques à la Faculté des sciences de Paris de 1962 à 1970, il restera cependant conseiller du haut-commissaire puis délégué auprès de la Direction des applications militaires. Quittant

Avec la création du Service de physique mathématique, l'objectif affiché par Yvon est de sortir les études neutroniques de l'empirisme :

> Fermi et ses collaborateurs, dont il faut citer avant tout Wigner, avaient su sérier les problèmes, ils avaient su créer un cadre et un langage, choisir les bons paramètres, triomphé par un habile empirisme des situations qui défient le calcul. Mais nous connaissions surtout des recettes, dont il s'agissait de reconstituer les sources, de les dépasser si possible, afin de s'adapter à des situations nouvelles. J'ai rapidement compris que l'équation intégrodifférentielle de Boltzmann, légèrement adaptée, serait la charnière de l'arsenal des nouveaux physiciens mathématiciens. Le premier problème que j'ai ainsi pu tirer au clair est celui du ralentissement des neutrons dans une cellule de pile, entre les effets ralentisseurs et diffuseurs du modérateur et les effets capturants de l'uranium 238.[24]

Le comportement des neutrons dans un système multiplicateur étant régi par l'équation de Boltzmann, « l'attention devait se déplacer de la physique nucléaire théorique vers la physique mathématique, et l'effort se porter sur les moyens de résoudre cette équation très complexe. »[25] Pour ce faire, Yvon va former, conseiller et diriger un petit noyau de jeunes théoriciens,[26] polytechniciens recrutés en 1946 par Francis Perrin, qui partent parfaire leurs connaissances dans les grands laboratoires à l'étranger, parmi lesquels, Jules Horowitz. Tous se retrouvent à Saclay en 1950 au Service de physique mathématique dirigé par Jacques Yvon. Pendant deux décennies, Jacques Yvon puis Jules Horowitz vont diriger la physique des réacteurs nucléaires en France, aussi bien la neutronique expérimentale que la modélisation des phénomènes.

Jules Horowitz est souvent présenté comme le fondateur de « l'École française » de neutronique. Né en 1921 à Rzeszow en Pologne, ingénieur de l'École polytechnique (dans la promotion 1941), licencié ès sciences, Jules Horowitz a donc rejoint le CEA en 1946. Parti se perfec-

---

à nouveau l'université, Yvon deviendra haut-commissaire à l'Énergie atomique en 1970, charge qu'il remplira jusqu'en 1975. Il décède en septembre 1979.

24 Yvon, Jacques, *Œuvre scientifique*, tome I, Énergie atomique, CEA, p. 15-16, cité par Jean Bussac, « Le rôle du CEA dans les premiers développements de la neutronique », *Actes des Colloques du 50e Anniversaire du CEA*, Tome II, Paris, CEA, 1997, p. 17-25, p. 20.

25 Comme l'explique l'un des successeurs d'Yvon à la tête du Service de physique mathématique : Bussac, J., « Le rôle du CEA... », *op. cit.*, p. 21. À sa sortie de Polytechnique, Jean Bussac est entré le 1er octobre 1951 au CEA dans le Service de physique mathématique d'Yvon. Il sera, de 1962 à 1970, le quatrième chef du service après Jacques Yvon, Jules Horowitz et Claude Bloch.

26 Il s'agit de Claude Bloch et Michel Trocheris, orientés vers le CEA par leur professeur d'analyse à Polytechnique, Jean Ullmo. Au sein du CEA, ils reçoivent l'aide d'Anatole Abragam et d'André Ertaud. Albert Messiah, détaché du Corps des mines à l'instar de Bloch, se joint à ce groupe.

tionner un an à l'Institut de physique théorique de Copenhague, il publie en 1948 la première étude théorique de la désintégration du muon. De retour en France, il rejoint le tout nouveau Service de physique mathématique du CEA où il poursuit simultanément des travaux de physique pure et des calculs de pile. En 1952, Horowitz prend la tête du Service de physique mathématique et s'oriente vers l'étude des piles, la « pilologie » comme on dit à l'époque. Il sera nommé chef du Département des études de piles en 1959 puis directeur des Piles atomiques en 1962.[27]

C'est une des grandes contributions d'Horowitz au génie atomique en France, au-delà de ses apports scientifiques, que d'avoir constitué un creuset, le « moule » d'où sortira toute une génération de jeunes ingénieurs appelés à occuper dans les décennies suivantes des positions dirigeantes de l'industrie nucléaire française. Outre d'être montés en même temps que leur poste avec l'expansion de l'énergie atomique, presque tous ces futurs dirigeants passés au Service de physique mathématique proviennent de l'École polytechnique.[28] Albert Messiah se souvient du rôle d'Horowitz dans l'expansion du Service à partir de 1952 et de leur méthode de recrutement :

> Nous avons prospecté là où nous pensions avoir les meilleures chances de découvrir des gisements de bons chercheurs et tout naturellement, comme beaucoup d'entre nous étaient polytechniciens, nous avons cherché du côté de l'École Polytechnique : systématiquement, nous allions y faire des « amphis-retape » [...] Ces « amphis-retape » [...] ont eu énormément de succès. [...] Nous étions très attirants, notamment pour les têtes de promotion.[29]

---

27 Avec la réorganisation du CEA de 1970, Horowitz quittera le domaine des réacteurs pour diriger la recherche fondamentale du CEA, jusqu'en 1986. Président du Conseil du Joint European Torus de 1984 à 1987 dans le cadre de la fusion contrôlée, président du Conseil d'administration de l'European Synchrotron Radiation Facility 1988 à 1993, il décède le 3 août 1995.

28 Parmi les polytechniciens passés par le Service de physique mathématique, outre Albert Messiah (X 1940), Michel Trocheris (X 1942), Claude Bloch (X 1942), on compte Roger Naudet (X 1945), Jean Bussac (X 1948), Pierre Tanguy (X 1948), Robert Dautray (X 1949), Jean-Claude Leny (X 1949), Oleg Trétiakoff (X 1950), Bernard Bailly du Bois (X 1950), Roger Delayre (X 1950), André Teste du Bailler (X 1951), Pierre Bacher (X 1952), Roger Balian (X 1952), Bernard Lerouge (X 1952), Max de Lamare (X 1952).

29 « Hommage à Jules Horowitz », *CEA*, Saclay, 13 juin 1996, p. 47. Plus généralement, le CEA recrutera une forte proportion de polytechniciens : ils seront 140 en 1959, 250 en 1963, en comptant les militaires de la Direction des applications militaires et les chercheurs travaillant en physique des particules.

Le Service de physique mathématique est sans doute « le Saint des Saints »[30] du CEA, car de fait, tous les modèles de piles proposés au début de la décennie ont leurs caractéristiques dictées par la neutronique. Selon un éminent neutronicien : « La neutronique régnait absolument en maîtresse à l'époque. »[31]

Le monopole de la compétence en matière de physique des réacteurs est détenu par ces scientifiques, au sein du CEA, et ce monopole constitue bien une spécificité française.

1.2.6. EL2 : prototype d'une pile de puissance

Une fois la faisabilité de la réaction en chaîne démontrée avec ZOE, les physiciens ont hâte de démontrer que ce type de pile peut également produire de l'énergie. Grâce à l'expérience acquise et aux progrès réalisés à l'usine du Bouchet[32] dans la fabrication d'uranium métallique, ils se lancent dans la construction d'une deuxième pile à eau lourde, la pile P2, plus tard appelée EL2, premier prototype d'une pile de puissance.

1.2.6.1. Les incertitudes du projet

Dans les mois qui suivent la divergence de Zoé, Eugène Le Meur[33] et Jacques Yvon s'attaquent à quatre avant-projets pour cette pile, dont le refroidissement est envisagé soit à l'air, au gaz comprimé, par circulation d'eau lourde ou encore par circulation d'eau ordinaire. À l'été 1949, le choix se porte sur le refroidissement par gaz comprimé, qui promet d'ouvrir la voie d'applications industrielles réalisables immédiatement.

Cependant, un certain nombre d'incertitudes demeurent comme le rappelle Kowarski, et l'on estime que les connaissances solides ne

30 Selon François Cogné, entretien avec l'auteur, janvier 1999, Paris. Ingénieur mais non polytechnicien, François Cogné, qui jouera un grand rôle dans l'histoire de la sûreté, débute également sa carrière au Service de physique mathématique.

31 Vendryes, Georges, « Naissance d'une discipline scientifique : la neutronique. Introduction », *Actes des Colloques du 50e Anniversaire du CEA*, Tome II, CEA, p. 14. Le Département d'études des piles comporte à partir de 1952, outre le Service de physique mathématique, une section (puis un service) de neutronique expérimentale. Georges Vendryes (X 1940) est chef de ce service en 1958.

32 La Poudrerie Nationale du Bouchet, située à environ 40 km au sud de Paris, accueille en 1946 une usine du CEA où sont réalisées les différentes opérations chimiques sur le minerai d'uranium. L'usine du Bouchet est dirigée par Paul Vertes assisté de Pierre Régnaut. C'est à l'usine du Bouchet que l'équipe de Goldschmidt, le 20 novembre 1949, isole les premiers milligrammes français de plutonium à partir de la dissolution des pastilles d'oxyde d'uranium fritté d'un barreau irradié pendant onze mois dans Zoé.

33 Eugène Le Meur avait été choisi par Kowarski pour être ingénieur en chef de Zoé.

peuvent venir que de la construction et du comportement en marche du réacteur :

> Il fallut passer par bien des déceptions et des tâtonnements pour arriver au procédé de fabrication de barres gainées d'uranium capables de supporter (et de dépasser) les températures envisagées à l'origine du projet. Les structures tubulaires durent être profondément modifiées de façon à supprimer les vibrations dangereuses qui s'étaient manifestées dans le courant gazeux. Par ailleurs, le choix logique du gaz (CO_2) comportait l'inconnue de sa stabilité sous irradiation, inconnue qui ne pouvait être levée qu'à l'aide du réacteur lui-même ; pour cette raison nous avions prévu un premier stade où le réacteur marcherait à l'azote comprimé, dont nous étions plus sûrs à l'avance – précaution prudente, mais superflue, car le gaz CO_2 se révéla stable et parfaitement capable d'assumer le rôle [...].[34]

Si les calculs neutroniques commencent à sortir de l'empirisme grâce à une physique plus mathématique, il domine encore la résolution d'un grand nombre de facteurs d'ordre technologiques. Tout est nouveau ou presque en ce qui concerne les matériaux, leur élaboration comme leur résistance, ou le fonctionnement de la machine.

EL2 diverge le 21 octobre 1952. Elle est la première pile[35] construite sur le site du Centre nucléaire de Saclay, créé en 1949, à une trentaine de kilomètres au sud de Paris. Témoignage du peu de maturité de l'énergie atomique en France en 1955, et de son corollaire, le faible questionnement en matière de sûreté, Jacques Yvon pouvait écrire à l'occasion de la première conférence internationale sur les utilisations pacifiques de l'énergie atomique en 1955 :

> Lors de la conférence de Genève, la question suivante nous avait été posée : Que faites-vous s'il y a une rupture de gaine ? Nous avions pu répondre fièrement que nous n'avions pas l'expérience d'un tel ennui. Ce qui prouvait que nos cartouches étaient d'une bonne fabrication. Mais, il faut l'avouer aussi, qu'elles n'avaient pas atteint un âge avancé. L'année passée notre expérience s'est améliorée à cet égard.[36]

---

34 Kowarski, L., « Zoé : le départ ... », *op. cit.*, p. 23. Kowarski est responsable d'EL2 jusqu'à son départ pour le CERN en 1952.

35 Le combustible d'EL2 est constitué par 3 tonnes d'uranium naturel en 136 barres de 2,15 m de long, réparties suivant un réseau hexagonal. Les barres contiennent chacune quatre cartouches d'uranium superposées (26 mm de diamètre, 500 mm de long), gainées de magnésium. Ces barres plongent dans le modérateur composé de 5,7 tonnes d'eau lourde, contenu dans une cuve cylindrique d'aluminium de 2 m de diamètre et de 2,5 m de hauteur. Un réflecteur en graphite de 1 m d'épaisseur entoure la cuve. Le gaz carbonique réfrigérant circule autour des barreaux d'uranium puis est refroidi par de l'eau dans trois échangeurs.

36 Yvon, J., « Les Piles Atomiques en France », *Le Journal de Physique et le Radium*, T. 18, n° 10, Octobre 1957, p. 538-546, p. 546.

La pile allait en effet connaître ses premiers incidents l'année suivante.

1.2.6.2. Premiers incidents d'EL2

Au cours de l'année 1956, diverses améliorations permettent de faire passer la puissance d'EL2 de 1 500 à 2 000 kW. Mais des incidents se manifestent à partir du 1er juin 1956. Ce jour-là, on constate que la température d'une cellule s'élève anormalement. Simultanément, une activité radioactive élevée est décelée au voisinage des soufflantes qui assurent la circulation du gaz carbonique. La pile est arrêtée. La cellule en question est enlevée, ainsi que ses voisines qui présentent une contamination radioactive. L'examen aux rayons X montre un fort gonflement de la gaine d'une des cartouches. On peut supposer que la gaine est rompue, sans que l'observation permette de le prouver. C'est un service spécial, le Service de protection contre les radiations[37] qui effectue des mesures et en déduit que 25 grammes environ d'uranium ont brûlé.

Un nouvel incident se produit le 14 juillet : une activité nettement anormale due à des produits de fission est à nouveau détectée dans le gaz carbonique, la pile est arrêtée. L'observation montre que la gaine d'une cartouche centrale s'est fissurée. D'importants travaux seront nécessaires à la remise en marche de la pile : nettoyage des canalisations contaminées, installation de filtres sur le circuit de gaz carbonique et à la base de la cheminée.

Mais surtout, ces incidents accélèrent la mise au point d'un système de détection de ruptures de gaines (DRG). Ce système doit permettre de repérer les fuites au moment où elles se produisent, sans avoir à attendre qu'un service extérieur ne vienne mesurer la radioactivité qui s'est répandue suite à la rupture, ou à observer directement l'état des cartouches de combustible. Yvon décrit le principe de ce nouveau mécanisme de détection, essentiel pour la sécurité de l'installation, qui était seulement en préparation lors de l'accident :

> À la sortie de chaque cellule, une fine canalisation prélève une petite quantité de fluide qui est envoyée devant des compteurs de rayonnement : si la gaine se rompt ou présente une fêlure, des produits de fission se répandent dans le gaz ; [...] Lorsqu'une cellule s'avère défaillante, il ne reste plus qu'à arrêter la pile et à décharger la file de cartouches incriminées. La détection de rupture de gaine permet d'intervenir avant que la fêlure ne soit franche de même que le thermocouple, moins spécifique, permet d'intervenir si une grosse déformation précède une fêlure.[38]

---

[37] Nous présentons plus loin la genèse de ces premiers services au sein du CEA.

[38] Yvon, J., « Les piles atomiques... », *op. cit.*, p. 547.

Les Français ont six ans de retard sur les Britanniques qui avaient équipé leur pile de Windscale d'un système de contrôle des échantillons d'air provenant de chacun de ses 3 000 canaux.[39]

L'exemple d'EL2 illustre deux aspects de l'histoire de la sécurité des piles dans cette première partie du développement de l'énergie atomique. Tout d'abord, la sécurité est du ressort des physiciens eux-mêmes. Ceux-ci prennent progressivement conscience du risque présenté par les installations atomiques et mettent petit à petit au point des instruments pour mieux contrôler la machine qu'ils conçoivent, construisent et exploitent. L'incident d'EL2 montre également l'intervention d'un Service dit « de protection contre les radiations » pour mesurer l'activité radioactive ; ce Service, de nature à la fois physique et biologique, fut en effet la première structure chargée de sécurité instituée au sein du CEA.

1.3. Première institutionnalisation : la protection. Médecins et ingénieurs (1951)

Une des problématiques de l'histoire de la sécurité nucléaire réside dans la difficile définition des rôles entre deux disciplines liées par la nature même du danger atomique : la (radio)protection et la sûreté. Le télescopage de ces deux disciplines émaille l'histoire de la maîtrise du risque nucléaire en France, à la fois du fait de la délimitation du champ d'activité – schématiquement, la sûreté doit mettre en œuvre les moyens pour éviter le rejet de substances radioactives tandis que la (radio)protection s'attache à la mesure de cette radioactivité et à ses conséquences sur la santé – mais aussi du fait de rivalités institutionnelles et de pouvoir entre des corps de métier aux traditions différentes. Les deux disciplines travailleront parfois de façon séparée ou en collaboration, leur poids respectif dans les préoccupations de sécurité sera fluctuant, en fonction de l'appréciation sociétale mouvante du danger nucléaire.

1.3.1. Une affaire de médecins : le Service de protection contre les radiations (SPR)

Au début de 1947 une division biologique et médicale était créée au CEA : celle-ci s'était consacrée à une sécurité industrielle classique (prise en charge des accidents du travail), et aux recherches biomédicales sur les isotopes radioactifs, et moins à protéger le personnel de la radioactivité. Or Zoé faisait courir un réel danger aux travailleurs, c'est pourquoi au début de 1949, Kowarski alla visiter le nouveau centre nucléaire britannique d'Harwell. À son retour, il conseilla de réviser et

---

[39] Cf. Pocock, R.F., *Nuclear Power. Its Development in the United Kingdom*, Old Woking, The Institution of Nuclear Engineers, 1977, p. 15.

de développer les services de protection. « Son grand souci était la protection des travailleurs ; la pollution de l'environnement n'inquiétait pas beaucoup, à ce stade, car on n'avait pas encore les moyens d'y provoquer des risques bien sérieux. »[40] Dans les premières années du Commissariat, l'essentiel de l'activité est constitué d'un travail de laboratoire, d'extraction de minerai, et les piles ont une puissance faible. On est donc moins préoccupé par les risques d'un accident qui disperserait de la radioactivité à l'extérieur que par le danger des rayonnements pour les personnels. Avec l'augmentation du nombre et de la puissance des machines au cours des années 1950 et 1960, les préoccupations concernant la maîtrise technique des machines, l'œuvre des physiciens et des ingénieurs, prendront le dessus sur les travaux des biologistes et des médecins.

Les questions de protection contre les rayonnements sont tout d'abord appréhendées sous les auspices du professeur Louis Bugnard,[41] ingénieur et médecin, directeur de l'Institut national l'hygiène, et conseiller scientifique du CEA. Sous son impulsion est créée en 1951 la première structure permanente et centralisée du Commissariat chargée du problème des rayonnements : le Service de protection contre les radiations (SPR), directement rattaché au cabinet du haut-commissaire.[42]

L'essentiel des missions du SPR apparaît du ressort des ingénieurs – on parle de « mise au point des techniques de détection et des moyens de protection » –, toutefois la collaboration avec les médecins est nécessitée par la pluridisciplinarité des recherches « physiques, chimiques et biologiques ». Il est également spécifié dans la note de création du SPR que le chef du service ainsi que le chef du Service sanitaire doivent assurer des échanges réguliers et réciproques des informations qu'ils recueillent. Et la note ajoute même que « l'un ou l'autre chef de service peut obtenir communication de tout dossier particulier qu'il désire, ce qui implique qu'ils appartiennent tous deux au corps médical. » Cet aspect juridique explique pourquoi c'est un médecin, le docteur Jammet qui est nommé[43] chef du SPR.

---

40 Weart, S., *op. cit.*, p. 350.

41 Louis Bugnard (1901-1978) est ancien élève de l'École Polytechnique (X 1920).

42 Note de Service B-41 en date du 6 novembre 1951, signée par le haut-commissaire Francis Perrin. Archives CEA.

43 Note de Service B-45 du 16 novembre 1951, signée du haut-commissaire Francis Perrin et de l'administrateur général Pierre Guillaumat. Archives CEA. Henri Jammet, jeune médecin électroradiologiste appelé à jouer un rôle de premier plan dans le domaine de la protection, a été recruté au CEA en 1950 sur recommandation du professeur Bugnard. Il avait rejoint le Service d'électronique de M. Surdin.

Ce Service comporte trois groupes, chargés de la protection dans les trois domaines principaux d'intervention du CEA : la protection autour de la pile Zoé, qui consiste essentiellement à assurer la dosimétrie individuelle des travailleurs ; la protection au cours de la mise au point des procédés chimiques de traitement du combustible et la préparation des isotopes radioactifs obtenus par irradiation en pile ; la protection et la surveillance du personnel des mines souterraines d'uranium.

Le SPR publie le 26 janvier 1953 un Règlement général sur la Protection contre les Radiations. Signé à la fois par le haut-commissaire et l'administrateur général, le règlement donne au SPR des attributions assez contraignantes pour les unités du CEA qui font fonctionner des installations puisqu'il assure au SPR l'accès sur tous les lieux de travail, lui donne la responsabilité du choix et de la mise en œuvre des méthodes de détection, l'élaboration des consignes de protection et la vérification de leur efficacité. Le règlement lui donne enfin le pouvoir d'arrêter toute activité jugée dangereuse. Ceci explique sans doute les réticences des chefs d'unités et leur manque de bonne volonté pour accueillir le système de contrôle mis en place. L'administrateur général et le haut-commissaire sont pour cela amenés à renforcer le SPR. Et pour éviter que le contrôle apparaisse trop coercitif et qu'il soit mal accepté par les unités opérationnelles, décision est prise de lui adjoindre un élément d'égale importance qui apporte un concours positif aux unités. Un groupe dit de « génie radioactif » est ainsi créé à Saclay en mai 1955.[44] Pour le diriger, un militaire de l'armée de terre, Francis Duhamel, est recruté en mai 1955. Il est nommé chef-adjoint du SPR.[45] Le Groupe de génie radioactif est chargé de centraliser les études concernant la Protection contre les radiations entreprises par le SPR et les autres services. Des ingénieurs sont ainsi associés aux médecins par l'intermédiaire de ce groupe.

1.3.2. Création du SHARP et du SCRGR. Médecins ici, ingénieurs là

Moins d'un an après la création du Groupe de génie radioactif, le SPR se scinde en deux, plaçant les ingénieurs d'un côté, les médecins de l'autre. Cette scission illustre la difficulté de définir l'objet de la protection, entre tâches d'ingénieurs et de médecins. Plusieurs raisons peuvent expliquer cette séparation. Le CEA entre dans une phase de croissance

---

44 Note de Service B-256 du 10 mai 55. Archives CEA.

45 Le CEA est en train de mettre en place les structures pour la préparation des armes nucléaires, faisant ainsi appel à un certain nombre d'officiers des trois armées. Francis Duhamel (1915-2000) est ancien élève de l'École polytechnique (X 1936), sorti dans le Corps de l'infanterie coloniale.

exponentielle : les grands centres d'études ont été ou sont sur le point d'être créés ; l'exploitation des gisements d'uranium s'étend ; les grands programmes de recherche et de développement à la fois industriels et militaires sont lancés, ce qui accroît d'autant les responsabilités du SPR. Par ailleurs, la France est présente au sein des organisations internationales telles que la Commission internationale de protection radiologique (CIPR) ou le Comité scientifique de l'ONU (UNSCEAR) créé en 1955 pour étudier les problèmes que pose l'augmentation de la radioactivité de la planète. Le professeur Bugnard et le Dr Jammet sont très impliqués dans ces travaux de ces organisations et ont besoin de s'appuyer sur un service du CEA plus orienté vers la recherche appliquée en radiopathologie. Un troisième motif à cette spécialisation est sans toute la difficulté de collaboration entre ingénieurs et médecins. C'est par ailleurs l'époque où de nombreux ingénieurs reviennent de visites aux USA où la protection est avant tout affaire d'ingénieurs.

C'est pourquoi décision est prise en 1956 de remplacer le SPR par deux services qui se veulent « à vocation complémentaire »[46] : le Service d'hygiène atomique et de radiopathologie (SHARP)[47] et le Service de contrôle des radiations et de génie radioactif (SCRGR). Le Groupe de génie radioactif créé en 1955 est rattaché au SCRGR. Le docteur Henri Jammet est nommé chef du SHARP et Francis Duhamel chef du SCRGR.[48] Pour éviter que cette spécialisation ne compartimente trop les problèmes, un Comité de protection contre les radiations est chargé de coordonner les deux services, qui malgré cela, vont se développer avec des destins différents, effectuant une distinction croissante entre les aspects « sanitaire » et « physique » de la protection, puis entre protection et sûreté.[49]

1.3.3. Vie tourmentée du SCRGR jusqu'à sa suppression

La note instituant le SCRGR lui attribuait une fonction de contrôle qui allait poser certaines difficultés aux ingénieurs du service, confrontés à la mauvaise volonté des chefs des centres nucléaires. C'est pour-

---

46 Note de Service B 300 du 6 avril 1956. Archives CEA.

47 Le SHARP sera transformé en 1961 en un Département de protection sanitaire, rattaché à la Direction de la biologie et de la santé lors de sa création en 1964.

48 Au sein du SHARP on peut citer les noms de Mme Alibert et M. Michon des laboratoires de radiobiologie et radiopathologie, rejoints par les docteurs Mechali et Lafuma. Côté SCRGR, citons quelques noms d'ingénieurs que nous rencontrerons souvent par la suite, messieurs Pradel, Candès, Lavie, Menoux.

49 Un schéma présente en annexe l'évolution des organisations en charge de la protection et de la sûreté. Au départ regroupées, une distinction s'opère nettement entre une partie gauche « protection – biologie » et une partie droite « protection – sûreté ».

quoi Francis Perrin édite en 1957 une nouvelle note[50] dont l'objet est le « Contrôle des installations » par le SCRGR qui les rappelle à l'ordre. Cette note, signée du seul haut-commissaire, donc contestable sur le plan administratif, ne sera dans l'ensemble pas respectée et dressera contre le SCRGR une grande partie des chefs d'unité du CEA.

Cet épisode témoigne en tout cas des préoccupations du haut-commissaire Francis Perrin considérant les problèmes de sécurité comme prioritaires. C'est à peu près à la même époque que Perrin charge Jacques Yvon de mettre en place un groupe de sécurité qui sera à la base de la création d'une Commission de sûreté des installations atomiques, qu'il présidera en personne. C'est également dans ces années, le 6 février 1958 exactement, qu'est créée, sur demande du responsable des Armes spéciales, une Commission de sécurité qui a la charge d'étudier les normes et consignes à respecter en ce qui concerne les essais atomiques militaires de Reggane. Francis Perrin lui-même préside cette commission, composée de personnalités scientifiques, médicales et militaires.[51]

Ce rôle de contrôle des activités des autres services du CEA, justifié par les impératifs de protection contre les radiations, met donc le SCRGR dans une position délicate. D'autant plus que la délimitation de ses compétences par rapport à celles du SHARP puis du Département de protection sanitaire (DPS) n'est pas évidente, ce dont témoigne un certain nombre de conflits entre les chefs des deux services.[52] Le rôle du SCRGR deviendra plus flou après la création en 1960 de la première structure centralisée du CEA chargée de prendre en charge les problèmes de sécurité.[53] La tendance à la décentralisation de la protection peut également expliquer la perte de pouvoir du SCRGR : chaque centre ou usine ayant ses problèmes spécifiques, les directions d'établissement, qui ont la responsabilité de la sécurité, ont été amenées à créer des unités locales de radioprotection. Les responsables du CEA décideront en 1964 de supprimer le SCRGR.[54]

---

50 Note HC/1223 du 16 février 1957, signée F. Perrin. Archives CEA.

51 Ailleret, Charles (général), *L'aventure atomique française. Comment naquit la force de frappe*, Paris, Grasset, 1968, p. 278-280.

52 Note de Duhamel au chef du DPS, 28/2/64. Note de Jammet au chef du SCRGR, 3/3/64.

53 Certaines des équipes techniques du SCRGR seront amenées à devenir des soutiens spécialisés des sous-commissions qui assureront l'interface entre les services techniques de sûreté et les instances de décision.

54 Il est remplacé par deux services : l'un de protection, le Service technique d'études de protection (STEP), rattaché à la Direction de la biologie et de la santé (DBS) du professeur Bugnard, l'autre de sûreté radiologique, le Service d'études de sûreté radiologique (SESR), placé sous l'autorité directe du directeur de Cabinet du haut-

Mais c'est du sein du Département d'études de piles, le département développeur des réacteurs, que vont venir les préoccupations de ce qui deviendra la « sûreté nucléaire ».

1.4. Les ingénieurs, comme monsieur Jourdain... : la sécurité en marchant

1.4.1. Le tournant industriel et militaire du CEA (1952)

Au début des années 1950 se produit une profonde réorganisation du CEA. Avec le début de la guerre froide, les ministres du PCF ont dû quitter le gouvernement ; en 1949, l'année de la signature du Pacte atlantique, le CEA est secoué par une crise politique : Frédéric Joliot-Curie, président du Congrès mondial des partisans de la paix, déclare lors d'un meeting qu'il s'oppose à la fabrication d'armes atomiques, qui ne pourraient qu'être utilisées contre l'Union soviétique. Le gouvernement juge cette déclaration inadmissible de la part du chef scientifique de l'agence gouvernementale chargée du développement des applications de l'atome, et donc des armes : Frédéric Joliot est révoqué par Georges Bidault le 28 avril 1950. Francis Perrin lui succède à cette charge qu'il assumera pendant vingt ans, jusqu'en 1970. Quant au poste d'administrateur général, il subit également un changement de titulaire avec le décès de Raoul Dautry durant l'été 1951. Dautry est remplacé par Pierre Guillaumat. Sous la direction de Guillaumat, de 1951 à 1958, le CEA va connaître un développement fulgurant : il passe dans l'intervalle de 1 500 membres en 1951 à 10 700 en 1958.

L'ère des pionniers s'achève avec le départ de Joliot et la mort de Dautry. La réorganisation des structures internes du CEA scelle la fin de la prédominance des scientifiques « de gauche », au profit des ingénieurs polytechniciens. Un décret ministériel du 3 janvier 1951 modifie l'ordonnance de 1945 afin d'autoriser l'accès au Comité à l'énergie atomique à des personnalités de l'administration et de l'industrie, et non plus aux seuls scientifiques reconnus pour leur compétence dans le domaine atomique. Le 9 juillet de la même année est actée une décision suivant laquelle les collaborateurs du CEA peuvent être licenciés par l'administrateur général seul, sans avis du haut-commissaire.[55] L'administrateur général, l'homme des réseaux des services secrets et du complexe militaro-industriel, prend le pas sur le haut-commissaire.

---

commissaire. Note de Service C-946, Instruction générale, du 26.11.64, signée F. Perrin et R. Hirsch. Archives CEA.

[55] D'après Vallet, Bénédicte, « The Nuclear Safety Institution in France : Emergence and Development », *Dissertation pour le grade de docteur en philosophie de l'Université de New York*, 1986, p. 43.

La carrière de Guillaumat jusqu'à sa nomination par Félix Gaillard[56] au poste d'administrateur général du CEA est éloquente : né en 1909, fils du général Adolphe Guillaumat qui fut ministre de la Guerre en 1926, Pierre Guillaumat entre à l'école polytechnique après des études au prytanée militaire de La Flèche. Polytechnicien (X 1931), ingénieur au Corps des mines (service colonial), il a été chef du Service des mines en Indochine (1934-1939) et en Tunisie (1939-1943). Actif en Afrique du Nord dans le service de renseignement du général Giraud puis dans les services secrets gaullistes du Bureau central de Renseignements et d'Action (BCRA) à Alger, il est nommé directeur des Carburants au ministère de l'Industrie (1944-1951), où il impulse l'exploration pétrolière systématique de la métropole et des colonies. Administrateur de Gaz de France (1947-1951), il est en même temps président du Conseil d'administration du Bureau de recherches de pétrole (1945-1951). Alors qu'il prend les rênes du CEA, l'objectif principal de Guillaumat sera de produire du plutonium, dans le cadre d'un premier plan quinquennal atomique. Il quittera le CEA en 1958 pour devenir ministre des Armées (1958-1960), puis ministre délégué auprès du Premier ministre chargé de l'énergie atomique et de la recherche (1960-1962).[57]

Le 24 juillet 1952, Félix Gaillard fait voter par le Parlement une loi-programme de cinq ans ouvrant un crédit de 40 milliards de francs en vue de la construction de deux réacteurs de puissance 50 000 kWth (G1) et 150 000 kWth (G2), et de l'usine d'extraction de plutonium correspondante. Les réacteurs à construire sont de la filière dite à Uranium Naturel-Graphite-Gaz (UNGG) : l'uranium naturel sert de combustible (l'uranium enrichi n'est pas disponible en France à l'époque), le graphite joue le rôle de modérateur (la fabrication industrielle du graphite très pur est au point en France depuis Zoé alors que celle de l'eau lourde ne l'est pas), et le refroidissement est assuré par gaz.

Le plan quinquennal ne mentionne aucune utilisation éventuelle du plutonium pour des buts militaires, mais il ne fait aucun doute que la possibilité de doter la France de la bombe atomique est prédominante dans l'esprit des inspirateurs du plan. Son but affiché est la production de plutonium destiné à être utilisé dans une seconde génération de piles,

---

56 Félix Gaillard, secrétaire d'État à la présidence du Conseil depuis le 11 août 1951 et à ce titre chargé du CEA, avait d'abord pensé nommer Louis Armand à ce poste, mais celui-ci se récusa et proposa son cadet dans le Corps des mines, Pierre Guillaumat.

57 Guillaumat sera ensuite président d'EDF (1964-65), avant de se consacrer exclusivement au secteur pétrolier : président-directeur général de l'Union générale des pétroles (UGP) de 1962 à 1966, de la Société nationale Elf-Aquitaine (1965-77), d'Erap (1965-77). Président du Conseil d'administration de l'École polytechnique (1971-74), chef incontesté du Corps des mines, il sera rattrapé par le scandale des avions renifleurs en 1979. Il est décédé en 1991.

dites « secondaires », ces piles « régénératrices » (on parlera plus tard de réacteurs surrégénérateurs puis de surgénérateurs) présentant un rendement très nettement supérieur aux piles à uranium naturel et qui utilisent comme combustible le plutonium produit par les piles « primaires ». Mais pour les scientifiques et ingénieurs, il n'est pas question d'attendre : il faut tester les possibilités énergétiques des piles UNGG.[58]

L'effort français doit être resitué dans le contexte général du développement du nucléaire dans le monde : une course de vitesse est engagée entre les différentes équipes. L'enjeu est de taille pour tous les États, il en va de leur position dans le monde de l'après-guerre, tant sur le plan industriel que militaire. Ces développements sont confiés à d'éminents scientifiques, et plus tard à de grands ingénieurs. Par ailleurs, jusqu'en 1955, date de la première conférence des Nations unies sur les utilisations pacifiques de l'énergie atomique à Genève, toutes les activités ayant rapport avec le nucléaire portent le sceau du secret : chaque pays développe sa propre technologie de son côté, les échanges d'informations scientifiques sont pratiquement nuls.

Ce « secret » et cette compétition entre les différentes équipes expliquent l'aspect empirique de la conception des premières piles à graphite en France :

> Nos constructions de cette époque, se souvient Jacques Yvon, furent loin d'être précédées de la collection d'essais qui auraient permis de réduire la part de l'empirisme. C'est qu'il faut un temps au moins aussi long pour monter et rendre productif un laboratoire susceptible de fournir des réponses décisives que pour construire un engin en tâtonnant. Le résultat est moins parfait, mais l'expérience en vraie grandeur est acquise plus tôt.[59]

À l'empirisme des méthodes employées pour la conception et la construction des piles correspond l'empirisme des conceptions sur la sûreté. De 1945 à 1959, aucune doctrine ne régit la sûreté des installations atomiques en France. Pour pallier leur manque d'expérience dans cette discipline nouvelle comme les lacunes ou les incertitudes de leurs connaissances, les techniciens conçoivent leurs machines en prenant des marges de sécurité. Les développeurs se chargent eux-mêmes de la sécurité de leur machine. C'est pourquoi il est nécessaire de relater ces problèmes de conception, de réalisation, qui posent en même temps des questions de sûreté. Ces mêmes problèmes de température de gaine, de

---

[58] Cf. Perrin, Francis, « Le Plan quinquennal du commissariat à l'énergie atomique », *Atomes*, n° 85, avril 1953, p. 112, cité par Michel Dürr, « Le tournant nucléaire d'Électricité de France », in Henri Morsel (dir.), *Histoire de l'électricité en France*, tome III, Paris, Fayard, 1996, p. 697.

[59] Yvon, J., « Les piles à graphite », *Échos du CEA*, Numéro Spécial, Octobre 1965, p. 25-27, p. 25.

montée en pression, de tenue de l'enceinte, de détection de rupture de gaines, seront au cœur de l'activité des premiers organismes spécialisés dans la sûreté.

1.4.2. Le site de Marcoule. La pile G1 : développement et premiers incidents

Après Châtillon (Fontenay-aux-Roses) et Saclay, le CEA sélectionne un nouveau site pour l'implantation des deux premières piles prévues dans le plan quinquennal, dénommées G1 et G2. Le site de Marcoule, sur la rive droite du Rhône près d'Orange, entre Pont-Saint-Esprit et Avignon, a été préféré à un autre site reconnu du côté d'Arles. Étant donné le risque inhérent à l'implantation d'installations atomiques, on a dû tenir compte de certaines contraintes pour le choix du site, en particulier en termes d'éloignement. Les raisons du choix de Marcoule sont exposées par Maurice Pascal, chef du Service de construction des piles à Marcoule :

> – On recherchait une région dont l'affectation spéciale ne créerait pas, des points de vue agricole ou industriel, une perte sérieuse pour l'ensemble du potentiel français.
>
> – On ne souhaitait pas s'installer dans une région où la densité de population fût considérable.
>
> – Il fallait disposer, à proximité immédiate du site, d'un débit d'eau important.
>
> – On prévoyait pour le premier réacteur appelé G1 une cheminée d'une centaine de mètres de hauteur, il fallait trouver un site éloigné de terrains d'aviation.[60]

Pour la construction de G1, les Français ne se lancent pas complètement dans l'inconnu dans la mesure où ils savent que des piles de même type ont déjà fonctionné ailleurs dans le monde, aux États-Unis et en Angleterre. Et malgré la politique du secret, quelques visites à l'étranger permettent aux scientifiques français de tirer d'utiles informations pour leurs projets, comme l'indique Yvon :

> Nous pûmes visiter Harwell, Windscale, Oak Ridge, Brookhaven. Visiter une pile en service, en admettant qu'on vous autorise à circuler en tous les points où le personnel a accès, permet de prendre une certaine mesure des problèmes qui se posent, mais les difficultés embarrassantes se trouvent à l'intérieur : nos hôtes avaient des consignes de silence, ils pouvaient néanmoins répondre à certaines de nos questions, nous signalant parfois de ma-

[60] Cité par Georges Lamiral, *Chronique de trente années d'équipement nucléaire à Électricité de France*, Paris, AHEF, 1988, p. 9. Maurice Pascal (X 1941) est le futur adjoint de Pierre Taranger à la Direction industrielle du CEA.

nière sibylline des embûches que nous n'aurions pas imaginées, qu'ils avaient généralement su éviter, mais qui sans doute les laissaient quelquefois eux-mêmes perplexes.[61]

Le schéma général de G1 dérive de celui de la pile américaine de Brookhaven, mais les ingénieurs français ne disposent pas des données de base, neutroniques notamment. Il leur faut pour cela mettre sur pied un certain nombre d'expériences, telle G0, expérience dite exponentielle qui leur permet de calculer la masse critique de G1. Les premières études du projet G1 datent de 1951 et l'avant-projet élaboré par le Département d'études de piles du CEA prend corps vers le milieu de l'année 1953. Fin 1952, le mode de refroidissement de G1 est décidé : ce sera l'air à la pression atmosphérique. Pour la deuxième pile, G2, le gaz carbonique sous pression sera choisi en raison de la bonne marche du refroidissement par gaz comprimé de la pile EL2 de Saclay.

Mais si le CEA et son Département des études de piles[62] détiennent tout le savoir nucléaire français, il n'a pas de réelle capacité industrielle. Avec G1 débute l'intervention de l'industrie française dans les réalisations atomiques du CEA, au-delà de la fourniture de pièces détachées.

Pierre Guillaumat, avec l'aide de Pierre Taranger[63] et de sa toute nouvelle « Direction industrielle » au CEA, choisit pour ce faire la solution de « l'architecte industriel » : il s'agit de donner à des groupements d'industriels la responsabilité de se répartir et de coordonner les études et réalisations, à l'exception toutefois des études fondamentales qui restent du domaine du CEA. Le Commissariat invite à Saclay les chefs de file de certaines sociétés françaises et leurs collaborateurs à prendre un premier contact avec ces nouveaux problèmes. Des ingénieurs sont détachés dans les services du CEA pour se familiariser avec la terminologie et ces techniques spéciales.

G1 est confié à la Société alsacienne de constructions mécaniques (SACM), à la Société des forges et ateliers du Creusot (SFAC) et à Rateau. À partir de l'avant-projet établi en 1953 par le DEP, le projet complet de la pile G1 est élaboré par le groupement, à l'exception

---

61 Yvon, J., « Les piles à graphite », *Échos du CEA*, Numéro Spécial, Octobre 1965, p. 25-27 ; p. 25.

62 Le Département d'études des piles (DEP), créé en novembre 1952, regroupe alors trois services : le Service de physique mathématique, le Service des études de mécanique et la Section de neutronique expérimentale. Il sera augmenté en avril 1953 du Service de la pile de Châtillon, puis d'un service plus théorique. Le premier chef du département est Jacques Yvon, auquel succédera Jules Horowitz en 1959.

63 Polytechnicien (X 1933), Pierre Taranger est un vieux complice de Guillaumat aux services de renseignements d'Alger puis à la Direction des carburants au ministère de l'Industrie.

toutefois de la partie proprement nucléaire. L'usine chimique d'extraction du plutonium est construite à Marcoule par la société Saint-Gobain sous l'autorité de Robert Galley,[64] épaulé par Pierre Régnaut, membre de l'équipe de chimistes dirigés par Bertrand Goldschmidt ayant élaboré le procédé utilisé.

Le cœur de G1 a la forme[65] d'un prisme octogonal d'axe horizontal, de 8 m de long et 4 m de rayon. Les 2 674 cartouches d'uranium sont horizontales, 2 674 thermocouples mesurent la température de chacune des cellules alors que 2 674 boisseaux permettent le réglage du débit d'air. Les cartouches portent 6 ailettes longitudinales qui facilitent le transfert de chaleur, leur longueur est de 3,8 m. Elles sont constituées de petits barreaux de 10 cm de long et de 26 mm de diamètre dont les gaines sont en magnésium. L'air de refroidissement est capté à 25 m au-dessus du sol. Filtré, il traverse les soufflantes, est lavé et réfrigéré, puis il entre dans le cœur et est évacué dans l'atmosphère au sommet d'une cheminée de 100 m de haut. L'écran de protection biologique est un massif de béton de 2,5 m d'épaisseur. Le flux neutronique maximum prévu est de 5,5 10^{12} n/cm^2.s.

L'un des problèmes techniques majeurs à surmonter concerne la tenue de l'empilement du graphite en particulier sous irradiation, car du fait de son anisotropie, les dimensions du graphite sont modifiées différemment selon les directions sous l'effet des rayonnements et de la température. La construction de G1 est l'occasion pour les mécaniciens du CEA d'apprendre à empiler de grandes quantités (1 100 tonnes) de graphite. La puissance nominale de G1 est 5 000 kW, mais les soufflantes en consomment 8 000.

En mai 1954, un accord est passé entre EDF et le CEA prévoyant d'adjoindre à ce réacteur une installation de production d'électricité. Le protocole d'accord entre l'Électricité de France et le CEA, signé du directeur général d'EDF, Gaspard, et de l'administrateur général, Délégué du Gouvernement, Guillaumat, précise que :

> Le CEA et l'EDF estiment qu'il y a intérêt à réaliser le plut tôt possible, une première installation de récupération d'énergie à la sortie d'une pile, même

---

[64] Né en 1921, Robert Galley est ingénieur de l'École Centrale et ingénieur de l'École Nationale Supérieure du Pétrole et des Moteurs. Après un stage à la Compagnie Chérifienne des Pétroles (1950-1954), un des viviers de recrutement de Guillaumat, c'est Taranger qui le recrute pour l'assister à la Direction industrielle. Il est nommé chef du Département de construction des usines du CEA (1955-1956), de construction de l'usine d'extraction du plutonium de Marcoule (1955-1958), puis de l'usine de séparation isotopique de Pierrelatte (1958-1965). Il occupera par la suite de nombreuses responsabilités gouvernementales et politiques.

[65] La description de G1 comme celle de G2-G3 s'inspire de l'ouvrage de Robert Guillien, *Physique nucléaire appliquée*, Paris, Eyrolles, 1960, p. 635-647.

> si la qualité de l'énergie calorifique en cause est faible, par suite d'une température peu élevée et si la puissance récupérée est faible. Les enseignements recueillis au cours de la construction, puis de l'exploitation, de cette première installation peuvent en effet éviter des tâtonnements ou des erreurs dans la conception des installations plus importantes qui sont vraisemblablement appelées à suivre assez vite cette première expérience.[66]

Cette installation de récupération d'énergie ajoutée à G1 marque le début de la collaboration entre les deux agences gouvernementales, et l'entrée d'EDF dans le monde de l'énergie atomique.

Cette décision d'adjoindre à G1 une installation de récupération d'énergie sera critiquée par certains observateurs : le reproche fait au CEA est de « courir plusieurs lièvres à la fois » en voulant, en plus du plutonium, produire de l'électricité, avec une pile non prévue à cet effet. Compte tenu de la faible température de l'air à la sortie du réacteur, l'installation de récupération d'énergie ne dépassera jamais la puissance de 2,5 Mwe à cause de limitations sur les températures. Selon Yvon, les problèmes technologiques, en tout premier lieu métallurgiques, expliquent ces mauvaises performances : la limitation de la température est imposée avant tout par la résistance des cartouches et principalement par la tenue des gaines de magnésium dans l'air ; il faut éviter de laisser le magnésium dépasser en quelque endroit que ce soit une certaine température limite. Des progrès de ces performances sont envisagés grâce à l'amélioration des cartouches du point de vue de la résistance du magnésium à la corrosion ; on se demande si les marges de sécurité concernant la température n'ont pas été excessives et l'on pense pouvoir s'en rapprocher grâce au perfectionnement des dispositifs de sécurité.[67]

Mais dès l'automne 1956, G1 connaît un premier incident grave (ou accident grave selon les auteurs). Après un démarrage sans problème en janvier, une montée en puissance assez rapide et alors que G1 est en pleine puissance depuis quelques semaines, une cartouche, mal refroidie, s'échauffe et prend feu. En fait, c'est un barreau d'uranium mal positionné dans son alvéole qui s'est déformé provoquant la rupture de son gainage de magnésium. Le système de détection de rupture de gaine fonctionne et de peur que la radioactivité ne se répande, on décide l'arrêt immédiat de G1. Un ingénieur d'EDF se souvient :

> L'extraction de l'élément combustible fut très délicate ; un morceau de cet élément qui tomba sur le plancher du réacteur fut ramassé au moyen d'une longue pince par le chef du Service de construction des piles et placé rapi-

---

[66] Protocole d'accord entre l'Électricité de France et le Commissariat à l'Énergie Atomique pour une première expérience de récupération d'énergie, 14 mai 1954.

[67] Yvon, Jacques, « Les Piles Atomiques en France », *Le Journal de Physique et le Radium*, t. 18, n° 10, Octobre 1957, p. 549.

dement dans un canal vertical aménagé dans le plancher et destiné à recevoir d'éventuels déchets ; des ouvriers légèrement contaminés passèrent plusieurs heures à se doucher dans les installations sanitaires du bâtiment administratif voisin, installations qui furent condamnées ainsi que leur accès pendant plusieurs jours. Cet incident n'eut aucun caractère de gravité car les irradiations étaient faibles, mais c'est lui qui incita à prévoir des dispositifs de dépannage dans les installations de chargement et de déchargement du combustible des réacteurs suivants, ainsi que des installations de décontamination du personnel particulièrement importantes à la sortie de l'enceinte étanche du réacteur EDF1.[68]

A posteriori, l'incident est jugé sans gravité, mais le doute s'était quand même emparé des techniciens, qui pendant plusieurs jours n'avaient pas trop su « comment s'en sortir ».[69] Les 300 barreaux d'uranium sont extraits de la pile en novembre 1957 pour être remplacés par des barreaux neufs. Des échantillons sont envoyés en Angleterre (l'atelier de dégainage est hors d'usage suite à une contamination) pour être étudiés. Il s'avère qu'ils ne contiennent qu'un très faible pourcentage de plutonium et sont à peu près inutilisables. Un bilan de l'accident conclut que ce sont 7 kg d'uranium qui ont fondu.[70]

Un autre facteur de risque que les Français doivent apprendre à maîtriser est ce qu'on appelle l'effet Wigner,[71] du nom du physicien américain qui a découvert ce phénomène en 1943. Soumis[72] au bombardement des neutrons, le graphite emmagasine de l'énergie qui est fonction de la dose de neutrons et de la température pendant l'irradiation. Or le graphite est susceptible de restituer cette énergie plus ou moins spontanément : ce phénomène, provoqué par une élévation locale de température, peut se propager à tout l'empilement et porter certaines cartouches à des températures intolérables. Le phénomène est redoutable en particulier si le graphite est froid, ce qui est le cas de G1 à l'endroit où l'air pénètre dans la pile à peu près à la température ambiante. Il suffit alors que la température du graphite monte, pour une raison ou une autre, de quelques dizaines de degrés au-dessus de la température d'irradiation,

---

68 Lamiral, G., *op. cit.*, p. 25-26.

69 Entretien de l'auteur avec Georges Vendryes, 19 avril 1999.

70 PV de la Commission de sûreté des installations atomiques, séance du 5/12/61. Archives CEA, Fonds du haut-commissaire, HC-F2 05 19.

71 Physicien mathématicien, futur prix Nobel de Physique, Eugène P. Wigner, est né en 1902 à Budapest et a étudié à la Technische Hochschule de Berlin. Émigré aux États-Unis en 1930, il est directeur des études théoriques au laboratoire métallurgique de l'université de Chicago pendant la Deuxième Guerre mondiale.

72 D'après Tanguy, P., Bacher, P., « Progrès dans les réacteurs nucléaires à uranium naturel et graphite », *Énergie Nucléaire*, vol. 3, n° 2, mars-avril 1961, p. 176-185.

pour que cette libération d'énergie puisse avoir des conséquences graves si la capacité calorifique du graphite n'est pas suffisante pour l'absorber.

Pour éviter ces accidents, il faut procéder régulièrement, quand l'énergie emmagasinée atteint une certaine limite, à une libération contrôlée de cette énergie, dans une opération dite de « recuit » : le graphite est porté à une température supérieure à la température d'irradiation, ce qui provoque le déclenchement de la libération d'énergie. Si le remède est connu, encore faut-il savoir l'administrer correctement. En effet, au cours d'une procédure de recuit mal maîtrisée, se produit en Angleterre, en octobre 1957, le plus grave accident nucléaire survenu jusque-là. L'accident de Windscale, que nous évoquerons plus en détail par la suite, propulsa une grande quantité de produits radioactifs dans l'environnement.

Le premier recuit du graphite de G1 est effectué en septembre 1959. Yvon confirme que la maîtrise de ce redoutable problème a été un grand pas en avant pour le CEA : « cet essai satisfaisant a fait progresser sensiblement notre acquis en matière de réacteurs à graphite. Il convient de dire, après avoir insisté sur ce qu'avait d'autonome notre programme atomique, que nous avons eu en la circonstance le concours de spécialistes anglais qui s'étaient heurtés avant nous au même problème. »[73]

G1 a permis aux scientifiques du CEA de faire leur expérience en grandeur nature : les problèmes métallurgiques sont entrevus, les détections ont été améliorées, on a même vécu un premier accident. Parallèlement, le projet d'un réacteur plus puissant est déjà à l'étude.

1.4.3. G2 et G3 : l'impératif plutonium

Les études du deuxième réacteur plutonigène prévu dans le plan quinquennal aboutissent en 1955 à un projet d'une puissance de 160 MWth. Dans l'intervalle, Guillaumat négocie un accord avec le ministre de la Défense pour la construction d'une troisième pile productrice de plutonium. Le budget du CEA est porté de 40 milliards à 100 milliards de francs de l'époque et la décision est prise de réaliser à Marcoule deux tranches identiques dénommées G2 et G3.

EDF est associée aux études du projet et celui-ci comporte une installation de production d'électricité de 25-40 MWe. Les caractéristiques du réacteur et de l'installation de récupération d'énergie associée sont arrêtées dès mai 1955.

---

[73] Yvon, J., « Les possibilités qu'offrent actuellement les piles atomiques et nos projets d'avenir », *Revue de l'enseignement supérieur*, novembre 1959, p. 55-65.

Les bassins de décantation d'eau du Rhône (premier plan) ; en arrière-plan, G2-G3 ; au fond, l'usine de séparation du plutonium (Marcoule, novembre 1960).
Archives CEA © CEA/Pierre JAHAN – J 431

La pile devant produire de l'énergie électrique, la circulation d'air en circuit ouvert est abandonnée au profit d'un circuit fermé de gaz carbonique. Une originalité des réacteurs G2 et G3 est que le caisson en acier, fréquent aux USA et en Grande-Bretagne, est remplacé par un caisson horizontal en béton précontraint : sa réalisation est plus simple et il est assez pratique d'y ménager les orifices nécessaires au fluide réfrigérant et aux mouvements de combustible. Il présente par ailleurs l'avantage d'autoriser de fortes pressions pour le gaz carbonique (15 kgf/cm^2), ce qui est un facteur important pour la qualité du rendement thermique. Le béton de l'enveloppe n'étant pas étanche aux gaz, le caisson est doublé intérieurement par une peau en acier de 3 cm d'épaisseur.

Vue de l'avant du réacteur G2, face de chargement (Marcoule, janvier 1962). Archives CEA © CEA/Pierre JAHAN – J 558

Le débit de gaz carbonique est de 700 kg/s, il est entraîné par des turbo-soufflantes. Le CO_2 vaporise l'eau dans quatre échangeurs bouilleurs, qui sont de gigantesques cylindres de 3,5 m de diamètre et de 32 m de longueur. Le modérateur est constitué par 1 200 tonnes de graphite. Les 120 tonnes d'uranium naturel sont réparties dans les 1 200 canaux horizontaux, contenant chacun 28 cartouches gainées d'un alliage de magnésium. Une innovation a été apportée par rapport à G1 puisque le chargement et le déchargement s'effectuent réacteur en marche, grâce à un sas étanche. Au cours de leur utilisation dans la pile, les cartouches entrent par un bout et sortent progressivement par l'autre.

La première divergence de G2 est obtenue le 21 juillet 1958. G3 divergera pour la première fois le 8 juin 1959. Les Installations de Production d'Électricité (IPE) de G2 seront couplées au réseau électrique le 23 avril 1959, celles de G3 en avril 1960.

Comme pour tous les réacteurs à graphite, la puissance de G2 G3 est limitée par divers facteurs : d'une part, on impose une borne supérieure à la température du magnésium, 400°. D'autre part, une certaine puissance doit être consacrée à la circulation du fluide primaire. G2 fonctionne en circuit fermé : le gaz primaire rentre dans l'empilement vers 200° ; cette température, bien supérieure à celle de G1, présente l'avantage de réduire fortement les ennuis possibles de l'effet Wigner. Il faut noter que G2 et G3 ne sont pas encore de vraies centrales électriques, parce qu'on n'a pas recherché à maintenir l'uranium assez longtemps dans la pile pour l'utiliser de manière économique. L'objectif primordial étant la production de plutonium, la fourniture d'électricité reste accessoire. Ces deux objectifs sont dans une certaine mesure contradictoires, car l'obtention d'une bonne qualité de plutonium pour les bombes n'est pas compatible avec la meilleure utilisation possible de la pile du point de vue de la production d'électricité. EDF continue ainsi de faire son apprentissage du nucléaire sur G2 et G3, pour l'instant pour la seule récupération de l'électricité produite.

L'impératif plutonium pour G2 et G3 est encore accentué fin 1960 avec la décision du parlement de constituer une force de dissuasion. Selon Bertrand Goldschmidt, il s'agit là d'un « véritable changement d'orientation du CEA. » Il en veut pour preuve le fait que deux tiers de ses dépenses sont, à cette date, liés au programme militaire. L'homme qui a extrait les premiers milligrammes de plutonium au CEA témoigne dans un ouvrage de 1962 du fait que toutes les installations atomiques doivent être mises à contribution :

> La réalisation de [ce programme] impose qu'une priorité soit donnée à la fabrication de plutonium de Marcoule et à la construction de l'usine de séparation isotopique de Pierrelatte, en vue de la production ultérieure d'uranium 235. Les réacteurs de l'EDF pourraient, si nécessaire, fournir un complément de production de plutonium, en cas d'accident ou de production insuffisante des piles de Marcoule. De même, pour pallier à une hypothétique défaillance de l'usine chimique d'extraction de plutonium de Marcoule, il a été décidé de construire au cap de la Hague une deuxième unité de traitement de combustibles irradiés ; elle servira d'usine de secours et

permettra aussi d'y séparer une fraction du plutonium produit dans les réacteurs d'EDF.[74]

Une production de plutonium jugée insuffisante par le gouvernement dans les premiers réacteurs d'EDF de Chinon sera même évoquée pour expliquer la révocation du président d'EDF, Roger Gaspard,[75] en 1964. Gaspard sera alors remplacé par Guillaumat à la tête d'EDF.

1.4.4. Les piles de recherche, leurs dangers

Outre les grandes piles de production de plutonium, des piles de recherche ou d'essais ont été les auxiliaires du programme atomique du CEA depuis EL2 jusqu'à G3. C'est également sur ces piles que la plupart des scientifiques et ingénieurs du CEA ont fait leurs premières armes, et ce non seulement dans la filière uranium naturel-graphite, mais aussi dans les filières à eau lourde, à eau légère, ou à neutrons rapides.

1.4.4.1. Des piles de recherche pour le développement de l'énergie atomique

Si les dirigeants du CEA se sont lancés directement dans la construction de grands réacteurs pour bénéficier au plus vite de l'expérience de fonctionnement de telles machines et produire le plutonium exigé, de nombreuses et redoutables inconnues subsistent dans les connaissances sur de nombreux phénomènes nucléaires. Les piles de recherches et d'essais sont développées parallèlement aux grandes piles de production pour combler ces lacunes.

Caractéristiques des piles de recherches et d'essais

	Site	Flux max. n/cm^2/s	Date de Divergence	Puissance thermique (KW)	Combustible	Modérateur	Fluide réfrigérant
ZOE	Châtillon	10^{12}	12.1948	150	U naturel	D_2O	D_2O
EL2	Saclay	10^{13}	10.1952	2 500	U naturel	D_2O	CO_2
EL3	Saclay	10^{14}	7.1957	17 500	U enrichi	D_2O	D_2O
Mélusine	Grenoble	10^{13}	7.1958	1 200	U enrichi	H_2O	H_2O
Triton	Châtillon	10^{13}	6.1959	1 200	U enrichi	H_2O	H_2O
Minerve	Châtillon	10^{11}	9.1959	faible	U enrichi	H_2O	néant
Ulysse	Saclay	$1,4. 10^{12}$	1961		U enrichi	H_2O	H_2O
Pégase	Cadarache	$1,5. 10^{14}$	4.1963	30 000	U enrichi	H_2O	H_2O
Siloé	Grenoble	8×10^{13}	3.1963	10 000	U enrichi	H_2O	H_2O

74 Goldschmidt, Bertrand, *L'aventure atomique*, Paris, Fayard, 1962, p. 242.

75 Selon Georges Lamiral, *op. cit.*, p. 59. Roger Gaspard (1902-1982), X-Ponts, secrétaire d'État aux Travaux Publics avant-guerre, directeur de l'électricité au ministère, a été directeur général d'EDF de 1947 à 1962, puis président de 1962 à 1964. C'est Pierre Guillaumat qui lui succède de 1964 à 1965.

Un premier type de piles développé au CEA a pour but de contrôler la qualité nucléaire des matériaux utilisés, graphite et magnésium pour l'essentiel. Pour cela les scientifiques du CEA utilisent une technique consistant à faire osciller des échantillons dans une pile maintenue à basse puissance et dont on mesure la réponse : ces expériences sont menées sur Zoé jusqu'en 1960, date à laquelle la décision est prise de construire une installation plus moderne et mieux adaptée à ces mesures, la pile Minerve. Construite au Fort de Châtillon, Minerve est une pile dite « piscine » en référence au gros réservoir parallélépipédique d'environ 5 mètres de haut encastré dans un massif de béton et rempli d'eau à l'intérieur duquel se déroulent les expériences.[76]

En second lieu, il faut s'assurer que les matériaux (graphite, cartouche de combustible) résistent à l'effet du rayonnement : EL2 joue notamment ce rôle jusqu'à son remplacement par EL3 dont le flux dix fois plus élevé permet de réduire les temps d'irradiation d'un facteur dix. Compte tenu du lourd programme auquel doit faire face EL3, une nouvelle pile spécialisée dans l'étude des cartouches destinées à travailler en atmosphère gazeuse est construite à Cadarache sous le nom de Pégase. En 1959 deux piles expérimentales, du type « piles piscines », entrent en service[77] : Mélusine est destinée aux études de neutronique, de physique des solides, de chimie sous rayonnement, à la production de radioéléments, l'analyse par activation, l'étude de radioéléments à vie courte ou encore à l'étude des transferts thermiques ; Triton est construite à Fontenay-aux-Roses pour l'étude des écrans protecteurs.[78]

Le troisième type de pile sert aux expériences critiques. Les « maquettes critiques » fournissent la base expérimentale des études de neutronique, que ce soit pour l'acquisition des données nucléaires ou

---

76 Cf. Yvon, J., Breton, D., « La Pile Minerve », *Énergie Nucléaire*, vol. 2, n° 3, mai-juin 1960, p. 144-151.

77 C'est la mise à disposition par les États-Unis d'uranium très enrichi à partir de 1955 (20 % puis 90 et 93 %) qui permet au CEA d'opter pour ces piles de type piscine développées Outre-Atlantique. Refroidies, modérées et protégées par de l'eau naturelle, ces piles sont très compactes et permettent d'obtenir des flux de neutrons plus intenses et d'accéder plus facilement au cœur du réacteur. Elles sont par ailleurs d'une construction rapide et peu coûteuse. D'après : Lerouge, B., « Les réacteurs de recherche au CEA », *Actes des colloques du 50e anniversaire du CEA*, 1997, p. 233-238.

78 Cf. Divers auteurs, « Les piles piscines de 1000 kW Mélusine et Triton », *Bull. Inform. Sci. et tech., CEA*, n° 35, décembre 1959, p. 3-97 ; Trioulaire, M., « Piles piscines », *Énergie Nucléaire*, vol. 1, n° 4, juillet-août 1959, p. 153-167. Ingénieur à de l'École Navale (1939), Marcel Trioulaire a servi pendant quinze ans comme officier de la Marine Nationale avant d'entrer au CEA où, en tant que chef du Bureau Piles Piscines au DEP, il a été chargé de diriger la réalisation des piles Mélusine et Triton en liaison avec l'industrie privée. C'est Indatom qui a construit Mélusine.

pour la validation des méthodes de calcul de cœur. Il s'agit de piles maintenues à très faible puissance, donc ne nécessitant pas de fluide réfrigérant. Représentant les réseaux combustibles des réacteurs explorés, on teste grâce à elles les meilleures dispositions du modérateur et de l'uranium : espacement, diamètre des canaux, diamètre de l'uranium, tubes ou barres pleins, uranium neuf, naturel, enrichi ou appauvri. La première pile critique a été Aquilon, destinée aux essais sur l'eau lourde. Située à Saclay, elle diverge pour la première fois en août 1956. Elle est suivie par Alizé, à uranium enrichi et modérée à l'eau légère, qui diverge le 18 juin 1959 à Saclay, un mois à peine avant la première divergence de Rubéole, à oxyde d'uranium enrichi et modérée à l'oxyde de béryllium. La construction de Marius, nouvelle pile à graphite, doit permettre de poursuivre ces travaux.

Caractéristiques des piles pour les expériences critiques

	Site	Flux max. $n/cm^2/s$	Date de Divergence	Puissance thermique (KW)	Combustible	Modérateur
Aquilon	Saclay	10^7	8.1956	faible	U naturel	D_2O
Proserpine	Saclay	5.10^7	3.1958	faible	divers	H_2O et B_2O
Alizé	Saclay	5.10^7	6.1959	faible	U enrichi	H_2O
Rubéole	Saclay	10^8	7.1959	faible	UO_2 enrichi	BeO
Marius	Marcoule	10^9	1.1960	0.1	U naturel ou enrichi	graphite
Peggy	Saclay	5.10^9	2.1961	faible	U enrichi	H_2O
Azur	Cadarache		9.4.1962		U enrichi	H_2O
Rachel			4.1961	faible	Pu	néant
César	Cadarache		19.12.1964	0.1	U naturel et U enrichi	graphite

1.4.4.2. Les pratiques en matière de sécurité sur les piles de recherche : deux exemples

Parmi les piles de recherche, celles sur lesquelles sont menées les expériences critiques présentent des risques particuliers. Elles sont même considérées comme plus dangereuses que les gros réacteurs parce que les expérimentateurs en changent sans cesse les conditions de fonctionnement. Deux anecdotes à propos de ces maquettes critiques – Porserpine et Alizé – illustrent l'esprit vis-à-vis de la sécurité dans lequel les scientifiques et ingénieurs du CEA travaillent à cette époque, où la sûreté n'est pas institutionnalisée ou formalisée.

Proserpine est une maquette critique située à Saclay, qui a été conçue pour effectuer des divergences en plutonium, sous la houlette de Georges Vendryes.[79] Le récit de la première divergence qui intervient le 17 mars 1958 montre à quel point il y avait encore peu de formalisme en matière de sûreté. Cette petite maquette critique de puissance rigoureusement nulle était composée d'un récipient de dimension de l'ordre du litre, dans lequel baignait un sel de plutonium en suspension. Vendryes et son équipe cherchaient à savoir quelle était la quantité minimum de plutonium qui pouvait donner lieu à une réaction en chaîne. Ils avaient donc conçu une expérience qui rassemble les conditions les plus favorables au déclenchement de la réaction, donc les plus défavorables sur le plan accidentel. Ils avaient opté pour une géométrie aussi proche que possible de la sphère (en fait ils avaient pris un cylindre), un réflecteur excellent à base de glucine (oxyde de béryllium), un sel qui était le moins absorbant, etc. L'équipe de Vendryes allait ainsi réaliser la masse critique la plus petite qui ait jamais été obtenue au monde, et à leur grande surprise ils obtinrent une masse très faible de 230 g de plutonium mais d'un plutonium ne contenant pas d'isotope 240.

L'expérience était quand même assez risquée. Par exemple, dans le récipient qui contenait à peu près 1 litre de solution, il suffisait d'ajouter moins d'un millimètre de solution aqueuse de ce sel de plutonium pour passer de l'état critique à l'état critique en neutrons prompts, c'est-à-dire l'explosion ! C'était donc une expérience à manier délicatement, et on peut dire que la curiosité de l'équipe de Vendryes l'amenait, selon une expression de Jean Bussac, à « chatouiller la queue du dragon. »[80] Mais conscients du risque de l'opération, ils avaient accumulé les moyens de contrôle et de protection : ils avaient fait construire un bâtiment totalement dépourvu de fenêtre pour que les problèmes d'étanchéité soient réduits, l'installation était dotée de barres d'arrêt entraînées par une énorme arbalète pour être propulsées à une vitesse extrême.

---

79 Georges Vendryes est l'une des grandes figures du développement des applications de la physique nucléaire. Ancien Élève de l'École Polytechnique (X 1940), il travaille comme Ingénieur des Ponts et Chaussées au lendemain de la guerre. Enthousiasmé pour l'énergie nucléaire en 1946 par une conférence de Pierre Auger, Georges Vendryes demande son détachement des Ponts et Chaussées. Après quelques mois passés au laboratoire de Maurice de Broglie, il rejoint Frédéric Joliot au laboratoire de synthèse atomique où il soutient une thèse de physique expérimentale, avant de rentrer au CEA en 1952. Il y effectue des travaux de physique nucléaire, de neutronique expérimentale, et de démarrage et d'essais de G1. Ayant lancé le programme de recherches sur la fusion nucléaire contrôlée du CEA, il a été le principal artisan de la filière surgénératrice en France à partir de 1955.

80 Entretien de l'auteur avec Georges Vendryes et Jean Bussac, 10 avril 1999.

Ces dispositifs de sécurité avaient été imaginés par Vendryes et son équipe. Aucun document n'avait d'ailleurs été rédigé, si ce n'est pour l'équipe elle-même. Les aspects sûreté étaient intégrés au projet lui-même. Georges Vendryes en témoigne :

> La meilleure preuve qu'il n'y avait aucune commission ou quoi que ce soit, c'est que, au moment de faire la divergence, nous étions là avec Tachon, avec Clouet d'Orval, et je me rappelle, je me suis dit : « c'est quand même un peu embêtant que personne ne sache que nous allons faire cette divergence ». Personne ne le savait. Alors j'ai décroché mon téléphone et j'ai appelé Francis Perrin qui était dans son bureau au siège. Je lui ai dit : « Monsieur le Haut-Commissaire, je vous signale » – il était au courant de l'existence de ce projet – et je lui dis : « dans une heure nous allons faire la première divergence... [en plutonium, en France]. » Et alors il me dit : « Oh, pouvez-vous attendre une demi-heure ? J'arrive ! »[81]

Toujours d'une grande curiosité scientifique, Francis Perrin est alors arrivé du siège du CEA, toutes affaires cessantes, et il a assisté à cette première divergence de Proserpine.

Dans un tout autre registre, l'incident qui se produit sur Alizé en mars 1960 met en scène cette fois un ingénieur, jeune polytechnicien qui veut briller et tente un essai en débranchant toutes les sécurités, et ce contre les instructions qu'il avait reçues de son chef.[82] À cette époque, les expérimentateurs disposaient certes d'instructions, mais elles étaient parfois verbales, quelquefois écrites. L'expérimentateur voulait faire une étude sur l'effet Doppler[83] et il avait laissé délibérément les sécurités automatiques hors service. Il avait provoqué une importante injection de réactivité (légèrement supérieure à 1 000 pcm) par montée d'une barre de sécurité. Ce fut le coefficient de température du combustible qui freina la réaction extrêmement rapide. Les barres de sécurité étant chutées manuellement au bout d'une minute, cela mit fin à l'excursion de puissance. Par chance l'accident n'eut pas de conséquences graves, mais il s'en fallut de peu qu'il soit beaucoup plus sérieux. Grâce à la

---

[81] Entretien de l'auteur avec G. Vendryes.

[82] Anecdote racontée également par Yves Girard, *Un neutron entre les dents*, Paris, Éditions Rive Droite, 1997, p. 140.

[83] En neutronique, l'effet Doppler est l'élargissement des sections efficaces résonantes de capture des neutrons par certains noyaux lorsque la température augmente, qui a pour effet de faire chuter la puissance neutronique. Davantage de neutrons sont capturés et moins nombreux sont ceux qui sont disponibles pour de nouvelles fissions. L'effet Doppler est le plus rapide et le plus sensible des effets de variation de la réactivité d'un réacteur. C'est un facteur auto-stabilisateur de la réaction en chaîne, d'autant plus puissant que la variation de température est importante.

protection biologique, la personne la plus touchée reçut une dose limitée à 2 rems (20 mSv).[84]

Le formalisme en matière de sécurité était donc très peu poussé. La responsabilité des mesures à prendre pour assurer la sécurité des expériences, que ce soit la conception des dispositifs ou la rédaction et l'application de consignes, restait à la charge des techniciens eux-mêmes ; d'ailleurs ceux-ci considéraient en général qu'ils en savaient assez et que les réglementations faites par des administrateurs n'avaient aucune valeur. Eux savaient mieux que personne ce qu'il fallait faire.

La première règle formalisée de sécurité pour les piles de faibles puissances sera établie pour la protection biologique au début des années 1960, et notamment suite aux accidents de Vinca en Yougoslavie (1958) et d'Alizé.

---

84 Cf. Vathaire (de), F., « La sûreté des piles atomiques », *Cours de Génie Atomique*, CXI, éd. 1963, p. 2.

CHAPITRE 2

Naissance de la sûreté : les exemples américain et britannique (1957-1959)

La fin des années 1950 voit naître dans différents pays un début de formalisation des problèmes de sûreté nucléaire. Mais dans cette voie, tous ne sont pas au même niveau d'avancement. Les travaux des deux conférences internationales qui se tiennent à Genève en 1955 et 1958 sont deux jalons qui le montrent très nettement.

2.1. Les deux premières conférences de Genève

La première conférence des Nations unies sur les usages pacifiques de l'énergie atomique qui se tient à Genève en août 1955 fait suite à la levée par le président des États-Unis du secret sur les applications civiles de l'atome. En 1953, Eisenhower avait proposé aux autres nations un programme appelé « Atoms for Peace », dans lequel celles d'entre elles qui accepteraient de soumettre leurs installations à des contrôles pourraient bénéficier des connaissances nucléaires et seraient autorisées à avoir accès aux matières premières des États-Unis, pour des applications civiles. Présidée par Homi Bhabha, chef de la Commission atomique indienne, la conférence est qualifiée par le représentant français au sein du comité consultatif scientifique des Nations unies, de « plus importante réunion scientifique internationale de tous les temps »[1] : mille cinq cents délégués, dont de nombreux scientifiques de l'Est et de l'Ouest présentent un millier de communications. La première conférence de Genève marque la fin des recherches menées en secret par chaque nation, et lors de la conférence, tous les pays rivalisent pour montrer l'état d'avancement de leurs réalisations en la matière.[2] Il ne faut pas moins de 16 volumes pour regrouper les actes de cette première conférence. Ceux-ci montrent un net retard de la France sur les

---

1 Goldschmidt, Bertrand, *Le complexe atomique*, Paris, Fayard, 1980, p. 270.

2 En matière de réacteurs, le cheval de bataille et la fierté de la France lors de cette première conférence fut la pile EL2 et son tout nouveau système de refroidissement, le premier système de refroidissement à air comprimé au monde, devançant ainsi les Anglais de quelques mois, relate J. Bussac, in P.-M. de la Gorce, *op. cit.*, p. 170.

États-Unis et la Grande-Bretagne qui présentent des recherches très avancées en matière de réflexion sur la sécurité.

La deuxième conférence des Nations unies sur les usages pacifiques de l'atome se déroule trois ans plus tard également à Genève, du 1er au 13 septembre 1958, sous la présidence du haut-commissaire Francis Perrin. Elle témoigne du même retard français sur la question de la sûreté. Les actes de la conférence occupent 33 volumes, dont le numéro 13 intitulé « Reactor Safety and Control » comprend deux sessions dédiées à la sûreté des réacteurs. Sur les 24 communications présentées, 19 proviennent des USA, 2 de Suède, 2 de Grande-Bretagne, 1 de Norvège, il n'y a aucune communication française. La comparaison de ces chiffres est éloquente quant à la différence du niveau de questionnement en la matière.[3]

L'histoire de la sûreté nucléaire dans les deux pays où les conceptions sont les plus en pointe, les États-Unis et la Grande-Bretagne, montre comment, dans des contextes industriels et culturels différents, les problèmes se sont posés aux techniciens et quelles réponses ils ont apportées. Les développements outre-Manche et outre-Atlantique vont par ailleurs fortement inspirer les hommes du CEA à partir du moment où ils vont décider de prendre en charge les questions de sécurité de façon centralisée, à la fin des années 1950. Il leur faudra alors transférer les idées, les pratiques recueillies, et les adapter aux conditions françaises.

2.2. Développement de la sûreté nucléaire aux États-Unis

En 1959 paraît aux États-Unis la première revue au monde consacrée au seul thème de la sûreté nucléaire, *Nuclear Safety*. Ce seul indicateur révèle la maturité du niveau de questionnement aux États-Unis sur les problèmes de sécurité. *Nuclear Safety* est éditée par le laboratoire national d'Oak Ridge de la Commission américaine de l'énergie atomique (USAEC).[4] Plus de dix ans avant la publication de cette revue régulière,

---

3 Les futurs spécialistes français de la sûreté présentant une communication sur la protection dans une autre session : Bourgeois, J., Millot, J.-P., Rastoin, J., Vathaire (de), F., « Les coefficients expérimentaux de protection », Genève 1958, 15/P/1190, Rapport CEA 1307.

4 D'abord trimestrielle, *Nuclear Safety* paraîtra tous les deux mois à partir du volume 12. Dans son numéro 1 de septembre 1959 la sûreté est définie comme étant « l'analyse et le contrôle des risques associés à l'énergie nucléaire, à l'utilisation des matières fissiles et à leurs effets sur l'environnement. » La revue met principalement l'accent sur la conception, la construction et l'exploitation des réacteurs. Cependant, la sûreté du cycle du combustible (fabrication, traitement des combustibles usés, stockage des déchets, manipulation des radioisotopes, effets sur l'environnement de ces différentes opérations) est aussi abordée. Classiquement, chaque numéro de la

des organismes spécialisés sur les questions de sûreté ont été mis sur pied aux États-Unis. Cette avance américaine en matière de sûreté traduit une avance plus générale de ce pays en matière d'énergie atomique.

2.2.1. L'Atomic Energy Commission (USAEC)

Après les travaux de Fermi, la période de guerre et le projet Manhattan, une loi de 1946, dite loi Mac Mahon, instaure l'Atomic Energy Commission des États-Unis (USAEC), avec à sa tête cinq commissaires.[5] Il est à noter que l'Atomic Energy Act place l'USAEC sous le contrôle d'un comité mixte de parlementaires comprenant neuf membres du sénat et neuf du congrès, le Joint Committee on Atomic Energy (JCAE). Éditée au moment où les tensions avec l'Union soviétique se développaient et que la guerre froide s'annonçait, la loi Mac Mahon avait certes reconnu l'intérêt des applications civiles de l'énergie atomique, mais elle avait surtout mis l'accent sur ses aspects militaires, sur la recherche de matières premières et de nouvelles armes, soulignant la nécessité du secret. C'est ainsi que toutes les données relatives à l'énergie nucléaire étaient classées secrètes et leur utilisation dans l'industrie privée interdite. Le développement de l'énergie atomique aux États-Unis restera le monopole de l'agence gouvernementale jusqu'à l'abrogation de la loi en 1954.

2.2.2. Un comité d'experts

À côté de cet organisme gouvernemental chargé à la fois de la promotion de l'énergie nucléaire et de son contrôle, un comité indépendant d'experts, spécialisé dans les aspects de sécurité est mis en place en 1947 sous le nom de Reactor Safeguards Committee (RSC). Son rôle est

---

revue suit le plan suivant : I/ Nuclear Safety Criteria ; II/ Accident Analysis ; III/ Reactor Safety Features ; IV/ Plant Safety Features ; V/ Consequences of activity Release ; VI/ Current Events.

5 L'histoire du développement de l'énergie atomique aux États-Unis a été relatée par de nombreux auteurs. Parmi les incontournables, mentionnons l'histoire officielle de l'AEC : Hewlett, Richard G., Anderson, Oscar E., *The New World, 1939/1946 : Volume I of A History of the United States Atomic Energy Commission*, The Pennsylvania State University Press, 1962 ; Hewlett, Richard G., Duncan Francis, *Atomic Shield, 1947/1952 : Volume II of A History of the United States Atomic Energy Commission*, The Pennsylvania State University Press, 1969 ; Hewlett, Richard G., *Atoms for Peace and War*, 1953-1961, Berkeley, University of California Press, 1989. Pour ce qui concerne l'aspect « contrôle » de l'AEC puis de la Nuclear Regulatory Commission (NRC), deux ouvrages d'une histoire officielle de la NRC font référence : Walker, Samuel J., *Controlling the Atom. The Beginnings of Nuclear Regulation, 1946-1962*, Berkeley, University of California Press, 1984 ; Walker, Samuel J., *Containing the Atom. Nuclear Regulation in a Changing Environment, 1963-1971*, Berkeley, University of California Press, 1992.

au départ de conseiller l'AEC sur les aspects de sûreté dans la conception et la construction de ses propres réacteurs. Au cours de cette période, c'est essentiellement au sein du Reactor Safeguards Committee qu'ont lieu les débats entre spécialistes sur les questions de sûreté.

Le comité est composé de 15 personnalités reconnues pour leur compétence dans divers domaines liés à l'énergie atomique. Le premier président du Comité pour la sûreté des réacteurs n'est autre qu'Edward Teller.[6] Edward Teller est l'un des pionniers de la physique nucléaire : il a contribué à la construction du premier réacteur nucléaire à l'université de Chicago en 1942 en tant que chef du groupe de physique théorique du « Metallurgical Laboratory », puis a participé au projet Manhattan à Los Alamos. Les autres membres du Reactor Safeguards Committee sont d'illustres scientifiques représentant différentes disciplines comme la physique, la chimie, l'ingénierie sanitaire, la météorologie ou la médecine, et travaillant dans différentes universités, instituts de recherches ou entreprises.[7] Pendant ses quatre premières années d'existence, le comité s'est réuni quatre fois par an.

Ces scientifiques de grande valeur ont également une haute conscience des risques qu'ils ont à évaluer, comme en témoigne cette déclaration de Teller en 1953 devant le comité mixte de parlementaires (JCAE) :

> Jusqu'à présent, nous avons eu beaucoup de chance que les accidents de réacteur nucléaire n'aient provoqué aucune victime. Mais avec le développement des applications des réacteurs nucléaires et de l'énergie nucléaire, on ne peut pas s'attendre à ce que ce résultat soit maintenu. Il faut réaliser que ce résultat a été obtenu pour une part considérable grâce aux mesures de sûreté qui n'ont pas manqué d'en retarder le développement.[8]

---

6 Physicien d'origine hongroise né en 1908, Edward Teller a étudié à Leipzig et à Göttingen. Il émigre aux États-Unis en 1935 et devient professeur de physique à l'université George Washington. En 1941, ayant acquis la nationalité américaine, il devient membre de l'équipe du « Manhattan Engineer District ». Il exercera à Columbia, Chicago, Los Alamos, Livermore, Berkeley. Il sera l'un des principaux défenseurs des recherches sur les armes thermonucléaires.

7 Sont par exemple membres du comité le physicien John A. Wheeler du Palmer Physical Laboratory de Princeton ; Joseph W. Kennedy, président du Département de chimie de l'université Washington à Saint-Louis ; Manson Benedict, spécialiste d'ingénierie chimique, de la société Hydrocarbon Research ; le colonel Benjamin G. Holzman, chef du Département des sciences géophysiques de l'armée de l'air, spécialiste de météorologie ; Abel Wolman de l'université Johns Hopkins pour le domaine de la santé publique et de l'ingénierie sanitaire. Cf. Hewlett G. Richard, Duncan Francis, *Atomic Schield*, University of California Press, Berkeley, 1990, p. 186-187.

8 Edward Teller, cité par David Okrent, *Nuclear Reactor Safety. On the History of the Regulatory Process*, The Universitiy of Wisconsin Press, Madison, 1981, p. 3. (Traduit par nos soins).

Pour Teller, le risque nucléaire existe, il est identifié, et il faut se conformer à certaines règles, même si cela doit retarder le développement de cette forme d'énergie. En ce sens, la déclaration de Teller est une mise en garde à l'adresse de l'AEC, dont l'essentiel des efforts va se tourner vers la promotion la plus rapide possible de l'énergie atomique.

Comme la plupart des spécialistes de l'atome, Teller tient à démystifier le risque nucléaire et à préciser en quoi il consiste réellement : une centrale nucléaire n'est pas une bombe. Si Hiroshima a révélé au monde entier le pouvoir dévastateur de l'atome, le réel danger des centrales atomiques réside dans les produits radioactifs qui pourraient se dégager dans l'atmosphère lors d'un accident nucléaire et contaminer l'environnement sur des dizaines de kilomètres. Pour résumer en quoi consiste le danger d'un réacteur, Teller utilisait une image frappante : « Le danger est, en gros, analogue à celui que l'on courrait en produisant sous le même toit des explosifs et des poisons violents. »[9]

En 1948, le Reactor Safeguards Committee de l'AEC rend public une première règle (« guide ») indiquant un critère de sélection pour les sites devant accueillir un réacteur atomique : une formule empirique est proposée qui donne le rayon R en miles à l'intérieur duquel l'exposition aux radiations devrait être inférieure à 300 rems en cas de rejet accidentel non confiné des produits de fission, si P est la puissance en kW thermiques. La formule est la suivante : $R = 0{,}01\ (P)^{1/2}$. Pour un réacteur d'une puissance de 300 MWth (100 MWe), cette formule donne une zone d'exclusion d'environ 9 km, 30 km pour un réacteur dix fois plus puissant (1 000 MWe). Ce critère met donc au premier plan la distance comme facteur de sécurité intangible : plus le réacteur est puissant, donc plus grande est la quantité de produits radioactifs qu'il contient, plus il doit être éloigné des centres densément peuplés.

Mais ce critère de sélection n'autorisant finalement que peu de sites pour des centrales de puissance sans confinement, et compte tenu du coût des terrains à acquérir pour satisfaire à ces critères, des pressions vont se faire jour pour une diminution de la taille de ces « zones d'exclusion ». Dans les années qui suivent, un nouveau concept est développé pour autoriser un allégement de ce critère. Ainsi, en 1953, les ingénieurs de la compagnie General Electric créent un précédent en matière de sûreté en proposant d'enfermer le réacteur dans un bâtiment étanche en acier, permettant de confiner de manière ultime les matières radioactives à l'intérieur de l'enceinte si toutefois un accident devait se produire.

Témoignant du lien très étroit établi aux États-Unis entre les problèmes de sûreté des réacteurs et la question de leur implantation sur un

---

9 Teller, E., « Reactor Hazards Predictable », *Nucleonics*, 1953, vol. 11, n° 11, p. 80.

site donné, l'AEC opère en 1953 la fusion de deux de ses comités d'experts, le Reactor Safeguard Committee (RSC) et l'Industrial Committee on Reactor Location Problems (ICRL), Comité industriel sur les problèmes d'implantation des réacteurs. Leur réunion donne naissance à l'Advisory Committee on Reactor Safeguards (ACRS), le comité consultatif sur la sûreté des réacteurs. Son premier président est le Dr Rogers McCullough de la société Monsanto. Ancien président de l'ICRL, sa nomination à la tête de l'ACRS marque la consolidation de l'influence des industriels dans le comité pour la sûreté. L'ICRL avait en effet été créé en janvier 1951 pour contrebalancer le poids du Reactor Safeguard Committee qui, aux yeux des commissaires de l'AEC, ne prenait pas assez en compte l'aspect « développement » de l'énergie atomique. Le RSC s'était notamment opposé à l'implantation d'un réacteur à haut flux sur le site des laboratoires d'Argonne, jugé trop proche de Chicago. La présidence de Mc Cullough met ainsi fin au rôle des physiciens de haut vol au profit de préoccupations proches de celles des industriels.[10] On escompte du nouveau comité que dans son examen des problèmes d'implantation il accorde une plus grande considération aux facteurs « développement »,[11] ce qui n'empêchera pas le comité de prendre des positions qui seront jugées parfois trop prudentes par l'AEC.

Les conceptions très avancées de l'ACRS en matière de sûreté sont exposées lors de la première conférence de Genève en 1955 dans un article magistral, « la sécurité des piles nucléaires » : les principes qui régissent le fonctionnement des réacteurs y sont exposés, les dangers sont reconnus, la définition de la sûreté est énoncée. Le souhait des auteurs que le progrès de cette nouvelle technologie soit rapide ne les empêche pas de préconiser que des mesures de sécurité adaptées soient prises pour qu'aucun « risque inutile ou téméraire » ne soit pris dans ce domaine. C'est même une condition de son progrès : une catastrophe pourrait retarder l'épanouissement de cette nouvelle industrie.

---

10 Les membres de l'ACRS lors de sa création sont : Manson Benedict (MIT), Harvey Brooks (Harvard University), William P. Conner (Hercules Powder Company), Richard L. Doan (Philipps Petroleum Company), H. Friedel (Western Reserve University), I. B. Johns (Monsanto Chemical Company), Rogers C. McCullough (président), Mark M. Mills (University of California Radiation Laboratory), Kenneth R. Osborn (Allied Chemical and Dye Corporation), Donald A. Rogers (Chemical and Dye Corporation), C. R. Russel (secrétaire), Reuell C. Stratton (Travelers Insurance Company), Edward Teller (University of California), H. Wexcler (United States Weather Bureau), Abel Wolman (The John Hopkins University).

11 Sur les relations de l'AEC avec Monsanto et la nomination de McCullough, on consultera l'excellent ouvrage de Brian Balogh, *Chain Reaction. Expert debate and public participation in American commercial nuclear power, 1945-1975*, Cambridge, Cambridge University Press, 1991, p. 129-132.

McCullough, Mills et Teller définissent tout d'abord ce qu'est la sécurité[12] des piles et ce qu'implique cette notion : « la sécurité absolue n'est pas possible, et ce qu'on entend par sécurité de la pile, c'est le fait de réduire ces dangers à un risque calculé et acceptable aussi minime que possible. »[13] Même si jusqu'ici aucun accident n'est à déplorer, les auteurs remarquent qu'il est impossible d'envisager un fonctionnement de longue durée de piles nucléaires sans que certaines erreurs dans les plans ou dans la mise en œuvre ne soient occasionnellement commises. Les statistiques d'accident sont ici inopérantes, c'est donc sur le jugement de l'expert, d'après une analyse technique détaillée de la pile considérée, et sur la prudence qu'il faut compter pour déterminer le taux de risque admissible. Vient ensuite une description du danger dû aux piles nucléaires : la radioactivité qu'elles contiennent. Les auteurs remarquent à ce propos que dans l'état actuel des connaissances, « de toute évidence, les poisons radioactifs sont plus dangereux que les poisons chimiques ; l'augmentation du risque peut être figurée par un facteur de l'ordre de 10^6 à 10^9 », ce qui souligne l'importance de « retenir ces matériaux radioactifs à l'intérieur de la pile, et de prévenir leur dispersion sur des zones très peuplées ». Pour exemple, ils citent le cas d'un appareil dont la puissance est de 250 000 kW thermiques (60 000 kW de puissance électrique), qui, même un jour après son arrêt, contient toujours une radioactivité « énorme » d'environ 300 millions de curies, soit l'équivalent de l'activité de 300 tonnes de radium.

Le corps de l'article développe les divers défauts de fonctionnement d'une pile qui peuvent conduire à la libération des produits de fission :

> 1) développement d'un état supercritique (emballement de la pile) ;
>
> 2) fusion d'éléments de la pile, même après l'arrêt de la réaction en chaîne, en raison de la chaleur dégagée à retardement par les produits de fission radioactifs ;
>
> 3) possibilité de réactions chimiques exothermiques entre divers constituants de la pile [dans le cas d'un accident] amorcées par un emballement de la réaction en chaîne ou par la fusion due à la chaleur retardée.[14]

Parmi les nombreuses conclusions, les auteurs mettent l'accent, pour maîtriser l'emballement de la réaction, sur certains facteurs qui permet-

---

12 La traduction française utilise le terme de « sécurité » pour « safety » À partir de 1959, le terme français consacré sera celui de « sûreté » et non plus « sécurité » dans le domaine nucléaire.

13 McCullough, Rogers C., Mills, Mark M., Teller, Edward, « La sécurité des piles nucléaires », *Proceedings of The First International Conference on Peaceful Uses of Atomic Energy*, Geneva 1955, P/853, vol. XIII, New York (1956), United Nations, p. 93-102.

14 *Ibid.*, p. 95.

tent d'allonger la période de multiplication des neutrons et facilitent le contrôle de la pile. Il s'agit en particulier des coefficients de température de réactivité : si la pile est conçue de telle sorte qu'ils sont négatifs, un début d'emballement de la réaction en chaîne sera limité de façon intrinsèque. Le système de commande doit être également particulièrement étudié. Pour prévenir les accidents par dégagement retardé de chaleur, les auteurs soulignent l'importance de pouvoir évacuer celle-ci en utilisant la convection naturelle. L'ACRS estime que l'existence d'un bâtiment étanche aux gaz constitue une bonne pratique en matière de conception pour éviter la dispersion des produits de fission après un accident ; pour certaines piles, le bâtiment étanche devra pouvoir tenir la pression.

McCullough, Mills et Teller concluent en attirant à nouveau l'attention sur « le degré de danger collectif » que peut entraîner un accident survenu sur une pile : « En mettant tout au mieux, et en admettant qu'il n'y ait pas de morts, il peut être nécessaire d'évacuer une grande ville, d'abandonner un bassin fluvial, et il faudra sans doute interdire l'accès de l'emplacement même de la pile pendant des années. »[15] En dépit de « toutes ces désastreuses conséquences possibles », l'ACRS réaffirme sa conviction dans l'avenir des piles nucléaires et dans les bienfaits qu'elles pourront apporter à l'humanité.

Les principes qui régissent la sûreté des piles nucléaires sont donc reconnus très tôt, et le développement des futures usines se fait sous bonne garde.

2.2.3. L'Atomic Energy Act de 1954

En août 1954 une nouvelle loi est votée (Atomic Energy Act) qui rompt avec les restrictions imposées depuis 1946 : le développement de l'énergie atomique à des fins civiles est désormais placé au rang de priorité nationale et l'AEC doit mettre fin à son monopole sur les données nucléaires. L'objectif est de lancer de façon urgente un vaste programme de développement d'une industrie nucléaire commerciale privée. En même temps, l'Atomic Energy Act charge statutairement l'AEC de trois missions principales : à côté du développement et de l'expérimentation des armes nucléaires, elle doit assurer la promotion commerciale de l'énergie atomique, tout en assurant la réglementation et le contrôle de ces activités. Ces deux derniers objectifs, parfois contradictoires surtout lorsqu'ils sont assignés à la même agence, ne manqueront pas d'engendrer certaines difficultés, notamment avec le comité

---

15 *Ibid.*, p. 102.

d'experts qui prendra des positions plus réservées que les commissaires sur certains projets soumis par les industriels.

Pour encourager l'industrie privée à développer l'énergie atomique, la Commission à l'énergie atomique, sous la présidence de Lewis L. Strauss, impulse en janvier 1955 un « power demonstration program ». L'AEC s'engage auprès des industriels à assurer la recherche et développement des réacteurs de puissance dans ses laboratoires, à subventionner les recherches supplémentaires effectuées par les industriels et à leur fournir les matières premières. Le but du programme de démonstration de l'AEC est de stimuler la participation et l'investissement du privé dans la faisabilité des différents types de réacteurs.

En contrepartie, du point de vue réglementaire, l'Atomic Energy Act renforce le rôle de l'ACRS dans l'évaluation de la sûreté des centrales commerciales, le comité devant émettre un avis sur l'opportunité d'autoriser ou non la construction d'un réacteur. En 1955, l'AEC forme une Division des Applications civiles (Division of Civilian Application) pour l'attribution des licences d'exploitation des réacteurs, division au sein de laquelle est constitué un Service d'évaluation des risques (Hazards Evaluation Branch).

La loi de 1954 indique également la procédure à suivre pour l'obtention de l'autorisation de construction et d'exploitation d'un réacteur. Ces procédures se veulent suffisamment rigoureuses pour assurer la sûreté et malgré tout assez souples pour ne pas entraver le progrès technique dans cette technologie en plein développement. Ainsi, l'évaluation de la sûreté des réacteurs est effectuée au cas par cas, mais en tentant chaque fois de peser les avantages et l'adéquation des systèmes de sécurité proposés avec le site et le type de réacteur.

Dans un premier temps, tout producteur d'électricité souhaitant obtenir une autorisation dépose une demande auprès de l'AEC pour discuter les sites possibles compte tenu du type de centrale et en considérant la densité de population, la sismologie, la météorologie, la géologie et l'hydrologie du site. À ce stade l'AEC souligne également au requérant le type d'informations concernant le projet qui sont nécessaires pour son évaluation.

Ces informations une fois fournies, démarre la procédure officielle d'examen de la demande de permis de construction : c'est l'évaluation du « rapport préliminaire de risques » (preliminary hazards summary report) par la Division of Reactor Licensing. Ce rapport de sûreté est une innovation du domaine nucléaire : on doit démontrer *a priori* que l'on a bien étudié l'ensemble des dangers – tels qu'on les perçoit à l'époque donnée – pour pouvoir envisager la construction d'une installation. Sont analysés les caractéristiques du site, les choix de conception et de calculs, l'efficacité des dispositifs de sûreté et de confinement pour la prévention des rejets radioactifs en cas d'accident, les alimentations de secours, la manutention du combustible et le stockage des déchets. Une copie des rapports est envoyée à l'ACRS, qui donne un avis associé de recommandations quant à l'opportunité ou non d'autoriser la construction de la centrale.

Dans un troisième temps, se tient une audition publique, un « Public Hearing ». Cette procédure instituée en 1957 prévoit que toute autorisation doit être soumise à l'instruction de l'Atomic Safety Licensing Board (ASLB), présidée par un juriste, dans une sorte de procès où des représentants de l'AEC peuvent être appelés à témoigner. L'ASLB rend une décision pouvant être contestée en appel.

Après l'autorisation de construction, l'AEC exerce un contrôle pour vérifier que la réalisation se fait conformément aux prescriptions établies. Le producteur doit ensuite déposer une demande d'autorisation d'exploitation, accompagnée d'un « rapport final de risques » (final hazards summary report) : une nouvelle procédure d'examen par l'AEC puis l'ACRS est alors engagée. L'AEC délivre alors généralement une autorisation provisoire, puis une autorisation définitive qui fait l'objet d'une procédure complète avec enquête publique.

2.2.4. WASH 740 : les pires conséquences

Du point de vue de la sûreté, la deuxième moitié des années 1950 est marquée par des tentatives d'évaluer les pires conséquences possibles d'un accident de réacteur. Parmi ces études, la plus célèbre est le rapport dit de Brookhaven ou WASH 740. Il est publié par l'AEC en mars 1957 sous le titre « Theoretical Possibilities and Consequences of Major Accidents in Large Nuclear Power Plants ». Ce rapport, comme son titre l'indique, a pour objectif l'évaluation théorique des conséquences pour l'environnement résultant d'accidents de réacteurs nucléaires qui mettraient en défaut tous les systèmes de sécurité.

L'étude des chercheurs de Brookhaven[16] part d'un certain nombre d'hypothèses. Ils se sont donné un réacteur de 500 MW thermique (100 à 200 MW électriques) et un cycle du combustible de 180 jours. Tous les accidents sont supposés se produire le 180e jour quand la quantité de produits de fission est maximum ; elle est censée être de 400 millions de curies. Le réacteur est supposé situé à 30 miles (48,3 km) d'une grande ville d'un million d'habitants. Les chercheurs supposent que des quantités plus ou moins grandes d'effluents radioactifs s'échappent du réacteur, en envisageant différents cas selon la température de l'effluent

[16] D'après Mills, Mark M., « Reactor Hazards », in Mark M. Mills, *Modern Nuclear Technology*, New York, McGraw-Hill, 1960.

(chaude ou froide), la taille des particules (vapeur ou poussière), un temps sec ou humide, différentes conditions de vent, et différentes hauteurs des nuages. Les niveaux de tolérance individuelle sont exprimés en dose de rayonnement gamma corps entier : on suppose qu'il n'y a pas d'effet en dessous de 25 rems, que les effets sont peu probables entre 25 et 100 rems (mais qu'une observation des patients est nécessaire), probables de 100 à 450, mortels au-delà de 450. L'hypothèse la plus pessimiste envisagée est le relâchement de la moitié des produits de fission dans l'environnement.

Parmi les conclusions, les chercheurs de Brookhaven notent tout d'abord que si l'enceinte de confinement joue effectivement son rôle de telle sorte qu'aucun produit de fission ne quitte le site du réacteur, le danger pour le personnel comme les dégâts matériels sont nettement limités. Cependant, si des produits de fission s'échappent, il apparaît concevable que 3 400 personnes soient tuées et que 40 000 autres soient contaminées. Le coût d'un tel accident majeur pourrait être de l'ordre de 7 milliards de dollars, une zone de 240 000 kilomètres carrés étant touchée. Mais les fluctuations sur les résultats sont très grandes, en fonction des différentes hypothèses prises.

Les chercheurs de Brookhaven notent qu'ils auraient pu utiliser des probabilités et des coûts comme base pour le calcul de « l'espérance » (au sens statistique), à savoir la probabilité d'un accident multipliée par son coût, ce qui aurait permis de calculer un coût moyen par accident de réacteur. Mais ils s'y sont refusés estimant qu'une telle approche serait trompeuse car le coût d'un accident est trop important et peut varier dans de trop grandes proportions.

Ce rapport visait à apaiser les craintes à l'égard de l'énergie atomique en donnant une valeur majorante du nombre de victimes possibles qui seraient causées par un accident. Il aboutissait en fait à une conclusion peu rassurante : les chiffres proposés allaient effrayer tous les observateurs et donner par la suite aux opposants à cette forme d'énergie des arguments de poids pour en dénoncer les dangers.

2.2.5. « Distance versus engineered safeguards »

Sur le fond, pendant des années, le débat sur la sûreté nucléaire aux États-Unis va porter autour de l'équilibre entre la distance d'exclusion autour des réacteurs et les dispositifs additionnels de sécurité tels que l'enceinte de confinement. Dans ce débat, les firmes mettent en avant tous les systèmes de sécurité qu'elles ont développés pour faire accepter une diminution, voire la suppression de la zone d'exclusion, et ce, malgré l'augmentation de la puissance des réacteurs. Pour des raisons économiques, elles souhaitent disposer des centrales atomiques au plus près de leurs clients, voire même au cœur des centres urbains. Réduire les distances d'exclusion permet de diminuer le coût des lignes électriques, la surface des terrains à acquérir. Le marché que proposent les compagnies est en gros le suivant : « si nous améliorons les systèmes de protection, les critères d'éloignement doivent être assouplis ». Et à la limite, « si nous faisons la démonstration qu'ils sont infaillibles, aucune raison ne justifie l'existence des zones d'exclusion. »

Lors de la première conférence de Genève, deux ingénieurs de la General Electric Company avaient mis l'accent sur l'importance de l'enveloppe de protection – une épaisse sphère métallique – empêchant la libération de matières radioactives. Pondérées par un coefficient de rétention plus ou moins grand provenant de l'enceinte et des différents systèmes de protection, les conséquences d'un accident pouvaient finalement être acceptables. C'est donc au niveau de qualité de telles enceintes qu'il fallait veiller car en définitive ce sont elles qui déterminent le risque réellement encouru, sous-entendu : et non la distance.[17]

Du côté de l'AEC, l'année 1956 marque l'affirmation d'une nouvelle politique de sûreté consacrant la victoire de la philosophie du confinement au détriment des critères d'éloignement, qui sont assouplis. Ce tournant s'explique par la volonté de l'AEC de ne pas entraver le développement de l'industrie atomique qu'elle pousse à bout de bras.

En effet, malgré les incitations de l'AEC, les producteurs d'électricité américains ne se montrent pas très enthousiastes : en plus des incertitudes scientifiques et techniques sur la faisabilité et sur sa compétitivité économique de cette énergie, la reconnaissance de ses dangers n'incite pas l'industrie à se lancer dans l'énergie atomique. Les producteurs américains d'électricité ont le choix de leur matière première, que ce soit le pétrole, le gaz ou le charbon, et l'option nucléaire n'est qu'une parmi d'autres. Et si les contraintes sont trop importantes sur ce type d'énergie par rapport à ce qu'elles sont dans les autres énergies traditionnelles, ils n'ont pas vocation à se risquer dans cette voie. Ces arguments ne peuvent manquer de toucher l'AEC dont le développement de l'énergie atomique est la mission. La partie « contrôle » de l'AEC restera toujours très réduite par rapport à sa partie « développement ». On pose désormais très nettement la nécessité d'un compromis entre économie et sûreté, comme l'indique le président de l'AEC, le Dr Willard F. Libby,[18] en réponse à une question d'un sénateur à propos des critères de sélection des sites en zone urbaine :

---

17 Parker, H. M., Healy, J. W., « Environmental Effects of a Major Reactor Disaster » *Proceedings of The First International Conference on Peaceful Uses of Atomic Energy*, Geneva 1955, P/482, vol. XIII, United Nations, New York (1956), p. 106-109.

18 Docteur en chimie de l'université Berkeley (1933), Willard F. Libby a travaillé pendant la guerre à la War Division Research de l'université Columbia où il déve-

> Si l'on devait considérer les seuls facteurs de sûreté, les réacteurs atomiques devraient être implantés dans des régions de densité de population les plus faibles possible. Cependant, l'expansion et le développement d'une industrie de l'énergie atomique ne peuvent aller de l'avant dans des conditions d'isolement sensiblement différentes de celles que l'on a estimées applicables à la plupart des autres industries. [...] Nous attendons que les réacteurs de puissance, comme celui actuellement en construction à Shippingport en Pennsylvanie, reposeront *plus sur la philosophie du confinement que sur celle de l'isolement* (nous soulignons) comme moyens de protéger le public des conséquences d'un improbable accident, mais dans chaque cas il y aura une distance raisonnable entre le réacteur et les centres importants de population.[19]

Cette nouvelle conception de l'AEC, qui limite le rôle de la distance comme facteur supplémentaire de sécurité, provoque la première dissension de l'ACRS. Le président de l'AEC et les industriels estiment de leur côté que l'ACRS est trop prudent. La controverse devient même publique et montre pour la première fois que le jugement sur la sûreté de l'AEC peut être influencé par sa volonté de promotion d'une énergie nucléaire privée. À la suite de cette affaire, le Congrès transforme l'ACRS en organisme statutaire ayant la charge d'examiner toute nouvelle demande de centrale, aux côtés de la Division of Reactor Licensing de l'AEC. Ce renforcement des pouvoirs de l'ACRS sera source de nombreux conflits avec l'AEC.

2.2.6. Le Price Anderson Act : la question des assurances

Les dommages provoqués par un accident de réacteur pouvant être considérables, l'AEC, afin d'inciter l'industrie encore réservée face au développement de l'énergie nucléaire, estime qu'un facteur clé pour la réussite du programme atomique est la question de l'assurance financière en cas d'accident. Jusque-là, les compagnies d'assurance ne couvraient les risques qu'à hauteur de 60 millions de dollars. Pour encourager les industriels, deux membres du parlement (le sénateur Anderson et le représentant au Congrès Melvin Price) proposent en accord avec l'AEC que le gouvernement assure une couverture supplémentaire de 500 millions de dollars en cas d'accident de réacteur. En août 1957, le

---

loppa un procédé de séparation des isotopes de l'uranium par diffusion gazeuse. Commissaire à l'AEC de 1954 à 1959, il recevra le prix Nobel de chimie en 1960 pour l'invention d'un procédé de datation des matériaux organiques grâce au carbone radioactif.

19 Cité par Okrent, *op. cit.*, p. 23-24. Première centrale commerciale américaine, Shippingport a été commandée en 1953, elle sera couplée au réseau en décembre 1957. Sa chaudière à eau sous pression a été construite par Westinghouse, sa puissance est de 100 MWe.

Price Anderson Act est voté. C'est donc l'État qui prend en charge la majeure partie de la couverture de l'énergie atomique en cas d'accident catastrophique, les compagnies d'assurance privées n'ayant qu'à se charger d'une partie limitée du risque.

Malgré les incitations de l'AEC, le développement accéléré de l'énergie atomique aux États-Unis ne démarrera qu'au milieu de la décennie 1960, avec le lancement en 1963 de contrats pour des réacteurs clés en main (« turnkey ») proposés par General Electric. L'offre, en 1963, du premier de ces réacteurs, celui d'Oyster Creek, 515 MWe électriques, à un prix volontairement minoré, ouvrira une phase de ventes de réacteurs mettant aux prises les énormes sociétés que sont General Electric et Westinghouse, dont les commandes atteindront des plafonds au cours des années 1966-1967.

2.2.7. L'Accident Maximum Crédible

La sûreté dans les années 1955-1958 est marquée par l'évaluation des pires conséquences d'un accident de réacteur. Les interventions des spécialistes lors de la première conférence de Genève en 1955, ou le rapport WASH 740 de 1957 avaient suscité l'émoi de la communauté nucléaire, voire une certaine réprobation. C'est pourquoi une tentative de limiter ces hypothèses se fait jour à la fin des années 1950, dont la plus célèbre est le concept de « Maximum Credible Accident ».

La notion d'accident maximum crédible est présentée pour la première fois par Clifford Beck (Division des autorisations et de la réglementation de l'AEC), assisté de Mann et Morris (Division de l'Inspection de l'AEC) lors de la seconde conférence de Genève en 1958. Leur communication est intitulée « Sûreté des réacteurs, Évaluation des risques et Inspection. »[20] L'introduction montre à nouveau la vision très claire des représentants américains sur la question de la sûreté : l'essentiel des problèmes qui fondent la sûreté sont posés, que ce soit la nature et la gravité des dangers, les types de questionnements à la conception mais aussi en exploitation, la nécessité de prendre des marges de sécurité étant donné la faiblesse des connaissances, ou encore la définition des critères d'évaluation et de contrôle et enfin la nécessité d'une inspection.

Le point le plus important de la communication est la présentation par les auteurs de leur philosophie de l'évaluation de la sûreté ainsi que la définition de l'accident maximum crédible :

---

[20] Beck, C.K., Mann, M.M., Morris, P.A., « Reactor Safety, Hazards Evaluation and Inspection », *Proceedings of The Second International Conference on Peaceful Uses of Atomic Energy*, Geneva 1958, P/2407, vol. 11, United Nations, New York (1959), p. 17-20.

Avant qu'une autorisation d'exploitation soit accordée, la décision fondamentale repose sur le fait qu'on a une assurance raisonnable (reasonable assurance) que l'usine peut être construite et exploitée sur le site proposé sans risque excessif (undue risk) pour la santé et la sûreté du public. Deux critères essentiels sont appliqués pour parvenir à cette décision pour chaque combinaison site-réacteur : (1) En fonctionnement normal, les effluents ne doivent pas engendrer des niveaux de radioactivité à la limite du site supérieurs aux niveaux maxima autorisés pour des expositions continues ; (2) En cas d'accident, la radioactivité qui pourrait être rejetée, même dans le cas du pire accident dont la probabilité est considérée comme croyable, et dans les conditions de dispersion les plus pessimistes, ne doit pas engendrer des doses à l'extérieur du site qui soient supérieures aux doses critiques autorisées (une fois au cours de l'existence).[21]

En fonctionnement normal, c'est-à-dire hors accident, le critère est simple : il faut respecter des normes de rejet. En cas d'accident, la conception de l'installation doit être telle que la dose à la limite du site ne dépasse pas une valeur fixée. Le travail de vérification par l'autorité consiste alors à contrôler que les conséquences d'un accident particulier, le plus grave dont la probabilité est jugée croyable, ne dépassent pas cette norme. En d'autres termes, si les concepteurs peuvent prouver qu'en cas d'accident leur installation n'émet pas de rejets dépassant cette norme à la limite du site, l'autorisation peut être accordée. Mais tous les accidents imaginables ne sont pas pris en compte. Les accidents jugés trop improbables – car faisant intervenir des scénarios trop inimaginables, ou résultant d'un trop grand nombre de défaillances par ailleurs très peu probables – sont exclus (sont pris en compte pour être rejetés). Dans une première phase donc, les analystes doivent être exhaustifs dans le recensement des scénarios possibles d'accident, même les pires, indépendamment de leur réalité physique ou de leur probabilité. Dans un deuxième temps, on en évalue la crédibilité pour rejeter ceux qui ne sont pas considérés comme plausibles. L'idée de probabilité est sous-jacente, mais le jugement reste déterministe. La probabilité du pire accident auquel l'installation doit pouvoir faire face est évaluée suivant certaines règles considérées comme des certitudes : on estime par exemple que dans telle et telle condition de température et de pression, une cuve de tel diamètre d'un acier de telle nuance ne peut pas exploser. Comme par ailleurs on s'est assuré que le système ne peut pas se retrouver dans une situation au-delà de ces conditions, le risque de rupture de la cuve est exclu.

L'analyse et l'évaluation technique s'appuient sur le « Hazards Summary Report », le rapport de risques. C'est à partir des informations

21 *Ibid.*, p. 18.

fournies dans ce document qu'un jugement doit être porté par les membres de la Commission quant à la validité des mesures de sûreté adoptées par les concepteurs. La Commission contrôle mais ne s'immisce pas dans le projet : son rôle se cantonne à vérifier que les données présentées par le requérant permettent d'aboutir à l'objectif fixé. D'ailleurs, Beck et ses collègues ajoutent que la question de la réglementation et la fixation des normes est prématurée : l'organisme réglementaire ne doit pas entraver les progrès d'une technologie en développement par des règles figées. La remarque a valeur plus générale : toute réglementation est liée à un objet, à la connaissance que l'on peut en avoir, elle ne peut venir qu'*a posteriori*, comme jurisprudence. Or le développement de l'énergie atomique est encore récent. On ne dispose pas encore des éléments de jugement sur tous les types de réacteurs possibles et on n'est pas non plus capable de dire à l'avance que tel type de pratique est considéré comme acceptable. L'évaluation devra continuer de se faire au cas par cas.

Le concept d'accident maximum crédible (MCA) jettera les bases des premiers critères officiels de l'AEC. Étudiés à partir de 1959, ils seront publiés en avril 1962, au titre 10 du Code de réglementation fédérale article 100 (10 CFR Part 100, « Reactor site criteria »). Dans les faits, les critères de sélection des sites associés aux centrales nucléaires s'appuyant sur le MCA toléreront un rejet d'environ 1 000 curies d'iode 131 et des produits de fission associés.

2.2.8. *L'accident maximum plausible comme outil pour le dialogue, ou comment parler des accidents graves*

Le concept d'accident maximum crédible est un outil pour dialoguer entre concepteurs, constructeurs et organismes réglementaires. C'est une première tentative de définir des critères objectifs autour desquels s'entendre pour discuter de l'acceptabilité des risques d'accident à prendre en compte dans les analyses de sûreté.

Ce concept répond aux attentes de ceux qui font les projets, pour qui il faut que le constructeur, l'acheteur et l'autorité soient d'accord sur la nature des risques contre lesquels le constructeur doit fournir une protection et sur l'efficacité de cette protection, sans quoi il est impossible au concepteur de faire les plans détaillés de l'installation.[22]

À partir du début des années 1960, le monde nucléaire est divisé en plusieurs branches, dont les intérêts ou les points de vue ne sont pas forcément identiques, des sensibilités différentes s'expriment, des inté-

---

[22] D'après Cave, L., « Discussion générale de la session 3.6 », *Troisième Conférence Internationale des Nations unies*, Genève, 1964, p. 479.

rêts s'opposent entre industriels, experts de sûreté ou autorités administratives. L'accident maximum crédible est ainsi la première formule trouvée, aux États-Unis à la fin des années 1950, pour établir ce dialogue et mettre sur pied des critères pour traiter la question des accidents graves. En effet, le MCA est un concept utile dans les négociations, car le jeu nucléaire américain est complexe. Clifford Beck, l'inventeur du MCA le confirme : « Aux États-Unis nous avons élaboré des guides très utiles, basés sur l'accident maximal prévisible. Des directives logiques et uniformes ont été données aux centaines d'organisations différentes qui s'intéressent aux réacteurs nucléaires... »[23] Le contexte du nucléaire aux États-Unis est bien différent de celui que l'on rencontrera en France ou en Grande-Bretagne : on compte de nombreuses compagnies productrices d'électricité, plusieurs constructeurs de réacteurs, des dizaines de modèles différents, des centaines de fournisseurs d'équipements.[24] Dès le début de la course à la production d'énergie d'origine atomique, la compétition s'engage entre deux mastodontes industriels, General Electric et Westinghouse, et quelques autres concurrents de moindre importance – à l'échelle des États-Unis – comme Babcock and Wilcox, General Atomic, ou encore Combustion Engineering. Outre le nombre d'organismes, l'agressivité commerciale des entreprises américaines nécessitera l'établissement de règles pour dialoguer. Les industriels réclament des normes, alors que les experts estiment encore en 1958 que c'est prématuré. Les premiers critères seront publiés en 1962, une quantité innombrable de codes, de normes, de guides suivra.

2.2.9. *Les études de sûreté*

Aux États-Unis, les problèmes de sûreté se formalisent donc dans les années 1955-59. L'avance est considérable, et l'exemple des études et recherches en matière de sûreté est éloquent à cet égard. Les budgets, le nombre de laboratoires intéressés aux questions de sûreté sont à la hauteur des préoccupations en la matière et de leur évolution.

Le rapport annuel de 1956 de l'AEC expose les raisons du développement des études de sûreté, témoignant sans ambiguïté des objectifs de l'AEC comme promoteur principal de l'énergie atomique :

> Avec le développement de nouveaux types de réacteurs, leur exploitation à des pressions et températures plus élevées dans le but d'atteindre une plus grande efficacité dans la production d'électricité, le programme de la Commission en matière d'expérimentation et de recherche de sûreté a été large-

---

[23] Troisième Conférence Internationale de Genève, 1964, Discussion générale de la session 3.6, p. 476.

[24] Pour les 104 centrales exploitées en 1999 aux États-Unis, on compte quatre vendeurs différents, 45 exploitants, 80 modèles et 65 sites.

> ment étendu. Contrastant avec des dépenses dans ce domaine pour l'année fiscale 55 de 336 000 $, la dotation de la Commission pour ce programme pour l'année 1957 est de 6 millions de $. Le but de ce programme en développement est de protéger la santé et la sûreté du public, et d'atteindre une sûreté des réacteurs par des moyens moins coûteux afin de se rapprocher du but d'une énergie électrique d'origine nucléaire économique.[25]

7 millions de dollars sont prévus pour financer le programme de 1958. Quelques années plus tard, les Français sont encore impressionnés par « l'importance du programme américain » de recherches de sûreté ainsi que sa progression.[26] L'énoncé des budgets parle de soi : 11 millions de dollars en 1961, 16 en 1962, et 22 en 1963.

Le programme d'études de sûreté de 1957 doit apporter des réponses à un certain nombre de questions. Il s'agit en premier de savoir sous quelles conditions un type donné de réacteur peut s'auto-endommager, quelles caractéristiques intrinsèques tendent à augmenter les dommages ou au contraire à les limiter. En second lieu, on s'interroge sur les conditions dans lesquelles les éléments combustibles sont amenés à fondre, comment ces éléments fondus réagiraient avec les fluides réfrigérants du réacteur, et quelle quantité de produits de fissions s'échapperait alors des éléments fondus. Deux questions à résoudre comprennent la capacité de la cuve et de l'enceinte à retenir ces poisons.

Pour répondre à ces questions, des recherches sont entreprises dans une multitude d'organismes. Sur les déformations d'origine chimique tout d'abord : l'ignition des métaux est étudiée au Laboratoire National d'Argonne, les réactions chimiques explosives entre eau et métal sont examinées par la compagnie Aerojet-General, les mélanges hydrogène-oxygène-vapeur des réacteurs sous pression par le Bureau des mines du département de l'Intérieur, alors que les mécanismes d'explosion dus à des réactions métal fondu-eau sont étudiés à l'université Columbia de New York. Le laboratoire national d'Oak Ridge (ORNL) s'attache à étudier les caractéristiques des différents produits de fissions en termes de capacité de fuite. La tenue des cuves de réacteurs est examinée par le Naval Ordnance Laboratory en utilisant des explosifs dans des réacteurs modèles réduits, tout comme le Ballistics Research Laboratory pour la tenue des enceintes de confinement.

À côté de ces études consacrées à des phénomènes particuliers entrant dans le comportement des installations nucléaires, d'autres expériences dites « globales » se donnent pour objectif de simuler le fonctionnement

---

[25] USAEC Annual Report, « Radiation Safety and Major Activities in the Atomic Energy Programs, July-December 1956 », January 1957, p. 143. Traduit par nos soins.

[26] Bourgeois, J., « Études concernant la sûreté des réacteurs », *Bulletin d'Informations Scientifiques et Techniques*, CEA, n° 63, Juillet 1962, p. 5.

d'ensemble d'un réacteur en cas d'accident, allant même jusqu'à sa destruction.

Dès 1953 en effet, les expérimentateurs du laboratoire national d'Argonne avaient volontairement réalisé un essai destructif sur un petit réacteur d'essais, Borax-1, en le soumettant à un excès de réactivité afin de déterminer notamment la fraction de produits de fission qui serait relâchée dans l'environnement après destruction et vaporisation du combustible. Les films pris pendant l'essai avaient montré que le réservoir à eau sous faible pression dans lequel se tenait l'engin avait explosé et la majeure partie de son contenu avait été éjectée dans l'atmosphère. Des fragments de combustible avaient été projetés jusqu'à environ 60 mètres mais pratiquement tout le combustible avait pu être repéré dans un rayon de 100 mètres autour du réacteur.[27]

Le même sort allait être réservé au réacteur SPERT I, le premier de la série SPERT (Special Power Excursion Reactor Test) qui concentre l'essentiel des études globales de sûreté. Il s'agit d'expériences d'excursion de puissance ayant pour but de simuler le comportement d'un réacteur dont la réaction neutronique ne serait plus contrôlée, provoquant une brusque augmentation de la réactivité. SPERT I, situé dans l'État d'Idaho et exploité par Phillips Petroleum depuis juillet 1955, subit à son tour en novembre 1962 une excursion de réactivité importante afin de mesurer les relâchements dans l'atmosphère. À la suite de cette excursion, 35 % environ du cœur ont fondu avec toutes les plaques de combustibles, la température du combustible a dépassé 1 200°C, environ 2,4 10^5 Ci ont été relâchés représentant environ 1 % de la quantité des produits de fission du cœur. Un nuage radioactif de 200 à 600 mètres de largeur a été suivi sur une distance de 24 km avec enregistrement des dépôts.

De son côté, la société Atomics International a construit en Californie un réacteur pour des expériences appelées KEWB (Kinetic Experiment on Water Boilers). Il est arrêté en juin 1961 après sept ans de fonctionnement et plus de 1 200 excursions de puissance. L'objectif était de tester la capacité de ce type de réacteur à résister à de très larges sauts de puissances sans dommage pour le personnel et les environs.

En janvier 1956, une expérience a été tentée sur le réacteur expérimental à neutrons rapides EBR 1 (Experimental Breeder Reactor) consistant à retirer volontairement les barres de contrôle et le fluide de refroidissement du réacteur. L'objectif était de se rapprocher des conditions d'une excursion de puissance, mais que l'on stoppe juste avant,

---

[27] D'après Levenson, M., Rahn, F., « Estimations réalistes des conséquences des accidents nucléaires », *Revue Générale Nucléaire*, 1981, n° 2, p. 121-129.

afin de tester la résistance de l'enceinte. Une grande partie du cœur a fondu, mais l'enceinte a tenu. Après EBR 1, le Transient Reactor Test (TREAT) sera le principal réacteur sur lequel seront conduites les recherches de sûreté sur les réacteurs à neutrons rapides.

Toutes ces expériences sont caractéristiques de cette première phase du questionnement en matière de sûreté où l'accent est mis sur le contrôle de la réaction en chaîne et où l'on tente d'évaluer les pires conséquences d'un accident de réacteur. Ce vaste programme lancé par l'AEC met à contribution un grand nombre d'organismes publics, semi-publics et privés, mobilisant une fraction croissante de l'énorme potentiel scientifique et industriel des États-Unis, impulsant des recherches dans des domaines nouveaux comme de neutronique, mais également en posant des questions nouvelles à des branches plus traditionnelles de la physique et de la chimie.

2.3. Naissance de la sûreté en Grande-Bretagne

Après les États-Unis, la Grande-Bretagne est le deuxième pays occidental où le développement du nucléaire est le plus avancé, et en particulier sur les aspects sécurité. La sensibilité aux problèmes de sécurité va être d'autant plus avivée que c'est dans ce pays que se produit le premier accident grave de l'énergie atomique civile.

2.3.1. Le programme atomique anglais

Les scientifiques britanniques[28] ont participé pendant la guerre aux recherches atomiques américaines à Los Alamos et canadiennes à Chalk River.[29] Ils ont ainsi accumulé les connaissances qui permettent à la Grande-Bretagne de redémarrer rapidement les recherches à la fin des hostilités. De retour en Grande-Bretagne, les scientifiques britanniques s'attellent à ce qui sera leur priorité jusqu'en 1954, la fabrication d'une bombe atomique britannique, grâce à la production de plutonium à partir de réacteurs à uranium naturel.

---

[28] Une solide histoire officielle de l'énergie atomique en Grande-Bretagne a été écrite par Margaret Gowing : Gowing, M., *Britain and Atomic Energy 1939-1945*, London, Macmillan, 1964 ; Gowing, M., *Independance and Deterrence – Britain and Atomic Energy, 1945-1952, Volume I, Policy Making*, London, Macmillan, 1974 ; Gowing, M., *Independance and Deterrence – Britain and Atomic Energy, 1945-1952, Volume II, Policy Execution*, Macmillan, London, 1974. On pourra également consulter l'histoire écrite par un ingénieur britannique : Pocock, R. F., *Nuclear Power : Its Development in the United Kingdom*, London, Institute of Nuclear Engineers, 1977.

[29] C'est Hans Halban, collaborateur de Joliot, qui a été choisi pour diriger le projet anglo-canadien dont le succès est attesté par la divergence du petit réacteur de Chalk River, à 200 km d'Ottawa en septembre 1945.

À cette fin, le Premier ministre britannique Clement Attlee désigne lord Portal comme Contrôleur de l'Énergie atomique en janvier 1946. Le professeur Cockcroft est nommé directeur des Recherches tandis que Christopher Hinton, ancien ingénieur de la société Imperial Chemical Industries Ltd (ICI), est chargé de la production des matériaux fissiles nécessaires au programme. Un troisième homme, William Penney, responsable des questions militaires, rejoint l'équipe début 1947.

Le 15 août 1947, le centre d'Harwell, non loin d'Oxford, peut annoncer la divergence du premier réacteur britannique, GLEEP, modéré au graphite, suivi un an après par BEPO. Ces deux réacteurs ayant permis de confirmer les calculs théoriques, la Grande-Bretagne se lance dans la construction de grandes piles productrices de plutonium sur le site de Windscale, dans le comté de Cumberland. Il s'agit de piles à uranium naturel, modérées au graphite et refroidies par air. Les deux piles de Windscale divergent respectivement en octobre 1950 et juin 1951.

Purement militaire jusqu'en 1952, le programme atomique britannique s'oriente à cette date vers la production d'électricité.[30] S'inspirant de l'exemple américain, une autorité de l'énergie atomique indépendante est chargée du développement de l'énergie atomique. Une loi du 4 juin 1954 instaure l'Atomic Energy Authority (UKAEA), composée d'un président et de 7 à 10 membres, nommés par le « Lord President » et dont le budget est voté par le Parlement.[31] L'autorité comprend trois groupes principaux : les aspects militaires de l'énergie atomique sont sous la responsabilité du « Groupe Armes » de Penney à Aldermaston, un « Groupe Recherche » dirigé par Cockcroft est localisé pour l'essentiel à Harwell, tandis qu'un « Groupe industriel » dirigé par Hinton à Risley regroupe l'usine de fabrication de combustible de Springfields, les piles de production de plutonium et les laboratoires de Windscale, l'usine de séparation isotopique de Capenhurst et l'usine de production d'électricité atomique en construction à Calder Hall. Depuis 1953, le site de Calder Hall, non loin de Windscale, accueille les premiers prototypes de pile d'une puissance de 65 MWe, dont le combustible est de l'uranium naturel, le modérateur du graphite, le refroidissement étant assuré en circuit fermé par gaz sous pression. Quatre réacteurs identiques sont construits à Calder Hall, dont le premier diverge le 22 mai 1956, assurant l'avance britannique dans le domaine des réacteurs de

---

30 La première bombe atomique britannique explose le 3 octobre 1952. En plus des deux usines de Windscale, débute en 1949 la construction d'une usine de séparation isotopique pour produire de l'uranium enrichi en isotope fissile (U 235) à Capenhurst dans le Cheshire.

31 Les premiers membres permanents de l'Autorité sont sirs Edwin Plwoden, John Cockcroft, Christopher Hinton, William Penney, Donald Perrott. M. Peirson assure le secrétariat.

puissance. Un second site, à Chapelcross en Écosse, accueille quatre réacteurs semblables supplémentaires qui seront connectés au réseau électrique en mai 1959.

2.3.2. L'Autorité de l'Énergie atomique britannique (UKAEA)

Il est difficile de mesurer quel était le degré d'avancement des conceptions britanniques en matière de sûreté avant 1954, car comme partout dans le monde les aspects « sécurité » étaient traités par les développeurs eux-mêmes comme partie intégrante des projets et jusqu'à cette date le programme nucléaire était essentiellement militaire, donc secret.

Les questions de sûreté sont cependant mentionnées dès le premier rapport de l'Autorité de l'Énergie atomique (UKAEA) britannique. Dans son paragraphe 143 intitulé « Safety », le rapport reprend deux articles – qui se veulent rassurants – de la loi de 1954 lançant le programme atomique civil, insistant comme aux États-Unis sur le fait que les réacteurs ne peuvent pas se transformer en bombes atomiques :

> La première chose importante à reconnaître est le fait qu'une « explosion atomique » ne peut pas se produire dans un réacteur de puissance. Si les installations nucléaires sont correctement conçues, les accidents qui pourraient s'y produire ne seront pas plus dangereux que ceux dans d'autres industries.
>
> Les réacteurs qui seront construits pour la production commerciale d'électricité ne présenteront pas plus de danger pour la population vivant aux alentours que de nombreuses industries situées dans des zones urbanisées. Néanmoins, les premières centrales, même conçues de façon à être intrinsèquement sûres, ne seront pas construites dans des zones de forte population.[32]

Malgré ces propos rassurants sur la comparaison des risques des centrales atomiques et de ceux des autres industries, les promoteurs de cette nouvelle énergie vont tenter d'évaluer les pires conséquences possibles d'accidents de réacteurs.

2.3.3. Genève 1955 : calcul des distances dangereuses maxima

Lors de la première conférence des Nations unies de Genève en 1955, Marley et Fry du centre de recherche atomique d'Harwell présentent une communication sur les risques radiologiques qui seraient provoqués par une fuite de produits de fission et sur l'incidence de ces risques pour le choix de l'emplacement d'une génératrice nucléaire. Il s'agit pour eux de trouver une méthode théorique d'évaluation de ce risque, en l'absence d'expérience directe d'accidents graves. Ils estiment possible de

[32] Cmd 9389, paras. 36 and 37, p. 26. Repris dans : UKAEA, *First Annual Report*, 1954-55, London, Her Majesty's Stationary Office, &143, p. 26. (Traduit par nos soins).

juger de la validité de leurs résultats en appliquant leur raisonnement à d'autres substances dangereuses pour lesquelles existe une expérience valable. Ils ont donc fait une tentative d'évaluation de la distance sur laquelle s'étendent les dangers afférents à une émission radioactive et les ont comparés avec ceux qu'a enregistrés l'expérience industrielle dans la manutention à grande échelle de gaz toxiques, chlore et phosgène ($COCl_2$).[33]

L'esprit est le même que l'étude américaine de Brookhaven (WASH 740) qui sera publiée en 1957 : on essaie d'envisager les conséquences potentielles d'un accident majeur de réacteur. Les auteurs ne discutent pas par quelle suite d'événements un tel accident pourrait se produire, ni quelle en est la probabilité. Ils supposent que l'accident est survenu et qu'une quantité de radioactivité est rejetée. Ils étudient alors, en fonction des connaissances sur les effets biologiques des différents niveaux de rayonnement du nuage, les conséquences de telles fuites. Ils envisagent le cas où le nuage affecte directement la population située au-dessous, mais aussi les effets indirects par les dépôts au sol. Leur but est de suggérer des critères pour savoir si l'on doit maintenir les habitants sur place ou envisager l'évacuation de l'ensemble de la population. Pour cela, ils proposent une estimation des distances dangereuses maxima en cas de fuite des produits de fission dans des conditions de turbulence déterminées selon une formule proche de celle utilisée aux États-Unis depuis 1948.

Des calculs amènent les auteurs à conclure qu'il ne faut pas que la fuite d'une fraction importante des produits de fission puisse survenir à moins de plusieurs kilomètres d'une surface normalement habitée. Pour une fuite de produits de fission dont la puissance serait équivalente à 0,1 mégawatt, ils estiment qu'aucune évacuation durable de la population ne serait nécessaire en dehors d'un secteur de 1,7 km sous le vent. Une évacuation temporaire ou certaines réglementations des habitudes de vie pourraient être nécessaires jusqu'à 5,7 km, et le lait pourrait être temporairement contaminé de façon sérieuse pour des pâturages situés jusqu'à 20 km du lieu de l'accident. Dans le cas où 100 mégawatts de produits de fission s'échapperaient, ils avancent que l'inhalation du nuage serait probablement mortelle à 2 km et sans danger à 17 km.

Pour comparaison, les auteurs évoquent la similitude entre les effets de l'inhalation d'un nuage provoqué par l'émission des produits de fission avec ceux d'une fuite de gaz toxiques tels que le chlore ou le

---

33 Marley, W. G., Fry, T. M., « Risques radiologiques causés par une fuite de produits de fission et incidence de ces risques sur le choix de l'emplacement d'une génératrice nucléaire », *Communication P/394 à la première conférence des Nations unies sur l'utilisation pacifique de l'énergie atomique*, Genève, 1955, p. 119-123.

phosgène. Mais le parallèle avec les accidents chimiques cesse si l'on considère la persistance des effets étant donné l'impossibilité de neutraliser la radioactivité et l'incapacité à décontaminer les régions où elle se répand. Ce n'est pas la seule raison qui justifie aux yeux de ces développeurs de l'énergie atomique qu'une plus grande marge de sécurité est nécessaire pour les piles atomiques que pour les usines chimiques : « il est tout particulièrement important d'éviter la régression qu'un grand désastre ferait subir fatalement à l'industrie de l'énergie atomique à ses débuts. »

En conclusion de leur article, Marley et Fry reviennent sur ce qui fera longtemps discuter les Britanniques à partir de cette date : les critères de sélection des sites et les critères d'éloignement. L'article conclut sur une note optimiste et enthousiaste, malgré quelques conditions que le progrès technique se chargera de lever :

> Il est évident que les accidents seront peu fréquents, et tant qu'ils ne pourront pas entraîner une émission de produits de fission équivalents à plus de quelques dizaines de mégawatts, il n'est pas nécessaire d'envisager pour les piles atomiques des emplacements éloignés de toute agglomération. On peut considérer cette limite comme suffisante si on s'attache à des principes stricts dans l'étude, la construction et le fonctionnement d'une usine atomique.[34]

Deux ans après ces estimations théoriques des conséquences possibles d'une fuite de produits de fission, l'accident de Windscale allait fournir la première expérience en grandeur nature du passage d'un nuage radioactif échappé d'une pile atomique.

2.3.4. L'accident de Windscale

L'accident qui se produit à Windscale en octobre 1957 va avoir de profondes répercussions sur la prise en compte du risque nucléaire et conduire à la mise en place d'organisations spécifiquement chargées des problèmes de sécurité nucléaire.

La cause de l'accident est une procédure de « recuit Wigner » mal contrôlée. C'est en septembre 1952, à la suite d'un incident qui vit un relâchement spontané d'énergie Wigner à Windscale que fut instituée la procédure dite des « recuits Wigner » pour les réacteurs. La procédure consiste à libérer l'énergie emmagasinée en augmentant la température du graphite au-dessus de la normale en faisant fonctionner le réacteur sans flux d'air de refroidissement. Une fois la libération d'énergie débutée, la réaction est auto-entretenue et on arrête le réacteur. En 1957,

[34] *Ibid.*, p. 123.

la procédure avait été effectuée plus d'une douzaine de fois et était perçue comme assez routinière et les précautions sans doute relâchées.[35]

Le 7 octobre 1957, un recuit Wigner est engagé sur la pile 1 de Windscale. L'ingénieur en charge de l'opération pense que le recuit s'éteint trop vite mais il ne sait pas que les thermocouples utilisés pour mesurer la chaleur n'ont pas été installés dans la partie la plus chaude du cœur. Un deuxième recuit est alors appliqué, à une vitesse trop rapide, et cause probablement la rupture d'une ou plusieurs gaines. Les instruments n'indiquent rien d'anormal jusqu'à l'après-midi du 10 octobre, quand une alarme de radioactivité se déclenche. On mettra plusieurs heures à comprendre qu'il y a eu rupture de gaines suite à un échauffement excessif et c'est l'équipe d'intervention chargée de retirer le bouchon de chargement du canal dont la température est la plus élevée qui constate avec stupeur que des éléments de combustible sont incandescents : des flammes sortent même de la face de déchargement du réacteur, quelque 150 canaux sont en feu.

Après avoir essayé d'éteindre l'incendie avec du CO_2 emprunté à la centrale voisine de Calder Hall, sans succès, les techniciens décident, comme ultime recours, de noyer le réacteur avec de l'eau au moyen de pompes à incendie, bravant le risque d'une explosion de vapeur. L'eau est envoyée à 8h55 du matin le vendredi 11 octobre, et arrêtée le 12 à 15 heures. À ce moment la pile est froide, mais différents types d'éléments radioactifs ont été rejetés dans l'atmosphère, transportés par le vent puis déposés au sol. Des produits radioactifs sont même détectés jusqu'en Belgique le 11 (mais là en petite quantité). Le 12, ils atteignent Francfort, et même la Norvège.

Il faut noter que la conception initiale du réacteur ne prévoyait pas de filtres sur les cheminées d'évacuation des gaz : ceux-ci devaient être rejetés directement dans l'atmosphère. Ces filtres avaient été ajoutés à la toute fin de la construction à la suite d'une visite de John Cockcroft aux États-Unis où il avait constaté qu'une installation similaire à Windscale en était dotée. Christopher Hinton et Henry Davey, directeur général des travaux de Windscale, pensaient qu'ils étaient superflus et avaient plusieurs fois demandé leur retrait entre 1954 et 1956. Leur efficacité supposée lors de l'accident fera d'ailleurs polémique.

Le quatrième rapport annuel de l'UKAEA[36] dresse un bilan de l'accident. Dans les treize semaines qui ont suivi l'accident, les enregistre-

---

35 D'après Leveson, N., *Safeware : System Safety and Computers, A Guide to preventing Accidents and Losses caused by Technology*, Reading, Massachussetts, Addison-Wesley Publishing Company, 1995.

36 UKAEA, *Fourth Annual Report 1957-58*, Her Majesty's Stationary Office, London, p. 41.

ments des films dosimétriques portés par les travailleurs ont montré que dans 14 cas « seulement » la dose de 3 rads a été dépassée, la dose maximum enregistrée étant de 4.66 rads. Pour les autorités, les mesures de radioactivité dans l'environnement ont démontré l'absence de risque sanitaire vis-à-vis de la respiration de l'air ou de la consommation des produits agricoles poussant dans la zone affectée. Néanmoins, elles ont considéré qu'il pouvait être dangereux pour les enfants de consommer le lait contaminé à l'iode radioactif : toute vente de lait sur une zone de 500 miles carrés a été interdite. Cette interdiction a été levée le 23 novembre étant donné la décroissance radioactive de l'iode.

Dans son rapport, l'agence atomique britannique tente de minimiser les effets de cet accident, en s'appuyant sur l'organisme gouvernemental chargé de la recherche médicale : ce conseil a annoncé qu'il « était au plus haut point improbable qu'un quelconque dommage ait été causé à la santé de qui que ce soit, travailleur de l'usine de Windscale ou membre du public, comme conséquence de l'accident. »[37] Pourtant, l'avertissement a été sévère : un comité est mis sur pied par le Premier ministre, à la demande de l'AEA, sous la présidence de sir Alexander Fleck, afin de réexaminer l'organisation de l'AEA. Le comité remet un premier rapport (White Paper) mettant l'accent sur les faiblesses dans l'organisation de l'AEA, particulièrement du groupe industriel qui gère les piles, dues à une insuffisance de responsables techniques.

2.3.5. Institutionnalisation de la sûreté au sein de l'AEA

Dans les mois qui suivent, l'autorité britannique pour l'énergie atomique met sur pied une organisation de « santé et sûreté », chargée de conseiller le management des unités de l'AEA, qui restent responsables de la sûreté de leurs installations. Des services « santé et sûreté » sont mis en place sur chaque site, tandis qu'un petit comité dirigé par sir John Cockcroft est chargé d'élaborer la philosophie à suivre par ces différents services. La diversité et l'échelle de ces responsabilités conduisent à une vigoureuse campagne de recrutement de personnel spécialisé.[38]

Mais ce n'est qu'au cours de l'année 1959 qu'est créée une nouvelle Direction « santé et sûreté » (« Health and Safety Branch »), cette fois indépendante des autres Groupes de l'Autorité. Elle comprend trois divisions : sûreté (« Safeguards Division »), radioprotection (« Radiological Protection Division ») et administration. La division « sûreté » est appelée à jouer un rôle d'expert pour le chef du service d'inspection nucléaire mis en place par le ministère de l'Énergie, à la suite d'une loi

---

37 *Ibid.*, p. 41.

38 *Ibid.*, § 247, p. 42.

de 1959 entrée en vigueur le 1er avril 1960, en vue d'examiner la sûreté des installations autres que celles appartenant à l'AEA, en particulier celles du CEGB (Central Electricity Generating Board),[39] l'EDF britannique.

L'accident de Windscale, outre l'organisation de la sûreté, impulse un programme de recherche en la matière, tout spécialement en relation avec les réacteurs de puissance de Calder Hall et de Chapelcross. Des projets spécialement dédiés aux problèmes de sûreté sont également mis sur pied. Un programme de recherche théorique sur les problèmes de criticalité est développé en liaison avec l'industrie pour les problèmes de détection. Des études sont menées sur les effets de la température et de l'irradiation sur les matériaux, avec une attention particulière pour la température de transition ductile-fragile des aciers. D'autre part, des modèles réduits sont étudiés à Foulness pour vérifier la sûreté de conception des réacteurs, un exemple d'étude étant celle consacrée aux effets de ruptures des systèmes de refroidissement. Les travaux de sûreté radiologique sont par ailleurs poursuivis.[40]

2.3.6. L'article de Farmer, Fletcher et Fry à la conférence de Genève en 1958

L'accident de Windscale a eu d'importantes répercussions en matière d'organisation de la santé et de la sûreté. La communication des spécialistes britanniques de la sûreté lors de la deuxième conférence des Nations-Unies de 1958 montre indiscutablement la maturité qu'ils ont acquise en matière de réflexion sur la sûreté.

Farmer, Fletcher et Fry de l'AEA proposent d'apporter quelques réflexions sur la sûreté des réacteurs thermiques au graphite et refroidis par gaz du type de ceux qui sont alors en construction à Calder Hall.[41] La communication de Farmer et de ses collègues est d'autant plus riche qu'elle veut énoncer des principes généraux applicables à tous les types de réacteur, à une époque où se multiplient les prototypes et où l'on s'efforce de parvenir à des solutions qui rendent l'énergie atomique compétitive. Les Britanniques, en énonçant les principes qui devraient être à la base d'une bonne sûreté pour les réacteurs, se posent en véri-

---

[39] D'après UKAEA, *Sixth Annual Report 1959-60*, Her Majesty's Stationary Office, London, p. 39-42.

[40] D'après UKAEA, *Seventh Annual Report 1960-61*, Her Majesty's Stationary Office, London, p. 53-57.

[41] Farmer, F.R., Fletcher, P.T., Fry, T.M., « Safety Considerations for Gas Cooled Thermal Reactors of the Calder Hall Type », *Proceedings of The Second International Conference on Peaceful Uses of Atomic Energy*, Geneva 1958, P/2331, vol. 11, p. 202-215, United Nations, New York (1959).

tables chefs de file et proposent une ligne de conduite, des outils qui soient une aide pour tous les ingénieurs et scientifiques travaillant dans le domaine atomique.

Le début de leur communication est un véritable manifeste à propos de la notion de risque, qui sera le cheval de bataille de Farmer pendant plusieurs décennies : « Aucune activité humaine n'est sans risque, cependant, toutes les précautions possibles concrètement devraient être prises pour réduire les risques à un faible niveau de probabilité qui soit socialement et économiquement acceptable. »[42]

Cette introduction emploie le terme « risque » (« risk ») et non pas danger (« hazard »), ce qui témoigne d'une détermination scientifique plus précise, puisque le risque nécessite la mesure de deux aspects, la probabilité d'occurrence d'un événement et les conséquences associées. Et c'est la résultante du produit de ces deux facteurs qui doit être mesurée socialement et économiquement : le risque nucléaire n'est donc pas seulement un problème technique. Cette définition mathématique du risque fait pénétrer la société dans l'évaluation de la sûreté nucléaire, car c'est elle qui doit juger de son acceptabilité sous l'angle social et économique. D'autre part, on reconnaît – cela semble un truisme aujourd'hui mais ne l'a pas toujours été – que la sécurité absolue, « le risque zéro » comme on dirait aujourd'hui, n'existe pas. La question est de le minimiser. Les auteurs assignent à la sûreté des réacteurs un triple objectif :

> (a) minimiser l'exposition aux radiations résultant d'une exploitation continue du réacteur ;
>
> (b) minimiser la probabilité que le réacteur entre accidentellement dans un état en dehors des conditions d'exploitation sûre ; et
>
> (c) minimiser les effets sur le réacteur et l'exposition aux radiations résultant d'une quelconque de ces excursions accidentelles.[43]

Pour ce faire, on ne peut pas, dans le cas de l'énergie atomique, procéder par essais-erreurs comme cela avait été le cas pour les technologies du passé, où l'expérience cumulée, les statistiques de défaillances permettaient de promulguer des règles de l'art assurant une marge de sûreté suffisante, mais non excessive. Il faut définir une démarche scientifique pour la prévision en situation de non-connaissance. Toutefois, l'industrie classique peut servir de référence : l'expérience approfondie de l'ingénierie traditionnelle doit permettre, par analogie, d'extrapoler aux risques atomiques.

---

42 Farmer, F.R. *et al.*, « Safety Considerations… », *op. cit.*, p. 202. Traduit par nos soins.

43 *Ibid.*, p. 198.

Il n'est pas nécessaire de résumer l'ensemble de l'article, mais nous allons relever quelques innovations. La communication présente l'élément combustible, et c'est nouveau, comme une enveloppe des produits de fission, constituant une première barrière vers l'environnement extérieur. Dès lors, « un objectif premier » dans la conception et l'exploitation doit être de maintenir l'élément combustible dans des conditions adéquates de températures, de pureté du refroidissement. Cette première barrière est composée de la gaine du combustible et de sa défense, à la fois barrière physique passive et mesures actives : on doit éviter que l'uranium ne surchauffe et que la température de fusion du métal de la gaine ne soit atteinte, ce qui nécessite un certain nombre de contrôles de la température des éléments combustibles.

Le circuit primaire, fermé, est présenté comme la « seconde barrière » empêchant la dispersion des substances radioactives. Pour des raisons économiques, les concepteurs des réacteurs de Calder Hall ont choisi de porter le gaz sous une pression très au-dessus de la pression atmosphérique, il faut donc éviter qu'une rupture du circuit primaire n'entraîne la rupture des éléments combustibles. Deux limitations empêchent de se fier pleinement aux règles de l'art de l'ingénierie conventionnelle pour les circuits sous pression : les effets de l'irradiation sur les propriétés mécaniques des matériaux de structure (il semble que le seul effet significatif sur les aciers soit une augmentation de la température de transition ductile-fragile) et le fait que l'observation du circuit ne peut être visuelle à cause des radiations.

Le contrôle et l'instrumentation font l'objet de l'énoncé d'un principe qui se veut général concernant les normes de fiabilité : « Tout réacteur devrait avoir un système de contrôle et d'instrumentation qui, tout en laissant une flexibilité d'exploitation, permette de garder le réacteur dans les limites du domaine sûr de fonctionnement, malgré les défaillances de matériel et d'énergie qui se produiront. »[44] La redondance, les marges de sécurité, moyens traditionnels de l'ingénieur, doivent assurer le contrôle en toutes circonstances. Mais il faut aller plus loin. L'application de certains principes de fiabilité peut permettre à la fois d'obtenir une grande sûreté, et également de satisfaire aux impératifs d'exploitation :

> L'application du seul principe de « sécurité intrinsèque » est insuffisante ici, parce que des indications incorrectes fournies par des instruments défectueux interrompraient trop souvent l'exploitation à mauvais escient. Par conséquent, autant que faire se peut, des dispositions sont prises pour que l'erreur d'un seul instrument puisse se produire sans préjudice ni pour le programme d'exploitation ni pour la sécurité offerte. Ces objectifs sont at-

44 *Ibid.*, p. 199.

teints en pratique par le doublement ou le triplement des circuits de contrôle.[45]

Farmer et ses collègues remettent ici en cause un vieux principe de sécurité, le principe « fail-safe » que l'on traduit souvent en français par « sécurité intrinsèque ». Employé depuis des décennies par les ingénieurs, il consiste à concevoir un mécanisme de sécurité de telle façon qu'en cas de défaillance il amène le système dans un état sûr. Ce principe est remplacé par une sécurité probabiliste, consistant dans le doublement et ici le triplement des circuits affectés à une même fonction. Avec cette conception, il n'est plus nécessaire de développer des systèmes de plus en plus sophistiqués qui tendent à la perfection, vers une fiabilité parfaite ; il suffit de disposer de systèmes redondants pour obtenir une bonne probabilité que la fonction demandée soit exécutée, par l'un ou l'autre des circuits en cas de défaillance de l'un d'entre eux. Le triplement des circuits et le déclenchement d'un arrêt automatique en cas de défaut sur deux des trois lignes, permet en outre de rendre indisponible l'une des trois voies pour la tester, tout en maintenant le fonctionnement de l'installation : il suffit alors de l'annonce d'une erreur sur l'un des deux circuits connectés pour provoquer l'arrêt. Ce principe va se généraliser dans le nucléaire à partir de cette époque, sous le nom de « critère de défaillance unique ».

Si en principe les réacteurs peuvent être contrôlés manuellement, les Britanniques estiment nécessaire que des systèmes automatiques empêchent le réacteur de sortir de la plage de fonctionnement sûr. Mais l'idéal est une conception qui laisse le temps à l'opérateur de prendre les mesures correctives nécessaires, avant que les limites de sûreté soient atteintes. Là encore, le but de ce principe est de combattre une tendance à l'arrêt automatique de l'installation, qui a de graves répercussions économiques, au profit d'un meilleur contrôle de ses plages de fonctionnement, dont l'opérateur, si on lui laisse le temps, sera meilleur juge que l'automatisme. Une conception selon ces principes doit permettre à la fois une meilleure sûreté et une meilleure rentabilité de l'installation.

Très typique des conceptions anglo-saxonnes, une partie du texte traite des critères de sélection des sites d'implantation de réacteurs. Les auteurs estiment qu'étant donné les connaissances actuelles des caractéristiques atmosphériques, sachant que l'exposition aux radiations décroît rapidement avec la distance, il est préférable de choisir des sites dont l'environnement immédiat comporte une densité de population bien en dessous de la moyenne et qui n'augmente que lentement avec la distance. À titre d'exemple, en Grande-Bretagne l'usage est de retenir une

---

[45] *Ibid.*, p. 199.

densité de quelques centaines de personnes dans un rayon de 2 à 3 kilomètres, les villes plus grandes sont sensiblement plus éloignées (8 à 16 km). Notons d'ores et déjà que les impératifs d'implantation de nombreuses centrales nucléaires conduiront les spécialistes de sûreté britanniques à remettre en cause ces critères concernant l'éloignement moins de dix ans plus tard.

La dernière partie concerne l'évaluation de la sûreté. Concepteurs et exploitants doivent soumettre leurs arguments détaillés sur la sûreté à un examen « attentif et imaginatif » par un groupe d'experts distinct, car « l'expérience montre qu'un tel examen révélera inévitablement les points faibles potentiels. » Les autorités sont chargées de ce travail spécifique de contrôle pour juger de l'acceptabilité des dispositions retenues par les concepteurs. Cette évaluation impose la mise au point d'une méthode d'analyse pour déterminer quels types d'événements prendre en compte, jusqu'où aller dans l'étude des accidents « invraisemblables » si leurs conséquences peuvent être gigantesques, et c'est bien dans ce domaine que les Britanniques innovent : « il devrait être procédé à des estimations théoriques du déroulement de certaines défaillances extrêmement improbables, mais non complètement impossibles, d'origine humaine ou matérielle. »[46]

Cette dernière démarche va à l'encontre de celle développée aux États-Unis et présentée lors de cette même conférence avec la notion d'accident maximum prévisible, qui considère qu'au-delà d'une certaine probabilité, rien ne sert d'étudier des scénarios d'accident. L'approche britannique est radicalement différente, mais elle nécessite les moyens de ses ambitions. Pour cela les auteurs proposent qu'à partir d'un modèle simplifié de la centrale, de ses opérateurs et de son environnement, on effectue des analyses théoriques sur les accidents susceptibles de se produire, par simulation des conditions accidentelles. Cette méthode révolutionnaire, initiée par les Britanniques dès cette époque, s'appuie sur des arbres d'erreurs et une analyse des probabilités ; mais cette analyse théorique des défaillances ne peut être efficace que si elle repose sur un certain nombre de paramètres vérifiés par expérimentation. Une autre communication présentée à Genève illustre ce genre de travail.[47]

Si cette méthode d'analyse théorique préalable comme l'expérimentation permet d'accélérer le processus d'acquisition des connaissances, c'est réellement l'expérience de fonctionnement qui pourra apporter la

---

46 *Ibid.*, p. 200.

47 Brown, G., Kronberger, H., Leslie, F.M., Moore, J., Mummery, P.W., « Safety Aspects of the Calder Hall Reactor in Theory and Experiment », *Proceedings of The Second International Conference on Peaceful Uses of Atomic Energy*, Geneva 1958, P/267, vol. 11, United Nations, New York (1959).

confirmation de la sûreté de l'installation. La phase d'exploitation doit être examinée avec grand souci, en particulier, « les défaillances mineures de matériel ou des opérateurs, avec des conséquences sans importance, donneront une indication sur le degré de risque de défaillances plus sérieuses et suggéreront des modifications pour les réduire. »[48] Farmer et ses collègues reconnaissent ici que tout événement, même mineur, peut être révélateur d'un dysfonctionnement qui pourrait être la cause, cumulé avec d'autres, d'un accident beaucoup plus grave, et c'est pour se donner les moyens de les prendre en compte que les Britanniques lancent dès 1960 un fichier de recueil et d'analyse des événements importants pour la sûreté.

Cette longue référence à l'article présenté par les Britanniques en 1958 à la conférence de Genève montre sans ambiguïté l'avance britannique dans la conceptualisation du risque. La méthodologie « des barrières », qui sera le credo des Français, n'est pas affirmée comme telle, mais la démonstration de la sûreté est bel et bien effectuée en s'assurant de la résistance successive de l'élément combustible puis du circuit primaire. Le risque est défini, en termes de probabilités, poussant à étudier tous les accidents, aussi bien mineurs que majeurs, en s'appuyant sur des données de fiabilité des différents systèmes qui composent la machine. Outre ces principes, l'organisation de la sûreté se met en place au niveau de l'AEA, et du gouvernement. Une politique de formation et de recrutement de spécialistes a été opérée récemment qui va conforter cette avance.

Par rapport aux États-Unis, et même à la Grande-Bretagne, la France est bien en retard, mais elle va se mettre l'école de ses aînées.

---

48 Farmer *et al.*, art. cité, p. 201.

CHAPITRE 3

Naissance de l'organisation de la sûreté au CEA

3.1. L'enjeu d'une organisation nationale de sûreté dans le contexte atomique international

L'organisation de la sûreté en France devient urgente, au sein du CEA, au plan national comme sur le plan international.

Les années 1955-1959 marquent un réel tournant dans l'histoire de l'énergie nucléaire et dans l'histoire de sa sûreté, pour de nombreuses raisons. Tout d'abord, on sort du laboratoire, on déborde le cadre expérimental pour se lancer dans une production industrielle, de plutonium ou d'électricité, ce qui se traduit par une multiplication des installations, une augmentation des puissances des réacteurs. En second lieu, le CEA n'a plus le monopole des questions atomiques : d'autres organismes se mêlent d'énergie atomique en France comme Électricité de France ou des firmes privées.

Enfin, des organismes internationaux chargés des questions de l'énergie atomique sont créés, qui obligent à renoncer aux pratiques purement nationales. L'Agence internationale de l'énergie atomique (AIEA) est créée en 1957, la même année que l'Euratom ; dans le cadre de l'OCDE, des discussions aboutiront à la signature de la Convention de Paris en 1960, alors que les Nations unies organisent les premières Conférences de Genève en 1955 et 1958. Ces institutions internationales sont des lieux où s'élaborent des normes, dont l'application pourrait concerner l'ensemble des pays membres. Il s'agit pour la France et donc pour le CEA de se positionner à l'échelle internationale, mais surtout d'être en mesure de ne pas subir les intrusions étrangères sous prétexte de sécurité ou de contrôle. La France doit être capable de proposer des normes, d'avoir sa propre organisation d'expertise nationale, apte à défendre le point de vue français au niveau international. Il est impératif d'organiser l'expertise interne pour ne pas être expertisé de l'extérieur. Parmi d'autres, la naissance d'Euratom et celle de l'AIEA sont deux exemples de la concurrence sévère à laquelle se livrent les différents États en cette fin des années 1950.

3.1.1. Euratom

La Communauté européenne de l'Énergie atomique, Euratom, est issue de la relance européenne décidée par la Conférence des ministres des Affaires étrangères des six pays de la Communauté Charbon-Acier à Messine en juin 1955, à la suite de l'échec de la Communauté européenne de défense. Mais les positions nationales, malgré la jeunesse de cette technologie, sont déjà difficiles à concilier.

L'Allemagne fédérale vient de recouvrer, le 5 mai 1955, le droit de procéder à des recherches atomiques civiles. L'Italie n'a qu'un embryon d'organisation et envisage d'acheter des réacteurs aux États-Unis, tandis que les Pays-Bas n'ont pas de véritable programme national. La Belgique est liée par ses ventes d'uranium aux pays anglo-saxons. La France « beaucoup plus avancée que ses futurs partenaires, était alors relativement isolée et seule... à manifester un réel désir d'indépendance basé sur un grand programme national mené par un organisme fortement centralisé, déjà assuré de la pleine collaboration de l'industrie privée » selon l'expression d'un dirigeant du CEA, Bertrand Goldschmidt.[1] En novembre 1956, les ministres des Affaires étrangères des six pays chargent trois « Sages », Louis Armand, Franz Etzel et Francesco Giordani, d'établir un rapport. Ceux-ci mettent en avant la nécessité pour les six pays de lancer sans tarder un grand effort nucléaire pour combattre le spectre d'une pénurie d'énergie due à la trop forte dépendance des Six vis-à-vis du pétrole et du Moyen-Orient. Mais ce qui alarme le plus les dirigeants français, et en particulier au CEA, lancé depuis le début dans une perspective nationaliste de développement de sa propre filière de réacteurs, les UNGG, c'est la proposition qui est faite par les sages de développer le secteur atomique européen en s'appuyant sur des importations de réacteurs en provenance des États-Unis.

Le traité instituant l'Euratom est signé le 25 mars 1957, un programme de coopération entre les États-Unis et Euratom l'année suivante. Les États-Unis s'engagent à livrer l'uranium enrichi nécessaire au vaste programme prévu de construction de 15 000 MW en dix ans. Euratom va ainsi faire fonction de Cheval de Troie[2] pour les réacteurs à eau légère développés aux États-Unis autour de ces mêmes années. C'est ainsi que General Electric remporte en 1958 le marché d'une centrale à eau bouillante de 150 MWe à Garigliano, tandis que son concurrent Westinghouse obtient le contrat pour une centrale à eau pressurisée à Trino Vercellese, également en Italie. En 1960, Westinghouse remporte

1 Bertrand Goldschmidt, *L'aventure atomique*, Fayard, 1962, p. 129.

2 Cf. Bupp, I.C., Derian, J.-C., *Light Water. How the Nuclear Dream Dissolved*, New York, Basic Books, 1978, p. 15-42.

un autre contrat pour une centrale de 240 MW à Chooz dans les Ardennes, côté français, pour le compte d'une société franco-belge. General Electric obtient sa revanche en vendant une de ses centrales pour le site de Grundremmingen en Allemagne en 1962. Les tentatives de la France pour réorienter la politique d'Euratom afin de promouvoir la technologie graphite-gaz deviendront de plus en plus illusoires, ce qui expliquera l'attitude sans cesse plus négative et oppositionnelle du CEA à l'égard d'Euratom. Le dépit des responsables français du CEA est d'autant plus grand que les réacteurs américains présentés comme éprouvés, à la fois fiables et compétitifs, ne sont que des prototypes, et que c'est l'Europe qui « essuie les plâtres ».[3]

L'enjeu des discussions dans les organismes internationaux est donc de taille, d'autant plus qu'ils édictent des normes. Plusieurs articles du traité Euratom imposent un certain nombre d'obligations aux pays signataires. L'article 17 des directives prévoit que chaque État membre doit prendre des mesures de surveillance, d'inspection et d'intervention en cas d'accident, directives qui doivent avoir force de loi en France. L'article 37 prévoit également un droit de contrôle des pays membres sur les installations de leurs voisins susceptibles d'avoir des répercussions sur leur territoire.

3.1.2. L'Agence internationale de l'énergie atomique (AIEA)

Si la France accepte de soumettre ses activités atomiques au contrôle d'Euratom, elle est beaucoup plus réticente vis-à-vis de celui qu'entend exercer l'Agence internationale de l'énergie atomique (AIEA) créée en 1957. Elle n'acceptera le contrôle de cette agence sur son territoire que vingt ans après sa création, et seulement dans certains cas bien définis. À travers la création de l'AIEA, les États-Unis entendent exercer un contrôle sur le commerce des matières nucléaires, uranium enrichi mais aussi uranium naturel, pour interdire leur usage à des fins militaires. La volonté de lutter contre la prolifération nucléaire se double d'un enjeu commercial pour les États-Unis[4] : il faut que les vendeurs d'uranium naturel soient aussi soumis à l'exigence du contrôle sur les usages de leurs productions, ce qui n'était pas le cas jusque-là où seul l'uranium enrichi était concerné par cette règle. Cet objectif présentait un double inconvénient pour les Français, à la fois comme acheteurs d'uranium naturel sur le marché mondial et qui comptaient l'utiliser dans leurs réacteurs pour leur programme militaire, mais aussi comme exportateurs

3 Selon une expression d'un cadre du CEA : Bussac, Jean, « Des réacteurs nucléaires pour la production d'énergie », in Gorce (de la), P.-M. (ed.), *L'aventure de l'atome*, Paris, Flammarion, 1992, p. 181.

4 Cf. Goldschmidt, B., *Le complexe atomique*, Paris, Fayard, 1980, p. 270-303.

potentiels des réacteurs à uranium naturel-graphite-gaz, seule filière concurrente des réacteurs à uranium enrichi développés aux États-Unis. La France sera la principale opposante aux projets américains au sein de l'AIEA, tentant sans succès d'exempter du contrôle l'uranium naturel.

L'AIEA organisera ses premiers colloques internationaux sur la sûreté à partir de 1962.

3.2. Le rôle des accidents

Mais encore et surtout, la mise sur pied d'une organisation de la sûreté nucléaire en France découle des accidents et incidents, véritable série noire de la fin des années 1950.

Un premier avertissement est donné par le Canada en 1952. Le grand réacteur NRX (National Research Experimental) de Chalk River subit un accident de refroidissement[5] dont les conséquences sont importantes : 10 000 Ci de produits de fission seront retrouvés en majeure partie dans les sous-sols du bâtiment, alors que des morceaux d'uranium fondu et d'oxyde d'uranium très irradié gisent en divers endroits de la cuve. Quinze mois seront nécessaires pour la remise en route de la pile.

L'événement le plus marquant, particulièrement aux yeux des Français qui développent la même filière de réacteurs, est l'accident anglais de Windscale de 1957. Il joue un rôle déterminant dans la prise de conscience du risque d'accident majeur : 20 000 Ci d'iode ont été relâchés, une zone de 500 km carrés a été contaminée et une interdiction de boire du lait a été promulguée pour plusieurs semaines. Du point de vue financier, les conséquences sont également sérieuses puisque les deux piles de Windscale sont arrêtées définitivement suite à l'accident.

Mais la première véritable catastrophe survient le 29 septembre 1957 en Union soviétique, sur le site de Kychtym, dans la province de Tcheliabinsk.[6] Cet accident restera ignoré en Occident pendant près de vingt ans.[7] Le site de Kychtym accueille six réacteurs plutonigènes de type graphite-gaz et une usine de retraitement de combustibles irradiés desti-

---

[5] La description des accidents de NRX, NRU, et Alizé s'inspire du cours de F. de Vathaire, « La sûreté des piles atomiques », *Cours de Génie Atomique*, INSTN, 1963, CXI.

[6] Cet accident est passé inaperçu en Occident. Il n'est pas mentionné dans les documents du CEA du début des années 1960 qui font le bilan des accidents nucléaires survenus dans le monde jusque-là. C'est seulement vingt ans plus tard, en novembre 1976, que des informations plus précises parviendront à l'Ouest par l'entremise d'un biochimiste soviétique émigré en Angleterre en 1973, Jores Medvedev. (Cf. Pringle, P., Spigelman, J., *Les barons de l'atome*, Paris, Seuil, 1982, p. 194-196.)

[7] Cf. Goumondy, J.-P., Simon, A., « L'accident de Kychtym ou l'histoire d'une catastrophe « secrète » », *Contrôle*, n° 110, avril 1996, p. 44-47.

nés à la séparation et à la purification du plutonium à des fins militaires. C'est une violente explosion d'origine chimique de l'une des dizaines de cuves contenant des solutions de résidus de produits de fission qui conduit à un rejet massif (7 à 8 tonnes) de déchets de haute activité : 20 millions de Ci au total sont dispersés dans un nuage radioactif dont la traînée va contaminer les territoires environnants sur plusieurs centaines de kilomètres carrés. 10 800 personnes seront déplacées à la suite de l'accident, 27 villages supprimés.

L'année suivante survient l'accident de Vinca en Yougoslavie, le 15 octobre 1958. Il s'agit d'une excursion de puissance, relativement lente, passée inaperçue des expérimentateurs, consécutive à l'avarie d'un circuit d'eau lourde. L'accident provoque l'irradiation de six techniciens dont l'un décédera, tandis que parmi les cinq rescapés, quatre seront sauvés grâce à une transplantation de moelle osseuse. Un dispositif automatique de sécurité ainsi qu'une protection biologique seront installés à la suite de l'accident.

Un mois après, c'est à Los Alamos qu'un technicien en train de procéder à la récupération de plutonium dans des déchets liquides, par une méthode dite d'extraction au solvant, est victime à son tour d'un accident de criticité. Le récipient dans lequel il opère était censé ne contenir que quelques centaines de grammes de plutonium, il en contient en fait, suite à une erreur de bilan, plus de 3 kg. Alors qu'il met en route l'agitateur qui doit mélanger les différentes phases, une détonation se produit, un éclair bleu : le technicien reçoit une irradiation de 10 000 rads, il ne survit que 36 heures.

L'année 1958 est également marquée par l'accident de refroidissement de la pile à eau lourde NRU au Canada. L'accident se produit lors du déchargement d'une cartouche d'uranium qui avait été endommagée. Quelques grammes d'uranium ont brûlé, mais la contamination est importante. La pile redémarrera au bout de deux mois. Près de six cents personnes auront travaillé à la décontamination.

Tous ces accidents, à l'étranger mais aussi en France (EL2 et G1), poussent à intensifier le contrôle de la sécurité des piles au CEA. La tâche est d'autant plus urgente qu'étant donné le développement du Commissariat, les activités se multiplient, et la responsabilité n'est plus aux mains d'une seule personne mais est partagée, à travers plusieurs échelons hiérarchiques : plus personne n'est réellement responsable. Comme le montre l'exemple d'Alizé, les expérimentateurs sont peut-être désormais moins conscients des risques que leurs illustres aînés, l'activité devient en quelque sorte plus routinière. Il devient nécessaire d'organiser la sûreté.

3.3. Un premier « Groupe d'études »

En 1957, suite aux préoccupations du haut-commissaire, Jacques Yvon[8] charge M. Robert[9] de centraliser les problèmes de sûreté des piles à l'échelon du Département d'études de piles (DEP). Un groupe d'études est alors constitué, réunissant des représentants de divers départements du CEA. Exerçant un rôle purement consultatif il effectue d'abord l'examen des piles alors en fonctionnement au DEP : Zoé, EL2, Aquilon, EL3 et Proserpine.[10]

C'est certainement la visite de ce groupe dans son installation que le chef de Service de la pile de Fontenay-aux-Roses (ex-pile de Châtillon) relate plusieurs années plus tard :

> Étant responsable de la marche de ZOE depuis déjà un certain temps, j'ai reçu la visite d'une commission de contrôle, et je fus longuement interrogé sur les précautions utilisées pour assurer la sûreté de cette installation. Au départ, je n'ai pu m'empêcher de penser : pourquoi ces gens viennent-ils fourrer leur nez dans nos problèmes ? À l'issue de la visite, la sûreté de ZOE n'en avait peut-être pas tiré grand profit, mais en prime, certains visiteurs y avaient appris pas mal de choses, ce qui était bien normal à cette époque.[11]

La réaction du chef de service est sans doute caractéristique de l'état d'esprit des techniciens de l'époque qui ne voient pas en quoi des gens moins compétents pourraient être en quoi que ce soit utiles à la sécurité de la machine qu'ils font, eux, fonctionner.

Il se trouve que ce responsable est celui que Jacques Yvon charge, quelques mois plus tard, d'organiser la sécurité au CEA. En effet, en octobre 1958, Jean Bourgeois, qui est devenu l'adjoint d'Yvon au Département des études de piles, se voit confier le soin de diriger le Groupe dit de « sécurité des piles ».[12] La forme et l'orientation du groupe se précisent progressivement. Un petit noyau d'ingénieurs (ils sont trois au départ) s'occupe désormais à plein temps des problèmes de sécurité. Ce groupe effectue ses premiers travaux sur les réacteurs du CEA, existants ou en projet. Fin 1958, Yvon demande à Bourgeois de lui présenter un projet d'organisation de la sûreté nucléaire au CEA.

---

8 M. Yvon est à ce moment-là chef du Département des études de piles.

9 M. Robert est l'adjoint de M. Yvon au Département des études de piles, avant de rejoindre la Direction des applications militaires.

10 Compte rendu de la réunion de la CSIA du 11 février 1960. Archives CEA, Fonds du haut-commissaire, Boîte F5 26 55.

11 Témoignage de Jean Bourgeois, in : Bourgeois, J., Tanguy, P., Cogné, F., Petit, J., *La sûreté nucléaire en France et dans le monde*, Paris, Polytechnica, 1995, p. 151.

12 Note 9707/023 du 10.10.58 de M. Yvon. Archives CEA.

Pour cela, M. Bourgeois entre en contact avec de nombreuses personnalités étrangères et avec les organismes internationaux.

Jean Bourgeois témoigne quelques années plus tard de l'intérêt des visites effectuées à l'étranger et des leçons qu'il en a tirées :

> Une visite aux États-Unis fut très fructueuse : elle permit d'abord d'établir des rapports cordiaux avec Clifford K. Beck, responsable de la « sécurité » à l'USAEC, et ces bonnes relations allaient jouer un rôle important dans l'avenir. De plus, une moisson de renseignements intéressants avait pu être récoltée. À cette époque, les bases techniques de la sûreté étaient connues. Le risque était celui d'une dispersion accidentelle des substances radioactives produites par le réacteur, terme qui avait été substitué à celui de pile. Certaines méthodes avaient été mises au point pour prévenir ces situations, et pour en limiter les conséquences si elles se produisaient. Elles s'appliquaient aux diverses installations nucléaires de la façon suivante : à chaque stade du développement de l'installation (conception, construction et finalement exploitation), la sûreté devait être démontrée par la production d'un rapport écrit contenant, d'une part, une description détaillée de l'état de l'installation, notamment pour les parties importantes concernant la sûreté, et surtout, une étude sur l'« accident maximum possible », ou MCA (Maximum Credible Accident dans son appellation d'origine). Le résultat de cette étude devait démontrer que celui-ci était réellement le plus grave et n'entraînerait aucune perturbation à l'extérieur du site où se trouvait l'installation. La preuve pouvait être apportée par l'utilisation de codes éprouvés ou de standards reconnus. Des confirmations expérimentales étaient les bienvenues. L'autorité de sûreté jugeait alors de l'acceptabilité de l'installation.[13]

Dans cette présentation qui date de 1992, Bourgeois insiste également sur l'apport britannique :

> La même visite faite au Royaume-Uni, poursuit Jean Bourgeois, a fourni des résultats analogues. À l'Atomic Energy Authority, le spécialiste de la sûreté s'appelait F.R. Farmer, déjà apprécié pour sa grande compétence. Une solide amitié s'établit rapidement entre nous et permit de fructueux échanges, d'autant plus intéressants que l'Angleterre possédait, comme nous, des réacteurs expérimentaux modérés à l'eau lourde et des réacteurs de puissance du type graphite-gaz. En ce qui concernait les réacteurs de puissance, les Britanniques avaient une nette préférence pour le graphite-gaz, dont ils maîtrisaient bien la technique. Ils commençaient leurs études d'arbres d'accidents et de probabilités associés (arbres des causes des chimistes), domaines où ils allaient devenir des spécialistes incontestés. Le fait qu'ils fussent, avec nous, les seuls utilisateurs de piles de puissance du type graphite-gaz allait en faire des partenaires privilégiés.[14]

---

[13] Bourgeois, J., « La sûreté nucléaire », Gorce (de la), P.-M. (ed.), *L'aventure de l'atome*, tome 2, Paris, Flammarion, 1992, p. 283-323, cit. p. 289.

[14] *Ibid.*, p. 290.

Les visites et les travaux de Bourgeois conduisent Yvon à mettre en avant la nécessité de centraliser la question de la sécurité à l'échelon responsable le plus élevé du Commissariat. Dans une note au haut-commissaire de septembre 1959, il soumet également un « projet d'organisation de la sûreté des installations atomiques ».[15]

Le terme sûreté apparaît pour la première fois de façon officielle dans cette note où Yvon souligne pour Francis Perrin : « Vous remarquerez que le terme sûreté a été choisi de préférence au terme sécurité qui pourrait porter ambiguïté. » La raison du choix n'est malheureusement pas détaillée, il apparaît cependant que le terme sûreté, comme le projet de centralisation et d'organisation, est le fruit des visites effectuées aux États-Unis et en Angleterre. En ce sens, le terme « sûreté » est l'exacte traduction de l'Américain « safety ». Certains observateurs se sont interrogés sur les raisons du choix du terme « sûreté » dans le vocabulaire nucléaire, alors qu'on parle de sécurité dans les autres technologies à risque. Le terme « sûreté » étant plus absolu, plus définitif que celui de « sécurité », ne serait-ce pas le témoignage d'une volonté consciente ou inconsciente de la part des responsables du nucléaire de masquer les risques, ou de présenter leur technique comme « sûre », confondant délibérément la démarche pour aboutir à la sûreté et le résultat, l'état « sûr » ?

En tout cas, le choix du CEA à la fin des années 1950 a consisté à réserver le mot sûreté à l'aspect technique de la prévention des accidents, et le mot sécurité à l'ensemble des mesures mises en œuvre pour la protection des personnes et des biens, que ce soient les mesures de sûreté, de protection contre les agressions, de radioprotection.

3.4. Le projet d'organisation de la sûreté au sein du CEA : la Commission de sûreté des installations atomiques

Le projet que lui a remis Bourgeois est présenté par Yvon à Francis Perrin en septembre 1959. Intitulé « Sûreté des installations atomiques »,[16] il comprend quatre parties définissant tout d'abord l'importance des questions de sûreté pour le CEA, les domaines couverts par la sûreté, les tâches et enfin les moyens de l'organisme de sûreté :

> 1) La sûreté des installations atomiques conditionne avec une telle ampleur la vie des personnes et l'intégrité des biens qu'elle doit être centralisée à l'échelon responsable le plus élevé du Commissariat à l'Énergie atomique.

[15] Note 349/023/80 du 29.9.59 du directeur de la DPPA au haut-commissaire.

[16] Projet daté du 24/09/1959, annexé à une Note de la DPPA n° 349/023 en date du 3.11.1959. Archives CEA.

Mettant en jeu la compétence et les attributions de la plupart des directeurs du C.E.A., elle nécessite d'être considérée au sein d'un organisme interdirections, où chacun puisse faire valoir ses vues avant d'accepter de *se plier aux règles d'intérêt général* (souligné par nous) que ne peut manquer d'imposer la recherche de la sûreté.

L'institution d'un « Comité de sûreté des installations atomiques » dépendant directement du haut-commissaire et rassemblant plusieurs directeurs est donc souhaitable.

2) La sûreté des installations soulève des problèmes multiples que l'on peut classer comme suit :

a) sûreté des installations de tous ordres à l'encontre du rassemblement intempestif d'une masse critique.

b) sûreté des piles à l'encontre de tout incident nucléaire ou mécanique de nature à entraîner une production non contrôlée et dangereuse de radioactivité.

c) choix des sites atomiques en vue de réduire à un minimum acceptable les conséquences sur les personnes et les biens d'une défaillance d'installation.

Il faut souligner ce point, la sûreté est présentée comme l'intérêt général. Il semble nécessaire de faire comprendre aux différents directeurs que la sûreté n'est pas la marotte de certains, qu'il ne s'agit pas là d'une bureaucratie inutile qui vient se mêler de ce qui ne la regarde pas, mais qu'il y a un danger réel, particulier, nouveau, et qu'un accident pourrait remettre en cause l'avenir de l'énergie atomique. Relevons aussi qu'il s'agit de créer un organisme interdirections où l'on discute entre experts compétents des différentes parties. Le caractère prototypique de cette organisation est à souligner : ces mêmes principes seront à la base du fonctionnement de l'expertise de la sûreté nucléaire en France pendant plusieurs décennies. À cela rien d'étonnant puisque c'est le CEA, d'après ces principes, qui va modeler la future organisation nationale de la sûreté nucléaire.

La présentation des thèmes couverts par la sûreté et l'ordre dans lequel ils sont abordés correspondent bien aux priorités du moment : c'est tout d'abord le danger de criticalité (le rassemblement intempestif d'une masse critique), avant la sûreté des piles et le choix des sites. Au cours des années 1950, le travail de laboratoire, le maniement de matières fissiles dans les mines ou lors de la fabrication de combustibles sont considérés comme les principaux dangers. Avec le développement des piles, c'est la sécurité de la machine qui prend le dessus. La future organisation modifiera cet ordre en donnant la priorité à la sûreté des piles, devant le danger de criticalité.

3) Le Comité de sûreté a pour tâches essentielles :
   - de délivrer les licences de construction des piles et des installations sur présentation du projet.
   - de délivrer les licences d'exploitation des piles et des installations au moment de leur mise en service.
   - d'officialiser, en liaison avec les organismes internationaux qualifiés, les normes de sûreté, chaque fois que celles-ci pourront être définies.
   - de s'assurer de la conformité des réalisations aux licences délivrées.
4) Le Comité de sûreté dispose pour réaliser ces tâches :
   - de sous-comités spécialisés interdirections [...]
   - d'une commission de contrôle composée d'experts choisis parmi le personnel à la disposition du sous-comité correspondant et agissant sur ordre du Comité. Cette commission a le pouvoir de suspendre, jusqu'à décision du Comité, toute activité jugée contraire à la sûreté. La commission de contrôle pourra ultérieurement être constituée en service rattaché au haut-commissaire.

Le projet d'organisation et d'organigramme est envoyé à chacune des directions du CEA le 1er octobre 1959.

Tout ce travail aboutit à la création d'une Commission de sûreté des installations atomiques (CSIA) au sein du CEA. Elle est annoncée par une note d'instruction générale[17] signée du haut-commissaire Francis Perrin et de l'administrateur général Pierre Couture,[18] datée du 27 janvier 1960.

Créée au 1er janvier 1960, la Commission est effectivement centralisée à l'échelon responsable le plus élevé du Commissariat puisqu'elle relève directement du haut-commissaire. Dans l'énoncé des missions, une modification apparaît : on n'insiste plus en préambule sur la nécessité « de se plier aux règles d'intérêt général ». Une formulation plus diplomatique et consensuelle la remplace puisqu'il s'agit « de faire étudier toutes les mesures nécessaires à l'obtention dans le domaine des radiations d'une *sûreté aussi parfaite que possible* ». Aucune règle n'est fixée, le niveau de sûreté sera forcément le fruit d'une discussion, d'un dialogue entre parties. La question des critères est posée : le « possible »

[17] Note de Service n° C 278. Instruction générale. 27 janvier 1960. Archives CEA, Fonds du haut-commissaire, F2 05 19.

[18] Pierre Couture, polytechnicien sorti dans le corps des Mines, succède en 1958 (et jusqu'en 1963) à Guillaumat, après avoir effectué une carrière dans les mines (à Constantine, à Saint-Étienne, au ministère, en Sarre). Il est considéré comme le père de l'usine de séparation isotopique de Pierrelatte. Il retournera ensuite dans le secteur minier où il présidera plusieurs sociétés.

sera-t-il fonction de l'état de la technique, du coût des mesures à prendre, des délais, des impératifs de production ?

La Commission est présidée par le haut-commissaire en personne. Sont membres de la Commission, le directeur des Applications militaires (DAM), le directeur industriel (DI), le directeur des Matériaux et Combustibles nucléaires (DMCN), le directeur de la Physique et des Piles atomiques (DPPA), et le directeur du Cabinet du haut-commissaire (DCHC) qui assure le secrétariat. Occasionnellement le chef du centre où se trouve une installation soumise à examen sera également membre de la Commission. La Commission dispose de sous-commissions spécialisées, interdirections, présidées par un membre de la direction ou du service le plus directement intéressé en la matière.

Deux notes de service signées du haut-commissaire annoncent la mise en place des deux premières sous-commissions : la Sous-Commission de sûreté des piles et la Sous-Commission des masses critiques.

3.5. La Sous-Commission de sûreté des piles

3.5.1. L'instauration du « rapport de sûreté »

La Sous-Commission de sûreté des piles est mise en place à compter du 1er mars 1960. Elle va élaborer la philosophie de la sûreté nucléaire en France. Jean Bourgeois, adjoint du directeur de la Physique des Piles atomiques (DPPA) en est nommé président. Le secrétariat est assuré par François de Vathaire. La Sous-Commission se compose de membres titulaires représentant les différentes directions du CEA.[19]

La Sous-Commission de sûreté des piles a pour tâche de recevoir et d'instruire les dossiers relatifs à la Sûreté des piles qui sont adressés à la CSIA ; de recueillir auprès des services du CEA les éléments complémentaires qu'elle juge utiles ; de rédiger, sous forme de projets, les décisions du ressort de la Commission. Elle doit également « s'efforcer de dégager les bases d'une politique de sûreté des piles, et de déterminer en conséquence les études à faire effectuer par les services spécialisés ainsi que leur ordre d'urgence. »[20] Sa compétence s'étend à toutes les piles et tous les ensembles sous-critiques du Commissariat. À cette fin, la Sous-Commission dispose d'un groupe de travail siégeant à la DPPA, et de moyens que fourniront sur sa demande les départements spécialisés.

---

[19] Il s'agit de J. Jacquesson (DAM), Ch. Segot (DI), P. Wallet (DMCN), P. Candes du SCRGR (DCHC), et A. Chappellier pour la Direction administrative (DA, Sécurité Incendie). Note HC 39 du 15 mars 1960.

[20] Note de Service HC 36, 1er mars 1960.

Deux semaines après sa création, une note énonce les documents que les différentes directions responsables de projets doivent fournir à la Sous-Commission concernant la sûreté des piles. L'examen de la sûreté conditionne désormais la construction et la mise en exploitation de tout projet. Un « rapport préliminaire de sûreté » doit être établi en vue de la délivrance d'un « certificat de sûreté ». Les responsables des piles en fin de construction doivent établir, au moment des essais de réception, le rapport sur la sûreté de la pile ainsi que le projet des premières consignes d'exploitation, nécessaires à la délivrance d'une « licence d'exploitation ». À titre de régularisation, les chefs de piles déjà en exploitation doivent fournir dès que possible ces deux documents auxquels s'ajoute une copie des rapports concernant les principaux incidents survenus jusqu'à ce jour, aux fins de constitution d'archives. L'annexe de la note présente un plan type du rapport de sûreté :

Rapport de sûreté d'une pile

I – Caractéristiques du site

Il pourra pour ce chapitre être fait référence à un document général d'étude du site.

II – Description de la pile

Seront décrites plus particulièrement les parties essentielles à la sûreté de marche : cœur ; circuits de refroidissement (normal et secours), circuits auxiliaires éventuels (pressurisation, épuration, etc.) ; dispositifs de contrôle et de sécurité, appareils de chargement et de déchargement ; enceinte de sécurité, lorsqu'elle existe ; ventilation ; filtres ; lutte contre l'incendie ; protection biologique, etc.

III – Données nucléaires et thermiques ;

Les principales données nucléaires et thermiques peuvent être présentées sous forme de tableaux et de courbes dans différentes hypothèses : démarrage, marche normale (combustible neuf, combustible empoisonné), arrêt brutal. Une évaluation de la précision des valeurs fournies sera indiquée.

IV – Caractéristiques de sûreté de l'installation

Les facteurs intrinsèques de stabilité et d'instabilité de l'installation devront être mis en évidence. La philosophie du contrôle en sera déduite. Les facteurs supplémentaires de sécurité introduits par les automatismes et les verrouillages dûment explicités et justifiés. Les risques liés aux imperfections et défaillances possibles des dispositifs de contrôle et de sécurité seront mis en évidence.

V – Étude des accidents possibles

Les principaux accidents possibles dépendent étroitement du type de pile. Il sera généralement possible de distinguer les accidents libérant un certain excès de réactivité (montée intempestive des barres de contrôle, erreur de chargement ou de déchargement, etc.) et les accidents dus à une défaillance du refroidissement (rupture du circuit primaire, arrêt des pompes, obturation d'un canal, etc.).

Une étude particulière sera faite de l'accident maximum prévisible. Les hypothèses en seront exposées et justifiées. L'émission correspondante de produits radioactifs fera l'objet d'une évaluation aussi précise que possible. Les dangers de contamination des environs seront évalués. Une conclusion en sera dégagée concernant l'utilité ou l'inutilité d'une enceinte étanche pour la pile.[21]

L'obligation faite aux physiciens et ingénieurs de rédiger un tel rapport n'a pas été immédiatement comprise : leur réaction goguenarde peut se résumer par l'expression en cours à l'époque à propos du rapport de sûreté, qualifié de « réacteur en papier ». Les premiers rapports feront une dizaine de pages, ils en comportent aujourd'hui plusieurs milliers.

3.5.2. Jean Bourgeois

Qui sont les personnalités nommées à la tête de cette Sous-Commission de sûreté des piles, et quel est en particulier le parcours de celui qu'invariablement on considère comme le « père de la sûreté » en France, Jean Bourgeois ? Bien qu'ayant occupé de hautes responsabilités au sein du Commissariat, Jean Bourgeois reste mal connu. Jean Bourgeois est né en 1914. Ancien élève de l'École polytechnique (promotion 1935), il sort dans le Corps du Génie (1937). Militaire de carrière, il est lieutenant au 1er régiment du Génie de Strasbourg (5e compagnie de l'application de la mesure) lorsqu'il est fait prisonnier par la Wehrmacht au Donon, le 28 juin 1940. Transféré en Allemagne, il est libéré le 20 avril 1945.[22] À son retour de camp, il est affecté à l'inspection technique des travaux du Génie le 18 juin 1945 avec le grade de capitaine. Il est alors détaché à l'École supérieure d'Électricité pour deux ans et obtient le diplôme d'ingénieur de cette école.[23] Détaché[24] provisoirement à l'École d'État-Major, il rejoint l'École Supérieure technique du Génie de Versailles le 1er octobre 1948. Chef de bataillon, il est désigné pour servir en Indochine et débarque à Saïgon le 13 mai 1952,

---

21 Note de Service HC 38 du 14 janvier 1960, p. 3.

22 D'abord emprisonné à l'Offlag XIII Unterlager B de Nuremberg, il est transféré à l'Oflag VI D de Münster le 15 mai 1941. (Archives de la Défense. Bureau des archives des victimes des conflits contemporains. Liste originale de l'Oflag VI D 22P753 ; fiche médicale de rapatriement AC2MI24).

23 Il a effectué des stages des stages à EDF du 15 juillet au 31 août 1946, à l'usine Alsthom du 1er janvier au 30 septembre 1946.

24 Archives de la Défense. Bureau Central d'archives administratives militaires. État des services de Jean Bourgeois ; feuilles de notes pour les années 1955 à 1964, date à laquelle il quitte l'armée, avec le grade de lieutenant-colonel. Il sera promu colonel de réserve le 1er octobre 1965.

affecté à la 16e compagnie d'entretien du Génie dont il assure les fonctions de chef de corps. Il est rapatrié sanitaire le 20 décembre 1953. D'abord affecté à la section technique de l'armée à Paris à la fin de la campagne d'Indochine, il est détaché « Hors Cadre en Mission » au CEA par arrêté interministériel en date du 9 décembre 1954. Recruté par André Ertaud, le commandant Bourgeois entre au Service de la pile de Châtillon, ZOE, puis il rejoint le Département d'études de piles sous la houlette de Jacques Yvon. Chef de service de la Pile de Châtillon, Jean Bourgeois est en particulier responsable des études théoriques et expérimentales concernant le comportement des rayonnements dans les blindages de pile. En 1958, Jean Bourgeois devient adjoint d'Yvon, alors chef du Département d'études des piles (DEP), puis de la nouvelle Direction de la physique et des piles atomiques (DPPA). Bourgeois est l'adjoint du directeur, avec pour tâche particulière la mise sur pied d'une organisation consacrée à la sécurité des piles. En 1962, alors qu'Horowitz prend la tête de la DPPA, Jean Bourgeois devient chef du Département d'études de piles (DEP). Tout au long des années 1960, Bourgeois est donc à la fois le chef du Département phare du CEA pour le développement des réacteurs (le DEP), et président de la Sous-Commission de sûreté des piles créée au début de l'année 1960. En 1970, il créera un département de Sûreté nucléaire (DSN) au CEA, avant de fonder en 1976 l'Institut de protection et de sûreté nucléaire (IPSN). Il mettra un terme à ses activités professionnelles en 1978.

Au-delà même de ses compétences techniques reconnues de tous, les ingénieurs qui l'ont connu mettent unanimement l'accent sur les qualités humaines de Jean Bourgeois. Ses deux successeurs directs, auxquels selon leurs dires il a tout enseigné en matière de sûreté, lui rendent ainsi hommage à l'annonce de son décès en 1992 :

> Chef du Département des études de piles en 1963, il a orienté et dirigé les travaux des équipes qui ont développé les différentes filières de réacteurs dans les années soixante : son intérêt passionné pour les problèmes techniques, sa faculté d'analyse alliés à une écoute attentive et compréhensive des hommes, ont fait de lui un véritable catalyseur de l'évolution scientifique et technique des projets de réacteurs. Si Jean Bourgeois a joué un rôle majeur dans la prise en compte de la sûreté en France, c'est parce qu'il a été d'abord un des meilleurs connaisseurs des techniques nucléaires et des nécessités du développement dans ce domaine.[25]

Mais ses fils spirituels ne sont pas les seuls à faire l'éloge des qualités techniques et humaines de Jean Bourgeois : « un homme de raison,

---

[25] Texte à la mémoire de Jean Bourgeois écrit par MM. François Cogné et Pierre Tanguy, dans la partie Actualités de la *Revue Générale Nucléaire* de mars-avril 1992, p. 167, intitulé « Pionnier de la Sûreté nucléaire, Jean Bourgeois nous a quittés ».

et c'est un grand compliment, qui s'occupait de la sécurité réelle » selon un directeur de l'Équipement à EDF. Du côté de l'administration, un ingénieur des Mines qui a fait sa connaissance en 1979 reconnaît « son autorité morale et sa fiabilité de jugement sur les installations ». À ses yeux, « Monsieur Bourgeois a été LA personne qui au CEA, a construit la logique des démonstrations de sûreté nucléaire. »

Il faut insister ici sur cet aspect de construction logique de la sûreté.[26] S'il est devenu à la mode de dire que la sûreté absolue ou le risque nul n'existent pas, cela signifie plus fondamentalement qu'il est essentiel de trouver la logique qui permet de dire quelles sont les mesures à prendre, dans quel domaine il faut aller plus loin dans la sûreté, et puis à partir de quel moment on considère que le niveau de sûreté est acceptable. Il faut donc construire une doctrine, une logique qui définisse ce qu'il y a à faire et qui permette de décider à quel moment le but est atteint. Cette construction logique de la sûreté a été faite dans le nucléaire en France en grande partie par Jean Bourgeois.

On peut dire que l'œuvre de sa vie a bien été la sûreté des réacteurs nucléaires : poussé dans cette voie par Jacques Yvon, Bourgeois fera porter l'essentiel de ses efforts sur la sûreté. Alors même qu'il est chef du Département d'études de piles, son principal souci restera le petit groupe qu'il a formé,[27] le Groupe technique de sûreté des piles (GTSP), premier noyau permanent de spécialistes de sûreté.

3.5.3. François de Vathaire et le GTSP

Pour animer ce groupe, Bourgeois a recruté François de Vathaire. Premier responsable du GTSP (prononcer « JetSep »), Vathaire signe les premiers textes dédiés à la sûreté nucléaire. En effet, Bourgeois qui est à partir de 1962 responsable du DEP, s'exprime sur l'aspect développement lors des colloques internationaux.

François de Vathaire sort de l'École Polytechnique, promotion 1950, dans une « petite botte », le Génie maritime (promotion 1955). Il s'occupe dans un premier temps de contrôler les navires pour la Marine et participe à l'étude du réacteur de ce qui aurait dû être le premier sous-marin nucléaire français.[28] C'est donc en tant qu'expert de la Marine au CEA que François de Vathaire se forme aux questions atomiques et de protection. En 1958, il est détaché par la Marine au CEA. Responsable

---

[26] D'après un entretien de l'auteur avec Michel Lavérie, 14 janvier 1999.

[27] Entretien avec Jean Bussac, 19/04/1999.

[28] Mais ne disposant que d'uranium naturel, d'eau lourde et de glycine, ce qui ne laissait qu'un bilan de réactivité faible, le projet de moteur des ingénieurs de la Marine ne sera jamais construit car trop lourd, ce qui a valu à ce navire l'inélégant sobriquet de « veau marin ».

du GTSP dès le début, c'est à la demande de Jean Bourgeois qu'il devient en 1964 son adjoint au Département des études de piles, « pour permettre à M. de Vathaire d'assurer efficacement la liaison entre les différents services s'occupant de sécurité des réacteurs et de coordonner les programmes d'études. »[29]

3.5.4. Le premier cours sur la « Sûreté » pour les futurs ingénieurs en « Génie atomique »

C'est François de Vathaire qui signe, dans le *Cours de Génie atomique* dispensé depuis 1955 par les responsables du CEA au sein de l'Institut national des sciences et techniques nucléaires (INSTN), le chapitre sur la sûreté des installations atomiques.[30] Le cours de 1960 dont il a envoyé copie au haut-commissaire au tout début de l'année est très instructif : c'est un résumé, un état des lieux de ce qui se fait à ce moment-là aux États-Unis en matière de sûreté. En revanche, l'inspiration britannique apparaît dans l'exposé des barrières comme méthode d'analyse de la sûreté. À cet égard, la bibliographie de l'article est révélatrice : sur 29 références, 27 sont américaines, 2 anglaises, aucune française.

L'introduction de ce cours s'ouvre sur un discours qui deviendra classique, arguant, en résumé, que d'autres industries sont aussi dangereuses que l'énergie atomique mais que dans ce domaine les ingénieurs sont obligés d'être plus prudents. Les raisons de ce surcroît de prudence sont finalement étrangères au risque atomique, elles proviennent de la subjectivité de sa perception par le public. On ne peut que noter l'impressionnante permanence du discours depuis ces années-là :

> Les installations atomiques posent des problèmes de sûreté qui sont dans leur ensemble du même ordre de grandeur que ceux posés par certaines installations classiques. C'est ainsi que l'explosion dans un grand port d'un navire chargé de munitions ou d'essence, ou l'incendie d'un dépôt de gaz asphyxiants au milieu d'une ville, peut entraîner autant de morts, de maladies incurables ou de dégâts matériels qu'un grave incident nucléaire sur un navire ou une centrale atomique. Cependant, certains facteurs conduisent à attacher à la sûreté en matière atomique une importance encore plus grande qu'en matière classique : d'abord les répercussions psychologiques d'acci-

[29] Note de Bourgeois, chef du DEP au cabinet du HC, 25.11.64.

[30] Vathaire (de), F., « Sûreté des installations atomiques », *Génie Atomique*, Volume I, Section C, Bibliothèque des sciences et techniques nucléaires, PUF, 1960, 22 p. Dans le cours de Génie Atomique, Jean Bourgeois signe le chapitre sur le calcul des protections : Cf. Bourgeois, J., « Calcul des protections des réacteurs », *Génie Atomique*, Tome 1, (éd. 1963), CXI, Bibliothèque des sciences et techniques nucléaires, PUF, 65 p.

dents nucléaires peuvent être plus grandes étant donné la sensibilité des opinions publiques en ce domaine.[31]

Il faut préciser que les installations atomiques du début des années 1960 ont encore une puissance limitée : G1 offre 7 MWe, G2 et G3 délivrent 40 MWe. La quantité de poison contenue dans ces piles est encore faible. Dix ans plus tard, les projets de centrale à eau légère proposeront des puissances de 900 puis 1 300 MWe. La remarque de Vathaire sur la « sensibilité des opinions publiques » est plus surprenante. Il semble qu'à cette date l'énergie atomique civile soit plutôt bien perçue par l'opinion publique en France, mais également aux États-Unis où l'on s'inquiète à cette époque essentiellement du problème du désarmement puis des retombées des essais atomiques, et pas du tout des centrales atomiques et de leurs risques. En tout cas, les responsables de la sûreté nucléaire sont conscients qu'on les guette au tournant, même si pour l'instant aucune inquiétude ne s'est exprimée dans l'opinion publique. On est conscient du fait qu'un accident ayant des conséquences graves pourrait freiner voire mettre un terme au développement de l'énergie atomique. L'exigence de sûreté est un impératif dans cette phase de démarrage pour ancrer l'acceptation par le public de cette nouvelle industrie. Vathaire ajoute une autre considération, de politique internationale cette fois : un accident pourrait avoir des implications internationales « très étendues », c'est le cas des réacteurs construits auprès des frontières. Un dernier point est mentionné, le peu d'expérience en matière d'accidents nucléaires graves, qui conduit « à une grande prudence. »

Le premier chapitre du cours souligne l'étendue des problèmes de sûreté posés par les installations atomiques : en premier lieu sont mentionnés les dangers des piles de recherche et de puissance et la nécessité d'étudier les problèmes de neutronique et de protection contre les radiations, puis viennent les problèmes d'essais de matériaux, d'enceintes et de refroidissement de secours. Sont ensuite traités les risques de criticalité pour les usines et les stockages, puis les aspects particuliers que constituent les navires à propulsion atomique, et enfin le choix des sites, la responsabilité civile et la protection financière en cas d'accidents nucléaires.

Une première division du travail a été effectuée : certains ingénieurs se spécialisent dans le domaine de la sûreté, deviennent permanents d'une nouvelle discipline. Ils doivent justifier leur activité, convaincre les développeurs de son importance, ce qui explique l'accent mis dans le

---

31 Vathaire (de), F., « Sûreté des installations atomiques », *op. cit.*

deuxième chapitre sur la « nécessité d'organiser l'étude et le contrôle de la sûreté des installations atomiques. »

Le cours de Vathaire énonce de façon plus développée que dans les projets de création de la Commission les principes d'organisation de la sûreté. L'idée qu'elle est l'intérêt commun est à nouveau affirmée. La méthode de travail et l'objectif sont proposés, il s'agit d'aboutir à un accord entre les différentes parties :

> La définition des règles de sûreté doit provenir de l'échelon le plus élevé. L'organisme chargé de les définir doit être de nature collégiale pour être mieux représentatif des différents intérêts en jeu, intérêts qui peuvent être contradictoires, mais qui doivent finalement se mettre d'accord dans l'intérêt commun. Il doit disposer de pouvoirs effectifs, tels que le droit de délivrer les autorisations de construction et de démarrage, d'édicter les normes de sécurité, etc. Il doit enfin disposer d'experts distincts des constructeurs et capables de contrôler les différentes phases du projet, de la construction et de l'exploitation.[32]

Cet organisme devra alors recevoir des constructeurs un rapport préliminaire portant sur l'avant-projet, puis un rapport complet, et provoquera des inspections.

Le troisième paragraphe présente le contenu type d'une étude de la sûreté des piles sous l'optique des centrales nucléaires de puissance. Cette étude passe par une étude du site (densité de population, considérations météorologiques, considérations sismologiques, hydrologiques et géologiques, nécessité de zones de servitude de plusieurs centaines de mètres autour des réacteurs), une description de l'installation au regard des parties pouvant intervenir dans la sûreté, une description des données nucléaires et thermiques, des essais de réception et des règles de fonctionnement. L'étude de sûreté doit aussi mettre en évidence les facteurs de sûreté, qu'ils soient intrinsèques (coefficient de température du modérateur et le coefficient de vide, le coefficient négatif de température du combustible) ou « réalisés dans le projet ». Ces derniers sont matérialisés par trois barrières en série qui séparent les poisons de l'environnement extérieur : ce sont successivement la gaine du combustible, le circuit primaire, l'enceinte extérieure éventuelle. Les risques doivent être étudiés non seulement en fonctionnement normal (la protection biologique est du ressort du SCRGR) mais aussi dans les situations accidentelles.

Le cours se termine sur l'évaluation des risques accidentels, « une des parties les plus importantes et les plus délicates du projet ». Suit une

---

32 Vathaire (de), F., « Sûreté… », *op. cit.*

définition de cette évaluation, reprenant le concept américain d'accident maximum crédible :

> Elle consiste à passer en revue toutes les avaries possibles, même peu probables, et à évaluer dans chaque cas les dégâts entraînés pour l'installation et le personnel, ainsi que pour les personnes et les biens extérieurs. Ces évaluations doivent être faites sur des bases raisonnablement pessimistes. L'accident le plus grave est souvent appelé « l'accident maximum prévisible » (the maximum credible accident).[33]

Les références en matière de dose sont encore américaines. À la place du « on », il faut presque lire « aux États-Unis » :

> On exige de l'installation qu'elle soit conçue de façon à ce que l'accident maximum prévisible n'entraîne pas, pour les populations extérieures, une dose intégrée excessive (25 rems peut être pris pour les calculs) [25 rems « whole body » est la référence utilisée aux États-Unis], ceci dans des conditions météorologiques pessimistes. Suivant les résultats des évaluations faites, une enceinte extérieure peut s'imposer ou non.

Ces principes sont suivis d'une liste des principaux accidents possibles et des moyens à mettre en œuvre pour en limiter les conséquences. Ces accidents sont, par ordre d'importance, la rupture du circuit primaire, l'arrêt des pompes, la perte de source froide, l'excursion de puissance à froid, l'excursion de puissance en marche normale.

Une spécificité apparaît ici dans la méthodologie d'analyse de la sûreté des installations nucléaires en France : celle-ci passe par l'étude de différentes barrières s'opposant à la sortie de produits radioactifs de l'installation. Ce concept des barrières était évoqué dans le texte de l'Anglais Farmer présenté à Genève en 1958, mais non systématisé comme c'est le cas en France à partir de cette époque. Les successeurs de Bourgeois racontent comment serait né ce concept des barrières :

> C'est un long séjour dans les camps de prisonniers qui donna à Jean Bourgeois l'idée d'utiliser des barrières pour contenir et contrôler les produits dangereux engendrés dans les installations nucléaires et de déduire de l'analyse de leur comportement en circonstances accidentelles, la justification de la protection que celles-ci offraient. Dans un camp, le problème est d'empêcher des sujets jugés dangereux de s'égarer dans les campagnes environnantes et, manifestement, les méthodes employées outre-Rhin n'étaient pas mauvaises, du moins de ce point de vue :
>
> – Un obstacle sérieux (deux mètres de haut, deux de large et, entre les deux, un réseau de barbelés). Comme disent les militaires, cet obstacle était battu par le feu ; miradors protégés et munis de mitrailleuses ; sentinelles patrouillant le long de l'obstacle.

---

[33] *Ibid.*

– L'accès à cet obstacle était interdit par un simple fil de fer tendu à une dizaine de centimètres du sol et quiconque franchissait ce fil de fer situé à cinq mètres du réseau de barbelés était abattu sans sommation.

Et voilà comment fut proposée la théorie des barrières : la barrière devait constituer un obstacle et être maintenue intacte par des dispositifs agissant en ultime secours ; l'accès de la barrière devait être surveillé et protégé par une marge de sécurité, toute entrée dans cette marge devant être détectée et déclencher une action.[34]

Cette méthode des barrières est souvent illustrée par l'image des poupées russes. Mise au point pour les réacteurs de la filière graphite-gaz, elle sera utilisée par la suite sur les réacteurs à eau légère.

En juin 1961, la Sous-Commission de sûreté des piles dispose d'un groupe de travail permanent siégeant à la Direction de la physique des piles atomiques, dont le personnel s'est légèrement étoffé puisqu'il comprend désormais une dizaine de personnes.

3.6. Les autres sous-commissions : criticité, contamination, sites, transport

La Sous-Commission de sûreté des piles est rapidement suivie par la mise en place de quatre autres Sous-Commissions car d'autres risques que des dysfonctionnements de piles sont à prendre en compte.

Le deuxième risque identifié dès le départ et dont l'étude est confiée à une sous-commission – la Sous-Commission des masses critiques (SCMC)[35] – concerne le danger de criticalité. La criticalité (transcription de l'anglais « criticality ») – le terme sera francisé en 1964 en « criticité » – est la propriété qu'ont les matières radioactives fissiles de développer une réaction en chaîne divergente. Le milieu est alors dit surcritique. Ce processus qui est exploité dans les réacteurs atomiques, s'il survient de façon impromptue, conduit à ce qu'on appelle un accident de criticité. Il peut se déclencher lorsque certaines conditions de géométrie, de masse, de concentration des produits fissiles sont réunies. Ces situations peuvent se produire notamment lors du traitement et de la manutention de l'uranium naturel ou enrichi ou du plutonium dans les installations chimiques ou métallurgiques par exemple. La production croissante de matières fissiles et leur usage de plus en plus important dans des réacteurs de puissance et de recherche nécessitent de se préoccuper de ces risques et en particulier de leur détection, d'autant que les accidents de criticité sont la deuxième grande cause de décès dus à des

---

34 Bourgeois, J., Tanguy, P., Cogné, F., Petit, J., *La sûreté nucléaire en France et dans le monde*, Paris, Polytechnica, 1995, p. 154.

35 Note de Service HC 37, 1er mars 1960.

irradiations depuis 1945. Le premier président de la sous-commission est Robert Galley, chef du Département de construction des usines de la direction industrielle. Il a été à ce titre responsable de la construction de l'usine d'extraction du plutonium de Marcoule (1955-1958), et il dirige l'usine de séparation isotopique de Pierrelatte depuis 1958.

Les deux sous-commissions créées ne couvrent pas tous les risques des installations nucléaires. En mai 1960 est créée une « Sous-Commission des risques de contamination chimique ou radioactive. »[36] Elle doit s'attacher aux accidents de contamination qui peuvent se produire dans un laboratoire ou un atelier traitant des substances radioactives à la suite d'un incendie ou d'une explosion chimique. Le premier président de la sous-commission est M. Sartorius.[37] Une quatrième sous-commission, instaurée le 1er septembre 1960, est intitulée Sous-Commission de sûreté des sites. Elle est placée sous la responsabilité du SCRGR,[38] son président est Francis Duhamel. En février 1962, sera créée une Sous-Commission de sûreté des transports.[39]

---

36 Note HC 41 du 1er mai 1960.

37 M. Sartorius (X 1942) est ingénieur du Corps des Poudres, docteur en sciences et chimiste. Il sera remplacé à partir de mars 1961 par Pierre Régnaut, qui a fait partie de l'équipe de chimistes ayant extrait les premiers grammes de plutonium sous la direction de Goldschmidt

38 Note HC44 du 1er septembre 1960.

39 Note de service HC71 du 2 février 1962.

Deuxième partie

L'élaboration d'une doctrine et l'institutionnalisation de la sûreté en France (1960-1970)

CHAPITRE 4

La Commission de sûreté des installations atomiques (CSIA)

4.1. Le rôle de la Commission

Au début de l'année 1960, une Commission de sûreté des installations atomiques a été mise en place au sein du CEA pour examiner les dangers des activités atomiques du CEA. Il ne s'agit pas d'une instance consultative de « sages » mais d'une instance décisionnaire qui regroupe d'éminents spécialistes de l'énergie nucléaire, les grands directeurs du CEA, sous la présidence du haut-commissaire. La Commission s'appuie sur cinq bras séculiers, les sous-commissions chargées respectivement de la sûreté des piles, des masses critiques, des risques de contamination chimique ou radioactive, des sites, et des transports. Nous nous intéresserons presque exclusivement à la plus importante de ces sous-commissions, la Sous-Commission de sûreté des piles (SCSP) placée sous la responsabilité de Jean Bourgeois. Elle dispose d'un groupe permanent d'ingénieurs, le Groupe Technique de Sûreté des Piles. Les bases méthodologiques d'examen de la sûreté sont posées grâce aux exemples américain et britannique. Il reste à examiner comment vont s'établir les rapports entre ces examinateurs et les responsables des projets, dans un premier temps au sein du commissariat, puis au contact des différentes organisations qui s'intéressent progressivement aux questions nucléaires.

4.1.1. Francis Perrin et le fonctionnement de la CSIA

Francis Perrin présidera toutes les réunions de la Commission sans exception. Successeur en 1950 de Frédéric Joliot comme haut-commissaire, il occupe ce poste pendant vingt ans. De 1960 à 1970, c'est sous sa haute autorité scientifique qu'est examinée la sûreté des piles du CEA, puis celles d'autres organismes. Pendant cette période, la Commission reste le seul organisme compétent en France.

Le président de la Commission n'est pas un novice en matière d'énergie nucléaire. Né en 1901, fils du prix Nobel de physique 1926 Jean Perrin, il est l'une des grandes figures de la physique des années 1930 en France. Reçu à l'École normale supérieure à seize ans et demi, agrégé de physique à 22 ans, il obtient une thèse de mathématiques en 1928 pour une « étude mathématique du mouvement brownien », et l'année suivante une thèse en physique sur la « fluorescence des solutions » avec Marie Curie pour présidente de jury. Outre ses travaux sur la radioactivité bêta négative et bêta positive, sur le neutrino, ou sa théorie permettant d'expliquer les fortes probabilités d'absorption des neutrons très lents par certains noyaux, il est aux côtés de Joliot, Halban et Kowarski l'un des grands pionniers de la réaction en chaîne grâce à ses calculs de masse critique. En 1945, il est l'un des quatre premiers commissaires du CEA. Professeur au Collège de France à partir de 1946, il est élu à l'Académie des sciences en 1953. Il préside la deuxième conférence internationale des Nations unies sur l'utilisation pacifique de l'énergie atomique de Genève en 1958.

La première réunion de la Commission se tient le 11 février 1960, 69 rue de Varenne, sous la présidence du haut-commissaire.[1] Les réunions ont lieu de façon régulière tous les trois mois, à quoi s'ajoutent quelques séances extraordinaires. Les séances se déroulent à l'identique : le président de chaque sous-commission expose les activités de son groupe devant les membres de la Commission. Lors de la première réunion, sont présents, outre le haut-commissaire Francis Perrin, messieurs Baissas (pour la Direction du cabinet du haut-commissaire), Taranger (Direction industrielle), Yvon (Direction de la physique et des piles atomiques). Gemahling représente Piatier (Direction des matériaux et des combustibles nucléaires) empêché. Jean Bourgeois est également présent, seul président de sous-commission nommé à cette date. M. Long assure le secrétariat.

À la fin de la première année de fonctionnement de la CSIA, le constat d'un manque de moyens face à la tâche à accomplir s'impose. Le dernier point à l'ordre du jour de la réunion du 21 décembre 1960 évoque les contacts franco-britanniques en matière de sûreté : M. Bourgeois relate les conditions « très favorables » dans lesquelles a commencé une collaboration franco-britannique dans le domaine de la sûreté des piles. Il ne manque pas de souligner les moyens importants dont dispose M. Farmer, chargé du Service de sûreté des piles de l'UKAEA, à savoir 85 personnes à temps plein. Il lui semble nécessaire à brève échéance d'étoffer le personnel dont il dispose pour les études de sûreté. Le GTSP compte en effet 3 ingénieurs en juillet 1960 ; il comprendra 15 ingénieurs et physiciens à Saclay en 1964, une trentaine d'ingénieurs en 1967, alors répartis entre Saclay et Cadarache.

---

1 PV CSIA, Séance du 11 février 1960. Archives CEA, Fonds du haut-commissaire. Boîte F5 26 55.

4.1.2. La création de la CSIA : une heureuse initiative

La création de la Commission de sûreté des installations atomiques (CSIA) au début de l'année 1960 est une initiative heureuse. Elle va permettre de déceler un certain nombre de problèmes qui n'auraient pas trouvé la solution qui va leur être donnée s'ils étaient restés de la seule compétence des différents services. La création de cette commission va jouer dans le sens d'une nette amélioration de la sécurité des différentes piles, grâce à la formation d'une véritable méthodologie de la sûreté, s'appuyant sur des études plus précises. Il est important de noter que la Commission de sûreté ne comporte pas qu'un aspect réglementaire : elle dispose certes, à l'intérieur du CEA, du pouvoir de délivrer ou de refuser les autorisations de construction ou de fonctionnement, mais surtout, elle oriente le travail des sous-commissions, dont l'activité ne peut reposer que sur un certain nombre d'études particulières, spécialement consacrées aux problèmes de sûreté. Et ces études, comme le reste du travail mené par le CEA, ont trait à des problèmes essentiellement techniques et scientifiques. De ce fait, la seule façon pour les sous-commissions de ne pas apparaître comme des gendarmes, et de justifier leur existence, est de perfectionner leurs connaissances dans leur champ de compétence particulier, apportant par là même leur contribution aux progrès de l'énergie nucléaire.

En d'autres termes, avant de pouvoir établir des normes, il apparaît nécessaire d'avoir une connaissance précise des conditions de fonctionnement des installations. Il faut qu'un consensus technico-scientifique se dégage sur les bases mêmes des phénomènes physiques en jeu, tel est l'état d'esprit des hommes du CEA.

Lors de la première séance de la commission qui est consacrée à l'organisation du travail, la discussion sur les modalités d'intervention de la Commission ou des Sous-Commissions montre l'unanimité des participants sur ce point. C'est ce que note le compte rendu de la séance : « L'avis général est qu'une *collaboration constante et confiante* des Sous-Commissions et des maîtres d'œuvre sera indispensable, pour *ne pas tomber dans un formalisme susceptible de freiner les réalisations.* M. le haut-commissaire insiste sur la nécessité d'un travail continu et en commun. »[2]

Ce sera l'état d'esprit et l'attitude constante de Jean Bourgeois par la suite, qui se souvient des leçons qu'il avait tirées de la visite de son service en 1959 par une commission de sécurité, alors qu'il allait être chargé par Yvon, très peu de temps après, d'organiser la sûreté au CEA :

---

2 PV CSIA, séance du 11 février 1960. (Souligné par nous).

> J'avais déjà compris que pour être admis par un exploitant il fallait traiter directement avec lui, et surtout amener avec soi des ingénieurs qualifiés capables d'offrir plus une aide qu'une critique. J'avais aussi compris qu'aider quelqu'un chargé d'accomplir un travail difficile relevait du simple bon sens, et que compliquer sa tâche ne pouvait être que le fait d'une administration inutile. Voilà pourquoi j'ai pris soin de choisir le personnel adéquat dans mon entourage immédiat et dans les autres directions scientifiques. J'ai eu la chance d'être aidé efficacement par plusieurs directeurs amis.[3]

Ainsi, les ingénieurs du GTSP « apportent leur aide aux ingénieurs chargés des projets, assistent aux réunions de projets et participent aux études. »[4] Cette attitude de dialogue technique, dont les témoignages disent qu'il l'a privilégiée toute sa vie, fait que Bourgeois sera reconnu, voire apprécié, de l'ensemble de la communauté nucléaire.

Dans ce début des années 1960, l'énergie nucléaire est loin d'être une technologie d'utilisation courante. On ne dispose pas d'une expérience cumulée qui aurait permis de découvrir les différents domaines de fonctionnement acceptables ; l'expérience du fonctionnement normal ou des accidents n'a pas encore permis de définir les marges de sécurité raisonnables, ni trop faibles ni excessives. En même temps qu'évoluent les connaissances des technologies de l'énergie atomique, les critères de sûreté s'affinent ; des normes, des critères de « bonne pratique » se mettent progressivement en place. C'est ce cheminement dont témoignent les différentes séances de la CSIA, entre 1960 et 1970.

4.2. L'examen de la sûreté des piles expérimentales

4.2.1. Renforcement des exigences de sûreté et nécessité d'études complémentaires

Les travaux de la Sous-Commission de sûreté des piles (SCSP) occupent l'essentiel de l'activité de la Commission et font l'objet du premier point de la séance. Rarement moins de la moitié de la réunion lui est consacrée, car son champ d'activité couvre la prévention des accidents des piles atomiques, parmi lesquels ceux que l'on peut qualifier d'accidents majeurs.

Lors des premières séances, la Commission procède tout d'abord à la régularisation d'un certain nombre de situations, certaines dispositions tolérées jusque-là n'étant plus jugées satisfaisantes par l'organisme chargé de l'expertise de la sûreté.

---

3 Bourgeois, J., Tanguy, P., Cogné, F., Petit, J., *La sûreté nucléaire en France et dans le monde*, Paris, Polytechnica, 1995, p. 151.

4 PV CSIA, Séance du 1er juillet 1960.

4.2.1.1. Rubéole II et les normes de protection

L'un des premiers problèmes traités est celui de la protection biologique des installations qu'il s'agit de normaliser. En effet, jusqu'aux accidents de Vinca d'octobre 1958 en Yougoslavie et d'Alizé en 1960, aucune règle de sécurité formalisée n'existait concernant les dimensions ou la nature des parois entourant les expériences critiques et sous-critiques en France afin de limiter les doses de rayonnements auxquels les expérimentateurs pouvaient être exposés.[5] Le 21 décembre 1960, la Commission est amenée à discuter des hypothèses adoptées pour le calcul des protections qui viennent d'être installées sur Rubéole II : il est décidé qu'une excursion de puissance de 10^{18} fissions devra provoquer une exposition maximale d'1 rem pour le personnel placé au tableau de commande. Mais cette norme ne fait pas l'unanimité, ni quant au nombre de fissions susceptibles de se produire, ni sur la dose admissible. C'est pourquoi il est demandé à la Sous-Commission de sûreté des piles de continuer à étudier la valeur maxima du nombre de fissions possibles pour une excursion de puissance suivant les milieux, en tenant compte en particulier des renseignements que l'on peut recueillir à l'étranger et notamment en Grande-Bretagne. D'autre part, la Commission suggère de solliciter l'avis du Service d'hygiène atomique et de radiopathologie (SHARP) sur la dose tolérable en cas d'accident.

Cette discussion illustre à nouveau l'aspect dual du risque nucléaire : le lien entre la source physique de l'émission des rayonnements et la nocivité de ces rayonnements. Toutes les incertitudes se cumulent : que ce soit sur l'évaluation des causes, le nombre de fissions qui est du domaine des physiciens, ou sur l'évaluation des conséquences biologiques qui est du ressort des médecins.

4.2.1.2. Crésus, Alizé II : renforcement des conditions d'exploitation

L'examen par la Commission du fonctionnement des installations conduit dans certains cas à un renforcement des conditions d'exploitation, comme en témoigne l'expérience du nom de Crésus. Lors de la séance du 21 décembre 1960, M. Bourgeois souligne que la Sous-Commission ne pourra plus à l'avenir donner son accord à des expériences de cette nature, ne comportant qu'une commande manuelle des barres de sécurité. L'exigence de systèmes de sécurité automatiques recueille le plein accord du haut-commissaire.

---

[5] Vathaire (de), F., « La sûreté des Piles Atomiques », *Cours de Génie Atomique*, CXI, INSTN, 1963, p. 17.

L'examen de deux points jugés dangereux sur Alizé II (une mauvaise conception du circuit hydraulique permettant une introduction accidentelle de réactivité, des rideaux de sécurité n'ayant pas un « fonctionnement sûr ») amène la Commission à imposer des conditions de fonctionnement plus draconiennes en attendant les modifications exigées.

4.2.1.3. Peggy : droit de veto de la SCSP

La Sous-Commission de sûreté a été chargée lors de sa création de rédiger, sous forme de projets, les décisions du ressort de la Commission. Mais entre deux réunions de la Commission, la Sous-Commission dispose du pouvoir d'arrêter une installation dont elle jugerait que le fonctionnement n'est pas assez sûr. Ce fut le cas notamment pour l'installation Peggy, autorisée par le haut-commissaire, qui a dû être arrêtée par suite du mauvais fonctionnement du système de chute des barres de contrôle. La Commission confirme lors de la séance suivante[6] la suspension de la pile jusqu'à ce que les essais que le président de la sous-commission a exigés pour le nouveau système soient terminés de manière satisfaisante.

4.2.1.4. Le hall de Mélusine

L'analyse par la Sous-Commission des diverses installations conduit généralement à un renforcement des mesures de sécurité, et en particulier après l'examen des différents accidents susceptibles de se produire conformément à la procédure liée à la rédaction du rapport de sûreté. C'est le cas avec la pile Mélusine, à Grenoble.[7] M. Bourgeois[8] remarque que la sécurité de la Pile repose plus sur la compétence du personnel qui conduit la pile que sur des dispositifs de sécurité efficaces. Or le rapport de sûreté de la Pile conclut à la possibilité d'un « accident maximum croyable » analogue à celui du réacteur américain Borax qui avait totalement explosé en 1954 à la suite d'une expérience d'excursion neutronique. Le risque n'est donc pas négligeable sur Mélusine. Étant donné ce défaut de conception de la pile, M. Bourgeois juge nécessaire d'installer au plus tôt des sécurités efficaces. Mais le matériel correspondant n'existe pas en magasin, et ses délais de livraison sont estimés à au moins six mois, voire un an. Après cette proposition de traiter l'amont

---

6 PV CSIA, Séance du 15 mars 1961.

7 La pile Mélusine est une pile du type « piscine » qui a démarré en 1958. Construite par Indatom, c'est le moyen d'irradiation autour duquel s'est structuré le centre de Grenoble. Elle utilise de l'uranium fortement enrichi, tandis que son refroidissement, sa modération et sa protection sont assurés par de l'eau naturelle. La piscine qui contient le cœur et les échangeurs est au centre d'un hall dont les dimensions sont 34 m x 20 m x 20 m (hauteur).

8 PV CSIA, Séance du 15 mars 1961.

du risque par la prévention des causes, Bourgeois s'attache à l'aval par la limitation des conséquences. Il propose de réaliser une modification du hall de la pile en vue d'améliorer son étanchéité, opération dont l'étude et la réalisation demanderont de longs délais. Enfin, il lui semble souhaitable qu'une « zone d'exclusion », d'environ 300 mètres soit établie autour de Mélusine, dans laquelle aucune construction destinée à l'habitation ne serait autorisée. Cette zone, qui porterait sur le terrain militaire voisin, pourrait également servir pour la pile Siloé en construction. Dans ces conditions, le haut-commissaire estime qu'il n'est pas possible de prendre, valablement, une décision sur les conditions d'exploitation de la pile Mélusine et il presse le centre de Grenoble de poursuivre avec le maximum de diligence les études nécessaires.

Lors de la séance suivante qui se tient le 27 juin 1961, M. Bourgeois énumère les améliorations apportées depuis avril au tableau de contrôle de Mélusine et propose d'autoriser son fonctionnement pour une puissance de 2 MW. L'autorisation de fonctionnement n'est cependant accordée que sous réserve d'une réalisation rapide de l'étanchéité du hall.

La question de l'étanchéité du hall de Mélusine[9] est examinée à nouveau en décembre 1961. Il s'agit d'un hall dit semi-étanche, mais dont en réalité le taux de renouvellement horaire est élevé, les fuites étant de l'ordre de 6 000 m^3/heure. La ventilation met le hall en très légère surpression, et l'air est évacué, sans filtre, à travers deux aérateurs statiques. La mise en circuit fermé, en cas d'incident, ne supprime pas les fuites ; les baies vitrées, d'autre part, ne résisteraient pas à une surpression même minime. Des travaux ont donc été effectués par le centre de Grenoble pour pallier ces défauts. Avec ces renforcements, M. de Robien, directeur du centre de Grenoble, estime que la puissance de fonctionnement de la pile pourrait être portée à 4 MW. Mais Jean Bourgeois note qu'un certain nombre d'incertitudes subsistent quant aux effets de la surpression consécutive à la vaporisation de l'eau dans l'hypothèse d'un accident de type « Borax ». Seules les études en cours menées dans les laboratoires de la Marine à la Pyrotechnie de Toulon permettront, estime Bourgeois, de préciser les connaissances dans le domaine de la résistance des bâtiments aux surpressions. Une fois encore, le haut-commissaire insiste pour que toutes les précautions soient prises pour que les essais soient bien représentatifs de l'accident envisagé. Refusant d'accéder à la demande d'augmentation de puissance émise par le directeur du centre, la Commission renouvelle pour un an l'autorisation de fonctionnement de Mélusine, à la puissance de 2 MW, en précisant toutefois que cette autorisation ne sera pas renouvelée si les

---

[9] PV CSIA, Séance du 5 décembre 1961.

travaux d'étanchéité du hall, y compris la modification de la ventilation, ne sont pas réalisés dans ce délai.

Vue d'ensemble de la pile piscine Mélusine (Grenoble, avril 1964)
Archives CEA © CEA/Pierre JAHAN – J 788

4.2.2. L'incident d'EL3 et le problème des responsabilités

C'est un incident survenu sur la pile EL3 le 8 novembre 1961 qui amène la Commission à s'interroger sur l'attribution plus précise des responsabilités entre les différents services qui interviennent au cours de la vie d'une installation. Le but de la manipulation ayant donné lieu à l'incident[10] d'EL3 était l'étude de la fusion à cœur de l'oxyde d'uranium (UO_2). La cartouche d'essai comportait 890 grammes d'UO_2 fritté enrichi à 4 %, avec 2 thermocouples permettant d'évaluer la température extérieure et intérieure de la gaine. La rupture brutale de la gaine et l'éjection d'UO_2 liquide ont entraîné la contamination du circuit d'eau lourde d'EL3.

Les dispositifs de sécurité ont bien fonctionné mais l'ambiance dans le « grenier » de la pile est telle à la suite de l'accident que parmi les agents appelés à y travailler, 2 ont dépassé la dose de 5 rems et doivent être « mis au vert » et 7 dépassent 4 rems : ces doses ont été accumulées peu à peu, à chaque séance de travail. D'autre part, l'accroissement du bruit de fond de la DRG a conduit à limiter la puissance de fonctionnement de la pile à 12,5 MW. M. Bourgeois souligne que l'incident a mis en lumière le fait que la responsabilité d'autoriser les mises en pile n'était pas clairement définie. Afin que les responsabilités soient fixées sans ambiguïté, la Commission décide que le chef des piles expérimentales aura la responsabilité d'autoriser les expériences, qu'il doit faire étudier au point de vue de la sûreté de la pile. En cas de conflit avec un département, celui-ci peut en appeler à la CSIA, sous couvert de la Sous-Commission de sûreté des piles.

4.2.3. Le rôle des experts de sûreté : conseiller ou contrôler un projet ? À quel moment intervenir ?

Si dans un premier temps la Commission a procédé à certaines régularisations des autorisations de piles déjà en fonctionnement, la sûreté de la pile Siloé est examinée en Commission à l'occasion de l'autorisation de construction, lors de la séance du 27 juin 1961.

La pile Siloé du centre de Grenoble est une pile piscine destinée à l'irradiation de matériaux. Elle comporte comme principales caractéristiques de sûreté une enceinte étanche, résistant à une surpression de 20 cm d'eau, dont un essai d'étanchéité doit être fait à la réception, et un contrôle d'étanchéité effectué périodiquement. Par ailleurs, un système de ventilation maintenant le hall en dépression et équipé d'un filtre à iode est prévu. Le tableau de contrôle a été étudié par le Centre d'études nucléaires de Grenoble (CEN-G), en collaboration avec le Département

---

10 PV CSIA, Séance du 4 avril 1962.

d'électronique. Le tableau de contrôle étant prévu en matériel « transistorisé », le haut-commissaire demande s'il n'y a pas lieu de maintenir au moins une chaîne de sécurité équipée en matériel électronique homologué, non « transistoré ». M. Bourgeois précise qu'une chaîne de sécurité transistorisée complète va être montée sur la pile Triton et sera éprouvée pendant un temps suffisant avant la mise en service de Siloé. Le haut-commissaire donne son accord au tableau transistorisé à condition que les essais d'endurance soient suffisants, en insistant sur le fait que dans le cas contraire, cela conduirait à retarder la mise en service de la pile, prévue pour le début de 1963.

M. Bourgeois examine ensuite l'accident maximum prévisible pour Siloé, montrant que les normes d'isolement en vigueur aux États-Unis sont « à peu près respectées ». Il précise cependant que l'accident envisagé type « Borax » lui paraît trop sévère. Mais les piles piscines donnant lieu dans certaines conditions à des oscillations de puissance d'origine mal connue, la Sous-Commission de sûreté des Piles, en l'absence de résultats expérimentaux valables, adopte une position prudente et refuse, en l'état actuel des connaissances, de donner un avis favorable à certaines augmentations de puissance envisagées. Ces restrictions exposées, la Commission accorde l'autorisation de construction de la pile Siloé. Elle démarrera en 1963.

L'examen en vue de l'autorisation de la pile Pégase marque une nouveauté dans la prise en compte de la sûreté au CEA puisque, pour la première fois, des études de sûreté ont été effectuées avant le démarrage de la pile. Divers accidents ont été préalablement envisagés et leurs conséquences évaluées. Pégase est une pile piscine de forte puissance (30 MW) destinée à tester en vraie grandeur les éléments combustibles des réacteurs à gaz. Construite sur le site de Cadarache à partir de 1960, Pégase a nécessité la construction d'une maquette critique du nom de Peggy, pour remédier à l'impossibilité de certains calculs neutroniques.

La sûreté de Pégase est examinée en mars 1963. M. de Vathaire énumère[11] les études faites par le GTSP et la Sous-Commission de sûreté des piles sur les différents types d'accidents qui ont été étudiés : les accidents de réactivité et les accidents de refroidissement. La présence d'une enceinte semi-étanche, la mise en dépression en régime normal, la présence d'une ventilation de secours avec filtres à iode sont prévues pour limiter à un maximum de 100 rems l'irradiation en cas d'accident grave. Le programme de démarrage est prévu en six étapes, selon trois paliers de puissance (3, 15 et 30 MW), d'abord sans boucles, puis avec des boucles d'extraction de chaleur conçues par EDF. La Commission

[11] PV CSIA, Séance du 7 mars 1963.

accorde dans un premier temps une autorisation provisoire pour les essais sans boucles.

L'autorisation de démarrage de la pile Pégase, avec boucles d'extraction de chaleur cette fois, est examinée lors de la séance suivante de la Commission.[12] C'est le fonctionnement de Pégase avec des boucles EDF qui est examiné car la mise au point des boucles CEA (boucles EL4) s'avère délicate. Divers points sont étudiés par la Sous-Commission : le circuit DRG pour lequel elle a demandé l'installation d'un filtre supplémentaire, la manœuvre des vannes dont l'examen a conduit à mettre au point des consignes d'exploitation plus rigoureuses, les soupapes de sûreté. Une discussion s'engage alors sur la conduite à tenir en cas d'incident sur une boucle. La teneur du débat témoigne du fait que la sûreté est une question de jugement, d'appréciation de divers paramètres, et qu'une décision ne s'impose pas de façon univoque, en particulier parce qu'une conception trop stricte de la sûreté peut nuire à la sûreté. En cas d'incident sur une boucle, les consignes prévoient qu'une alarme sur la DRG clignote sous les yeux du chef de quart qui doit retirer la boucle en cause et diminuer la puissance de la pile. Le haut-commissaire serait favorable à une chute des barres et à l'arrêt du réacteur, estimant que pendant toute la période de démarrage il faut tout faire pour éviter un incendie de cartouche qui entraînerait la mise hors d'usage plus ou moins prolongée des boucles. Pour M. Horowitz, étant donné le caractère plus thermique que d'irradiation de ces premières manipulations, les problèmes de produits de fission sont peu importants dans les boucles. En revanche, on introduirait des cyclages gênants en imposant la chute des barres en cas d'incident, c'est pourquoi il serait favorable à des consignes plus nuancées.[13] M. Bourgeois estime quant à lui qu'il s'agit d'une question « complexe », sur laquelle seule l'expérience permettra de dégager une « philosophie » précise. Un ingénieur de la pile souligne qu'il existe une sécurité sur le manque de débit et le manque de pression qui entraîne la chute automatique des barres ; cette sécurité est donc située à la source même des accidents possibles. Cette remarque recueille l'adhésion du haut-commissaire pour les consignes proposées, précisant qu'il tient tout de même à ce que, dans cette période de démarrage, on fasse passer la finesse des expériences après la nécessité d'éviter les accidents.

---

[12] PV CSIA, Séance du 30 avril 1963.

[13] C'est un problème bien connu dans l'industrie chimique et que l'on retrouvera dans les centrales nucléaires : les variations dans les conditions d'utilisation (puissance, température, vitesse d'écoulement des fluides), en particulier lors des arrêts et des démarrages des installations, entraînent des chocs qui fragilisent les tuyauteries, dégradant leur résistance et donc la sécurité à long terme.

L'étude des accidents possibles de Pégase avec boucles a été poursuivie : les accidents mécaniques sur les boucles ont donné lieu à des études confiées respectivement à la Pyrotechnie de Toulon, au Département de construction de piles du CEA, au Bureau Veritas. Des essais de surpression des boucles ont été menés à froid, conformément aux règles du Service des mines, mais de l'avis de tous les membres de la commission, ces règles ne sont « pas adaptées » aux besoins particuliers de l'énergie atomique, où il serait plus judicieux de les mener à chaud. Un programme d'irradiation doit conduire à une estimation de la durée de vie des boucles d'un point de vue métallurgique, mais là encore, M. Bourgeois montre la difficulté d'avoir des expériences représentatives et de les interpréter correctement. Après examen des accidents thermiques, la Commission examine les conditions d'exploitation. Devant la difficulté de mise au point de consignes simples, devant les incertitudes sur certains phénomènes, le haut-commissaire demande qu'on dispose d'un ingénieur, en plus du chef de quart, qui soit responsable des mouvements d'approche des boucles. En tout dernier point, la Commission se penche sur les règles à adopter en matière d'accès à la pile pour limiter le nombre de personnes admises dans le hall de la pile.

L'examen par la Commission à ce stade préliminaire du projet montre tout le bénéfice que peut en tirer la sûreté. Les principes de conception sont jaugés, de même que les modalités de construction, la nature des essais de démarrage, la mise au point d'études complémentaires, les consignes d'exploitation ou encore la compétence des opérateurs. L'étude de certains accidents permet de vérifier la robustesse de l'installation. Les experts de sûreté sont bien en droit de souligner tout l'intérêt de mener les études de sûreté avant l'autorisation de fonctionnement. Vathaire estime même qu'il est encore plus intéressant que les ingénieurs de sûreté participent à l'avant-projet d'un réacteur. Il souligne, en décembre 1964, lors de l'examen en vue de l'autorisation de construction de Célestin, que les premières études sur cette pile ont pu être suivies par le Groupe de Travail de Sûreté des Piles, ce qui a permis d'aborder l'étude des problèmes de sûreté dès le stade avant-projet. Il estime souhaitable de généraliser cette procédure pour les autres grands réacteurs, pour « éviter que les avis des Sous-Commissions de sûreté n'interviennent tardivement et à un stade où il est difficile d'agir sur des travaux déjà avancés. »[14]

Mais ne risque-t-on pas alors de mélanger les rôles : celui de l'expert et celui du projeteur ? Ce problème n'est soulevé par aucun des membres de la Commission. Le rôle de l'expert n'est pas conçu comme un contrôle extérieur au sens strict, mais comme une aide au projet, pour en

[14] PV CSIA, Séance du 21 décembre 1964.

améliorer la sûreté, le plus efficacement possible pour le projet. Et cette aide est d'autant plus efficace qu'elle intervient à un stade précoce. Les hommes de la sûreté du CEA théorisent même cette façon de fonctionner : les experts ne doivent pas être des juges lointains mais ils doivent apporter une contribution personnelle à la solution des problèmes de sûreté que se posent les équipes qui sont chargées de concevoir, construire et exploiter les installations. Les procédures d'examen doivent donc être souples, et le contact permanent entre ces équipes et les experts. L'instauration d'un contrôle extérieur, pourtant prévu dès 1960 dans l'organisation de la Commission, ne sera effectuée qu'en 1967. Ce fonctionnement de l'expertise, prôné par les hommes du CEA au nom d'une plus grande efficacité pour la sûreté même, sera de moins en moins accepté et sera dénoncé comme mélangeant juge et partie.

4.2.4. Fiabilité des systèmes de sûreté et impératifs d'exploitation

La dernière réunion de la première année de fonctionnement de la CSIA, le 21 décembre 1960, est marquée par l'adoption d'un grand principe concernant les circuits de sécurité, principe qui deviendra la règle pour toutes les installations du CEA.[15] Le nouveau principe, d'origine canadienne, consiste dans le triplement des circuits de sécurité avec ordre de chute des barres sur un signal de coïncidence de dépassements sur deux des trois chaînes. Cette décision fait suite à une discussion à propos du tableau de commande de Triton I, dont la réalisation était confiée à l'industrie sous le contrôle du Département d'électronique. Les chaînes de sécurité étaient conçues de telle façon qu'une défaillance du matériel électronique doive entraîner l'arrêt de la pile. Selon Jean Bourgeois, cette situation n'est « pas optimale » puisque l'on peut être amené à arrêter la pile alors que cette dernière n'est pas dans une configuration dangereuse. Il fait valoir qu'à l'étranger, en Grande-Bretagne et au Canada, si l'on admet des chutes de barres relativement fréquentes pour les expériences critiques, il n'en va pas de même pour les réacteurs de puissance.

C'est un problème d'exploitant qui est posé et non plus un problème d'expérimentateur : fiabilité des systèmes, sûreté et qualité d'exploitation sont liées. Il faut éviter qu'une défaillance d'un mécanisme de sûreté interrompe l'exploitation. Chaque panne détectée doit être une panne réelle et non pas une panne d'indicateur. Pour cela deux possibilités existent : soit on utilise un unique dispositif d'une fiabilité presque absolue, soit on utilise des appareils d'une fiabilité moindre mais agen-

---

15 PV CSIA, Séance du 21 décembre 1960.

cés de telle sorte qu'on obtienne une fiabilité équivalente pour le système, comme le proposent Britanniques[16] et Canadiens[17] qui abordent désormais la sûreté non plus du point de vue de l'expérimentation mais de l'exploitation, c'est-à-dire en industriels et non plus en chercheurs. Les Canadiens mettent l'accent sur l'amélioration des systèmes de contrôle, à l'aide de dispositifs triples et indépendants en service depuis 1958 sur leurs piles NRU et NRX de Chalk River.

Le haut-commissaire, en conclusion, demande à la Sous-Commission de sûreté des piles d'étudier la possibilité de transposer le système de coïncidence 2/3 sur les piles de puissance du CEA.

4.2.5. De la fiabilité de l'électronique à l'interface homme-machine

L'application de ces principes de redondance met en évidence la nécessité de concevoir de nouveaux appareillages pour la commande et pose le problème de leur fiabilité. C'est un mouvement général à l'échelle internationale, qui, dans le cadre de la recherche de la compétitivité de cette forme d'énergie, conduit à l'amélioration de l'électronique de contrôle. Mais après l'adoption de ces grands principes, reste à régler les modalités techniques qui sont la cause de ces problèmes de déclenchement intempestif. Cette question est plusieurs fois évoquée en séance de la commission : elle est notamment liée à la confiance qu'on accorde aux systèmes électroniques, et ceux-ci ne semblent pas très fiables. À de nombreuses reprises, les comptes rendus évoquent les tableaux de commande vétustes, mais qu'on ne peut pas remplacer dans l'immédiat faute de mieux.

C'est le cas lors de l'examen d'Aquilon II, en décembre 1960. L'appareil utilisé jusque-là, s'il donnait satisfaction du point de vue de la sûreté, grâce à des consignes d'exploitation strictes, limitait les facilités d'exploitation.[18] Mais les nouvelles chaînes de sécurité, mises au point en accord avec le Département d'électronique, ne sont pas disponibles à cause d'un problème d'approvisionnement d'amplificateurs logarithmiques de sécurité. Ces appareils sont essentiels pour la sécurité puisque leur fonction est de fournir, avec un temps de réponse raison-

---

16 Cf. Farmer, F. R., Fletcher, P. T., Fry, T. M., « Safety Considerations for Gas Cooled Thermal Reactors of the Calder Hall Type », *Proceedings of The Second International Conference on Peaceful Uses of Atomic Energy*, Geneva, 1958, P/2331, vol. 11, p. 202-215.

17 Pearson, A., Siddall, E., Tunnicliffe, P. R., « The Control of Canadian Nuclear Reactor », *Proceedings of the Second International Conference on Peaceful Uses of Atomic Energy*, United Nations, Geneva, 1958, P/213, vol. 11, p. 373-379.

18 PV CSIA, Séance du 21 décembre 1960.

nable, un signal d'arrêt basé sur la mesure de la période neutronique. La mise au point de ces appareils est considérée comme d'autant plus importante qu'ils doivent permettre, tout en préservant des conditions de sécurité satisfaisantes, une exploitation plus aisée de l'installation. Or c'est par l'intermédiaire de ces dispositifs de contrôle que le conducteur d'une pile accède à la compréhension du comportement de sa machine. Les problèmes de fiabilité de l'électronique conduisent ainsi la Commission à se poser la question de la relation homme-machine. Il faut souligner ce point si fondamental pour les systèmes techniques complexes où l'homme est dépendant de l'instrumentation pour le pilotage : les phénomènes qui se produisent sont souvent trop rapides, trop nombreux, pour être saisis par les sens humains, les phénomènes ne sont ni visibles ni palpables. Ils ne peuvent être appréhendés que de façon indirecte, ce qui explique l'importance du type et de la qualité de l'information fournie au pilote de l'installation.

Lors de l'examen[19] du réacteur d'étude Masurca[20] de Cadarache, en décembre 1966, la Commission envisage à nouveau un problème d'électronique : Bourgeois s'inquiète du fait que chaque fois qu'un incident survient, l'examen montre que les conducteurs de piles n'ont pas confiance dans l'électronique. Pour Bourgeois, il convient que la Commission prenne position sur ce point. Sa position personnelle est ferme : « en aucun cas, les conducteurs de pile ne doivent entraver une action de sécurité en pensant qu'il s'agit d'un défaut d'électronique : avant toute chose on doit laisser faire l'électronique, quitte à la réparer ensuite si l'on constate qu'elle est défectueuse. » Bourgeois préconise la rédaction de consignes claires en la matière. Le haut-commissaire affirme son plein accord avec cette manière de voir les choses, tandis que le responsable de la pile, Georges Vendryes, souligne qu'il a toute confiance dans l'électronique de Masurca, qui n'a donné lieu à aucun ennui.

L'examen d'Osiris, pile piscine de forte puissance construite à Saclay,[21] montre à nouveau un problème de matériel qui débouche sur des problèmes d'exploitation. La pile est équipée d'une chaîne de sécurité d'un type nouveau, transistorisée, offrant des possibilités de pannes non sûres, c'est-à-dire des pannes non détectées et qui rendent inefficace la chaîne de sécurité. Pour remédier à ce problème, la chaîne a été munie

[19] PV CSIA, Séance du 20 décembre 1966, p. 4.

[20] Le contrat d'association signé en 1962 entre le CEA et Euratom pour financer la fin des études, la construction et l'exploitation de Rapsodie comprenait également la construction de deux réacteurs à neutrons rapides de puissance nulle destinés à des études de physique : Harmonie et Masurca. Réalisés par Belgonucléaire, ils entreront en service respectivement à l'été 1965 et fin 1966.

[21] PV CSIA, Séance du 20 décembre 1966.

d'un système de tests par impulsions. La Sous-Commission estime nécessaire que ce système de tests soit en état de marche : elle a accepté que, en cas de panne, on n'arrête pas immédiatement la pile, et qu'on accorde un délai de réparation de 48 heures. Mais passé ce délai, elle juge qu'il faut arrêter la pile. Le haut-commissaire demande qu'il soit précisé dans les consignes d'exploitation qu'en cas de panne du système de test, le personnel de quart devra porter une attention toute particulière aux indications concernant la sécurité de la pile. La Commission insiste donc sur les consignes données aux exploitants, dans la mesure où la conception est défaillante, et la difficulté technique n'est pas résolue : c'est l'homme qui doit en définitive pallier les défaillances de la machine ou des concepteurs. La Commission précise que le Département de construction des piles devra entreprendre aussitôt l'étude d'un dispositif de sécurité correct, fonctionnant sans passer par la logique transistorisée du réacteur, à utiliser en cas de panne des tests. La Commission adopte finalement le projet d'autorisation présenté par la Sous-Commission de sûreté des piles, mais le haut-commissaire insiste pour que, conformément au texte adopté, tout incident sérieux « ayant entraîné ou ayant pu entraîner » des conséquences pour la sûreté des installations soit signalé au président de la Sous-Commission dans les délais les plus courts. Un compte rendu succinct doit lui être rapidement adressé.

Cette exigence est réaffirmée quelques minutes plus tard lors de l'examen concernant EL4 à Brennilis. M. Bourgeois signale la nécessité pour la Sous-Commission d'être informée rapidement de tout incident sérieux. Il note que les directions se préoccupent en général, en cas d'incident, des conséquences administratives, que ce soit la question des responsabilités ou des sanctions. Mais du point de vue de la sûreté, la Sous-Commission de sûreté des piles veut pouvoir tirer, sur le plan de l'exploitation, les conséquences techniques de chaque incident et pour cela des comptes rendus sur les incidents doivent être adressés à la CSIA.

Il est frappant de constater comment, en quelques années seulement, l'essentiel des problèmes qui constituent la sûreté aujourd'hui sont appréhendés et résolus par les spécialistes de sûreté du CEA. Entre 1960 et 1970, on assiste comme en accéléré à la prise de conscience des différents aspects de la sûreté : en moins de dix ans, on passe du questionnement sur la conception aux problèmes d'exploitation. On est amené à découvrir avec les piles du CEA, ce qu'en utilisant un vocabulaire moderne on appelle les problèmes d'interface homme-machine, ou encore le retour d'expérience c'est-à-dire l'analyse des incidents pour faire progresser la sûreté. Ceci explique la grande expérience de ces hommes qui seront dans quelques années les experts pour l'évaluation de la sûreté des centrales d'EDF.

4.3. La sûreté des réacteurs de puissance du CEA

L'examen des piles de recherches et d'essais par la Commission a permis un certain nombre d'améliorations en ce qui concerne la sûreté. Certaines pratiques tolérées jusque-là, comme par exemple des dispositifs de sécurité manuels, sont désormais prohibées. Les responsabilités en cas d'accident sont mieux définies. Toutes les piles doivent faire l'objet d'un rapport sur la base duquel la sûreté est examinée.

La division des tâches va être beaucoup plus marquée pour les piles de production qu'elle ne l'a été avec les autres piles du Commissariat. Au vu des comptes rendus des séances de la CSIA, une part prépondérante des activités de la Sous-Commission de sûreté des piles a concerné les installations de Marcoule, les piles G1, G2 et G3, sous la responsabilité de la Direction des productions. Jusqu'en 1962, ce sont les seules installations de production en service en France. Les enjeux sont ici beaucoup plus importants que pour les piles de recherche, sur les plans économique et politique, car la production de plutonium est une priorité fixée au plus haut niveau gouvernemental. L'examen des relations entre les organismes d'experts et les exploitants des piles de puissance va ainsi permettre de mieux préciser quel est le degré d'autonomie acquis par la sûreté, quel est son poids face aux exigences de production. Les débats de la CSIA montrent la confrontation de ces points de vue.

4.3.1. L'objet et les moyens du contrôle

L'un des principaux problèmes concernant la sûreté des réacteurs à uranium naturel réside dans le contrôle de la température maximale des gaines de combustible. Un dépassement de cette température serait synonyme de rupture de ces gaines et conduirait à un dégagement des produits radioactifs contenus dans les barreaux d'uranium.

La tenue de la gaine est d'une importance primordiale dans les réacteurs UNGG car ils se trouvent dans une configuration chimique instable dans la mesure où l'uranium, dans les gammes de température de fonctionnement des piles, réagit avec le CO_2 de façon exothermique. Il faut donc absolument éviter qu'il y ait contact entre l'uranium et le CO_2. Par ailleurs, afin que le bilan de réactivité soit satisfaisant pour la réaction en chaîne, il faut que l'uranium se présente sous forme métallique et que sa densité soit la plus élevée possible. Or l'utilisation d'uranium métal impose deux limitations importantes : la température maximale de l'uranium doit être inférieure à la température du point de transformation allotropique α - β (autour de 640°C) et la durée d'irradiation est limitée par les modifications de dimension et de propriété de l'uranium métal.

Les débats autour de l'élévation des températures de gaine lors des séances de la CSIA ont d'importantes implications : l'élévation des températures et de la puissance limites sont les gages d'une plus grande production de plutonium mais aussi de la prochaine compétitivité économique de l'énergie atomique. L'avancement des connaissances sur le fonctionnement des réacteurs doit permettre de diminuer les marges de sécurité. Les contraintes sont donc nombreuses, à la croisée des problèmes scientifiques, technologiques, de risques, économiques, politiques.

Les discussions sur la sûreté ont lieu dans un contexte où un grand nombre de données ne sont pas connues : les données de base (neutroniques, thermiques, métallurgiques) sont lacunaires, le fonctionnement des machines n'est pas rôdé. L'exploitation des piles doit apporter des réponses à de nombreuses questions en suspens. Une caractéristique importante sous-jacente à l'histoire de la sûreté est l'avènement des codes de calcul. Pour ne prendre qu'un seul exemple d'une des disciplines de base, la neutronique, de nombreuses coopérations sont nécessaires entre différents domaines pour faire progresser ces connaissances. La neutronique dispose d'équations de base solides, les équations de Boltzmann, permettant d'effectuer des calculs pour prévoir le comportement des neutrons dans le cœur. Mais pour mener les calculs, ces équations nécessitent l'introduction de certains coefficients physiques dépendant des matériaux, de la géométrie, etc., coefficients qui ne peuvent être obtenus que par l'expérimentation. Par ailleurs, pour mener un calcul, il faut un code de calcul, un programme, et des machines. Le CEA effectue son premier programme de calcul de la neutronique des réacteurs à graphite en 1959. Tout au long des années 1960, les calculateurs seront une denrée rare en France. C'est un problème pour le développement, mais aussi du point de vue de la sûreté, car il faut pouvoir vérifier un calcul, c'est-à-dire les données, les paramètres, le programme, et disposer également de machines. Jusqu'à la fin des années 1960, mener un calcul est donc une opération qui nécessite des moyens matériels et humains. Ceci est vrai pour le calcul des transitoires, et en particulier des transitoires correspondant à des scénarios d'accident, ce qui est l'un des axes de travail des spécialistes de la sûreté. Les moyens étant réduits à cette époque, et la priorité étant au développement, les hommes de la sûreté doivent trouver les voies d'une collaboration avec les autres secteurs, et en particulier avec les producteurs qui font fonctionner les piles et sont détenteurs exclusifs de certaines connaissances.

4.3.2. L'augmentation des températures de G1

4.3.2.1. Les préventions des métallurgistes

Le problème de l'augmentation des températures est posé une première fois pour G1 à la mi-1960 et apparaît à nouveau fin 1963. Les deux examens de la question par la Commission montrent l'opposition de Piatier, directeur des Matériaux et des Combustibles nucléaires (DMCN), alors que Bourgeois (président de la Sous-Commission de sûreté des piles, adjoint d'Yvon au Département d'études de piles) et Mabile (directeur des Productions), eux, y sont favorables.[22] Henri Piatier est concerné au premier chef par le comportement des matériaux (graphite de l'empilement, uranium du combustible, métaux de la gaine des éléments) dont il connaît bien les limites technologiques en tant que chef de la direction qui les fabrique. Et à cette époque, ce sont réellement les performances métallurgiques des matériaux qui sont les facteurs limitants pour ce type de piles. L'état des connaissances en métallurgie fait craindre aux spécialistes les grands empilements de combustibles et les fortes irradiations neutroniques. Ceci les conduit à la prudence en matière de fixation des niveaux de puissances.[23]

Le problème du relèvement de la température de fonctionnement de G1 est abordé par la Commission lors de sa deuxième séance, le 1er juillet 1960.[24] Bien qu'il ne paraisse pas entraîner un accroissement brutal des risques, Piatier considère que l'intérêt scientifique et technique de l'opération est « pratiquement nul », et que l'accroissement de production de plutonium qui en résultera sera faible. Par conséquent, il vaut mieux « ne pas courir de risques supplémentaires » sur G1.

Francis Perrin, tout en indiquant que certains enseignements intéressants pourraient être tirés de l'augmentation de température envisagée, demande alors aux membres de la Commission dans quelle mesure les filtres installés sur l'évacuation de l'air de refroidissement de G1 sont capables de retenir en cas d'incident les gaz radioactifs tels que l'iode 131. Cette question du filtre avait en effet été mise à l'étude après l'incident du réacteur de Windscale, très semblable à G1. Comme le réacteur britannique, G1 fonctionne en circuit ouvert, l'air de refroidissement des barreaux d'uranium (l'uranium métal est inflammable dans l'air) étant directement rejeté dans l'atmosphère, après filtration. La question des filtres est d'autant plus aiguë que G1 fonctionne à des

---

[22] Jacques Mabile (1923-1971) est ancien élève de l'école polytechnique (X 1941), ingénieur du Corps des Mines. Il a été détaché au CEA en 1952 et nommé à 29 ans au poste de directeur des Recherches et Exploitations minières qu'il occupe jusqu'en 1961, quand il prend la tête de la Direction des productions. Henri Piatier (1917-...) est ancien élève de l'École polytechnique (X 1938) du Corps des poudres. Il a secondé Guillaumat dans la décision de lancer l'étude de l'enrichissement de l'uranium en 1953.

[23] La DMCN regroupe en 1961 un Département de physico-chimie, un Département de métallurgie, un Département du plutonium et deux services, l'un de radioéléments et l'autre de chimie.

[24] PV CSIA, séance du 1er juillet 1960, p. 10.

températures faibles qui le rendent sensible à l'effet Wigner, la libération violente et spontanée de l'énergie emmagasinée.

À la suite de la discussion, la Commission décide[25] d'attendre pour se prononcer sur un éventuel relèvement de température que la Sous-Commission de sûreté des piles ait examiné le rapport de sûreté de G1, en cours d'élaboration. Elle demande à Bourgeois de faire le point des études sur l'amélioration des filtres de G1.

4.3.2.2. Les filtres de G1

L'avancement des études lancées sur G1 est examiné par la Commission en décembre 1960. Le rapport de sûreté a été présenté à la Sous-Commission par le centre de Marcoule lors d'une réunion au mois de septembre. Au vu de ce rapport, la Sous-Commission a jugé nécessaire de préciser certains points mis en évidence par l'étude de l'accident maximum prévisible et les consignes à prendre dans l'éventualité d'un tel accident. Décision a été prise de créer un groupe de travail chargé d'étudier les problèmes d'incendie d'un canal et un groupe de travail chargé des questions de filtration de l'iode.

La direction du premier groupe a été confiée à M. Martin du centre de Marcoule. Il présente en commission l'expérience qui a été mise sur pied. Il s'agit d'une maquette consistant à étudier systématiquement, par chauffage électrique du combustible, les conditions de déclenchement d'un incendie, sa propagation d'un canal à l'autre ainsi que les meilleures méthodes d'extinction. Cette présentation provoque une discussion sur l'accroissement de la vitesse d'oxydation du graphite qui a séjourné un certain temps dans les piles et sur les méthodes de protection contre ce phénomène. Le haut-commissaire demande que l'expérience ait lieu sur du graphite « sali » artificiellement pour se placer dans des conditions comparables à la réalité.

En ce qui concerne les études sur les filtres à iode, le Groupe de travail s'oriente vers l'utilisation de filtres à charbons actifs disposés sur un circuit de secours placé en dérivation du circuit normal : en cas d'accident, on basculerait de la ventilation directe, à débit normal, à une ventilation à faible débit, passant sur les filtres à iode.

L'installation des filtres à iode sur G1 fait l'objet d'un examen en décembre 1961.[26] Le projet de filtres a reçu l'accord du centre de Marcoule. Son coût s'élève à 1 190 000 NF, auxquels s'ajoutent 180 000 NF de travaux de génie civil. Le haut-commissaire est d'avis que si la pile G1 doit fonctionner encore longtemps, il est nécessaire de la munir de

[25] Décision HC 60.2 G1, signée F. Perrin, du 1/7/60.

[26] PV CSIA, Séance du 5 décembre 1961.

filtres à iode, mais il n'y a pas une extrême urgence. En effet, il rappelle que du fait de la répétition des recuits Wigner, une forte élévation accidentelle de température dans le réacteur risque d'entraîner des conséquences dont la gravité croît avec le temps. Il estime donc nécessaire de munir G1 de filtres dès l'année suivante, si l'on est assuré que G1 doit être utilisée pendant plusieurs années. En revanche, il estime que ce n'est pas indispensable si la production de G2 et G3 permet de se passer de G1 rapidement. M. de Rouville, directeur du Centre de production de plutonium de Marcoule, au contraire, pense qu'il serait peut-être plus nécessaire encore d'installer cette sécurité constituée par le filtre à iode dans l'hypothèse où la pile G1, cessant d'être utilisée comme engin de production industrielle, le serait alors fort probablement comme engin expérimental. Selon lui, c'est dans le cas de cette utilisation expérimentale que l'on peut s'attendre à voir effectuer sur le réacteur quelques « acrobaties » qui entraîneraient sans doute plus de risques d'une élévation accidentelle de température que la marche routinière actuelle de G1 à puissance constante.

La question de l'utilisation future de G1 n'étant de toute façon pas tranchée, la Commission décide d'autoriser[27] le fonctionnement de la pile, sans filtres à iode, pour 1962, étant entendu que cette autorisation ne pourra être renouvelée si, à l'expiration de ce délai, les travaux d'installation des filtres n'ont pas été décidés et entrepris. Le haut-commissaire demande à la Direction des productions et au centre de Marcoule d'étudier le problème de l'installation des filtres à iode en fonction du programme ultérieur d'utilisation du réacteur.

En octobre 1963, alors que la discussion en commission[28] porte à nouveau sur l'augmentation de la température de fonctionnement de G1, les positions restent identiques. Francis Perrin pour sa part estime qu'on se trouve devant un accroissement du risque, faible, mais difficile à évaluer. Il lui semble qu'il serait raisonnable de faire un essai de fonctionnement à la nouvelle température envisagée (300°+/-25°) pendant une durée limitée à trois mois, après le prochain recuit et examen du résultat, et après vérification de l'efficacité des filtres. La Commission accorde donc une autorisation provisoire.

4.3.3. Le relèvement des températures de G2-G3

4.3.3.1. Rédaction du rapport de sûreté de G2-G3

L'obligation promulguée par la CSIA de rédiger des rapports de sûreté et la nécessité qui en découle de mener des études pour justifier les

---

27 *Ibid.*

28 PV CSIA, Séance du 1er octobre 1963.

arguments avancés s'avèrent une démarche fructueuse pour la sûreté. En effet, les premières études menées en vue de la rédaction du rapport de sûreté de G2 G3 ont fait ressortir les dangers consécutifs à certains accidents, jusque-là passés inaperçus. Ces études ont mis en évidence, en décembre 1960, le fait que la rupture brutale du circuit de refroidissement principal peut entraîner des « désordres graves »[29] tels que l'éjection des cartouches en acier, libérant ainsi une réactivité supérieure à l'antiréactivité des barres de contrôle, ou encore la déformation de l'empilement de graphite, empêchant la chute des barres, ou la rentrée d'air dans le circuit de refroidissement, suivie d'une oxydation plus ou moins vive du magnésium des cartouches et du graphite. Ces premières études ont conduit à prendre un certain nombre de mesures pour éviter l'éjection des cartouches d'acier, alors qu'une étude a été confiée au groupement GAAA pour préciser les phénomènes à l'origine de ces dangers. Le haut-commissaire demande, en plus de ces études, qu'on évalue les conséquences extérieures de ces effets, et que l'on étudie la possibilité d'assurer une protection mécanique des canalisations les plus importantes.

Trois mois plus tard,[30] M. Bourgeois peut tirer quelques conclusions des études en cours concernant l'étendue des conséquences possibles d'un accident dans G2-G3. Au vu des études réalisées, il escompte qu'il n'y aura pas de difficultés trop grandes en ce qui concerne un « envol » éventuel des cartouches, et que le massif de graphite sera assez stable pour que les déplacements possibles n'empêchent pas la chute des barres. Le haut-commissaire attire l'attention sur la nécessité de diminuer les risques d'accident, en particulier en prenant des précautions contre un sabotage éventuel, et il demande d'étudier la possibilité de renforcer certains organes du système de refroidissement. Il est nécessaire de préciser que sur G2 et G3 les énormes systèmes de refroidissement, si essentiels au maintien de cette fonction de sûreté, sont situés à l'extérieur des bâtiments.

4.3.3.2. Puissance globale ou puissance spécifique ?

La question du relèvement des températures des gaines de G2 G3 est abordée à la demande du centre de Marcoule lors de la Commission du 5 décembre 1961. M. Bourgeois analyse en séance les facteurs permettant d'évaluer les limites possibles de températures : à l'entrée, c'est l'effet Wigner qui est le facteur limitant ; à la sortie, c'est la température de fonctionnement normal qui doit être compatible avec un emploi correct des matériaux, et en cas d'accident grave (rupture d'un circuit

---

[29] PV CSIA, Séance du 21 décembre 1960.

[30] PV CSIA, Séance du 15 mars 1961.

principal de CO_2), il faut se soucier de la température maximale atteinte par la gaine. Cette dernière température dépend elle-même de trois paramètres : le temps de chute des barres en cas d'accident, la température de fonctionnement et la puissance spécifique au moment de l'accident. Des calculs ont été faits sur une machine IBM 7090 qui permettent d'évaluer les températures atteintes dans plusieurs cas, obtenus en faisant varier les trois paramètres précédents. Compte tenu des résultats de ces calculs ainsi que des avis recueillis en Grande-Bretagne, M. Bourgeois estime qu'il est possible d'autoriser l'augmentation de température demandée mais sous certaines conditions : la température maximale sur gaine doit être fixée à 440°, avec toutefois possibilité de dépasser cette température sur une dizaine de canaux jusqu'à 455° ; la puissance globale doit être limitée à 240 MW ; cette autorisation doit être accordée sous réserve de l'installation d'un dispositif de sécurité automatique assurant la chute de toutes les barres dans un délai de moins de trois secondes.

M. de Rouville,[31] chef de Marcoule, conteste le bien-fondé d'une limitation de la puissance totale, ce qui amène M. Bourgeois à préciser que cette limitation est un moyen commode pour obtenir la limitation de la puissance spécifique. Rouville insiste, lui, sur la possibilité d'augmenter la puissance globale du réacteur, sans dépasser les températures limites et la puissance spécifique limite sur les canaux, par exemple en assurant un meilleur aplatissement du flux.[32] Francis Perrin adopte une position plus souple que Bourgeois et se rallie à la façon de voir de Rouville, estimant que le rôle de la Commission est de fixer au centre de Marcoule la température sur gaine et la puissance spécifique à ne pas dépasser, à charge pour le Centre d'en déduire les consignes d'exploitation susceptibles d'être appliquées par le personnel de conduite de la pile à l'aide des indications figurant au tableau de contrôle. Mais cette souplesse dans les conditions d'exploitation est contrebalancée par l'exigence que la chute de toutes les barres soit effectivement assurée, en moins de trois secondes, par un dispositif automatique. M. de Rouville demande alors au haut-commissaire si un dispositif plus perfectionné,

---

31 Maurice Gervais de Rouville, né en 1920, polytechnicien du Corps des ponts, dirige le centre de Marcoule de sa création en 1955 jusqu'en 1968.

32 L'irradiation des différentes cartouches dépend de leur position dans le cœur, elle est maximale au centre. Aplatir le flux permet d'irradier plus uniformément les cartouches et avoir ainsi des températures plus homogènes. La question est de savoir où se trouve le maximum de température de gaine : dans quelle partie de la cartouche, dans quel canal. On distingue ainsi les zones centrales, intermédiaires et périphériques. L'aplatissement du flux se fait soit par positionnement d'absorbants soit par l'insertion des barres de contrôle.

assurant une chute des barres plus rapide, permettrait d'envisager des conditions d'exploitation plus poussées. Francis Perrin estime que oui.

En conclusion de ce débat, le haut-commissaire reprend les trois conditions formulées par Bourgeois, en remplaçant la limitation de la puissance globale par une puissance spécifique maximale fixée à 4 MW/tonne. Mais il ajoute que ceci n'est possible que si la pile se trouve dans des conditions normales de fonctionnement. Le haut-commissaire insiste enfin sur la nécessité, pour obtenir des conditions de fonctionnement plus poussées, d'avoir un réacteur en parfait état de fonctionnement. Il rappelle le récent accident de SL1 à Arco, où de multiples imperfections ou défaillances d'appareillage, jugées minimes, ont été tolérées, se sont accumulées, et ont finalement abouti à une catastrophe.[33]

Ces préventions du haut-commissaire soulignent une nouvelle fois le rôle des accidents dans la prise en compte du risque nucléaire, et le caractère international très précoce de la sûreté.

4.3.3.3. Examen du rapport de sûreté de G2-G3

Le rapport de sûreté des piles G2 et G3 est examiné par la Commission en mars 1963, mais la Sous-Commission de sûreté des piles n'émet pas de proposition de décision. D'un point de vue technique, trop d'incertitudes demeurent, trop d'études sont en cours dont les résultats sont importants pour pouvoir porter un jugement. Mais ici, dans le doute, on continue l'exploitation comme avant.

En mars 1963, M. Bourgeois se propose de faire devant la Commission une revue générale des études de sûreté effectuées sur G2 G3. Si le caisson du réacteur « a répondu à tous les espoirs qu'on avait placés en lui », si la peau d'étanchéité ne soulève pas de problème, la question des tuyauteries du circuit primaire est jugée particulièrement importante, à cause des conséquences possibles d'une rupture brutale. Une telle rupture semble « extrêmement improbable », mais M. Bourgeois estime qu'on doit néanmoins en envisager les conséquences. Un certain nombre d'études sont en cours dont certaines conduisent d'ores et déjà à des améliorations : pour les tuyauteries, il est prévu une modification des

---

33 Le 3 janvier 1961 le petit réacteur (3 MWth) à eau bouillante appelé SL1 (Stationary Low Power Reactor n° 1), l'un des 17 réacteurs du Centre national d'essais de réacteur d'Idaho, en fonctionnement depuis août 1958, a subi une réaction en chaîne explosive à la suite d'une fausse manœuvre lors d'une opération de maintenance. Les trois techniciens ont été retrouvés morts. Cet accident a constitué la première explosion accidentelle d'un réacteur. La décontamination du réacteur durera un an, il sera complétement rasé. Ce réacteur avait subi de nombreux incidents et était exploité avec un certain laisser-aller. Cf. Pharabod, J.-P., Schapira, J.-P., *Les jeux de l'atome et du hasard*, Paris, Calmann-Lévy, 1988, p. 69.

supports, l'installation d'appareils de mesure, la mise en service d'un code d'entretien. Le système de contrôle est également amélioré, les chambres des chaînes de contrôle seront doublées pour se mettre en conformité avec la doctrine de la Commission consistant à disposer de sécurité par coïncidences 2 sur 3. Les câbles de suspension des barres de contrôle sont remplacés par des tiges flexibles qui procurent la même sécurité de chute, tout en éliminant les risques de rupture.

Le président de la SCSP termine son exposé en indiquant qu'il ne propose pas de décision particulière à la CSIA pour le moment car il faut attendre le dépouillement des expériences et mesures en cours pour mieux définir les paramètres de fonctionnement de G2 et G3. Les consignes futures de fonctionnement en marche normale dépendront de ces résultats.

4.3.3.4. Le facteur ρ

Plusieurs discussions mettent à nouveau en évidence des conflits de priorité ou des divergences d'appréciation à l'intérieur même du Commissariat, entre d'une part les responsables du centre de Marcoule de la Direction des productions, et d'autre part le président de la Sous-Commission de sûreté des piles Jean Bourgeois. Ces épisodes témoignent du fonctionnement général de la Commission en même temps qu'ils montrent des discussions sans compromission entre les diverses parties en présence.

La CSIA a été amenée à fixer les conditions limites de fonctionnement des réacteurs de Marcoule, G2 et G3, en utilisant une relation « assez empirique »[34] entre la température sur gaine – condition de sûreté – et les températures d'entrée et de sortie du gaz carbonique, qui conditionnent la puissance des réacteurs et ainsi le niveau de la production de plutonium.

Lors de la séance du 19 janvier 1962, la CSIA avait fixé la température limite de gaine à 475°. Compte tenu d'une marge d'erreur possible de 20°, la température de pilotage avait été fixée à 455°. Les températures de gaine n'étant pas mesurées directement par thermocouple en marche normale, il a été nécessaire d'établir une relation entre la température maximum de gaine (θgm) d'un canal et la température du gaz qui est mesurée à la sortie de chaque canal. Cette relation est exprimée par le rapport $\rho_m = (\theta_{gm} - \theta_e)/(\theta_s - \theta_e)$ où ρ_m représente le coefficient d'échauffement maximum des gaines par rapport au gaz.

La valeur de ρ_m donne, pour chaque canal dont on connaît la température d'entrée (θe) et la température de sortie (θs) du CO_2, la valeur de

34 Selon les termes du PV de la CSIA, séance du 11 décembre 1963.

la température maximum de gaine. Inversement la température maximum de gaine étant fixée, la connaissance de ρ_m donne la valeur de la température de sortie de pilotage, l'optimisation de la puissance se faisant par diminution de ρ_m.

Lors de la séance de décembre 1963, le centre de Marcoule, estimant avoir acquis une bonne expérience de l'utilisation de cette relation, rapporte qu'il a cherché, tout en respectant la limitation de température sur gaine, à augmenter la température moyenne de fonctionnement, de façon à accroître la puissance totale. Il a ainsi procédé à des modifications de chargement pour améliorer le rapport température moyenne sur température maxima. Marcoule a alors consulté la Sous-Commission de sûreté des piles, qui s'est trouvée « dans l'incapacité de prévoir les phénomènes pouvant résulter de la manœuvre des barres de pilotage »[35] et en particulier les basculements de flux résultant du déplacement de certaines barres. Cette incapacité a amené la Sous-Commission à demander au centre de Marcoule de faire des expériences pour évaluer de manière plus précise la valeur du coefficient ρ entrant dans la formule qui relie les températures sur gaines et la température du CO_2.

Les responsables de Marcoule, estimant avoir procédé à ces expériences de façon très soigneuse, arrivent à la conclusion que l'on peut adopter des valeurs de ρ inférieures au chiffre admis initialement. La Sous-Commission de sûreté des piles n'est pas d'accord avec cette conclusion. Elle estime que compte tenu des variations importantes de ρ qui ont été constatées, ce paramètre ne peut plus traduire de façon simple les limitations de température imposées. M. Bourgeois estime donc qu'il est prudent de continuer à appliquer la valeur maximale trouvée pour ρ (soit 1,36).

Ce débat autour de la détermination du coefficient ρ se résume en définitive à un choix à faire entre un risque, qui reste à déterminer au mieux, afin de satisfaire les impératifs de production, et un fonctionnement dans des conditions moins favorables mais plus sûres. M. Bourgeois estime en effet qu'avant le dernier aplatissement de flux, celui-ci était assez stable et l'on disposait d'une assez large marge de sécurité lorsqu'on déplaçait les rideaux de barres. Avec les nouvelles configurations des réacteurs de Marcoule, le réglage est devenu beaucoup plus délicat. Il lui semble donc nécessaire, si l'on veut améliorer encore la puissance des piles de Marcoule, de repenser le problème et d'élaborer un programme d'études sur machines à Marcoule, les moyens actuellement disponibles étant arrivés au bout de leurs possibilités.

[35] Selon les termes de Bourgeois, PV CSI, séance du 11 décembre 1963.

M. Mabile, présent à la réunion de la CSIA en tant que directeur des Productions au CEA et à ce titre responsable du centre de Marcoule, estime qu'en l'attente du résultat de telles études, « il ne s'agit pas pour le moment de faire mieux, mais de ne pas faire moins bien que ce qui se fait actuellement. » Il souligne, ce qui montre tout l'enjeu des modifications effectuées, qu'un retour aux conditions de fonctionnement antérieures ferait perdre 20 MW de puissance et la qualité de Plutonium correspondante. Il insiste à nouveau sur la qualité et le sérieux des études effectuées à Marcoule : 17 configurations ont été examinées, parmi lesquelles il paraît possible de définir 2 ou 3 configurations à proscrire. Mabile estime qu'en définitive, il s'agit d'apprécier les conséquences du choix d'un coefficient ρ plus ou moins grand, sur le plan de l'accident maximum prévisible, et que cette question mérite un débat approfondi en CSIA, débat qu'il serait souhaitable de tenir à Marcoule.

M. Mabile précise par ailleurs que le choix du coefficient ρ est essentiellement du domaine des consignes d'exploitation et qu'il appartient donc au directeur de Marcoule – sous-entendu, et non à la SCSP – de fixer ces consignes, de manière à respecter les conditions posées par la CSIA. Cette remarque provoque une réaction de Bourgeois insistant sur le fait que par ce biais la CSIA n'est pas maîtresse des conditions de sûreté de fonctionnement des piles.

La discussion sera conclue par Francis Perrin qui estime, comme Bourgeois et Mabile, qu'il est nécessaire de mener une étude pour associer un calculateur au pilotage des piles G2 G3. En attendant l'établissement de ce programme et l'achat de la machine, Francis Perrin donne son accord à une autorisation provisoire diminuant légèrement le coefficient ρ (de 1,36 à 1,28) et demande au centre de Marcoule de réunir toutes les données et les résultats de mesures susceptibles d'éclairer la Commission sur ce problème et d'établir un rapport de synthèse, en vue d'une prochaine réunion.

Cette réunion (restreinte) se tient le 18 février 1964 à Marcoule.[36] Dans son exposé introductif, M. Mabile tient à rappeler quels sont les enjeux : les piles de Marcoule sont, en France, les seuls réacteurs de puissance dans la filière graphite-gaz fonctionnant à un rythme industriel. À ce titre, on leur impose un programme de production de plutonium très tendu qu'il ne sera possible de respecter, notamment en raison des défaillances du réacteur EDF1, qu'en profitant au maximum des possibilités d'augmentation de la puissance effective de G2 et G3. D'autre part, elles constituent pour la Direction des matériaux et com-

---

[36] PV CSIA, Séance du 18 février 1964.

bustibles nucléaires (DMCN) un outil expérimental irremplaçable pour l'expérimentation de combustibles nouveaux.

Pour remplir au mieux son double objectif de production et d'expérimentation, le centre de Marcoule a fait des études et pris des dispositions (réseau d'absorbants, aplatissement longitudinal de températures de gaines) en vue de maximiser la puissance des piles. Diverses consignes de pilotage ont été élaborées au fur et à mesure que des modifications ou expériences permettaient une meilleure connaissance des paramètres des réacteurs. C'est l'ensemble de ce travail qui est soumis à l'avis de la CSIA pour fixer de façon plus précise les conditions de fonctionnement de G2 et G3.

M. de Rouville expose alors les points essentiels de ces études et essais, en séparant les deux aspects de la sûreté des réacteurs : d'une part le fonctionnement normal et la température limite de gaine ; d'autre part l'accident maximum prévisible et la puissance spécifique maxima. En fonctionnement normal, la valeur du coefficient ρ est essentiellement fonction du débit dans le canal considéré et de la distribution du flux neutronique. Différentes expériences ont été menées dont les résultats amènent Marcoule à demander un abaissement du coefficient pour optimiser la puissance. Pour montrer les enjeux sous-jacents à ces discussions, notons que les diverses modifications effectuées ayant conduit à abaisser le coefficient ρ de 0,12 ont permis un gain de puissance totale de 21 MW pour chacune des piles, soit l'équivalent de la production de G1.

Une deuxième présentation examine les situations accidentelles en cas de dépressurisation du circuit de refroidissement. Sont passées en revue la mesure des températures de gaine, la mesure des températures de sortie du CO_2, la précision du calcul des températures de gaine, et la tenue du combustible. L'accident maximal prévisible est ensuite examiné. Les différents cas de rupture de tuyauteries de CO_2 et les dégâts mécaniques qu'ils engendrent dans le cœur du réacteur sont envisagés. Le cas le plus pénalisant retenu, celui qui entraînerait le maximum de dégâts mécaniques, est celui d'une rupture de canalisation à l'entrée primaire périphérique. La question est de vérifier qu'un nombre suffisant de barres chuterait malgré tout, ce qui est le cas. Une discussion s'engage sur les hypothèses retenues concernant la vitesse de dégonflage du circuit et sur le débit de gaz dans chacune des zones de la pile. Face au cumul d'hypothèses défavorables, Francis Perrin, à la suite de Rouville, pense qu'il est « raisonnable de rééquilibrer ces hypothèses » pour tenir compte de « leur degré de probabilité et de vraisemblance. » Certains cumuls d'hypothèses correspondent visiblement à des impossibilités physiques. Le haut-commissaire pense « qu'un gros effort doit être fait pour s'assurer, dans l'éventualité d'un tel accident, qu'un nombre suffisant de barres soit introduit. » Pour cela, il propose que soient étudiées d'une part, la possibilité de faire chuter très rapidement certaines barres non utilisées en fonctionnement normal, d'autre part, la possibilité d'introduction d'absorbants dans certains canaux réservés à cet effet. La résolution de ces problèmes doit constituer l'objectif essentiel des études de sécurité. Au vu des résultats présentés par Marcoule, le haut-commissaire conclut également le débat en acceptant une augmentation de la température de gaine et une diminution du coefficient ρ.

4.3.3.5. Rapports de force autour d'un code de calcul

Mais la cause n'est pas encore entendue puisque la question de l'élévation de température de G2 G3 revient en discussion deux ans plus tard.[37] Cette fois, les différents points de vue s'affrontent autour d'un code de calcul, posant la question de la délimitation des responsabilités.

M. Stohr,[38] chef du Département de métallurgie de la DMCN, estime qu'on n'a pas à craindre que l'élévation de température menace la stabilité du métal de base. Mais on a constaté une augmentation du nombre de fuites par « coup de loquet » : il est donc possible que l'augmentation de température entraîne une augmentation du nombre de ruptures de gaines ; une étude est en cours pour diminuer les effets de ces coups de loquets. Par ailleurs, l'état actuel des tuyauteries est jugé satisfaisant. Comme M. Stohr indique que le métal employé pour les canalisations est le plus mauvais de tous ceux qui existent, Bourgeois souligne que la Sous-Commission n'admettrait pas sans autre examen que le gaz atteigne 400° à la sortie du cœur, après mélange.

Le président de la SCSP passe ensuite à l'examen de l'accident de dépressurisation. Ce problème avait été étudié au cours d'une réunion tenue en juillet, à la suite de laquelle il avait été amené à proposer que le centre de Marcoule effectue, à l'aide d'un code mis au point par le GTSP, les calculs permettant de déterminer les températures maximales atteintes en cas d'accident de ce type. Selon lui, ce sont les ingénieurs du Centre qui sont le mieux à même d'introduire dans ces calculs des données (courbes de flux en particulier) résultant des mesures et des conditions d'exploitation. Pour Bourgeois, ce calcul devient en somme une opération de routine. M. Mabile n'est pas d'accord avec cette procé-

---

[37] PV CSIA, Séance du 3 février 1966.

[38] Jacques Stohr est entré au CEA en avril 1947 pour étudier et construire un spectrographe de masse. En fait, il s'est attelé à la question du frittage de l'oxyde d'uranium du fait de ses connaissances acquises lors des études de dégazage et de fusion des métaux dans le domaine des fours à vide et à hydrogène. Il a ainsi fait partie de l'état major chargé de la réalisation de Zoé, plus particulièrement chargé de la partie « physique industrielle. » Directeur du Fort de Châtillon de 1947 à 1951, il a été depuis lors responsable des éléments combustibles des piles.

dure qui reporte trop lourdement les responsabilités sur le Centre : il estime les ingénieurs du Centre tout à fait capables de faire les calculs nécessaires, mais le recours à des services extérieurs, sous une forme à déterminer, lui paraît nécessaire. Une série de problèmes sont à envisager : le contrôle des données de base, la vérification du calcul et enfin le contrôle, *a posteriori*, que lorsqu'on pilote avec les limites de température calculées, la marche de la pile correspond bien aux courbes de flux admises à l'origine.

M. Bourgeois estime que, sur le plan technique, la procédure qu'il a proposée est la meilleure. Il affirme que le code est valable : or pour faire un bon calcul, il faut être très au courant de ce qui se passe, et, sur le plan des données influant sur la sécurité, le centre de Marcoule est beaucoup mieux placé que le GTSP qui sera toujours en infériorité pour la connaissance précise de l'état réel du réacteur.

Une remarque d'Horowitz résume parfaitement la difficulté du dialogue autour de la sûreté entre exploitants et experts de sûreté : « Si les choses s'améliorent, *si la confiance naît*, on peut se rapprocher des limites de sûreté : sinon on doit en rester éloigné ». Après diverses propositions (contacts périodiques, inspections par sondage, notification par l'exploitant des modifications, etc.) sur l'organisation du contrôle du Centre par le GTSP, le haut-commissaire clôt le débat sur le constat qu'il s'agit d'un problème délicat qui devra faire l'objet de décisions au sommet. Car c'est bien de cela qu'il s'agit, après un détour par le code de calcul : après une tentative de Bourgeois de s'assurer du respect par Marcoule des marges de sécurité, tout d'abord par des moyens indirects (limitation de la puissance globale, respect d'un coefficient ρ, utilisation d'un code de calcul), le problème est posé de façon crue : qui contrôle, qui est responsable ?

CHAPITRE 5

Les études de sûreté au CEA

La sûreté nucléaire telle qu'elle s'institutionnalise au sein du CEA ne comporte pas qu'un aspect administratif de contrôle. D'ailleurs, dans cette phase de développement qui couvre les années 1950 et la première moitié des années 1960, il n'est pas possible de se référer à une quelconque norme puisque les appareils qui en seraient l'objet sont des prototypes ou des modèles uniques. Une des originalités de la sûreté nucléaire est son volet « études » qui permet aux spécialistes d'être à la pointe des connaissances scientifiques et techniques et les rend à même d'évaluer et de contrôler en connaissance de cause. Dans cette première période de la sûreté au CEA, les deux aspects, contrôle et études, sont étroitement liés et il est souvent difficile de distinguer dans le discours des hommes de la sûreté ce qui est du ressort de la sûreté de ce qui est du registre du développement.

Un certain nombre de questionnements, d'études, sont nécessairement communs aux hommes qui s'occupent du développement et à ceux qui commencent à se spécialiser dans la sûreté. Les données de base ne sont pas encore établies ou confirmées par l'expérience. Projeteurs et hommes de la sûreté s'attellent à la résolution de ce problème. Leur appartenance à un même organisme, dans un même département, permet le transfert des connaissances de l'un vers l'autre domaine, et ne peut apparaître que comme un avantage aux yeux des uns et des autres.

L'ambiguïté est également entretenue par le fait que les spécialistes de la sûreté estiment que leur intervention doit se situer le plus en amont possible des projets. D'un point de vue institutionnel, la confusion des rôles est matérialisée par le fait que le chef du Département des études de piles, Jean Bourgeois, est également le responsable du groupe chargé d'en évaluer la sûreté. Cela est d'ailleurs en plein accord avec sa philosophie de la sûreté qui doit apporter une aide et non pas être une entrave bureaucratique. Mais de par sa position, Jean Bourgeois dispose d'un véritable veto sur les projets lorsqu'il estime qu'au point de vue de la sûreté des problèmes se posent.

5.1. Des études de sûreté pour contribuer à la compétitivité économique de l'énergie atomique

Après l'époque des prototypes vient la phase des réalisations industrielles, dans une sorte de course à la compétitivité de l'énergie d'origine atomique. Jusque-là, l'un des principaux moyens utilisés par les ingénieurs pour garantir la sûreté au moment de la conception de ces prototypes a été de prendre de larges marges de sécurité pour parer aux incertitudes de leurs connaissances du fonctionnement de ces installations. Dans le cadre de la recherche de compétitivité industrielle s'ouvre une nouvelle ère pour la sûreté nucléaire : par une meilleure connaissance des phénomènes en jeu dans les réacteurs et donc par une meilleure connaissance des marges de sécurité prises au début de façon conservatoire, la sûreté offre la possibilité de diminuer ces surdimensionnements et ainsi réduire les coûts.

Les spécialistes de sûreté qui constituent de fait une nouvelle branche de l'énergie atomique, un groupe qui doit assurer sa légitimité vis-à-vis du reste de la communauté nucléaire, utilisent cet argument de la diminution des marges de sécurité pour démontrer que la sûreté nucléaire n'est pas que l'empêcheur de tourner en rond mais, qu'en plus d'assurer la protection du personnel et des installations, elle est un des éléments décisifs de l'obtention de la compétitivité économique.

Un exemple en est donné par Bourgeois en juillet 1962, dans le *Bulletin d'Informations Scientifiques et Techniques (BIST)* du CEA. Publication mensuelle interne au CEA en 1954, elle est diffusée à l'extérieur à partir de 1956. Le numéro de juillet 1962 est le premier consacré exclusivement aux problèmes de sûreté. Il fait suite au premier colloque de l'Agence internationale pour l'énergie atomique dédié à la « sûreté des réacteurs et aux méthodes d'évaluation du risque », qui s'est déroulé du 14 au 18 mai 1962 à Vienne (Autriche). Il a regroupé quelque 225 participants représentant trente pays et six organisations internationales. Environ 45 papiers y furent présentés, dont un par Bourgeois et ses collègues,[1] ce qui constitue une première intervention française à l'échelon international en matière de sûreté. Bourgeois conclut l'article introductif à ce numéro du *BIST* par une justification des études de sûreté menées sur les réacteurs à graphite : « Les études effectuées jusqu'ici ont permis d'autoriser l'augmentation de la puissance des réacteurs G.

---

1 Bourgeois, J., Costes, D., Henri, C., Segot, C., « Problèmes de sécurité des réacteurs de puissance à uranium naturel, modérés au graphite et refroidis au gaz », *Actes du colloque de l'AIEA sur la sûreté des réacteurs, Vienne, 14-18 mai 1962*, IAEA, STI/PUB/57, SM-24, p. 151-170.

Elles ont donc eu une incidence économique non négligeable sur le fonctionnement des réacteurs de puissance de cette filière. »[2]

Parmi d'autres, l'une des questions cruciales qui se pose en ce début des années 1960 est de savoir si l'on pourra rapprocher les installations atomiques des centres urbains. L'éloignement est un facteur non négligeable du prix de l'électricité ainsi produite à cause du coût des lignes de transport qu'il faut installer lorsque les centrales nucléaires sont situées loin des consommateurs. Ces préoccupations économiques sont clairement exprimées comme étant le fondement du développement de vastes programmes de recherches sur la sûreté des réacteurs, en France et dans les autres pays.

Le rapport annuel de l'USAEC pour l'année 1966 exprime sans fard ce souci en précisant qu'un « gros effort » a été de nouveau initié en 1965 en la matière « pour fournir une assurance supplémentaire que les grandes centrales nucléaires du futur puissent être situées, de façon sûre, dans ou à proximité de zones fortement peuplées. »[3] La position affirmée par la France en 1964 lors de la troisième Conférence internationale de Genève est similaire :

> Les réacteurs futurs, bien que présentant des performances élevées (températures, pressions, puissance spécifique), devraient avoir un degré de sûreté amélioré par rapport aux réacteurs déjà construits, car les résultats des études de sûreté et l'expérience acquise dans l'exploitation des réacteurs auront pu être utilisés pour l'établissement des projets. À la longue, on peut envisager que les centrales nucléaires pourront être installées dans des sites proches des agglomérations, mais ce ne sera sans doute pas avant 10 ou 20 ans, car les incertitudes subsistantes, l'insuffisance d'expérience d'exploitation et surtout l'aspect psychologique tendront à maintenir un certain temps la politique actuelle, qui consiste à installer les réacteurs dans les meilleurs sites disponibles à l'échelle de chaque pays.[4]

La deuxième grande interrogation posée aux spécialistes de la sûreté est de savoir si, compte tenu des risques des réacteurs, l'enceinte de confinement est bien nécessaire, étant donné par ailleurs le coût élevé de ces structures. La question du prix de ces enceintes est d'autant plus importante qu'il peut en aller de l'avenir de telle ou telle filière de réacteurs. Les réacteurs de Marcoule, eux, n'étaient pas dotés d'enceinte de confinement car on estimait que leur puissance spécifique était

---

[2] Bourgeois, J., « Études concernant la sûreté des réacteurs », *BIST*, n° 63, Juillet 1962, p. 4-8.

[3] USAEC, *Annual Report*, january 1966, p. 133. (Nous soulignons).

[4] Vathaire (de), F., Vernier, P., Pascouet, A., « Conception de la sûreté en France et influence des impératifs de sûreté sur la conception des réacteurs », *Rapport CEA – R 2655*, présenté à Genève, 1964, A Conf. 28/P/82, 1964, p. 16.

suffisamment faible pour limiter le risque de fusion du cœur et que le caisson en béton précontraint était suffisamment solide pour assurer également le confinement. En revanche, une enveloppe de sécurité avait été jugée nécessaire pour les autres filières de réacteurs étudiées en parallèle par le CEA : les réacteurs à eau et les réacteurs à neutrons rapides. L'ingénieur responsable des études de sûreté du Groupe Technique de Sûreté des Piles (GTSP) expose la problématique en 1962 dans le *BIST* du CEA :

> La réalisation d'une enveloppe de grande dimension, devant tenir une pression dépassant parfois plusieurs kg/cm^2, avec des ouvertures d'accès et cependant un degré d'étanchéité sévère, est un problème difficile et coûteux. Aux États-Unis, où les réalisations d'enveloppes ont été assez nombreuses, on estime que le prix de revient d'une telle enveloppe varie de 75 à 250 NF par kilowatt installé : c'est beaucoup. Aussi, il faut étudier le problème de cette enveloppe de très près, afin de ne pas grever inutilement le budget de l'installation.[5]

Dès cette époque, il existe une abondante littérature sur la question des enveloppes de sûreté. Un bilan de toutes les enveloppes construites dans le monde montre que la plupart ont une même nuance d'acier, mais surtout qu'elles ont toutes été calculées d'après un même code, le Code américain « ASME Boiler and Pressure Vessel (section 8) », qui exige un facteur de sécurité de 4 par rapport à la limite de rupture du métal. L'auteur juge ce facteur de sécurité « très sévère », du fait qu'il part notamment d'hypothèses très pessimistes. Selon lui, des conditions plus réalistes permettraient de réduire de moitié la pression maximale utilisée dans les calculs. « On voit que des études plus poussées permettraient de réduire sensiblement les caractéristiques et donc le prix de revient de ces enveloppes », conclut-il.

5.2. Les études générales de sûreté

À la suite des travaux démarrés aux États-Unis et en Grande-Bretagne, le CEA lance à son tour un programme d'études de sûreté. Ces études se répartissent en études dites « générales » car communes à toutes les filières de réacteurs et en études propres à chaque filière. Ces dernières ont un financement qui est assuré par les budgets de construction ou d'exploitation, tandis que les études générales de sûreté entreprises dans divers services et coordonnées par le GTSP sont financées sur le budget de la Direction du cabinet du haut-commissaire.

---

[5] Mattera, R., « Les enveloppes de sécurité des réacteurs nucléaires », *BIST-CEA*, n° 63, Juillet 1962, p. 49-75.

D'abord installés à Saclay, les ingénieurs GTSP sont répartis à partir de 1964 entre Saclay et Cadarache. À Saclay, ils effectuent l'examen des rapports de sûreté et la coordination des études de sûreté menées par les différents services. À Cadarache, ils effectuent surtout les calculs de sûreté et les expérimentations. Les sujets importants sont l'extension des programmes de calcul sur machines afin d'évaluer quantitativement les phénomènes transitoires pouvant se produire lors d'accidents, la réalisation de dispositifs de sûreté spéciaux tels que des fusibles, l'amélioration des enveloppes de sûreté, la mise au point de filtres, les études sur les effets des tremblements de terre sur la protection des réacteurs.

Une grande partie des études s'attache aux accidents susceptibles de prendre en défaut une ou plusieurs des trois barrières classiques : la gaine, le circuit de refroidissement et si elle existe, l'enceinte de confinement munie de ses dispositifs de filtration. Quelle que soit la filière, deux types principaux d'accidents sont envisagés par les ingénieurs du GTSP : les accidents de refroidissement et les accidents de réactivité.[6] Mis à part les réacteurs à neutrons rapides où les phénomènes sont moins bien compris, les accidents de réactivité pouvant conduire à l'explosion du réacteur semblent exclus. Les accidents de refroidissement concentrent l'essentiel de l'attention. Et l'on juge que les plus problématiques sont ceux consécutifs à une dépressurisation du circuit primaire. Ces accidents de dépressurisation nécessitent des calculs et des essais pour évaluer les dégâts des structures, l'évolution de température du combustible et la libération des produits de fission.

5.3. Les études de sûreté de la filière graphite

La filière des réacteurs modérés au graphite et refroidis au gaz comprend l'essentiel des centrales de puissance construites ou en construction en France dans la première moitié des années 1960. Ce type de réacteur présente un certain nombre de particularités favorables du point de vue de la sûreté, car une montée en température brutale n'est pas à craindre en raison d'un taux de libération de la réactivité assez réduit, du jeu du coefficient de température de l'uranium, et de la faible puissance spécifique.[7] Mais les études de sûreté doivent permettre d'apprécier la gravité des accidents pouvant survenir sur les réacteurs à graphite. Les études de sûreté ont fait l'objet d'une présentation au Colloque de

6 Vathaire (de), F., Vernier, P., Pascouet, A., « Conception de la sûreté en France et influence des impératifs de sûreté sur la conception des réacteurs », *Communication à la Troisième Conférence des Nations unies sur l'Utilisation pacifique de l'énergie atomique*, Genève 1964, 28/P/82, Rapport CEA R2655, 19 p.

7 Bourgeois, J., « Die Reaktorsicherheit », *Atompraxis*, 11, Heft 11/12, 1965, p. 639-645.

l'AIEA de mai 1962.[8] M. Bourgeois et ses collègues donnent en quelque sorte une définition de l'objectif de la sûreté : « limiter la dispersion des produits de fission dans l'atmosphère en cas d'accident. » Et ils explicitent la méthode devenue célèbre dite « des barrières » : « Ces produits sont contenus, avant l'accident, dans les gaines des cartouches d'uranium. Il faut qu'ils ne franchissent pas la double barrière constituée par la gaine et par l'enceinte de pression, et l'on s'attachera donc à ce que chacune de ces barrières tienne séparément le mieux possible. » Cette communication est la première, un peu plus de deux ans après la création officielle d'un organisme spécialisé sur les questions de sécurité des réacteurs, où la méthodologie d'évaluation de la sûreté est exposée de façon systématique.

Du déroulement qualitatif d'un accident qui provoquerait une rupture d'enceinte, Bourgeois et ses collègues déduisent les études élémentaires de sûreté à mener : étude des processus de rupture d'enceinte de pression, calcul des forces aérodynamiques en cas de dégonflage brutal sous diverses hypothèses de rupture, appréciation des effets mécaniques de ces forces, appréciation du fonctionnement effectif des barres de sécurité, calcul des températures maximales atteintes dans l'hypothèse de l'arrêt subit du refroidissement, détermination des températures d'inflammation des matériaux constituant le cœur, essais de chocs sur des cartouches chaudes et enfin appréciation de la capacité de rétention des produits radioactifs par les diverses structures au cours de l'échappement du flux gazeux.

Les résultats de ces études permettent de prendre un certain nombre de dispositions pratiques, argumente Bourgeois, tout en contribuant à faire progresser la technologie des réacteurs : elles sont donc d'une grande utilité pour les concepteurs qui peuvent ainsi avoir une meilleure connaissance des conditions de puissance et de température auxquelles les gaines peuvent être soumises pour qu'elles ne fondent ni ne s'enflamment dans le cas d'un accident de dégonflage qui provoquerait un fort échauffement. Grâce aux études de sûreté, ils peuvent déterminer les sections des tuyauteries aux raccordements avec les caissons contenant le cœur pour qu'en cas de rupture de tuyauterie les débits de fuite ne soient pas tels qu'ils désorganisent l'empilement. Ils peuvent choisir les modes de construction des caissons parmi ceux qui sont les moins sujets à rupture, les soumettre à des conditions où toute fissure ait peu de possibilités de se développer. Ces études de sûreté apportent également aux concepteurs les moyens d'envisager des systèmes d'arrêt neutro-

---

[8] Cf. Bourgeois, J., Costes, D., Henri, C., Ségot, C., (CEA), Lamiral, G., (EDF), « Les problèmes de sécurité des réacteurs de puissance à uranium naturel modérés au graphite et refroidis au gaz », *IAEA*, STI/PUB/57, SM-24, p. 151-170, Vienne, 1962.

nique fonctionnant même en cas de désorganisation importante de l'empilement.

C'est donc une vision « utile » des études de sûreté qui est présentée : les études doivent permettre d'orienter les projets, dès la conception, dans une direction qui favorise la défense des installations.

5.4. Les études de sûreté de la filière eau lourde-gaz

5.4.1. Le projet EL4

La sûreté des réacteurs de puissance de la filière à eau lourde a été étudiée dans le cadre du projet EL4,[9] conçu sur les principes éprouvés à EL3. La réalisation d'EL4 est engagée par le CEA en 1961 et sa construction débute en 1962, en Bretagne, sur le site de Brennilis. D'une puissance de 70 MWe, le réacteur est refroidi par gaz carbonique sous une pression tenue par des tubes de force, à l'intérieur desquels sont disposés les éléments combustibles. Le réacteur est constitué par une cuve en acier inoxydable remplie d'eau lourde faisant office de modérateur. La centrale sera réalisée en commun par le CEA et EDF, le CEA étant chargé de la partie nucléaire, EDF de la salle des machines. Les études sont confiées à la société Indatom faisant office d'architecte industriel.[10]

Aux yeux des ingénieurs du GTSP, ce type de réacteur présente l'avantage de ne pas offrir les conditions propices à de graves accidents, malgré son niveau de puissance élevé.[11] Des études ont été menées[12] sur un accident de rupture de tube de force, considéré comme l'accident

---

9 EL4 sera la seule centrale de puissance à « eau lourde » construite en France.

10 Indatom (Groupement pour l'industrie atomique) est le deuxième groupement de sociétés (avec GAAA) suscité à partir de 1956 par le CEA pour assurer le rôle d'architecte industriel. Indatom a été constitué par la Banque de Paris et des Pays-Bas, la Compagnie des ateliers et forges de la Loire (CAFL), la Compagnie électromécanique (C.E.M.), la société Babcock et Wilcox, la société Neyrpic, Péchiney, la Compagnie des forges de Châtillon, Commentry et Neuves Maisons (C.C.N.M.), la société Saint-Gobain nucléaire (S.G.N.), la Société générale de télégraphie sans fil (C.S.F.). Robert Gibrat (1904-1980), polytechnicien (X 1922) du Corps des mines, en est le directeur général depuis 1955. Ancien directeur de l'Électricité au ministère des Travaux publics en 1940-41, secrétaire d'État aux Communications en 1942 puis passé dans le privé, condamné en mars 1946 à dix ans d'indignité nationale par la Haute Cour, condamnation dont il est vite relevé, Robert Gibrat a été en 1946 ingénieur conseil auprès d'EDF pour les usines marées-motrices et les centrales thermiques.

11 Cf. Bourgeois, J., « Die Reaktorsicherheit », *op. cit.*, p. 642.

12 Vathaire (de), F., Vernier, P., Pascouet, A., « Conception de la sûreté en France ... », *op. cit.*, p. 3-6. Texte rédigé avec la collaboration de P. Candès, G. Drevon, et A. Meunier.

maximal prévisible. Les conséquences d'une rupture brutale sur les structures de la cuve ont été envisagées, des essais d'explosion de tubes de force ont été réalisés sur un modèle 1/10e. Les résultats de ces études ont des conséquences pratiques importantes sur la construction de la cuve (pression de calcul de la cuve et système d'évacuation et de récupération de l'eau lourde expulsée par l'explosion). Des essais grandeur réelle ont été effectués. Plusieurs variantes d'enceintes ont été envisagées, en acier ou en béton, de forme cylindrique ou sphérique.[13] Il faut dire que les dimensions d'une centrale de puissance à eau lourde – à la différence des centrales UNGG beaucoup plus volumineuses – autorisent la construction d'une telle enceinte étanche renfermant le réacteur, les circuits nécessaires au refroidissement ainsi que les salles de chargement et de déchargement du combustible. L'enceinte a malgré tout un coût. Si cette dernière était justifiée au moment de la décision de construction par le manque de connaissances établies, Bourgeois peut même se demander en 1965 si au vu des expériences et essais menés jusque-là, il ne sera pas possible de conclure à terme qu'elle n'est pas nécessaire.[14]

5.4.2. L'examen de la sûreté d'EL4

EL4 passe en commission pour les essais de démarrage le 20 décembre 1966. L'objet de ce premier examen concerne uniquement l'autorisation pour les premières expériences à froid et sans puissance.[15] Un certain nombre de problèmes jugés « délicats » sont soulevés par Jean Bourgeois, comme la circulation du CO_2, l'échangeur ou la sécurité incendie. Les points les plus caractéristiques ayant retenu l'attention de la Sous-Commission sont présentés : il s'agit du tableau de contrôle, d'une méthode de mesure par empoisonnement de l'air, de l'empoisonnement du modérateur et de l'utilisation de barres gazeuses à hélium 3. Pour chacun de ces points, la Sous-Commission a demandé ou demandera la vérification de certains systèmes, si besoin testés sur d'autres installations, et la vérification des instruments de mesure des paramètres importants dans la sûreté en cas d'accident.

Un nouvel examen d'EL4 occupe l'essentiel du compte rendu de la réunion de la CSIA du 25 avril 1967. Il s'agit cette fois d'autoriser la montée en puissance de la centrale.[16] Cet examen débute par la relation d'un incident survenu quelques jours plus tôt ayant rendu impossibles les opérations de chauffage nucléaire préalables à la montée en puis-

---

[13] Horowitz, J., Bailly du Bois, B., Naudet, R., « Le projet EL4 », *Énergie Nucléaire*, vol. 3, n° 6, 1961, p. 369-389.

[14] Bourgeois, J., « Die Reaktorsicherheit », *op. cit.*, p. 642.

[15] PV CSIA, Séance du 20 avril 1966.

[16] PV CSIA, Séance du 25 avril 1967, p. 3-12.

sance. Un défaut de régulation de l'huile d'étanchéité sur une des trois turbo-soufflantes a provoqué l'incendie des câbles d'alimentation électrique des pompes sur une longueur de 2 ou 3 mètres, interrompant toute alimentation électrique de ces pompes. Le problème provient du fait que les chemins des câbles d'alimentation de secours passaient par les mêmes conduits que les câbles d'alimentation normale ! L'incident a également montré que les informations délivrées par les automatismes avaient été mal interprétées par le personnel, non suffisamment averti.

L'examen de la sûreté du réacteur s'engage alors. Les différents aspects de la physique du réacteur sont passés en revue par M. Girard[17] : bilan de réactivité, vérification des protections, neutronique en puissance. M. Bourgeois intervient pour signaler une note du Département de métallurgie montrant que de nombreuses inconnues subsistent sur la tenue de la gaine et des structures. Un ingénieur du GTSP, M. Ringot,[18] examine alors la sûreté de l'élément combustible. Les essais de sûreté menés par le GTSP dans la boucle à dépressurisation Pégase semblent montrer que, en pile, les allongements de la gaine avant rupture sont beaucoup plus faibles que ceux obtenus dans les essais hors pile. Les facteurs de sécurité sont cependant importants. Sont ensuite examinés les opérations de manutentions, le bloc réacteur, les circuits de CO_2. Sur ce dernier point, les transitoires thermiques, qu'ils soient amenés par le démarrage de l'installation ou par tous les incidents de soufflage et de chute des barres, posent des « problèmes sérieux ». Les calculs de résistance des matériaux aux gradients thermiques ont mis en évidence un certain nombre de « points délicats ». Des essais de cyclage thermique ont alors été lancés en chacun de ses points grâce à des mesures de température du métal et à des jauges de contraintes. Les résultats sont attendus en fin d'année.

En conclusion des exposés, M. Bourgeois propose une autorisation qui soit pour le moment limitée à une puissance thermique maximale de 25 MW et une température de sortie du CO_2 de 315°. Une nouvelle autorisation devra être sollicitée pour la suite des opérations. La Commission accorde l'autorisation demandée.

---

17 Il s'agit très vraisemblablement d'Yves Girard (X 1951). Après avoir travaillé sur Aquilon et sur la physique des réacteurs à eau lourde, il sera conseiller aux affaires nucléaires du ministère de l'Industrie de 1969 à 1976, puis vice-président de Framatome puis de Technicatome.

18 Diplômé de l'École Centrale de Paris en 1953, Claude Ringot travaille depuis 1956 sur le développement des éléments combustibles des réacteurs gaz-graphite, à eau lourde, avant de se tourner vers ceux de la filière à haute température et à eau légère.

Trois mois plus tard,[19] la Commission examine une nouvelle demande d'autorisation de montée en puissance pour la centrale de Brennilis. Les essais effectués ont révélé quelques points qui posent des problèmes, c'est pourquoi ils restent sous surveillance, mais on estime qu'on pourra leur apporter des remèdes satisfaisants. La Commission examine alors le projet de décision présenté par la Sous-Commission de sûreté des piles, qu'elle adopte. EL4 est couplée au réseau en juillet 1967.

5.5. La sûreté des réacteurs à neutrons rapides

Après les études pour les réacteurs UNGG et les réacteurs à eau lourde, les études de sûreté dans le domaine des réacteurs rapides sont la troisième priorité du CEA. Elles ont été initiées au départ pour répondre aux problèmes posés par la mise au point du projet Rapsodie.

5.5.1. Le projet Rapsodie

Les études[20] du premier prototype de réacteur à neutrons rapides du CEA commencent en 1957 à Saclay. Un avant-projet est défini à la fin de 1958 tandis que l'année 1959 est consacrée à des études physiques de base : neutroniques, thermiques, mécaniques, métallurgiques. Le développement de ce programme nécessite la création, au Département de recherche physique dirigé par Georges Vendryes, d'un Groupe d'études de piles rapides,[21] chargé de la mise au point détaillée du projet. Par mesure de précaution compte tenu de la nouveauté des techniques mises en jeu, mais aussi pour diminuer les risques de mauvais fonctionnement et pour gagner du temps, des maquettes en vraie grandeur des parties essentielles de la pile, notamment de la cuve et des circuits, sont construites en 1960. Ces maquettes subissent une série d'essais, en présence de sodium, avant que les caractéristiques de l'engin ne soient définitivement fixées.

En janvier 1961, Georges Vendryes témoigne de l'avancement du projet Rapsodie et souligne que les problèmes de sûreté ont été envisagés, en concertation avec les ingénieurs du Groupe de Bourgeois, dès le départ des études de conception. Ainsi, les études de sûreté ont été prises comme base pour le dimensionnement du réacteur.

> La structure du cœur de la pile, écrit Vendryes, est conçue de manière à rendre hautement invraisemblable tout accident nucléaire. Si improbable qu'il soit, le cas a néanmoins été envisagé, en accumulant les hypothèses les plus pessimistes et en supposant simultanément que toutes les consignes

---

19 PV CSIA, Séance du 16 juin 1967.

20 Vendryes, G., « Rapsodie », *Énergie Nucléaire*, vol. 3, n° 1, 1961, p. 25-46.

21 Il est dirigé par M. Pierre Zaleski.

soient enfreintes et tous les automatismes défaillants. Une limite supérieure du dégagement d'énergie qui résulterait d'une excursion de puissance dans les pires conditions imaginables a été évaluée, afin que les structures extérieures de la pile soient calculées pour en contenir les effets.[22]

Cette étude, axée sur les phénomènes mécaniques accompagnant une excursion de puissance éventuelle dans la pile, a permis dès 1961 de déterminer les caractéristiques de la libération d'énergie maximale hypothétique dans Rapsodie : 1,5 10^8 calories (35,6 mégajoules) se dégageraient au cours d'un processus d'une durée de 80 microsecondes.[23]

La détermination des effets d'un tel accident a été abordée initialement par des méthodes purement théoriques mais il est apparu rapidement que cela conduirait à des calculs complexes et longs dont la valeur serait sérieusement diminuée par de nombreuses simplifications et approximations. C'est pourquoi les ingénieurs[24] ont pensé que des expériences sur maquettes pourraient plus facilement conduire à des résultats dont au moins l'ordre de grandeur serait valable. Cette étude, réalisée avec la collaboration du Service des poudres, simule au moyen d'explosifs chimiques les dégagements d'énergie dans les temps évoqués plus haut. Une série de 11 explosions a été réalisée sur une maquette à l'échelle 3/10 représentant la pile, le sodium étant remplacé par de l'eau. Une trentaine d'essais sur une maquette à l'échelle 1/10 ont été ensuite réalisés avec du sodium pour étudier la validité de la simulation par l'eau. Une équipe de l'UKAEA a apporté son concours à ces expériences en effectuant un certain nombre de mesures.

Outre les accidents de réactivité, la présence de sodium comme fluide réfrigérant implique de nombreuses précautions. Le sodium liquide brûle spontanément au contact de l'oxygène de l'air, d'où il résulte des risques importants d'incendie. Les capacités qui contiennent du sodium sont sous atmosphère inerte (azote ou argon), mais en cas de fuite,

---

22 *Ibid.*, p. 30.

23 L'étude des enceintes de sûreté de Rapsodie a été menée dans le cadre d'une Association Euratom-CEA « neutrons rapides ». La France n'accepta que parce que les applications industrielles des réacteurs à neutrons rapides apparaissaient encore lointaines. Le CEA signa un premier contrat avec Euratom en 1959 sur la fusion thermonucléaire, puis trois ans plus tard sur les réacteurs à neutrons rapides (65 % CEA, 35 % Euratom). Ce contrat incluait également la réalisation commune à Cadarache de deux réacteurs à neutrons rapides de puissance nulle destinés à des études de physique, Harmonie et Masurca. D'après Georges Vendryes, *Superphénix pourquoi ?*, Paris, Nucléon, 1997, p. 31.

24 Drevon, G., Gelée, M., Wustner, R., « Études relatives aux enceintes de sûreté de Rapsodie », *BIST-CEA*, n° 63, juillet 1962, p. 43-48. Guy Drevon (X 1934, Corps du génie), coordonne les études de sûreté de Rapsodie au sein du Département de recherches physiques de Vendryes.

l'incendie d'une grande quantité de sodium pourrait dégager une énergie non négligeable. L'enceinte étanche de Rapsodie a ainsi été calculée pour résister aux effets d'un feu de sodium en nappe couvrant 85 % de la surface du bâtiment pile avec un taux de fuite maximal imposé fixé à 0,2 % par jour.

5.5.2. Examen de Rapsodie par la CSIA

La sûreté du projet Rapsodie est examinée pour la première fois par la Commission en décembre 1961. M. Bourgeois sollicite l'approbation de certains principes de construction pour l'enceinte étanche du réacteur. Il voudrait savoir si cette enceinte doit être soumise à une pression d'épreuve égale à la pression P calculée pour l'accident maximal hypothétique, ou à une pression supérieure (1,5 P). Estimant qu'il s'agit non d'une pression normale d'exploitation mais d'une pression accidentelle qui ne sera appliquée qu'une fois, la Commission estime qu'il y a lieu de s'en tenir à une pression égale à P pour le calcul de l'enceinte et, éventuellement, pour l'essai de pression de l'enceinte, dont M. Yvon conteste d'ailleurs la nécessité. Mais M. Bourgeois signale que le rapport de sûreté de Rapsodie, en ce qui concerne la pression en cas d'accident, n'est pas encore au point et que la Commission devra examiner ce point plus tard.[25]

En février 1963, l'examen de Rapsodie montre que le combustible présente encore, selon les termes de Bourgeois, « de nombreuses et redoutables inconnues » en ce qui concerne la sécurité de l'oxyde, ce qui semble être également le cas à l'étranger. C'est pourquoi M. Bourgeois préconise un « démarrage très prudent et qui pourra s'avérer extrêmement long. »[26]

L'étude préliminaire du rapport de sûreté de Rapsodie fait l'objet d'une présentation à la Commission en juillet 1963. Vathaire fait le point d'un certain nombre d'études importantes concernant l'enceinte (résistance, taux de fuite), la cuve, les barres de contrôle (une cuve supplémentaire pour le sodium a été étudiée, le Bureau Veritas a examiné la bonne tenue de l'ensemble aux séismes), les accidents thermiques et nucléaires. Le GTSP estime que les phénomènes pouvant conduire à des accidents sont bien connus, mais que l'évaluation de leurs effets est difficile : des incertitudes demeurent sur la valeur des paramètres introduits dans les calculs. C'est pourquoi il est réaffirmé que la sécurité du réacteur reposera, en grande partie, sur le caractère très progressif des essais effectués sur le réacteur lui-même.

---

[25] PV CSIA, Séance du 5 décembre 1961.

[26] PV CSIA, Séance du 6 février 1963.

Le haut-commissaire conclut que ce premier aperçu fait clairement ressortir que les problèmes de sûreté soulevés par Rapsodie sont bien différents de ceux examinés habituellement par la Commission. Il demande que l'on étudie de très près les risques pouvant résulter de l'absence d'antiréactivité en réserve, au moment des chargements.[27]

5.5.3. Poursuivre les études pour autoriser des hypothèses moins pessimistes pour les réacteurs du futur

Dans cette première moitié des années 1960, les réacteurs à neutrons rapides sont encore mal connus. On estime cependant que les causes probables de risques sont les mêmes que celles des réacteurs à neutrons lents[28] : les accidents de réactivité et les accidents de refroidissement. Mais dans le cas des réacteurs à neutrons rapides, l'étude des accidents de réactivité pose des problèmes plus pointus. Du fait de l'utilisation de neutrons dont le temps de vie est extrêmement court, il faut prévenir tout excès de réactivité par une forte contre-réaction négative. Or, en 1964, de nombreuses incertitudes demeurent encore sur les données de base telles que le coefficient de température des combustibles, le coefficient lié à la densité des noyaux de sodium, ou l'effet Doppler dû aux matériaux fertiles. Les accidents de refroidissement sont rendus également un peu plus délicats du fait des fortes puissances spécifiques de ces réacteurs qui accélèrent les évolutions de température accompagnant un déséquilibre entre puissance et refroidissement. Par ailleurs, l'utilisation de sodium comme refroidisseur pose certains problèmes particuliers puisque le sodium présente la désagréable propriété de réagir violemment au contact de l'eau, ce qui oblige à certaines études sur ces réactions au niveau des générateurs de vapeur, appareils où s'effectuent les échanges de chaleur depuis le sodium vers l'eau puis vers la vapeur qui entraîne la turbine.

Toutes ces incertitudes doivent être levées car en l'état, elles « amèneraient à prendre des marges de sécurité coûteuses »[29] pour de futures installations industrielles. Malgré cela, au vu des études menées jusque-là, les ingénieurs du GTSP sont plutôt optimistes pour l'avenir de cette filière, car malgré « les conditions très pessimistes de l'excursion nucléaire maximale calculée » pour ce prototype, l'enceinte pourrait contenir pratiquement tous les effets mécaniques de l'accident. Ceci les conduit à envisager un vraisemblable adoucissement des caractéristiques des enceintes de confinement pour les grands réacteurs rapides futurs.

---

[27] PV CSIA, Séance du 23 juillet 1963.

[28] Vathaire (de), F., Vernier, P., Pascouet, A., « Conception de la sûreté… », *op. cit.*

[29] *Ibid.*, p. 7.

5.6. Les études de sûreté des réacteurs modérés et refroidis à l'eau ordinaire

À partir de 1964, les études de sûreté du CEA s'étendent à la filière des réacteurs à eau légère. Les ingénieurs du CEA avaient déjà acquis une expérience de ce type de réacteurs grâce à la construction des piles de recherche Triton, Mélusine, Siloé, Pégase, et Osiris et ils suivent l'important programme d'études de sûreté que l'AEC développe dans ce domaine. Ils souhaitent cependant mieux comprendre certains phénomènes dangereux car EDF participe à la centrale à eau sous pression de Chooz et on envisage l'augmentation de la puissance de ces piles que l'on souhaite pouvoir construire sur des emplacements proches des villes ou des universités.

Des études de sûreté ont été menées sur les accidents de réactivité, explosifs ou non, sur les oscillations spontanées et sur les réactions métal-eau. Des études ont également porté sur les accidents de refroidissement, car malgré leur probabilité jugée faible pour ces machines, un accident de ce type était tout de même survenu aux États-Unis sur un réacteur de recherche à eau ordinaire, le Westinghouse Testing Reactor en 1960. L'influence de l'obstruction d'un élément combustible, le passage de la convection forcée à la convection naturelle en cas d'arrêt des pompes, la rupture du circuit de refroidissement ou celle de la piscine ont été particulièrement envisagés. À la suite de ces études, il a été jugé utile d'améliorer les connaissances concernant les conséquences des accidents destructifs sur l'intégrité du bâtiment réacteur, les risques d'oscillations de puissance et les accidents de refroidissement.

5.6.1. Un premier réacteur dédié aux études de sûreté : Cabri

L'évaluation des risques de ce type de réacteurs présente des difficultés liées aux incertitudes concernant la cinétique accidentelle du cœur et l'influence de la hauteur d'eau sur l'importance d'une excursion de puissance. Pour ces raisons, la CSIA a décidé la construction d'un réacteur spécialement destiné aux études de sûreté des piles à eau, Cabri, à Cadarache. La construction de Cabri[30] doit permettre d'évaluer de façon plus réaliste les risques que comporte ce genre d'installations et aussi de déterminer plus exactement les marges de sécurité à respecter.

30 Cf. Ailloud, J., Millot, J. P., « La pile Cabri », *Actes de la Troisième Conférence internationale de Genève*, 1964, P/103, p. 397-402. Jean Ailloud, ingénieur de l'École supérieure d'électricité (1942), a travaillé sur Zoé aux problèmes d'électronique. Jean-Paul Millot est ancien élève de l'ENS, agrégé de mathématiques, docteur ès sciences physiques. Ils sont tous deux membres du GTSP.

L'avant-projet de Cabri est étudié par le Groupement GAAA[31] sous le patronage de la Direction des piles atomiques du CEA. L'organisation du programme expérimental et des études à effectuer ainsi que leur réalisation sont confiées à une équipe spécialisée du Département des études de piles.

Cabri diverge en décembre 1963, la première excursion transitoire de puissance a lieu en avril 1964. Le premier objectif assigné aux expériences sur Cabri est de comparer les résultats des transitoires consécutifs à des introductions de réactivité à ceux des expériences SPERT effectuées aux États-Unis. Cabri est ensuite utilisée pour examiner le comportement d'éléments combustibles et de l'appareillage de contrôle et de commande. L'un des objectifs est aussi de définir des recherches théoriques pour mieux comprendre les phénomènes d'excursion, non plus en tentant de réaliser des expériences globales, mais en essayant de déterminer successivement l'influence de différents paramètres comme le coefficient de température, la fraction de vide, les phénomènes d'ébullition, l'importance des paramètres hydrauliques, des phénomènes d'autolimitation par les facteurs neutroniques et thermiques.

5.6.2. Les accidents de refroidissement

Les transitoires correspondant aux accidents de refroidissement sont étudiés au CEA de Grenoble (Service des transferts thermiques) au moyen de trois boucles hors piles. Des mesures de température et d'écoulement visent à déterminer comment se produisent les échanges thermiques par convection naturelle ou par convection forcée, comment il serait possible de les améliorer pour éviter l'ébullition ou la retarder.

5.6.3. Essais destructifs pour la simulation d'accidents de réactivité

À cause de la trop grande différenciation de ces recherches à caractère phénoménologique, les responsables du GTSP ont décidé de simuler des accidents destructifs à l'aide d'expériences à grande échelle, d'autant que les études sur la cinétique des réacteurs à eau étudiée avec Borax et Spert aux États-Unis, Cabri en France, ont montré qu'il n'était pas possible d'extrapoler les effets destructeurs à partir des effets d'une faible excursion de puissance (à forte puissance un phénomène nouveau entre en jeu, assimilable à une explosion de vapeur, qui crée un pic de pression destructif). Outre la complexité des phénomènes de transferts

---

[31] Le Groupement atomique alsacienne atlantique (GAAA ou G3A) provient de la réunion de la Société alsacienne de constructions mécaniques (SACM) et des Chantiers de l'Atlantique. Son capital a été par la suite réparti entre Babcock Atlantique, la Compagnie générale d'électricité, les Chantiers de l'Atlantique et l'Alspi.

thermiques impliqués dans les fortes excursions de puissance, le recours à des simulations à grande échelle est justifié par le fait que les conditions pour des simulations conventionnelles exigent une grande précision dans la construction du modèle et qu'une telle précision ne peut être obtenue qu'à l'aide de systèmes à une échelle suffisamment grande.[32] Plus généralement, la complexité des situations accidentelles et la nécessité de recourir à de puissants moyens de calcul, « qui sont d'ailleurs souvent encore insuffisants pour appréhender l'ensemble du comportement dynamique en régime accidentel »,[33] sont les arguments avancés pour justifier la nécessité d'effectuer des essais en vraie grandeur.

Des expériences ont été montées où le dégagement d'énergie est simulé par un explosif spécialement fabriqué qui imite les principales caractéristiques d'un accident nucléaire. Un modèle réduit est soumis à la détonation d'une charge donnée d'explosifs conçus par les laboratoires de la Marine nationale à la Pyrotechnie de Toulon. La mesure de la pression et des forces exercées sur la maquette permet de déterminer les critères mécaniques auxquels la cuve et l'enceinte devraient pouvoir résister.

5.7. Les études de sûreté relatives à l'émission et à la filtration des produits de fission

Un programme d'études qualifié « de sûreté radiologique » a par ailleurs été lancé[34] pour préciser les phénomènes d'émission, de transmission au travers des matériaux du réacteur puis à travers l'enceinte, des produits de fission fondus ou oxydés qui résulteraient d'un accident. Il s'agit d'étudier les différents radioéléments vis-à-vis de leur rendement de fission (de 0 à 8 %, 0,38 % pour le Ru 106, 8 % pour l'iode 134), leur période ou durée de vie moyenne (de quelques secondes à plusieurs dizaines d'années), leur toxicité ou leur facilité d'émission, celle-ci étant liée à leur volatilité ou à leur affinité chimique avec les matériaux de structure.

---

32 Pascouet, A., « Nuclear-Power-Excursion Simulation in France », *Nuclear Safety*, vol. 7, n° 1, Fall, 1965, p. 20-25. Adrien Pascouet (1930-2001) a été formé à l'École Polytechnique (X 1952) puis à l'École Nationale Supérieure du Génie Maritime. Il a été employé de 1958 à 1964 au Laboratoire national de la Marine, chargé de l'étude et de la mesure des phénomènes transitoires. Il poursuit ses travaux comme directeur technique de la Société pour le développement des recherches appliquées, SODERA, qui assure de nombreuses études pour le compte du CEA.

33 Vathaire (de), F., « La sûreté des réacteurs : réalisations et tendances actuelles », *Énergie Nucléaire*, vol. 7, novembre 1967, p. 423.

34 Jammet, H., Méchali, D., Dousset, M., « Problèmes sanitaires posés par l'élimination des déchets radioactifs et par les accidents nucléaires », Rapport CEA – R 2641, Genève 1964, A Conf. 28/P/870.

Cette évaluation est d'autant plus importante que si les parades existent pour éviter la dissémination de ces produits toxiques, notamment grâce à une enceinte étanche, d'autres considérations entrent en ligne de compte, en particulier économiques. Comme le notent dès 1962 les ingénieurs et médecins en charge de ces questions au CEA, les études de sûreté doivent contribuer au développement de l'énergie atomique : « Jusqu'à ces dernières années, en raison des performances relativement faibles des réacteurs (température, pression, combustible métallique, etc.) on a pu se contenter d'hypothèses pessimistes à défaut de renseignements plus précis et parvenir à des solutions relativement efficaces sans être trop onéreuses. » Ils estiment que cette ère est révolue, qu'une connaissance plus approfondie des phénomènes d'émission de produits de fission est nécessaire « si on veut rendre compétitive l'énergie d'origine nucléaire. La marge d'incertitude doit être resserrée et les facteurs de sécurité réduits à une valeur plus réaliste. »[35]

Les chercheurs du CEA s'engagent dans la suite du programme de recherche intensif lancé quelques années auparavant aux États-Unis où on souhait évaluer de façon « plus réaliste » quelle fraction des produits de fission s'échapperait réellement du cœur d'un réacteur qui aurait fondu. En fait, il s'agissait de montrer que seule une partie des produits contenus dans le cœur se retrouverait dans l'atmosphère. Les chercheurs américains s'appuyaient notamment sur les résultats des essais destructifs opérés sur Borax 1 et SPERT I. Une insertion volontaire de réactivité avait été provoquée sur cette dernière installation et on avait pu constater que 35 % environ du cœur en alliage d'aluminium avait fondu alors que moins de 1 % de la quantité des produits de fission du cœur avaient été relâchés, dix fois moins que l'évaluation théorique du risque faite avant l'essai.[36]

5.8. Évolution de la philosophie des études de sûreté

Au milieu des années 1960, un tournant s'amorce dans la méthodologie d'approche de la sûreté nucléaire en France. Après s'être mis à l'école des États-Unis, après avoir importé les concepts, la doctrine et même certaines normes, les responsables français de la sûreté se détachent partiellement du modèle initial, à l'instar de leurs homologues britanniques. En 1964, lors de la troisième conférence des Nations unies de Genève, Jean Bourgeois émet une première critique. Elle porte sur la

---

35 Laffaire, M., Lavie, J. M., « Émission de produits de fission par des combustibles nucléaires fondus ou oxydés », *BIST-CEA*, n° 63, juillet 1962, p. 83-95, cit. p. 84, (souligné par nous).

36 Levenson, M., Rahn, F., « Estimations réalistes des conséquences des accidents nucléaires », *Revue Générale Nucléaire*, 1981, n° 2, p. 121-129.

notion d'accident maximum crédible dont on tente de s'affranchir « car il ne paraît pas raisonnable de qualifier ainsi un accident mal défini ». Les défaillances possibles d'une installation sont en revanche soigneusement examinées et permettent de dégager « quelques accidents graves possibles dont l'évolution est particulièrement étudiée. »[37]

Cela a des conséquences sur les études françaises en matière de sûreté qui s'orientent désormais plus clairement vers des expériences à caractère phénoménologique. Les expériences à grande échelle restent cependant nécessaires pour pallier les difficultés d'analyse des phénomènes accidentels, si complexes. Ceux-ci nécessitent de puissants moyens de calcul, qui sont souvent encore insuffisants. Par ailleurs, ces grandes expériences sont fort coûteuses et seuls les États-Unis leur consacrent des efforts conséquents pour les réacteurs à eau et les réacteurs spatiaux.

Est-ce dû à des moyens plus faibles, est-ce le fait que les ingénieurs français du nucléaire ont d'abord été formés sur les réacteurs UNGG qui ne présentent pas le même type de risques, est-ce le retard français en matière de gros calculateurs ou en modélisation, ou encore est-ce qu'il n'est pas besoin en France de convaincre par des expériences démonstratives une opinion publique hostile ou des autorités tatillonnes ? Toujours est-il que vers le milieu des années 1960, une politique française s'affirme en matière d'études de sûreté : on souhaite cerner les phénomènes physiques élémentaires et moins tenter de représenter directement le comportement global d'un réacteur. Malgré cela, la référence et la suprématie américaine restent totales, d'autant que les Américains peuvent à la fois effectuer de grandes expériences globales, et s'attacher au détail des phénomènes.

---

[37] Bourgeois, J., « Quelques remarques sur la sécurité des réacteurs », *Énergie Nucléaire*, vol. 6 n° 8, décembre 1964, p. 497.

CHAPITRE 6

De nouveaux acteurs sur la scène nucléaire française

Un timide début d'incursion de l'administration pour réglementer la sûreté nucléaire

La sûreté est institutionnalisée au sein du CEA à partir du tout début de l'année 1960. Progressivement, une doctrine, des méthodes ont été mises au point, des moyens matériels et humains ont été affectés à la sûreté, une organisation constituée.

Du côté de l'administration, l'organisation de la sûreté nucléaire est inexistante, et c'est le CEA, sa Sous-Commission de sûreté des piles en particulier, qui apparaît comme l'autorité compétente pour juger de la sûreté des installations atomiques de toutes sortes qui se développent en dehors du CEA. C'est à la CSIA qu'on vient demander son avis. Ceci ne manque pas de poser des problèmes quant à la responsabilité du CEA vis-à-vis des demandeurs que sont l'industrie privée, les universités, EDF, ou des organismes étrangers.

6.1. La question des sites : Cadarache

Les sollicitations extérieures amènent à plusieurs reprises la Commission du CEA à se poser la question de la qualité des sites susceptibles d'accueillir des installations nucléaires. L'implantation d'une installation nucléaire oblige à un certain nombre de précautions, et la présence de populations au voisinage des sites, voire leur opposition, rend plus aiguë la question de la sûreté. La question des sites fait pénétrer directement dans une sphère plus politique, en particulier pour des sites frontaliers, car certaines instances internationales entendent exercer un droit de regard sur la sûreté de ces sites, et par ce biais, sur les activités du CEA. Les relations avec l'AIEA et Euratom montrent la méfiance du CEA qui craint une immixtion étrangère sous prétexte de sûreté, d'autant que, comme l'indique Bourgeois lors d'une discussion en mars 1961, les sites français « ne répondent pas aux critères de sûreté des sites que ces organismes sont en train de dégager et veulent codifier. »[1]

[1] PV CSIA, séance du 15 mars 1961.

Il y aurait ainsi de nombreux inconvénients à laisser les experts étrangers étudier et se prononcer sur la sécurité des réacteurs français, en particulier pour Cadarache.

Le site de Cadarache, au confluent de la Durance et du Verdon, d'une superficie de 1 600 hectares, est distant de 45 kilomètres d'Aix en Provence. Il a été choisi en novembre 1959 pour abriter le quatrième centre de recherche nucléaire du CEA. Les sites de Fontenay-aux-Roses (Châtillon) et Saclay étaient en effet saturés : Saclay comptait 4 000 personnes et Fontenay-aux-Roses atteignait au plan des effectifs la limite imposée par la politique de décentralisation du gouvernement. Le site de Grenoble pouvait augmenter son effectif mais, situé dans une agglomération urbaine (comme Fontenay-aux-Roses), il ne pouvait pas accueillir les nouvelles piles expérimentales prototypes dont la puissance unitaire devait être plus élevée, aux caractéristiques plus poussées et aux quantités de matière fissile plus importantes. Dès le départ, il était notamment prévu que ce nouveau site serait le lieu de développement de la filière des réacteurs à neutrons rapides refroidis au sodium dont le premier exemplaire devait être le prototype Rapsodie. Par ailleurs, le nouveau site devait être proche d'une ville universitaire, dans une région peu peuplée, avoir une assise géologique solide, être proche d'une rivière, et être situé dans une région qui soit attractive pour les ingénieurs et leur famille.[2] Compte tenu de ces contraintes, c'est Cadarache qui sera retenu parmi une cinquantaine d'emplacements examinés.[3]

La présentation du site de Cadarache et des installations qu'il doit accueillir fait l'objet d'un numéro spécial de la revue *Énergie Nucléaire*, en janvier 1961. La grande revue française « de physique et de chimie nucléaires et de génie atomique » consacre une large place à cet événement d'importance pour la communauté des industriels de l'atome. Après un éditorial de Francis Perrin, le premier directeur du centre, M. Faure, offre une description du centre d'études nucléaires de Cadarache. Il explique en particulier les préoccupations géologiques des prospecteurs de sites : il était essentiel de s'assurer que le milieu naturel joue le rôle de protection supplémentaire contre la dissémination de produits radioactifs. En revanche, il n'est pas mentionné si, en retour, le milieu peut être facteur de risque pour les installations du fait de la sismicité ou d'inondations.

Dans le dernier paragraphe, l'auteur évoque ce qu'il appelle « les problèmes psychologiques et politiques posés par la création du centre

---

2 D'après : Perrin, F., « Éditorial », *Énergie Nucléaire*, vol. 3, n° 1, janvier-février 1961, p. 1-2.

3 D'après le chef du centre : Faure, R., « Le centre d'études nucléaires de Cadarache », *Énergie Nucléaire*, vol. 3, n° 1, janvier-février 1961, p. 3-8.

de Cadarache et leurs conséquences. »[4] En effet, l'opposition d'une partie de la population modifia un certain nombre de plans du CEA et les responsables de la création du centre furent obligés de tenir compte des craintes exprimées par la population avoisinante.[5] Certaines, « facilement apaisées », avaient trait aux risques de pollution de l'air, même en fonctionnement normal, et aussi à des risques d'explosions de réacteurs équivalents à l'explosion de bombes atomiques. D'autres inquiétudes, beaucoup plus vives, concernaient les risques de pollution de l'eau de la Durance et du canal EDF. Un canal de dérivation des eaux de la rivière avait en effet été réalisé par EDF pour alimenter son usine de Jouques, et le CEA avait espéré bénéficier de son existence pour solutionner simplement les problèmes de refroidissement et de rejets des effluents de son centre. Or le canal EDF alimentait en eau potable, à l'aval de Cadarache, la ville de Marseille et un nombre important d'autres centres urbains ou ruraux, soit un million d'habitants, et une fraction importante de l'eau restante servait à satisfaire les besoins de l'agriculture en eau d'irrigation. C'est donc en grande partie à cause de cette rivalité sur l'utilisation de l'eau que le CEA dut modifier ses plans initiaux d'utilisation de l'ensemble canal et Durance pour assurer la dilution des effluents actifs du centre. Le CEA « désireux d'apaiser les craintes suscitées » dut aussi modifier son projet de refroidissement des réacteurs en circuit ouvert et opta pour le refroidissement en circuit fermé avec réfrigérants atmosphériques. Ayant pris l'engagement de ne pas rejeter ses effluents dans le canal, mais dans la Durance même, le CEA dut réviser ses projets d'installations de traitement et de décontamination pour les rendre beaucoup plus efficaces, le faible débit de la rivière dix mois sur douze limitant l'activité totale qu'il était possible d'y rejeter. À cette occasion, les collectivités locales désignèrent un représentant chargé de suivre, en liaison avec les responsables du centre et des représentants du ministère de la Santé, la question des effluents. À cet effet, des stations de contrôle supplémentaires de la radioactivité de l'eau furent positionnées en amont des principales prises d'eau. L'ensemble de ces mesures ainsi que les relations établies avec les collectivités locales permirent, explique le responsable du centre, « d'aboutir à

---

4 *Ibid.*, p. 8

5 La formule employée par le directeur du centre est révélatrice, qui parle de craintes « dont il est impossible de ne pas tenir compte. » L'introduction à ce paragraphe sur les « problèmes psychologiques et politiques » résume la position du technicien par rapport à la population, accusée de nourrir des peurs irrationnelles face au potentiel catastrophique des installations. Un modèle du genre. Cf. Faure, R., « Le centre... », *op. cit.*, p. 8.

une solution heureuse de ces problèmes essentiellement psychologiques. »[6]

Les trois premiers réacteurs construits à Cadarache sont Pégase, pile d'essais pour combustibles des piles EDF de la filière UNGG, accompagnée de sa maquette critique Peggy, Rapsodie, la première pile à neutrons rapides refroidie au sodium, et le Prototype à terre (PAT), prototype de réacteur à uranium enrichi et à eau ordinaire devant servir pour la propulsion de sous-marins atomiques.

La « menace » du contrôle par Euratom des installations de Cadarache pousse la Commission à réexaminer leurs caractéristiques et les risques que fait peser l'implantation du centre nucléaire sur la région. La situation particulière de Cadarache conduit la Commission à décider de prendre des précautions particulièrement sévères contre les accidents, analogues à celles qu'il faudrait prendre si le centre nucléaire se trouvait à proximité d'une grande ville. Il est notamment décidé de mettre sous des enceintes étanches, suffisamment sûres, non seulement les réacteurs, mais aussi les installations susceptibles en cas d'incident (incendie par exemple) de causer des contaminations extérieures, soit par produits de fission, soit par le plutonium.[7]

6.2. Les débuts des rapports entre le CEA et EDF pour la sûreté : EDF1

6.2.1. Entrée d'EDF sur la scène nucléaire

À partir de 1955 le CEA n'est plus seul sur la scène nucléaire, puisque « l'Électricité de France » fait ses débuts dans cette nouvelle forme d'énergie. Le producteur national d'électricité issu de la nationalisation de 1946 avait été chargé de la mission de service public de reconstruire le pays par la production d'électricité. Mais ce n'est qu'à partir de 1955 qu'EDF se tourne vers le nucléaire, lorsque Pierre Ailleret, alors directeur des Études et Recherches (DER), définit le premier programme français de centrales nucléaires à uranium naturel.[8] L'objectif de ce programme est de réaliser une série de prototypes permettant d'acquérir l'expérience industrielle de la construction et de l'exploitation

---

6 Faure, R., « Le centre... », *op. cit.*, p. 8.

7 PV CSIA, séance du 15 mars 1961.

8 Ailleret, P., « L'intégration de l'énergie nucléaire dans la production d'électricité », *Revue Générale de l'Électricité*, Tome 74, n° 2, 1965, p. 141-148. Polytechnicien sorti dans le corps des Ponts et Chaussées, Pierre Ailleret est le frère du colonel Charles Ailleret, adjoint du général Buchalet responsable des applications militaires au CEA. Pierre Ailleret est entré en avril 1951 au Comité scientifique du CEA.

des centrales nucléaires de puissance. Il prévoit l'engagement d'une tranche nucléaire tous les 18 mois, la puissance unitaire devant doubler tous les trois ans.

	Site	Année d'en-gagement	Divergence	Couplage	Puissance électrique (MWe)
G1	Marcoule	1952	01.1956	09.1956	7
G2	Marcoule	1955	07.1958	04.1959	40
G3	Marcoule	1955	06.1959	04.1960	40
EDF1	Chinon	1956	09.1962	06.1963	60
EDF2	Chinon	1957	08.1964	03.1965	220
EDF3	Chinon	1959	03.1966	08.1966	480
EDF4	Saint-Laurent	1963	01.1969	03.1969	480
SL II	Saint-Laurent	1966	07.1971	08.1971	515
Bugey 1	Bugey	1965	03.1972	04.1972	540

Caractéristiques des centrales UNGG

C'est ainsi que trois réacteurs de 70, 200 et 480 MWe sont construits successivement sur le site de Chinon et démarrent en 1963, 1965 et 1966, après cinq à sept ans de construction. Ils seront suivis par deux réacteurs de 500 MWe mis en service en 1969 et 1971 à Saint-Laurent des Eaux, près de Blois, et par un réacteur sur le site de Bugey qui divergera en 1972.[9]

Mais l'entrée d'EDF dans l'énergie nucléaire va induire des tensions avec le Commissariat à l'Énergie atomique, car les deux organismes n'ont pas les mêmes appréciations sur la nature et les moyens de ce programme. En avril 1955, une commission PEON (production d'énergie d'origine nucléaire) est instaurée pour conseiller le gouvernement sur les questions d'énergie nucléaire : c'est une première tentative pour organiser la collaboration entre les deux institutions. Elle est composée au départ essentiellement de hauts cadres du CEA et d'EDF, et entérine les accords ou les compromis passés entre les deux organismes sur les modalités du programme UNGG. Rapidement, des divergences et des conflits se font jour. Le CEA avait été chargé par l'ordonnance de 1945 de « prendre toutes les mesures utiles pour mettre la France en état de bénéficier du développement » de l'énergie atomique. Les équipes du Commissariat se donnaient ainsi pour objectif de créer, le plus rapidement possible et indépendamment du coût, des techniques françaises

[9] Pour une présentation claire et détaillée des problèmes rencontrés comme des progrès réalisés par la Direction de l'équipement d'EDF dans la conception et la construction des réacteurs à uranium naturel, on pourra consulter le texte du directeur adjoint de l'Équipement de l'époque : Roux, Jean-Pierre, « Développement de la filière uranium naturel-graphite-gaz d'EDF1 à EDF4 », *Revue Générale de l'Électricité*, Mars 1965, p. 239-251.

ainsi que des doctrines dans le domaine atomique permettant à la France d'occuper une place de choix en la matière au niveau international. Électricité de France de son côté était moins intéressée par l'originalité des techniques que par le moindre coût du kilowattheure et la continuité du service public d'approvisionnement électrique. Ces divergences se manifesteront dès le premier réacteur d'EDF. Les choix techniques finalement retenus dans la conception par EDF seront la traduction de cette différence d'appréciation.

EDF avait été associée au CEA pour la récupération d'énergie de G1, puis G2 G3. Mais à partir de 1955, EDF se lance dans l'étude de ses propres centrales. Les premiers ingénieurs d'EDF formés au génie nucléaire suivent les cours dispensés à l'Institut national des sciences et techniques nucléaires (INSTN) du CEA. Neuf ingénieurs de la Direction des études et recherches inscrits sont reçus dans la première promotion de Génie atomique de 1955.

Avec la décision de construire des installations pour la production d'électricité, les Études et Recherches d'EDF passent la main aux ingénieurs de la Direction de l'équipement. À la mi-1955, Raymond Giguet, directeur de l'Équipement depuis novembre 1948 (succédant à Pierre Massé), crée la Sous-Région d'équipement nucléaire (SREN),[10] dont la direction est confiée à Jean-Pierre Roux.[11] Son adjoint est un polytechnicien de 28 ans, Claude Bienvenu,[12] qui a commencé sa carrière aux Études et Recherches. Parmi la petite équipe de pionniers de l'énergie

[10] Elle est placée sous la dépendance hiérarchique de Yvan Teste, directeur de la Région d'Équipement Thermique n° 1. La sous-région d'équipement nucléaire (SREN) devient en janvier 1957 région d'équipement thermique nucléaire n° 1 (RETN1), puis en octobre 1962, région d'équipement nucléaire n° 1 (REN1).

[11] Jean-Pierre Roux est ingénieur de l'École supérieure d'électricité (promotion 1940). D'abord ingénieur au service commercial de Nord-Lumière, il rejoint la Direction de l'équipement d'EDF lors de la nationalisation de 1946. Après avoir été responsable de la construction de la centrale de Porcheville, il prend en 1955 la tête de la première équipe chargée de construire les centrales nucléaires, à 38 ans. Il sera par la suite directeur d'une région d'Équipement. De 1972 à 1977 il sera chef du Service la production thermique (SPT) d'EDF.

[12] Né en 1927, Claude Bienvenu est polytechnicien (X 1946), ingénieur de l'École nationale supérieure d'aéronautique (1949). Il entre à EDF en 1951 à la Direction des études et recherches qui s'occupait de turbines à gaz, domaine voisin des réacteurs d'avions, sa spécialité d'origine. En 1952 Pierre Ailleret le charge de réaliser la première installation de récupération d'énergie nucléaire d'EDF pour la pile G1. Il est alors prêté à mi-temps au Service d'études thermiques du CEA-Saclay. Il est muté à la Direction de l'équipement en 1955 quand celle-ci prend la responsabilité de la construction des centrales nucléaires d'EDF. Jusqu'en 1968 il joue un grand rôle dans le développement de la filière UNGG, au sein ou à la tête de différentes unités de l'Équipement.

atomique à EDF, il faut également mentionner Boris Saitcevsky.[13] Assistant de Bienvenu pour les travaux, Georges Lamiral explique que dès 1956 les ingénieurs d'EDF avaient déjà acquis suffisamment de connaissances en physique nucléaire pour comprendre les mécanismes suivant lesquels la réaction en chaîne pouvait, dans un réacteur, être entièrement contrôlée et ne devenir en aucun cas explosive.[14]

Les différentes étapes du développement des réacteurs d'EDF et les raisons des choix des principales options sont données de façon très précise par Georges Lamiral dans son ouvrage de référence, *Chronique de trente années d'équipement nucléaire à Électricité de France.*[15] La description des principales caractéristiques de ces réacteurs permettra de comprendre les discussions relatives à la sûreté qui se tiendront par la suite.

6.2.1.1. Caractéristiques du premier réacteur d'EDF

C'est le site de Chinon, sur la rive gauche de la Loire, en aval du confluent de l'Indre, qui accueille la première génération de réacteurs nucléaires d'EDF.

Les premières tranches nucléaires EDF sont certes construites dans la filière Uranium Naturel Graphite Gaz, mais elles ne s'insèrent pas exactement dans la lignée des piles G2 G3, contrairement à ce que prévoyaient les responsables du CEA. Théoriquement, les termes de la coopération entre EDF et le CEA étaient clairs : le CEA conçoit la partie nucléaire du réacteur, EDF la partie classique. Mais deux types de considérations allaient cristalliser les oppositions entre les ingénieurs des deux organismes : le rôle de l'industrie privée dans le projet et la conception du réacteur. Sans relater tous les conflits entre les deux orga-

---

13 Licencié ès sciences et ancien stagiaire des Cours de Génie Atomique de Saclay, Boris Saitcevsky est issu des Études et Recherches Hydrauliques d'EDF. Il sera nommé en 1962 à la tête du Service des études générales nucléaires (SEGN) de la Direction de l'équipement.

14 Lamiral, Georges, *Chronique de trente années d'équipement nucléaire à Électricité de France*, AHEF, Paris, 1988, p. 280.

15 Ingénieur de l'École supérieure d'électricité (1946), Georges Lamiral fait partie de la première unité à vocation nucléaire créée en 1955 au sein de la Direction de l'équipement d'EDF. Successivement chef des travaux, chef des études, puis directeur adjoint, il participe aux réalisations de Marcoule et de Chinon et, d'une façon plus partielle, aux études et réalisations de Chooz et Vandellos. Pour les réacteurs à eau légère pressurisée, Georges Lamiral participera aux négociations et aux études relatives à la centrale franco-belge de Tihange et à celles de Fessenheim, puis, au sein de la « Région d'Équipement Lyon », aux réalisations des tranches Bugey 2 à 5 avant d'occuper des postes d'état-major à la Direction de l'équipement.

nismes,[16] on peut dire que le CEA entendait poursuivre sa politique confiant à l'industrie privée le rôle de coordination de la conception et de la construction des installations tandis qu'EDF, selon ses pratiques habituelles, entendait conserver le rôle de coordonnateur de projet. Et la meilleure façon de maîtriser les coûts était de diviser le réacteur en différentes parties et de lancer des appels d'offres pour chacune d'entre elles. Par ailleurs, les ingénieurs d'EDF entendaient que leur réacteur fabrique de l'électricité de façon optimale, ce qui n'était pas le cas de G2 dont la fonction première était la production de plutonium.

L'avant-projet du réacteur EDF1 est commandé par EDF au CEA en juillet 1955 avec une puissance électrique prévue de 60 MW. Mais les raisons mentionnées plus haut expliquent pourquoi la conception finale d'EDF1 s'avère différente sur presque tous les aspects de celle de G2.

L'élément combustible est la caractéristique fondamentale de ce type de réacteur puisque c'est autour de lui que la centrale est construite : les barreaux pleins de G2 et G3 ont été remplacés par des tubes creux (de diamètre 14/35 mm) qui permettent un meilleur refroidissement et donc d'obtenir des températures maximales de l'uranium plus élevées. Leur réalisation a nécessité d'allier l'uranium à du molybdène (1 %) pour des raisons de résistance mécanique. Les échanges de chaleur s'effectuent au contact de la gaine des éléments combustibles, réalisée en magnésium. EDF1 comporte près de 140 tonnes d'uranium en 17 200 éléments. Le milieu modérateur est constitué d'un empilement de graphite disposé en un réseau carré, représentant un cylindre de 9,5 m de diamètre pour 10 m de hauteur. Le cœur du réacteur est inclus à l'intérieur d'un caisson en acier (on parle aujourd'hui de cuve), et non pas en béton précontraint comme pour G2 G3, afin d'obtenir des pressions plus importantes (25 bars pour EDF1 contre 15 à G2).

À la différence de la configuration des piles du CEA qui étaient disposées horizontalement, les ingénieurs d'EDF ont opté pour une disposition verticale des canaux contenant les cartouches de combustible. Dans cette configuration, le CO_2 peut être pompé par le haut, permettant de bénéficier de la convection naturelle. Grâce à ce système, le réacteur nécessite une puissance de pompage moindre, et peut être plus sûr en cas de défaillance des soufflantes. La priorité donnée aux performances thermiques est symbolisée par la position des échangeurs de chaleur situés juste à côté du cœur pour limiter les pertes et à l'intérieur du bâtiment réacteur, contrairement à G2.

---

[16] Pour une présentation plus détaillée des options retenues par EDF pour la conception de Chinon 1, on consultera : Lamiral, G., *op. cit.*, p. 28-36. Ou encore : Hecht, Gabrielle, *The Radiance of France*, Cambridge, The MIT Press, 1998, p. 82-85.

6.2.1.2. Problèmes de construction

La réalisation du caisson d'EDF1 ne fut pas sans poser de difficiles problèmes techniques, en particulier pour assembler ces tôles de grosse épaisseur (107 mm). Un premier incident se produit en septembre 1958 lors de l'exécution des premières soudures. Il n'est que le précurseur d'un autre incident qui se produit en février 1959, où une fissure d'une dizaine de mètres de longueur se développe. C'est le processus suivi pour l'assemblage des tôles en acier qui est en cause, les nombreuses soudures effectuées ayant laissé le métal dans un état fragilisé. L'énergie accumulée dans le métal s'est libérée brutalement, ce qui est typique du phénomène de rupture fragile. Cette avarie entraîne la nécessité de redécouper le caisson, retraiter thermiquement les tôles, et complètement revoir la méthodologie de soudage. La reconstruction du caisson est achevée en avril 1961 et il peut être soumis à l'épreuve hydraulique réglementaire effectuée par l'administration des mines en août 1961.

L'incident sur le caisson constitue un sérieux revers pour les ingénieurs d'EDF alors qu'ils tentent de s'émanciper des techniques utilisées par le CEA. Le choix du caisson en acier, en lieu et place des caissons en béton précontraint utilisés sur les réacteurs G, est incriminé. En fait, les ingénieurs d'EDF voulaient augmenter la puissance et donc la pression de fonctionnement du réacteur. Or on ne savait pas construire à l'époque des caissons en béton précontraint qui tiennent les pressions plus élevées envisagées. La solution « acier » étant par ailleurs utilisée aux États-Unis, les ingénieurs d'EDF pensaient pouvoir eux aussi réaliser une telle cuve et acquérir ainsi une expérience importante en la matière.

Ces problèmes de construction témoignent sans doute d'un optimisme excessif de la part d'EDF : on n'a pas évalué suffisamment la complexité de ces opérations qui jouent un rôle important dans la sûreté. Le caisson est censé être une enceinte de confinement, donc la dernière barrière retenant les produits dangereux en cas d'accident.[17] Sa résistance était donc essentielle à la sûreté de l'installation.

La sûreté d'une installation nucléaire en effet repose non seulement sur une bonne conception du cœur du réacteur mais elle met également en œuvre un certain nombre de processus industriels de construction qui à cette époque n'ont jamais été pratiqués à cette échelle et ne sont pas parfaitement maîtrisés. La Direction de l'équipement avait pourtant pris

[17] Le caisson d'EDF1 avait certes été inclus par mesure de précaution supplémentaire à l'intérieur d'une grande sphère d'acier de 55 m de diamètre et 20 mm d'épaisseur. Mais tout au long des études EDF n'avait pas considéré cette sphère comme une enceinte de confinement : son étanchéité et sa résistance à la pression n'avaient été envisagées que pour acquérir l'expérience d'une telle construction.

des précautions : elle avait fait appel aux compétences d'autres services d'EDF pour la métallurgie et la résistance des matériaux, elle avait eu recours à d'autres instituts français et étrangers sur ces problèmes, multiplié les contrôles. Mais selon Lamiral, « les efforts et les contrôles exercés par le maître d'œuvre ne pouvaient être efficaces que si en tout premier lieu, les constructeurs étaient eux-mêmes persuadés de la nécessité d'une plus grande rigueur de leurs actions, et de l'obtention d'une qualité bien supérieure à celle de leurs fabrications courantes. » Et de conclure en rejetant la faute sur l'incompétence de l'industrie pour le bas niveau de qualité de ses constructions : « à l'époque considérée, l'industrie française n'avait pas encore, en moyenne, évolué suffisamment dans ce sens. »

La Direction de l'équipement dut renforcer les mesures de vérification : vérification des codes de calculs, essais sur maquettes, appel à d'autres expertises, mise au point de nouvelles méthodes de contrôle des soudures, par ultra-sons notamment, et elle dut mettre en place un formalisme plus rigoureux pour les travaux.

6.2.2. *Premiers contacts à propos de la sûreté*

6.2.2.1. La pile « Marius »

C'est à l'occasion de l'examen du rapport de sûreté de la pile Marius par la Commission, lors de sa troisième réunion le 21 décembre 1960, que se pose à la CSIA le problème de ses relations avec EDF. Marius est un empilement critique à graphite, conçu par Jacques Yvon. Sa construction a été financée par EDF afin, par mesure de précaution, de valider expérimentalement les données neutroniques de base qui avaient été déterminées uniquement par le calcul jusque-là. L'empilement Marius, situé à Marcoule, diverge le 6 janvier 1960, les essais sont dirigés par une Commission mixte CEA-EDF.

Marius fonctionnait déjà au moment de la création de la Commission. La pile est donc examinée en séance de la CSIA à titre de régularisation. L'empilement présente la particularité d'appartenir à EDF, c'est pourquoi à l'occasion de son examen, une discussion s'engage parmi les hommes du CEA sur le rôle que pourra jouer la Sous-Commission de sûreté des piles (SCSP) pour les installations n'appartenant pas au Commissariat. Le sentiment qui émerge parmi les membres de la Commission est qu'EDF semble rechercher le contact avec la SCSP, « avec une certaine prudence, due certainement au souci de sauvegarder son indépendance », note-t-on. Témoignant de sa bonne volonté, EDF a transmis à cette date sept rapports au secrétariat de la SCSP. Le procès-verbal de la réunion précise :

Il semble que la SCSP, complétée par des éléments provenant des organismes analogues d'EDF (s'il en existe), pourrait examiner les projets d'installations d'EDF pour donner un avis technique. La SCSP, convenablement élargie, pourrait être appelée à devenir ultérieurement l'organe de travail technique de la Commission interministérielle, prévue dans le projet de décret sur la réglementation des industries nucléaires de base.[18]

Soulignons au passage, mais nous y reviendrons, que c'est suivant les termes mêmes de cette proposition que va s'effectuer la mise en place de l'organisation administrative du contrôle de la sûreté nucléaire, la SCSP fera office d'expert technique des dossiers présentés par les exploitants de toutes sortes.

6.2.2.2. Le rapport de sûreté d'EDF1

Du côté d'EDF, une structure de sûreté fut effectivement mise sur pied sous forme d'un Sous-Comité d'études préliminaires des incidents et accidents nucléaires (SCEPIAN), transformé en 1960 en CEPS (Comité pour l'étude des problèmes de sécurité) afin de compléter le rapport de sûreté d'EDF1 et de le présenter à la Sous-Commission de sûreté des piles. Le contact avec la CSIA est effectivement recherché par EDF, et au plus haut niveau, puisque quelques jours avant la réunion du 21 décembre de la Commission, Roger Gaspard, alors directeur général d'EDF, a demandé par lettre à Francis Perrin l'examen par la CSIA de la sûreté d'EDF1 (Chinon A1).

Lamiral, présent aux premières séances de la CSIA consacrées aux réacteurs EDF, se souvient de la qualité des relations EDF-CSIA, confirmant le bien-fondé de l'attitude de Bourgeois consistant à établir un dialogue constructif avec les exploitants : « Des relations furent programmées entre les représentants d'EDF et la Sous-Commission de sûreté des piles, présidée par M. Jean Bourgeois, qui travaillèrent en symbiose et les rapports qui s'établirent entre les deux organismes à cette occasion furent parmi les plus productifs. »[19] L'un des premiers travaux du groupe CEA-EDF consista à établir le plan du rapport de sûreté à présenter à la CSIA.

> Après discussion et comparaison avec les pratiques anglaises et américaines, rapporte Lamiral, il fut décidé que le rapport comporterait 12 livres intitulés respectivement : description du site – installations générales du site – notice descriptive de la tranche – choix et mise en œuvre des matériaux – montages et essais de mise en service – organisation et formation du personnel – codes et manœuvres – protection biologique – réglages et instrumentation – rejets d'effluents actifs – étude des accidents – rapport de sûreté résumé. Le rap-

---

18 PV CSIA, séance du 21 décembre 1960, p. 2.

19 Lamiral, *op. cit.*, p. 290.

port une fois discuté et mis au point représentait plus de 1 700 pages de texte. Les 11 premiers livres furent diffusés le 1er février 1962 ; le livre XII ou rapport de sûreté résumé fut diffusé le 31 août 1962 et l'ensemble fut soumis à la CSIA, le 6 décembre 1962, avant la divergence du réacteur.[20]

Témoignant du fait que le vocabulaire n'est pas encore normalisé, le rapport d'EDF est intitulé rapport de « sécurité ». Le livre XII du rapport, ou rapport de sécurité résumé, comprend près de 150 pages. Il se décompose en deux parties sensiblement égales : la première présente une « Analyse de la sécurité », tandis que la deuxième résume chacun des 11 livres du rapport complet.

L'essentiel du chapitre consacré à l'analyse de la sécurité consiste à présenter les différents systèmes importants pour la sécurité et leur fonctionnement. L'analyse des accidents distingue ensuite ceux considérés comme « techniquement possibles » de « l'accident maximal prévisible. » Ce dernier accident, celui « qui peut être considéré comme le plus grave », serait provoqué par une rupture du circuit de CO_2. L'hypothèse d'une rupture du caisson métallique a été exclue car il a subi une épreuve hydraulique à 1,5 fois le timbre et l'on prévoit de vérifier en fonctionnement que la répartition des contraintes en marche normale reste analogue à celle de l'épreuve. En revanche, l'hypothèse de rupture d'une tuyauterie principale a été étudiée ainsi que ses trois conséquences possibles : le risque de désorganisation de l'empilement de graphite qui pourrait empêcher l'action des dispositifs de sécurité, le risque d'endommagement des autres barrières, et le risque de libération de gaz radioactifs à l'extérieur de la sphère compte tenu de son étanchéité relative.

6.2.2.3. 5 juillet 1962 : examen préliminaire d'EDF1

Le premier contact entre les représentants d'EDF et la CSIA a lieu lors de la séance du 5 juillet 1962. La première partie de cette réunion est consacrée à l'examen des conditions de divergence et de démarrage d'EDF1. On peut se représenter la scène comme une sorte de tribunal, où les représentants d'EDF viennent plaider devant le jury composé des membres de la Commission du CEA. Côté CEA, sont présents Francis Perrin, Baissas (directeur de cabinet du haut-commissaire), Yvon (directeur de la Physique et des Piles atomiques), Couture (administrateur général), Gemahling (adjoint de Piatier à la Direction des matériaux et combustibles nucléaires), Girousse (adjoint de Taranger à la Direction industrielle) et Imbert (Direction des applications militaires). Pour l'occasion, Jean Bourgeois s'est fait assister de Vathaire et de Teste du

[20] *Ibid.*, p. 290.

Bailler. Les représentants d'EDF sont messieurs Bienvenu, Léo, Morin, Roux, Stolz.

Francis Perrin ouvre la séance en rappelant que c'est à la demande même d'EDF que la Commission se réunit en séance exceptionnelle. Comme il a été convenu avec EDF, cette séance doit être consacrée aux problèmes de sûreté liés aux premières divergences, à très basse puissance, n'impliquant pas d'élévation de température d'origine nucléaire. Les problèmes de montée et fonctionnement en puissance doivent être étudiés dans une séance ultérieure quand seront connus les premiers résultats du fonctionnement à très faible puissance.

Bourgeois prend ensuite la parole pour une présentation générale des divers dossiers établis par EDF. Il souligne que le rapport de sûreté d'EDF1, établi suivant un plan discuté avec les ingénieurs du GTSP, est un « document très important » ; un rapport spécial a été établi pour les expériences de démarrage à basse puissance.

L'insistance des deux parties sur l'importance du travail accompli pour ce rapport de sûreté est à souligner. Que ce soit de la part de la SCSP mais surtout de la part des ingénieurs d'EDF côté Équipement, l'accent mis sur le volume du rapport et l'effort qu'il a nécessité permettent de mesurer qu'il s'agit là d'un travail sans commune mesure avec ce qui s'est fait jusqu'à présent dans l'industrie. La rédaction de ce premier « rapport de sécurité » est bien une nouveauté pour l'industrie.

L'étude des dispositifs de mesures et chaînes de sécurité donne un exemple de discussion technique entre les représentants d'EDF et ceux du CEA. Morin, chef du Service électricité et contrôle pour la sous-région d'équipement nucléaire n° 3 d'EDF, décrit les chaînes de mesures supplémentaires installées pour les essais. Jean Bourgeois souligne qu'au cours de l'examen fait par la Sous-Commission de sûreté des piles, celle-ci a noté un recouvrement insuffisant des gammes des chambres et des compteurs BF3, précisément dans la zone présumée de divergence, d'où la suggestion faite à EDF de déterminer, dans une première expérience, l'emplacement le meilleur pour les détecteurs, pour que les gammes des diverses chaînes se recouvrent plus largement. La Sous-Commission de Bourgeois a surtout remarqué que les sécurités agissent par l'intermédiaire des enregistreurs ce qui peut entraîner des inconvénients sérieux si l'enregistreur vient à être bloqué fortuitement. En réponse, le responsable d'EDF indique qu'il existe à un stade supérieur une deuxième sécurité, électronique, branchée sur la chaîne de mesure logarithmique pour les essais ; la sécurité sur enregistreur est une sécurité d'exploitation, qu'on laisse en service puisque la chaîne correspondante donne des indications valables au moment de la divergence.

La Commission passe ensuite à l'examen des sécurités sur la pression, la température, la sécurité du personnel. Ces différentes questions posent peu de problèmes. Les représentants d'EDF décrivent alors l'organisation et la nature des essais prévus sur EDF1.

À la fin de cet examen, le haut-commissaire remercie les représentants d'EDF. Ces derniers sortis, M. Bourgeois remarque que le tableau de contrôle, établi d'ailleurs en accord avec le CEA, commence à dater beaucoup, du fait même des retards survenus dans la mise en service d'EDF1 : il serait souhaitable de le moderniser et de remplacer les sécurités sur enregistreurs par des appareils plus modernes. Un problème analogue se pose d'ailleurs pour certains réacteurs du CEA.

6.2.3. Examen du rapport de sûreté d'EDF1

C'est lors de la onzième réunion de la CSIA, dans sa séance du 6 décembre 1962, qu'est véritablement examiné le rapport de sûreté d'EDF1. Sont présents pour le CEA, le haut-commissaire, assisté de son chef de cabinet Gauvenet ; Horowitz, qui a remplacé Yvon à la tête de la Direction des piles atomiques,[21] est assisté de Teste du Bailler et Tanguy ; Piatier, directeur des Matériaux et Combustibles nucléaires, est assisté de Weisz. Sont également présents Bonnet et de Rouville, ainsi que Bourgeois pour la SCSP, assisté de Menoux. EDF est représentée par messieurs Audy, Celeri, Delpla, Foulquier, Hannothiaux, Kaplan, Laurent, Lamiral, Martin, Roux, Robert, Stolz, Ventre. Le secrétaire de séance est monsieur Long.

Cette séance est consacrée à l'étude des problèmes de sûreté pendant la montée en puissance d'EDF1. Comme lors de la réunion du 7 juillet, le haut-commissaire souligne « l'étroite collaboration qui s'est établie entre les spécialistes du CEA et les ingénieurs d'EDF. » Il rappelle qu'au vu de l'état de la réglementation française, la CSIA ne peut donner que des avis et que pour que ces avis aient leur pleine valeur, il faut qu'ils soient donnés en toute indépendance, c'est pourquoi, comme lors de la précédente séance, la délibération proprement dite aura lieu hors de la présence des représentants d'EDF.

M. Bourgeois présente alors le dossier à la Commission. Divers documents ont été mis à la disposition de la CSIA : le rapport de sûreté établi par EDF, les comptes rendus des deux réunions de la Sous-Commission de sûreté des piles qui ont eu lieu, l'une à Chinon le 26 oc-

21 La Direction de la physique et des piles atomiques qui était dirigée par Jacques Yvon, a été scindée en 1962 en une Direction des piles atomiques confiée à Jules Horowitz (ancien chef du Département des études de piles de la DPPA) et une Direction de la physique confiée à M. Baissas. Éminent physicien, Horowitz s'occupe donc depuis plusieurs années de développement des piles, domaine à caractère industriel qui est également du ressort des ingénieurs d'EDF, ce qui ne manquera pas de susciter certains conflits entre les deux organismes.

tobre 1962, l'autre à Clamart le 7 novembre, le questionnaire posé à EDF par la Sous-Commission à l'occasion de ces réunions, et les fiches établies sur les points les plus importants.

6.2.3.1. Le risque nucléaire et les sites : Chinon

Après un exposé par Lamiral de l'historique des études de sûreté d'EDF1, le compte rendu de séance note que M. Bourgeois, examinant ensuite les caractéristiques du site choisi pour EDF1, estime qu'un tel examen « doit être conduit dans un esprit constructif » :

> Il faut éviter, ajoute Bourgeois, que l'on impose, sur le plan international, des critères trop restrictifs sur le choix des sites nucléaires, mais plutôt aborder le problème – une fois le site déterminé (et son étude faite) – avec le souci de diminuer les conséquences sur le site d'une émission de produits de fission, de prendre les mesures pour réduire au minimum une telle émission et pour suivre, éventuellement, la dispersion de ces produits.[22]

Le procès verbal note que le haut-commissaire partage cette manière de voir.

La réunion de la Commission se déroule en effet six mois après un important colloque sur la « sécurité des réacteurs et les méthodes d'évaluations des risques », organisé par l'Agence internationale de l'énergie atomique (AIEA) et qui s'est tenu dans la capitale autrichienne du 14 au 18 mai 1962. Les responsables d'EDF1 reconnaissent quelques mois plus tard que ce colloque a été très « instructif » sur le sujet, en particulier en ce qui concerne la spécificité du risque nucléaire et les problèmes particuliers que pose l'implantation des centrales. Or le choix du site de Chinon[23] a été effectué suivant des critères techniques habituels, très voisins de ceux utilisés pour les centrales thermiques « classiques » (charbon, pétrole, gaz). Il n'existe d'ailleurs pas en France de législation concernant l'implantation des centrales nucléaires et aucune étude préalable des risques n'est nécessaire : les centrales nucléaires sont soumises, à peu de choses près, aux mêmes procédures que les centrales thermiques classiques.

Les seules exigences relatives au caractère nucléaire de ces installations concernent le contrôle auquel elles sont soumises de la part de la Commission interministérielle de protection contre les rayonnements (CIPR), créée le 14 mai 1955, et du Service central de protection contre les rayonnements ionisants (SCPRI), section de l'Institut national de

---

22 PV CSIA, Séance du 6 décembre 1962.

23 Lamiral, G., Combe, A., « Données relatives au choix du site de la centrale de Chinon », *Proceedings of the Symposium on criteria for guidance in the selection of sites for the construction of reactor and nuclear research centers*, IAEA, Bombay, 11-15 mars 1963, p. 468.

l'hygiène, créé par arrêté en date du 13 novembre 1956. Ce contrôle est effectué suivant un protocole annuel intervenant entre le ministère de la Santé publique et de la Population et EDF. Ce protocole fixe les modalités d'application des conditions de rejets d'effluents en tenant compte des caractéristiques des installations et des sites. La loi du 20 août 1961 relative à la lutte contre la pollution atmosphérique prévoit la soumission des installations nucléaires à des décrets pris en Conseil d'État, dont le premier paraîtra en décembre 1963.

Ce sont tout d'abord les préoccupations économiques qui ont dicté le choix du site de Chinon (Avoine), en fonction du coût de l'électricité pour la région. La Touraine a été choisie en fonction de ses disponibilités en eau, de son éloignement relatif par rapport aux autres sources d'approvisionnement en énergie rendant prohibitifs les frais de transport, et de sa position entre les centres industriels de Tours, Angers, Nantes et Saint-Nazaire qui sont en expansion. Comme critère spécifique au risque nucléaire, les ingénieurs d'EDF indiquent cependant que « ce sont finalement des considérations touchant à l'éloignement relatif des grosses agglomérations urbaines, au respect des sites historiques et à la nature du sous-sol qui ont conduit à retenir l'emplacement d'Avoine parmi plusieurs centres qui avaient été également reconnus comme possibles dans la même région. »[24]

Lors de la séance de la commission, Bourgeois résume les caractéristiques de sûreté du site : le site de Chinon présente à la fois des avantages (faible densité de population, assises géologiques favorables à la fondation des ouvrages, absence de risques de tremblement de terre) et des inconvénients (proximité d'exploitations agricoles et laitières, nappe phréatique près de la surface du sol et alimentant des prises d'eau potable). Le site a été équipé de stations fixes et mobiles dont le nombre est jugé suffisant pour permettre la détection d'émissions accidentelles des produits de fission. En ce qui concerne la rétention de ces produits, une étude a été lancée pour savoir s'il est intéressant de faire un effort supplémentaire pour la rétention de l'iode, en mettant à profit l'étanchéité du bâtiment sphérique d'EDF1.

Il revient au haut-commissaire de résumer les raisons de fond du pragmatisme dans le choix des sites nucléaires en France. Il évoque en séance « l'impossibilité, en France, de trouver des sites répondant à des conditions aussi rigoureuses que celles que l'on peut respecter dans des pays tels les USA, présentant des caractéristiques très différentes, quant à la répartition et la dispersion de la population. »[25] Pour Francis Perrin,

---

[24] *Ibid.*, p. 469.

[25] PV CSIA, Séance du 6/12/62.

Chinon est un exemple de ce que peut être un bon site pour une centrale nucléaire en France. Il estime néanmoins qu'il faut examiner les mesures à prendre pour réduire au maximum les conséquences d'un accident qui pourrait se produire dans la centrale. Ces mesures de précaution ne seront d'ailleurs pas nécessairement aussi sévères pour les centrales suivantes (EDF2 et EDF3) qui doivent être implantées également à Chinon. En effet, EDF1 est la première centrale construite, et pour le haut-commissaire, l'exploitation comme la construction des centrales suivantes bénéficieront, en matière de sûreté, de l'expérience d'EDF1.

6.2.3.2. L'examen des problèmes techniques : appareils sous pression, eutectique uranium-fer

L'examen des problèmes techniques débute par une présentation de M. Lamiral qui donne les indications essentielles sur le bâtiment sphérique, les dimensions, la nature et les caractéristiques du métal. Par exemple, la sphère a été calculée pour une pression intérieure de 2,7 kg/cm^2. Dans les hypothèses les plus pessimistes, la surpression serait, au maximum, de 2,41 kg/cm^2, avec une température interne de 207° en cas de rupture d'une canalisation de sortie de gaz. En cas de rupture d'une tuyauterie d'entrée, la pression serait de 2,16 kg/cm^2, la température de 157°. La sphère a été construite pour être rigoureusement étanche. Toutefois, compte tenu des difficultés techniques de contrôle de l'étanchéité, EDF n'a pas l'intention de subordonner la mise en service de la centrale à une épreuve d'étanchéité. En revanche, un essai d'étanchéité, avec mesure du taux de fuite, sera effectué lors d'un arrêt d'exploitation.

Après le site et la sphère, la Commission passe à l'examen du circuit primaire. M. Bourgeois expose que la sauvegarde de l'étanchéité de ce circuit est absolument essentielle pour la sécurité des personnes et des biens, ce qui a conduit à étudier en détail ses diverses parties constituantes : caisson, tuyauteries, soufflantes et échangeurs. La sécurité du caisson est exposée sous ses aspects administratifs et techniques de façon détaillée par Lamiral. Du point de vue administratif, le caisson est soumis à la réglementation du Service des mines et il a fait l'objet de deux « dérogations », accordées successivement par le ministre de l'Industrie et du Commerce, sur proposition de la Direction des mines : ces textes portent sur les méthodes de calcul, les caractéristiques et traitements des aciers, les conditions d'assemblage et de soudure des tôles, les contrôles.[26] Devant la CSIA Lamiral insiste sur le fait qu'EDF ne

[26] Selon la réglementation sur les appareils à pression, l'Administration impose aux constructeurs et utilisateurs un certain nombre de mesures, fixées par des lois, des décrets ou des arrêtés. Les constructeurs sont tenus de déclarer à l'Administration des

s'est pas contentée de la stricte application de ces dérogations, mais qu'elle a fait des études beaucoup plus complètes sur les risques de rupture fragile et sur la détermination des contraintes aux points singuliers. Il explique cette attitude par le fait que les ingénieurs d'EDF ont constaté une dispersion importante des résultats obtenus à l'aide de divers codes de calculs. C'est pourquoi des essais sur maquette ont été effectués pour obtenir une connaissance satisfaisante des conditions de travail du métal. Pour les tuyauteries, des mesures permanentes sont prévues par jauges de contrainte et dilatomètres.

M. Bourgeois, plaidant en quelque sorte pour EDF, signale les nombreux contrôles effectués pendant la construction, aussi bien pour les soudures que pour l'élaboration et le traitement des aciers. En revanche, il appelle l'attention de la Commission sur deux points faibles : la possibilité d'attaque du caisson par chute de cartouches après déverrouillage de culasse, ou par chute d'uranium fondu.

En réponse, M. Lamiral expose que les nombreux essais effectués laissent penser qu'un déverrouillage de culasse est extrêmement peu probable. EDF a cependant tenu compte de l'éventualité de cet incident en disposant une tôle de 10 mm qui tapisse le fond du caisson, ainsi qu'une grille évitant l'obturation des canalisations de CO_2.

Ceci amène M. Bourgeois à faire le point des études sur la formation possible d'eutectique uranium-fer en cas de fusion de barreaux d'uranium. À la suite de renseignements fournis par les Anglais qui avaient constaté avec stupeur que l'uranium perçait les tôles, des expériences ont été entreprises consistant à faire couler 100 kg d'uranium, sous vide, sur une plaque d'acier ordinaire de 6 cm d'épaisseur, inclinée à 45° : les résultats montrent que dans certains cas la plaque est percée. Diverses protections ont été essayées, « sans que l'on ait encore pu aboutir » : « il y a là une difficulté que l'on ne sait pas encore résoudre », rapporte M. Bourgeois qui envisage la poursuite des essais, l'un pour la coulée d'uranium sous CO_2, l'autre pour l'incendie de cartouche sous CO_2.

Poursuivant sa présentation devant la CSIA, Lamiral précise que, de l'avis de certains experts anglais, la probabilité pour qu'il s'écoule plus

---

Mines, dossier à l'appui, les appareils à pression qu'ils réalisent. Une épreuve hydraulique est pratiquée sur chaque appareil en présence d'un représentant de l'Administration qui appose alors un poinçon sur la plaque signalétique et dresse un procès verbal. Lorsqu'un appareil comporte des particularités non prévues par la réglementation, des dérogations peuvent être accordées par décisions ministérielles. EDF a ainsi soumis le caisson en acier du réacteur EDF1 aux responsables des Mines en mars 1957, ainsi que la demande de deux dérogations, liées à l'histoire de la construction et aux difficultés rencontrées, concernant l'application aux joints soudés d'un coefficient d'efficacité égal à 0,9 au lieu de 0,7, et la dispense de ré-épreuve du caisson.

de 20 kg d'uranium est extrêmement faible ; d'autre part, le métal s'écoulerait en pluie. Dans ces conditions, et pour des épaisseurs de plus de 2 pouces, les Anglais considèrent qu'il n'y a pas de danger de percer le caisson. Ne se ralliant visiblement pas à cet argument de Lamiral, le haut-commissaire approuve la continuation des essais proposés par Bourgeois, qui permettront de mieux comprendre ce qui pourrait se passer en cas d'accident de ce genre.[27]

Lamiral décrit ensuite le circuit de CO_2 qu'EDF a conçu aussi simple que possible, ajoutant que toutes les fois que des difficultés de calcul sont apparues pour des points singuliers du circuit, les concepteurs ont eu recours à des maquettes qui ont été testées.

La Commission examine ensuite les problèmes de sûreté du cœur du réacteur. M. Laurent d'EDF décrit successivement les mesures prises pour la modernisation du tableau de contrôle, suivant ainsi les avis donnés antérieurement par le CEA ; les caractéristiques du système de barres de contrôle ; les dispositions adoptées pour assurer un refroidissement suffisant des éléments combustibles, à tout moment, au cours des opérations de déchargement.

6.2.3.3. L'étude des accidents

Après l'étude du site, de l'enceinte, du circuit primaire et de la sûreté du cœur, la Commission aborde l'étude des principaux types d'accidents à envisager : l'accident de réactivité, l'incendie de canal et la dépressurisation.

Une discussion s'engage à ce sujet sur le problème de la détection de rupture de gaine (DRG) et de la détection de rupture de gaine généralisée (DRGG).[28] Messieurs Laurent et Lamiral précisent qu'il y a un

---

27 Un des ingénieurs d'EDF ayant assisté à ces essais se souvient de « l'émotion » des participants à la vue du percement de la tôle. La conclusion des études effectuées « fut qu'il fallait surtout éviter qu'un jet d'uranium en fusion pût atteindre la paroi du caisson du réacteur et qu'en cas de fusion d'un canal d'éléments combustibles, il fallait chercher à diviser la coulée d'uranium. Les "poubelles" (réceptacles existant à la base des canaux du réacteur) avaient déjà une action dispersante qui paraissait suffisante et il fut seulement décidé de compléter l'action dispersante des poubelles par un déflecteur, en tôle relativement peu épaisse, disposé sur le fond inférieur du caisson. » Cf. Lamiral, *op. cit.*, p. 290.

28 L'étanchéité des gaines en magnésium est contrôlée en permanence par un circuit de détection de rupture de gaine (DRG) qui comporte une prise d'échantillon de gaz par canal, des réfrigérants, une robinetterie de sélection, des détecteurs d'activité, des surpresseurs qui réinjectent l'échantillon dans le circuit. L'installation toute entière fonctionne automatiquement sous le contrôle de calculateurs numériques. Un canal est scruté toutes les 24 minutes. Les résultats des mesures sont enregistrés sur des téléscriptrices. Par ailleurs, un prélèvement d'échantillon dans la masse de gaz à la

dispositif automatique de chute de barres sur la DRGG, mais que celui-ci n'est pas branché, pour le moment, de crainte de chutes de barres intempestives. C'est pourquoi, à la place de l'analyse des gaz, un incendie de canal serait détecté par l'enregistrement des températures (les températures des 1 148 canaux sont « balayées » en une minute). La sécurité résidera donc dans la comparaison des indications de température des canaux, et de la DRG.

M. Perrin estime qu'il est fâcheux de ne pas avoir de dispositif de sécurité automatique pendant une période où les accidents sont les plus probables. Il rappelle que, précisément, à G1, une combustion de cartouche s'est produite au moment de la montée en puissance. Il préconise donc l'étude d'un dispositif comportant trois détecteurs identiques, avec déclenchement de la sécurité pour deux dépassements sur trois du seuil fixé. M. Horowitz suggère que ce dispositif soit basé sur l'augmentation de l'activité □ du circuit.

M. Bourgeois expose ensuite les conséquences possibles d'un accident de dépressurisation, accident qui paraît le plus grave. La rupture d'une canalisation principale de CO_2 mène à des désordres qui comportent trois aspects principaux : un aspect mécanique instantané, un aspect thermique immédiat (dix premières minutes) et un aspect thermique retardé (plusieurs heures). Au point de vue mécanique, on peut craindre le déplacement de lits de graphite, l'éjection des cartouches hors des canaux, la perturbation du fonctionnement des barres de sécurité et de compensation et la détérioration des soufflantes. Les calculs concordants, faits aussi bien par EDF que par le CEA, montrent « qu'on peut avoir un espoir raisonnable d'éviter ces conséquences » en disposant à l'intérieur des tuyauteries un dispositif statique dénommé tubes Venturi, qu'EDF a pris la décision d'installer.[29]

En ce qui concerne l'effet thermique immédiat, compte tenu des temps de réponse des sécurités électroniques, des temps de réponse mécanique des dispositifs, le GTSP a pu établir par le calcul que moyennant certaines limitations de la puissance spécifique et de la température de gaine, la température de fusion de la gaine ne sera pas atteinte.

---

sortie du réacteur permet de déceler précocement une importante rupture de gaine et d'ordonner l'arrêt du réacteur (DRGG).

29 Ce système permet de limiter en certains points la section du circuit de gaz réfrigérant : en cas de rupture d'une canalisation, un resserrement se produit dans le tube venturi, qui limite le flux d'échappement du circuit sous pression. Cf. Bourgeois, J., Costes, D., Henri C., Ségot, C., Lamiral, G., « Problèmes de sécurité des réacteurs de puissance à uranium naturel modérés au graphite et refroidis au gaz », Colloque sur la sécurité des réacteurs, Vienne, 14-18 mai 1962, *AIEA*, STI/PUB/57, SM-24, p. 151-170.

M. Bourgeois ajoute qu'il y aurait très grand intérêt à vérifier ces calculs par l'expérience.

À propos de l'effet thermique retardé, on retrouve les problèmes méthodologiques propres à ces calculs qui nécessitent l'introduction de coefficients expérimentaux. M. Bourgeois précise que si on adopte certaines valeurs d'origine étrangère pour les coefficients d'oxydation du graphite, on peut craindre une oxydation divergente de l'empilement, c'est pourquoi il a été demandé au Comité du graphite de mesurer ce coefficient de manière plus précise. En conclusion de cette question, le haut-commissaire souligne que certaines incertitudes seront difficiles à lever, par exemple l'effet des impuretés déposées sur le graphite qui pourraient servir de catalyseurs, c'est pourquoi il recommande la prudence.

Pour justifier les mesures prises par EDF, M. Laurent donne quelques indications sur l'efficacité des venturis installés dans EDF1 pour limiter la vitesse de dégonflage, et des diaphragmes placés sur les collecteurs des échangeurs. Ces dispositifs permettront de rester au-dessous du seuil de déplacement du graphite et d'envol des cartouches. Pour l'effet thermique immédiat, il lui semble qu'il n'y a pas de crainte à avoir puisqu'on reste au-dessous de la température d'inflammation. Pour l'effet thermique retardé, les résultats sont « moins nets ». Deux moyens de refroidissement seront disponibles : le soufflage par une soufflante auxiliaire, et l'injection de CO_2 provenant du stock du site. Le haut-commissaire insiste sur l'intérêt de préserver ces possibilités de refroidissement, à l'aide d'une ou plusieurs soufflantes auxiliaires, d'une part, et d'un stock suffisant de CO_2 d'autre part.

6.2.3.4. Délibération et conclusion de la Commission

La présentation du dossier une fois terminée, les représentants d'EDF se retirent pour laisser la Commission délibérer. Le haut-commissaire demande alors aux membres de la Commission leur avis sur les points sur lesquels il y a lieu d'appeler l'attention d'EDF, soit officieusement, soit dans l'avis officiel. Cet avis lui semble devoir refléter d'une part le fait que le rapport de sécurité a fait l'objet d'une étude approfondie de la part de la Sous-Commission de sûreté des piles, d'autre part que les mesures prises pour limiter les conséquences d'un accident – très peu probable, mais pouvant être grave – paraissent dans l'ensemble satisfaisantes. Le haut-commissaire s'interroge notamment sur l'opportunité de suggérer l'installation d'un filtre à iode.

Jules Horowitz tient à rappeler que deux questions semblent particulièrement importantes : premièrement, en cas de fusion d'un barreau, la sécurité sur la mesure des températures est « illusoire » car à ce moment-là il ne sort plus de gaz (le canal est bouché) ; le deuxième problème est la coulée d'uranium métal sur le fond de la cuve du réacteur.

Le haut-commissaire pense qu'effectivement il est important de souligner à EDF la nécessité d'arrêter le réacteur, de la façon la plus rapide possible, dès le début d'un incendie de barreau, puisque c'est là l'accident qui pourrait avoir les conséquences les plus graves, mais « en donnant toutefois à cet avis une forme assez générale pour laisser à Électricité de France le choix du dispositif. »

M. Horowitz n'est pas favorable à la rédaction d'un avis définitif, qui pose de difficiles problèmes sur la surveillance de la tenue des aciers. Il propose que la Commission demande à revoir le rapport fait après dépouillement des résultats des montées en puissance. Cette suggestion est retenue par le haut-commissaire qui estime qu'elle permettra, dans un avenir ultérieur, de mieux préciser certaines conditions de sécurité, comme celle du comportement des aciers sous radiation. Dans le même ordre d'idée, l'expert du Département de métallurgie, M. Weisz, indique qu'à son avis les critères adoptés, dans l'immédiat, pour la résistance des aciers, sont tout à fait raisonnables, mais qu'il est plus inquiet sur la façon dont on a extrapolé ce qui se passera à long terme. Il propose que des renseignements complémentaires soient demandés à EDF à ce sujet.

Le haut-commissaire tire la conclusion de la réunion : la Commission peut émettre un avis favorable sur la montée en puissance d'EDF1, et elle demandera à procéder ensuite à un nouvel examen du dossier de sécurité. Les expériences, les résultats des essais faits au cours de cette période permettront à la Commission de se faire une opinion beaucoup plus précise sur la sûreté de l'installation. À ce moment-là, il sera possible de se prononcer sur certaines questions, comme le comportement des aciers. Il demande à M. Bourgeois et M. Long de rédiger un projet d'avis de la Commission sur ces bases.

L'avis de la CSIA est envoyé par le haut-commissaire Francis Perrin à M. Ailleret, directeur général adjoint à Électricité de France dans une lettre du 11 janvier 1963.

> La Commission de sûreté des installations atomiques (...) estime satisfaisants, sous le rapport de la Sûreté, les dispositifs techniques des différentes parties du réacteur EDF1, pour les opérations de montée en puissance. Elle appelle toutefois l'attention d'Électricité de France sur les points suivants :
>
> 1) nécessité de l'existence, dès la montée en puissance d'un dispositif automatique de chute de barres, à partir du dispositif le plus rapide et le plus sûr de détection d'une grosse rupture de gaine ;
>
> 2) nécessité de définir en détail, d'après le résultat des expériences effectuées lors de la montée en puissance, les règles d'exploitation en fonctionnement normal, et les manœuvres à entreprendre en cas d'incident ;

3) intérêt éventuel de l'installation ultérieure de dispositifs de rétention d'iode.

La Commission estime qu'il lui sera nécessaire, avant de donner un avis sur la sécurité du fonctionnement régulier d'EDF1, de procéder à un nouvel examen de l'ensemble des problèmes de sûreté de la Pile, à la lumière de l'expérience acquise lors de la montée en puissance.[30]

Se souvenant de cette première confrontation avec la Commission du CEA, sorte de grand oral pour les ingénieurs d'EDF, Lamiral rend un hommage appuyé au haut-commissaire : « La présentation du rapport à la CSIA fut l'occasion pour tous les présents d'admirer l'extraordinaire vivacité d'esprit du grand savant qu'est M. Francis Perrin qui aussi bien pour les problèmes scientifiques que pour les problèmes technologiques détecte instantanément les points fondamentaux. »[31] L'image de Grand Oral s'impose en effet. Les ingénieurs d'EDF, outre leur jeune âge, ont été formés à l'énergie atomique au sein de l'Institut national des sciences et techniques nucléaires, sous la houlette des grands noms du CEA, dont ils ont été les élèves. Lors de l'examen de leur projet, ils exposent devant des hommes dont l'expérience en matière d'énergie atomique a de quoi impressionner. Outre Francis Perrin qui fut l'un des pionniers de l'énergie atomique en France aux côtés de Joliot, Halban et Kowarski, l'un des « examinateurs » est Jules Horowitz, considéré comme l'un des meilleurs physiciens de son époque, et spécialiste du développement des piles en tant que directeur des Piles atomiques du CEA.

6.3. La CSIA experte pour l'industrie

6.3.1. Les rapports avec l'industrie privée

Électricité de France n'est pas seule à solliciter les services de la Commission de sûreté du CEA. De nombreux organismes font appel à l'expertise des Sous-Commissions, parmi lesquels la CERCA de Romans, la SENA (Société d'énergie nucléaire franco-belge des Ardennes), la CICAF de Corbeville, le site de Veurey où est fabriqué le combustible de César, la société Tréfimétaux à Rugles (Atelier de récupération de l'uranium enrichi), l'université de Strasbourg (implantation d'un réacteur universitaire), la SFEC de Bollène, les forges de Bobigny (fabrication du combustible INCA), le Centre de recherche SECEM et AEU de Pierre-Bénite, l'usine japonaise de traitement des combustibles irradiés (Saint-Gobain nucléaire, Tokaï Mura), l'institut Laüe Langevin pour le réacteur à haut flux, la société Indatom pour un projet de pile de petite

30 Le texte se trouve dans Lamiral, *op. cit.*, tome 2, annexe 35, p. 214-215.

31 Lamiral, *op. cit.*, p. 291.

puissance, ou encore un projet de pile destiné à un site proche de Rio de Janeiro.

Toutes ces demandes posent des problèmes juridiques et administratifs en ce qui concerne le statut à donner aux avis que la Commission peut émettre, notamment, l'engagement de la responsabilité qui découlerait pour le CEA en cas d'accident. Là encore, l'absence d'une législation nationale se fait sentir. Une suggestion est émise consistant, comme le fait l'Atomic Energy Commission aux États-Unis, à accompagner les avis des Sous-Commissions d'une note dégageant la responsabilité du CEA. Le haut-commissaire approuve cette procédure. Il est par ailleurs favorable à ce que le CEA conseille les industriels français en matière de sécurité, mais il estime que dans les conseils techniques à donner, il faut envisager des sécurités basées sur des dispositifs automatiques plus que sur des consignes, dont l'application est plus incertaine dans ce cas que pour des installations du CEA.[32]

6.3.2. Examen des rapports de sûreté d'EDF2 et d'EDF3

6.3.2.1. Examen du dossier d'EDF2

Les représentants d'EDF se retrouvent devant la CSIA pour la présentation du dossier d'EDF2 le 27 juillet 1964.[33] La séance de la Commission a pour objet l'étude des dossiers du démarrage à basse puissance d'EDF2 et de l'Atelier de Matériaux Irradiés de Chinon.

Un rapport de sécurité a été rédigé par EDF. Le chapitre X (29 pages) présente l'étude des accidents, classés en six grandes catégories : les accidents de réactivité (à l'arrêt, au démarrage, en puissance, et les instabilités spatiales du flux neutronique), les accidents des circuits de gaz, les accidents des circuits secondaires, l'accident de dégonflage et des accidents divers. L'introduction du chapitre présente l'esprit des études d'accidents directement inspiré du concept américain d'accident maximal crédible : l'étude des « accidents susceptibles d'influence sur la sécurité du réacteur en fonctionnement ou à l'arrêt » est menée en se plaçant « dans les conditions les plus pessimistes tout en demeurant réalistes, de façon à obtenir des résultats correspondant à des cas limites. »[34] La plupart des études partielles ont été exécutées sur calculateur numérique IBM 7090.

---

[32] PV CSIA, séance du 21 décembre 1960.

[33] PV CSIA, 27 juillet 1964. Archives CEA, Fonds HC, F5 2655. Les représentants d'EDF sont messieurs Audy, Delpla, Étienne, Fays, Foulquier, Lamiral, Laurent, Martin, Passerieux.

[34] EDF2, Rapport de Sécurité, Chapitre X, p. X.2.

Une nouvelle réunion de la CSIA est organisée fin janvier 1965 pour étudier la montée en puissance d'EDF2.[35] Les questions de sûreté ont fait l'objet de trois réunions de la Sous-Commission de sûreté des piles, le 2 novembre 1963, le 9 décembre 1964, le 7 janvier 1965 à Chinon, avec visite des installations. Les différents problèmes soulevés par les opérations envisagées font l'objet d'exposés successifs des ingénieurs d'EDF.[36]

Après un examen des différents accidents possibles, les représentants d'EDF, selon la coutume, se retirent pour laisser délibérer la Commission. Le fonctionnement est rôdé, la Sous-Commission présente désormais son avis déjà rédigé devant la Commission, qui l'examine. Elle l'adopte, en précisant que les consignes concernant les valeurs limites de température sur gaine seront établies, pour chacun des trois paliers de puissance envisagés, en tenant compte des restrictions discutées et approuvées en séance.

6.3.2.2. Examen de la sûreté d'EDF3 avant démarrage

La Commission se réunit à nouveau en présence des représentants d'EDF, le 20 janvier 1966, pour étudier la sûreté avant le démarrage d'EDF3. L'étude de sûreté d'EDF3 a donné lieu à quatre séances de la Sous-Commission de sûreté des piles et à une réunion sur place à Chinon. Le problème essentiel est celui posé par l'augmentation de puissance du fait des craintes du CEA quant à la tenue des éléments combustibles, qui l'incitent à une limitation de la puissance de la centrale.

La principale particularité d'EDF3 par rapport à ses deux prédécesseurs est son caisson réalisé en béton précontraint et non en acier. EDF a été confrontée à un problème nouveau dû à ce type de structure, le calorifugeage interne du béton qui doit être maintenu froid, qui a rallongé d'un an la construction de la centrale. Les travaux ont débuté à Chinon au premier semestre de 1961 et la mise en service aura lieu en août 1966 et non en 1965 comme prévu initialement.

C'est Louis Laurent, chef des Études d'EDF3, qui présente les caractéristiques du caisson. Il insiste sur l'étude particulièrement poussée qui a été menée, aussi bien en ce qui concerne le choix des nuances des divers aciers que pour l'étude des protections contre l'échauffement du caisson. Enfin, il souligne le soin particulier apporté lors de la construction aux câbles et aux points singuliers du caisson. Des essais faits sur le caisson lui-même, à une pression d'épreuve de 33 bars, ont confirmé les

---

[35] PV CSIA, 29 janvier 1965.

[36] Pour le contenu des discussions techniques, nous ne pouvons que renvoyer à notre thèse de doctorat.

résultats des calculs et des essais sur maquette, ce qui amène M. Laurent à conclure que le caisson présente une marge de sécurité considérable. En conclusion de cet exposé, M. Bourgeois souligne que la question la plus délicate est celle des points singuliers du caisson et il propose deux solutions : soit l'augmentation des câbles de précontrainte, soit l'augmentation des aciers passifs.

Après une présentation rapide des essais de mise en service, la Commission passe à l'étude des accidents de dépressurisation. M. Bourgeois met l'accent sur la nécessité de disposer, trois minutes après l'arrêt, de deux turbo-soufflantes tournant au moins à 1 500 t/minute. Or, les moteurs électriques ne peuvent entraîner les turbo-soufflantes à cette vitesse. Il a donc été nécessaire de trouver une solution à ce problème. Bourgeois laisse à M. Laurent le soin de présenter le choix fait par EDF sur ce point. M. Laurent décrit alors comment il est possible d'assurer le refroidissement du réacteur à l'aide des quatre circuits de refroidissement grâce à deux soufflantes (sur 4) tournant à demi vitesse soit 1 500 t/minute à l'aide des ressources en vapeur disponibles provenant soit des ballons et échangeurs de vapeur, soit des chaudières auxiliaires utilisées pendant le démarrage pour entraîner les groupes. M. Laurent montre comment, en utilisant successivement ces sources de vapeur, on peut assurer un refroidissement satisfaisant. Dans tous les cas, la température atteinte par le combustible ne dépasserait pas 575°.

L'examen par la CSIA est une procédure désormais codifiée. C'est le dernier examen de passage pour vérifier que tous les points ont bien été envisagés : des réunions préparatoires ont eu lieu, les ingénieurs d'EDF savent quels seront les points sur lesquels ils seront interrogés. La Commission évalue leurs arguments, mais sur le fond, l'essentiel du travail a été fait avant par les membres de la Sous-Commission de sûreté des piles.

Les représentants d'EDF se retirent alors pour laisser la Commission délibérer. Après un court échange de vues, la Commission adopte l'avis présenté par la SCSP, modifié pour tenir compte de deux remarques faites par EDF qui trouvaient les préconisations inutilement sévères quant à la limitation de la température de la peau d'étanchéité du caisson et de la puissance maximale du réacteur, qui est relevée de 10 %.

6.3.3. Examen de la sûreté de la centrale de Chooz

6.3.3.1. Une centrale à eau légère dans les Ardennes

La centrale franco-belge des Ardennes fait partie des six centrales de technologie américaine dont la livraison découle de l'accord Euratom-États-Unis de novembre 1958. Malgré son engagement dans la filière graphite-gaz avec le CEA, EDF n'avait pas les mêmes préventions que le Commissariat à l'égard des filières étrangères. EDF souhaitait développer d'autres types de réacteurs pour en comparer la fiabilité technique et la rentabilité économique, et notamment les filières à eau et à uranium enrichi développées aux États-Unis. EDF devra vaincre de multiples résistances du côté du CEA et du gouvernement, notamment depuis l'arrivée au pouvoir du général de Gaulle en juin 1958. Le projet de centrale franco-belge utilise en effet de l'uranium enrichi dont l'approvisionnement est tributaire des États-Unis. Après des pressions du gouvernement belge et d'Euratom, EDF obtient finalement l'accord du gouvernement en 1959 pour la poursuite du projet. Une Société d'énergie nucléaire franco-belge des Ardennes (SENA) est constituée le 25 mai 1960, détenue à 50 % par EDF et à 50 % par un regroupement des cinq sociétés belges de production d'électricité, pour la construction et l'exploitation d'une centrale. Le choix se porte sur la filière à eau pressurisée, la SENA retenant la proposition d'un groupement formé de la Société des ateliers de Charleroi pour la Belgique, Framatome – qui a été créée pour l'occasion en 1958 par le groupe Schneider – pour la France, Westinghouse pour les États-Unis. Le consortium doit fournir une chaudière à eau pressurisée qui doit entraîner un groupe turbo-alternateur de 305 MWe. Le site retenu pour la centrale est situé dans une boucle de la Meuse, à proximité de la frontière franco-belge mais du côté français des Ardennes, non loin d'une localité du nom de Chooz.

La première étude de sûreté de la centrale, à un stade préliminaire, a été soumise par la SENA à la Sous-Commission de sûreté des piles le 17 avril 1963. La SENA a officiellement demandé, par lettre du 1er avril 1965, que l'examen de la sûreté de la centrale soit effectué par la CSIA, ainsi que l'avait fait EDF pour EDF1, EDF2 et EDF3. Les examens de sûreté ont été effectués simultanément par Euratom[37] et le CEA.

Les réacteurs à uranium enrichi et eau légère sous pression présentent des différences notables vis-à-vis de ceux de la filière UNGG : le cœur est entièrement contenu dans une cuve en acier (de 12 mètres de hauteur, 3 mètres de largeur, 23 centimètres d'épaisseur, pesant 300 tonnes) ; le combustible est de l'uranium légèrement enrichi ; la modération des neutrons ainsi que le refroidissement sont assurés par de l'eau ordinaire, circulant dans un circuit dit primaire, fermé sur lui-même ; l'eau circule sous haute pression dans quatre boucles d'extraction de la chaleur qui comportent chacune une pompe et un générateur de vapeur. Ces différences techniques expliquent le vocabulaire nouveau que l'on rencontre lors de ce premier examen de la sûreté d'un réacteur

[37] En contrepartie de sa fourniture d'uranium enrichi à faible prix, Euratom se réservait le droit d'examiner la sûreté de l'installation, ce à quoi le CEA dut se résoudre.

à eau sous pression. Dans le cas de la centrale de Chooz, le réacteur, les quatre boucles primaires et le pressuriseur sont contenus dans une salle souterraine. Le tout est disposé à l'intérieur d'une caverne creusée dans la roche qui fait fonction d'enceinte de confinement. La caverne a été prévue pour assurer l'étanchéité et a été calculée mécaniquement pour résister aux températures et pressions maximales.[38]

6.3.3.2. Examen des essais de démarrage

En accueillant le 17 juin 1966 les représentants de la SENA et d'EDF, le haut-commissaire souligne que cette séance de la Commission[39] est appelée à constituer un précédent important, puisque pour la première fois la CSIA doit donner un avis sur une centrale franco-belge, se plaçant donc sur le plan international. La SENA est représentée par messieurs Erkes,[40] Stacquez, Bebin (Framatome), Alberti (EDF), Simon, Evenepoel, Cordelle (chef d'aménagement EDF), et Muylle.

Avant que la Commission n'examine les divers problèmes concernant le cœur de la centrale, M. Bourgeois appelle l'attention de la Commission sur certains aspects qu'il estime essentiels. Il exprime son accord avec les études de sûreté qui ont été faites, mais deux points doivent être tout particulièrement examinés par la Commission. Premièrement, il faudra s'assurer que les marges de sécurité permettent d'arrêter le réacteur dans tous les cas. Le second point porte sur les coefficients de réactivité, le système de contrôle SENA étant basé sur l'hypothèse que le coefficient de température est négatif et au plus égal à zéro, sans jamais devenir positif. Bourgeois estime que les calculs neutroniques qui vont être présentés sont satisfaisants et il ajoute qu'ils ont été testés par l'expérience de SELNI, réacteur du même type que celui de Chooz, construit quelque temps auparavant en Italie.

Les aspects hydrauliques et thermiques ont fait l'objet d'études pour vérifier que tous les assemblages sont bien refroidis. Des essais sur maquettes au 1/7 ont permis de déterminer les coefficients applicables pour le calcul sur cœur réel, des essais en grandeur nature sur des assemblages combustibles ont confirmé les calculs théoriques.

M. Stacquez précise ensuite les différents buts des études nucléaires qui ont été menées : tout d'abord, on a voulu concevoir un cœur qui soit

---

38 La centrale de Chooz restera la seule de cette filière en France jusqu'à la divergence du premier réacteur de Fessenheim en 1977.

39 PV CSIA, 17 juin 1966.

40 Pierre Erkes est directeur de la construction de la centrale de 1965 à 1967. Ingénieur électricien de l'université de Louvain, il a été initié à la technique nucléaire dans les laboratoires américains, notamment à Oak Ridge. Il a participé à la construction des réacteurs expérimentaux BR1, BR2 puis BR3.

sûr (c'est-à-dire que l'on puisse rendre sous-critique dans n'importe quelles conditions) ; qui puisse fournir le niveau de puissance demandé par le client ; qui puisse épuiser convenablement son combustible ; et enfin qui présente un fonctionnement stable. Les études neutroniques, l'étude de l'enrichissement et de la configuration des rayons d'enrichissement ont été menées de façon à limiter à 1,75 le facteur de points chauds. Pour le calcul de l'enrichissement, les concepteurs sont partis d'un certain nombre d'options : le réacteur doit fonctionner avec un contrôle chimique, réalisé par l'utilisation d'acide borique (le bore est un fort absorbeur de neutrons), les variations de concentration de bore étant obtenues par adjonction d'une solution à 2 500 ppm (partie par million) de bore ou par passage sur une résine de déminéralisation ; le coefficient de température du modérateur ne doit jamais être positif ; enfin, le chargement en U235 des premiers assemblages à décharger doit être aussi grand que possible pour qu'ils atteignent un taux de combustion convenable. De ces considérations, les concepteurs ont déduit trois zones d'enrichissement : 2,95, 3,35 et 3,75 %. Des courbes présentées montrent que le facteur de point chaud de la distribution radiale est au maximum de 1,58 (à comparer à 1,75, limite fixée), d'où une marge de sécurité de l'ordre de 10 %.

Le représentant de la SENA considère en conclusion que les études neutroniques, hydrauliques et mécaniques ont été menées à partir de méthodes éprouvées, et sur la base d'hypothèses conservatrices : l'utilisation du contrôle chimique et l'introduction de grilles de mélange ont permis d'augmenter la puissance sans réduire les marges de sécurité vis-à-vis des phénomènes dangereux. M. Bourgeois intervient alors pour préciser les marges d'arrêt disponibles.[41] Les variations du coefficient de réactivité du combustible avec la température du modérateur ne posent pas de problème : elles varient entre -3 et -2 pcm par degré, le coefficient reste donc largement négatif.

À propos de la cuve, M. Bourgeois note que des calculs de résistance ont été conduits conformément au document américain PB 151 987. Ce code a permis de réduire certains coefficients du code ASME section VIII, grâce à une analyse plus précise des contraintes dans la cuve. Un point important est la tenue de la cuve sous irradiation. Comme dans le cas des caissons d'EDF1, la SENA a été amenée à définir une discipline

---

41 À l'arrêt, le cœur étant propre, froid, avec 1 900 ppm de bore, le réacteur peut être maintenu sous-critique, la barre la plus efficace étant hors du cœur. À pleine puissance, sans Xénon, la concentration en bore étant de 1 820 ppm, le réacteur peut être complètement et définitivement arrêté par les barres, même si la barre la plus efficace reste coincée hors du cœur. À chaud, à pleine puissance, avec Xénon, la concentration en bore est de 1 500 ppm : le réacteur peut être arrêté mais la sous-criticité à long terme demande une augmentation de la teneur en bore.

pression-température. Bourgeois juge que les relations sont « très valables » et peuvent être admises sans inconvénient pour les essais de démarrage et de montée en puissance. En revanche, les marges adoptées pourraient être reconsidérées au moment du passage à l'exploitation normale. Enfin, il souligne que la surveillance ultérieure des cuves s'avère difficile.

M. Evenepoel décrit le circuit primaire et la cuve. L'eau du circuit primaire est normalement à une pression de 138 bars, la pression de sécurité étant de 172 bars. Une épreuve à 1,5 P, soit 253 bars, a été faite sur l'ensemble et chaque élément a fait l'objet des essais réglementaires du Service des mines. La cuve a été calculée par la Société des forges du Creusot suivant les normes US et l'étude des cyclages de pression et température faite par Westinghouse. Le constructeur a adopté une fabrication en virole forgée, éliminant ainsi les soudures longitudinales et permettant d'éloigner les soudures de la zone où le flux est le plus important. L'irradiation par les neutrons tend en effet à fragiliser le métal de la cuve. Seuls, les fonds ont été obtenus par emboutissage. De nombreux contrôles ont été réalisés, à l'aide d'éprouvettes prélevées sur les pièces forgées ; les soudures ont été contrôlées par radiographie et ultrasons. Des éprouvettes ont été prélevées en fin de fabrication sur la surlongueur de la virole centrale, celle qui sera la plus exposée. Ces éprouvettes, placées dans des conteneurs à l'intérieur de la cuve, pourront être extraites pour examen et permettront de suivre l'évolution des caractéristiques. Sur demande du haut-commissaire il est précisé que l'on a calculé que la température de rupture fragile,[42] de -35° initialement, s'élèvera à plus de 70° après irradiation d'une durée de vingt ans, d'où l'interdiction de pressuriser à froid.

Comme dans le cas des réacteurs graphite, la dernière partie de l'examen de la CSIA traite les différents accidents possibles. Plusieurs types d'accidents ont été examinés par les concepteurs qui ont défini un accident maximal hypothétique.

M. Cordelle présente un certain nombre d'accidents et montre que les dispositions adoptées permettent de les maîtriser.[43] Une mention particu-

---

42 La partie de la cuve qui se situe à hauteur du cœur du réacteur est soumise à une forte irradiation neutronique qui fragilise l'acier. Cette fragilisation se traduit par l'augmentation de la température de rupture fragile. En cas de forte sollicitation à basse température, la cuve pourrait se rompre. Une température de rupture fragile basse est gage de sécurité. Plus elle augmente, ce qui est inexorable avec le temps, moins la marge de sécurité est importante. L'évolution de cette température au cours du temps détermine donc également la durée de vie de la cuve, et donc de l'installation.

43 Les accidents envisagés sont le retrait incontrôlé des barres de commande au démarrage ou en puissance, une introduction d'eau froide, une défaillance du contrôle chimique, un relâchement accidentel de bore, un accident mécanique provoqué par la

lière est faite à un accident qui serait consécutif à une perte de réfrigérant résultant d'une rupture du circuit primaire. La gravité de l'accident serait alors fonction de l'importance de la fuite. Un dispositif de compensation est prévu pour absorber les conséquences d'une petite fuite. Une fuite plus importante peut entraîner des conséquences plus graves : vidange du pressuriseur, ébullition, baisse du niveau, ruptures de gaines. À ce moment intervient l'injection de sécurité. Ce dispositif a pour rôle de fournir de l'eau borée au cœur du réacteur afin de le refroidir, tout en le maintenant sous-critique pendant une durée prolongée. Le débit a été calculé de manière à éviter que la température de gaines dépasse 955°C ; à cette température, seule une faible fraction des crayons combustibles serait endommagée.

L'accident maximal résulterait d'une rupture du circuit primaire entraînant la perte totale du fluide qu'il contient, suivie d'une défaillance des systèmes de refroidissement de secours. Les conséquences immédiates de la rupture seraient une décompression rapide du circuit primaire et de la partie du circuit secondaire correspondant au générateur de vapeur accidenté, une augmentation rapide de la pression et de la température dans l'enceinte de sécurité (3,6 bars et 137°C) et la libération dans l'enceinte de sécurité du réacteur des produits de fission et des produits de corrosion activés dans l'eau du réfrigérant primaire. Le représentant de la SENA indique alors que l'enceinte de sécurité a été calculée pour une pression de 4 bars et une température de 150°. L'évolution ultérieure de la pression dans l'enceinte a été calculée dans divers cas, correspondant à la défaillance d'un ou de plusieurs des trois circuits de protection devant intervenir, à savoir, l'injection de sécurité, l'aspersion, et la recirculation d'eau dans la caverne du réacteur.

L'accident maximal hypothétique est basé sur le même scénario, mais on suppose ici que tout le cœur est asséché et fondu, libérant dans l'enceinte ses produits de fission. Les quantités de produits radioactifs susceptibles d'échapper de la caverne par les fuites ont été calculées. Les ingénieurs de la SENA insistent sur la réalisation de l'étanchéité de la caverne qui a été particulièrement soignée : en plus d'un revêtement bétonné, ils ont eu recours à un revêtement métallique de 3 mm d'épaisseur, toutes les soudures ont été vérifiées, les pénétrations également. Au vu de ces précautions, la SENA considère qu'une épreuve de pression globale n'est pas nécessaire. Néanmoins une telle épreuve sera effectuée prochainement à la pression de 0,7 bar. L'examen des effluents radioactifs, liquides ou gazeux, montre que les normes sont respectées

---

rupture d'une tuyauterie de vapeur du secondaire, l'éjection d'une barre de contrôle, ou encore une chute accidentelle de barre de contrôle.

en fonctionnement normal, et qu'en cas d'accident, les conséquences seraient minimes.[44]

Une fois l'examen du dossier terminé, les représentants de la SENA et d'EDF se retirent pour laisser la Commission délibérer. M. Bourgeois donne lecture du projet d'avis préparé par la Sous-Commission de sûreté des piles. Deux conditions techniques supplémentaires ont été insérées dans cet avis : d'une part, la limitation de la pression dans la cuve devra faire l'objet d'une étude complémentaire, car certains phénomènes (des « coups de bélier ») peuvent se produire et justifient un examen ultérieur ; d'autre part, la Sous-Commission recommande un essai d'étanchéité de la caverne à une pression nettement supérieure au 0,7 bar prévu par la SENA. Les Services US exigeant un tel essai, M. Bourgeois estime qu'il n'y a pas de raison d'y renoncer. Mais pour le moment il n'est pas possible d'aller au-delà de 2,4 bars, sous réserve de déchéance de la garantie des pompes primaires. M. Bourgeois souligne en outre qu'un cahier de spécifications techniques préparé par la SENA est joint à l'avis de la CSIA, ce qui est un précédent, un peu inspiré des autorisations US.

La Commission conclut en donnant son accord au projet d'avis, qui sera communiqué à la SENA et au Cabinet du ministre délégué chargé de la Recherche scientifique et des Questions atomiques et spatiales en vue de la constitution du dossier d'inspection au titre des Installations nucléaires de base.[45]

6.3.3.3. Avis sur le fonctionnement en puissance

Les représentants de la SENA et d'EDF viennent à nouveau présenter leur dossier devant la CSIA le 21 novembre 1967 afin d'obtenir un avis de la Commission sur le fonctionnement en puissance de la centrale de Chooz.[46]

---

[44] En cas de rupture d'un tube de générateur de vapeur, le débit de dose d'irradiation externe serait de 0,84 mRem/heure ; la dose thyroïde intégrée d'iode radioactif serait de 45 mRem. En cas d'accident maximal hypothétique, sur la base d'hypothèses réalistes, le responsable considère qu'il n'y aurait pas de problème grave de santé, l'activité du dépôt au sol d'iode 131 nécessiterait cependant la mise en œuvre d'une surveillance du lait.

[45] Voir plus loin le paragraphe consacré au décret du 11 décembre 1963.

[46] Les participants à la réunion pour le CEA sont Francis Perrin, Gauvenet, Duvaux (DAM), Horowitz (DPA), Piatier (DMCN). Sont également présents Bourgeois pour la Sous-Commission de sûreté des piles (assisté de Vathaire), Lecorché pour la Sous-Commission des masses critiques, Duhamel la Sous-Commission de sûreté des sites, Sousselier pour la Sous-Commission de sûreté des transports. Les représentants de la SENA et d'EDF sont messieurs Brosson, Calberg, Cordelle, Doyen, Dozinel, Erkes, Quent et Stolz.

L'avis rendu par la Commission en juin 1966 autorisait un fonctionnement à 825 MWth. Il s'agit maintenant d'envisager un passage à 905 MWth. Différents essais ont été effectués et sont commentés en séance. Une mention spéciale est faite aux incidents survenus au cours du démarrage. Un incendie au printemps 1967 a affecté la protection neutronique qui a été remplacée. Un autre incident a affecté les pompes primaires et a imposé un arrêt de deux mois de la centrale. En mai 1967, c'est la turbine qui a été victime d'un incident, plusieurs ailettes ont été endommagées. Enfin, le système de régulation a connu un incident qui n'a pas mis en danger la sécurité de l'installation, mais dont la cause reste inexpliquée au moment de la séance.

Les « spécifications techniques » sont ensuite examinées : il s'agit des règles de fonctionnement de l'installation qui constituent essentiellement un guide pour l'opérateur et une information pour les observateurs. Celles qui avaient été présentées une première fois devant la CSIA ont été refondues avec la collaboration de Bourgeois et du GTSP. Elles tiennent compte en particulier des deux points qui avaient été signalés lors du premier examen en juin 1966, la limitation en pression et température sur la cuve et la surveillance de l'étanchéité de la caverne du réacteur.

À cause du problème de la garantie sur les pompes primaires, les essais d'étanchéité en pression qu'exigeait Bourgeois n'ont pu être effectués jusqu'à la pression correspondant à l'accident maximum envisagé. Des essais ont en revanche été menés à trois pressions échelonnées (0,3, 0,6 et 0,7 bars) et les résultats permettent de faire une extrapolation qui est jugée valable par la SCSP.

La Commission accorde donc un avis favorable à la poursuite du fonctionnement de la centrale.

6.3.3.4. L'incident de janvier 1968

Quelques mois après l'avis favorable donné par la Commission, la centrale de Chooz connaît un grave incident.[47] Le 24 décembre 1967, alors que la centrale fonctionne depuis six mois et est à une puissance proche de sa puissance nominale de 240 MWe, une barre de contrôle se coince et ne peut plus descendre dans le cœur. Une réunion d'urgence est convoquée sur le site, et sur les conseils de Westinghouse, on pratique l'ouverture de la cuve puis d'un générateur de vapeur, sans parvenir à déceler d'anomalie. Un mois plus tard, le 30 janvier 1968 le même

---

[47] Ce paragraphe s'inspire du récit fait par Pierre-Henri Floquet, *Histoire de la centrale nucléaire des Ardennes*, Paris, AHEF, 1995, p. 89-98. Le compte rendu de la réunion de la CSIA qui examina cet incident est absent des procès-verbaux : il fait peut-être partie de ces quelques PV classés « confidentiels ».

incident se reproduit. Le chef de la centrale décide cette fois d'ouvrir les quatre générateurs de vapeur. Sur les trois générateurs qui n'avaient pas été inspectés en décembre, on découvre de nombreux débris métalliques provenant des vis servant à assembler les deux parties du cylindre qui maintiennent le cœur dans la cuve du réacteur. Deux générateurs sur quatre sont fortement endommagés. La cuve est alors ouverte, les éléments combustibles sont déchargés un à un. Les dégâts sont considérables, et les opérations de réparation s'avèrent très délicates : il faut mettre au point des procédures entièrement nouvelles et on n'est pas certain que le résultat des réparations sera satisfaisant. On attribuera la cause de la rupture des boulons à des vibrations induites par des mouvements intempestifs de l'écran thermique entourant le cœur. Plus qu'un simple problème de résistance mécanique de la boulonnerie, c'est une insuffisante connaissance de l'hydrodynamique de la cuve qui sera mise en cause.

Le livre consacré à l'histoire de la centrale nucléaire des Ardennes indique que la réaction de la Commission de sûreté des installations atomiques fut « très vive » et qu'elle « déclara n'accepter la remise en service que lorsque Westinghouse pourrait fournir une description détaillée des dégâts, l'étude de leurs causes, les modifications proposées, le détail des calculs et des expériences faites, les résultats des essais sur maquettes et le programme des essais à effectuer pour prouver la qualité des résultats obtenus. »[48] Westinghouse fut obligée de rompre avec l'habitude du secret et dut coopérer aux opérations de sauvetage de la centrale, il en allait de sa crédibilité commerciale en Europe. Parmi les facteurs ayant contribué au succès de cette opération de sauvetage, est mentionnée « au premier rang » l'attitude de Bourgeois qui fut chargé pour la CSIA de traiter de l'affaire de Chooz. La description qu'en donne l'auteur illustre bien l'attitude constructive du responsable de la sous-commission que nous avons plusieurs fois décrite :

> Tout en restant exigeant sur l'essentiel, M. Bourgeois conduisit cette affaire avec un pragmatisme qui permit un rapide redémarrage de la centrale dans d'excellentes conditions de sûreté et sans toutefois en menacer inutilement la rentabilité. Il présenta des exigences très sévères au constructeur, il ne bloqua jamais le système de coopération qui s'était mis en place pour apporter, dans les plus brefs délais, des solutions satisfaisantes au problème épineux du comportement hydrodynamique des équipements internes de la cuve. Son souci de la sûreté et sa prise en compte du coût de cette même sûreté étaient un gage contre le risque d'un abandon prématuré du projet par des actionnaires découragés. Il y apporta même une contribution toute positive en maintenant, par sa seule autorité, des flux d'informations croisés qui

48 Floquet, P.-H., *Histoire…*, *op. cit.*, p. 92.

jouèrent un rôle décisif dans la qualité de la réparation et l'heureuse issue de l'incident.[49]

Un grand nombre de réunions se tinrent entre mars 1968 et octobre 1969 entre la Commission de sûreté des installations atomiques, Euratom, le consortium des constructeurs AFW et la Séna. On se mit d'accord sur un programme de réparations des nombreuses pièces incriminées : générateurs de vapeur, cuve. Il fallut revoir la conception d'un grand nombre d'organes tels que les pompes primaires, les ailettes de la turbine.

Cet incident sans conséquence sanitaire mit en lumière l'insuffisante prise en compte de l'importance de la phase de réalisation industrielle quand elle met en œuvre un grand nombre de technologies nouvelles, comme c'est le cas dans une centrale nucléaire. Après des modifications et des réparations, la centrale fut remise en exploitation, le 18 mars 1970.

6.4. L'incursion des ministères dans le précarré du CEA

Jusqu'à la fin 1963, la CSIA est de fait amenée à examiner la sûreté des installations proposées par les industriels, que ce soit EDF ou l'industrie privée. Mais aucun texte réglementaire ou législatif n'encadre cette pratique et les responsabilités ne sont pas clairement définies. Un certain nombre de faits nouveaux vont pousser le gouvernement à mettre en place une procédure d'examen des installations nucléaires qui soit moins inféodée au CEA.

Les années qui suivent voient les différents ministères se pencher sur des questions qui étaient restées gérées par le CEA, comme la question des effluents, des déchets ou des rayonnements. Certains aspects de ces problèmes méritent d'être abordés dans la mesure où ils sont révélateurs de la mise en place d'une expertise, et des choix, voire des manœuvres du CEA pour que cette expertise reste en de bonnes mains. Les sujets sont nouveaux, et les attributions en matière de contrôle ne sont pas clairement définies, c'est pourquoi différents organismes ou ministères s'interrogent sur le rôle qu'ils pourraient jouer, contestant de fait l'exclusivité du CEA sur le contrôle des questions atomiques.

6.4.1. Le décret du 11 décembre 1963

Depuis 1955, EDF est entrée dans le domaine et des rivalités émergent entre les deux organismes qui n'ont pas les mêmes priorités. Les ingénieurs d'EDF supportent de moins en moins bien la tutelle de ceux du CEA, en particulier par le biais de la sûreté. Les divergences crois-

---

[49] *Ibid.*

santes entre les deux organismes expliquent la volonté du gouvernement français de créer un système de contrôle des questions nucléaires qui soit extérieur au CEA.

D'autres raisons peuvent être invoquées pour expliquer la mise sur pied d'une réglementation spécifique aux installations nucléaires.[50] Jusque-là, c'est la loi du 19 décembre 1917 relative aux établissements classés dangereux, incommodes et insalubres qui s'appliquait aux installations nucléaires. Cette loi établissait un régime de surveillance, au niveau du département. Les installations nucléaires, comme les autres installations couvertes par la loi de 1917, devaient donc être soumises à des inspecteurs qui avaient généralement peu de compétence dans ce nouveau domaine de la sûreté nucléaire. Le petit nombre d'experts en sûreté nucléaire plaidait pour l'instauration d'un système de contrôle au niveau gouvernemental au lieu de doter chaque département du personnel qualifié nécessaire. Par ailleurs, la nouvelle loi devait remédier au traitement inégal entre EDF et CEA. En effet, les collectivités publiques et établissements publics administratifs tels que le CEA n'étaient pas soumis à la loi du 19 décembre 1917, alors que les installations d'EDF l'étaient puisqu'elles appartenaient à un organisme commercial et industriel, bien que de service public.

Des raisons internationales incitaient également le gouvernement à centraliser les questions de sûreté nucléaire. En effet, « les Normes de base Euratom » obligeaient les États membres à soumettre à un régime de déclaration ou d'autorisation préalable les activités nucléaires d'une certaine importance. L'établissement par le gouvernement français d'un régime spécial pour les installations nucléaires était également un moyen de se mettre en conformité avec la convention de Paris, signée le 29 juillet 1960 sous les auspices de l'OCDE, convention qui stipulait que tout organisme exploitant une installation nucléaire, qu'il soit industriel ou non, devait souscrire un contrat particulier de responsabilité et d'assurance.

C'est à l'occasion de la discussion de la loi n° 61-842 du 2 août 1961 relative à la lutte contre les pollutions atmosphériques et les odeurs que furent introduits dans la loi des articles destinés à servir de base légale aux décrets instituant un régime spécifique des installations nucléaires. Le premier décret pris dans le cadre de la loi de 1961 fut le décret n° 63-1228 du 11 décembre 1963.

Le décret du 11 décembre 1963 définit les « Installations nucléaires de base » qui lui sont soumises. Les installations concernées sont (art. 2)

[50] Nous résumons ici les raisons avancées par G. Lamiral, pages 294 et 295 de sa *Chronique…*, faisant selon ses propres termes « de larges emprunts » au cours professé par J. Hébert à l'université de Nanterre.

les réacteurs nucléaires (à l'exception de ceux qui font partie d'un moyen de transport), les accélérateurs de particules, les usines de préparation, de fabrication ou de transformations de substances radioactives, les installations destinées au stockage, au dépôt ou à l'utilisation de substances radioactives, y compris les déchets.

Les Installations nucléaires de base (INB) ne peuvent être créées qu'après autorisation (art. 3) alors qu'une simple déclaration suffisait jusque-là. La demande d'autorisation doit donner les caractéristiques de l'installation mais aussi le périmètre du site de l'installation. Cette demande est adressée au ministre du Développement industriel et scientifique, qui en informe les autres ministres. Le projet est soumis à enquête locale. L'autorisation est délivrée, après avis de la Commission interministérielle des installations nucléaires de base (CIINB), par décret du ministre du Développement industriel et scientifique. Un avis conforme du ministre de la Santé est nécessaire.

La CIINB est composée (art. 7) d'un président, membre du Conseil d'État ; d'un vice-président, le haut-commissaire à l'Énergie atomique ; de représentants de douze ministères.[51] Les grands organismes de recherche sont également représentés : le CEA a deux membres, le CNRS (Centre national de la recherche scientifique) en a un, EDF deux, l'Institut national de la santé et de la recherche médicale (INSERM) est représenté par un membre, comme le Service central de protection contre les rayonnements ionisants (SCPRI) et l'Institut national de la recherche agronomique (INRA). En outre, trois membres sont choisis pour leur compétence particulière dans le domaine nucléaire, dont deux sur proposition du ministre du Développement industriel et scientifique et un sur proposition du ministre de la Santé. Tous les membres sont nommés par arrêté du Premier ministre, pour une durée de cinq ans.

Le contrôle des installations nucléaires ne fait donc pas l'objet d'une loi spécifique comme c'est le cas dans d'autres pays, où une sorte de pacte est énoncé entre l'industrie nucléaire et la société civile (Atomic Energy Act aux États-Unis, Atomgesetz en Allemagne). Seul un décret pris par le ministre de l'Industrie est nécessaire à la création de telles installations, après avis d'une Commission interministérielle. Le ministre du Développement industriel et scientifique centralise donc officiellement toutes les responsabilités en matière de sûreté des installations

---

[51] Neuf ministères sont représentés par une personne chacun (la Défense nationale ; le Travail ; l'Économie et les finances ; l'Éducation nationale ; l'Aménagement du territoire, du logement et du tourisme ; les Affaires culturelles ; la Protection de la nature et de l'environnement ; l'Agriculture et le développement rural ; les Transports). Le ministère de l'Intérieur et celui de la Santé publique comptent deux membres chacun, le ministère du Développement industriel et scientifique trois.

nucléaires, même s'il doit obtenir l'accord du ministre de la Santé. Mais en pratique, malgré le décret de 1963, le CEA continue d'avoir la haute main sur toutes ces questions.

L'essentiel en matière de sûreté est finalement absent du décret, puisqu'il ne précise pas les modalités de la procédure d'examen de la sûreté de l'installation par les experts. Or cette procédure constitue l'essentiel de l'instruction de la demande d'autorisation de construction. Un petit article (10 bis) précise simplement que la réglementation technique générale concernant la sûreté des installations nucléaires de base est prise par arrêté du ministre du Développement industriel et scientifique.

Pour la surveillance (art. 11) des INB et le respect de cette réglementation, il est prévu un corps d'inspecteurs choisis parmi les personnes chargées de la surveillance des établissements classés. Les fonctionnaires du SCPRI veillent de leur côté à l'application de la réglementation concernant les rejets d'effluents radioactifs en vue de la protection de la santé publique.

En l'absence de procédure formalisée d'examen de la sûreté, le CEA va continuer dans la pratique de combler le vide, comme on l'a vu avec l'examen par la CSIA de la sûreté d'EDF2, 3 et de la centrale de Chooz. Et la pratique instaurée en interne au CEA va durablement marquer le système français. Ce monopole de l'expertise restera la règle jusqu'à la mise sur pied officielle de groupes d'experts dits « groupes *ad hoc* », en 1967. Mais encore à cette date, les idées et les hommes du CEA continueront de jouer un rôle majeur.

6.4.2. Relations CIINB-CSIA

Plus d'un an après la promulgation du décret sur les Installations nucléaires de base, les rapports entre la CSIA et la CIINB se précisent. Lors de la séance de la CSIA du 22 décembre 1964, son secrétaire, M. Long, donne lecture d'une lettre[52] adressée par le ministre d'État chargé de la Recherche scientifique et des questions atomiques et spatiales, Gaston Palewski, à l'administrateur général, au sujet de la demande d'autorisation présentée par EDF pour la centrale de Saint-Laurent des Eaux, EDF4.

Dans cette lettre, le ministre demande que le CEA procède à l'instruction technique de cette affaire et à cet effet, la soumette à l'examen de la CSIA. Deux inspecteurs des établissements classés, mis par le ministre de l'Industrie à la disposition du ministre chargé de l'Énergie atomique, sont également saisis de l'affaire ; conformément aux termes

[52] Lettre 64-6350, du 16 décembre 1964.

du décret du 11 décembre 1963 ils seront chargés du contrôle de l'installation. Il est demandé qu'ils participent, en liaison avec la CSIA, à l'élaboration des prescriptions techniques, nucléaires et non nucléaires, qui devront être mises en œuvre par EDF. Cette lettre fixe donc le rôle du CEA – et plus particulièrement de la CSIA – dans l'instruction des dossiers soumis à la procédure des Installations nucléaires de base.

Mais cette évolution est aussi révélatrice du fait que les pouvoirs publics deviennent plus exigeants en matière de sécurité, même vis-à-vis du CEA. En effet, le ministre a décidé de faire procéder au contrôle des Installations nucléaires de base existant antérieurement au décret du 11 décembre 1963 : ces installations n'avaient pas nécessité de décret d'autorisation mais avaient seulement été « déclarées » par le CEA. Le ministre demande que le CEA lui fasse parvenir pour chaque réacteur un dossier technique qui sera mis à la disposition de l'inspecteur compétent et qui devra comprendre en premier lieu un rapport descriptif de l'installation, un rapport de sûreté et enfin un rapport sur les dispositifs de contrôle et les consignes générales d'exploitation.

6.4.3. Mise en place d'une inspection au sein du CEA

La lettre de décembre 1964 entérine ce qui se faisait jusque-là, mais elle rajoute un aspect important qui n'avait pas été mis en œuvre dans le cadre de l'expertise interne du CEA : le contrôle par des inspecteurs.

Est-ce à la suite de ce rappel de l'exigence du contrôle par les pouvoirs publics ou à cause de la mauvaise volonté des unités opérationnelles du CEA, toujours est-il que Bourgeois s'adresse[53] au haut-commissaire en avril 1967 pour réclamer la mise sur pied de ce contrôle au sein même du CEA, rappelant la note de service du 27 janvier 1960 actant la création de la CSIA et qui prévoyait l'existence « de groupes de contrôle composés d'experts (...) responsables de leurs actions devant la seule commission. » Il suggère d'utiliser à cet effet les services d'un ingénieur en Génie atomique, monsieur Peffau. Celui-ci est effectivement nommé par le haut-commissaire, à compter du 1er juin 1967.[54]

Il s'agit d'un premier pas vers l'institutionnalisation du contrôle au sein du CEA. Jusqu'ici, la CSIA a promulgué un certain nombre de règles, émis certaines restrictions au fonctionnement des installations. Mais elle ne s'était pas donné les moyens d'en contrôler l'application. Aucun inspecteur n'avait été désigné pour cela. Cette lacune s'explique vraisemblablement par un problème de moyens et de priorités, cette

[53] Note du 14 avril 1967 signée Jean Bourgeois, adressée au haut-commissaire, intitulée « Contrôle de la sécurité des Installations Atomiques ».

[54] Note Service HC 129 du 12 juin 1967.

tâche de contrôle demandant de mobiliser des effectifs dont on considérait qu'ils ne pouvaient pas être enlevés à la recherche proprement dite.

L'importance de cet aspect de contrôle de la sûreté nucléaire peut être soulignée par une anecdote rapportée par un témoin[55] à propos de la première inspection de Cabri à Cadarache. Peffau se rendit en salle de commande, située à 200 m de l'installation derrière une bute, pour éviter l'irradiation du personnel en cas d'accident. Peffau fit remarquer aux ingénieurs que des gens travaillaient dans l'installation à ce moment-là. Ce à quoi les ingénieurs lui répondirent que cela ne posait pas de problème parce que l'installation était arrêtée. Il demanda alors si l'on était bien sûr qu'il était impossible de la redémarrer. On lui répondit que oui, « bien sûr que oui, parce qu'il y a une clé, la clé a été tournée, et si on veut redémarrer l'installation, ça ne redémarre pas ! » Alors Peffau appuya sur le bouton de mise en marche, et l'installation... commença à démarrer ! L'installation fut immédiatement arrêtée, mais démonstration était faite qu'il n'y a pas de bonne expertise sans inspection.

Le contact avec le monde des installations classées et ses traditions, où l'inspection est de rigueur, impulse donc la mise sur pied au sein du CEA de cette composante importante de la sûreté : l'inspection.

6.4.4. Un groupe d'experts tri-partite

Quatre ans après la promulgation du décret de décembre 1963, une nouvelle étape est franchie vers l'indépendance à l'égard du CEA de l'expertise de la sûreté nucléaire. Dans le cadre de la réglementation des Installations nucléaires de base et « suite à un accord entre le ministre d'État chargé de la Recherche scientifique et des questions atomiques et spatiales et le ministre de l'Industrie »,[56] la Commission de sûreté du CEA est remplacée par un groupe (dit « groupe *ad hoc* ») d'experts pour la mise au point des prescriptions techniques qui doivent être incluses dans les décrets d'autorisation de création des centrales nucléaires d'EDF et pour l'examen de la sûreté de ces installations. Le groupe, dont les experts sont désignés par les deux ministres, sera constitué pour chaque installation sur une base tripartite : CEA, EDF, administration. Il entre en fonction en juin 1967 et définit des prescriptions pour les centrales de Saint-Laurent-des-Eaux et de Bugey.

6.4.5. Les effluents, les déchets, les radioéléments

Quelques documents d'archives du Fonds du haut-commissaire laissent percer les craintes du CEA vis-à-vis de différents ministères ou

55 D'après un entretien de l'auteur avec Pierre Tanguy, 9 novembre 1998.

56 Rapport Annuel CEA, 1967, p. 145.

organismes qui cherchent à s'introduire dans le domaine de l'expertise du nucléaire, jusque-là du ressort quasi exclusif du CEA. Dans une note[57] en date du 17 mars 1965, le chef du cabinet du haut-commissaire, M. Gauvenet, adresse au chef du service juridique et du contentieux du CEA une série de lettres qui lui ont été remises par le directeur du centre de Marcoule, et qui trahissent l'inquiétude de ce centre sur les conséquences possibles de la Loi du 16 décembre 1964 relative à la lutte contre la pollution des eaux. À l'origine, cette loi ne devait pas viser les effluents radioactifs, mais Gauvenet note que l'introduction d'un article sur les rejets radioactifs en mer et la présence d'agents du SCPRI dans la liste des fonctionnaires chargés du contrôle des infractions laissent penser que cette interprétation initiale risque fort de ne plus être retenue. M. Gauvenet suggère que le CEA prenne acte de cette situation et agisse au plus tôt pour obtenir des textes d'application garantissant, autant que faire se peut, une réglementation « cohérente et raisonnable » en matière d'effluents radioactifs.

Un an plus tard, monsieur Gauvenet rend compte à l'administrateur général et au haut-commissaire des initiatives qu'il a prises pour définir la politique du CEA en matière de traitement et stockage de déchets radioactifs provenant d'organismes extérieurs au CEA.[58] À diverses reprises, le ministre de l'Intérieur a appelé l'attention du ministre d'État et du CEA sur les difficultés rencontrées par certains utilisateurs privés pour l'enlèvement et le stockage de leurs déchets radioactifs, et sur l'intérêt qu'il y aurait à adopter sur un plan interministériel une solution générale pour ce problème. Des préoccupations du même ordre se font d'ailleurs jour du côté du ministère de la Santé publique.

Une première lettre du ministre de l'Intérieur, datée du 3 juillet 1964, attirant l'attention du CEA sur ces questions avait été laissée sans réponse. Mais le ministre de l'Intérieur renouvelle ses propositions dans une lettre en date du 11 février 1966, obligeant le CEA à réagir. Aux yeux d'André Gauvenet,[59] les intentions du ministère de l'Intérieur sont « assez obscures » et on craint au CEA que son but réel soit de jouer un rôle dans le contrôle de la sûreté des installations, « rôle qui n'est pas le sien », en dehors de sa participation à la réglementation des INB. Dans ces conditions, M. Gauvenet propose de ne pas répondre sur le fond, mais de provoquer une réunion au cours de laquelle le CEA informerait largement les ministères de l'Intérieur, des Affaires sociales et de l'In-

[57] Note HC/65-126, intitulée « Loi du 16.12.1964 sur la lutte contre la pollution des eaux », datée du 17 mars 1965.

[58] Note HC/65-235 du 21 mai 1965.

[59] Note de Gauvenet, HC/66-138 du 17 mars 1966.

dustrie de tous leurs problèmes communs, et s'efforcerait d'amener le ministère de l'Intérieur à préciser ses intentions.

Le ministère de l'Intérieur n'est pas seul à s'intéresser de près aux prérogatives du CEA. Une présentation du dossier des rejets d'effluents radioactifs de la Hague a été faite au Conseil supérieur d'hygiène publique de France[60] par M. Parkes du Cabinet du secrétaire d'État chargé de la Recherche scientifique et des Questions atomiques et spatiales. Ayant assisté à cette présentation, M. Long, du cabinet du haut-commissaire, souligne dans une note interne les « sérieux problèmes » posés par la consultation de ce Conseil dans le domaine « très spécialisé » qu'est la protection contre les rayonnements ionisants :

> Récemment, en effet, ce Conseil a fait preuve d'une extrême circonspection en matière de protection contre les rayonnements ionisants, se refusant à autoriser la conservation des pommes de terre par irradiation (séance du 26 janvier 1965 de la section alimentation du Conseil supérieur d'hygiène publique de France), bien que ce traitement soit autorisé aux États-Unis et au Canada.[61]

M. Long est d'autant plus courroucé par cette mise en doute de la compétence du CEA que celui-ci a poursuivi depuis plusieurs années un programme d'études qu'il juge très poussées pour déterminer quelles sont les activités susceptibles d'être rejetées sans inconvénient dans la Manche. Il explicite la menace que fait peser cette intrusion :

> Mais que ce passerait-il – s'interroge-t-il – si le Conseil supérieur d'hygiène publique de France, moins familiarisé avec les problèmes de radioprotection, et faisant preuve en la matière d'une excessive prudence émettait à l'encontre de ces rejets un avis défavorable ou assorti de conditions telles que l'exploitation de l'usine s'en trouverait entravée, et le programme de production de plutonium compromis ? […] Dans ces conditions, ne vaudrait-il pas mieux éviter ce risque et se contenter de prendre l'avis des organismes spécialisés, SCPRI et CPRI : la composition de cette Commission donnant en particulier toutes garanties, car cette Commission comporte une majorité de spécialistes éprouvés des problèmes de radioprotection.[62]

En effet, les liens entre ces organismes et le CEA sont anciens. Si les premières réglementations[63] en matière de danger des matières radioac-

---

60 Le Conseil supérieur d'hygiène publique de France (CSHPF) a été créé en 1848. Il est chargé de conseiller les autorités sur de nombreux aspects touchant à la santé. Il s'agit d'un comité d'experts nommés directement par l'administration de la santé.

61 Note HC/65-464, 9 novembre 1965.

62 *Ibid.*

63 Bugnard, L., Vergne, J., « Regulations Applicable to the Use of Radioisotopes in France », *Proceedings of the First International Conference on Peaceful Uses of Atomic Energy*, Geneva, 1955, United Nations, N.Y., 1956, vol. XIII, p. 51-53. Le

tives datent en France de 1934,[64] le développement de la production et de l'utilisation de ces produits à grande échelle poussa en 1947 le gouvernement à mettre sur pied un comité présidé par le ministre de la Santé, afin d'étudier les applications thérapeutiques et biologiques des radio-isotopes. Parallèlement, un décret du 30 juillet 1949 instituait une Commission interministérielle pour l'importation des radioéléments. Afin de s'assurer du bon usage de ces substances, le décret prévoyait la nécessité de l'approbation, soit du ministère de la Santé publique pour ce qui concerne les applications biologiques ou thérapeutiques, soit du ministre de l'Éducation nationale pour les matières destinées à la recherche. Chacun de ces ministères devait travailler avec l'aide d'un comité spécialisé, et dans chacun de ces deux comités siégeaient des représentants du CEA.

Une loi du 19 juillet 1952 puis un décret du 3 mai 1954 viendront renforcer ce dispositif, instituant un Comité interministériel chargé d'émettre des opinions sur les questions relatives aux radioéléments. Ce Comité était composé d'un représentant des six ministères intéressés, d'un représentant de l'Institut national d'hygiène, d'un représentant du Centre national de la recherche scientifique et de deux représentants du Commissariat à l'Énergie atomique. Ce Comité était présidé par M. de Lavit, conseiller d'État, alors que la vice-présidence était assurée par M. Goldschmidt, directeur des Relations extérieures au CEA. Le secrétaire permanent du comité était un chef de Département du CEA.

Après une Commission interministérielle de protection contre les rayonnements (CPRI) créée le 14 mai 1955, un Service central de protection contre les radiations ionisantes (SCPRI) est institué au sein du ministère de la Santé par arrêté du 13 novembre 1956. Il est placé sous la direction du professeur Pierre Pellerin.[65] Ce service se chargera de toutes les questions de radioprotection des installations nucléaires en France jusqu'en 1992.

Dans le cadre du décret du 11 décembre 1963, c'est lui qui sera chargé d'émettre un « avis conforme » pour le compte du ministère de la

---

professeur Bugnard est alors directeur de l'Institut national d'hygiène et conseiller scientifique du CEA depuis 1951. M. Vergne est le chef du Département juridique du CEA.

64 Décret du 5 décembre 1934 et réglementations du 26 décembre 1934 parus au journal officiel du 1er janvier 1935.

65 Pierre Pellerin est né à Strasbourg en octobre 1923. Il est docteur en médecine, médecin électroradiologiste et médecin du travail. Les « Radiations Ionisantes » sont remplacées dans l'intitulé du Service par « Rayonnements Ionisants » lors de la modification du décret de création du SCPRI (décret du 6 janvier 1959). Toujours à la tête du service en 1986, il sera rendu célèbre par ses prises de position publiques à la suite de l'accident de Tchernobyl.

Santé, avis nécessaire pour l'autorisation de création des Installations nucléaires de base. De par cette procédure de l'avis conforme, le ministre de la Santé dispose d'un véritable droit de veto sur le lancement d'une centrale déterminée. Ardent militant du programme atomique français, le professeur Pellerin considérera toujours que l'énergie atomique ne présente pas de problème de santé publique en fonctionnement normal : le problème des rejets des centrales nucléaires est un faux problème comparé aux autres nuisances qui touchent l'hygiène publique. C'est le SCPRI qui fixera les normes réglementaires françaises en matière de radioactivité que devront respecter les industriels, tant pour la protection du public que des travailleurs. Ces normes seront basées sur les recommandations de la Commission internationale de protection radiologique (CIPR). Le SCPRI sera chargé du contrôle du respect de ces normes par les industriels.

Face aux incartades des divers ministères ou organismes parapublics, le CEA entend que les questions de contrôle des déchets ou des rayonnements restent centralisées par ses soins, ou par des organismes dont il attend qu'ils lui soient favorables et n'entravent pas excessivement ses activités. Il semble parvenir à ses fins en matière de radioprotection. La tâche est plus délicate en ce qui concerne la sûreté, car dans ce domaine, il existe des concurrents de poids (EDF et les industriels) qui militent pour mettre progressivement en cause le monopole de l'expertise du Commissariat.

CHAPITRE 7

Comment évaluer le risque nucléaire ?

Cheminements britannique et français vers l'affirmation de philosophies en matière de sûreté

Les premiers textes français s'exprimant sur la sûreté, au début des années 1960, reprenaient[1] le concept américain d'accident maximum crédible – l'accident qui pourrait entraîner les plus graves conséquences du point de vue de l'émission de radioactivité à l'extérieur mais considéré sur des bases raisonnablement pessimistes – développé à la fin des années 1950 pour l'analyse de la sûreté des réacteurs. Un numéro spécial du *Bulletin d'Informations Scientifiques et Techniques* du CEA, le premier consacré à la sûreté, résumait les positions françaises développées au colloque sur la sécurité des réacteurs de l'AIEA en mai 1962. Faisant le bilan des activités du GTSP, il continuait d'utiliser le concept, mais relativisait, parlant de « notion utile », dont les critères sont « malheureusement un peu arbitraires, et ne sont souvent motivés que par leur acceptation par un certain nombre d'experts »,[2] un concept longtemps considéré comme une « méthode pratique, bien que sommaire. »[3]

Faute de méthode alternative plus convaincante, l'examen de la sûreté des réacteurs par la Commission du CEA envisageait pour chaque pile les effets de cet accident, même si l'essentiel des efforts était mené grâce à une méthode d'analyse de la sûreté basée sur l'évaluation de la résistance de différentes barrières en série s'opposant à la fuite vers l'extérieur des produits radioactifs.

1 Vathaire (de), F., « Sûreté des installations atomiques », *Cours de Génie Atomique*, Volume I, Section C, INSTN, 1960. Bourgeois, J., Vathaire (de), F., « Procédure administrative utilisée en France pour l'obtention des licences d'exploitation de piles », CEA, Sous-Commission de sûreté des piles, n° 118/023, 23 juin 1961.

2 Bourgeois *et al.*, « Problèmes de sûreté des réacteurs de puissance à uranium naturel modérés au graphite et refroidis au gaz », *BIST*, CEA, n° 63, juillet 1962, p. 9-24.

3 Bourgeois, J., « Études concernant la sûreté des réacteurs », *BIST*, CEA, n° 63, juillet 1962, p. 4-8.

7.1. La troisième conférence de Genève et les interrogations à propos de « l'accident maximum prévisible »

La troisième conférence internationale des Nations unies sur les utilisations pacifiques de l'énergie atomique qui se déroule à Genève en septembre 1964 voit la première attaque exprimée par le représentant britannique, Farmer, contre la méthode américaine d'analyse des accidents et en particulier contre le concept d'accident maximal crédible.

La conférence se déroule du 31 août au 9 septembre et regroupe plus de 3 000 participants de 71 pays. Plusieurs organisations internationales sont représentées, et environ 750 communications couvrent les divers aspects de la science et de la technologie nucléaire. Près de 150 papiers sont dédiés à la sûreté : 37 proviennent des États-Unis, 24 d'Union soviétique, 24 de Grande-Bretagne, 15 de France, 8 du Canada, pour ne mentionner que les nations les plus prolixes sur la question.[4]

7.1.1. La communication de Farmer

Lors de la conférence, le Britannique Farmer attaque explicitement la conception américaine qui tend à devenir un dogme définissant toutes les normes en matière de sûreté. Il est en quelque sorte le théoricien du courant qui rejette l'accident maximum crédible et exprime de façon radicale ce que d'autres ressentent encore confusément. Le problème sous-jacent dans la prise en compte de ces accidents à très faible probabilité provient du fait que des normes trop draconiennes basées sur de telles conceptions peuvent jouer le rôle de frein pour le développement de cette nouvelle énergie.

Selon Farmer, il ne faut pas se concentrer uniquement sur un certain nombre d'accidents hypothétiques catastrophiques, mais également sur les autres types d'incidents dont la probabilité peut être plus élevée. Il déplore que, bien souvent, ceux-ci soient masqués par l'étendue des accidents majeurs. Au contraire, « afin d'exploiter un réacteur de façon sûre, il est nécessaire d'explorer les effets de défaillances mineures qui sont plus susceptibles de se produire en fonctionnement normal. »[5]

L'adoption du concept d'accident maximum croyable est une question politique qui répond, selon Farmer, au besoin de certitudes et de critères chiffrés de la part de dirigeants non spécialistes et qui doivent

4 Les actes de la conférence sont regroupés en 16 volumes. Le volume 13 est consacré spécialement à la sûreté.

5 Farmer, F. R., « Reactor Safety Analysis as related to Reactor Siting », Proceedings of The Third International Conference on Peaceful Uses of Atomic Energy, Geneva, United Nations, 1964, P/182, p. 405-409.

prendre des décisions en s'appuyant sur des procédures formelles. Mais si cette méthode peut être pratique pour certains décideurs, elle n'est pas satisfaisante d'un point de vue méthodologique.

Farmer critique ce qui est en fait le fonctionnement du système américain, l'étude d'un certain nombre d'accidents dits « de référence », choisis de façon plus ou moins arbitraire. Pour chacun de ces accidents, on calcule toutes les conséquences radiologiques à l'intérieur de l'installation et à l'extérieur, en des points critiques comme les agglomérations, et l'on s'assure que certains dispositifs de sécurité et de confinement limitent les conséquences à des valeurs négligeables. Farmer s'insurge contre cette vision de la sûreté qu'il qualifie « d'administrative », conduisant à produire des formules ou des règles facilement manipulables à l'aune desquelles la sûreté serait testée. Dans ce cas, « les efforts des concepteurs et des exploitants sont dirigés vers la conformité avec ces seules exigences, et toute réflexion plus profonde sur l'effet de leurs efforts sur la sûreté réelle, la sûreté fondamentale pourrait bien être négligée. »[6]

Farmer dénonce une évolution en cours aux États-Unis tendant à figer un certain nombre de règles, ce qui s'apparente aux excès d'une réglementation administrative, par opposition à une vision plus souple, plus « libérale » de la sûreté. Pour Farmer, « le problème de l'évaluation de la sûreté relative d'un réacteur est complexe et difficile. Mais une méthode doit être inventée pour que les exigences pour l'implantation et l'exploitation puissent être saisies de façon logique. »[7]

7.1.2. D'autres logiques ?

Bourgeois de son côté prône l'analyse technique des différentes situations incidentelles et accidentelles, et c'est cette analyse qui doit déterminer l'attitude des experts. Rappelons qu'il n'y a pas d'administration responsable de la sûreté en France en 1964 et pas encore de règles à suivre. S'occuper en particulier des accidents majeurs, dont les industriels ont tendance à estimer qu'ils sont hypothétiques, et des dispositions pour leur faire face et que certains jugent d'ores et déjà superflues, est encore d'actualité selon Bourgeois, et c'est le rôle particulier de la sûreté. La prudence doit encore être de mise :

> Les incidents mineurs répétés ne mettent pas en danger les populations, mais grèvent trop le facteur de charge pour qu'on ne puisse faire appel de ce côté à la sagesse de l'exploitant. Par contre, les accidents majeurs possibles ne sont pas encore suffisamment connus pour que l'on considère leur étude

---

6 *Ibid.*

7 *Ibid.*

comme terminée – celle-ci a d'ailleurs souvent montré qu'ils pouvaient être moins graves que prévu et bien contrôlés – ou qu'on supprime les enceintes avant d'avoir tenté de les intégrer économiquement dans la construction du réacteur.[8]

Il faut rendre justice aux ingénieurs américains qui ne sont pas poussés uniquement par des pressions politiques ou administratives. Dans l'esprit des hommes de la sûreté aux États-Unis, être prémuni contre les « accidents maximaux prévisibles » doit permettre de l'être contre des accidents « moins graves, même s'ils sont plus probables. »[9] Cette logique apparemment incontestable sera prise en défaut lors d'un retentissant accident quelques années plus tard.

Mais il faut souligner que derrière ces problèmes de méthodologie, derrière la dénonciation par Farmer des pratiques américaines, se posent des questions très concrètes, et très politiques. Dès 1964, il s'agit pour Farmer d'adopter une méthode plus souple d'évaluation qui permette de sélectionner des sites dont les caractéristiques d'éloignement des centres urbains soient moins drastiques ; c'est une condition pour le développement d'un grand programme atomique. Or, dans des pays densément peuplés comme la Grande-Bretagne ou d'autres pays européens, ou encore le Japon, ces exigences limitent de fait le nombre de sites envisageables pour l'implantation des réacteurs.

7.2. Le colloque de l'Agence de Vienne d'avril 1967

Le débat entre les spécialistes de la sûreté se poursuit quelques années plus tard lors du second colloque international sur la sûreté des réacteurs organisé sous les auspices de l'Agence internationale de l'énergie atomique. Le symposium intitulé « choix des sites des centrales et leur confinement » se déroule dans la capitale autrichienne du 3 au 7 avril 1967. C'est le plus important des colloques organisés par l'AIEA jusque-là.[10] Près de 250 scientifiques représentant 30 nations ou organisations internationales y prennent part.

---

[8] Bourgeois, J., « Quelques remarques sur la sécurité des réacteurs », *Énergie Nucléaire*, vol. 6, n° 8, décembre 1964, p. 494-499.

[9] Beck, C.K., « US reactor experience and power reactor siting », *Proceedings of the Third International Conference on Peaceful Uses of Atomic Energy*, Geneva, United Nations, 1964, p. 353-359 ; Beck, C.K., Discussion du mémoire P/275, p. 478.

[10] Ce colloque est le troisième consacré par l'AIEA aux problèmes d'implantation des réacteurs ; le premier s'était tenu à Vienne au printemps 1962, le second à Bombay, en Inde, en mars 1963.

7.2.1. La position française

Si dans la foulée des Anglais les Français prennent petit à petit leurs distances d'avec les concepts américains, ils se distinguent aussi des tendances britanniques qui tendent à conclure à la nécessité d'assouplir les règles en matière d'implantation pour les sites des centrales nucléaires. Lors du symposium de l'AIEA, la délégation française présente une communication intitulée « Contribution à l'étude de l'implantation des centrales nucléaires auprès des villes »,[11] qui prône l'utilisation de la distance comme facteur de sûreté supplémentaire.

En introduction, deux ingénieurs du GTSP, Vathaire et Lavie, rappellent que depuis le début, on a tenu en France à implanter les réacteurs à une distance suffisante des grandes agglomérations, ce qui n'a d'ailleurs pas posé de problème car le nombre de sites nécessaires s'élève alors à moins d'une dizaine. Les sites choisis par EDF à Chinon, Bugey et Fessenheim peuvent recevoir des installations de grosse puissance et la question du choix de nouveaux sites ne se pose pas dans l'immédiat. Mais les auteurs jugent intéressant d'étudier dans une perspective à plus long terme la possibilité d'implanter des centrales nucléaires plus près des agglomérations et notamment des très grandes puisque « des rejets accidentels importants de produits de fission ne sont pas complètement exclus, bien que leur probabilité soit très faible » :

> Il faudrait pour cela la coïncidence de plusieurs événements à faibles probabilités, par exemple, qu'en cas de rupture du circuit de refroidissement principal, les dispositifs automatiques d'arrêt d'urgence ou les moyens de refroidissement de secours ne soient pas efficaces, et que les barrières assurant le confinement des produits de fission soient toutes rompues. De tels accidents ne sont pas envisagés d'habitude dans les rapports de sûreté, car jugés hautement improbables, mais il nous paraît nécessaire de les considérer pour une étude de site en zone très peuplée, à cause de l'importance des conséquences.[12]

Des conséquences plus importantes du fait d'une population plus nombreuse au voisinage imposent de s'interroger sur des accidents dont les probabilités sont plus faibles. Les spécialistes français de sûreté présentent une méthode d'évaluation d'un coefficient de sécurité F(d)

[11] Lavie, J.M., Vathaire (de), F., « Contribution à l'étude de l'implantation des centrales nucléaires auprès des villes », *IAEA Symposium on Nuclear Siting*, IAEA, STI/PUB/154, SM89, 1967, p. 331-343.

[12] *Ibid.*, p. 332. Les auteurs sont en cela en parfait accord avec J. Yvon, qui dans un rapport interne du 2 décembre 1963, affirmait : « Les accidents les plus graves proviennent souvent de la coïncidence d'incidents, dont chacun, survenant individuellement, aurait pu rester sans gravité. » Cité par Cogné, F., « Évolution de la sûreté nucléaire », *Revue Générale Nucléaire*, n° 1, 1984, p. 18-32, p. 21.

apporté par la distance, défini comme le rapport du risque associé à une implantation à la périphérie de la ville à celui associé à une implantation à la distance d de cette ville. Ils en tirent la conclusion suivante :

> Si les études de sûreté ne permettent pas d'éliminer, malgré les parades mises en place, l'éventualité d'un rejet accidentel (...) et conduisent en dernier ressort à compter sur un certain facteur de sécurité apporté par la distance, c'est à un éloignement d'autant plus grand que la ville est plus importante qu'il faudra recourir pour réaliser ce facteur de sécurité. À titre d'exemple, la réduction des risques somatiques d'un facteur 30 et des risques génétiques d'un facteur 10 nécessite un éloignement d'environ cinq fois le diamètre moyen de la ville.[13]

Mais ils tiennent à préciser qu'étant donné les incertitudes sur tous les paramètres et hypothèses utilisées, leurs résultats ne visent pas à constituer une norme, mais plutôt une méthode d'approche comparative. La conclusion importante de cette étude est d'attirer l'attention sur l'intérêt de faire « le meilleur usage possible de la distance comme facteur de sûreté intrinsèque du site, au moins aussi longtemps que nous ne possédons pas une expérience suffisante pour évaluer la fiabilité des systèmes de sûreté ».[14]

Cette dernière conclusion est critiquée par Farmer lors de la discussion de l'article. La démonstration française ne prend pas en compte l'ensemble du spectre des conséquences : remarquant que 300 rems à la thyroïde a été pris comme dose limite pour le calcul du nombre de personnes touchées par les rejets, et qu'habituellement on suppose une relation linéaire entre le risque et la dose, il note que le nombre d'accidentés recevant entre 100 et 300 rems pourrait être au moins aussi important que celui des personnes exposées à plus de 300 rems, si l'on prenait en compte le plus grand nombre de gens affectés par des doses moindres (et donc plus éloignées). Dans de nombreux cas, on sera incapable d'obtenir le type d'avantage provenant de l'éloignement tel que celui présenté dans la communication, avance Farmer.[15]

7.2.2. *Farmer et l'approche probabiliste*

Lors du même symposium de l'AIEA, Farmer présente un texte[16] appelé à devenir célèbre, intitulé « Siting Criteria, A New Approach », où il développe une nouvelle méthode d'évaluation de la sûreté d'un réac-

---

13 *Ibid.*, p. 337.

14 Lavie, Vathaire, « Contribution... », *op. cit.*, p. 343.

15 *Ibid.*, p. 343.

16 Farmer, F.R., « Siting Criteria – A New Approach », *Proceedings of the IAEA symposium on nuclear siting*, IAEA, 1967, STI/PUB/154, SM-89, p. 303-329.

teur. Il ne se contente pas de l'influence d'un paramètre, la distance, mais tente une approche globale de la sûreté. Pour cela, il s'appuie sur l'analyse des probabilités de défaillance des divers systèmes qui pourraient mener à un accident.

La méthode décrite par Farmer dans sa communication, qui lance véritablement ce qu'on appelle l'approche probabiliste de la sûreté, est souvent résumée dans la littérature, mais les motivations qui en sont à l'origine le sont rarement. Pourtant Farmer les exprime sans ambages : il s'agit pour lui de réduire les marges de sécurité prises de façon trop « conservative » au moment où l'énergie nucléaire était encore un domaine inconnu. Or, affirme-t-il, les études de sûreté ont progressé avec le développement des réacteurs, et la connaissance de ces marges s'est parallèlement accrue. Il faut donc trouver une méthode logique de décision, sachant que toute construction de réacteur suppose l'acceptation d'un certain risque. L'introduction est particulièrement importante. Farmer n'avance pas masqué, puisqu'il l'intitule « introduction – the need for change ». Il montre que si, à l'époque du lancement du programme nucléaire, l'on avait besoin d'un nombre de sites limité et l'on disposait d'une certaine liberté de choix, il n'en est plus de même dans les pays où la densité de population est élevée, si l'on veut développer de nombreuses centrales nucléaires et tirer profit des économies que cette filière énergétique promet de réaliser. Il est donc nécessaire de formuler et d'adopter des critères de sûreté quantitatifs pour l'implantation de ces installations : mais on ne peut se contenter de l'approche américaine séparant les accidents jugés « croyables » de ceux jugés « incroyables ».

> Il n'y a pas de manière logique de faire la différence entre les accidents « croyables » et les accidents « incroyables ». « L'incroyable » est souvent fait de la combinaison d'événements très ordinaires – par exemple, la panne ou la détérioration qui se produit dans une usine normale et ses instruments de mesure ; et le « croyable » peut s'avérer extrêmement improbable. La voie logique pour traiter cette situation est de rechercher à évaluer tout le spectre des risques d'une façon quantitative, et le but de ce papier est de montrer comment ceci peut influencer le choix des sites pour les centrales nucléaires de puissance.[17]

L'approche probabiliste proposée par Farmer consiste à mesurer le risque, c'est-à-dire à évaluer à la fois la probabilité d'occurrence d'un incident et ses conséquences. Pour chaque événement initiateur on doit rechercher les voies qui pourraient mener à un accident et calculer à la fois les probabilités de défaillances des matériels successifs qui y conduiraient, mais aussi les conséquences ultimes, en termes de rejet

---

17 *Ibid.*, p. 304. Traduit par nos soins.

d'iode 131, l'isotope radioactif le plus dangereux pour la santé. On peut alors placer ces points sur un graphique avec en ordonnées les probabilités sous la forme de l'intervalle de temps moyen entre deux événements (en années de fonctionnement de réacteur), et en abscisses les quantités de rejets d'iode correspondantes. À partir de ce graphique probabilités-conséquences, Farmer propose un critère de sûreté sous la forme d'une ligne définissant une limite maximale aux probabilités d'occurrence de chaque rejet : plus les conséquences d'une défaillance sont importantes, plus sa probabilité doit être faible. Il définit ainsi une zone de risque élevé et une zone de faible risque.

Diagramme probabilité-conséquence de Farmer

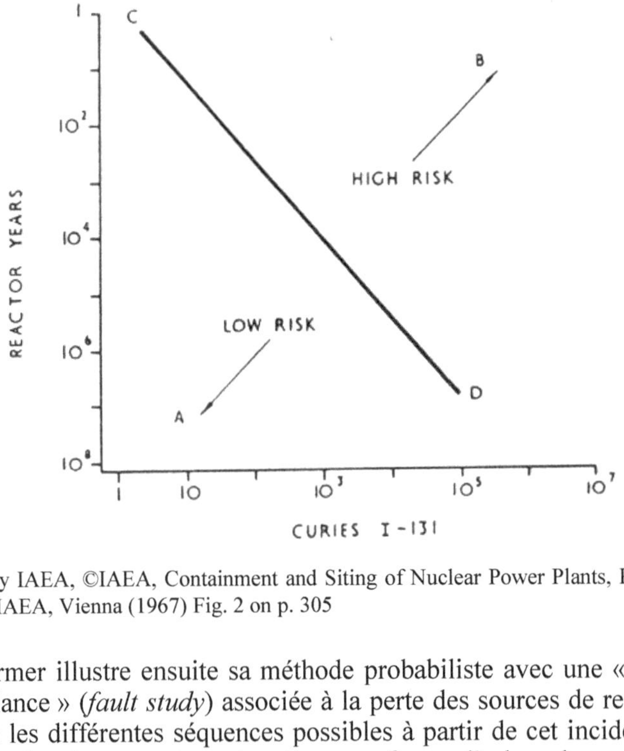

Courtesy IAEA, ©IAEA, Containment and Siting of Nuclear Power Plants, Proceedings Series, IAEA, Vienna (1967) Fig. 2 on p. 305

Farmer illustre ensuite sa méthode probabiliste avec une « étude de défaillance » (*fault study*) associée à la perte des sources de refroidissement : les différentes séquences possibles à partir de cet incident initial sont envisagées et sont représentées sous forme d'arbre ; les probabilités de chacune sont calculées, ce qui amène à déterminer un chemin critique pour cet accident. Par exemple, la fiabilité du système de protection, chargé d'émettre un signal ou une action déclenchant la chute des barres, est évaluée en fonction de la probabilité que chacun de ses composants effectue ou non sa tâche (résistances, capacités, transistors, diodes, valves, amplificateurs, etc.).

La fiabilité des structures pose un problème plus ardu, car comment évaluer la probabilité de rupture d'une cuve en béton ou en acier, dont on peut penser qu'elle se situe aux environs de 1 sur 100 000 ou 1 sur 1 000 000 au cours de la vie d'une installation ? Farmer montre qu'on peut résoudre la question en tenant compte de l'expérience acquise dans les autres techniques, qui utilisent des dizaines de milliers de ces structures depuis des dizaines d'années de par le monde. D'autre part, par des mesures constructives appropriées (la multiplication des câbles de précontrainte pour une cuve en béton), il serait possible de suivre l'évolution des caractéristiques de ces structures et de déceler les signes avant-coureurs d'une rupture brutale. Farmer refuse donc d'exclure la possibilité de rupture brutale des caissons comme le font les spécialistes des autres pays, et il cherche un moyen de mesurer sa probabilité, faible, mais réelle.

En ce qui concerne les aspects purement nucléaires, il faut noter que pour sa démonstration Farmer peut s'appuyer sur un travail mené depuis de nombreuses années de collecte de données statistiques et même d'un système de collationnement et de compte rendu d'incidents (l'AHSB), mis en place dès 1959 en Grande-Bretagne.

Ayant positionné sa courbe (choix de la pente et d'un point de référence) sur l'espace probabilités-conséquences d'après des considérations sociétales, il calcule le nombre « probabiliste » de victimes pour chaque rejet en se donnant une distribution de population (4 millions de personnes autour du site) et en s'appuyant sur la relation linéaire proposée par la CIPR selon laquelle 1 rad génère 10 à 20 cancers par million de personnes. La probabilité de contracter naturellement un cancer de la thyroïde apparaît de 10 à 100 fois plus élevée que celle due à l'existence de réacteurs nucléaires.

En conclusion de cette analyse qui se veut un moyen simple de définir un critère utilisable par les concepteurs et par ceux chargés de l'évaluation, Farmer revient sur la question des sites : étant donné que les conséquences estimées pour les réacteurs britanniques varient au plus d'un facteur 10 et que les sites britanniques se distinguent au mieux par un facteur 10, il sera possible d'atteindre « un niveau de sûreté qui permettra une liberté complète dans le choix des sites. (…) Des sites moins peuplés pourraient être réservés au développement de nouveaux types de réacteurs. »[18]

18 *Ibid.*, p. 318.

7.2.3. Réaction française à la communication de Farmer

La communication de Farmer a été le point marquant du symposium : toutes les discussions tournent autour de cette nouvelle approche, mais nous nous limiterons à la réaction française, « à chaud », par François de Vathaire lors de la discussion suivant immédiatement l'intervention de Farmer. Vathaire reconnaît les mérites de cette approche mettant l'accent sur la fiabilité car elle devrait permettre d'améliorer grandement la sûreté. Cependant, Vathaire est opposé à la conclusion de Farmer qui plaide pour la totale liberté dans le choix des sites. D'autre part, le représentant français estime qu'appliquer la méthode des probabilités consiste à raisonner « comme les actuaires » pour le calcul des primes d'assurance ; or les connaissances en matière de défaillances sont encore insuffisantes dans le domaine nucléaire, et vu le nombre impressionnant des incidents répertoriés dans le monde – incidents sans conséquences radiologiques sérieuses mais qui auraient pu en avoir – il apparaît que la probabilité de défaillance dans les conditions actuelles d'exploitation est particulièrement élevée, en particulier du fait des erreurs humaines.[19] En ce qui concerne les grands accidents, qui sont « le seul réel problème de sûreté », Vathaire se demande si estimer des probabilités de l'ordre d'une fois tous les mille ou million d'années peut avoir une réelle signification, et si cela ne peut pas conduire à considérer que le fortement improbable ne se produira jamais. C'est pourquoi il réitère la position développée dans sa communication : si un accident libérant 10^7 Ci d'iode devait néanmoins se produire et que le réacteur était situé en zone urbaine, les conséquences seraient catastrophiques, alors qu'elles auraient des conséquences plus limitées si celui-ci était situé à 20 ou 30 kilomètres.

L'intervention de Vathaire lors de la discussion finale du colloque résume les différentes positions qui divisent la communauté nucléaire ainsi que les enjeux réels de ces discussions sur la méthodologie d'étude des accidents :

> J'ai eu l'impression durant cette réunion que les justifications avancées pour la sélection des sites étaient quelque peu influencées par les conditions pratiques dans chaque pays et, en simplifiant quelque peu, j'ai le sentiment que les pays de faible densité de population sont attirés par le concept de sûreté basé sur le concept d'accident maximum et de distance et s'occupent plus de la dose maximale individuelle en cas d'accident. De l'autre côté, les pays densément peuplés sont intéressés par la méthode probabiliste et prêtent plus d'attention à la limite de la dose collective, c'est-à-dire le nombre probable de cancers. (…) En rappelant les inévitables incertitudes, je pense que les

[19] Vathaire (de), F., « Discussion de la communication de Farmer », IAEA, STI/PUB/154, SM 89, p. 325.

membres des commissions de sûreté doivent toujours faire l'effort maximum pour utiliser tous les facteurs de sûreté disponibles et ne pas sacrifier la sûreté à des considérations économiques.[20]

Ce qui est frappant dans l'approche de Farmer c'est qu'il ne s'agit plus seulement de technique, mais de choix sociétal : où place-t-on les limites, quelle est l'acceptabilité du risque ? L'arbitraire a été déplacé de l'étude d'un certain nombre d'accidents de référence vers le positionnement de cette frontière séparant l'acceptable de l'inacceptable, posant clairement le problème de l'acceptabilité du risque et de qui doit en décider. C'est en quelque sorte l'irruption de la société dans ce domaine technique, une tentative de mathématisation du niveau d'acceptabilité par la société des risques que lui font encourir les technologies.

Dans les faits, les Français portent un grand intérêt à la démarche britannique citée comme un exemple de la « philosophie actuelle du travail en matière de sûreté », et ils sont très favorables à cette approche quantitative des risques de défaillance.[21] Les Français retiennent la méthode dans ce qu'elle a d'intéressant du point de vue technique : la méthode basée sur les probabilités est un moyen de révéler les faiblesses des systèmes, les chemins critiques grâce aux arbres de défaillance. Mais ils ne s'aventurent pas dans ces considérations qui sont du domaine du politique. Vathaire, qui peut être considéré comme porte-parole de Bourgeois et donc de la position française, se considère comme un expert technique, pas un décideur politique qui aurait à traiter ce difficile problème du niveau d'acceptabilité.

La méthode de Farmer marque une rupture conceptuelle dans l'histoire de la sûreté. C'est une nouvelle approche du risque, indiquant les moyens de calculer les probabilités associées aux conséquences d'un accident et qui lui offrent un critère d'acceptabilité. Mais si c'est un progrès dans l'approche logique de la sûreté, l'un des inconvénients de la méthode de Farmer est de montrer que malgré tous les efforts faits en matière de sûreté, il existe un risque résiduel. De ce point de vue, ce n'est pas nécessairement un très bon outil de communication.

7.3. Le « dialogue technique » à la française

Au milieu des années 1960, les responsables français de la sûreté sont devenus assez mûrs, assez sûrs d'eux pour affirmer le bien-fondé de leur approche de la sûreté, de leur méthode d'analyse pragmatique, celle des barrières. Le groupe d'experts du GTSP (ils sont désormais une

---

20 *Ibid.*, p. 791-792. (Souligné par nous).

21 Vathaire (de), F., « La sûreté des réacteurs : réalisations et tendances actuelles », *Énergie Nucléaire*, vol. 7, novembre 1967, p. 421-427, p. 422.

trentaine à Saclay) travaille en collaboration étroite avec concepteurs et exploitants, il procède à l'examen des rapports de sûreté et à la coordination des études de sûreté effectuées par différents services du CEA ou par des entreprises extérieures sous contrat. Une autre partie du GTSP, à Cadarache, effectue surtout des calculs de sûreté et des expérimentations.

Pour Vathaire, cette « méthode française » a fait ses preuves. Il la résume fin 1967 :

> [La sûreté] repose essentiellement sur une prise de conscience réaliste des risques potentiels ainsi que du rôle de la prévention par les équipes chargées de concevoir, construire et exploiter les installations. Cette prise de conscience est facilitée par le développement des études de sûreté et par l'adoption de procédures souples d'examen, où les examinateurs ne sont pas des juges lointains et supérieurs établissant des freins réglementaires immuables, mais sont susceptibles grâce à un contact permanent avec la vie des installations et grâce à des activités d'étude soutenues d'apporter une contribution personnelle à la solution des problèmes de sûreté. Dans l'état actuel du développement de l'énergie atomique, cette méthode est vraisemblablement la plus efficace et la plus économique pour établir et maintenir le très haut niveau de sûreté indispensable.[22]

Ce « dialogue technique » à la française est visible dans les textes de Bourgeois ou Vathaire qui font peu de philosophie, mais « parlent technique ». L'analyse des barrières est une façon d'aborder les problèmes de façon technique, sans se poser, dans un premier temps, trop de questions sur les grands accidents. On peut également s'interroger sur cette conception française qui attribue un certain nombre de vertus intrinsèques à la technique. Bourgeois par exemple parle même de « remède technique » : « Au cours de nos recherches sur les accidents, il nous est apparu que le remède technique apparaissait très souvent peu après la découverte de chaque risque, et que ce remède ne conduisait pas obligatoirement à des installations plus complexes ou plus onéreuses. »[23]

À la fin des années 1950, l'invention aux États-Unis du concept « d'accident maximum prévisible » correspondait à la nécessité de créer un moyen de communication entre les différents acteurs du jeu nucléaire américain, pour pouvoir parler des accidents graves. En Grande-Bretagne également, la démarche de Farmer veut proposer une méthode de discussion, non plus basée sur un consensus entre experts sur un type d'accidents à considérer ou à exclure, mais sur une ligne frontière entre

---

22 *Ibid.*

23 Bourgeois, J., Costes, D., Henri, C., Lamiral, G., Segot, Ch., « Problèmes de sûreté des réacteurs de puissance à uranium naturel modérés au graphite et refroidis au gaz », *BIST*, CEA, n° 63, Juillet 1962, p. 9-24, p. 10.

risque acceptable et inacceptable, en examinant à la fois la gravité et la probabilité d'un large panel d'incidents. Côté français, on insiste sur les vertus du « dialogue technique », car cette dernière méthode s'avère l'outil de communication adapté aux conditions françaises. L'absence de réglementation en matière nucléaire en France institutionnalise de fait le dialogue technique entre experts : aucun critère réglementaire sur la distance par exemple ne limite l'implantation d'une installation nucléaire sur un site, alors qu'aux États-Unis et en Grande-Bretagne, de la philosophie de la sûreté découlent des règles strictes, traduites sous la forme de zones d'exclusion et de zones d'évacuation dont l'étendue varie en fonction de la puissance de la machine et de la densité de la population autour du site. En France, on peut juger au cas par cas et faire « le meilleur usage possible de la distance comme facteur de sécurité ».

Dans le type de discussions entre spécialistes prôné en France, tous les protagonistes parlent la même langue : les différents acteurs ont été formés dans le même moule, dans les mêmes grandes écoles, partagent des valeurs communes. Nous ne voulons pas dire pour autant qu'ils sacrifient pour cela la sécurité sur l'autel de la déesse énergie atomique, car un même but peut être atteint de manières différentes, et des divergences importantes existent entre les différents acteurs. Il est vrai cependant que tous les protagonistes de ce dialogue sont persuadés que l'énergie atomique est la source d'énergie de l'avenir, que l'intérêt national (militaire et industriel) passe par le succès du nucléaire, quand ils ne partagent pas pour certains une vision messianique de cette source d'énergie sensée libérer l'humanité des servitudes imposées par des ressources énergétiques limitées. D'autre part, un nouveau corps de spécialistes est apparu à l'intérieur du CEA, qui tout en étant d'ardents défenseurs du développement du programme atomique, tentent de démontrer qu'il est de l'intérêt général de faire progresser la sûreté. Dans le cas français, l'institutionnalisation première de la sûreté a lieu au sein d'un organisme à vocation scientifique et technique : l'examen de la sûreté est l'œuvre d'une commission qui réunit les plus hautes compétences du CEA en la personne des chefs des grandes directions du Commissariat. Les demandeurs d'autorisation peuvent venir plaider leur cause devant cette commission, en défendant leurs arguments techniques. Ce dialogue est facilité car que ce soient les hommes du CEA (scientifiques, ingénieurs), les gens d'EDF chargés des réacteurs nucléaires, ou plus tard les responsables des ministères, tous sont ingénieurs, physiciens, ayant reçu une formation scientifique ou technique, et partagent une même confiance dans la « rationalité technique », qui ne peut être que seul juge réellement objectif. Et de fait, ce sont eux qui ont le pouvoir de décision, et personne ne vient pour l'instant le leur contester : il leur apparaît bien normal que les critères de jugement soient basés sur la compétence qu'ils ont acquise, et l'on peut même dire, la compétence technique, plus même que scientifique, car la sûreté est avant tout une question technique ou technologique.[24] Et l'argument de la compétence n'est pas qu'un style de rhétorique pour exclure les non spécialistes : ils ont conçu, construit, fait fonctionner des piles atomiques. La sûreté au sein du CEA est aux mains de réels techniciens et on a pu montrer quelle était la teneur des discussions lors des séances de la commission.

C'est une école de pensée créée sous Jean Bourgeois qui va dominer la sûreté des installations nucléaires en France pendant des décennies. Cette conception, à travers des modifications certaines, conservera comme principe la nécessité du dialogue, parfois rude, entre techniciens des différentes parties présentes dans la prise en compte de la sûreté : l'exploitant, l'expert de sûreté et l'autorité administrative qui va se mettre sur pied.

---

24 Nous retrouverons cette insistance sur l'aspect « compétence technique » avec encore plus de force dans la bouche des gens de la sûreté, face aux opposants dénigrés parce qu'ils ne savent pas de quoi ils parlent, mais aussi quand d'éminents scientifiques viendront plus tard rejoindre le camp des opposants au nucléaire, mettant en avant leur compétence de physiciens pour donner du crédit à leur opposition.

TROISIÈME PARTIE

LES RÉPERCUSSIONS DU TRANSFERT DE TECHNOLOGIE DEPUIS LES ÉTATS-UNIS, REDISTRIBUTION DES RÔLES, CONTINUITÉ DANS LA DOCTRINE DE SÛRETÉ (1970-1979)

CHAPITRE 8

La mise en place du tripode de la sûreté

Les années 1967-1973 marquent un tournant dans l'histoire du développement de l'énergie nucléaire en France, puisqu'elles voient l'abandon de la filière « française » graphite-gaz au profit de la filière américaine à eau légère. Ce tournant va conduire à une réorganisation complète des différents acteurs impliqués dans le jeu nucléaire français, que ce soit au CEA, à EDF, dans l'industrie ou encore au sein de l'administration avec la création d'un service confié au Corps des mines et chargé de la sûreté nucléaire.

8.1. La guerre des filières

8.1.1. L'abandon du graphite-gaz

Sans entrer dans le récit des arcanes de ce qu'on a appelé la « guerre des filières » qui a marqué la fin des années 1960 en France et dont les épisodes ont été relatés par de nombreux auteurs,[1] notons schématiquement que d'âpres conflits se sont déroulés entre le CEA d'une part, fervent défenseur de la filière qu'il a développée, en particulier sous la houlette de Jules Horowitz, et EDF de l'autre, plus attirée à partir de 1966 par les performances économiques des réacteurs à eau légère développés aux États-Unis,[2] le tout sous l'arbitrage du gouvernement et de différentes commissions (commission Péon,[3] commission du Plan).

---

[1] La littérature est abondante concernant cette « guerre des filières ». Parmi les ouvrages les plus récents, on peut citer : Hecht, Gabrielle, *Le rayonnement de la France : Énergie nucléaire et identité nationale après la Seconde Guerre mondiale*, Paris, La Découverte, 2004 ; Frost, Robert L., *Alternating Currents. Nationalized Power in France, 1946-1970*, Ithaca and London, Cornell University Press, 1991 ; Jasper, James M., *Energy and the State in the United States, Sweden and France*, Princeton, Princeton University-Press, 1990.

[2] Comme l'indique Marcel Boiteux, les lignes de front pouvaient également traverser les deux organismes : « il y avait autant de partisans convaincus de la filière graphite-gaz à l'EDF que de partisans de la filière à l'eau légère au CEA », dès lors que le CEA a su enrichir l'uranium grâce à son usine de Pierrelatte. Boiteux, Marcel, *Haute Tension*, Paris, Odile Jacob, 1993, p. 145.

[3] Créée en 1955, la Commission pour la production d'électricité d'origine nucléaire (PEON) a pour objectif de conseiller le gouvernement sur les questions nucléaires.

L'allocution de Marcel Boiteux,[4] directeur général d'EDF, prononcée le 16 octobre 1969 lors de l'inauguration de la centrale de Saint-Laurent-des-Eaux, où il présente la centrale de la Loire comme la dernière, sonne le glas pour la filière UNGG :

> Il nous faut reconnaître, déclare Boiteux, que la filière à eau légère n'est pas plus éprouvée que la filière graphite-gaz sur le plan de la fiabilité (...). Mais il y a actuellement dans le monde environ 80 000 MW en construction ou en commande dans les filières à eau légère, alors que dans la filière gaz-graphite il y en a 8 000 en service ou en commande. Vous voyez la disproportion... Continuer, en France, dans nos petites frontières, à poursuivre une technique à laquelle le monde ne s'intéresse pas, cela n'a plus de sens aujourd'hui. Le fait que le marché mondial soit maintenant nettement orienté vers la filière à eau légère fait que nos industriels ne pourront se placer dans le monde industriel que dans la mesure où ils ont eux-mêmes un acquis valable dans la filière à laquelle le monde s'intéresse.[5]

Le hasard veut que le lendemain de son allocution, la centrale de Saint-Laurent des Eaux subisse un sérieux accident, le plus grave survenu en France, suite à une fausse manœuvre. Il entraîne des dégâts considérables : des éléments combustibles de l'un des canaux du réacteur ont fondu, soit plus de 30 kilogrammes d'uranium.[6] Ce second incident sur une centrale UNGG, après celui subi par la centrale EDF3 en 1966, pèse

---

Jusqu'à la fin des années 1960, les décisions sont négociées entre CEA et EDF et la Commission ne fait que les entériner. Son rôle croît lors de la guerre des filières. Au sein de la commission Péon, les experts de l'Administration et des grandes entreprises du domaine énergétique travaillent d'ailleurs d'après des analyses proposées par les services d'EDF et celles de la Direction du gaz, de l'électricité du charbon du ministère de l'Industrie.

4 Né à Niort en mai 1922, Marcel Boiteux, normalien, agrégé de mathématiques, est admis au CNRS sous la houlette du professeur Darmois, puis devient l'assistant de Maurice Allais, futur prix Nobel d'économie, à l'École des Mines de Paris. Il participe à la réforme de la tarification de la SNCF et entre le 1er avril 1949 à EDF, remarqué par Pierre Massé, alors directeur général adjoint d'EDF. En 1958, il est nommé directeur chargé du Service des études économiques générales d'EDF. Il met au point la tarification de l'électricité au coût marginal. Nommé le 1er janvier 1967 directeur général, il sera président d'EDF de 1979 à 1987.

5 Cité par Puiseux, Louis, *La Babel nucléaire*, Paris, Galilée, 1977, p. 116.

6 L'accident de Saint-Laurent-des-Eaux 1 du 17 octobre 1969 est le plus grave accident nucléaire français. Il survient à la suite d'une erreur sur le programme automatique de chargement et de déchargement des éléments combustibles. Des éléments de graphite ont été disposés dans la machine au lieu d'éléments combustibles. Il se trouve que le dernier des cinq éléments de graphite est percé d'un trou de diamètre 20 mm contre 70 pour les autres, empêchant un refroidissement suffisant du canal. Les opérations de décontamination seront très délicates à cause de la forte radioactivité régnant en certaines parties du réacteur. Il sera remis en service un an plus tard.

sans nul doute sur la décision des Pouvoirs publics de s'orienter vers la filière à eau légère.

Après plusieurs années de « guérilla », le « déchaînement des passions » une fois endigué, une « paix constructive »[7] sera établie entre Marcel Boiteux d'EDF et Robert Hirsh[8] côté CEA. Le nouveau Premier ministre Georges Pompidou arbitrera finalement en faveur de la filière à eau légère, sous licence américaine. C'est ce choix du pouvoir politique qui sera dévoilé par Marcel Boiteux lors de l'inauguration de la centrale de Saint-Laurent en octobre 1969. Dernier avatar de cette période mouvementée, la centrale de Fessenheim, qui suivant une décision prise lors d'un conseil interministériel de décembre 1967 devait être construite dans la filière UNGG, sera finalement du type « eau légère ».

8.1.2. La réorganisation du CEA : André Giraud, administrateur général

En juin 1969, conformément à la volonté de Pompidou, le CEA passe sous la même tutelle qu'EDF, celle du ministère du Développement industriel et scientifique, alors qu'à l'origine en 1945 l'administrateur général du CEA portait le titre de « délégué du Gouvernement » et recevait ses directives directement du chef de l'État. Robert Hirsh, envoyé à la Présidence de Gaz de France, est remplacé au poste d'administrateur général par André Giraud. Polytechnicien du Corps des mines, André Giraud[9] est considéré comme l'un des artisans du succès du programme nucléaire français.

---

7 Selon les termes employés par Marcel Boiteux dans le chapitre « La bataille des filières nucléaires » consacré au conflit avec le CEA. Boiteux, M., *op. cit.*, p. 138-149.

8 Né en 1912, Robert Hirsh est polytechnicien (X 1932), officier de l'armée de l'air (1934). Directeur du matériel, du logement et des transports de la Sûreté Nationale (1944), il occupe des postes de préfet dans différents départements jusqu'en 1959, puis la fonction d'inspecteur général de l'administration jusqu'en 1963. Nommé administrateur général du CEA (1963-1970) à la suite de Pierre Couture, il est en même temps administrateur d'EDF de 1963 à 1970 et du CNES de 1968 à 1970.

9 Né en 1925 à Bordeaux, André Giraud intègre l'École polytechnique en 1944. Il en sort major, puis passe par l'École des mines de Paris et l'École nationale supérieure du pétrole et des moteurs. Entré en 1949 au ministère de l'Industrie, la première partie de sa carrière se déroule dans le domaine pétrolier, à l'Institut français du pétrole puis à la Direction des carburants. Après un passage en 1969 comme chef de cabinet d'Olivier Guichard à l'Éducation nationale, il est nommé administrateur général du CEA en octobre 1970. Ses bonnes relations avec Marcel Boiteux faciliteront l'arrêt de la bataille des filières entre les deux organismes. Il sera nommé ministre de l'Industrie en 1978, année du second choc pétrolier. Écarté par l'arrivée de la gauche au pouvoir en 1981, il retrouve un poste de ministre de la Défense de 1986 à 1988. André Giraud décède en 1997.

Afin d'éviter les conflits entre les deux organismes, une commission dite « Cristofini » du nom de son président est chargée par le gouvernement de réviser l'ordonnance du 19 octobre 1945 qui avait institué le CEA. La réorganisation du CEA est officialisée par la promulgation d'un décret du 29 septembre 1970 qui abroge l'alinéa de l'article premier de l'ordonnance de 1945 qui précisait que « le CEA réalise à l'échelle industrielle les dispositifs générateurs d'énergie d'origine nucléaire. » Mais le CEA conserve ses prérogatives en matière de sûreté, comme le précise son article deuxième : « Le Commissariat à l'Énergie atomique (...) propose les mesures propres à assurer la protection des personnes et des biens contre les effets de l'énergie atomique et contribue à leur mise en œuvre. »[10]

André Giraud réorganise le CEA en séparant les aspects scientifiques des aspects techniques pour permettre « le passage à l'industrie des activités du CEA devenues rentables. »[11] Giraud va se consacrer à la mise au point de ce qu'on appelle « le cycle du combustible », confié en 1976 à la Compagnie générale des matières nucléaires (COGEMA), filiale du CEA, qui extrait, fabrique et retraite le combustible nucléaire.

Les années 1970-1971 voient la réorganisation des structures internes du CEA, mais le Commissariat ne sera pas démembré comme l'hypothèse avait été un moment envisagée. Le Conseil interministériel du 13 novembre 1969, outre l'annonce de l'abandon de l'UNGG, décide de réorganiser les missions du CEA, et notamment de diminuer ses effectifs de près de 2 600 par an, ce qui suscite des grèves parmi le personnel du CEA : les cinq principales organisations syndicales du Commissariat se rassemblent pour dénoncer les licenciements, l'introduction des réacteurs à eau légère, l'abandon de leurs compétences techniques et l'incohérence de la politique de recherche nucléaire. Le 10 octobre 1969, 800 employés manifestent à Marcoule. La déclaration de Boiteux à Saint-Laurent entraîne de nouvelles grèves au CEA : cinq employés entament une grève de la faim contre l'abandon du graphite-gaz mais aussi pour de meilleures relations entre les employés et leur hiérarchie, contre les licenciements. Les grèves vont aller en s'intensifiant. À la mi-novembre, entre 4 000 et 6 000 manifestants marchent place des Invalides.[12]

La réorganisation aboutit à répartir les tâches du CEA en sept grandes missions (matières premières, applications militaires, recherche fondamentale, protection et sûreté nucléaire, applications industrielles nu-

---

10 Décret n° 70-878 du 29 septembre 1970 (J.O. du 1-10-70, p. 9116).

11 Bourgeois, Jean, « La sûreté nucléaire », in *L'aventure de l'atome*, P.-M. de la Gorce (ed.), tome 2, Paris, Flammarion, 1992, p. 286.

12 Cf. Hecht, Gabrielle, *op. cit.*, p. 296.

cléaires, coopération industrielle non nucléaire, programmes d'intérêt général), chacune d'entre elles étant placée sous la responsabilité d'un délégué. À côté de ces sept « missions », le CEA comprend désormais des services centraux administratifs et des services centraux techniques, des unités opérationnelles au nombre de 18, et des centres d'études nucléaires.

8.2. La création du Département de sûreté nucléaire

La mission « Protection et sûreté nucléaires » est confiée le 4 décembre 1970 à André Gauvenet,[13] ancien chef de cabinet de Francis Perrin. Le rôle principal du délégué est de définir les programmes et les budgets nécessaires à sa mission et de coordonner les études à effectuer.

En même temps que la mission « protection et sûreté nucléaires », est créée une unité opérationnelle, le Département de sûreté nucléaire (DSN). Celui-ci regroupe les moyens d'expertise en matière de sûreté qui s'étoffent progressivement : il comptera un peu plus de 300 personnes en 1974. Le DSN sera pendant de nombreuses années LA référence en matière de sûreté nucléaire en France. Le DSN est l'œuvre de Jean Bourgeois, le patron de la sûreté nucléaire au CEA, et donc en France. Alors qu'il est nommé directeur en 1971, Jean Bourgeois choisit Pierre Tanguy pour prendre la tête du DSN. François Cogné est nommé adjoint au chef du Département.[14] La cheville ouvrière de la sûreté nucléaire en France jusque-là, François de Vathaire, ne figure plus sur les organigrammes : il a quitté le CEA en 1970, ne croyant plus en l'avenir du nucléaire en France.[15]

---

13 André Gauvenet, né en 1920, est sorti de l'École Normale d'instituteur à Dijon, puis a été reçu en 1940 à l'École normale supérieure de Saint Cloud, en physique. Enseignant et chercheur au laboratoire d'électronique de l'ENS de Saint-Cloud de 1948 à 1954, M. Gauvenet va suivre des cours d'ingénieur pour s'orienter vers l'énergie atomique sur les conseils du professeur Rocard. De 1954 à 1956 il est Attaché scientifique à l'ambassade de France aux États-Unis. Il entre au CEA en 1956, d'abord au Cabinet du haut-commissaire Francis Perrin, puis ses activités évoluent vers les problèmes de rayonnements et de sécurité aussi bien dans le domaine civil que militaire. Directeur de la Protection et de la Sûreté radiologique (1965), puis délégué à la Mission Protection et Sûreté nucléaire (1970), et enfin directeur central de la Protection et de la Sûreté du CEA jusqu'en 1982, il termine sa carrière comme inspecteur général pour la Sûreté et la Sécurité nucléaire à EDF (1982-1984).

14 En fait, François Cogné a assuré l'intérim pendant un an à la tête du DSN, avant l'arrivée de Pierre Tanguy, dont le niveau hiérarchique au sein du CEA était plus élevé.

15 La position de François de Vathaire n'était pas marginale à l'époque, car beaucoup pensaient que l'avenir du nucléaire était plus qu'incertain étant donné le faible prix du pétrole entre 1967 et 1970.

8.2.1. Pierre Tanguy

Pierre Tanguy, chef du DSN à partir de 1971, était jusque-là assistant du directeur des Piles atomiques, responsable des projets de la filière graphite-gaz au CEA. Pierre Tanguy devient le n° 2 historique de la sûreté nucléaire en France. Il succédera à Jean Bourgeois lorsque ce dernier partira à la retraite en 1978.

Né en 1929 à Bordeaux, Pierre Tanguy est ancien élève de l'École polytechnique (X 1948). À la sortie de Polytechnique, il obtient une bourse pour une année de stage au Massachusetts Institute of Technology (MIT). C'est là qu'il entend pour la première fois parler du nucléaire dans ses applications civiles pratiques, mais, en tant qu'étudiant étranger, il ne peut s'inscrire au stage dans ce domaine réservé aux étudiants américains. De retour en France, il suit deux ans d'école d'application à l'École des ingénieurs de l'aéronautique à Paris. En 1954, la Direction technique de l'aéronautique l'envoie pour son premier poste en stage au Commissariat à l'Énergie atomique, pour étudier les applications possibles du nucléaire à la propulsion aérienne. Pierre Tanguy acquiert alors une spécialisation de physicien des réacteurs, d'abord comme ingénieur au sein du Service de physique mathématique d'Horowitz. Spécialisé en tant qu'ingénieur de l'Air dans la partie machine (compresseurs, turbines, aérodynamique), sa connaissance de la thermodynamique des gaz lui sera fort utile par la suite au CEA pour étudier les réacteurs nucléaires refroidis au gaz.

Il trouvera ce domaine tellement passionnant, que rentré au CEA pour douze mois, il y restera trente ans ! À partir de là il suit un profil de carrière qu'il qualifie d'« assez normal » : ingénieur spécialiste du réacteur (1954), puis chef de projet pour les réacteurs de la filière graphite-gaz (1959), assistant du directeur des Piles atomiques (1964), il coordonne le projet international pour la centrale de Vendellos en Espagne. Il se tourne vers la sûreté après l'abandon de la filière française : « En 1970, on a abandonné ce type de filière, donc les recherches se sont arrêtées, on est passé aux centrales à eau ordinaire, et j'ai changé de veste, si je puis dire, et je suis passé dans les aspects sécurité. »[16]

La personnalité de Jean Bourgeois et ses qualités humaines le font opter pour la sûreté lors de la réorganisation du CEA tout comme les perspectives de coopération internationale qu'offrait le travail dans le domaine de la sûreté : Jean Bourgeois avait été président du CREST[17] et

---

16 Entretien avec Pierre Tanguy, le 9 novembre 1998.

17 Le CREST, Comité sur la technologie de sûreté des réacteurs (Committee on Reactor Safety Technology) est l'un des comités techniques de l'Agence pour l'Énergie Nucléaire (AEN) de l'Organisation pour la Coopération et le Développement Écono-

jouissait d'une grande réputation internationale. Et l'un des premiers voyages de Tanguy, avec Bourgeois, a été pour prendre contact avec les homologues américains en matière de sûreté des réacteurs à eau. « Et cela a été extrêmement [insistance sur ce dernier mot] riche. Je suis arrivé à une bonne époque, qui était celle où les Américains étaient convaincus que pour la sûreté il fallait s'ouvrir ; qu'il n'y avait pas de secret commercial qui jouait, que c'était trop important ; nous, c'était la carte qu'on voulait jouer, parce qu'on avait beaucoup plus à apprendre d'eux qu'eux de nous, mais on était prêt à leur dire tout ce qu'on faisait, et ça a très bien marché. »[18]

8.2.2. François Cogné

L'adjoint de Tanguy au Département de sûreté nucléaire n'est pas non plus un nouveau venu dans le domaine des réacteurs. François Cogné, n° 3 historique de la sûreté nucléaire en France, est né en 1931, ingénieur de l'École nationale supérieure de mécanique de Nantes et licencié en sciences. Après avoir fait trois ans d'Algérie, il rentre en 1959 au Service de physique mathématique du CEA sous la direction d'Horowitz. Il participe à la physique des réacteurs à graphite développés au cours des années 1960, dirigeant les premières expériences critiques dans ce domaine sur un petit réacteur à Marcoule. Il s'occupe d'études de neutronique et de la modélisation correspondante ainsi que des études sur le recyclage du plutonium dans les réacteurs thermiques. De 1967 à 1971, il est chef de projet au Département des études de piles pour Saint-Laurent et Bugey1.

En 1970, François Cogné assure pendant quatre mois l'intérim à la tête du Groupe technique de sûreté des piles après le départ de François de Vathaire et avant la création du Département de sûreté nucléaire. Pour François Cogné également, le passage côté sûreté représente un virage par rapport à ses activités passées. La question de savoir quels ont été les motifs qui l'ont amené à s'intéresser à la sûreté est jugée « difficile ». Par goût personnel ?

> Non, par goût je n'avais aucune envie de la sûreté. Pour moi les gens de la sûreté étaient des empêcheurs de tourner en rond ; j'étais un projeteur, j'étais un développeur de l'énergie nucléaire, vraiment, je n'appréciais pas

mique (OCDE). Fondé en 1965, il regroupe 21 experts de sûreté nommés par les pays membres de l'OCDE et d'Euratom. Son premier président est le Britannique Farmer, le Français Vathaire assure le secrétariat (1965-1969). Le principal but du CREST est d'améliorer la coopération internationale sur les aspects principaux de recherche en matière de sûreté des réacteurs nucléaires. Le CREST se transforme en 1973 en Comité sur la sûreté des installations nucléaires (CSNI).

[18] Entretien avec Pierre Tanguy.

tellement les gens de la sûreté qui nous empêchaient de travailler. Mais comme m'a dit mon patron de l'époque, c'est avec les anciens voleurs qu'on fait les meilleurs gendarmes. Donc, bon, j'ai accepté quand il me l'a proposé, ça m'a paru une évolution… et j'y ai pris tout de suite de grosses responsabilités.[19]

En revanche, il n'y a aucun doute à ses yeux sur les qualités requises chez les hommes de la sûreté, et en tout premier lieu, la compétence :

> Je crois que ce qui est important en matière de sûreté, c'est que les gens qui font de la sûreté soient des gens qui connaissent. Il faut que ce soient vraiment des gens qui aient participé, qui aient fait, qui aient démarré des centrales – j'ai démarré, j'ai participé et dirigé des essais physiques sur de nombreux réacteurs – il faut avoir fait, avoir manipulé, avoir fait de la physique, il faut connaître les installations, connaître la technique pour pouvoir dire quelque chose en matière de sûreté. La sûreté c'est de la technique. C'est d'abord et avant tout de la technique.[20]

Avec Jean Bourgeois, ces hommes vont incarner l'expertise de la sûreté nucléaire en France pendant plusieurs décennies.

Au sein du Département de sûreté nucléaire, Jean Bourgeois est directeur chargé de la Commission de sûreté des piles. La Commission de sûreté des installations atomiques (CSIA) poursuit en effet ses activités jusqu'en février 1972, date à laquelle elle est remplacée par une Commission centrale de sûreté des installations atomiques (CCSIA), présidée par le haut-commissaire. Elle dispose de quatre Commissions spécialisées : Sûreté des piles, Sûreté des laboratoires et usines, Sûreté des transports et Sûreté criticité.[21] Mais ce n'est plus à partir de là qu'une organisation interne au Commissariat, car le pouvoir en matière de sûreté passe entre d'autres mains.

8.3. Les « Groupes permanents » d'experts

Étant donné les lacunes du décret de 1963, les groupes de sûreté du CEA avaient eu de fait la charge d'étudier la sûreté des piles extérieures au CEA et de proposer à la Commission interministérielle des installations nucléaires de base (CIINB) les projets d'autorisation. À partir de 1967, avec la multiplication des installations EDF, avait été mis en place un groupe d'experts « *ad hoc* » pour la sûreté des réacteurs, dont les membres étaient désignés conjointement par le ministre de l'Industrie et le ministre délégué, chargé de la Recherche scientifique et des questions

---

[19] Entretien avec François Cogné, le 14 janvier 1999.

[20] *Ibid.*

[21] Note IG n° 60 du 8 février 1972, signée par Jacques Yvon, haut-commissaire, et André Giraud, administrateur général.

atomiques et spatiales. Ce groupe « *ad hoc* » était un groupe tripartite où étaient représentés le CEA, EDF et l'industrie. Une décision du ministre du Développement industriel et scientifique en date du 15 mars 1972[22] le transforme en « groupe permanent ».

Trois groupes permanents sont en fait créés à la Direction de la technologie, de l'environnement industriel et des mines (DITEM) du ministère du Développement industriel et scientifique. Ils sont chargés d'étudier les problèmes techniques que posent en matière de sûreté la création, la mise en service, le fonctionnement et l'arrêt des Installations nucléaires de base et de leurs annexes. Un premier groupe permanent est chargé des réacteurs nucléaires, un second groupe traite des problèmes relatifs aux accélérateurs de particules et un troisième est chargé de toutes les autres installations nucléaires de base.

Le Groupe permanent chargé des réacteurs (GPR) comprend, outre un président, cinq représentants du ministère du Développement industriel et scientifique (un représentant du secrétaire général de l'Énergie, deux représentants du directeur du Gaz, de l'Électricité et du Charbon, deux représentants du directeur de la Technologie, de l'Environnement industriel et des Mines), quatre experts nommés sur proposition du CEA et quatre experts nommés sur proposition d'EDF. Cette composition traduit bien les rapports de force entre les deux agences sous la tutelle du ministère (EDF et CEA), comme ceux au sein du ministère lui-même entre ingénieurs du Corps des ponts et chaussées (DIGEC) et ceux du Corps des mines (DITEM). Mais le ministère de l'Industrie est seul représenté. Les membres et le président des groupes permanents sont nommés par décision du ministre pour une durée de cinq ans renouvelable. De fait, la tradition s'établit de confier la présidence du groupe permanent « réacteurs » au directeur de l'organisation de sûreté des réacteurs du CEA. Les présidents du Groupe permanent Réacteurs seront successivement Jean Bourgeois (1972-1978), Pierre Tanguy (1978-1985) et François Cogné (1985-2001).

Les groupes permanents sont chargés de donner des avis et de faire des propositions au ministre sur les prescriptions techniques générales pour éviter les dangers ou les inconvénients pouvant résulter de la création ou du fonctionnement des installations nucléaires et de chaque installation en particulier lors de l'instruction de la demande d'autorisation, avant la mise en exploitation normale et ensuite lorsque le ministre est

---

[22] Décision relative à la création et au fonctionnement de groupes permanents chargés d'étudier les aspects techniques de la sûreté des Installations nucléaires de base, signée du ministre du Développement industriel et scientifique, François Ortoli, et pour ampliation, par le secrétaire général de l'énergie, J. Couture, le 15 mars 1972.

appelé à intervenir par les dispositions de la réglementation générale ou du décret d'autorisation de création.

C'est le ministre du Développement industriel qui saisit les présidents des groupes permanents des questions qui doivent faire l'objet d'un examen par les groupes. Les présidents des Groupes permanents transmettent alors les dossiers correspondants au CEA pour étude et avis. Le CEA est le rapporteur de ces dossiers devant les groupes permanents. Les présidents rendent compte au ministre de l'Industrie des travaux effectués et des avis formulés par leurs groupes. Enfin, le directeur de la Technologie, de l'Environnement industriel et des Mines est chargé d'assurer le bon fonctionnement des groupes permanents. Il est clairement affirmé qu'il doit, pour l'exercice de sa mission, s'appuyer « en tant que besoin sur le Commissariat à l'Énergie atomique. »

Au travers de ces réorganisations, le CEA est conforté dans son rôle d'expert technique mais il perd le rôle d'autorité qui avait été dévolu à la Commission de sûreté des installations atomiques depuis le début de l'année 1960, au profit de l'administration.

8.4. Les Pouvoirs publics et la sûreté nucléaire

8.4.1. Les motifs de la création d'un échelon administratif chargé de la sûreté nucléaire

Un décret en date du 13 mars 1973 instaure[23] en effet un Service central de sûreté des installations nucléaires (SCSIN) au sein du ministère de l'Industrie. De nombreuses raisons semblent avoir motivé la mise en place par les pouvoirs publics[24] d'un échelon administratif chargé de la sûreté nucléaire.

Trois mois après sa nomination, le premier chef de cette administration expose[25] les motifs des réformes qui ont conduit à la création du Service central. Jean Servant répond tout d'abord à une série d'interrogations soulevées par la presse et l'opinion. Il ne s'agissait pas d'améliorer la sûreté car la France n'avait à déplorer aucun incident sérieux. Il ne s'agissait pas non plus de désarmer certains mouvements de contesta-

---

[23] Décret n° 73-278 du 13 mars 1973 portant création d'un Conseil supérieur de la sûreté nucléaire et d'un service central de sûreté des installations nucléaires au ministère du développement industriel et scientifique.

[24] Il est bien difficile de démêler ces différentes raisons, d'autant plus que par exemple, la première expression publique régulière du futur service n'apparaît sous la forme d'un bulletin d'information qu'en 1978. Le premier rapport d'activité du SCSIN rendu public est celui de 1986.

[25] Servant, Jean, « La sûreté nucléaire au Ministère du Développement industriel et scientifique », *Revue française de l'énergie*, n° 254, juin 1973. Tiré à part, 6 p.

tion ou d'opposition à l'énergie nucléaire dont « l'action pourrait utilement contribuer à maintenir la vigilance des responsables, s'ils étaient tentés de la relâcher », car jusque-là la contestation n'a pas pris en France « l'ampleur et le caractère irraisonné et paralysant qu'on lui connaît ailleurs, aux États-Unis par exemple. » Il ne s'agissait pas non plus, affirme le chef du nouveau service, contrairement à ce qui avait pu être écrit par les journalistes, de rechercher une plus grande fiabilité des installations nucléaires et ainsi d'éviter des coupures de courant, car la sécurité de la production et de la distribution d'électricité d'une part, et la sûreté nucléaire sont choses distinctes. La responsabilité du service ne concerne que le deuxième point, le premier étant du ressort d'EDF, qui n'a d'ailleurs pas failli en quoi que ce soit à sa mission.

Les véritables motifs sont ailleurs. Il invoque en premier lieu le développement considérable en volume et l'accélération dans le temps du programme français d'équipement en centrales nucléaires de production d'électricité. Si l'on prévoyait en novembre 1970 quelques 8 000 MWe pour les cinq années à venir, la commission PEON envisage en mars 1973 13 000 MWe pour la même période, soit deux nouvelles centrales de 1 000 MWe par an. À cela s'ajoute la stratégie de diversification des techniques de production adoptée par le gouvernement, ce qui nécessite l'examen avant autorisation de projets différents et mettant en œuvre des techniques nouvelles.

Le second et principal motif est la nécessité d'une « meilleure définition des rôles respectifs du Commissariat à l'énergie atomique et du ministère dont il relève » :

> Le CEA, comme on sait, s'est résolument engagé dans l'amélioration des techniques de production d'électricité d'origine nucléaire et la mise au point de techniques nouvelles qui peuvent être concurrentes de celles dont dispose actuellement l'industrie. Le Commissariat ne peut donc être, en même temps, l'organisme de contrôle qui juge de la sûreté des différentes techniques, autorise l'emploi de l'une, refuse ou restreint l'emploi d'une autre. Il ne peut, comme on l'a dit, être « juge et partie ».[26]

La mise en place d'un service administratif investi de fonctions de contrôle et d'inspection en lieu et place du CEA doit donc éviter que les unités du CEA qui n'ont pas accepté le passage à la technologie américaine n'utilisent les questions de sûreté pour prendre leur revanche sur la filière à eau légère. Mais au-delà de ce relent de guerre des filières, le CEA a des visées industrielles propres, concurrentes de celles de Framatome, détenteur de la licence Westinghouse à eau sous pression, et de celle de la CGE à eau bouillante. Alors que leurs deux types de réacteurs

[26] *Ibid.*, p. 4.

à eau légère sont en concurrence, la CGE et Framatome demandent à ne plus être soumis à la volonté du CEA pour chaque problème de sûreté et réclament la mise sur pied d'un service administratif au sein du ministère de l'Industrie, distinct du CEA.[27] Ces réformes étaient d'autant plus importantes aux yeux de l'industrie que ces sociétés avaient des ambitions, qui vont aller croissant avec l'adoption du programme Messmer de 1974, lançant une production de masse de réacteurs électronucléaires, avec des perspectives supplémentaires pour les marchés à l'exportation. Du point de vue des constructeurs, ces plans ne devaient pas être entravés par des exigences de sûreté trop contraignantes, rendant les réacteurs trop chers de façon injustifiée.

De plus, avec le vaste plan d'équipement nucléaire à venir, il devenait délicat pour le ministère de l'Industrie de demander à un établissement public (le CEA) d'en contrôler un autre (EDF), et ceci militait dans le sens de la création d'un service des pouvoirs publics autonome, d'autant que les centrales à eau légère posaient des problèmes importants, et tout à fait nouveaux, comme la tenue de vastes enceintes sous pression, qui plus est soumises à l'irradiation, dont le CEA n'avait pas nécessairement l'expérience.

Par ailleurs, même si elle restait limitée, apparaissait en France une contestation de l'énergie nucléaire et plus généralement une nouvelle exigence de préservation de l'environnement, symbolisée par la création en 1971 d'un ministère du même nom. Selon un ingénieur des mines, « cette exigence fut renforcée par la prise en compte de certains accidents comme l'explosion de la raffinerie de Feyzin en 1967. L'État fut donc amené à durcir le contrôle sur les "établissements classés" et il aurait été difficilement explicable que, dans le même temps, il continue

[27] Comme mentionné lors de la réunion EDF-CEA « Article 2 » du 12 juin 1972, Framatome prend prétexte de l'absence de neutralité du CEA pour refuser de communiquer ses codes de calcul au groupe *ad hoc* d'experts chargés de l'examen de la sûreté, auquel participe le CEA, argumentant qu'il ne souhaite pas ainsi éclairer un concurrent potentiel. (Archives CEA, Fonds du haut-commissaire, M6-06-47.) Les réunions « article 1 » et « article 2 » furent instaurées par un protocole CEA-EDF d'avril 1967 envoyé par le ministre chargé de la Recherche scientifique et des questions atomiques et spatiales à l'administrateur général du CEA et par le ministre de l'Industrie au président d'EDF, afin d'obliger les deux établissements publics à conjuguer leurs actions. L'article 1 du protocole instituait des réunions mensuelles entre le directeur général d'EDF et l'administrateur général du CEA pour examiner les problèmes posés par l'étude et la réalisation des centrales électronucléaires. L'article 2 précisait que ces réunions étaient précédées par celles d'un Comité réunissant pour le CEA, le directeur des Piles Atomiques, le directeur chargé de la Politique industrielle, le directeur des Productions, et pour EDF, le directeur de l'Équipement, le directeur des Études et Recherches, le directeur de la Production et du Transport.

à ne pas s'occuper directement des installations nucléaires, réputées plus dangereuses. »[28]

8.4.2. La stratégie d'André Giraud

Ces aspirations à un contrôle de la sûreté nucléaire par l'administration, principalement du côté des industriels, allaient rencontrer la stratégie du plus haut dirigeant du CEA, l'administrateur général André Giraud, futur ministre de l'Industrie à partir d'avril 1978 dans le gouvernement de Raymond Barre.

À partir de 1972, André Giraud va activement militer auprès du ministère de l'Industrie et du service des mines – Giraud appartient lui-même au Corps des mines – pour conserver au CEA les compétences en matière d'expertise sur la sûreté nucléaire, conscient qu'il lui faut très vite prendre l'initiative. André Giraud va se débrouiller pour créer un pare-feu, en proposant la création d'un organisme réglementaire – qui ne pouvait donc être que du ressort du gouvernement – mais conçu de telle sorte que les experts qui s'occupent des études de sûreté pour le compte de l'administration puissent conserver un niveau scientifique et technique suffisant, ce qui signifiait qu'ils restent en lien avec la réalité des problèmes techniques et donc avec les autres spécialistes de l'énergie nucléaire, c'est-à-dire au sein du CEA. Cette solution présentait l'avantage de pouvoir afficher vis-à-vis de l'extérieur l'indépendance des équipes de sûreté par rapport aux autres équipes du Commissariat.[29] En juillet 1972, lors d'une réunion EDF-CEA, Giraud propose ainsi que soit institué par le ministère un « Bureau de Sûreté nucléaire ».

Cet argumentaire pouvait être partagé par EDF qui craignait également cette « tendance naturelle » consistant à « déconnecter totalement les organismes de sûreté des équipes en prise avec les problèmes techniques. » Pour le producteur d'électricité, une telle situation pouvait en effet comporter le risque d'une évolution vers des prescriptions « de moins en moins réalistes » et aboutir à une situation à laquelle il avait déjà été confronté après la catastrophe de Malpasset, où – selon EDF – les experts, écrasés sous les responsabilités qu'on voulait leur faire

---

28 Saint-Raymond, Philippe, « L'autorité de sûreté : la construction d'un système de contrôle », *Contrôle*, n° 125, novembre 1998, p. 8-12. En 1998, Philippe Saint-Raymond, ingénieur général des mines, est directeur adjoint de la Direction de la sûreté des installations nucléaires.

29 Réunion EDF-CEA « article 1 » du 4 juillet 1972. Archives CEA, Fonds du haut-commissaire, M6-06-47.

prendre, avaient accumulé les conditions à remplir pour retarder indéfiniment leur accord.[30]

Le vocable « Bureau de Sûreté » de Giraud ne sera pas repris, mais ce sont bien ces principes qui seront à la base de la création quelques mois plus tard du Service central de sûreté des installations nucléaires. Le SCSIN s'appuiera sur l'expertise technique du Département de sûreté nucléaire (DSN) du CEA, futur Institut de protection et de sûreté nucléaire (IPSN), regroupant au sein du CEA les moyens d'expertise en matière de sûreté et de radioprotection.

8.4.3. La sûreté nucléaire dans l'escarcelle du Corps des mines

Cet « échelon administratif minimum », le Service central de sûreté des installations nucléaires (SCSIN), est donc créé par un décret en date du 13 mars 1973,[31] au sein du ministère de l'Industrie, et placé auprès du directeur de la technologie, de l'environnement industriel et des mines (DITEIM).

Ceci ne fut pas sans poser quelques problèmes, notamment avec le ministère de la Santé. Lors des discussions ministérielles autour de la création du service, le professeur Pierre Pellerin, chef du Service central de protection contre les rayonnements ionisants (SCPRI), pouvait signaler à son ministre, madame Veil, qu'il était peut-être inconvenant que ce soit un INGÉNIEUR qui soit chargé de la sûreté des installations nucléaires alors qu'un médecin aurait été beaucoup plus indépendant des groupes de pression industriels. Le Premier ministre, Jacques Chirac, arbitrera en faveur des ingénieurs.

Mais c'est le Corps des Mines qui est chargé de la sûreté nucléaire, alors que les Ponts et chaussées auraient pu naturellement revendiquer cette responsabilité.[32] Dépendant normalement du ministère des Travaux publics, des ingénieurs des Ponts et chaussées étaient traditionnellement détachés au ministère de l'Industrie, à la Direction du gaz et de l'électricité et du charbon (DIGEC), parce qu'ils assuraient jusque-là la construction des principales installations productrices d'électricité, les centrales hydroélectriques et des centrales thermiques. Les Ponts étaient d'autant plus intéressés que l'époque de construction des grands barrages se terminait, et certains ingénieurs du service des grands barrages pouvaient penser se reconvertir dans le contrôle des centrales nucléaires. Les

---

30 Voir la déclaration du représentant d'EDF lors de la réunion EDF-CEA « article 2 » du 12 juin 1972. Archives CEA, Fonds haut-commissaire, M6-06-47.

31 Décret n° 73-278 du 13 mars 1973 portant création d'un Conseil supérieur de la sûreté nucléaire et d'un service central de sûreté des installations nucléaires au ministère du développement industriel et scientifique.

32 D'après un entretien avec Jean Servant, 15 janvier 2001.

ingénieurs des mines, eux, spécialisés dans l'industrie lourde, les mines, la sidérurgie, l'industrie pétrolière, paraissaient plus qualifiés et plus préparés à un rôle qui n'était pas un rôle de conception et de construction mais un rôle de surveillance et de contrôle, d'autant plus qu'ils étaient chargés du contrôle des appareils à pression depuis le début du XIXe siècle.

8.4.4. Le décret du 13 mars 1973 : CSSN et SCSIN

Le premier article du décret du 13 mars annonce tout d'abord la création d'un Conseil supérieur de la sûreté nucléaire (CSSN), placé auprès du ministre de l'Industrie. Il se veut un organisme de conseil, de haut niveau, chargé d'émettre toutes recommandations utiles pour accroître l'efficacité de l'action poursuivie dans le domaine de la sûreté nucléaire.

L'article 2 du décret prévoit la composition qui sera celle du CSSN de 1973 à 1982 : outre son président, le conseil compte deux vice-présidents (le secrétaire général de l'Énergie et le haut-commissaire à l'Énergie atomique), un membre de l'Assemblée nationale et un membre du Sénat, le président de la CIINB, un représentant du ministre de l'Intérieur, un représentant du ministre délégué auprès du Premier ministre chargé de la Protection de la nature et de l'environnement, le chef du SCPRI au ministère de la Santé publique, le directeur du budget au ministère de l'Économie et des Finances, les chefs de la DITEIM et de la DIGEC du ministère de l'Industrie, le directeur général d'Électricité de France, et cinq personnalités choisies en raison de leur compétence technique, économique ou sociale.[33] Le directeur délégué au CEA chargé de la protection et de la sûreté nucléaire ainsi que le chef du SCSIN assistent aux réunions du Conseil. À l'exception des personnes siégeant ès qualités, les membres du conseil sont nommés par arrêté du ministre du Développement industriel et scientifique (art. 3).

Il s'agit donc d'un organisme regroupant essentiellement les représentants d'institutions concernées par le développement de l'énergie atomique, au plus haut niveau. Les opposants et les représentants des salariés ne seront invités à siéger au Conseil supérieur qu'après une

[33] Dans l'ordre des fonctions indiquées, les premiers membres du conseil sont : Louis Néel (président), Jean Blancard, Jacques Yvon, (vice-présidents), Maurice Jarrige (A.N.), Michel Chauty (Sénat), Henri Lavaill (CIINB), Jean-Pierre Foulquie (Intérieur), Jean-François Saglio (Environnement), Pierre Pellerin (SCPRI), Renaud de la Genièvre (Finances), Jean-Claude Sore (DITEIM), Maurice Legrand (DIGEC), Marcel Boiteux (EDF). Sont nommés en 1973 au titre des personnalités le journaliste scientifique Michel Chevallet ; le professeur Raymond Latarjet, directeur de l'Institut du radium ; Henri Malcor, président d'Honneur de Creusot-Loire ; le professeur Paul Reuter de l'Université de Droit, d'Économie et des Sciences Sociales de Paris ; Yvon Bonnard, inspecteur général d'Électricité de France.

réforme en 1982. Pendant toute cette période, le Conseil supérieur est présidé par le professeur Louis Néel, prix Nobel, fondateur du Centre d'études nucléaires de Grenoble du CEA.

Le point marquant du décret est cependant l'article 5 qui annonce la création, au sein du ministère de l'Industrie, d'un Service central de sûreté des installations nucléaires (SCSIN). Placé auprès du directeur de la technologie, de l'environnement industriel et des mines, il regroupe les moyens du ministère en matière de sûreté nucléaire. Le service est principalement responsable de l'étude, de la définition et de la mise en œuvre de la politique en matière de sûreté nucléaire.

Conformément à l'article 7 du décret, le directeur des mines propose le nom du chef de service, tout comme celui de l'adjoint qui est chargé de le conseiller pour les questions scientifiques et techniques se rapportant à la sûreté des installations nucléaires. C'est donc un ingénieur des mines, Jean Servant,[34] qui est nommé chef du nouveau service. Au démarrage, le nouvel organisme a un effectif réduit : il est composé de cinq ingénieurs, dont trois issus du Corps des mines. L'adjoint de Servant pour les questions scientifiques et techniques n'est autre que Jean Bourgeois. Outre l'appui technique du Département de sûreté nucléaire du CEA, certains ingénieurs du CEA sont détachés au Service central. À leur contact, les ingénieurs du service issus du Corps des mines se forment à la réalité des centrales nucléaires.

Il faut attendre 1975 et la création d'une redevance sur les Installations nucléaires de base pour que le nouveau service dispose de moyens substantiels. Ces redevances sont versées par les exploitants au titre des

---

[34] Né en 1925, Jean Servant sort dans la promotion 1946 de Polytechnique. Il obtient une licence ès sciences et un DES de mathématiques en 1950. Ingénieur des Mines (1951), il débute sa carrière Outre-Mer à la Direction fédérale des mines et de la géologie d'Afrique occidentale française du ministère de la France d'outre-mer (1951-1956). De retour en France, il s'occupe de l'arrondissement minéralogique de Strasbourg (1957-1958) puis de Metz (1958-1961). De 1961 à 1963 il occupe la fonction d'adjoint au chef du service de la recherche minière et de la géologie à la Direction des mines, avant d'être chef du service des mines de l'Algérie. De 1964 à 1968 il est chef du service technique à la Direction des mines : c'est un changement d'orientation dans sa carrière car ce service s'occupe notamment de la réglementation des appareils à vapeur, des appareils à pression de gaz. C'est ainsi qu'il rentre en contact avec l'industrie nucléaire : il rédige avec l'aide d'un groupe d'experts l'arrêté portant réglementation des caissons en béton précontraint des réacteurs UNGG, premier texte réglementaire du nucléaire en France. Il est ensuite nommé chef des services chargés des questions d'eau, de recherche et des techniques industrielles et minières à la Direction des mines (1969-1970), puis adjoint au directeur de la DITEIM de 1970 à 1973.

demandes d'autorisation de création et des autorisations réglementaires mais aussi sous forme de redevances annuelles.[35]

La création d'un organisme de contrôle de la sûreté nucléaire est donc le fruit d'un savant arbitrage entre les différents intérêts parties prenantes de l'énergie nucléaire : CEA, EDF, industriels privés, différents ministères, corps d'ingénieurs rivaux de la haute administration, opinion publique. Mais l'affichage reste problématique car le service est placé sous la tutelle du ministère de l'Industrie, qui est le principal promoteur du vaste programme d'équipement nucléaire dont il a chargé EDF.

8.4.5. *Une procédure de contrôle plus codifiée*

Mais un vide est comblé. En effet, le décret du 11 décembre 1963, premier article de loi concernant les installations nucléaires et adopté en marge de la loi du 2 août 1961 relative à la lutte contre les pollutions atmosphériques et les odeurs, était resté de peu de portée en matière de réglementation nucléaire puisqu'il n'avait pas créé d'autorité administrative en matière de sûreté.

Le décret de 1973 officialise la centralisation au niveau de l'administration du contrôle des questions de sûreté nucléaire, mais il faut attendre une Instruction du ministère de l'Industrie, datée du 27 mars (non publiée au Journal officiel) pour préciser le rôle du service dans la procédure d'autorisation de création des installations nucléaires.[36] Elle est accompagnée d'une Décision de ce même ministère qui actualise le fonctionnement des groupes permanents, également non publiée. Ce sera une caractéristique du contrôle de la sûreté de l'énergie nucléaire en France : les textes réglementaires et régaliens publiés ne rendent que très approximativement compte de la réalité du contrôle, le droit restera très en retard sur le fait.

L'instruction du 27 mars définit plus précisément la répartition des rôles respectifs du ministère de l'Industrie et du CEA : le ministère est chargé de la définition de la politique générale, de sa mise en œuvre, de l'élaboration de la réglementation, de la préparation des négociations internationales et de l'information du public, tandis qu'au Commissariat incombe le soin de proposer les mesures propres à assurer la protection des personnes et des biens ; le ministère entend s'appuyer pour cela sur

---

[35] Loi de finances rectificative pour 1975 n° 75-1242 du 27 décembre 1975, Art. 17. (J.O. du 28.12.75, p. 13435).

[36] Instruction du 27 mars 1973 relative à l'application du décret n° 73-278 du 13 mars 1973 portant création d'un Conseil supérieur de la sûreté nucléaire et d'un service central de sûreté des installations nucléaires (non publiée au J.O.) ; Décision ministérielle du 27 mars 1973 relative aux groupes permanents chargés d'étudier les aspects techniques de la sûreté des installations nucléaires (non publiée au J.O.).

les compétences du Département de sûreté nucléaire du CEA. L'instruction précise ensuite les attributions du Service central dans la procédure nationale d'autorisation des centrales en veillant à bien distinguer le domaine d'intervention du nouveau service (appartenant à la Direction des mines) de celui de la Direction du gaz, de l'électricité et du charbon (Ponts et chaussées) : cette dernière est concernée par les procédures liées aux sites devant accueillir des installations nucléaires alors que le SCSIN est responsable en matière de sûreté nucléaire.

La procédure d'autorisation d'une centrale nucléaire se décompose alors en trois parties : l'exploitant désirant construire une centrale nucléaire doit tout d'abord déposer une demande d'autorisation de création (DAC) accompagnée d'un « rapport préliminaire de sûreté » au ministère de l'Industrie. Celui-ci le fait analyser de façon détaillée par le DSN du CEA qui remet un rapport. Le SCSIN soumet alors le rapport préliminaire au Groupe Permanent d'experts compétent qui l'analyse et lui remet un avis. Le SCSIN prépare le décret d'autorisation de création, qu'il soumet à la Commission interministérielle des installations nucléaires de base (CIINB). Après avoir apporté les modifications éventuelles proposées par la Commission, les chefs du SCSIN et de la DIGEC doivent recueillir l'avis conforme du ministère de la Santé. Ils peuvent alors soumettre leur projet au contreseing du ministre de l'Industrie et à la signature du Premier ministre, avant publication du décret au Journal officiel. La demande de l'exploitant est également soumise à une procédure de « déclaration d'utilité publique » (DUP) qui inclut une enquête publique.

Pour pouvoir procéder au chargement en combustible et aux essais de montée en puissance du réacteur, l'exploitant doit soumettre à examen un « rapport provisoire de sûreté », soumis à l'examen du DSN du CEA puis du Groupe Permanent, qui doit recueillir l'approbation du ministre de l'Industrie, l'objectif étant de vérifier que les objectifs fixés dans le rapport préliminaire ont bien été atteints, notamment en ce qui concerne la qualité de la réalisation.

Enfin, la mise en exploitation ne peut être obtenue qu'après une nouvelle approbation ministérielle et l'examen d'un « rapport définitif de sûreté », qui donne les résultats des essais et traite des conditions et règles d'exploitation. À partir du moment où l'exploitant a reçu l'autorisation de création, l'installation est soumise à la surveillance d'inspecteurs : la surveillance générale est effectuée par les inspecteurs des Installations nucléaires de base tandis que le circuit primaire est examiné par les agents des services interdépartementaux de l'industrie et des mines. Les autorisations de rejets d'effluents radioactifs sont soumises à l'examen conjoint du Service de protection contre les rayonnements ionisants (SCPRI) du ministère de la Santé, du SCSIN et de la DIGEC.

Si la sûreté est au cœur de la procédure d'autorisation des installations nucléaires, le souci de ne pas entraver le développement du programme nucléaire est très présent dans l'instruction du 27 mars, qui précise sans fard, mais l'instruction n'est pas publique : « Il est clair cependant que les problèmes de sûreté nucléaire, aussi importants soient-ils, ne sont pas les seuls qui entrent en jeu dans la décision de réaliser une installation et dans le choix de son implantation et de ses caractéristiques. Il convient donc de coordonner les procédures découlant du décret du 11 décembre 1963 modifié avec les autres procédures administratives sans entraîner de délais inutiles. »[37]

8.4.6. Le Comité interministériel de la sécurité nucléaire (CISN)

Le lancement et la mise en œuvre à partir de 1974 du vaste programme électronucléaire décidé par le gouvernement entraînent une sensibilisation de l'opinion aux problèmes de protection et de sûreté nucléaire. Ceci se traduit notamment par des propositions de partis politiques, de groupes écologistes, réclamant l'indépendance des responsables chargés de contrôler la radioprotection et la sûreté des installations nucléaires, sur le plan technique ou administratif, par rapport à ceux chargés de la recherche, du développement et de l'industrialisation de l'énergie nucléaire.

Côté CEA, on constate avec inquiétude qu'un projet de création d'une agence nationale de sécurité a même été évoqué au cours du débat parlementaire du mois de mai 1975, qui a été repris depuis lors en diverses circonstances et même comme une proposition formelle par le parti socialiste. Lors des débats à l'Assemblée, le ministre de l'Industrie annonce qu'il compte effectivement aller dans le sens d'une plus grande indépendance des contrôleurs par rapport aux contrôlés et il prend la tête d'une mission qui se rend aux États-Unis, accompagné des principaux responsables d'EDF, du CEA et du chef du SCSIN.

En effet, les mêmes problèmes s'étaient posés quelque temps auparavant dans ce pays, où des contestataires renommés tels Ralph Nader critiquaient le fait que l'Atomic Energy Commission soit à la fois chargée de la promotion et du contrôle de l'énergie atomique. En 1974, l'AEC avait ainsi été supprimée et scindée en deux parties : un Department of Energy (DoE) était chargé de promouvoir l'énergie atomique, tandis que le contrôle de la sûreté était confié à une agence indépendante, la Nuclear Regulatory Commission (NRC), entrée officiellement en fonction en janvier 1975.

---

37 Instruction du 27 mars 1973 relative à l'application du décret n° 73-278 du 13 mars 1973 (non publiée au J.O.)

Le principe d'une telle agence indépendante des pouvoirs publics étant jugé inconcevable en France à l'époque, il fut envisagé de créer auprès du Premier ministre un organisme qui ait un droit de regard sur tous les aspects de l'industrie nucléaire. Car si l'une des préoccupations majeures concernait la sûreté, d'autres problèmes se posaient comme la protection contre les rayonnements ou le réchauffement des eaux dû aux centrales. C'est ainsi qu'un décret[38] du 4 août 1975 annonce la naissance d'un Comité interministériel de la sécurité nucléaire (CISN). L'éventail des compétences du comité est élargi à ce qu'on appelle la « sécurité nucléaire », comprenant à la fois :

– la protection des travailleurs et du public contre les rayonnements ionisants et les mesures à prendre en cas d'accident impliquant un risque radiologique ;

– le rejet des effluents radioactifs et non radioactifs, liquides et gazeux, ainsi que les autres nuisances, pollutions et gênes de toute nature provoquées par les installations nucléaires ;

– la sûreté des installations nucléaires, définie comme l'ensemble des dispositions à prendre pour en assurer le fonctionnement normal, prévenir les accidents ou actions de malveillance et en limiter les effets ;

– le contrôle et la sécurité des matières nucléaires pendant leur production, leur conservation, leur transport et leur utilisation, y compris les radioéléments artificiels et les déchets, en vue de protéger l'hygiène la santé publique et d'en éviter les détournements à des fins non autorisées.

La tâche du comité est de coordonner l'utilisation des moyens mis à la disposition des ministères intéressés par la sécurité nucléaire et des organismes placés sous leur tutelle, d'examiner le programme des études et recherches à réaliser chaque année par ces ministères et organismes. C'est le cas en particulier du CEA. Le comité a également pour vocation de préparer les positions du Gouvernement en matière de sécurité nucléaire dans les négociations internationales et de fixer les orientations concernant l'information du public. Le secrétaire général du comité interministériel est nommé par décret.

La création du Comité interministériel entend faire d'une pierre deux coups : le CISN répond aux préoccupations du public quant aux dangers de l'énergie nucléaire, tout en facilitant la réalisation du programme nucléaire grâce à une meilleure collaboration entre les services administratifs dont les différentes demandes dispersées auraient pu freiner l'avancement.

---

38 Décret n° 75-713 du 4 août 1975 instituant un comité interministériel de la sécurité nucléaire (J.O. du 9-8-75, p. 8116).

C'est Jean Servant, chef du SCSIN, qui est désigné comme premier secrétaire général du CISN, après des débats avec le ministère de la Santé revendiquant un médecin à ce poste, étant donné ses attributions qui ne relèvent pas que de la sphère technicienne mais également médicale. La création de ce nouveau comité ne désarme cependant pas la critique des opposants à l'énergie nucléaire : ceux-ci font remarquer qu'il n'est pas normal que la même personne soit à la fois chargée d'un service du ministère de l'Industrie et chargée de coordonner l'ensemble des actions dans le domaine de la sécurité nucléaire.[39]

8.5. La création de l'Institut de protection et de sûreté nucléaire (IPSN)

Une étape supplémentaire dans l'indépendance de l'expertise de la sûreté à l'égard du CEA est franchie en 1976 avec la création d'un Institut de protection et de sûreté nucléaire (IPSN), qui répond, là encore, à plusieurs objectifs : garantir vis-à-vis de l'extérieur l'indépendance des spécialistes de sûreté par rapport aux autres équipes du Commissariat afin que ce dernier apparaisse moins « juge et partie », et regrouper toutes les facettes du risque nucléaire au sein d'une même entité.

8.5.1. La stratégie du CEA et du ministère

Côté ministère, Jean Servant, chef du SCSIN depuis 1973 et également secrétaire général du Comité interministériel de sécurité nucléaire (CISN) à partir de 1975, est en parfait accord avec André Giraud, avec qui il est en contact très étroit, pour que « dans un souci d'efficacité, d'utilisation optimale du potentiel technique du CEA et de limitation des frais administratifs de gestion, les travaux de recherche sur la sûreté et la radioprotection nucléaires [continuent] d'être confiés au CEA »,[40] conformément aux décisions prises lors du Conseil interministériel restreint de novembre 1975.

On envisage en effet la création d'une nouvelle structure qui regroupe toutes les questions concernées par la sécurité nucléaire (en premier lieu la sûreté et la protection), et qui devienne la cheville ouvrière du Comité interministériel. Cependant, poursuit Servant, « il convient que les responsables administratifs chargés d'élaborer les réglementa-

[39] Jean Servant quittera à sa demande sa fonction de chef du SCSIN en 1977. Il sera remplacé par son adjoint Christian de Torquat. À partir de cette date, il occupera donc la seule fonction de Secrétaire général du CISN.

[40] Note de M. Servant, SIN n° 1042, sous le timbre du SCSIN, 13 novembre 1975, pour M. le ministre de l'Industrie et de la recherche. Le Comité restreint s'est réuni le 21 juillet 1975. Archives CEA, Fonds du haut-commissaire, F5-05-34.

tions correspondantes, de délivrer les autorisations et de les contrôler, puissent intervenir directement dans la définition des programmes de recherche correspondants. »[41] Cette préoccupation du ministère le conduit à prévoir auprès du directeur de l'institut un « comité des programmes » où ceux-ci seraient représentés.

8.5.2. Obtenir l'adhésion du personnel du CEA, et de l'opinion

Mais avant d'annoncer officiellement la création de cet institut, Servant propose au ministre d'attendre les résultats de la consultation en cours des syndicats du Commissariat : les personnels sont inquiets et des voix s'élèvent en faveur de la sauvegarde de l'unité du CEA, les organisations syndicales étant très réticentes à toute modification qui pourrait aller dans le sens du démantèlement à plus ou moins long terme du Commissariat. Les représentants du personnel du Département de sûreté nucléaire (DSN) s'affirment en accord[42] avec l'idée du regroupement des activités de sûreté et de protection dans le cadre du CEA, car cela permettrait de renforcer la crédibilité de la sûreté et affirmer son indépendance vis-à-vis des constructeurs, tout en assurant une meilleure adaptation aux structures mises en place au niveau national par le décret du 4 août instituant le CISN. Ils tiennent en revanche à réaffirmer la nécessité de conserver au sein d'une même unité les activités d'études et d'essais qui font selon eux la force et l'originalité du DSN.

La hiérarchie du DSN, en la personne de son chef Pierre Tanguy, est également d'accord avec les objectifs présentés par l'administrateur général dans la mesure où la création de l'institut ne tend pas à rompre les relations avec le reste du CEA. Pour Tanguy, « toute solution qui se traduirait à court ou moyen terme par une séparation des activités de recherche et de développement, y compris dans une certaine mesure celles liées à la promotion de nouveaux projets, des actions de support de l'Administration, [serait] mauvaise [car] préjudiciable à l'obtention d'une bonne sécurité. »[43]

Mais fin 1975, si Servant, Giraud et la hiérarchie des départements du CEA procèdent avec prudence face aux personnels, c'est qu'il est important d'obtenir un consensus sur cette question puisque l'opération se veut un moyen de communication vers l'extérieur. Il s'agit d'affirmer en direction du public la très nette séparation des activités de protection et de sécurité d'avec les activités de promotion de l'énergie nucléaire.

---

41 *Ibid.*

42 Note du chef du DSN, P. Tanguy, à M. l'administrateur général, DSN/CONF-CEA n° 75-65, en date du 24/11/75. Archives CEA, Fonds du haut-commissaire, F5.05.34.

43 P. Tanguy, DSN/CONF-CEA/75-60, fiche du 27/10/75. Archives CEA, Fonds du haut-commissaire, F5.05.34.

On compte ainsi renforcer la crédibilité de l'indépendance de jugement de ces experts qui restent malgré tout au sein du CEA. C'est pourquoi du côté des autorités du CEA, on souhaiterait faire entériner la nouvelle structure sous forme d'un arrêté ministériel et non pas seulement d'une décision d'ordre interne au CEA. Mieux même, on souhaiterait obtenir si possible le qualificatif de « national » ou de « central » pour le nouvel institut, ce qui serait un moyen d'écarter les tentatives de création d'un organisme de sécurité extérieur au CEA, du type NRC américaine, créée par prélèvement de moyens de l'AEC.

8.5.3. Structure de l'IPSN

La formule Institut sera acceptée par le ministère, mais sans le qualificatif de « central » ou « national ». L'arrêté établissant l'Institut de protection et de sûreté nucléaire (IPSN) est publié le 2 novembre 1976. Le nouvel institut regroupe au sein du CEA l'ensemble des moyens d'études consacrés à la sécurité, et principalement en matière de sûreté, de radioprotection, de protection physique[44] et de contrôle des matières. Son rôle est en premier lieu d'apporter un support technique à l'action des responsables administratifs chargés de délivrer les autorisations : après analyse des risques de chaque installation, l'IPSN transmet son avis et ses recommandations aux Pouvoirs publics, mais il n'a pas de pouvoir de décision. Il constitue une extension au domaine de la sécurité, du rôle que jouaient jusqu'ici le DSN du CEA à l'égard du SCSIN pour la sûreté et le Département de protection vis-à-vis du SCPRI.

La direction de l'IPSN est confiée à Jean Bourgeois. L'ossature de l'IPSN comprend principalement deux départements, le Département de sûreté nucléaire (DSN) dont le chef est Pierre Tanguy, et le Département de protection (DPr) confié au docteur Jammet. Un troisième département de plus petite taille s'y ajoute, le Département de sécurité des matières nucléaires confié à G. Jeanpierre. Ce département avait été créé au CEA en 1972 pour faire face aux actes de malveillance susceptibles de causer des accidents. À un moindre niveau, deux échelons viennent compléter le dispositif, l'un chargé des déchets radioactifs (Y. Sousselier), l'autre du déclassement des installations nucléaires (A. Crégut). En 1978, l'IPSN regroupe environ 900 personnes, dont près de la moitié de cadres scientifiques de formation universitaire ou issus de grandes écoles.

L'essentiel des moyens du CEA en matière de recherche sur les divers aspects du risque nucléaire est ainsi regroupé au sein de l'IPSN, qui tout en restant intégré au CEA dispose d'une organisation administrative

[44] La protection physique ou technique comprend la détection des nuisances par la dosimétrie, les analyses toxicologiques et la prévention à l'aide d'écrans, blindages, confinements, filtres.

autonome. Les programmes de recherche propres de l'IPSN sont financés par le délégué central à la Sécurité pour le compte du CEA mais également par l'État, qui crée pour ce faire une ligne spéciale du budget de l'industrie et de la recherche. Sa contribution financière est de 325 MF en 1977. Les analyses de sûreté menées par l'institut sont, elles, payées par les exploitants (CEA, EDF, COGEMA…) par le canal d'une loi de finances qui fixe le montant des redevances.

Les programmes de recherche de l'institut sont examinés par un « Comité des programmes », présidé par le haut-commissaire et où sont représentés les responsables de l'administration[45] mais aussi des représentants des industriels.[46] Le comité des programmes donne des directives sur le programme de l'institut et émet des recommandations sur l'orientation des recherches et l'affectation des moyens. Le secrétaire général du Comité interministériel, qui participe aux séances du Comité, exerce à l'égard de l'institut les fonctions d'un « commissaire du gouvernement ».

8.6. Conclusion : le tripode de la sûreté

Le schéma d'organisation de la sûreté nucléaire en France à la fin de l'année 1976 apparaît encore complexe du fait de l'implication de nombreuses administrations. Mais le fonctionnement, du point de vue de la seule sûreté, est établi : la sûreté d'un projet proposé par un futur exploitant est évaluée, pour le compte des autorités (le Service central de sûreté des installations nucléaires), qui ont le pouvoir de décision, par un organisme d'expertise permanent, l'IPSN. Ce dernier, qui reste au sein du CEA, rassemble à la fois la protection et la sûreté. L'analyse de la sûreté est faite au sein du Département de sûreté nucléaire qui dispose d'un service d'études et recherches permettant aux experts de juger sur la base des connaissances scientifiques et techniques les plus récentes. En plus des avis techniques de l'Institut, le SCSIN peut solliciter l'avis de ses Groupes permanents d'experts, ce qu'il fait généralement pour les questions plus complexes et demandant une réflexion plus approfondie.

---

45 Le directeur général de l'Énergie et des matières premières au ministère de l'Industrie, le chef du SCSIN, un représentant du ministre de l'Intérieur, du ministre de la Défense, du ministre de l'Environnement et du cadre de vie, le directeur des Relations du travail pour le ministère du Travail, le chef du SCPRI pour le ministère de la Santé.

46 En 1979, sont membres du Comité le chef du SEPTEN d'EDF (P. Bacher), un représentant de Framatome (M. Coudray), le directeur de la Division Chimie au CEA (C. Fréjacques), le Délégué Central Sécurité du CEA (A. Gauvenet), le directeur des Applications Industrielles Nucléaires du CEA (G. Vendryes), le directeur de la Division Combustibles et Métallurgie à Péchiney-Ugine-Kuhlmann (B. de Vulpian), le conseiller pour la Recherche technique et industrielle à la DGRST (J.-C. Wanner).

Dans ses grandes lignes, le système français de contrôle de la sûreté nucléaire peut être décrit comme un tripode s'appuyant sur trois éléments aux fonctions et aux intérêts différenciés : l'industriel (EDF), l'expert (l'IPSN) et l'autorité (le SCSIN). Mais les rattachements hiérarchiques des organismes peuvent laisser planer un doute. En effet, le rôle du ministère de l'Industrie reste prépondérant puisqu'il exerce la tutelle à la fois sur EDF, le CEA (dont l'IPSN est partie intégrante), et le SCSIN.

CHAPITRE 9

Le réacteur à eau sous pression : répercussions d'un transfert de technologie

9.1. Constructeurs et architecte

Après des années d'incertitude, EDF, conformément aux décisions prises lors du Conseil interministériel du 13 novembre 1969, lance le 2 février 1970 un appel d'offres pour la fourniture d'une chaudière nucléaire dans la filière à eau légère. Pour équiper la première tranche de la centrale de Fessenheim, EDF exigeait que les propositions qui lui soient remises prennent comme référence des chaudières nucléaires du même type en construction aux États-Unis et qui devaient être mises en service en avance sur Fessenheim 1. Deux propositions concurrentes sont examinées : la première est soumise par Alsthom et Sogerca du groupe CGE (Compagnie générale d'électricité) pour une chaudière à eau bouillante sur le modèle de la centrale de Zimmer. La seconde est présentée par la SFAC et Framatome[1] sur le modèle de la centrale américaine de Surry. La comparaison technique ne permet pas de trancher entre les deux types de chaudières qui présentent la même fiabilité et la même sécurité,[2] et c'est le critère de prix qui pousse EDF à retenir la proposition SFAC-Framatome pour la chaudière. La proposition d'Alsthom est retenue pour le groupe turboalternateur. C'est à partir de la centrale de Fessenheim, d'une puissance de 890 MWe, que débute réellement l'apprentissage d'EDF dans la technologie à eau légère.[3]

---

1 La SFAC forme la même année le groupe Creusot-Loire avec la Compagnie des forges et ateliers de la Loire, tandis que Framatome appartient désormais au groupe Empain Schneider.

2 D'après Lamiral., G., *op. cit.*, p. 156.

3 Un nouvel appel d'offres est lancé en 1971 pour la construction des futures tranches de la centrale de Bugey : alors qu'EDF comme les pouvoirs publics sont favorables à l'engagement d'une centrale à eau légère bouillante, c'est à nouveau le réacteur à eau pressurisée proposé par Creusot-Loire-Framatome qui l'emporte en octobre 1971 face à ses concurrents Alsthom-Sogerca et Babcock&Wilcox. Ce choix présentait l'avantage de consolider la position de ce constructeur en facilitant par là-même l'organisation optimale de sa production, tout en laissant le temps à EDF de définir sa politique de diversification, explique Lamiral. Les tranches 2, 3, puis 4 et 5 de la centrale de Bugey sont copiées sur le modèle des tranches 1 et 2 de la centrale améri-

9.1.1. Le concept de centrale de référence

Si dans les grandes lignes, le fonctionnement des réacteurs à eau légère est connu, il s'agit pour les ingénieurs français de comprendre dans le détail les principes de conception retenus par les ingénieurs américains.

Les réacteurs nucléaires de la filière dite à « eau légère », par opposition à « eau lourde », ont été tout d'abord développés aux États-Unis. Deux grandes firmes se partagent l'essentiel du marché. Westinghouse, d'une part, a acquis une grosse expérience dans les « réacteurs à eau pressurisée » (PWR) grâce au développement pour le programme militaire de réacteurs utilisés dans la propulsion de sous-marins. Westinghouse a construit en 1957 le premier réacteur nucléaire civil pour la centrale de Shippingport (90 MWe), sous l'impulsion de l'amiral Rickover. General Electric, d'autre part, a développé des réacteurs dans la variante à « eau bouillante » (BWR) et construit la première grande centrale nucléaire financée par des fonds privés, Dresden I (200 MWe), en 1959.

Le nom de la filière provient du fait que l'eau ordinaire est utilisée comme modérateur et comme fluide caloporteur. L'eau ordinaire absorbant fortement les neutrons, son utilisation comme modérateur impose un combustible à uranium enrichi en uranium 235.[4] L'eau est par ailleurs un bon ralentisseur de neutrons du fait de la présence de noyaux d'hydrogène ce qui autorise une faible quantité de modérateur par rapport au combustible et permet la réalisation de réacteurs de faibles dimensions. Pour atteindre des températures de l'ordre de 300°C en sortie du cœur tout en restant liquide afin d'assurer un bon ralentissement des neutrons, l'eau du circuit primaire – dans les réacteurs PWR – est maintenue sous forte pression (150 bars environ). Elle cède sa chaleur dans des échangeurs, les générateurs de vapeur, qui font frontière avec le circuit secondaire : cette vapeur est alors utilisée pour l'entraînement du groupe turboalternateur.

---

caine de North Anna, d'une puissance de 900 MWe. En novembre 1971, EDF confirme la commande pour la construction d'une deuxième tranche à Fessenheim, jumelle de la première.

4 On fait passer la proportion de l'isotope fissile (U235) de l'uranium à près de 3 % alors qu'il n'en contient naturellement que 0,7 % pour près de 99,3 % d'uranium 238.

Schéma d'une centrale PWR

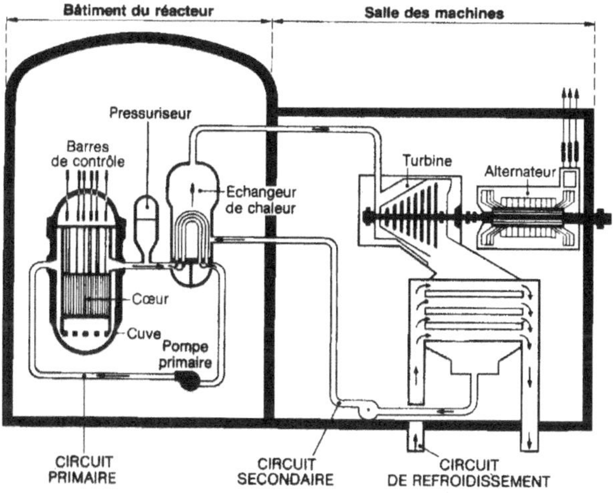

Source : EDF, Direction de l'équipement, éléments de sûreté et de radioprotection des centrales nucléaires de 1 300 mégawatts, p. 2.

Dans cet apprentissage de la technologie des réacteurs à eau légère, EDF s'appuie sur le concept dit de « centrale de référence », étape fondamentale dans l'opération de transfert de technologie depuis les États-Unis vers la France. En effet, si Westinghouse a vendu sa licence à Framatome, celle-ci s'arrête à la chaudière nucléaire elle-même et ne prend pas en compte l'architecture d'ensemble de la centrale : comment sont agencés la salle de commande, le groupe turboalternateur, le bâtiment électrique. Sur le plan de la sûreté, la licence ne donne pas les détails de conception de l'enceinte de confinement, ni la réalisation précise des systèmes de sûreté ; elle indique des critères, mais pas le mode de réalisation. Or aux États-Unis à la fin des années 1960 ce sont des architectes industriels qui ont pris la responsabilité du développement de ces différents aspects qui ne font pas partie de la licence. Le choix d'EDF a donc été de se mettre d'accord avec les Américains, le constructeur de la chaudière (Westinghouse), un architecte industriel et un exploitant nucléaire, en prenant pour référence une centrale donnée. Cela présente l'énorme avantage d'avoir une expérience d'exploitation, le décalage dans le temps entre la centrale de référence et sa copie EDF devant permettre de porter remède aux éventuelles déficiences constatées en fonctionnement sur la première.

9.1.2. Non seulement traduire, mais aussi interpréter

Pour la plupart des ingénieurs EDF, formés dans la filière graphite-gaz sur les centrales de Chinon, l'eau légère est une nouveauté. Jusque-là, l'essentiel de l'effort français en matière de réacteur à eau légère a été mené par le CEA à Cadarache pour la réalisation du prototype à terre (PAT), prototype de chaudière pour la propulsion nucléaire de sous-marin. Le projet achevé, nombre de techniciens vont diffuser dans les différents secteurs du nucléaire français, et en particulier pour renforcer les équipes de Framatome. L'envoi en stage de nombreux ingénieurs dans les centrales américaines à la fin des années 1960 va également contribuer à ce transfert de compétences. Pour dialoguer avec Westinghouse, EDF bénéficie de l'expérience des équipes de la centrale de Chooz et des compétences de la Direction des études et recherches pour ce qui concerne les codes de calcul, compétence développée au temps du graphite-gaz avec le CEA.

C'est la Direction de l'équipement d'EDF qui prend en charge ce transfert de technologie, dans un contexte passablement modifié pour les hommes de l'Équipement. Accompagnant le « tournant commercial » impulsé par le directeur général Marcel Boiteux en 1967, l'organisation d'EDF a subi quelques modifications au cours des années 1968-1972. C'est le cas en particulier pour sa Direction de l'équipement, chargée de la conception et de la construction des grands ouvrages.[5]

Afin de renforcer la centralisation et d'homogénéiser les méthodes de travail, le directeur de l'Équipement entre 1969 et 1972, Jean Guilhamon, transforme les Régions d'Équipement jusque-là spécialisées dans le thermique, l'hydraulique ou le nucléaire, en cinq Régions d'Équipement mixtes qui ne sont plus indépendantes mais orchestrées par la

---

[5] Créée en 1946 par Pierre Massé sous une forme décentralisée, la Direction de l'équipement était composée en 1967 de six services fonctionnels et de 11 régions d'équipement : quatre régions d'équipement hydraulique (REH Nord, REH Alpes Sud, REH Alpes Nord, REH Massif central Pyrénées), quatre régions d'équipement thermique (RET 1 et RET 2 à Paris, RET 3 à Marseille, et RET 4 à Valenciennes) et trois régions d'équipement nucléaire (REN 1 à Clamart, REN 2 à Tours et REN 3 à Lyon). Un Service études et projets hydrauliques établissait la doctrine pour l'hydraulique, un Service études et projets thermiques (SEPT) pour le thermique, un Service d'études générales nucléaires (SEGN) pour le nucléaire, mais les régions participaient activement aux études des projets. Cette décentralisation fut critiquée au ministère de tutelle, et une réforme aboutit en octobre 1968 au regroupement du SEPT et du SEGN en un Service des études et projets thermiques et nucléaires (SEPTEN), confié à Claude Bienvenu, un des pionniers du nucléaire à EDF pour la filière UNGG. Ce service sera qualifié plus tard de « théoricien du nucléaire ». Le SEPTEN est chargé de donner les directives techniques et proposer les avant-projets. Denis Gaussot, ingénieur sorti de l'École supérieure d'électricité (1951) en sera le chef de 1972 à 1976.

Direction de l'équipement. Un Service des études et projets thermiques et nucléaires (SEPTEN) est chargé d'asseoir une doctrine technique commune et de limiter la responsabilité des régions d'Équipement. Toutefois, pour les premières réalisations nucléaires, ce sont les Régions d'Équipement Clamart et Lyon qui s'occupent respectivement de Fessenheim et Bugey. Elles jouissent encore d'une certaine autonomie, mais l'essentiel de la tâche de l'heure consiste à savoir bien copier ce que font les Américains.

Chef du projet Fessenheim, Pierre Bacher[6] explique[7] que les ingénieurs de la Direction de l'équipement ont dû réaliser tout un travail d'acquisition des connaissances pour comprendre intimement les phénomènes en jeu dans ces réacteurs. Pour l'essentiel, le travail d'importation des concepts de sûreté américains a consisté à transposer un certain nombre de règles et à les adapter à la situation française. Il aura fallu une dizaine d'années aux ingénieurs français pour passer du stade des compétences de base à une véritable connaissance des problèmes pointus des réacteurs à eau sous pression, entre le moment où ils ont strictement copié une centrale américaine et celui où ils ont estimé qu'ils pouvaient se passer de la licence.[8] Preuve de la nouveauté que constitue l'adoption des réacteurs à eau pressurisée, il faudra pas moins d'une quarantaine de réunions du Groupe Permanent, chacune étant précédée de réunions préparatoires avec le DSN du CEA (appui technique du SCSIN), pour examiner les problèmes de sûreté avant le démarrage de Fessenheim 1. C'est dire que les débats ont été nombreux et que l'accord entre experts de l'administration et experts d'EDF sur les solutions retenues n'a pas été obtenu immédiatement.

---

6 La carrière de Pierre Bacher, entièrement consacrée à l'énergie nucléaire, incarne l'histoire de son développement en France. Polytechnicien (X 1952), Pierre Bacher entre au CEA au Service de physique mathématique en 1955. Il travaille sur la filière UNGG jusqu'en 1968, d'abord en physique des réacteurs, puis comme responsable de projets en relation avec EDF. Il entre en 1968 à EDF, en principe pour apporter son expérience en neutronique des réacteurs UNGG à EDF. Après l'abandon de la filière quelques mois plus tard, il se reconvertit dans la filière à eau pressurisée. Il sera notamment chef des Services d'étude de la région d'équipement Clamart, chef de projet Fessenheim, responsable de Tihange 1 puis de Paluel (1300 MWe). Il prendra en 1976 la suite de Denis Gaussot à la direction du SEPTEN, qu'il dirigera pendant six ans avant de prendre des fonctions de direction à la Direction de l'équipement proprement dite.

7 Entretien avec Pierre Bacher, 20 octobre 1998, Paris.

8 Un accord de coopération technique signé en 1976 prévoit la francisation de la filière pour 1982.

9.1.3. Le programme d'équipement nucléaire français

Après l'accord définitif de 1970 pour la construction par EDF de deux réacteurs PWR 900 MWe sur le site de Fessenheim, quatre autres tranches sont engagées à partir de 1971 sur le site de Bugey dans l'Ain. Les tranches de Fessenheim (1 et 2) seront couplées au réseau en 1977 et celles de Bugey (2, 3, 4 et 5) le seront en 1978 et 1979.

Entre-temps est intervenu le choc pétrolier et la décision du gouvernement (Plan dit « Messmer ») d'un engagement massif de tranches nucléaires, au travers d'un premier Contrat pluriannuel (CP1), en avril 1974, qui prévoit la construction de 12 tranches PWR 900, plus quatre en option. On entre alors dans une logique industrielle nouvelle pour la Direction de l'équipement d'EDF : après l'apprentissage avec Fessenheim et Bugey,[9] il s'agit désormais de construire le plus rapidement possible des centrales à la chaîne. La politique choisie pour y parvenir est basée sur la standardisation des tranches par paliers successifs. Les 12 premières tranches 900 du CP1 engagées entre 1974 et 1975 sont réparties sur trois sites, Tricastin, Gravelines et Dampierre, les quatre autres seront engagées à partir de 1977 sur le site du Blayais. En 1980, deux tranches supplémentaires seront construites sur le site de Gravelines, portant à 18 le nombre total de tranches du palier CP1.

L'année 1976 voit le lancement d'un nouveau Contrat pluriannuel (CP2) et l'engagement de 10 nouvelles tranches PWR 900 destinées à équiper les centrales de Chinon B, Cruas et Saint-Laurent B. Le palier CP2 est dans ses grandes lignes semblable au palier CP1 : la principale modification de conception provient de la disposition du groupe turboalternateur, non plus tangentiel mais radial par rapport à l'îlot nucléaire, afin d'éviter qu'en cas d'éclatement de la turbine, le bâtiment réacteur ou d'autres bâtiments contenant des matériels importants pour la sûreté ne puissent être atteints par des projectiles.[10]

Parallèlement à l'engagement des tranches 900 MWe, la Direction de l'équipement étudie à partir de 1972 un nouveau palier plus puissant de 1 200 MWe. Le choix se porte finalement sur un projet 1 300 MWe à l'été 1973. Les études aboutissent en 1976 au lancement de la centrale de Paluel, tête de série du palier dit P4 (pour Pressurisé 4 boucles) qui a pour référence la centrale américaine de South Texas. Notons que le

---

9 Fessenheim et Bugey seront rebaptisées rétrospectivement pré-palier CP0.

10 Les projectiles peuvent représenter plusieurs tonnes et des vitesses de plusieurs dizaines de mètres par seconde, c'est pourquoi des murs capables d'absorber les énormes énergies résultantes ont été rajoutés en cours de chantier sur les tranches de Fessenheim (dès le projet pour Bugey) entre la salle des machines et les locaux à protéger.

projet est lancé alors que la construction de Fessenheim n'est pas achevée. Huit tranches seront construites suivant ce modèle sur les sites de Paluel, Flamanville et Saint-Alban, suivies de douze autres dans une version modifiée dite du palier P'4, sur les sites de Belleville, Cattenom, Nogent, Golfech et Penly.

9.1.4. Une politique industrielle : la standardisation

C'est donc au pas de charge qu'est menée par la Direction de l'équipement la vaste opération consistant à concevoir et bâtir un parc de centrales électronucléaires. Pour mener à bien ce chantier, c'est une politique de standardisation qui est adoptée par le directeur de l'Équipement, faisant subir à ses troupes une véritable « révolution culturelle »[11] : l'époque plus « poétique » des prototypes élaborés par chaque équipe dans sa région d'Équipement est abandonnée au profit d'une logique d'efficacité industrielle. Accentuant la centralisation des moyens effectuée sous son prédécesseur, Michel Hug,[12] qui a pris la direction de l'Équipement en juillet 1972 (et la conservera jusqu'en 1982) va se battre avec une « volonté farouche » selon ses propres termes, pour l'identité des tranches, appliquant en cela des idées démontrées auparavant sur le thermique classique : la Direction de l'équipement, qui avait réalisé une trentaine de tranches en thermique classique, avait montré chiffres en mains que les 9 dernières tranches,[13] toutes identiques – c'était la première fois qu'EDF réalisait des tranches à l'identique depuis la nationalisation – avaient obtenu des résultats « faramineux » par rapport à la moyenne des autres en termes de délais, de fiabilité, de coût.

Or la mise en œuvre d'une politique de standardisation n'est pas sans poser des problèmes à cause de l'évolution des techniques, puisqu'une centrale se conçoit puis se construit sur plusieurs années et que les progrès faits dans l'intervalle peuvent suggérer un certain nombre de

---

[11] Entretien avec Michel Hug, 29 janvier 1999, Paris.

[12] Michel Hug est considéré comme l'un des principaux artisans de l'équipement nucléaire français, certains allant même jusqu'à dire que « le programme nucléaire, c'est Hug. » C'est en effet au cours des dix années pendant lesquelles il est à la tête de la Direction de l'équipement d'EDF que sont conçues et réalisées les tranches qui équipent majoritairement le parc nucléaire français (paliers CP1, CP2, P4 et P'4). Polytechnicien (X 1949), ingénieur des Ponts et chaussées, Michel Hug obtient une bourse de doctorat à la State University of Iowa consacrée à l'hydraulique et à la mécanique des fluides, qu'il soutient en 1956. De retour des États-Unis, il est embauché aux Études et Recherches d'EDF. Directeur de la Région d'Équipement Alpes-Sud de 1966 à 1968, il est directeur-adjoint des Études et Recherches de 1969 à 1972 avant d'être nommé directeur de l'Équipement en 1972, fonction qu'il quittera en 1982 pour la Direction générale de charbonnages de France.

[13] Il s'agit des quatre tranches d'Ambesse, les quatre de Martigues et celle de Loire 4, réalisées sous la houlette du directeur régional de l'Équipement, Jean de Chessé.

modifications. Le problème est alors de déterminer à quel moment il faut arrêter une série et engager la suivante.

L'idée de base, explique Michel Hug, était de faire en sorte que l'expérience acquise sur le premier réacteur PWR 900 soit encore valable pour le dernier de la série, et pour tenir compte des avancées techniques, ce progrès devait être « discrétisé » : CP0, CP1 et CP2. Il a donc fallu peser parmi toutes les modifications que suggéraient les ingénieurs celles jugées très importantes et qui justifiaient qu'on les applique rétroactivement depuis le début (et donc qu'on démonte éventuellement des pièces sur les centrales déjà construites, ce qui est arrivé sur Fessenheim) de celles qu'on pouvait garder pour la sous-série suivante (CP1 par rapport à CP0) ou le palier suivant (1 300).

La standardisation était d'autant plus importante qu'elle devait permettre de limiter le risque industriel encouru avec le choix d'un seul type d'installation, le PWR Westinghouse, depuis l'abandon de l'option BWR au cours d'un conseil interministériel d'août 1975. Mettant tous ses œufs dans le même panier, il était de la plus haute importance pour le directeur de l'Équipement de minimiser le risque, tout d'abord en s'appuyant sur un modèle *a priori* éprouvé, le pressurisé Westinghouse 900, puis en faisant en sorte que l'expérience acquise sur les premières tranches reste valable pour les suivantes.

Par ailleurs, la standardisation était le moyen de lancer une véritable industrie nucléaire française, ce qui n'avait pas été le cas avec le graphite-gaz. Grâce à la référence d'exploitation d'EDF, Framatome pourrait se présenter à l'exportation avec ce modèle de réacteurs identiques et assurer ses clients potentiels qu'ils achèteraient le même produit que celui en fonctionnement chez l'opérateur français.

9.1.5. Le coût de la sûreté, le palier 1 300

Michel Hug dut combattre à la fois dans son propre camp contre les techniciens de la Direction de l'équipement, comme contre ceux du Département de sûreté nucléaire du CEA qui instruisaient les rapports de sûreté, et qui, explique Lamiral, « supportèrent mal l'obligation qui leur fut faite de ne pas perfectionner les tranches successives des paliers 900 MWe » : « Lorsqu'il fut question d'engager le premier palier 1 300 MWe (P4), il fut difficile de freiner leur désir de faire bénéficier le nouveau palier de toutes les améliorations dont l'intérêt leur était apparu entre 1975 et 1976. »[14]

Michel Hug a tenu à ce que toutes les tranches 900 gardent une certaine identité, c'est pourquoi les modifications les plus importantes

---

[14] *Ibid.*, p. 210.

seront appliquées, par un accord tacite avec le SCSIN, pour le palier suivant, le palier 1 300, dont la tête de pont est la centrale de Paluel. Parmi les améliorations suggérées par l'évolution technique, l'une est particulièrement symbolique puisqu'il s'agit de l'enceinte de confinement. Depuis le début du palier 900, les tranches sont construites avec une enceinte simple en béton précontraint de 90 cm d'épaisseur et recouverte intérieurement d'une peau en acier assurant l'étanchéité. Le Service central quant à lui, en accord avec ses appuis techniques, aurait souhaité que la série 900 soit poursuivie avec des tranches comportant une double enceinte, qu'ils estiment être un vrai progrès pour la sûreté. Cette question de la double enceinte provoque quelques frictions entre EDF et l'administration, car si EDF s'est engagée à construire des enceintes renforcées pour les tranches de 1 300 MWe, elle estime que les enceintes simples apportent toutes les garanties souhaitables.[15] Le passage à la double enceinte est le changement le plus spectaculaire effectué entre les paliers 900 et 1 300, mais d'autres améliorations sont introduites comme l'orientation radiale du groupe turboalternateur ou le remplacement du contrôle-commande électromécanique par un contrôle-commande à logique numérique (Controbloc).

Michel Hug, de son côté, pensait que les mesures prises en matière de sûreté étaient suffisantes, voire excessives. Les déclarations du directeur de l'Équipement en ce sens sont nombreuses. Par exemple, à la suite d'une conférence à Washington en 1976 où il apparaît que l'avenir du nucléaire aux États-Unis semble bloqué, Michel Hug développe une comparaison entre la situation aux États-Unis et la France, les avantages comme ce qui pourrait être une menace en France pour le développement du nucléaire, à savoir les exigences infondées de l'administration en matière de sûreté :

---

15 Le terme « double enceinte » est d'ailleurs trompeur car il induit comme une évidence qu'il s'agit d'une amélioration, « double » étant toujours meilleur que « simple ». Il est en fait préférable de parler d'un nouveau système pour réaliser la double fonction de l'enceinte de confinement : la résistance mécanique (contre les agressions externes ou les surpressions internes) et l'étanchéité (pour empêcher les produits de fission de s'échapper en cas d'incident). Pour le palier 900, l'enceinte en béton assure la résistance mécanique, la peau en acier assure elle l'étanchéité. Avec le palier 1 300, le système est différent : une première enceinte en béton précontraint (1,20 m d'épaisseur) assure la résistance à une rupture du circuit primaire tandis qu'une deuxième enceinte externe en béton armé (55 cm d'épaisseur) protège le bâtiment réacteur des agressions externes. L'espace entre les deux enceintes est maintenu en dépression et l'étanchéité est effectuée par une reprise des fuites de l'enceinte interne. Si l'amélioration pour la sûreté est sujet de controverse, le nouveau système présente aux yeux des autorités de sûreté l'avantage de mieux prouver qu'il fonctionne correctement : il est plus facile de prouver que la reprise des fuites fonctionne puisqu'on est en dépression, que de prouver l'étanchéité de la peau en acier (qui pourrait avoir des fissures). (D'après un entretien avec Michel Lavérie).

> … la différence essentielle par rapport aux États-Unis : il y a là bas une très grande dispersion des initiatives, chaque compagnie d'électricité menant pour sa part son propre programme nucléaire. Nous connaissons au contraire une concentration des efforts et des centres de décision et je crois que c'est là un atout important : un seul producteur d'électricité, un seul constructeur de chaudières nucléaires et les pouvoirs publics : voilà un schéma qui peut permettre à mon sens de développer rationnellement un effort très important, à la condition toutefois que la collaboration entre ces trois entités se déroule dans de bonnes conditions. […] J'estime que par rapport à d'autres industries le nucléaire se voit imposer dans le domaine de la sûreté des dépenses très lourdes. Les efforts engagés par un pays pour protéger ses habitants contre les risques nés de l'ère industrielle doivent être équitablement répartis. Je ne crois pas que ce soit le cas à l'heure actuelle. […] [l'administration] pourrait faire en sorte que l'effort global de sûreté soit plus logiquement réparti – ici en renforçant les mesures, là en les assouplissant.[16]

Toutes ces améliorations s'avèrent d'un coût très élevé. Une étude comparative des coûts de Fessenheim 1-2 et de Paluel 1-2 révèle à la fin de 1977 une hausse de 52 % du coût par kWe pour Paluel 1-2 par rapport à Fessenheim. Ce surcoût apparaît comme étant dû pour 21 % à l'augmentation générale des prix, pour 18 % à un effet de site (Fessenheim était un site favorable), 44 % à la sûreté et 14 % à la qualité.[17] La part importante de ce surcoût imputée à l'évolution des règles de sûreté fut contestée par le SCSIN, mais cette évolution fut jugée inacceptable par la Direction de l'équipement qui demanda à ses responsables de revoir la conception du projet 1 300. Les propositions de modifications proposées en août 1978 aboutissent à la définition du palier dit P'4 qui diminue les coûts d'environ 10 %, essentiellement par une réduction de la taille des bâtiments. L'enceinte de confinement par exemple voit son diamètre passer de 45 à 43,8 m et sa hauteur de 59 à 50 m.

De son côté, le gouvernement ne fut pas convaincu par les arguments d'EDF suspectée d'avoir relâché sa vigilance dans le contrôle de

---

16 RGN-Actualités, « Programmes nucléaires. Politiques nucléaires américaine et française. Un entretien avec Michel HUG, directeur de l'équipement », *Revue Générale Nucléaire*, n° 6, décembre 1976, p. 527-529. Voir également : Michel Hug, « L'électro-nucléaire à l'horizon 2000 », *Revue Générale Nucléaire*, 1978, n° 2, avril-mai, p. 96-98. Pour Michel Hug en effet, outre l'évolution des prix et des délais, l'inconnue principale qui subsiste pour l'avenir de l'électronucléaire est son acceptation par l'opinion publique. En conséquence Michel Hug conclut son article sur le fait qu'un effort doit être entrepris « pour établir une perspective correcte de nos besoins énergétiques, des contraintes et des risques réels, associés à chaque type de choix. C'est à cette condition que l'effort indispensable à l'horizon 2000 pourra se faire dans des conditions d'efficacité acceptables. »

17 Les chiffres sont donnés par Michel Hug, « L'électro-nucléaire à l'horizon 2000 », *Revue Générale Nucléaire*, 1978, n° 2, avril-mai, p. 96.

l'évolution des prix. Une mission d'étude des « coûts et délais du programme nucléaire »[18] remet son rapport en septembre 1979 : il souligne parmi d'autres causes des « dérives » constatées, la sûreté, la sécurité, l'environnement, la fiabilité, les conditions d'exploitation et l'alourdissement des spécifications techniques, évoquant « les goulots d'étranglement » : les sites, les monopoles techniques et la faiblesse de la concurrence, les limites de capacité industrielle. Le rapport préconise de revaloriser le critère coût en subordonnant l'adoption de toute mesure nouvelle à une étude économique « coût-avantages », de stabiliser les spécifications techniques, de desserrer les contraintes de sites en examinant avec les Pouvoirs publics la possibilité de résoudre rapidement les difficultés rencontrées lors des procédures, réorganiser les structures pour réaffirmer l'importance de la gestion au sein d'EDF.

En interne, EDF lance en 1980 une nouvelle étude sur l'évolution du coût de construction des centrales nucléaires. Selon Lamiral, « la conclusion suivant laquelle la dérive des coûts des centrales nucléaires était surtout due aux exigences techniques croissantes imposées aux centrales successives fut admise par les Pouvoirs publics qui demandèrent aux différentes administrations de modérer l'accroissement de leurs exigences. »[19] Cette question sera suivie d'une enquête effectuée par l'Inspection générale des finances, puis d'une enquête de la Cour des comptes.

9.1.6. L'alignement forcé sur les pratiques de sûreté américaines

Côté CEA, les spécialistes de sûreté suivent de très près l'évolution des pratiques américaines, poursuivant en cela des accords établis avec l'AEC américaine dans le cadre de contacts bilatéraux depuis les années 1950,[20] qui font l'objet d'un point annuel de leur coopération en matière d'études de sûreté des réacteurs.

Les hommes de la sûreté au CEA ne sont donc pas pris complètement au dépourvu lorsqu'ils doivent s'aligner derrière les pratiques américaines conformément au concept de centrale de référence : EDF

---

18 D'après Lamiral, *op. cit.*, p. 242. Il est présidé par Renaud de la Genière.

19 *Ibid.*, p. 248.

20 Un accord, conclu pour dix ans, a été signé le 19 juin 1956 entre la France et les États-Unis, qui prévoyait entre autres l'envoi de stagiaires et de missions de l'un vers l'autre pays. Interrompus pendant deux ans, les contacts reprennent en 1968 à l'occasion de la réunion annuelle de l'Atomic Industrial Forum. (Lettre DREP 68 DR 53 du 19 novembre 1968 du directeur des Relations Extérieures du CEA à l'administrateur général et au haut-commissaire. Archives CEA, Fonds « Division d'Étude et de Développement des Réacteurs », cote USA 139.)

comme Framatome avaient obligation de se conformer à toutes les règles de sûreté, présentes et à venir,[21] applicables à la centrale de référence. Le respect de cette conformité aux règles américaines n'était pas une mince sujétion car les critères de sûreté allaient fortement évoluer aux États-Unis entre la date de commande de Fessenheim en 1970 et sa mise en service en 1977. Mais cela signifiait, pour le CEA également, l'adoption des pratiques américaines. Pour l'analyse de la sûreté, les décisions réglementaires devaient être dans la mesure du possible identiques à leurs correspondantes américaines, afin que soient automatiquement répercutées pour les centrales françaises toutes les décisions de l'USAEC relatives aux centrales américaines de référence. C'est pourquoi l'analyse de la sûreté des premières centrales PWR d'EDF (Fessenheim, Bugey, Tricastin, Gravelines et Dampierre) a consisté en partie à faire l'inventaire des règles américaines (critères, normes et standards, guides de sûreté) qui étaient applicables aux centrales de référence et à vérifier qu'elles avaient été effectivement appliquées par EDF.

Un certain nombre d'adaptations ont néanmoins été nécessaires, pour différentes raisons : d'une part, nous l'avons vu, la référence américaine ne porte que sur la chaudière. De plus, la construction d'une centrale donnée sur un site particulier pose des problèmes spécifiques qui doivent faire l'objet d'un examen au cas par cas. Enfin, l'existence d'une législation française en matière de récipients sous pression oblige à des adaptations des prescriptions américaines. Le service d'analyse de sûreté du CEA a cependant tenu à évaluer la totalité des centrales d'EDF avec sa méthode propre, afin « de comparer les conclusions tirées de la méthode américaine à celles que fournit la méthode française. »[22]

Le CEA n'est pas prêt à abandonner sa méthode d'analyse, mais cela ne s'explique pas seulement par des raisons d'amour propre. En effet, le type d'analyse détermine les points à étudier, jusqu'où il faut aller dans la prise en compte des risques, quelles sont les solutions acceptables, autant d'aspects qui correspondent à tout un contexte industriel, juridique, administratif, réglementaire. Or qui décide de la méthode d'analyse impose son modèle aux pays importateurs qui sont forcés de suivre ce qui se fait dans le pays qui édicte les normes, et la soumission est d'autant plus grande que ces règles sont en évolution permanente. Par ailleurs, on n'a pas nécessairement envie en France ou dans les autres

---

[21] D'après Tanguy, P., « L'impact du transfert des règles et pratiques de sûreté dans le domaine nucléaire », *Revue Générale Nucléaire*, 1986, n° 1, p. 62-64.

[22] Cf. Bourgeois, J., « L'analyse de sûreté des réacteurs de puissance en France. Principes généraux et applications pratiques », *Symposium sur les principes et les règles de sûreté des réacteurs, Jülich, 5-9 février 1973, IAEA*, SM-169/16, p. 147-168. C'est lors de ce symposium que Bourgeois présente pour la première fois une version achevée de sa méthode des barrières.

pays d'imiter les États-Unis quand ils renforcent ces règles pour des motifs jugés non de sûreté mais politiques, fonction de leur contexte propre. C'est pourquoi, tout en adoptant par obligation la méthode américaine, les hommes du CEA la comparent à la leur, qu'ils entendent imposer pour l'autre filière qu'ils développent en parallèle, celle des réacteurs à neutrons rapides.

9.2. Les débats sur la sûreté aux États-Unis

L'adoption en France des réacteurs à eau en provenance des États-Unis intervient dans un contexte où le domaine de la sûreté est en plein bouleversement, dû au développement du programme nucléaire américain : le nombre et la puissance des réacteurs proposés par les industriels américains augmentent de façon exponentielle au cours des années 1960 et 1970.

Au milieu des années 1960, deux problèmes particulièrement essentiels pour la sûreté des réacteurs à eau vont pousser dans le sens de l'établissement d'une réglementation plus détaillée en matière de critères de conception pour les réacteurs aux États-Unis : le problème de l'intégrité de la cuve et celui de la fusion du cœur. Ces deux sujets seront considérés comme tabous par les industriels, aussi bien aux États-Unis qu'en France.

9.2.1. L'intégrité de la cuve des réacteurs à eau sous pression

La cuve d'un réacteur est un immense récipient métallique d'une dizaine de mètres de hauteur, 3 à 4 mètres de diamètre, d'une vingtaine de centimètres d'épaisseur pesant plusieurs centaines de tonnes, qui contient le cœur du réacteur. Elle fait partie du circuit primaire dans lequel circule l'eau sous forte pression. Comme tous les récipients sous pression, une rupture est théoriquement possible en fonction de l'état du métal qui peut être fragilisé par différents phénomènes. Ce qui est nouveau et moins connu dans le cas de l'énergie nucléaire, c'est la fragilisation que peuvent induire les neutrons qui frappent la cuve.

La question des cuves sous pression s'avère particulièrement sensible dans la mesure où les réacteurs ne disposent pas de moyens de protection contre les ruptures de cuve. À partir de 1965, cette question devient la cause d'un débat assez violent entre experts américains.[23] Jusque-là, la rupture de cuve avait été considérée comme « incredible ». Or en 1964, un cas de rupture s'était effectivement produit sur un échangeur de chaleur à une température proche de la température de fragilisa-

[23] Cf. Okrent, David, *Nuclear Reactor Safety. On the History of the Regulatory Process*, Madison, The University of Wisconsin Press, 1981, p. 85-102.

tion, tandis que des rapports d'experts britanniques publiés en 1964 et 1965 montraient la possibilité d'une rupture rapide des cuves en acier à des températures de fonctionnement pour lesquelles ce type de défaillance avait été exclu du fait de l'épaisseur des aciers.

Les représentants de l'industrie comme de l'AEC vont montrer une très ferme opposition à cette question. Selon eux, il faut s'en tenir à la position adoptée jusque-là, considérant ce type de défaillance comme invraisemblable : ils estiment même que le comité d'experts (l'ACRS) tend à se transformer en une assemblée d'académiciens discutant de problèmes éthérés et envisageant des solutions irréalistes (rajouter une enceinte supplémentaire pour protéger l'enceinte de confinement contre des missiles qui proviendraient de l'explosion de la cuve). De son côté, l'ACRS estimera que si l'on ne peut pas traiter les conséquences d'une rupture de cuve, il faut tout faire pour en améliorer la qualité de fabrication et les méthodes d'inspection et de surveillance au cours de l'exploitation. En 1965, les États-Unis lancent un programme de recherche sur la question des seuils de fragilisation des aciers de grosse section (« Heavy Section Steel Test Program »), qui durera presque dix ans.[24]

9.2.2. La qualité de construction

L'accent est donc mis sur la qualité de la construction : guides et normes doivent garantir que la cuve, dans les conditions de fonctionnement prévues, ne se rompra pas. La question de la sûreté au niveau de la construction était d'autant plus importante que de nombreuses centrales avaient connu des difficultés avec leurs réacteurs « par suite d'une finition insuffisante, de matériaux défectueux et autres difficultés au stade de la construction. »[25]

La question de l'assurance de la qualité est mise à nouveau sous les feux de l'actualité à la suite d'une fuite détectée en septembre 1967 sur un mécanisme de grappe de contrôle de la centrale d'Oyster Creek (New Jersey). Cet incident va donner un grand élan à la réglementation d'un programme d'assurance de la qualité dont l'AEC fait l'une de ses priorités.

En 1955, étant donné l'importance de la sûreté des appareils à pression pour l'énergie atomique, l'ASME, la Société américaine des ingénieurs mécaniciens, référence incontournable en matière de normalisa-

---

[24] Les spécialistes français de sûreté affirment que ces recherches menées par le laboratoire d'Oak Ridge permettent de montrer qu'aux températures de travail considérées, les aciers épais des parois des cuves à pression sont très résistants et n'ont pas tendance à se fracturer rapidement. Cf. Bourgeois *et al.*, *La sûreté nucléaire...*, *op. cit.*, p. 85.

[25] Cf. Thompson, T. J., Beckerley, J. G., *The Technology of Nuclear Reactor Safety*, Cambridge, MIT Press, 1964.

tion, avait mis sur pied un comité spécial sur les appareils à pression pour réacteurs atomiques.[26] Cela avait conduit à introduire en 1963 une nouvelle section à son code de construction des appareils sous pression, l'« ASME Boiler and Pressure Vessel Code, Section III, Nuclear Power Plant Components ». Ce code couvre toutes les phases de la réalisation des cuves nucléaires : dessin, fabrication, matériaux, contrôles, épreuve, montage. En 1968, l'ASME introduit une exigence nouvelle pour la remise de son certificat, afin de garantir l'intégrité des cuves et autres composants essentiels à la sûreté des installations : le constructeur doit mettre en œuvre un programme détaillé dit « assurance de qualité ».[27] « L'assurance de qualité » comprend à la fois le contrôle de qualité proprement dit (examen des caractéristiques des matériaux et des composants, définition des critères d'acceptation) et les procédures de mise en œuvre de ce contrôle (son organisation, qui est responsable à chaque stade, quels sont les documents fournis, qui vérifie que le contrôle a été effectué). L'ASME publie en 1971 une nouvelle version de son code qui insiste en particulier sur la définition détaillée des responsabilités respectives de chacun des protagonistes du nucléaire : l'exploitant, le constructeur, le monteur, l'ASME, et l'agence d'inspection. Par ailleurs, l'USAEC exerce elle-même un rôle de contrôle et d'inspection sur l'ensemble des composants de la centrale qui vient se superposer au système ASME.

Mais malgré ces efforts de formalisation des procédures concernant le contrôle de la qualité de construction des éléments importants pour la sûreté des réacteurs, ce problème va continuer de questionner les experts,[28] d'autant que d'autres incidents vont survenir, mettant en cause des problèmes de fabrication.

9.2.3. Une question taboue : la fusion du cœur

Alors que le débat sur l'intégrité de la cuve fait rage entre les spécialistes va s'ajouter à partir du milieu des années 1960 une seconde controverse, cette fois à propos de la possibilité de fusion du cœur. En juin 1966,[29] lors d'une réunion sur la réévaluation du rapport WASH 740 de 1957, deux spécialistes américains de la sûreté présentaient des calculs montrant que la fusion du cœur d'un réacteur de 3 200 MWth aurait pour conséquence non seulement de rompre la cuve mais également de

---

[26] Cf. Walker, S. J., Mazuzan, G.T., *Controlling the Atom : The Beginnings of Nuclear Regulation, 1946-1962*, Berkeley, University of California Press, 1984, p. 216.

[27] D'après Tanguy, Pierre, « Les prescriptions d'inspection et de contrôle du code ASME », in Lamiral, G., *op. cit.*, Tome 2, Annexe 36.

[28] Cf. Okrent, D., *op. cit.*, p. 231.

[29] Cf. Okrent, D., *op. cit.*, p. 101.

rompre l'enceinte de confinement. Le cœur continuerait alors de fondre en s'enfonçant dans la terre jusqu'à ce qu'assez de chaleur ait été dissipée. Il pourrait ainsi se retrouver à l'opposé du globe des États-Unis, en Chine, ce qui donna naissance au terme de « syndrome chinois » pour la fusion du cœur.

Jusque-là, le bâtiment de confinement était considéré comme une barrière indépendante capable de limiter les rejets radioactifs à l'extérieur même en cas de fusion du cœur, du moins en l'absence de gros missiles pouvant résulter de la rupture brutale de la cuve. On estimait qu'en cas de fusion du cœur à travers la cuve, le bâtiment en béton, recouvert d'une couche d'eau, pourrait rester suffisamment froid et demeurer intact grâce aux dispositifs de sûreté présents à cet effet. Or, en juin 1966, ces experts mettaient en évidence un lien entre la fusion du cœur et la perte du confinement ultime.

Les industriels, la partie « développement » de l'AEC et même les commissaires de l'AEC s'opposeront à ce que le processus réglementaire considère les accidents impliquant la fusion du cœur. La question de la fusion du cœur restera une question « tabou » dans le milieu nucléaire, bien que ces accidents fassent partie des cas étudiés par les spécialistes de la sûreté.

Pour les experts, il s'agissait désormais de se pencher plus précisément sur les causes pouvant provoquer la fusion du cœur, et en particulier sur l'accident de perte de réfrigérant primaire, le LOCA (Loss of Coolant Accident).

9.2.4. La controverse sur l'ECCS

Certes, pour les experts de l'AEC et de l'ACRS, les chances qu'un accident de fusion du cœur entraîne la perte du confinement sont minimes. Mais un tel scénario serait néanmoins possible au cas où les dispositifs de refroidissement de secours ou ECCS (Emergency Core Cooling System) ne seraient pas efficaces. La question de l'ECCS va être fortement controversée tout au long des années 1970, entre experts de sûreté de l'AEC d'abord, avant que le débat ne déborde le cercle limité des experts en 1970, notamment avec l'intervention des scientifiques de l'UCS (Union of Concerned Scientists), une association créée en 1969 et regroupant des scientifiques préoccupés par les implications de la science pour la société. Ces scientifiques pour la plupart extérieurs au monde nucléaire vont rendre la controverse publique en utilisant des rapports internes de l'AEC[30] et grâce à l'aide de l'expertise du profes-

[30] Certains scientifiques de l'AEC sont en effet mécontents de la façon dont certains problèmes de sûreté sont traités par l'AEC. Cf. Ford, Daniel, *Meltdown : The Secret Papers of the Atomic Energy Commission*, New York, Simon and Schuster, 1986.

seur de physique du MIT Henry Kendall. Des chercheurs de la Société américaine de physique se joindront aussi à cette opposition.[31]

En octobre 1966, l'AEC met sur pied un groupe de travail (task force) pour étudier la fiabilité de l'ECCS. Composé de six représentants de l'industrie nucléaire et de cinq laboratoires de recherche, le groupe de travail remet son rapport[32] au début de l'année 1968. Jusque-là, le confinement était conçu pour résister à tout accroissement de pression dû à la vapeur d'eau qui résulterait d'une rupture de canalisation, mais en supposant que le système de refroidissement de secours fonctionne effectivement. Le groupe d'études analysa différents cas en faisant l'hypothèse que l'ECCS ne fonctionne pas correctement. Il montra que cela pouvait provoquer la fusion de larges parties du cœur et qu'on ne pouvait assurer que le confinement resterait intact.

Des recherches furent alors lancées sur l'efficacité des systèmes de secours : des expériences à échelle réduite donnèrent des résultats totalement différents de ce qu'avaient prévu les simulations sur ordinateur, provoquant la consternation parmi les membres de l'AEC. Ils montraient en effet qu'il peut y avoir des erreurs dans les modèles de calcul utilisés par l'AEC pour les accidents de perte de réfrigérant primaire. L'AEC décida en 1971 de modifier ses critères de sûreté en spécifiant de façon plus détaillée les hypothèses à retenir pour ce type d'analyse, sous la forme de critères provisoires, remaniés suite à de nouvelles critiques et finalement publiés en décembre 1973.

Une autre question de sûreté, moins fortement controversée mais très importante, voit également le jour au début des années 1970, soulevée par l'ACRS. Est mise en cause la capacité d'arrêter la réaction en chaîne par chute des barres (SCRAM) lors d'un transitoire prévu. Le comité d'experts va mener la bataille sur la question de l'ATWS (Anticipated Transient Without Scram) en exigeant que des moyens de secours soient prévus pour faire face aux ATWS.

9.2.5. Naissance de la contestation antinucléaire

Ces débats d'experts se déroulent dans un contexte où l'opinion américaine se montre de moins en moins favorable à l'énergie nucléaire. À partir de 1962, la contestation antinucléaire prend naissance, d'abord au niveau local. Elle se manifeste pour la première fois à propos de la demande de construction de la centrale de Ravenswood, 1 000 MWe, à

---

[31] Cf. American Physical Society, « Report to the APS by the Study Group on Light Water Reactor Safety », *Reviews of Modern Physics*, vol. 47, Suppl. n° 1, 1975.

[32] US Atomic Energy Commission, « Emergency Core Cooling, » Report of an Advisory Task Force on Power Reactor Emergency Core Cooling, *USAEC Report TID-24226*, January 1968.

proximité de la ville de New York. Il s'agit alors de l'une des plus puissantes centrales projetées à cette date et qui devait de plus être implantée en pleine zone urbaine. L'opposition prend de l'ampleur à partir de 1963-1964 avec le projet de construction de la centrale de Bodega Bay en Californie, dans une zone fortement sismique proche de la faille de San Andreas. L'opposition des populations jouera un grand rôle dans l'abandon des deux projets.

Après cette opposition de caractère local, la contestation s'empare de questions techniques plus pointues : une première mise en cause globale de l'énergie nucléaire au cours des années 1960 s'appuie sur la question de la pollution thermique provoquée par les centrales nucléaires, c'est-à-dire le réchauffement des eaux et ses conséquences sur l'environnement. Mais la question la plus controversée et qui suscite le plus d'inquiétudes dans le public est celle de la protection contre les radiations, mettant en cause les conséquences possibles du développement de l'énergie nucléaire, même hors accident : les effets des rejets radioactifs en fonctionnement normal des installations nucléaires menaceraient la vie de dizaines de milliers de personnes chaque année, comme l'expliquent deux dissidents des laboratoires de Livermore, Gofman and Tamplin.[33] La technicité des débats autour de l'énergie nucléaire monte encore d'un cran avec la question très technique de l'ECCS, d'autant que l'opposition peut s'appuyer sur les analyses de certains experts extérieurs à l'AEC mais aussi sur les débats internes à la communauté des experts nucléaires.

9.2.6. Le renforcement de la réglementation : critères et guides

Dans ce contexte de controverses, on note un renforcement de la législation américaine à partir de 1965. Et paradoxalement, la demande d'un renforcement réglementaire émane à l'origine des milieux industriels et des commissaires de l'AEC[34] eux-mêmes : la promulgation de critères de sûreté *a priori* acceptables par l'administration, la normalisation des procédures et des critères d'acceptabilité des réacteurs doivent permettre l'amélioration de la communication entre toutes les parties impliquées dans la sûreté nucléaire et ainsi réduire les délais d'autorisation des centrales. D'une durée de un an, on souhaite ramener ces délais à six mois.

C'est ainsi que suite à des discussions initiées avec les industriels en novembre 1965, la Commission, en juillet 1967, publie au Registre fédé-

33 Cf. Walker, Samuel J., « The Atomic Energy Commision and the Politics of Radiation Protection, 1967-1971 », *Isis*, 1994, 85, p. 57-78.

34 Cf. Case, Edson G., « AEC Program in Nuclear Standards : Regulatory Functions – Division of Reactor Standards », *Nuclear News*, November 1967, p. 44-47.

ral (32 F.R. 10 213) une série de critères généraux de conception pour les systèmes et composants des réacteurs de puissance, soumise au public pour commentaire. Ces critères généraux doivent servir de base ou de cadre à partir desquels des critères ou normes réglementaires plus détaillés seront développés. Après révision, ces critères généraux sont ajoutés en février 1971 sous forme d'une annexe au titre 10 du Code de réglementation fédérale (CFR), qui stipule les règles d'autorisation pour les centrales nucléaires, règles qui ont force de loi.[35] Ces critères généraux se veulent des exigences minima pour les réacteurs à eau :

> Les critères principaux de conception établissent les exigences nécessaires en matière de conception, de fabrication, de construction, de test et de performance pour les structures, systèmes et composants importants pour la sûreté ; c'est-à-dire, les structures, systèmes et composants qui fournissent une assurance raisonnable (reasonable assurance) que la centrale peut être exploitée sans risque illégitime (undue risk) pour la santé et la sûreté du public.[36]

Le début des années 1970 marque bien aux États-Unis le grand bond en avant de la réglementation : regroupée dans l'article 10 du Code de réglementation fédérale, la réglementation de l'AEC comprend parmi les plus intéressants sur le plan technique son article 20 (10CFR20) qui fixe les normes de protection contre les rayonnements, l'article 50 (10CFR50) qui présente les impératifs à respecter en ce qui concerne la conception, la construction et l'exploitation des centrales nucléaires et des usines de retraitement du combustible, et l'article 100 (10CFR100) qui fournit les critères d'évaluation des sites proposés pour l'implantation des réacteurs.

Parallèlement à ces critères réglementaires, l'AEC s'attache depuis 1970 à la publication de guides de sûreté qui se proposent d'aider les demandeurs d'autorisation et les exploitants à respecter les prescriptions générales et les directives figurant dans le Code de réglementation fédérale. Les guides, à la différence des critères précédents n'ont pas force de loi, mais ont pour but de recommander des solutions acceptables à des problèmes de sûreté dans les cas où l'AEC n'a pas encore décidé qu'une solution particulière devait être rendue obligatoire. L'AEC entend transformer un certain nombre de ces guides en règles contraignantes lorsqu'elle aura acquis suffisamment d'expérience à leur sujet. En attendant, le respect des guides n'est pas obligatoire. Ils indiquent

---

35 « General Design Criteria for Nuclear Power Plants », 10 CFR 50 Appendix A, *Federal Register*, vol. 36, n° 35, Saturday, February 20, 1971, p. 3255-3260.

36 « General Design Criteria... », *op. cit.*, p. 3257. Les termes employés – « assurance raisonnable », « undue risk » – montrent toute la difficulté de proposer une philosophie générale de sûreté, qui fixe des critères objectifs d'acceptabilité.

simplement des moyens possibles d'appliquer la réglementation. D'autres moyens sont admis s'ils reposent sur une solide justification. Ces guides vont fleurir dans les années suivantes, on en dénombrera plus d'une centaine en 1978.

En ce qui concerne l'élaboration des normes, ce sont près de 400 organismes non gouvernementaux qui se consacrent à cette tâche, même si pour l'essentiel elles émanent de l'American Nuclear Society (ANS), de l'American Society for Testing and Materials (ASTM), de l'Institute of Electrical and Electronics Engineers (IEEE), de l'American Society of Mechanical Engineers (ASME) et de l'American National Standards Institute (ANSI).

9.3. Naissance de la réglementation nucléaire en France

L'élaboration d'une réglementation technique est un jeu où se rencontrent de multiples acteurs. Pour la France : le producteur d'électricité EDF, ses constructeurs dont le principal Framatome détenteur de la licence du géant américain Westinghouse, le Service central tout juste mis sur pied et disposant d'un faible personnel mais qui peut s'appuyer sur l'expertise des spécialistes du CEA, et qui hérite de la longue tradition du Service des mines en matière de réglementation des appareils à pression. Les relations ainsi que les rapports de force entre les différents acteurs sont mouvants, et la réglementation a pour objet une technologie en évolution dont on doit assurer la sûreté mais aussi l'efficacité industrielle, notamment en vue d'une future exportation. L'administration des Pouvoirs publics chargée d'élaborer la réglementation doit arbitrer les intérêts parfois divergents de ces puissants acteurs industriels.

9.3.1. La qualité et la mise à niveau de l'industrie française

La situation industrielle française diffère sensiblement du contexte américain, ce qui nécessite d'adapter les pratiques américaines en matière de normes et de règlements aux conditions industrielles, commerciales et réglementaires françaises. Aux États-Unis, des industriels constructeurs puissants unissent leurs efforts pour établir des règles de bonne pratique (codes ASME par exemple) que leurs bureaux d'études et ateliers sont tenus de respecter. Les nombreux utilisateurs ont une influence limitée sur les orientations prises par les constructeurs, plus intéressés par les aspects économiques que techniques. À l'inverse, en France, le géant EDF est maître d'œuvre unique face à des constructeurs encore faibles et ne disposant pas d'une expérience forte : c'est EDF qui fait connaître ses exigences à ses constructeurs.

À partir de 1970, EDF met au point un ensemble de règles de construction applicables aux composants des chaudières nucléaires à eau légère, rassemblées dans un document appelé « Cahier des Prescriptions de Fabrication et de Contrôle » (CPFC). Bien que d'un caractère général, ces règles peuvent s'avérer plus sévères que celles du code ASME. Ces exigences supplémentaires ne facilitent pas la tâche du constructeur Framatome, qui doit à la fois se soumettre de par la licence aux exigences américaines (respect du 10 CFR 50, le code ASME Section III, les règles IEEE, l'ANS-I-N-18.2.), à celles d'EDF, puis plus tard à celles de la réglementation de l'Administration française. Toutes les règles et normes de sûreté sont d'autant plus importantes pour le constructeur qu'elles servent de guide lors de la conception et de la construction.[37] C'est pourquoi Framatome souhaiterait que la future réglementation nucléaire française considère comme suffisant le respect des codes et normes de l'industrie américaine.

Avec le lancement du programme de construction de centrales à eau légère, les exigences d'EDF s'accroissent vis-à-vis de ses fournisseurs, en particulier en ce qui concerne les contrôles et la qualité des fabrications. Selon un ingénieur de la Direction de l'équipement d'EDF, l'un des premiers en France à mettre l'accent, au nom de la sûreté, sur les questions de qualité des constructions est Pierre Tanguy, chef du DSN.[38] Lors d'une réunion en mai 1972 avec des représentants d'EDF, Tanguy commente un article de la revue *Nuclear Safety*[39] au sujet des nouvelles prescriptions d'inspection et de contrôle du code ASME. La description par Tanguy de la procédure de « quality assurance » suscite un vif intérêt parmi les participants à cette réunion et en particulier chez EDF. Dans les mois qui suivent, l'électricien met en place une organisation analogue pour ses propres services et ses fournisseurs.[40] Cette formalisa-

37 Cf. Bondoux, R., Millot, J.-P., « Le point de vue d'un constructeur sur la sûreté nucléaire », *Annales des Mines*, janvier 1974, p. 27-40. Ingénieur Arts et Métiers, R. Bondoux est chef du Département mécanique de Framatome. J.-P. Millot, auparavant membre du GTSP de Bourgeois au CEA, est chef du Département nucléaire de Framatome.

38 Lamiral, *op. cit.*, p. 303.

39 *Nuclear Safety*, vol. 13, n° 2, March-April 1972, p. 99-103.

40 Les bases de cette nouvelle organisation de la qualité à EDF sont jetées par une note commune de la Direction de la production et du transport et de la Direction de l'équipement du 21 juin 1973. Cette exigence de formalisation du contrôle de la qualité conduit EDF à rajouter en janvier 1974 une annexe intitulée « Organisation de la qualité » aux textes contractuels avec ses fournisseurs. Ce texte définit les obligations des fournisseurs en matière de qualité. L'organisation de la qualité doit être décrite de façon précise et détaillée dans des documents écrits. Ceux-ci doivent indiquer les effectifs, leur répartition, la liste des moyens dont ils disposent, les responsabilités de chacun, les modalités d'exercice du contrôle, l'ensemble des vérifications et contrôles mis en place. À ce contrôle interne, l'organisation de la qualité doit ajouter un « contrôle externe » : l'entreprise fournisseur doit disposer d'agents ayant l'indépen-

tion du contrôle de la qualité doit permettre à l'industrie française de hisser la qualité de ses fabrications à la hauteur de l'enjeu du programme nucléaire[41] : c'est une petite révolution dans le monde de l'industrie française.[42] Une anecdote en circulation dans le milieu nucléaire attribue au directeur de l'Équipement d'EDF, Michel Hug, ce jugement selon lequel au moment du lancement du programme nucléaire, l'industrie française était incapable de réaliser une soudure de qualité nucléaire.

Parallèlement à la mise en œuvre d'une politique de qualité en matière de construction chez les fournisseurs et leur client EDF, les Pouvoirs publics vont à leur tour émettre un certain nombre de règles pour les composants des centrales nucléaires.

9.3.2. Le traditionnel libéralisme réglementaire français

La décennie soixante-dix voit comme aux États-Unis l'émergence progressive d'une réglementation française en matière de sûreté des installations nucléaires.[43]

Ayant consulté le groupe permanent d'experts, Jean Servant met sur pied début 1974 un groupe de travail présidé par Jean Bourgeois pour élaborer un cadre général et des propositions à partir desquelles l'administration puisse engager la rédaction des textes destinés à constituer la Réglementation technique dite « générale » des centrales nucléaires, ainsi dénommée car devant s'appliquer à tous les réacteurs d'une même catégorie ou à tous les composants d'un même type.

Les travaux du Groupe de travail l'amènent à proposer un classement de la réglementation nucléaire en plusieurs niveaux : un premier niveau énonce les « principes fondamentaux » de sûreté ; un deuxième niveau fixe des « critères généraux » de sûreté, alors que le troisième élabore les « prescriptions techniques particulières », dont certaines auraient force réglementaire tandis que d'autres ne seraient que de simples guides, « destinés à faciliter le dialogue technique entre l'administration et ses services techniques, d'une part, l'exploitant et les constructeurs d'autre part. »[44]

---

dance, la compétence et l'autorité voulues pour assister la Direction dans sa tâche de contrôle.

41 Cf. Hug, Michel, « Qualité et centrales nucléaires : introduction », *Revue Générale Nucléaire*, 1976, n° 4, Juillet-Août-Septembre, p. 296.

42 Cante, Feger, Genevray, Hennion, Moneyron, Monneyron, Normand, Rastoin, Silberstein, Vaujour, « L'assurance de la qualité », *Revue Générale Nucléaire*, 1976, n° 1 Janvier-Février, p. 27-36.

43 Un règlement des caissons en béton précontraint a été publié en 1970.

44 Cf. Banal, Cogné, Coulon, Faral, Gouzot, Loverdo, « Autorisation et normalisation des centrales nucléaires », *Revue Générale Nucléaire*, 1976, n° 1 Janvier-Février,

Les premières installations ont été construites sans cadre réglementaire technique officiel et examinées au cas par cas. Les avis d'experts (DSN du CEA, Groupe permanent, inspecteurs des INB) et les décisions administratives constituent la première ébauche de réglementation. Celle-ci est progressivement validée en tenant compte des remarques des différentes parties prenantes ou des difficultés pratiques de mise en œuvre.

Les premiers critères élaborés sont mis à l'essai à partir de 1976 dans le cadre des procédures d'autorisation, suivant d'ailleurs un plan analogue à celui des « Codes de pratique » de l'AIEA. Des critères généraux sont spécifiés en septembre 1979 par le ministre de l'Industrie à EDF en ce qui concerne les obligations et caractéristiques principales des tranches du palier 1300, où sont également précisées quelles sont les caractéristiques reconnues dans leurs principes acceptables.[45]

L'élaboration de cette réglementation pour le moins lente et prudente : pour le SCSIN qui se trouve au sein du ministère de l'Industrie, dont l'objectif est le bon déroulement du programme décidé par le gouvernement, la tâche est de réglementer, sans entraver, dans la tradition du libéralisme français des ingénieurs des Mines chargés depuis le début du XIXe siècle de la réglementation des appareils à pression.[46] Cette double préoccupation est omniprésente chez les hommes de l'administration. Jean Servant, chef du SCSIN, l'exprime à plusieurs reprises lors de colloques internationaux. En 1975, analysant la difficulté d'élaborer une réglementation technique, il précise : « une telle tâche est rendue délicate par le caractère évolutif des techniques nucléaires et le souci qu'ont les pouvoirs publics, tout en assurant une sûreté convenable, de ne pas gêner cette évolution de façon inutile ou excessive. »[47] Deux ans plus tard, alors qu'un « effort important » est en cours en

p. 19-26. Banal, Faral, Gouzot sont d'EDF, Cogné, Coulon du CEA, Loverdo de Framatome.

45 Lettre d'orientation CAB n° 900-MZ du 3 septembre 1979 relative aux obligations et caractéristiques principales de sûreté à appliquer aux futures tranches nucléaires de 1300 MWe du ministre chargé de l'Industrie au directeur général d'EDF.

46 Cf. Thépot, André, *Les ingénieurs des Mines au XIXe siècle*, Paris, Éditions Eska/IDHI, 1998, p. 181-191 ; ou : Lascoumes, Pierre, « De l'atteinte à la prévention des risques industriels : Réglementation des installations classées et développement d'une "magistrature technique" », in Dourlens, C., Galland, J. P., Theys, J., Vidal-Naquet, P. A., *Conquête de la sécurité, gestion des risques*, Paris, L'Harmattan, 1991, p. 65-86.

47 Servant, Jean, « Pratique et évolution des procédures d'autorisation et de la réglementation nucléaire en France », in *Nuclear Energy Maturity*, Proceedings of the European Nuclear Conference, Paris, 21-25 avril 1975, vol. 10, p. 38.

France pour développer la réglementation technique, il rappelle à nouveau l'état d'esprit de cette réglementation :

> Cet effort est dicté à la fois par la conscience des risques potentiels de l'énergie nucléaire (qui oblige, par souci de prévention, à réglementer avant que l'expérience de construction et d'exploitation soit très développée) et par le désir de faciliter, autant que faire se peut, la tâche des constructeurs et exploitants en fixant, dans leurs grandes lignes, les « règles du jeu ».[48]

Toute la difficulté de la réglementation réside dans l'art du bon compromis entre objectifs à atteindre et prescriptions du « comment faire ». Selon la philosophie de l'administration, la sûreté est avant tout de la responsabilité des constructeurs et des exploitants. L'action de la puissance publique consiste à coordonner les efforts poursuivis par les différentes parties en présence en vue de les adapter à l'objectif de sûreté. Pour cela, l'administration impose des obligations techniques et administratives comme conditions nécessaires à la sûreté : « la puissance publique ne fournit pas de règles ou de codes de construction ; elle ne fournit pas davantage de garanties en accordant une autorisation de création ou une approbation. »[49]

L'administration française estime que la sûreté repose nécessairement sur un examen approfondi, au cas par cas, sur la base des rapports de sûreté établis par les exploitants et complétés par les analyses de sûreté pratiquées par les experts pour le compte des autorités. L'application de règles générales ne peut se substituer à cette analyse. Une jurisprudence est tirée de ces examens et peut servir de base à l'élaboration d'une réglementation, d'autant que les installations françaises sont conçues de façon standardisée.

Les règlements généraux français s'expriment davantage en termes d'obligations de résultats, de performances à atteindre voire d'interdictions qu'en termes de moyens à utiliser. Lors du congrès de Salzbourg de l'Agence internationale de l'énergie atomique en 1977, Jean Servant justifie une nouvelle fois la pratique réglementaire française devant ses interlocuteurs étrangers :

> Les autorités françaises de sûreté se sont toujours refusées jusqu'ici à imposer, dans de tels règlements, des spécifications détaillées et des codes de construction, ou – ce qui reviendrait au même – à rendre obligatoire l'utilisation de codes existants. Contrairement aux apparences, cette voie n'est pas

---

[48] Servant, Jean, « Prescriptions réglementaires et pratique administrative en matière de sûreté des installations nucléaires », *Conférence internationale sur l'énergie d'origine nucléaire et son cycle du combustible*, Salzbourg, 2-13 mai 1977, Agence Internationale de l'Énergie Atomique, IAEA-CN-36/228, p. 165.

[49] Quéniart, Daniel, « Sûreté nucléaire et règlements techniques », *Annales des Mines*, Janvier 1974, p. 47-54, p. 51.

celle de la facilité. Ni pour l'Administration qu'elle oblige à discerner l'essentiel (pour l'imposer) de l'accessoire (pour y renoncer). Ni pour les industriels dont elle exige un effort particulier d'analyse et de démonstration, et finalement de progrès. De ce fait, les règlements français de sûreté se prêtent mal à une utilisation commerciale (j'allais dire à un détournement) ![50]

9.3.3. Une absence de référentiel réglementaire problématique à l'export

En effet, la tradition française en matière de réglementation n'est pas sans poser des problèmes pour l'exportation.

Une anecdote relatée par différents auteurs illustre les différences de contexte réglementaire entre la France et d'autres pays en même temps qu'elle montre les difficultés ressenties par Framatome à l'exportation. Lors de contacts pour la vente de la centrale de Koeberg entre l'Afrique du Sud et EDF qui jouait le rôle d'architecte industriel, les négociateurs Sud-Africains, après avoir signé les documents de principe, invitèrent les représentants d'EDF à charger les règlements et les normes applicables pour cette centrale, dans une camionnette située en bas de l'escalier. D'où l'étonnement des gens d'EDF : « une camionnette, mais pour quoi faire ? Il n'y a pas grand-chose ! » Framatome et EDF appliquaient bien un certain nombre de règles, mais celles-ci n'étaient pas celles de l'administration française, qui elles tenaient dans un classeur.

Face à cette absence de référentiel réglementaire validant les règles détaillées de conception et de construction de leurs installations, EDF et Framatome en référèrent aux plus hautes autorités gouvernementales et réclamèrent une codification plus précise. Le ministère invita le Service central, EDF et Framatome à unifier leurs vues. Framatome et EDF rédigèrent ensemble des Règles de conception et de construction (RCC), qui ne furent pas dans un premier temps acceptées par le SCSIN qui ne souhaitait pas que ce faisant la responsabilité des industriels en matière de sûreté soit diluée. Le SCSIN encouragea les industriels à rédiger des documents professionnels et de normalisation précis, mais il n'entendait pas entériner leurs pratiques.[51] Les différentes parties aboutissent fina-

---

[50] Servant, Jean, « Prescriptions réglementaires et pratique administrative en matière de sûreté des installations nucléaires », *Conférence internationale sur l'énergie d'origine nucléaire et son cycle du combustible*, Salzbourg, 2-13 mai 1977, Agence internationale de l'énergie atomique, IAEA-CN-36/228, p. 164.

[51] Les représentants de l'administration ne veulent pas céder non plus aux modèles de réglementation utilisés dans les autres pays. Les autorités françaises se disent d'ailleurs favorables à une concertation internationale sur les règles de sûreté fondamentales, que ce soit à l'AIEA ou à l'OCDE en vue d'une harmonisation sur la base d'un consensus. Par ailleurs, on refuse que sous prétexte d'harmonisation des règles de sûreté, on ne vise à établir l'hégémonie de certaines pratiques technologiques dé-

lement à un accord selon lequel le respect des RCC par les industriels serait considéré par l'Administration comme équivalent au respect des exigences de la Réglementation technique générale.[52] L'utilisation des RCC qui concernent la sûreté fait l'objet d'un examen par le SCSIN et leur utilisation est approuvée par ce qui deviendra le quatrième niveau de la réglementation française : les « Règles fondamentales de sûreté. » Les premières RFS, concernant la prise en compte des risques liés aux chutes d'avion et la prise en compte des risques d'émission de projectiles par suite de l'éclatement des groupes turboalternateurs, seront publiées en 1980.

9.3.4. L'arrêté du 26 février 1974

L'adoption des réacteurs à eau légère va renforcer le poids de l'administration des mines dans le contrôle de la sûreté nucléaire. En effet, les cuves et plus généralement le circuit primaire des réacteurs à eau sont sous pression en fonctionnement normal et rentrent de ce fait dans le champ de compétences traditionnel du Service des mines. C'est ainsi qu'au début de l'année 1971,[53] le Service des mines entreprend la rédaction d'un règlement visant le circuit primaire des chaudières nucléaires à eau. Le circuit primaire d'un réacteur à eau sous pression comprend principalement la cuve, les canalisations qui amènent l'eau sous pression dans le cœur et l'en extraient, le pressuriseur, les pompes et les générateurs de vapeur.

Autour d'ingénieurs des mines, un groupe de travail composé d'experts d'EDF, du CEA, de Framatome et de la CGE[54] s'attelle à la

veloppées dans tel ou tel pays, ce qui fausserait la concurrence internationale tout en obstruant le progrès des techniques nucléaires. Le modèle américain est principalement en ligne de mire, mais également le modèle allemand, où le corpus de normes est beaucoup plus développé qu'en France. Vu de France, les Allemands auraient tendance à considérer qu'une application rigoureuse de leurs normes, notamment les normes émises par le Deutsches Institut für Normung (DIN) est garant d'une bonne sûreté. Les Allemands travaillent d'ailleurs à généraliser leur système de normalisation dans le reste du monde.

52 Lettre SIN n° 31/85 du 3 janvier 1985 « Modalités d'évolution réglementaire du recueil des règles de conception et de construction (RCC) et des RFS correspondantes », cité in G. Lamiral, *op. cit.*, tome 2, p. 252-254.

53 Torquat (de), C., Quéniart, D., Barrachin, B., Roche, R., « La sûreté des appareils à pression des chaudières nucléaires et son aspect réglementaire en France », *Symposium sur les principes et les règles de sûreté des réacteurs*, Jülich, 5-9 février 1973, *IAEA*, SM-169/16, p. 147-168. Christian de Torquat et Daniel Quéniart sont ingénieurs des mines au ministère du Développement industriel et scientifique. B. Barrachin et R. Roche travaillent au Centre d'études nucléaires de Saclay.

54 Les représentants de la CGE sont présents puisqu'à cette époque la politique suivie par EDF est celle de la diversification en PWR (Framatome) et BWR (CGE).

rédaction de ce texte,[55] qui est officialisé par l'Arrêté du 26 février 1974 relatif à l'application de la réglementation des appareils à pression aux chaudières nucléaires à eau.[56] Ce sera le principal texte réglementaire publié au cours de la décennie.

Une partie importante de l'arrêté s'attache à départager les responsabilités[57] entre constructeur et exploitant en cas de défaillance. L'arrêté sur le circuit primaire principal contient des prescriptions et un certain nombre de règles techniques jugées nécessaires à la protection des personnes et des biens, mais ce ne sont pas des règles de construction qui, elles, sont laissées à la charge de différents organismes qui éditent des codes et des normes : organismes de normalisation groupés dans l'AFNOR, organismes de contrôle comme le Groupement des propriétaires d'appareils à pression et électriques (GAPAVE) ou le bureau Véritas, organismes professionnels de constructeurs tels que le Syndicat national de la chaudronnerie (SNCT). Aux yeux de l'Administration, l'application des textes émis par ces organismes ne signifie pas qu'ils respectent le règlement. Le constructeur est responsable non seulement de la sûreté du matériel qu'il construit, mais aussi de l'application du règlement. L'intervention du Service des mines, qui en surveille l'application, ne diminue pas la responsabilité du constructeur. Pour démontrer qu'il atteint les objectifs de sûreté assignés, le constructeur doit fournir à l'Administration des dossiers relatifs à la conception, aux matériaux employés pour la fabrication, à la fabrication proprement dite, aux organes de contrôle, de régulation et de sécurité et enfin un dossier relatif au contrôle de la fabrication. En possession de ces documents, l'Administration peut apprécier la sûreté des dispositions prises par le constructeur auquel elle peut réclamer des compléments ou des précisions. C'est également le constructeur qui est tenu par l'administration comme responsable du dimensionnement de l'appareil ; il doit pour cela faire une analyse complète de la résistance de l'appareil. Dans le cadre de l'analyse de la sécurité de son appareil, le constructeur devra montrer en particulier que l'appareil ne présente aucun risque de rupture brutale (Art. 9). Avant la mise en service, les appareils sont soumis à une épreuve hydraulique en présence d'un représentant des Pouvoirs publics.

---

[55] Le groupe est animé par Yvon Bonnard, inspecteur général à EDF. Polytechnicien (X, 1930), ingénieur général du Génie Maritime, Yvon Bonnard avait acquis une réputation d'excellent métallurgiste pour avoir notamment mis au point le métal des cuves de méthanier, qui posaient des problèmes de fragilité. Au sein d'EDF, il était chargé du suivi des cuves de réacteurs et avait apporté de précieux conseils aux ingénieurs de la centrale de Chooz pour l'élaboration de l'acier de la cuve.

[56] Arrêté du 26 février 1974 portant application de la réglementation des appareils à pression aux chaudières nucléaires à eau (J.O. du 12-3-74).

[57] Banal *et al.*, « Autorisation ... », *op. cit.*

Pour le contrôle des fabrications du constructeur, l'Administration se dote de moyens propres qu'elle centralise au niveau de l'arrondissement minéralogique de Dijon pour former en 1974 le Bureau de contrôle de la construction nucléaire (BCCN).

De son côté, l'exploitant a pour obligation de définir les conditions d'utilisation de l'appareil, afin de vérifier qu'il ne sera pas placé dans des situations plus sévères que celles pour lesquelles il a été conçu. Il doit soumettre à l'Administration un ensemble de consignes écrites d'exploitation, tenir à jour un registre d'exploitation, surveiller les effets de l'irradiation et l'évolution des défauts éventuels, et procéder à des renouvellements périodiques de l'épreuve hydraulique, accompagnés de visites complètes de l'appareil. Les intervalles entre deux épreuves ne pourront pas excéder 10 ans.

Cette épreuve hydraulique est une spécificité française issue de la vieille réglementation des appareils à pression. C'est la marque du Service des mines qui depuis le XIXe siècle assure le contrôle des appareils sous pression. Cette épreuve hydraulique a été l'objet de débats intenses[58] lors de l'élaboration du texte parmi les experts du groupe de travail. Les constructeurs craignaient qu'au cours de l'épreuve hydraulique on fasse travailler le métal à un taux tel qu'il détériore l'appareil plutôt qu'il n'apporte une garantie de qualité sur ce qui avait été construit. Un compromis a donc été adopté pour tenir compte à la fois d'une surpression suffisante pour que l'épreuve soit significative et du souci de ne pas obliger les constructeurs à faire des appareils qui soient dimensionnés uniquement pour l'épreuve sous pression.

Cette pratique des visites décennales des installations comportant un appareil sous pression en usage au sein du Corps des mines depuis le XIXe siècle où tous les dix ans les installations sont réexaminées, testées en pression, et une décision est prise quant à la poursuite ou non de l'exploitation, sera une des armes de l'administration face à l'exploitant pour imposer le renforcement de certaines mesures de sûreté. C'est d'ailleurs à l'occasion des premières visites décennales au début des années 1990 que seront mis en évidence de nombreux défauts dans la qualité de construction, lesquels conduiront au remplacement à terme de ces énormes pièces fort coûteuses que sont les générateurs de vapeur et les couvercles de cuve dont les nuances d'acier présentaient une sensibilité à la fissuration.

D'autres textes fixant des prescriptions techniques seront rédigés par un groupe de travail *ad hoc* sur la protection contre les incendies, la

---

[58] Cf. compte rendu définitif de la réunion du 5 mars 1974 du Conseil supérieur de la sûreté nucléaire dont le deuxième point à l'ordre du jour est la « sûreté des cuves sous pression des réacteurs à eau ».

prise en compte des séismes dans la sûreté des réacteurs, les systèmes de protection.

9.4. De nouveaux sites pour le programme nucléaire

Au cours de la deuxième moitié des années 1970 en France, la question des sites cristallise tous les problèmes que pose une installation nucléaire. Certains sites proposés par EDF voient une opposition franche, mais non publique, des experts de sûreté chargés de les analyser, étant donné les risques que fait peser l'environnement sur la centrale ou la trop forte densité de population autour de l'installation. Autour du thème des sites se manifestent également des conflits entre les différentes administrations et ministères, sur fond de contestation antinucléaire.

L'implantation d'une installation nucléaire sur un nouveau site avait été l'objet des premières inquiétudes et des premières oppositions à l'énergie nucléaire de la population voisine des terrains sélectionnés, comme à Saclay, Marcoule ou Cadarache. Mais ces oppositions étaient restées très locales et ne manifestaient pas un rejet de principe de l'énergie atomique. Les premiers sites à accueillir les réacteurs de production d'électricité d'EDF (Chinon, Saint-Laurent-des-Eaux, Bugey, Brennilis ou Chooz) avaient été acceptés sans difficulté par l'opinion locale qui y voyait, selon EDF, « une chance de développement économique, une chance d'accéder à la modernité. »[59] Le site de Fessenheim est le témoin de la naissance d'une première contestation contre l'implantation d'une installation, contestation qui reste cependant limitée dans les années 1970-71 à des manifestations de quelques centaines de personnes.

Le contexte change en 1974 avec le lancement d'un vaste programme nucléaire décidé par le Premier ministre Pierre Messmer. Les décisions prises le 6 mars 1974 placent à nouveau la question de la sûreté des sites sous les feux de l'actualité. Le temps n'est plus où les techniciens pouvaient choisir quelques sites sans une analyse préalable trop poussée car le nombre de centrales à construire était faible au regard des possibilités offertes. À partir de 1974-1975, l'accélération du programme d'équipement nucléaire impose de trouver 30 à 35 sites nouveaux dans les vingt-cinq prochaines années puisque l'on prévoit l'implantation de 150 nouveaux réacteurs pour une puissance de 170 GWe.

---

59 Dürr, Michel, « Le tournant nucléaire d'Électricité de France », in Morsel, Henri (dir.), *Histoire de l'Électricité en France*, tome III, Paris, Fayard, 1996, p. 693-782, p. 769.

9.4.1. La recherche des sites et les procédures administratives

Si le programme d'équipement nucléaire a été décidé au plus haut niveau de l'État, c'est EDF qui est chargée de trouver les sites d'accueil des installations. Dans cette opération de sélection, EDF est confrontée à de nombreuses contraintes technico-économiques.[60]

Les centrales doivent être implantées de préférence dans des régions souffrant d'un déficit de production électrique. Les sites doivent être assez spacieux (entre 100 et 200 hectares), accessibles par la route, voire par voie ferrée. Il faut être au bord d'une source froide suffisante (mer ou cours d'eau important) pour l'alimentation du circuit de refroidissement, le sous-sol doit être suffisamment solide et en dehors de zones trop sismiques. L'environnement industriel pouvant générer des risques sur les installations, on doit se trouver à distance respectable des aéroports, raffineries de pétrole et autres industries à risques. Il faut également respecter des critères biologiques (la vie fluviale et marine), esthétiques (éviter la proximité de sites ou de monuments classés), et sociaux (création d'emplois dans les régions défavorisées). Toute la difficulté pour l'Équipement d'EDF consiste à arbitrer entre ces divers paramètres.

Traditionnellement,[61] depuis la loi de nationalisation du 8 avril 1946, EDF, en plus de la construction des ouvrages, se charge de l'acquisition des terrains pour leur implantation et de l'enclenchement des diverses procédures. Il faut obtenir des autorités départementales l'arrêté permettant l'exécution de sondages et la reconnaissance du sous-sol, puis, les travaux effectués, organiser une réunion d'information sous la présidence du préfet avec les personnalités du département, les conseillers généraux, les maires des communes concernées. EDF peut alors transmettre une demande de déclaration d'utilité publique (DUP).

EDF doit ensuite engager les différentes procédures réglementaires visant à obtenir l'autorisation de construction, instruites par les services centraux des ministères (SCPRI, SCSIN) et sanctionnées par la CIINB. Mais on recense également une procédure Euratom, des procédures concernant le Permis de construire, les Servitudes aéronautiques, l'Instruction mixte, l'autorisation de prise d'eau, les rejets liquides non radioactifs, toutes procédures du ressort des services préfectoraux ou d'autres

---

[60] Cf. Aussourd, Ph., Candes, P., « Le choix des sites des centrales nucléaires », *Annales des Mines*, Janvier 1974, p. 71-76. Philippe Aussourd est ingénieur des Ponts et Chaussées au SCSIN, Pierre Candes est chef du Service d'études de sûreté radiologique au CEA.

[61] Le paragraphe qui suit s'inspire en particulier de l'ouvrage de Georges Lamiral, *Chronique…*, *op. cit.*, p. 213 et 231.

administrations locales. À partir d'avril 1975, EDF doit de plus présenter des « dossiers d'impact sur l'environnement », que ce soient des impacts provoqués par les effluents gazeux, les émissions de vapeur ou l'émission d'énergie, les impacts sur le milieu marin ou sur les eaux douces provoqués par les rejets de chaleur ou l'impact sur les sites et paysages.[62] En définitive, la procédure d'implantation d'une centrale fait intervenir les services d'une dizaine de ministères, prévoit une dizaine d'organes de contrôle et repose sur plusieurs centaines de textes.

Au-delà de la multiplication des textes, les procédures liées à l'obtention des sites – ce « cauchemar des gestionnaires »[63] – présentent les plus gros obstacles pour EDF, car ce ne sont plus les services centraux techniques des ministères qui interviennent dans ces procédures mais des administrations proches du terrain et plus sensibles aux pressions sociopolitiques. Et il est un fait que les difficultés que rencontre EDF avec les différents échelons de l'administration pour l'obtention des sites reflètent la montée des préoccupations de l'opinion.

9.4.2. La contestation antinucléaire et les sites

En effet, la deuxième moitié des années 1970 voit naître une opposition vigoureuse à l'énergie nucléaire. Celle-ci se traduit par une contestation de l'implantation de ces installations au niveau des sites, où se rejoignent populations locales inquiètes et opposants irréductibles à l'énergie nucléaire. Même si les préoccupations à propos de la sûreté proprement dite ne sont qu'une des composantes de ces oppositions, il est nécessaire de restituer le contexte de montée de la contestation antinucléaire, car le débat sort désormais du cercle des spécialistes pour rencontrer le grand public. Il ne s'agit pas ici de prétendre à une quelconque exhaustivité mais de donner les traits principaux de ce mouvement auquel sont confrontés les différents acteurs du nucléaire en France, et EDF en premier lieu.

Avant 1973, le mouvement antinucléaire en France est relativement faible, à l'image du programme nucléaire.[64] Cependant, de 1969 à 1971 un mouvement environnementaliste émerge, influencé par ce qui se passe aux États-Unis. En 1971, différentes parties du mouvement écolo-

---

62 Saglio, J.-F., « Implantation des centrales nucléaires et environnement », *Annales des Mines*, mars-avril 1976, p. 139-144. Saglio est alors ingénieur en chef des Mines, directeur de la Prévention des Pollutions et des Nuisances au ministère de la Qualité de la Vie.

63 Herblay, Michel, *Les hommes du fleuve et de l'atome*, Paris, La Pensée Universelle, 1977, p. 247.

64 Cf. Jasper, James M., *Nuclear Politics. Energy and the State in the United States, Sweden, and France*, Princeton, Princeton University Press, 1990, p. 149-177.

giste se lancent dans l'activisme antinucléaire, ce qui se traduit par des manifestations contre les réacteurs de Fessenheim et Bugey. Deuxième composante de l'opposition avant 1973, le syndicat CFDT : des raisons philosophiques quant à la signification du progrès technique ou les conditions de travail dans l'industrie nucléaire amènent l'organisation syndicale à critiquer le programme électronucléaire après l'adoption du réacteur à eau pressurisée. Les militants du CEA ou ceux des Études et Recherches d'EDF coordonnent les activités du syndicat et sont les rédacteurs des deux livres publiés par la CFDT sur l'énergie nucléaire.[65]

Marginale jusque-là, l'opposition à l'énergie nucléaire devient massive après le lancement du plan Messmer d'équipement nucléaire, et en particulier après l'annonce le 2 décembre 1974 par le ministre de l'Industrie, Michel d'Ornano, d'une campagne d'information sur cette énergie. Pour contrer l'opposition croissante au nucléaire et répondre aux critiques d'opacité des décisions, le gouvernement entend rendre publics les plans français en matière nucléaire en autorisant les assemblées régionales à débattre des implantations de réacteurs. Ces consultations régionales ne portent pas sur l'opportunité du programme lui-même, mais uniquement sur le choix des sites. Un fascicule d'une quarantaine de pages vantant les mérites de l'énergie nucléaire est envoyé aux 36 000 maires. Cette initiative du gouvernement met le feu aux poudres : en effet, les documents émis par le gouvernement donnent une liste de 35 sites envisagés pour la construction de réacteurs. Jusque-là localisée, l'opposition se généralise et s'unifie face à un ennemi devenu commun.

À côté des écologistes comme les Amis de la Terre et de journaux comme *La Gueule Ouverte* déjà susceptibles d'organiser la contestation antinucléaire, des scientifiques se mobilisent, particulièrement au Collège de France et à l'université d'Orsay, avant tout parmi les chercheurs en physique nucléaire et en physique des particules. Ceux-ci contestent la légitimité du plan Messmer qui annonce ce programme colossal de « 200 réacteurs pour l'an 2000 », dont 40 surrégénérateurs. Un « appel des 400 » est lancé en février 1975, signé dans un premier temps par 400 puis 4 000 scientifiques, pour réclamer un arrêt du programme électronucléaire français tant qu'il n'y aurait pas eu de consultation des populations, et la prise en compte de problématiques comme la sûreté, le devenir des mines d'uranium ou les déchets. Un mois plus tard, un groupe d'Orsay parmi ces scientifiques rédige un « contre-commentaire » au fascicule d'Ornano, intitulé « risques et dangers du programme électro-

---

65 Syndicat CFDT de l'énergie atomique, *L'électronucléaire en France*, Paris, Éditions du Seuil, 1975 ; Syndicat CFDT de l'énergie atomique, *Le dossier électronucléaire*, Paris, Éditions du Seuil, 1980.

nucléaire français » et ils l'envoient aussi aux 36 000 maires. Certains d'entre ces scientifiques forment en décembre 1975 le Groupement des scientifiques pour l'information sur l'énergie nucléaire (GSIEN), qui compte au départ près de 300 membres. Ils reçoivent le soutien des Amis de la Terre, et travaillent en étroite collaboration avec les militants de la CFDT qui leur communiquent nombre d'informations techniques, qu'ils publient dans leur revue la *Gazette Nucléaire*.[66]

Le programme Messmer est également contesté par des économistes. L'Institut économique et juridique de l'énergie (IEJE) de Grenoble en particulier publie un rapport très critique sur les bases économiques justifiant ce plan, également mis en cause par certains économistes du ministère des Finances. Au sein même d'EDF, un économiste, Louis Puiseux, devient célèbre par son opposition au programme nucléaire.[67]

Au niveau politique, en face d'une droite pronucléaire, la gauche est divisée entre un parti communiste favorable aux centrales nucléaires et un parti socialiste partagé sur la question. L'opposition s'attaque plus au programme présenté par le gouvernement qu'elle ne s'oppose par principe à l'énergie nucléaire. Le parti socialiste maintient cependant l'espoir parmi les contestataires qu'une fois au pouvoir, il infléchirait la politique nucléaire : il nationaliserait les groupes industriels impliqués dans l'énergie nucléaire et rendrait le contrôle de la sûreté complètement indépendant de l'industrie nucléaire et de ses objectifs de profit. Le PSU, lui, appelle à un moratoire. Pour la gauche, le programme électronucléaire de Messmer et Giscard est dénoncé comme étant le prétexte à passer des commandes à l'industrie privée.

L'opposition au programme électronucléaire ne s'empare pas seulement des questions de sûreté mais dénonce les dangers et inconvénients du nucléaire : danger pour la paix, car les activités nucléaires sont étroitement liées aux activités militaires, danger pour la santé à cause des pollutions radioactives, crainte des accidents, question des déchets, réchauffement des eaux marines ou des rivières, danger pour les libertés car le nucléaire serait porteur d'une société policière par la multiplication des installations et des transports de matières à surveiller.

Sur le terrain, des associations se constituent localement pour s'opposer aux implantations ; la contestation touche un grand nombre de sites : Creys-Malville, Flamanville, le Pellerin, Golfech, Cruas, Saint-

---

[66] La *Gazette* est animée depuis ses débuts notamment par Monique Sené (docteur ès sciences, directeur de recherches au CNRS) et Raymond Sené (CNRS, Collège de France).

[67] Cf. Puiseux, Louis, *La babel nucléaire*, Paris, Galilée, 1977 ; Puiseux, Louis, *Crépuscule des atomes*, Paris, Hachette, 1986.

Étienne-des-Sorts, Cattenom, Plogoff, Braud-et-Saint-Louis...[68] Sans entrer dans les détails des mobilisations, on retient les manifestations de juillet 1977 à Creys-Malville en Isère, site devant recevoir le premier Surgénérateur Superphénix, non loin des villes universitaires de Lyon, Grenoble et Genève. L'opposition antinucléaire reçoit le soutien des populations locales, de scientifiques des grandes villes voisines, et le Conseil général organise un débat public sur l'utilisation de l'énergie nucléaire. Ces manifestations marquent le sommet de la contestation, qui décline par la suite : le 30 juillet, les CRS répriment brutalement l'occupation du site par plusieurs dizaines de milliers de personnes, tuant un manifestant, en blessant cinq autres très sérieusement. Un autre haut lieu de la contestation se situe sur le site de Plogoff en Bretagne. Alors que le projet d'installation d'une centrale nucléaire est accepté par le Conseil régional dès mars 1975, agriculteurs et marins-pêcheurs bretons sont rejoints par des contestataires d'autres localités pour s'opposer à cette implantation. Manifestations, occupations du site par des milliers de personnes ne parviennent pas à modifier l'opinion du Conseil régional qui réaffirme sa volonté de construction. Le projet est finalement abandonné, comme gage à son électorat, par le gouvernement de gauche arrivé au pouvoir en 1981. L'ensemble du programme prévu sera lui poursuivi en l'état.

9.4.3. EDF en première ligne

Les débats sont donc vifs autour du programme lancé par EDF, critiqué de toutes parts, sous de nombreux angles. L'irruption du public dans le débat nucléaire bouleverse les habitudes de dialogue jusque-là mené exclusivement entre spécialistes d'EDF et de l'administration. EDF doit améliorer sa communication. Plusieurs dizaines d'ingénieurs se spécialisent dans les relations avec le public. Mais ils ne disent pas tout. EDF fera toujours montre d'une grande difficulté à communiquer spontanément ses dossiers, les sujets d'étude non résolus, les zones d'incertitudes, de peur, explique-t-on, que le débat ne s'envenime et que les opposants s'en emparent, les médiatisent et transforment des problèmes anodins en autant d'arguments justifiant une condamnation irrémédiable du nucléaire en s'appuyant sur les peurs irraisonnées de l'opinion. L'administration n'est d'ailleurs pas plus encline à rendre publiques les informations produites par ses experts.

---

68 Pour ce dernier site, on peut consulter la monographie d'Alexandre Nicolon, « Analyse d'une opposition à un site nucléaire », in Fagnani, F., Nicolon, A. (dir.), *Nucléopolis, Matériaux pour l'analyse d'une société nucléaire*, Grenoble, Presses Universitaires de Grenoble, 1977, p. 223-316.

Les difficultés rencontrées dans les procédures d'obtention des sites provoquent chez les techniciens d'EDF un sentiment de trahison par les « politiques ». Ils ont la forte impression d'avoir servi de bouclier pour le gouvernement face à la population :

> L'engagement à partir de 1974 d'importants programmes nucléaires résultait directement de la volonté du gouvernement. Dans ces conditions, on aurait pu penser que les Pouvoirs publics feraient leur affaire de la réponse à la contestation nucléaire ainsi que du déroulement et de l'aboutissement des procédures nécessaires aux implantations d'ouvrages afin qu'EDF et plus précisément la Direction de l'équipement n'eût qu'à remplir sa mission qui était de construire des ouvrages. En fait, les Pouvoirs publics laissèrent pratiquement à EDF toute la charge de la justification des programmes nucléaires et de l'implantation des centrales. EDF dut créer et développer des services de documentation et d'information, organiser des réunions contradictoires à différents niveaux et organiser des voyages de groupes. Certains ministères et administrations, au lieu d'aider EDF dans ses actions se comportèrent en véritables censeurs, comme ils l'auraient fait avec un particulier voulant implanter des installations dangereuses.[69]

La complexité du processus due aux nombreuses procédures préalables à l'ouverture d'un site, la pression de l'opinion et des opposants, conduisent en 1976-1977 à un enlisement qui risque de perturber profondément le déroulement du programme. En 1977, la Direction de l'équipement constate l'indisponibilité de plusieurs sites pour la date programmée de leur mise en chantier.

> Quatre sites nouveaux affectés aux années de programme 1977-78-79 étaient frappés d'« indisponibilité administrative », laquelle paralysait ainsi 10 600 MW destinés à entrer en service industriel en 1982-85. La hiérarchie des critères de choix se trouvait donc bouleversée, et caduques les études comparant les facultés d'insertion dans l'environnement géographique, économique et humain. Défaits aussi, les marchés optionnels passés avec les fournisseurs. Plus rien ne comptait qu'une réponse à la question primaire : où implanter immédiatement les tranches nucléaires inscrites aux programmes et dont le défaut empêcherait, quelques années plus tard, EDF de remplir son devoir de service public en desservant correctement les besoins de la consommation ?[70]

Laissée seule face à l'opinion, EDF dépêche des émissaires pour justifier ses projets. De son côté, le pouvoir reprend en mains les services administratifs pour mettre un terme aux résistances larvées qui se manifestent dans la lenteur du traitement des procédures d'autorisation, menaçant l'ensemble du programme. « Tout rentre dans l'ordre », après

---

[69] Lamiral, *op. cit.*, p. 233.

[70] Herblay, *op. cit.*, p. 247.

que le Premier ministre, Raymond Barre, eut fait définir par une Commission interministérielle créée en janvier 1978 et présidée par le délégué général à l'Énergie « un programme normalisé d'enchaînement des différentes procédures relatives à l'implantation et à la réalisation des centrales électronucléaires et des principales lignes de transport de l'énergie électrique. »[71] Le 7 mars 1978, le Premier ministre fait notifier par le ministre de l'Industrie, du Commerce et de l'Artisanat, René Monory, aux préfets et aux chefs des Services interdépartementaux de l'industrie et des mines les modalités d'organisation pour accélérer les procédures. C'est donc un sévère rappel à l'ordre, un préfet ou un chef d'administration est remplaçable dans l'heure.

La question de la sélection des sites est le seul moment dans l'histoire de l'énergie nucléaire en France où des oppositions ont pu se manifester avec force : l'administration locale, qui a eu son mot à dire dans les procédures d'autorisation, a pu être sensible aux pressions des populations ou des élus locaux et moins à celles du centre, ce qui a retardé et même parfois contribué à l'échec de certains projets. Certains observateurs[72] ont montré le rôle de la centralisation de l'expertise et du pouvoir politique en matière d'énergie nucléaire en France pour expliquer le peu de succès de l'opposition à cette forme d'énergie, alors que dans des pays où les processus décisionnels étaient plus morcelés (pouvoir politique, organismes d'experts ou pouvoir judiciaire) comme les États-Unis ou l'Allemagne, les opposants ont pu s'appuyer sur les échelons locaux du pouvoir pour faire aboutir leurs revendications.

9.4.4. *Les experts et les sites*

Qu'en disent les experts du CEA chargés d'étudier la sûreté pour le compte de l'Administration ? À l'extérieur, pas grand-chose. En interne, on discute des principes d'évaluation des sites. Mais la comparaison des différents sites, leur classement et les avis défavorables qu'ils émettront sur certains sont réservés à l'autorité administrative qui ne les rend pas publics.

9.4.4.1. *Une question pressante*

Étant donné les avantages économiques résultant du rapprochement des centrales des zones urbaines, la question est posée par les électriciens d'installer les centrales non loin, voire au cœur de zones de forte densité de population. Plusieurs projets ont été proposés à l'étranger : aux États-Unis à Ravenswood près de New York, en Allemagne à

---

[71] Dürr, Michel, *op. cit.*, p. 768.

[72] Cf. Nelkin, D., Pollack, M., *The Atom Besieged. Extraparliamentary Dissent in France and Germany*, Cambridge, The MIT Press, 1981.

Ludvwigshafen et en Suède à Vertan dans la banlieue de Stockholm. L'examen de ces trois cas s'est conclu par un refus d'autorisation. En décembre 1975, Pierre Tanguy, chef du Département de sûreté nucléaire du CEA, estime que le problème des sites urbains « n'est pas encore mûr ». Et il rappelle que « pour le moment du moins, l'utilisation éventuelle de sites urbains entraînerait des mesures de sécurité supplémentaires. »[73] C'est une réponse indirecte aux dirigeants d'EDF dont certains, selon un témoin, estimaient au milieu des années 1970 que les centrales étaient à ce point sûres qu'on pourrait les installer place de la Concorde.

Pour les experts, la question des sites se pose avec une acuité nouvelle depuis le lancement du grand plan d'équipement nucléaire. La concentration d'installations sur un même site conduit à étudier également – au-delà des conséquences d'un ou plusieurs accidents graves envisagés pour le dimensionnement de l'installation – les conséquences du fonctionnement normal des installations hors incident, comme les rejets. Par ailleurs, le site lui-même et son environnement peuvent être cause d'accident pour l'installation nucléaire, que ces « agressions externes » soient dues à l'environnement naturel (séismes, inondations, cyclones), ou à l'environnement industriel (chocs, explosions, déflagrations, produits toxiques, etc.). Enfin, la France ne dispose pas de sites dont les environs soient pratiquement vides de population et il est nécessaire de trouver une méthodologie pour juger la sûreté et l'acceptabilité de sites de densité de population moyenne.

À partir de 1967, les experts français essaient de définir un critère objectif d'évaluation et d'acceptabilité des sites qui prenne en compte le potentiel de danger des installations, les caractéristiques des transferts météorologiques, et la répartition des populations autour du site.[74] Dans la tentative d'élaborer un critère objectif d'évaluation des sites, il faut faire collaborer différentes disciplines (physique et biologie en particulier), mais toutes les incertitudes propres à chacune d'entre elles se cumule : incertitudes sur les probabilités d'incident, sur les types de rejets à la source (vitesse et angle d'émission, hauteur, direction, durée),

---

73 Tanguy, Pierre, « Sûreté des réacteurs et choix des sites », *Bulletin d'Informations Scientifiques et Techniques*, n° 208, novembre 1975, p. 5-10.

74 Ces travaux sont menés au Département de sûreté nucléaire du CEA sous l'impulsion de Robert Le Quinio. Licencié d'études supérieures de sciences, il sera prêté quelques années au SCSIN, tout comme Pierre Candes, l'un des pionniers des études de sûreté radiologique au CEA. Ingénieur de l'École Supérieure d'Électricité (1946), Pierre Candes est nommé chef du Service d'études de sûreté radiologique à sa création en 1964 au sein du Cabinet du haut-commissaire. Rattaché en 1967 au Département de la protection sanitaire du docteur Jammet, puis au DSN de Jean Bourgeois, Pierre Candès est adjoint du chef du DSN à partir de 1976.

à quoi s'ajoutent les phénomènes secondaires comme les dépôts et les décroissances ; incertitudes sur les données météorologiques (probabilité ou fréquence de présence du vent, modalités de diffusion atmosphérique, coefficients de transfert en fonction de la distance) ; incertitudes sur les seuils d'équivalents de dose d'apparition des dommages corporels (peut-on retenir deux seuils, l'un pour les irradiations bénignes, l'autre pour les irradiations graves) ; incertitudes enfin sur les données démographiques et sur leur évolution future.

9.4.4.2. Élaboration d'un critère d'évaluation des sites

Si en 1967, la position des experts français était d'accorder à la distance par rapport à une agglomération une grande importance comme facteur de sécurité supplémentaire, on assiste à partir de 1973-74 à un basculement dans la philosophie à cet égard. La densité de population est certes partout élevée, mais elle l'est plus ou moins suivant les directions par rapport à un point donné. La répartition de la population en fonction de la distance reste un critère fondamental, mais il est associé aux probabilités de transfert de la contamination. La question est de savoir combien de personnes peuvent être affectées par la radioactivité en cas d'accident, et cela dépend essentiellement du sens du vent. À la limite, si l'on était sûr que 100 % du temps le vent souffle sur un secteur désertique et qu'une population considérable habite non loin de la centrale, mais pas sous le vent, il n'y aurait pas de problème de distance.

Malgré la diversité des méthodes envisageables,[75] fin 1976, la Section d'études de sûreté des sites nucléaires (SESSN) du Département de sûreté nucléaire (DSN) du CEA propose un critère de choix de site basé sur le calcul d'un Indice de site par pondération directe (ISPD) des données démographiques et météorologiques. Le calcul de cet indice consiste à effectuer le produit du nombre de personnes habitant dans un élément géographique déterminé par la moyenne des coefficients caractérisant les transferts atmosphériques (entre l'installation et le lieu géographique considéré) et à effectuer la somme des résultats ainsi obtenus.

[75] Doury, A., Gérard, R., « Recherche d'un critère d'évaluation de site par la pondération des données radiologiques, météorologiques et démographiques », *Colloque AIEA/AEN sur le choix des sites des installations nucléaires*, Vienne, 9-13 décembre 1974, Rapport DSN n° 82. André Doury est chef de la Section d'études des sites nucléaires du Service d'études techniques et de sûreté radiologique du DSN. Licencié es sciences, diplômé de l'Institut de physique du globe de Strasbourg, Doury a d'abord travaillé à la Météorologie nationale avant d'être détaché en 1957 au SCRGR du CEA pour diriger un groupe « physique de l'atmosphère ».

Exemple de répartition de la population par secteur

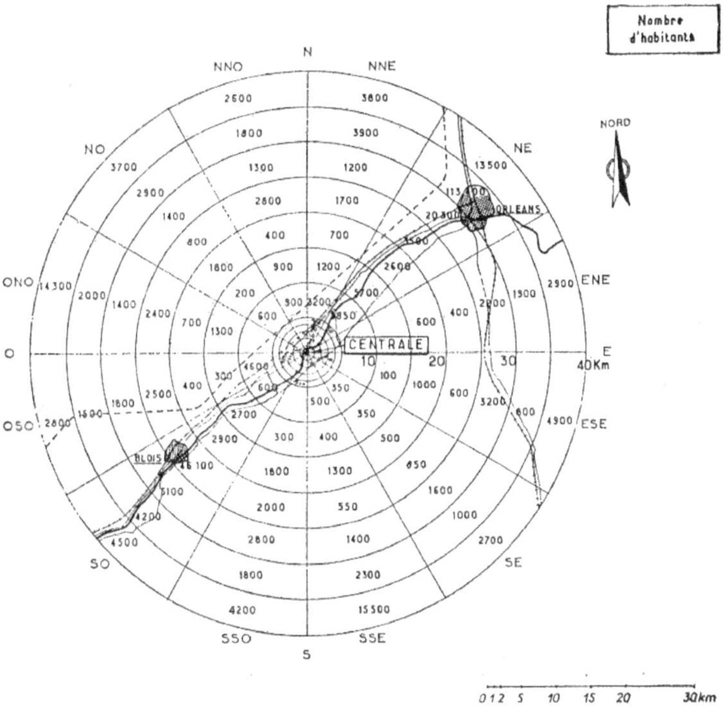

Source : Clément, B., « Analyse de la sûreté des centrales électronucléaires françaises et critère », Radioprotection, vol. 10, n° 3, 1975, p. 139. Crédit : Société française de radioprotection.

Sur la base de cet indice, 18 sites français[76] ont été classés sous l'angle de la sûreté et comparés à la moyenne des valeurs obtenues pour sept sites français déjà autorisés fin 1976 (Bugey, Chinon, St-Laurent, Dampierre, Paluel et Flamanville). Il apparaît ainsi que les sites les plus favorables sont Englesqueville, Paluel, Nogent-sur-Seine et Plogoff, le site du Pellerin est nettement le plus défavorable.

[76] Bugey, Cattenom, Chinon, Cruas, Dampierre, Englesqueville, Flamanville, Gravelines, Le Blayais, Le Pellerin, Nogent-sur-Seine, Paluel, Plogoff, Plomoguer, Saint-Alban, Saint-Laurent, Sennecey-le-Grand, Tricastin.

Exemple de courbe de population cumulée en fonction de la distance pour sept sites en exploitation ou prévus

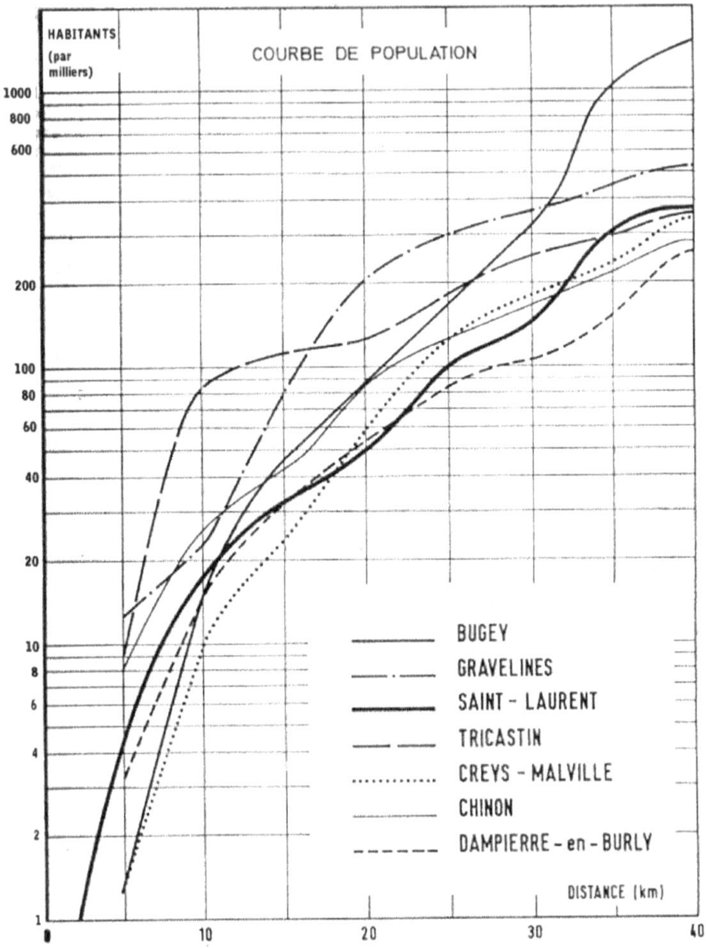

Source : Clément, B., « Analyse de la sûreté des centrales électronucléaires françaises et critères », Radioprotection, vol. 10, n° 3, 1975, p. 138. Crédit : Société française de radioprotection.

9.4.5. Les ministères et les sites ; Le Pellerin et Cattenom

Ces critères d'évaluation de la sûreté des sites ne seront jamais publiés. En septembre 1977, le ministre de l'Industrie, face à l'enlisement de certaines procédures retardant la sélection des sites, avait pourtant demandé au Premier ministre qu'une réflexion soit menée au sein du

Comité interministériel de la sécurité nucléaire (CISN) sur les directives qui pourraient être élaborées quant au choix des sites des centrales nucléaires pour ce qui concerne les problèmes liés à la densité et à la répartition de la population.[77] Parmi les différents ministères impliqués (Industrie pour la sûreté, Santé pour les risques d'irradiation en cas d'accident, Intérieur pour la démographie et les plans d'intervention, Défense pour l'intervention éventuelle de la gendarmerie, etc.), l'opposition était vive du côté du ministère de la Santé. Le chef du SCPRI, le professeur Pellerin était hostile à l'élaboration de règles de choix des sites dans la mesure où la possibilité d'un accident grave était émise : il craignait que ce faisant, on affole inutilement les populations. L'arrivée d'André Giraud à la tête du ministère de l'Industrie en avril 1978 a sans doute contribué à enterrer ce projet de règle de sélection qui ne pouvait manquer de heurter la volonté d'EDF d'aboutir le plus rapidement possible à l'autorisation des sites que l'électricien avait sélectionnés.

Alors que la contestation s'empare de la question des sites, menaçant le bon déroulement du programme d'équipement électronucléaire, deux d'entre eux révèlent une dissonance au sein du monde nucléaire : les experts et les services administratifs s'opposent à EDF et à l'implantation de centrales nucléaires sur ces sites, pour des raisons de sûreté. Les deux sites auront des destins différents : l'un, le Pellerin, le plus défavorable, sera finalement rejeté, tandis que celui de Cattenom, un peu moins défavorable, recevra à terme 4 tranches 1 300 MWe. Ces deux exemples permettent de tester l'efficacité et le poids des services administratifs chargés de la sûreté et de leurs experts, alors que les enjeux industriels et économiques sont très importants pour EDF, le ministère de l'Industrie et le gouvernement dans son ensemble.

La procédure de demande d'enquête d'utilité publique pour l'implantation d'une centrale nucléaire de 4 tranches de 1 300 MWe sur le site du Pellerin en Loire-Atlantique est lancée en juillet 1976. Pour EDF, l'implantation d'une centrale dans la région des Pays de la Loire doit permettre de compenser le déficit de production électrique dont souffre l'ouest de la France, tout en répondant aux options du schéma d'aménagement du territoire concernant cette région. D'abord envisagée en Bretagne, l'opposition des populations[78] aux sites d'Erdeven (Morbihan), Plogoff (Finistère), puis Ingrandes (Maine-et-Loire), Corsept (Loire-Atlantique), Bretignolles (Vendée), amène EDF à envisager d'autres sites et à finalement retenir celui du Pellerin, à une quarantaine de kilomètres de Nantes.

---

[77] Lettre CAB n° 4312Z du 22 septembre 1977.

[78] D'après *La Gazette Nucléaire*, n° 17, Mai 1978. Ce numéro de la Gazette, publiée par le GSIEN, est un dossier spécial consacré au site du Pellerin.

Après un an d'enquête, l'utilité publique est déclarée en mai 1977, à la suite d'une procédure qualifiée par les opposants de « parodie », le maire (socialiste) de Nantes dénonçant « la mauvaise foi des commissaires enquêteurs » qui lui « apparaissent comme étant aux ordres d'un gouvernement qui, désormais, tente d'opposer le pouvoir administratif au pouvoir politique. »[79] Selon les procédures d'autorisation de construction, c'est alors aux services de sûreté de donner leur avis. « À la surprise générale », note *La Gazette Nucléaire*, « leur avis fut très nettement négatif. »

L'avis des experts du DSN consulté par le SCSIN[80] dès 1976 est en effet formel : sur le plan de la sûreté, le site du Pellerin est inacceptable. Si les caractéristiques sismiques du site méritent une attention particulière, les experts sont particulièrement préoccupés par l'environnement industriel et surtout démographique du site. Cette situation est soulignée par des courbes de population : d'après le recensement général de 1975, 397 661 personnes se trouvent dans un rayon de moins de 20 km, 939 026 à moins de 50 km. Ce qui préoccupe le plus les services de sûreté, c'est que l'agglomération nantaise est située sous les vents de dominance atlantique, ce qui signifie que si un accident devait se produire libérant de la radioactivité, il est quasiment certain que le panache radioactif arriverait sur Nantes. L'opposition des experts du CEA, du Service central et du CISN restera farouche jusqu'au bout. Les discussions seront très tendues avec la Direction de l'équipement d'EDF pendant plusieurs années : les analystes demanderont des suppléments d'information, effectueront des compléments d'enquête mais aboutiront inlassablement à la même conclusion.

Dès octobre 1980, la position du ministre de l'Industrie André Giraud semble fléchir et il se range aux arguments de ses services de sûreté : s'il réaffirme que la centrale sera bien construite au Pellerin, il évoque la nécessité d'aller « à petits pas comptés à cause de la complexité des études exigées par le gouvernement »,[81] assurant les populations que rien ne se ferait sur le site « sans une information et une concertation complète avec les élus locaux. » Deux raisons sont invoquées par le ministre pour expliquer la longueur des délais d'étude au Pellerin : l'engagement des tranches au charbon de Cordemais 4 et 5, qui décale dans le temps l'intérêt du projet du Pellerin « qui a perdu un peu de son urgence »,[82] et le surcroît de travail imposé aux autorités de sûreté par l'accident de Three Mile Island. Cela ressemble fort à un abandon qui ne veut pas dire

---

79 Cité par *La Gazette*, p. 8, à partir de *Ouest-France* du 30.8.77.

80 Lettres SIN375/76 du 24.3.76, 671/76 du 16.6.76, 1113 du 5.10.76, 1148 du 8.10.76.

81 Cité par *Enerpresse*, n° 2674, jeudi 9 octobre 1980, Presse, p. 1.

82 Cité par *Enerpresse*, n° 2675, vendredi 10 octobre 1980, Presse, p. 1.

son nom, pour ne pas perdre la face à un an des élections, et pour ménager les susceptibilités du côté d'EDF.

Arrivée au pouvoir en mai 1981, la Gauche annonce le 30 juillet que la centrale de Plogoff ne sera pas construite, et que cinq sites seront gelés, ceux du Pellerin, de Civaux, de Chooz, de Golfech et de Cattenom (pour les tranches 3 et 4). Après différentes missions d'étude, au terme du débat parlementaire d'octobre 1981, et après concertation au niveau des communes et des régions pour les cinq sites gelés,[83] le gouvernement prend acte des avis favorables exprimés localement en faveur de Cattenom, Chooz et Civaux, et des oppositions aux sites de Golfech et du Pellerin. Pour ces deux derniers sites, les Conseils régionaux sont consultés et rendent un avis favorable, avec des réserves. Lors du Conseil des ministres du 25 novembre 1981, le gouvernement décide que pour le Pellerin, compte tenu à la fois de l'avis favorable du Conseil régional et de l'opposition des Conseils municipaux, des études et sondages seront demandés à EDF pour produire un dossier comparatif des sites possibles, permettant le choix définitif du site de la centrale qui sera implantée en Basse-Loire. Les autres sites proposés par EDF en Basse-Loire seront ceux des communes de Rohart et du Carnet. Ils ne seront pas jugés beaucoup plus satisfaisants que celui du Pellerin.

Le site de Cattenom, lui, ne sera pas rejeté. Si les experts ne veulent pas intervenir dans le débat public, des fuites parues dans la presse permettent de déceler l'opposition des experts et du Service central, en particulier pour le site de Cattenom. Dans son numéro 26/27, *La Gazette Nucléaire*, reproduit une lettre de Chrisitian de Torquat, chef du SCSIN depuis le 30 juin 1977, adressée au directeur du Gaz et de l'Électricité du ministère de l'Industrie.[84] Ce dernier, ayant adressé le dossier d'enquête relatif à la déclaration d'utilité publique des travaux de construction d'une centrale nucléaire (deux tranches de 900 MWe et deux tranches de 1 300 MWe) sur le site de Cattenom, demandait l'avis du SCSIN sur les problèmes de sûreté qui pourraient être liés au choix de ce site. Christian de Torquat lui répondait :

> J'estime que le site de Cattenom présente, notamment du point de vue de la répartition de la population, des caractéristiques nettement plus défavorables que la plupart des sites précédemment utilisés pour l'implantation de tranches nucléaires. Cette constatation m'a amené, dès le 29 octobre 1975, à appeler l'attention du ministre sur les réserves de mon service sur le choix de ce site.[85]

---

83 Cf. Lamiral, *op. cit.*, p. 252-260.

84 Lettre SIN 282/78 du 5 février 1978, reproduite par *La Gazette Nucléaire*, 26/27, mai-juin 1979, p. 10.

85 *Ibid.*

Ne disposant pas de critères de choix[86] s'appuyant sur la densité et la répartition de la population, il ne pouvait que maintenir « les réserves (...) déjà exprimées depuis plus de deux ans sur le choix du site de Cattenom pour l'implantation de tranches nucléaires. »[87]

Les autorisations de création seront accordées le 24 juin 1982 pour les trois premières tranches de Cattenom, le 29 février 1984 pour la quatrième. Sur le plan des critères techniques d'évaluation du site, Cattenom apparaît nettement moins défavorable que Le Pellerin. S'il est difficile de savoir quels sont les arguments qui dans ce dernier cas l'ont emporté, on notera simplement que du point de vue technique, le site le plus inacceptable a finalement été rejeté, malgré les pressions, le site moins défavorable a lui été accepté. Les services de sûreté et leurs experts ont-ils, au moins dans le cas du Pellerin, été écoutés ? Est-ce leur résistance, en plus de l'opposition des populations et des élus à l'abandon locaux, qui a conduit à l'abandon du projet ? La question reste ouverte.

---

[86] Christian de Torquat indique que c'est le CISN qui a été chargé d'élaborer de tels critères et qu'il en attend encore les résultats. Une rivalité perdure en effet entre les différents services administratifs : Torquat est le successeur de Servant à la tête du SCSIN du ministère de l'Industrie depuis le 30 juin 1977, alors que Servant est depuis août 1975 le Secrétaire général du CISN placé auprès du Premier ministre. Jean Servant démissionnera en décembre 1980, s'estimant dans l'impossibilité d'exercer ses fonctions, en particulier le tout nouveau rôle d'inspecteur général de la sécurité nucléaire pour les installations civiles, étant donné l'opposition du ministère de l'Industrie. Le journal *Le Point* s'étant procuré la lettre de démission de Servant qu'il publie dans son numéro 430 du 15 décembre 1980, attribuera le départ du secrétaire général du CISN à une reprise en main de l'administration par le ministère de l'Industrie. Cette hypothèse est confirmée par la personnalité du successeur de Jean Servant, Bernard Augustin, sous-préfet, qui était jusque-là chargé de mission à la Direction générale de l'énergie et des matières premières. La presse et l'opposition interpréteront le départ de Servant comme une mise à l'écart d'un gêneur, d'un homme intègre et préoccupé de la sûreté, parce qu'il se serait opposé à Giraud, pour des raisons de sûreté à l'implantation des installations sur le site du Pellerin. Giraud s'était semble-t-il déjà rangé à l'avis de Servant sur la question du Pellerin, et cette mise à l'écart relève, selon Servant, essentiellement de dysfonctionnements dans la pratique de la gestion administrative.

[87] Lettre SIN 282/78 du 5 février 1978.

CHAPITRE 10

L'approche probabiliste de la sûreté

Au cours des années 1970, la démarche générale de conception des réacteurs nucléaires repose sur des règles dites déterministes : la démarche déterministe retient à la conception une liste d'incidents et d'accidents, considérés comme plausibles étant donné ce qu'on sait des défaillances des composants, sans faire d'hypothèse sur leurs probabilités ou fréquences d'occurrence. Ce sont les événements de dimensionnement. Ces événements sont étudiés en appliquant des règles comme le critère de défaillance unique, selon lequel les fonctions de sûreté doivent être efficaces malgré la défaillance d'un équipement quelconque : une défaillance unique ne doit pas conduire à un accident. Les règles déterministes utilisées aux États-Unis ont abouti au concept plus élaboré et formalisé dit de « défense en profondeur », assez voisin de la méthode des « barrières » : elle consiste à interposer de manière hiérarchique différents niveaux d'équipements et de procédures afin de maintenir l'efficacité des barrières physiques placées entre les produits radioactifs et l'environnement, en fonctionnement normal, lors d'incidents ou même d'accidents.[1]

---

[1] La stratégie de la défense en profondeur telle qu'elle est pratiquée au début des années 1970 s'articule en trois niveaux : la prévention par la qualité, la surveillance et la protection, la sauvegarde :

– Le premier niveau de la défense en profondeur consiste à prendre toutes les précautions possibles pour que la centrale soit fondamentalement sûre. Par une qualité et une fiabilité élevées obtenues en appliquant à la conception et à la réalisation des technologies et des normes éprouvées, grâce à l'application de marges de sécurité convenables, la centrale doit pouvoir prévenir toutes les défaillances dans les conditions de fonctionnement normales.

– À un deuxième niveau, on suppose que malgré cette résistance intrinsèque, des incidents peuvent survenir. Des systèmes de sécurité ou de protection sont conçus pour minimiser leurs effets, et ramener la centrale dans des conditions de fonctionnement normales.

– À un troisième niveau, les concepteurs postulent que malgré les précautions prises, des accidents peuvent se produire : des systèmes de sûreté ou de sauvegarde sont conçus pour les maîtriser. Pour dimensionner ces systèmes, les ingénieurs américains ont introduit la notion « d'accidents hypothétiques enveloppes ». Il s'agit d'accidents qui, à l'intérieur d'une même famille d'événements, apparaissent les plus pénalisants. L'objectif est que l'installation soit robuste vis-à-vis de ces accidents, en postulant

Selon la nomenclature américaine, les accidents susceptibles d'affecter une installation sont répartis en neuf classes, de gravité croissante, et implicitement de probabilité décroissante. Les accidents de classe 9, comportant une succession de défaillances plus sévère que celle utilisée pour le dimensionnement des systèmes de protection et des dispositifs de sauvegarde, et dont les conséquences seraient « sévères », sont considérés comme non crédibles. L'installation n'est pas conçue pour faire face à de tels accidents. C'est pour ôter l'impression d'arbitraire de ce jugement d'ingénieur qu'une nouvelle méthode d'évaluation de la sûreté va être élaborée, la méthode dite probabiliste, qui vise à chiffrer en particulier les probabilités d'occurrence des événements rares aux conséquences les plus catastrophiques. Après les travaux pionniers du Britannique Farmer présentés lors du troisième colloque de l'AIEA sur la sûreté des réacteurs en 1967, la contribution majeure à l'approche probabiliste de la sûreté est l'étude conduite aux États-Unis par le professeur Rasmussen.

10.1. L'étude Rasmussen (WASH 1400)

10.1.1. Contexte et méthodologie

Le lancement en août 1972 de l'étude Rasmussen intervient dans un contexte de controverses sur les risques d'accident des centrales nucléaires, alimenté par les résultats d'une précédente étude de l'AEC, WASH 740 de 1957, qui concluait qu'un rejet important de radioactivité, même sur un réacteur de taille médiocre en comparaison de ceux en construction dans les années 1970, pourrait tuer des milliers de personnes, en blesser des dizaines de milliers et provoquer des pertes matérielles de plusieurs milliards de dollars.[2]

Pour clore définitivement le débat, l'AEC lance cette nouvelle étude sur la sûreté des réacteurs, confiée à une équipe composée de membres de l'AEC et de nombreux consultants, sous la direction officielle du professeur Norman Rasmussen, chef du Département d'ingénierie nucléaire au Massachusetts Institute of Technology.[3] Le groupe de Rasmussen est

---

que si elle l'est pour les accidents enveloppes, elle le sera vis-à-vis de tous ceux de la famille.

2 Personne ne supposait que ce type de catastrophes se produirait fréquemment – on estimait dans la communauté nucléaire, d'après un chiffre avancé par WASH 740 que ce type d'accident pourrait survenir avec une fréquence de 10^{-9} (un accident de ce type pour un milliard d'années de fonctionnement de réacteur) – mais certains restaient dubitatifs, notamment au regard de la fréquence élevée de plus petits accidents et de cette question non résolue de l'efficacité des ECCS.

3 Présenter Rasmussen, du MIT, comme directeur du projet a pour objectif de donner un gage d'indépendance à l'étude. Dans les faits, Rasmussen n'est que porte-parole et

chargé par l'AEC de calculer non seulement les conséquences mais également les probabilités d'une large palette d'accidents possibles. Selon l'un de ses détracteurs, le but de l'AEC était, en focalisant l'attention sur le risque moyen, d'aboutir à un rapport plus réaliste et moins alarmiste pour le public que l'évaluation des pires conséquences d'un accident de réacteur faites dans le précédent rapport de 1957 et dans sa version révisée de 1964, encore plus alarmiste et qui resta non publiée.[4]

L'étude de Rasmussen allait disposer de moyens autrement importants que ceux de Farmer et obtenir un tout autre retentissement. Après un travail équivalent à 70 « ingénieur.an », d'un budget de trois millions de dollars, l'équipe remet en août 1974 un document de plus de 3 300 pages, sous la forme d'un projet soumis à commentaires. Le rapport, connu sous le nom de RSS (« Reactor Safety Study »), ou « WASH 1400 »,[5] ou encore « Rapport Rasmussen » est également accompagné d'une version grand public, reprenant ses principales conclusions. Après étude des critiques du projet, une version finale est publiée[6] fin 1975. Sur le plan scientifique, l'objectif était très ambitieux – évaluer l'ensemble du risque présenté par les centrales nucléaires –, le travail fut colossal.

La méthodologie[7] retenue pour cette étude repose principalement sur deux techniques de base : les arbres d'événements et les arbres de défaillance.

L'élaboration d'un arbre d'événement part d'un événement initiateur particulier et déduit tous les scénarios qui peuvent se développer à la suite de cet initiateur. La poursuite ou non de la séquence accidentelle dépend alors du fonctionnement ou du non-fonctionnement d'un certain nombre de systèmes.

« part-time » directeur du projet. Le véritable directeur, à plein temps, est Saul Levine, un haut responsable de l'AEC. Les travaux seront d'ailleurs effectués non pas au MIT, mais dans les locaux de l'AEC.

4 Cf. Primack, Joel, « Nuclear Reactor Safety : An introduction to the issues », *The Bulletin of the Atomic Scientists*, 31, n° 7, September, 1975, p. 15-19 ; Ford, Daniel, *Meltdown. The Secret Papers of The Atomic Energy Commission*, New York, Simon and Schuster, 1986, p. 66-82 ; Richard Sclove reviews, « H.W. Lewis and others, Risk Assessment Review Group Report to the US Nuclear Regulatory Commission, US NRC, (NUREG/CR-0400), 1978 », *The Bulletin of the Atomic Scientists*, February 1979, p. 47-48.

5 Atomic Energy Commission, « Reactor Safety Study. An Assessment of Accident Risks in US commercial nuclear power plants », WASH-1400 Draft, Washington DC, The Commission, Aug. 1974.

6 Nuclear Regulatory Commission, « Reactor Safety Study », « WASH 1400 », NUREG-75/014, October 1975.

7 Rasmussen, Norman C., « The safety study and its feedback », *The Bulletin of the Atomic Scientists*, 31, n° 7, September, 1975, p. 25-28.

Arbre d'événement pour un accident de perte de réfrigérant

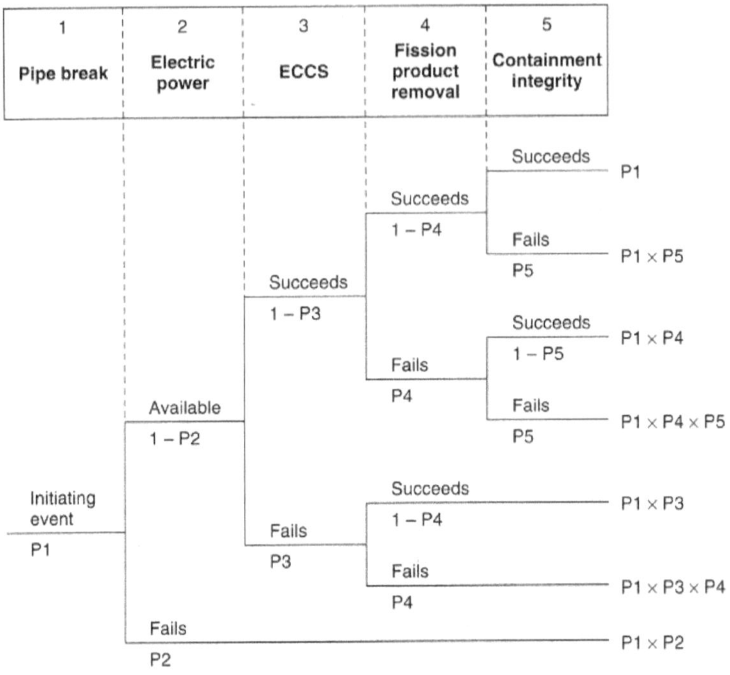

(Source : Reactor Safety Study, US NRC, WASH 1400, NUREG 75/014, October 1974). Crédit : NRC.

On cherche alors à déterminer les probabilités des différentes branches de l'arbre d'événements. Pour ce faire, les auteurs ont utilisé la technique des arbres de défaillance. Le point de départ est cette fois un événement indésirable donné (par exemple la perte des alimentations électriques) à partir duquel les analystes remontent aux combinaisons de défaillances qui peuvent conduire à ce type de panne. Les données de fiabilité des divers équipements (pompes, vannes, relais, mais aussi erreurs humaines) provenant de l'expérience permettent alors de prédire le taux de défaillance du système étudié.

10.1.2. Résultats de l'étude

Les analyses précédentes ont été menées sur deux réacteurs à eau légère en exploitation, un réacteur à eau pressurisée Westinghouse de 788 MWe, Surry 1, et un réacteur à eau bouillante General Electric de 1 065 MWe, Peach Bottom 2.

Résumée grossièrement, l'étude conduit à une probabilité de fusion du cœur de 6.10^{-5} /réacteur-an, à peu près identique pour les deux réacteurs,[8] soit une chance sur 17 000 par réacteur et par an, ce qui équivaut à un accident tous les 170 ans pour un parc de 100 réacteurs identiques. C'est donc un résultat rassurant, d'autant que l'étude Rasmussen avance que la fusion du cœur n'aurait des conséquences pour la santé du public que dans un cas sur dix.

Répondant aux estimations émises par le rapport WASH 740, les évaluations de l'équipe Rasmussen aboutissent à une probabilité, pour l'accident ayant les pires conséquences, de 10^{-9} (une chance sur un milliard) par réacteur et par an. De plus, ses conséquences ne seraient pas aussi dramatiques qu'on l'estimait, puisque même en combinant tous les facteurs défavorables, le nombre de morts violentes s'élèverait à 92 (contre 3 400 dans l'estimation WASH 740), le nombre de victimes à 200 (au lieu de 43 000), les dommages à 1,7 milliard de dollar-1973 (contre 10 milliards). Les différences tiennent essentiellement aux hypothèses prises en compte (méthode de recensement des populations, proportion de la radioactivité du cœur qui serait rejetée dans l'atmosphère, hypothèse de l'évacuation des populations, etc.), celles du rapport 1 400 se voulant plus réalistes, à la différence de celles du rapport 740 qui se voulaient majorantes.

Les auteurs comparent ensuite la probabilité que se produise un accident provoquant un nombre de morts donnés sur un parc de 100 réacteurs avec les estimations liées à d'autres accidents, d'origine humaine ou naturelle. Les résultats sont donnés sous forme de courbes très explicites qui montrent que les risques provoqués par des accidents de réacteurs sont très inférieurs aux risques provoqués par les autres industries et même moindres que les risques naturels : le seul risque comparable au fonctionnement de 100 réacteurs est celui d'une chute de météorites !

Cette conclusion sera reprise avec enthousiasme par l'AEC, commanditaire de l'étude : l'énergie nucléaire est une énergie sûre, plus sûre que tout ce qui peut provoquer des dommages dans la vie moderne. Dès la publication en août 1974 de la version provisoire de l'étude, l'AEC lance une grande campagne de publicité. Le résumé le plus cité des résultats de l'étude est qu'une personne a à peu près autant de chances de mourir d'un accident de réacteur que d'être heurtée par une météorite.

[8] « Comme par hasard », remarquent les sceptiques, qui voient là la démonstration du caractère éminemment politique de ce genre d'expertise, où Rasmussen ne se serait pas autorisé à départager les deux filières en compétition.

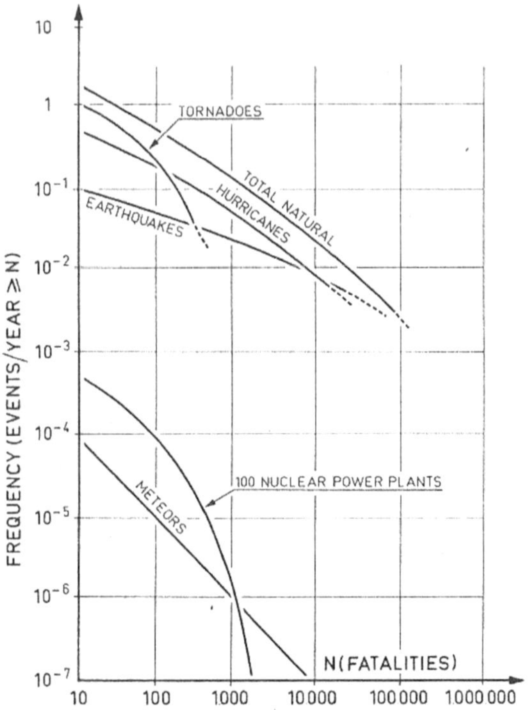

Fréquence des événements naturels conduisant à des accidents mortels (Source : Reactor Safety Study, US NRC, WASH 1400, NUREG 75/014, October 1974). Crédit : NRC.

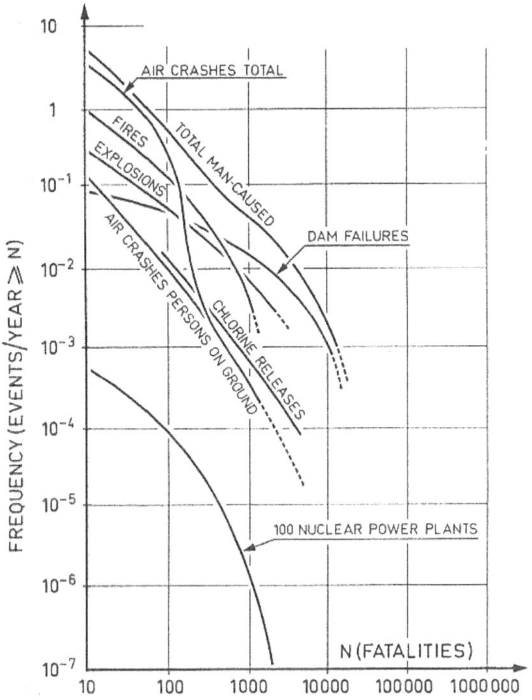

Fréquence des événements induits par l'homme conduisant à des accidents mortels (Source : Reactor Safety Study, US NRC, WASH 1400, NUREG 75/014, October 1974). Crédit : NRC.

10.1.3. Les réactions au rapport Rasmussen aux États-Unis

Cette présentation allait susciter de nombreuses critiques. Elles émanent en particulier d'un groupe de scientifiques[9] de l'Union of Concerned Scientists, qui mettent essentiellement en cause l'évaluation des conséquences d'un accident grave. La Société américaine de physique (American Physical Society), une association professionnelle de physiciens, émet les critiques les plus détaillées de l'étude de l'AEC, en particulier sur le chapitre consacré aux accidents de fusion. Dans son rapport remis en avril 1975 à la suite d'une étude[10] de huit mois, l'équipe de

9 Kendall, Henry W., Moglewer, Sidney, « Preliminary Review of the AEC reactor safety study, Joint review committee », *Sierra Club-Union of Concerned Scientists*, San Francisco-Cambridge, novembre 1974.

10 Un groupe d'étude mandaté par l'APS a été mis sur pied à l'initiative de Frank von Hippel, un physicien théoricien militant pour une science d'intérêt public, sous la

l'APS exprime de façon très diplomatique qu'elle n'a aucune confiance dans les estimations de probabilité avancées par Rasmussen.[11] De nombreuses erreurs sont soulevées : par exemple, seules les victimes provoquées par des doses reçues pendant les premières 24 heures sont prises en compte alors que de nombreux cancers affecteraient la population seulement quelques années après l'accident.

D'autres critiques montrent du doigt la présentation tendancieuse des analyses statistiques, tandis que d'autres en contestent le fondement même. On apprendra par la suite que plusieurs groupes d'études internes à l'AEC avaient été chargés d'évaluer le rapport et qu'ils avaient émis de nombreuses critiques sur les méthodes utilisées. L'AEC n'avait pas mentionné l'existence de ces rapports. Un mathématicien de l'un de ces groupes estimait que les probabilités avancées devraient être multipliées par 2,5 si on utilisait des méthodes de calcul standard. D'autres mettaient en cause le traitement des défauts de mode commun.

Entre temps, en réponse à la controverse croissante à propos de l'énergie nucléaire, l'AEC a été abolie par le Congrès américain. À sa place, deux agences ont été créées : le Department of Energy (DoE) se charge du rôle de promotion de l'énergie nucléaire tandis que la Nuclear Regulatory Commission (NRC) hérite des fonctions de contrôle de la sûreté de l'ancienne AEC. C'est à la NRC, créée officiellement en janvier 1975, qu'échoit la tâche de publier la version finale après étude des commentaires. L'examen du projet est confié à Saul Levine, directeur adjoint de la précédente étude, ce qui ne manque pas de soulever des critiques. Le rapport final est publié le 30 octobre 1975.

Sur le plan technique, les critiques sont unanimes sur un point : il ne faut pas considérer les valeurs Rasmussen comme absolues. On note généralement qu'étant donné la complexité des phénomènes physiques en jeu, souvent mal connus, et les nombreuses hypothèses et incertitudes sur les données, les chiffres avancés ne peuvent qu'être sujet à caution, d'autant plus que Rasmussen n'a pas associé à ses résultats les marges d'incertitudes correspondantes. Dans la comparaison qui est faite avec les autres risques de catastrophes, la démarche est contestée puisqu'elle met en rapport d'un côté des calculs de probabilités pour les accidents nucléaires, et de l'autre des données statistiques acquises après de nombreuses années d'expérience dans les autres secteurs. De plus, qui pourrait certifier que toutes les causes d'accident ont bien été analysées, ce qui fait dire que cette approche ne peut que minimiser les risques encourus, sans compter que les risques de sabotage ou les guerres ne

---

présidence d'Harold Lewis, physicien d'une université californienne. Le groupe a obtenu un soutien financier de la National Science Foundation et de l'AEC.

11 Cf. Ford, D., *Metldown*, *op. cit.*, p. 162.

sont pas pris en compte. Bref, selon les critiques, le rapport Rasmussen ne peut absolument pas servir de référence, notamment faute d'une expérience d'exploitation suffisante, et faute d'une connaissance de toutes les données physiques et de la fiabilité des composants.

Du côté des industriels américains, la réaction est également hostile. Ils craignent qu'avec cette nouvelle approche, les relations avec les autorités et le public ne soient plus possibles. En effet, aux États-Unis, comme en Allemagne, la loi stipule qu'il ne doit pas y avoir de risque « undue » (inacceptable). Jusque-là avec le concept d'accident maximum crédible, on pouvait dire qu'il ne pouvait rien se passer de pire que cet accident dont on montrait par ailleurs qu'il n'avait pas de conséquences inacceptables. Avec ce type d'argumentation, les industriels pouvaient assurer leur défense devant les tribunaux si besoin était. À partir du moment où la notion d'accident maximum disparaît et qu'on affirme qu'un accident plus grave peut se produire, même s'il est très peu probable, les industriels pouvaient estimer que leur position serait beaucoup plus difficile devant les juges.

Les spécialistes de la sûreté partagent certaines des critiques émises à l'encontre du rapport. Mais parmi les experts, on estime que la méthode utilisée rend plus rationnelle l'étude de la sûreté des réacteurs et permet de préciser le déroulement de nombreuses séquences accidentelles. On mentionne également l'intérêt que les analyses par arbre de faute et arbre d'événement apportent pour permettre une meilleure compréhension du spectre des accidents, et également pour mettre en évidence les points forts et les points faibles des systèmes importants pour la sûreté.

Des critiques sont émises également au sein de la NRC mettant en cause la différence entre la vision angélique présentée dans le rapport résumé et le rapport lui-même, si bien qu'en janvier 1979, la Commission rejette le contenu du rapport résumé. La partie la plus visible, la plus apte à rassurer le public, la version résumée, est donc considérée comme non valable par la NRC. Au final, le rapport Rasmussen qui devait à jamais clore le débat sur les risques de l'énergie nucléaire restera un document technique à usage des spécialistes de la sûreté et non l'outil de communication rêvé par ses initiateurs.

10.2. Les réactions à l'approche probabiliste en France

10.2.1. Des experts globalement très enthousiastes

L'étude Rasmussen suscite l'admiration et l'enthousiasme du côté des techniciens français chargés de l'analyse de la sûreté des réacteurs. Le premier numéro de la *Revue Générale Nucléaire*, en février 1975, consacre l'événement en publiant un article magistral du chef du Département de sûreté nucléaire au CEA, Pierre Tanguy,[12] enthousiaste et néanmoins critique. Il avoue qu'il estimait au départ que la tâche de cette étude serait colossale, mais il en attendait avec intérêt le résultat. C'est pourquoi il salue l'énorme travail accompli et les progrès que cette nouvelle méthode apporte à la sûreté, tout en estimant les valeurs absolues obtenues sujettes à caution ; la méthode permet une analyse plus cohérente de tous les aspects de la sûreté des réacteurs qui ne s'appuie plus sur l'étude d'accidents types définis de façon plus ou moins arbitraire. Il avance même que la sûreté ne pourra plus être la même avant et après Rasmussen.

Après avoir rappelé les circonstances du lancement de l'étude Rasmussen, Tanguy résume le contenu du rapport provisoire. Selon lui, le rapport Rasmussen dit essentiellement deux choses. Tout d'abord, que le pire des accidents n'est pas aussi catastrophique qu'on aurait pu l'imaginer ; l'accident de fusion du cœur est évidemment un accident très grave s'il se produisait un jour. Cependant,

> la conséquence la plus probable d'une fusion complète du cœur du réacteur est extrêmement limitée : pas de morts, pas de maladies graves excepté quelques nodules thyroïdiens et une zone à évacuer inférieure à 20 ha, donc ne s'étendant pratiquement pas au-delà du site de la centrale. Or, il avait toujours été admis jusqu'ici qu'une fusion du cœur devait conduire inéluctablement à des conséquences inacceptables pour le public.[13]

Deuxième leçon tirée de Rasmussen, les risques liés à l'exploitation des centrales nucléaires sont plus faibles que les risques courants résultant des activités humaines ou des phénomènes naturels.

Selon Tanguy, l'intérêt de WASH 1400 tient avant tout à la méthodologie employée, apportant en outre « des enseignements extrêmement importants qui s'avèrent d'ores et déjà une aide précieuse pour tous ceux qui ont pour charge de s'assurer que les dispositions prises par les constructeurs et les exploitants garantissent effectivement la sûreté de l'installation ».[14] Le rapport Rasmussen démontre tout d'abord qu'il est possible de mettre en œuvre « une approche rigoureuse de la sûreté basée sur une analyse logique des fonctions et des systèmes de sécurité et sur une évaluation quantitative en termes de probabilité. » Si la tentative de dresser un immense arbre de défaillance a été abandonnée, la technique s'est révélée un outil extrêmement puissant. La quantification de ces arbres d'événement est un problème difficile en raison de

---

[12] Tanguy, P., « Que faut-il penser du rapport Rasmussen », *Revue Générale Nucléaire*, tome 1, n° 1, février-mars 1975, p. 35-43.

[13] *Ibid.*, p. 37.

[14] *Ibid.*, p. 38.

l'impossibilité de disposer pour les équipements nucléaires de taux de défaillance démontrés par l'expérience, mais Tanguy salue l'étude américaine qui donne des taux de défaillance beaucoup plus réalistes que les nombreuses études de fiabilité du passé qui conduisaient « à des résultats manifestement absurdes pour les praticiens (des taux de défaillance de systèmes complexes aussi bas que 10^{-10} !) » Cela est dû au fait « qu'il a été tenu compte systématiquement de la possibilité d'erreur humaine à tous les niveaux ».

En second lieu, le rapport Rasmussen apporte des enseignements importants pour l'analyse de sûreté. Tanguy doit avouer très franchement une première surprise :

> La fiabilité des équipements nucléaires n'est pas aussi bonne qu'on aurait pu le croire, et (...) elle n'est pas supérieure à celle des équipements comparables utilisés dans les autres branches industrielles. C'est surprenant lorsqu'on considère l'effort particulier de qualité, notamment au niveau des contrôles de fabrication, qui est de règle dans l'industrie nucléaire ; ce l'est moins lorsqu'on prend en compte l'aspect plus ou moins prototype de nombreux matériels.[15]

Autre enseignement pour l'analyste, si le LOCA est confirmé comme étant la séquence accidentelle déterminante, la surprise vient du fait que ce n'est pas la rupture d'une tuyauterie principale qui en est la cause la plus grave, mais une petite brèche provoquée par la défaillance d'une pièce apparemment plus anodine. Parmi d'autres enseignements, Tanguy mentionne le fait que l'étude Rasmussen « donne pour la première fois le moyen de vérifier la cohérence des dispositions de sûreté imposées par l'autorité réglementaire et la méthode permettant d'optimiser la sûreté globale d'une installation », et d'allouer préférentiellement les moyens, en recherche notamment, aux problèmes de sûreté qui jouent un rôle significatif.

Malgré ces enseignements, Tanguy estime que le rapport Rasmussen n'est pas à l'abri de critiques. Il remarque notamment que la rupture de la cuve comme événement initiateur a été prise en compte avec une valeur de probabilité de 10^{-7} en raison des précautions particulières prises dans la réalisation de ce composant. Or cette valeur est « sérieusement questionnée par les experts européens », certains lui attribuant une valeur cent fois plus élevée. De plus, Rasmussen est parti de l'hypothèse que la probabilité est nulle qu'une rupture de cuve entraîne comme conséquence immédiate la rupture de l'enceinte de confinement. Même si

---

[15] À partir de ce constat qui permet aux analystes de sûreté de se référer aux équipements analogues dans les autres industries, Tanguy émet le conseil pratique que les constructeurs fassent appel autant que possible à des matériels existants dans l'industrie, sur lesquels une sélection complémentaire pourrait être exercée.

cela est vrai dans la plupart des cas de rupture, il existe peut-être certains types de rupture auxquels cette démarche ne s'applique pas. Toujours en matière de cuve, Tanguy note une préoccupation des organismes de sûreté qui n'apparaît pas dans le rapport de Rasmussen, la crainte de s'en remettre entièrement à une procédure de surveillance de qualité. Un autre type de discussion entre experts européens à propos du rapport Rasmussen a concerné la prise en compte des séismes, pour lesquels l'analyse paraît moins approfondie, « les calculs de probabilités entachés d'une légère erreur ».[16]

Mais les critiques présentées ne doivent pas minimiser la portée du rapport Rasmussen, selon Pierre Tanguy. L'analyse de sûreté utilise d'ores et déjà la méthode et certains résultats de l'étude, et « on doit s'attendre à ce que progressivement la réglementation de sûreté nucléaire s'inspire de plus en plus des idées du rapport. » Mais cette transformation de la réglementation ne peut cependant être que progressive, en particulier parce que les valeurs émises par le rapport demandent confirmation, mais aussi parce qu'elles proviennent d'une étude sur des réacteurs particuliers, construits et exploités aux États-Unis suivant les règles en vigueur outre-Atlantique. L'adaptation à d'autres installations dans d'autres pays devrait donc être faite avec soin, c'est en particulier le cas pour les sites retenus pour les centrales, car la densité de population en Europe est supérieure à celle des États-Unis.

En conclusion, Tanguy salue le grand travail effectué par Rasmussen et Levine : il constitue un point de départ plus qu'un aboutissement : « Un grand travail reste nécessaire, mais un pas important a été fait. »

10.2.2. Un objectif global de sûreté : la lettre SIN n° 1076/77

Du côté des autorités réglementaires, on voit dans cette méthode un outil puissant pour juger de l'acceptabilité ou non de telle ou telle mesure proposée par l'exploitant et pour aborder l'étude des accidents au-delà de l'accident de dimensionnement. Ces objectifs peuvent même se traduire de façon chiffrée, sous la forme d'un critère d'acceptation globale du risque.

C'est ainsi qu'en juillet 1977, le chef du Service central, Christian de Torquat,[17] adresse au directeur général d'EDF une lettre dans laquelle il

[16] Dans le cas de la rupture de la cuve comme dans celui des séismes, Tanguy propose pour lever les incertitudes de partir d'une étude analytique basée sur des phénomènes physiques : ceux qui peuvent être à l'origine d'une rupture dans le cas de la cuve, se baser non sur l'intensité mais sur la magnitude associée à la distance focale du séisme.

[17] Christian de Torquat est le deuxième chef du SCSIN. Il a succédé à Jean Servant, dont il était l'adjoint, en mai 1977. Après l'École polytechnique (X 1958) et l'École

définit un objectif probabiliste global à atteindre : « le dimensionnement des installations d'une tranche comportant un réacteur à eau pressurisée devrait être tel que la probabilité globale que cette tranche puisse être à l'origine de conséquences inacceptables ne dépasse pas 10^{-6} par an. »[18] L'objectif est assigné avec un conditionnel, et les « conséquences inacceptables » ne sont pas spécifiées par un texte réglementaire ou législatif, l'État ne pouvant juridiquement pas reconnaître aux exploitants nucléaires le droit à une certaine probabilité d'accidents mortels.

En fait, l'objectif de cette lettre n'est pas de donner un critère technique. C'est une lettre à caractère politique.[19] L'objectif était de pousser EDF à examiner un certain nombre de séquences accidentelles allant audelà des défaillances considérées jusque-là. L'important n'était pas tant l'objectif global que l'objectif spécifié dans l'article qui suivait : celui-ci stipulait qu'une famille d'événements devrait être prise en compte pour le dimensionnement de la tranche « si la probabilité qu'elle puisse conduire à des conséquences inacceptables est supérieure à 10^{-7} par an. » Le type de famille d'événements visés par cette lettre était par exemple la perte totale des alimentations électriques. Il s'agissait pour le Service central de faire pression sur l'exploitant pour que ces scénarios soient examinés, et qu'on améliore les réponses apportées. Les autorités pressentaient que sur ce type de problèmes, les probabilités étaient plus élevées que les 10^{-7} annoncés alors que pour EDF ce type d'événement était impossible étant donné les redondances dont ces systèmes étaient pourvus.

---

des Mines de Paris, Christian de Torquat a passé trois ans à l'arrondissement minéralogique de Metz. Arrivé à la Direction des mines, il y fut chargé de son service technique de début 1970 à la fin de 1974. Il dirigera le SCSIN pendant près de dix ans (de la mi-1977 à la mi-1986).

18 Lettre SIN n° 1076/77 du 11 juillet 1977 relative aux grandes options de sûreté des tranches comportant un réacteur nucléaire à eau pressurisée du ministre chargé de l'industrie au directeur général d'EDF. Cette lettre est reproduite dans le recueil de textes publiés par la Direction de la sûreté des installations nucléaires, dans la 4e édition, publiée en mai 1999 intitulé *Sûreté nucléaire en France*, p. 83.

19 Entretien avec Daniel Quéniart, rédacteur de cette lettre, 19 avril 2001, Clamart. Polytechnicien (X 1965), sorti major de sa promotion, Daniel Quéniart entre à l'École des Mines de Paris. Après avoir consacré un an à des questions d'environnement industriel au Service des mines, il rejoint le tout nouveau SCSIN en 1973, grâce aux compétences acquises lors de stages à la centrale de Saint-Laurent-des-Eaux (graphite-gaz) et à son passage de presque un an au SEPTEN d'EDF. En 1978, Daniel Quéniart est détaché à l'IPSN comme adjoint de François Cogné au Département de sûreté nucléaire. Il sera successivement chef des services d'analyse de sûreté des installations du cycle du combustible (1980-1983), chef du Département d'analyse de sûreté (1983-1990), puis directeur délégué et directeur adjoint de l'IPSN.

À travers ces objectifs chiffrés, les Pouvoirs publics entendaient également donner une référence aux concepteurs d'installation nucléaire, pour leur permettre de trancher le fameux dilemme, résumé par les Anglo-saxons sous la formule « how safe is safe enough » : on ne sait pas jusqu'où il faut aller en matière de sûreté mais on sait qu'il y a un moment où il faut s'arrêter. Cette valeur globale de 10^{-6} se voulait en quelque sorte un « consensus » entre techniciens des pouvoirs publics et concepteurs : toutes les mesures devaient être prises pour parvenir à cet ordre de grandeur.

Si les analystes s'enthousiasment et les autorités réglementaires les suivent, du côté des constructeurs et de l'exploitant les réticences sont vives.

10.2.3. L'opposition d'EDF à l'introduction de critères probabilistes

EDF s'oppose en effet résolument à l'introduction de critères probabilistes dans la réglementation : compte tenu des incertitudes liées à l'évaluation des probabilités d'occurrence des événements rares et des difficultés liées à la faisabilité des dispositifs présentant un taux de défaillance très bas, EDF estime qu'il est très difficile de fixer un critère global d'acceptation du risque qui ait un sens industriel. Du point de vue de l'électricien, la recommandation visant à fixer à 10^{-6} par an le seuil global par tranche et à 10^{-7} par an le seuil minimal par famille de situations au-delà duquel l'installation doit être dimensionnée afin de ne pas être à l'origine de conséquences inacceptables, paraît peu fondée. L'exploitant s'appuie notamment sur la valeur de 6.10^{-5}/an de probabilité de fusion du cœur avancée par le rapport WASH 1400 pour rejeter un tel critère : il faudrait diviser par soixante au minimum cette probabilité pour atteindre 10-6 si l'on considère que la fusion est inacceptable.

Pour EDF, les études probabilistes ne sont pas un outil efficace pour réduire réellement le risque. C'était en effet une des conclusions du rapport Rasmussen que de montrer qu'il y avait de nombreux chemins différents pouvant conduire à des accidents menant à la fusion du cœur. On pouvait donc tirer du rapport Rasmussen des conclusions plutôt pessimistes quant aux possibilités d'amélioration *a posteriori* de la sûreté de cette filière de réacteurs. À moins qu'un nombre réduit de scénarios aient eu des probabilités significativement plus importantes que celles prévues dans le rapport, il pouvait apparaître[20] difficile de réduire le risque d'un facteur significatif, 100 par exemple, en essayant

[20] Cf. Okrent, D., *op. cit.*, p. 318.

de réduire la probabilité de ces quelques événements plus susceptibles de conduire à la fusion du cœur.

Au-delà de la conception déterministe basée sur la défense en profondeur retenue pour le dimensionnement, EDF est amenée, à partir de 1975, à effectuer une analyse systématique de la fiabilité des systèmes importants pour la sûreté : d'une part, la recherche des modes communs de défaillance doit permettre d'en minimiser le rôle, d'autre part, l'analyse fiabiliste permet de comparer et effectuer un choix parmi des systèmes à peu près équivalents. Mais les concepteurs d'EDF rejettent la méthode probabiliste qui n'est perçue que comme un complément à une analyse d'ingénierie classique, à caractère déterministe. En revanche, l'analyse probabiliste pourrait servir à démontrer le caractère hautement préventif des mesures prises à la conception, à la réalisation et durant l'exploitation.

Outre ces questions de fond, l'opposition d'EDF, mais également des constructeurs, s'explique aisément par le contexte de multiplication des obligations réglementaires, à l'étranger mais également en France. Les industriels se voient confrontés à des critères de sûreté, des guides plus ou moins obligatoires, des contrôles toujours plus nombreux. Or ces réglementations entraînent une forte augmentation des coûts d'investissements et d'exploitation, et les industriels peuvent craindre que cette nouvelle génération de réglementation, à base probabiliste, vienne se superposer aux procédures en cours. Ils craignent que cela ne les empêche de stabiliser, rationaliser les fabrications et le fonctionnement, et qu'ils ne puissent obtenir un nombre suffisant de produits identiques.

En 1977, la situation est particulièrement délicate pour EDF : depuis 1974, six réacteurs par an ont été commandés, et près d'une vingtaine de tranches sont en construction, dont aucune ne fonctionne encore. Les responsables d'EDF redoutent que l'introduction d'une nouvelle règle du jeu ne perturbe le déroulement du programme, cette opération-choc définie au plus haut niveau par le Premier ministre et qui était menée comme une opération de guerre. Les critères, mais également les études probabilistes que l'on envisage, sont donc considérés par les industriels, et même par certains spécialistes du Département de sûreté nucléaire du CEA chargés de l'analyse de la sûreté, comme quelque chose de dangereux, dans la mesure où cela pourrait compromettre le programme et le planning du programme d'équipement nucléaire. Il est un fait également qu'EDF, ou même le DSN du CEA, ne disposent pas nécessairement des moyens supplémentaires à allouer à ce type d'études, submergés qu'ils sont par les études de conception pour le SEPTEN, ou par les analyses des dossiers de sûreté d'EDF pour le DSN.

10.3.4. Face à l'opposition d'EDF : la lettre SIN n° 576/78

La lettre SIN du 11 juillet 1977 n'avait pas du tout été appréciée par EDF et le directeur général délégué d'EDF avait fait part au chef du SCSIN de ses commentaires critiques. En réponse, Christian de Torquat envoie une lettre complémentaire[21] en date du 16 mars 1978 au directeur général d'EDF pour préciser comment interpréter la précédente lettre.

Dans cette lettre, le SCSIN revient un peu en arrière mais sans se renier. Évoquant certains « malentendus » entre l'établissement EDF et son service, le chef du Service central note les progrès d'EDF dans le sens souhaité, mais relativise les exigences qu'il avait formulées en matière d'utilisation d'approches probabilistes :

Mon souci de viser à l'utilisation d'approches probabilistes pour le plus grand nombre possible de familles d'événements n'implique pas l'utilisation directe de telles méthodes pour la conception des tranches comportant un réacteur nucléaire à eau pressurisée. Des vérifications probabilistes peuvent très bien être effectuées *a posteriori* pour montrer le bien-fondé de dispositions prévues et de telles études peuvent d'ailleurs améliorer la définition des critères déterministes utilisés, le cas échéant, pour la conception de tranches ultérieures.[22]

La lettre précédente n'avait pas valeur réglementaire, et les chiffres de probabilité donnés devaient être considérés « comme des ordres de grandeur » tant pour ce qui concerne l'objectif global que pour les familles d'événements.

Mais le Service central ne renonce pas. Après avoir concédé à EDF ces quelques précisions, on réaffirme le bien-fondé des objectifs fixés. Torquat ajoute en effet : « l'ordre de grandeur fixé pour la probabilité maximale globale de conséquences inacceptables ne m'apparaît pas irréaliste, compte tenu des indications précisément fournies par le rapport WASH 1400 – que vous citez à l'encontre de ma lettre précitée – et compte tenu des améliorations d'ores et déjà apportées à la conception des tranches comportant un réacteur nucléaire à eau pressurisée. »[23]

Ces deux lettres SIN font partie des rares courriers publics relatant les divergences de vues, les rapports de force entre EDF et le Service central : elles témoignent de la petite guerre qui se mène entre les deux

---

[21] Lettre d'orientation SIN n° 576/78 du 16 mars 1978 relative aux grandes options de sûreté des tranches comportant un réacteur nucléaire à eau pressurisée du ministre chargé de l'industrie au directeur général d'EDF. Cette lettre est reproduite dans le recueil de textes publiés par la Direction de la sûreté des installations nucléaires, dans la 4e édition, publiée en mai 1999 intitulé *Sûreté nucléaire en France*, p. 88.

[22] *Ibid.*

[23] *Ibid.*

organismes. D'ailleurs, après avoir fait quelques concessions à EDF, la lettre de l'administration devient plus comminatoire : si on recule sur les études probabilistes, on n'entend pas céder sur tout le terrain. La lettre se termine en soulignant qu'un certain nombre de documents demandés en 1976 à propos des tranches 900 MWe de Blayais et Cruas et devant figurer dans les rapports préliminaires de sûreté n'ont toujours pas été remis, et que dans ces conditions, il n'apparaît « pas possible de faire procéder à l'instruction technique des rapports précités ». Or sans instruction technique, il n'est pas possible d'autoriser le fonctionnement des installations. EDF est prévenue qu'elle sera seule responsable de l'allongement des délais.

10.2.5. Le dépit des experts

Du côté des experts de sûreté du CEA, l'enthousiasme pour les méthodes probabilistes sur le plan technique est sérieusement contrarié : le « conflit constructeurs-organismes réglementaires » fait obstacle à l'introduction de méthodes probabilistes dans l'évaluation de la sûreté.[24] Chacun utilise un argument technique pour faire valoir son point de vue. Du côté des constructeurs, on s'appuie sur de telles études pour mettre fin à des demandes jugées injustifiées en matière de sûreté, et surtout on n'accepterait une réglementation probabiliste qu'en échange de l'abandon d'autres exigences. Du côté de l'organisme réglementaire et de son appui technique, on souhaite aller au-delà des accidents de dimensionnement ; d'autre part, on estime que l'expérience d'exploitation est encore insuffisante pour abandonner les exigences de sûreté présentes.

Les experts de l'IPSN constatent en 1978 que dans la plupart des pays les méthodes probabilistes ne jouent qu'un rôle très faible, sinon nul, dans le processus d'autorisation. Ils s'estiment confrontés à des freins dans cette démarche, non seulement du côté d'EDF, mais également du côté des pouvoirs publics, des administrations, « qui ne savent pas définir clairement quel est le niveau de risques acceptables, pour le public d'une part, pour la société d'autre part. » Dans ces conditions, affirment-ils, « on préfère s'en remettre au jugement des organismes chargés d'examiner la sûreté et qui doivent répondre par oui ou par non à la question "l'installation proposée est-elle sûre". Toute tentative de définir un seuil d'acceptabilité de risques fait craindre des réactions, éventuellement brutales, du public concerné. »[25] Les disciples de

[24] Cf. Tanguy, Pierre, « La sûreté nucléaire et les méthodes probabilistes », *Revue Générale Nucléaire*, n° 5, janvier-février 1976, p. 392-400.

[25] Cogné, F., « Utilisation des méthodes probabilistes dans l'évaluation de sûreté des installations nucléaires », présentation orale, NUCLEX (Bâle), 3-7 octobre 1978, Rapport DSN n° 238 (f).

Bourgeois sont forcés de reconnaître la difficulté posée à l'administration pour communiquer avec le public sur ces notions de très faible probabilité.

Nous avons sérieusement sous-estimé un aspect spécifique de la sûreté des réacteurs nucléaires, lorsque les autorités réglementaires et le public sont concernés : c'est le désir permanent de définir une limite supérieure pour les pires conséquences de tout accident « possible ». En d'autres termes, nous ne parvenons pas à nous débarrasser du vieux concept de l'accident maximal vraisemblable (...).[26]

Ce sont donc les problèmes politiques (entre industriels, administration, opinion publique) qui viennent, selon les experts, entraver l'adoption d'une amélioration technique. Des conflits entre constructeurs et organismes réglementaires et des controverses à propos de l'énergie nucléaire dans le public, mais aussi du fait de difficultés techniques,[27] l'introduction de critères probabilistes comme le lancement en France de véritables études de risques semblables à celle de Rasmussen devront attendre.[28]

Du point de vue réglementaire pourtant, les experts regardaient du côté de l'aéronautique où ces méthodes étaient depuis longtemps employées à la conception, et où des critères de risques étaient entrés en vigueur dans les processus de certification des Airbus et de Concorde. Un premier texte de 1969 dit ESAU[29] présentait ainsi les principes et règles d'application de la philosophie probabiliste pour la réglementation des performances des avions. À partir de ce texte, une réglementation probabiliste avait été rédigée pour Concorde.[30] L'avion supersonique

---

26 Tanguy, P., Cogné, F., « Utilisation des méthodes probabilistes dans l'évaluation de sûreté des installations nucléaires », NUCLEX (Bâle), 3-7 octobre 1978, Rapport DSN n° 238 (f).

27 D'après : Dupuis, M. C., Villeroux, C., Lebouleux, P., Oury, J. M., « Introduction du concept de risque dans la réglementation technique et la normalisation française en matière de sûreté nucléaire », AIEA, *Conférence Internationale sur les questions actuelles de sûreté des centrales nucléaires*, Stockholm, 20-24 octobre 1980, IAEA-CN-39/22. Dupuis, Villeroux, Villeneuve travaillent à l'IPSN, au CEA de Fontenay-aux-Roses. Jean-Marc Oury, normalien, est ingénieur des mines au SCSIN.

28 Les premières études probabilistes de sûreté (EPS) françaises seront publiées en 1990. La première (EPS 900), concernant un réacteur standard du palier 900 MWe, aura été réalisée par le Département d'analyse de sûreté de l'IPSN avec la participation de Framatome et financée par le SCSIN. La deuxième (EPS1300) aura été réalisée par EDF sur la tranche 3 (1 300 MWe) de Paluel.

29 Wanner, J.-C., *Étude de la Sécurité des Aéronefs en Utilisation (ESAU)*, octobre 1969.

30 D'après : Toulouse, Pierre, « Évaluation de la sécurité de systèmes d'avions récents », in : « Utilisation des méthodes probabilistes dans l'aéronautique et le domaine nucléaire », Compte rendu de la journée organisée le 30 janvier 1979 par la Section

présentant de nombreuses nouveautés par rapport à ses prédécesseurs, les autorités de l'aviation avaient ressenti la nécessité de mettre au point une approche plus globale de la sécurité de ce nouvel avion. La réglementation probabiliste, basée sur le texte ESAU vint compléter l'ancienne réglementation d'essence déterministe. Les pannes étaient classées en quatre catégories – mineure, majeure, critique et catastrophique – et pour chaque catégorie étaient définis des objectifs de sécurité. Par exemple, la probabilité de chaque panne catastrophique ne devait pas dépasser 10^{-9} par heure. Pour Concorde, un critère supplémentaire avait été ajouté : la somme des probabilités de toutes les pannes catastrophiques ne devait pas être supérieure à 10^{-7} par heure. Des moyens de démonstration de conformité aux objectifs de sécurité avaient été élaborés, parmi lesquels une méthode dite des combinaisons de pannes significatives.

Dans le domaine nucléaire, les méthodes probabilistes trouveront donc une application principalement dans le domaine de l'analyse de la fiabilité des systèmes à EDF ou Framatome. Sur le plan pararéglementaire, les directives des lettres SIN permettront de mettre en place des dispositions qui n'étaient pas prévues dans les références américaines. Les principaux domaines visés seront la perte totale des alimentations électriques, la défaillance de la source froide, la défaillance du circuit d'alimentation de secours des générateurs de vapeur lors de transitoires fréquents où il est utilisé. Une règle fondamentale de sûreté relative aux projectiles susceptibles d'être émis par les turbines fera également un usage explicite du concept de risque.

Sûreté-Environnement de la Société française d'énergie nucléaire, *Revue Générale Nucléaire*, 1979, n° 4, Juillet-Août, p. 402-403. M. Toulouse est alors chef du Service « sécurité systèmes », SNIAS, Toulouse.

CHAPITRE 11

Les études et examens de sûreté au cours de la décennie 1970

Le principe fondamental adopté en France par le Service central de sûreté des installations nucléaires en matière de sûreté est que l'exploitant est responsable de la sûreté de son installation, sûreté dont il doit faire la démonstration. Le rôle des experts du CEA est d'analyser, pour le compte du Service central, les éléments de cette démonstration, en se basant avant tout sur les résultats des études et des recherches effectuées par le constructeur et l'exploitant. Afin de disposer d'éléments de jugement indépendants sur les arguments apportés par les exploitants et les constructeurs à propos des dispositions techniques qu'ils ont retenues, le Département de sûreté nucléaire du CEA mène un programme de recherches complémentaires.

L'essentiel de ces études au cours des années 1970 concerne deux types de réacteurs, les réacteurs à neutrons rapides et les réacteurs à eau légère. Si dans le cas des réacteurs à eau sous pression, les rôles entre autorité, industriel et expert se sont différenciés, ce n'est pas le cas dans le cas des réacteurs à neutrons rapides (RNR), où les experts du DSN se trouvent au sein du CEA qui est partie prenante du développement de cette filière.

11.1. Études de sûreté sur les réacteurs à eau légère

À partir de 1974, l'augmentation massive des commandes par EDF de réacteurs à eau pressurisée nécessite la mise sur pied d'un vaste programme de recherches[1] au DSN du CEA, d'autant plus important que les centrales commandées représentent une grosse extrapolation de puissance (900 puis 1 300 MWe) par rapport aux réacteurs de la fin des années 1960 (les puissances dépassaient rarement les 300 MWe). Mais l'augmentation du nombre d'unités fait surtout craindre aux experts de

[1] Les dépenses (exprimées en millions de dollars US, monnaie courante) du CEA pour la sûreté des réacteurs marquent un net accroissement entre 1974 et 1975 : 8,1 pour 1972, 11,5 pour 1973 ; 14,4 pour 1974 ; 29,1 pour 1975. Chiffres tirés de : Ringot, C., « French Safety Studies of Pressurized-Water Reactors », *Nuclear Safety*, vol. 19, n° 4, July-August 1978, p. 412.

sûreté qu'il soit difficile *a posteriori* d'imposer éventuellement à toutes ces unités des dispositions de sûreté qui n'auraient pas été prévues à temps.

Pour des raisons de manque de moyens aussi bien financiers qu'en compétences humaines, les responsables du CEA décident de parer au plus pressé et de limiter leur programme d'études de sûreté aux problèmes qu'ils considèrent comme mal étudiés, ceux couverts par le secret commercial, ou ceux qu'ils estiment suffisamment importants pour nécessiter de disposer d'éléments d'appréciation indépendants.

Dans le cas des réacteurs à eau, l'accent est mis sur la prévention des accidents : de nombreuses études tentent d'évaluer la tenue des matériaux utilisés pour les deux premières barrières (gaine du combustible et acier du circuit primaire), et le comportement des fonctions de protection et de sauvegarde. Le programme comporte également des études sur les accidents, et en particulier sur les phénomènes physiques qui interviennent au cours des accidents graves – pour lesquels de nombreuses incertitudes demeurent – et principalement l'accident de perte du fluide de refroidissement, le LOCA.

11.1.1. Les accidents de perte de refroidissement

11.1.1.1. Déroulement d'un LOCA et problèmes de sûreté

La rupture d'une canalisation principale d'entrée ou de sortie de la cuve conduisant à la perte brutale du réfrigérant primaire est considérée comme un accident de référence (Design Basis Accident), censé être « enveloppe » de toutes les autres situations accidentelles. Et parmi tous les accidents de perte de refroidissement, on estime que la rupture dite « guillotine » d'une grosse tuyauterie primaire est l'accident le plus grave.

La rupture[2] d'une canalisation entraîne la dépressurisation du circuit primaire qui assure l'évacuation de la puissance thermique. La perte du refroidissement par l'eau sous pression provoque une augmentation de la température des gaines et du combustible du fait de l'énergie résiduelle dégagée par la radioactivité, même si le réacteur a été mis à l'arrêt. Les gaines et le combustible peuvent se mettre à fondre et les produits de fission volatils être libérés dans le circuit primaire puis dans l'enceinte de confinement. Dans certains cas, on peut même envisager que la vaporisation de toute l'eau du circuit primaire ou encore des réactions chimiques secondaires (métal-eau, combustible-eau) engen-

---

[2] La description du LOCA s'inspire de : Syndicat CFDT de l'énergie atomique, *Le dossier électronucléaire*, Éditions du Seuil, Paris, 1980, p. 255-256.

drent des pressions qui entraînent des fissurations de l'enceinte de confinement et une fuite des produits de fission volatils vers l'extérieur. Dans l'hypothèse où l'enceinte de confinement résiste comme elle est censée le faire, on peut imaginer que le combustible en fusion perce la cuve, puis le radier du bâtiment avant de s'enfoncer plusieurs dizaines de mètres dans le sol, selon l'accident dit du « syndrome chinois ».

Ce scénario illustre en quoi le maintien de la fonction de refroidissement est d'une importance capitale. Différents systèmes de refroidissement de secours ont donc été prévus par les concepteurs américains. Une injection par des pompes à haute pression, une injection d'eau par décharge de réservoirs (accumulateurs) sous pression intermédiaire et une injection d'eau par pompage à basse pression sont raccordées sur les tuyauteries pour accomplir le « remplissage » de la cuve puis le « renoyage » du cœur.

Le déroulement de l'accident met en jeu de nombreux phénomènes très complexes, dont nombre restent mal connus, et particulièrement du fait de l'écoulement de l'eau qui se trouve en double phase liquide et vapeur (problèmes de thermohydraulique double-phase). Pour faire face à ces inconnues, les concepteurs ont certes pris des marges (d'autant plus grandes qu'est grande l'incertitude), des hypothèses de calcul pessimistes afin de minimiser le risque, mais la taille des marges réelles reste à vérifier et cela passe par une connaissance plus approfondie des phénomènes en jeu.

11.1.1.2. L'approche analytique

Dans la tradition des premières études menées dans les années 1960, les recherches du CEA adoptent une méthodologie consistant à s'attacher plus précisément à la compréhension des phénomènes de base – phénomènes physiques, thermiques, hydrauliques, thermodynamiques – démarche qualifiée par les gens du CEA de « plus analytique ». L'accent est mis d'abord sur la recherche de modèles aussi physiques que possible permettant de décrire la dépressurisation, le renoyage, l'efficacité de l'injection de secours. Ces modèles sont ensuite qualifiés sur des expériences analytiques de base (boucles ERSEC, OMEGA, MOBY DIC, CANON, REBECA). Les codes de calcul élaborés à partir de ces modèles sont alors validés à l'aide d'expériences à caractère plus global (boucle PHEBUS), pour passer enfin au stade de la vérification sur les expériences intégrales, faites à l'étranger.

Les résultats expérimentaux tirés de ces études doivent permettre d'ajuster plusieurs codes de calculs afin d'élaborer un code unique décrivant tout l'accident, et permettant d'extrapoler au comportement d'un réacteur réel. Les codes de cette première génération (DANAIDES, CERES, FLIRA, PASTEL) sont dits « d'évaluation » : dotés de modèles physiques simplifiés, ils sont complétés par des hypothèses très conservatrices. Avec les progrès de la physique et de l'informatique, cette génération de codes sera suivie à partir de 1979 de codes « réalistes » (Cathare) décrivant les phénomènes physiques rencontrés.

En parallèle, le CEA poursuit l'étude des versions successives des codes américains SATAN de Westinghouse et RELAP. Le développement des codes de calcul permis par l'accroissement des moyens informatiques rend en effet plus nécessaire que par le passé la vérification des données et la validation des résultats fournis par ces codes. Une anecdote[3] célèbre parmi les techniciens du nucléaire permet d'illustrer l'importance de la validation de ces codes sur lesquels reposent la conception des réacteurs et de nombreuses démonstrations de sûreté. Le code Satan de Westinghouse, qui connaîtra de nombreuses versions, avait été élaboré au départ par des techniciens américains. Puis deux ingénieurs indiens avaient été embauchés. Ceux-ci avaient travaillé sur le code, qu'ils avaient modifié, puis comme une autre société offrait un meilleur salaire, ils avaient quitté Westinghouse. Les successeurs disposaient donc du code, mais plus personne ne savait réellement le détail de sa rédaction, les concepteurs étant partis sans laisser suffisamment d'indications. L'anecdote est sans doute excessive, mais du point de vue des experts de sûreté français, il était d'une importance capitale de disposer de moyens autonomes de calcul et de vérification des hypothèses, des modèles et des calculs.

11.1.2. Le circuit primaire et les aciers pour cuve

Après le déroulement du LOCA et l'efficacité des systèmes de refroidissement de secours, le second sujet de préoccupation des spécialistes de la sûreté est celui de la rupture de la cuve. En 1974, ce problème reste aux yeux de Jean Bourgeois[4] l'un de ceux pour lequel subsistent les incertitudes les plus préoccupantes. Selon la conception américaine, si les cuves ne sont pas soumises à des températures supérieures de 60°F à la température de transition fragile (NDT, Nil Ductility Transition temperature), alors elles ne peuvent pas rompre. Mais pour certains spécialistes l'hypothèse de la non-rupture de la cuve est complètement arbitraire : car pourquoi considérer dans les études d'accident la rupture nette et brutale d'une tuyauterie primaire principale et pas la rupture de la cuve, tout aussi improbable, si ce n'est parce que dans le

---

3 Rapportée par Michel Dürr lors d'un entretien.

4 Archives CEA, Fonds du haut-commissaire, F3 23 49, « Réunions programmes 1972-1980 », relevé de décisions prises par l'administrateur général à la suite de la réunion du programme « sûreté des réacteurs à eau bouillante » tenue au Siège le 21 mai 1974, intervention de Bourgeois sur la sûreté des réacteurs à eau ordinaire.

premier cas on sait construire des enceintes qui résistent, et pas dans le second.[5]

Ces incertitudes expliquent pourquoi les experts français chargés de l'analyse de la sûreté veulent se donner les moyens de mieux comprendre les mécanismes qui peuvent conduire à la rupture des aciers, et ainsi de vérifier le degré de conservatisme des normes américaines, données dans la section III du code ASME et suivies par les constructeurs français. Des études avaient déjà été entreprises depuis 1968 dans le cadre d'une collaboration internationale sous l'égide du Comité des techniques de sûreté des réacteurs (CREST) de l'OCDE et se poursuivent dans les années 1970 en association avec divers laboratoires ou firmes.[6] Différentes études visent à déterminer les caractéristiques des aciers du point de vue de la fragilisation sous irradiation, comme l'influence de la teneur en cuivre, vanadium, phosphore, carbone, etc. D'autres études s'intéressent à la résistance à la rupture brutale des aciers pour cuves en procédant à des tests sur éprouvettes ; on cherche à mesurer l'influence des défauts en fonction de leur densité, leurs dimensions, leur position, etc. Un autre sujet de recherche concerne les caractéristiques de fatigue de ces aciers et son influence sur la fissuration. D'autres études s'attachent au comportement des aciers du circuit primaire face à la corrosion (corrosion intercristalline, fatigue-corrosion), ou des soudures de raccordement.

Ces tests s'accompagnent de la mise au point de codes de calculs s'appuyant sur les théories de la mécanique linéaire de la rupture, qui offre des possibilités d'estimation quantitative. L'utilisation de cette théorie pour les aciers de cuve par les ingénieurs de Framatome[7] nécessite quelques adaptations et pour les analystes du CEA, l'un des objectifs est d'évaluer l'imprécision des calculs qui résulte de l'utilisation des formulations simplifiées de cette mécanique. À l'échelle internationale,

---

5 Les deux hypothèses se défendent : les tuyauteries sont des zones de concentration de contraintes au niveau des raccordements et elles sont nombreuses donc il y a plus de raisons qu'un problème survienne au niveau des tuyauteries que sur la cuve. À l'inverse, on peut penser que la cuve est plus soumise à l'irradiation par les neutrons que les tuyauteries qui sont situées plus loin ; par conséquent la fragilisation est nettement plus grande pour la cuve.

6 On peut citer pour exemple un contrat de coopération entre le DSN du CEA qui en assure la coordination, Euratom Ispra et Framatome, qui est lancé en avril 1976 pour une « étude probabiliste de la rupture de la cuve des chaudières nucléaires à eau sous pression. » Le responsable CEA du projet, J. Dufresne, présente les résultats lors de congrès internationaux spécialisés entre 1980 et 1982.

7 Pellissier-Tanon, A., Vagner, J., Devaux, J.C., « Application de la mécanique de la rupture aux cuves des réacteurs à eau sous pression », Communication à la première conférence de la Société européenne d'énergie nucléaire, 21-25 avril 1975, Paris, *ANS-SEEN*, 1976.

différentes méthodes d'analyse des fissures et de leur développement, différents critères de rupture brutale sont utilisés selon les auteurs, et il faut prouver que les simplifications faites conservent bien aux calculs des facteurs de sécurité élevés.

Les préoccupations concernant le contrôle de l'intégrité du circuit induisent l'amélioration ou le développement de méthodes et d'appareils de contrôles non destructifs afin d'inspecter les aciers, aussi bien au moment de la fabrication qu'après la mise en service. Ces méthodes de contrôle non destructif, comme les appareillages, doivent tenir compte des besoins spécifiques de l'énergie nucléaire liés par exemple à l'épaisseur des cuves, à la difficulté d'accès de certaines zones en particulier du fait de la radioactivité.[8] Il est capital pour les études de sûreté de disposer de méthodes permettant de préciser les dimensions des plus petits défauts décelables et la fiabilité des résultats. Et ce d'autant plus qu'il ne sert à rien d'édicter une norme si l'on ne dispose pas des moyens de vérifier si elle est respectée. Les principaux développements ont d'abord lieu dans le domaine du contrôle par émission acoustique et par ultrasons, suivis par des contrôles par courant de Foucault multifréquences.

11.1.3. Le comportement du combustible

Conformément à la doctrine CEA des barrières, un accent particulier est mis sur l'étude du comportement du combustible et de sa gaine (première barrière), aussi bien en régime normal qu'accidentel. Pour Jean Bourgeois, la sûreté démarre avec le respect de l'intégrité de la première barrière, c'est pourquoi il définit le concept de « réacteur propre ». Il faut veiller à ce que le réacteur fonctionne sans fuite de combustible.

Le but des études de sûreté (expériences BOUFFON, EDGAR, STRIP, SAFRAN) est donc de comprendre les phénomènes qui peuvent rendre la gaine vulnérable, qu'elle soit attaquée de l'intérieur par le combustible, ou de l'extérieur par le fluide réfrigérant, et ce tout au long de la vie des assemblages combustibles. Mais ce principe étant posé, sa réalisation pratique est beaucoup moins aisée puisque cette seconde barrière n'est pas constituée d'une seule gaine, mais des gaines des 64 500 crayons combustibles pour un réacteur à eau sous pression de 1 000 MWe, chacune fonctionnant dans des conditions différentes. Le but de la sûreté concernant l'intégrité de la première barrière est donc de

---

8 Lelièvre, J., « L'analyse de sûreté et les études correspondantes », *Annales des Mines*, Janvier 1974, p. 55-60. Jean Lelièvre, ingénieur des Arts et Manufactures, est le chef des études techniques de sûreté au DSN du CEA.

vérifier qu'aucune rupture à caractère systématique ne se produise et qu'une rupture localisée n'entraîne pas une évolution catastrophique.[9]

En matière de comportement du combustible, les analystes de sûreté sont confrontés à un problème immédiat puisqu'ils doivent porter un jugement sur le combustible adopté dès Fessenheim par EDF et disposé dans un réseau de 17x17 emplacements,[10] différant en cela de celui utilisé dans les réacteurs Westinghouse (15x15), et dont l'absence de qualification est jugée préoccupante. Ce changement de disposition oblige notamment à envisager son influence sur la pression d'accident sur l'enceinte de confinement.

11.1.4. Une parenthèse : les études de sûreté pour les BWR

Les décisions gouvernementales de 1974 en faveur de la diversification des techniques nucléaires obligent le CEA à envisager la mise sur pied d'un programme de recherche sur la sûreté des réacteurs à eau bouillante. Ce programme est d'autant plus urgent qu'EDF a passé des commandes, notamment pour l'équipement en BWR de la centrale de Saint-Laurent 3. Le CEA se retrouve dans la même situation qu'en 1970 lorsqu'EDF a engagé Fessenheim : n'ayant pas eu les moyens d'un jugement indépendant, il lui avait fallu reconduire les prescriptions de l'USAEC. Cette situation est en plus aggravée par le fait qu'à la différence de Fessenheim, la centrale de référence américaine de Saint-Laurent 3 ne doit pas précéder mais suivre l'installation française.

Pour le plus grand soulagement des équipes DSN du CEA déjà surchargées par les analyses à mener sur les réacteurs PWR, les négociations engagées entre EDF et la CGE sur les tarifs n'aboutissent pas, et le 6 août 1975, le gouvernement décide d'abandonner la filière à eau bouillante.

11.1.5. Études concernant les « agressions externes »

Si jusque-là la sûreté s'était essentiellement attachée aux accidents provoqués par le fonctionnement même des installations, de nouvelles préoccupations se font jour vers le milieu de la décennie soixante-dix concernant les « agressions externes » dont peuvent être victimes les réacteurs et qui peuvent conduire à des accidents. Cette question ravive

[9] Ringot C., « Études techniques de sûreté », *Bulletin d'Informations Scientifiques et Techniques – CEA*, n° 209, décembre 1975, p. 5-14.

[10] Le cœur des réacteurs de 900 MWe est composé d'environ 150 assemblages combustibles, chacun constitué de 264 crayons combustibles disposés en un réseau carré de 17x17 positions. Chaque crayon (1 cm de diamètre environ, 4 m de hauteur) est composé d'une gaine en zircaloy à l'intérieur de laquelle sont empilées des pastilles cylindriques d'oxyde d'uranium (272 pastilles par crayon).

les études concernant l'enceinte de confinement : des études des modes de ruine du béton soumis à un choc local consécutif à la chute d'un avion sont entreprises. Des essais à grande échelle sont effectués qui simulent des impacts par des tirs sur des cibles en béton, à l'aide de missiles dont la charge, la vitesse et la forme sont variables. Pour les sites situés à proximité de complexes industriels, des études sont lancées pour mieux comprendre les dommages susceptibles d'être provoqués par des explosions chimiques de mélanges gazeux, les phénomènes de détonation ou de déflagration, le comportement des ondes de pression.

11.2. Études de sûreté des réacteurs à neutrons rapides

Depuis les années 1950, les responsables du CEA ont placé beaucoup d'espoirs dans l'avenir des réacteurs à neutrons rapides surgénérateurs. Après le démarrage de Rapsodie (1967), la construction de Phénix (1968), les premières études du premier Superphénix ont commencé en 1971. En ce début des années 1970, le CEA espère qu'à partir des années 1980 les réacteurs à neutrons rapides prennent une part de plus en plus importante dans les programmes d'équipement nucléaire. Le besoin de résultats expérimentaux de sûreté se fait sentir pour procéder à l'analyse de sûreté de Phénix, puis pour définir les critères de sûreté pour le dimensionnement de Superphénix. Les études de sûreté sont d'autant plus importantes que ce type de réacteurs présente des caractéristiques techniques nouvelles dont certaines sont particulièrement défavorables en matière de sûreté.

11.2.1. La spécificité technique et les incertitudes des RNR

Dans les réacteurs à neutrons rapides, il n'est pas nécessaire de ralentir les neutrons pour obtenir la réaction en chaîne et le combustible peut être constitué d'uranium naturel et de plutonium. Le nom de surgénérateur (après abandon du terme surrégénérateur) vient du fait que ces réacteurs produisent plus de combustible qu'ils n'en consomment par transformation de l'uranium 238 (fertile) en plutonium 239 (fissile). Le coefficient de température du combustible est négatif comme pour les réacteurs à eau, ce qui confère une stabilité intrinsèque en cas d'augmentation de température. En revanche, le coefficient de vide du sodium réfrigérant est positif dans certaines régions du cœur. Cela signifie que tout accident conduisant à une vaporisation du sodium entraîne une augmentation de réactivité et donc de la puissance, pouvant conduire à l'emballement du réacteur. Étant données les grandes densités de puissance de ce type de réacteur, on peut craindre qu'un sous-refroidissement important d'un assemblage combustible ne conduise à sa fusion, et que de proche en proche le phénomène se propage à des assemblages voisins.

Autre aspect défavorable pour la sûreté, le cœur n'est pas dans sa configuration la plus réactive : si, pour une raison accidentelle quelconque, le combustible se rassemblait en une certaine région du cœur, il pourrait former une masse critique conduisant à une excursion nucléaire libérant une grande quantité d'énergie sous forme explosive, selon l'hypothèse émise par Bethe et Tait.[11]

La chaleur produite dans le cœur est évacuée par du sodium liquide, choisi pour ses qualités thermiques particulièrement favorables : grâce à sa grande capacité calorifique, le cœur dispose d'une grande inertie thermique, sa température d'ébullition est élevée, qui plus est très supérieure à sa température d'utilisation, ce qui permet entre autres de se passer de pressurisation. Mais le sodium présente deux caractéristiques chimiques défavorables à la sûreté : il réagit violemment avec l'eau (réaction possible en cas de fuite au niveau des générateurs de vapeur) et il brûle spontanément au contact de l'oxygène de l'air. Enfin, comme tout métal fondu à très haute température, le sodium peut réagir violemment au contact d'un liquide beaucoup plus froid, pouvant provoquer la vaporisation du liquide et un dégagement important d'énergie.

Face à ces particularités défavorables, un certain nombre de mesures ont été prises à la conception des surgénérateurs : le circuit primaire a été intégré à la cuve et maintenu dans une atmosphère inerte d'argon ; un circuit de sodium secondaire a été rajouté pour éviter un éventuel contact entre le sodium primaire radioactif et l'eau des générateurs de vapeur ; des systèmes de détection de fuite ont été prévus. Mais des incertitudes demeurent sur ces différents points.

11.2.2. L'examen de sûreté de Phénix

Les études d'avant-projet de Phénix ont été lancées au CEA à partir de 1961 et sa construction a débuté en 1968 à Marcoule. Phénix a une puissance de 250 MWe, ses éléments combustibles sont constitués par des assemblages d'aiguilles d'oxyde mixte de plutonium et d'uranium, il est refroidi par sodium liquide. L'ensemble du circuit primaire est intégré dans une même cuve en acier de près de 12 mètres de diamètre.

---

[11] En 1956, les physiciens anglais Bethe et Tait avaient publié un calcul du saut de puissance pour un réacteur à neutrons rapides dont le cœur serait totalement fondu en son centre : ils avaient alors supposé que la moitié supérieure tombe par gravité sur la partie inférieure provoquant la compaction du cœur et une nouvelle montée en puissance très rapide, de nature explosive. Des simulations avaient été menées à l'aide de TNT depuis 1960. Les premières études faites sur la base de ces hypothèses très pessimistes furent modifiées pour se rapprocher de conditions plus réalistes par l'introduction de l'effet Doppler qui réduit considérablement le taux d'accroissement de puissance. Mais les études se poursuivent au début des années 1970 pour améliorer le modèle de l'accident.

Le décret d'autorisation de Phénix devant être soumis à la Commission interministérielle des installations nucléaires de base (CIINB) conformément au décret de décembre 1963, le ministre chargé des Questions atomiques a confié à la Commission de sûreté des installations atomiques (CSIA) du CEA le soin d'examiner le projet Phénix. Afin d'en fixer sans retard les caractéristiques, une première réunion de la CSIA a eu lieu le 28 juillet 1968 pour statuer sur le principe du confinement du réacteur.

11.2.3.1. La séance de la CSIA du 11 juillet 1968

Les membres de la commission présents à la séance sont le haut-commissaire Francis Perrin, messieurs Finkelstein et Horowitz. Les présidents des cinq sous-commissions sont présents : Bourgeois (assisté de Vathaire), Lecorché, Régnaut, Duhamel, Sousselier. Une vingtaine d'experts ou de membres de l'équipe Phénix participent également à la réunion.

En introduction,[12] Bourgeois rappelle qu'au point de vue danger potentiel, le réacteur contient 960 kg de plutonium environ et le circuit primaire 948 tonnes de sodium. Il note d'autre part un « point assez inquiétant », la présence d'eau à proximité du réacteur due au circuit de refroidissement du béton et du circuit de refroidissement des moteurs des pompes primaires. Conformément à la doctrine de sûreté, il passe ensuite à l'examen des différentes barrières. La première barrière est constituée par des gaines « qui vont se fragiliser au fur et à mesure du vieillissement du réacteur », et pour lesquelles « il ne semble pas qu'on soit arrivé encore à des conclusions bien nettes sur la tenue à l'irradiation ». La deuxième barrière est constituée par l'enceinte primaire. Enfin, il y a le bâtiment même du réacteur qui, dans le projet envisagé, est un bâtiment à faible taux de fuites et qui résisterait à une surpression de 40 g/cm^2 (40 millibars) environ. L'extraction est prévue sur filtres, mais leur efficacité en cas de feu de sodium « n'est pas à l'heure actuelle tellement certaine. » En raison de toutes ces incertitudes Bourgeois estime qu'il faut porter une attention particulière à l'enceinte primaire. Cette mise en perspective effectuée, les projeteurs peuvent alors plaider.

Initiateur des recherches en matière de réacteurs à neutrons rapides au CEA, M. Vendryes, résume pour la commission l'esprit dans lequel ont été abordés les problèmes de sûreté de Phénix. En tout premier lieu, les projeteurs ont procédé à l'analyse des causes d'accidents vraisem-

[12] Archives CEA, Fonds du haut-commissaire, F5 26 55, compte rendu de la réunion de la CSIA du 11 juillet 1968.

blables[13] et ont vérifié que les parades existent pour éviter que l'installation ne soit endommagée et pour permettre qu'elle puisse être remise en état à la suite d'un accident. Dans un deuxième temps, des études ont été faites sur des situations que Vendryes qualifie « d'invraisemblables » :

> Ces situations invraisemblables supposent en effet que se conjuguent simultanément un certain nombre de conditions défavorables et surtout elles supposent une chaîne d'événements dont la possibilité du déroulement physique est très hypothétique dans l'état actuel des connaissances. On ne peut démontrer que ces accidents sont absolument impossibles, car nos connaissances dans ce domaine présentent encore des lacunes, et il est difficile de faire des essais ou de réaliser des expériences dans des conditions représentatives ; mais on peut considérer honnêtement que ces accidents ne sont pas réalistes, en particulier les accidents à caractère explosif. C'est pourquoi on s'est refusé à présenter un accident maximum qui serait l'enveloppe de tous les autres.[14]

Mais Vendryes précise que les concepteurs ne se sont pas bornés à assurer la protection du voisinage contre les seuls accidents vraisemblables : ils ont pris une marge de protection supplémentaire « considérable », au niveau de l'enceinte primaire.

Après Vendryes, Rozenholc[15] présente le détail des différentes mesures prises dans l'avant-projet que ce soit pour faire face aux fuites d'argon, aux fuites de sodium, aux accidents de réactivité ou à l'arrêt général du refroidissement. Il passe ensuite à l'analyse des accidents « invraisemblables ». En ce qui concerne les explosions éventuelles, pour lesquelles « aucune étude menée jusque-là n'a permis de découvrir par quel mécanisme elles pourraient être initiées », des calculs ont été menés, de façon pessimiste : ils aboutissent à une énergie totale produite de 5 000 mégajoules (MJ), équivalents à une énergie mécanique de 500 MJ, correspondant grosso modo à 100 kg de TNT.

M. Storrer[16] reconnaît que les dégâts d'une telle explosion sont très difficiles à évaluer, et que la probabilité pour que le bâtiment résiste est

---

13 M. Vendryes les définit comme « ceux dont on estime qu'ils présentent une probabilité non négligeable de se produire au cours de la vie du réacteur, même si les cas où ils peuvent se manifester sont assez rares et exceptionnels. » Il poursuit : « L'appréciation de ce caractère vraisemblable est bien évidemment assez subjective ; mais elle résulte du consensus d'un certain nombre de gens sérieux, qui ont eu à formuler leur opinion et à prendre position tout au long des études. »

14 Georges Vendryes, PV de la réunion de la CSIA du 11 juillet 1968.

15 Michel Rozenholc (X 1954, Corps des mines), travaille de 1959 à 1969 au CEA. Il présidera GAAA de 1969 à 1976 puis Novatome, créé en avril 1976 à l'image de Framatome pour assurer les tâches d'ingénierie des réacteurs à neutrons rapides.

16 Freddy Storrer est un physicien belge d'Euratom. Il est depuis 1966 responsable de la maquette de surgénérateur Masurca.

très faible (10^{-1} à 10^{-2}). C'est pourquoi les responsables du projet estiment que même si on arrivait à trouver un mécanisme vraisemblable conduisant à une explosion, il serait beaucoup plus utile d'améliorer les méthodes pour en empêcher la naissance plutôt que de renforcer le bâtiment.

Jean Bourgeois exprime lui un certain nombre d'interrogations qui justifient une attitude prudente :

> On se trouve, explique Bourgeois, dans un cas assez inhabituel. En effet, pour les réacteurs thermiques classiques, on avait l'impression de pouvoir maîtriser, au moins par le calcul, tous les phénomènes neutroniques. Par contre, pour les réacteurs rapides, on est beaucoup moins bien armé et si quelque chose d'anormal se passe dans le cœur on est assez incapable d'en prévoir les développements. D'autre part, il faut noter que le bâtiment proposé pour le réacteur résistera à une pression de 40 millibars, ce qui correspond à la combustion de 150 kg de sodium, qui représentent seulement le 1/10 000 du circuit primaire. Dans ces conditions, il est absolument nécessaire d'assurer l'intégrité de l'enceinte primaire.[17]

Pour Bourgeois, étant donné les incertitudes d'appréciation du développement des accidents – même invraisemblables –, il faut imposer au chef de projet de réserver la possibilité de mettre au-dessus du cœur une enceinte métallique de dimensions réduites, mais de résistance et d'étanchéité suffisante. Cette exigence entraîne alors un débat sur l'utilité de cette cloche.

En conclusion, le haut-commissaire Francis Perrin qui préside la séance se range à l'avis de Bourgeois. En outre, il juge que la séance montre que de nombreuses études sont encore nécessaires avant que la Commission puisse approuver l'ensemble du projet Phénix. Pour ce qui concerne le choix du bâtiment réacteur, il estime que demander un bâtiment plus résistant que celui proposé n'aurait pas grand sens, car on ne saurait guère à quelle limite s'arrêter. La Commission adopte donc les recommandations de la Sous-Commission de sûreté des piles,[18] fixant la résistance de l'enceinte primaire aux explosions de cœur de 500 MJ d'équivalent mécanique (l'énergie maximale calculée), sans projection, ni fuite de sodium primaire, avec obligation de réserver la possibilité d'installer au-dessus de la dalle une cloche métallique, si les études en révèlent la nécessité.

---

[17] Jean Bourgeois, PV de la réunion de la CSIA du 11 juillet 1968.

[18] Jean Bourgeois en est le président.

11.2.3.2. Deuxième examen et autorisation de Phénix

Une deuxième séance de la Commission se tient le 13 mai 1969 pour examiner la sûreté de Phénix. C'est cette fois Rémy Carle,[19] responsable du projet, qui défend devant la Commission les solutions adoptées. Il décrit les essais menés pour confirmer la tenue de l'enceinte primaire, en toutes ses parties, à une pression de 6 bars, et signale que des viroles dépassant de la dalle ont été laissées en attente comme l'avait demandé la Commission pour éventuellement pouvoir y souder une cloche métallique supplémentaire. M. Carle décrit les études qui ont été menées et les mesures concernant l'acier des cuves principales, la résistance et l'étanchéité du circuit d'argon primaire, l'interaction accidentelle du circuit primaire et du circuit secondaire, le problème de la sûreté de fonctionnement des barres de contrôle, ou le refroidissement du cœur. Toutes ces études ont nécessité la mise sur pied d'un programme expérimental important, et la Sous-Commission de sûreté des piles a demandé à être tenue informée en permanence de son déroulement.

Suivant l'avis de la CSIA, la CIINB accorde une première autorisation le 31 décembre 1969. L'examen des rapports de sûreté préliminaire puis provisoire de Phénix aura lieu au cours des années 1972 et 1973,[20] et le démarrage de Phénix interviendra en septembre 1973.

Entre-temps, des études préliminaires démarrent en 1971 pour le réacteur Superphénix d'une puissance de 1 200 MWe,[21] contre 250 pour Phénix, 40 pour Rapsodie. Le réacteur de Creys-Malville est constitué de 364 assemblages fissiles comprenant chacun 271 aiguilles (soit près de 100 000 aiguilles au total) longues de 2,7 m et 8,5 mm de diamètre. Ces aiguilles fertiles contiennent de l'oxyde d'uranium enrichi et de l'oxyde de plutonium et sont gainées d'acier inoxydable. Le cœur comporte aussi une couverture radiale constituée d'assemblages fertiles à base d'aiguilles d'oxyde d'uranium appauvri. Au total, le cœur contient l'équivalent de 4,8 tonnes de plutonium 239. La chaleur est extraite par quatre boucles de chaleur contenant 5 000 tonnes de sodium.

---

19 Polytechnicien (X 1951) du Corps des mines, Rémy Carle s'oriente vers l'énergie atomique par attrait pour la recherche : il entre au CEA en 1955 d'abord en stage, puis définitivement en 1957. Il y accomplit un travail d'ingénieur dans la conception des réacteurs, d'abord à Marcoule (G1) pour la filière UNGG, puis à Brennilis pour l'eau lourde, puis dans la filière à neutrons rapides. En 1976, il rentrera à EDF dont il dirigera pendant dix-huit mois le Service de la production thermique, avant de succéder à Michel Hug en 1982 comme directeur de l'Équipement jusqu'en 1987. Il terminera sa carrière en 1995 comme directeur général adjoint d'EDF.

20 Nous ne disposons plus alors du compte rendu de la Commission.

21 Pour l'histoire du montage industriel du projet Superphénix, on pourra consulter le chapitre 9 de l'ouvrage de Georges Lamiral.

11.2.3. L'enjeu des études de sûreté sur les RNR

Au CEA, on veut éviter de vivre à nouveau le traumatisme subi lors de l'adoption du PWR et des règles de sûreté américaines, alors qu'une méthodologie française, la méthode dite des barrières, jugée plus réaliste, plus positive, avait été développée au cours de la décennie soixante. Dans le cadre du développement des réacteurs à neutrons rapides, il s'agit pour le CEA d'élaborer une stratégie à l'égard des concurrents, en matière de sûreté. Ceci est exprimé on ne peut plus clairement par Jean Bourgeois lors d'une réunion-programme du CEA en octobre 1972 :

> La réussite commerciale de la filière rapide est un objectif prioritaire du CEA. La sûreté est un point clef des actions à penser pour cette réussite à double titre :
>
> – elle peut jouer un rôle direct sur les décisions techniques de base,
>
> – elle peut étayer fortement des options que nous désirons retenir et imposer à l'étranger pour des motifs commerciaux ou d'opportunité technique.
>
> Notre doctrine de sûreté doit donc être à la fois :
>
> – cohérente avec celle des autres filières, c'est-à-dire en particulier se caractériser par son aspect positif et se distinguer ainsi sans gros risque de conflit de la doctrine américaine ;
>
> – acceptable par les autorités ministérielles responsables des autorisations ;
>
> – recevable et exportable à l'étranger.[22]

Vis-à-vis d'autorités réglementaires (en cours de constitution dans le cas français) mais aussi du public, la méthode des barrières présente un certain nombre d'avantages, qui doivent lui permettre d'être aisément acceptée sur la scène internationale : elle ne se contente pas de vérifier qu'un certain nombre de règles ont bien été appliquées mais souligne les moyens mis en œuvre par les concepteurs pour parer à la défaillance des barrières successives, ce qui est plus convaincant et démonstratif. Dans le premier cas en effet, le public ou l'autorité réglementaire peut toujours mettre en doute le fait que le nombre et la sévérité des réglementations sont suffisants (et la tendance logique est alors l'exigence de leur renforcement), alors que dans le second cas, on est placé dans l'optique technique de celui qui conçoit, dont on est amené à partager la démarche et les efforts. Par ailleurs, cette approche n'est pas contradictoire avec la méthode américaine qui à la fin analyse la réponse du réacteur à un certain nombre d'accidents.

---

22 Bourgeois, J., « Doctrine de sûreté pour les réacteurs rapides ; problèmes posés par la collaboration avec l'étranger », 24 octobre 1972, DSN/BEVS/72-358. Archives CEA, Fonds du haut-commissaire, F3.23.49, « Réunions programmes 1972-1980 ».

Mais si la démarche présente des garanties de rigueur intellectuelle et de facilité de communication entre les différentes parties, encore faut-il qu'elle soit portée par des gens crédibles. Or le retard français en matière de règles de sûreté, que ce soit du côté de l'administration ou des industriels, place la France « en situation défavorable vis-à-vis de l'étranger. »[23] Du côté de l'administration, Bourgeois déplore en 1972 l'absence ou l'insuffisance de la réglementation technique en général, que ce soit pour l'utilisation des codes de calcul, les procédures des contrôles de qualité, la systématisation des épreuves avant mise en service, ou l'absence de normes et critères officiels. L'expert technique Jean Bourgeois tient bien là le discours d'un promoteur et bien moins celui d'expert ou d'autorité de sûreté. Cette dernière sera mise sur pied quelques mois plus tard, mais elle se refusera à entériner codes et normes des constructeurs.

Par ailleurs, Jean Bourgeois note que faute du soutien des industriels, peu préoccupés de systématiser les études de fiabilité, la France est en retard dans l'utilisation d'évaluations probabilistes. Or les études probabilistes sont le seul outil qui pourrait permettre de quantifier ce domaine de la sûreté qui s'avère parfois fort subjectif. Cette quantification de la sûreté serait d'autant plus intéressante à promouvoir que, note Bourgeois,

> on constate partout au monde une certaine inhomogénéité entre les critères de sûreté précis pour les réacteurs à eau, et les tendances assez mal définies mais plus sévères pour les réacteurs rapides : prise en compte pour ces derniers, et non dans le cas de l'eau légère, d'accidents tels que rupture de cuve (pourtant non en pression) et de perte de pompage primaire à pleine puissance sans chute des barres de sécurité.[24]

Parmi les causes de cette situation, Bourgeois mentionne les incertitudes techniques propres à cette filière, sa jeunesse sur le plan technologique mais aussi le fait que les USA « ne sont manifestement pas pressés de la faire déboucher commercialement ». C'est pourquoi, afin de ne pas se trouver à court terme mis devant des faits accomplis venant surtout des USA, les Français ont décidé de prendre l'initiative. Le DSN, avec le concours des deux autres départements du CEA partie prenante dans le développement de cette filière, le Département d'études et de développement des réacteurs (DEDR de Georges Vendryes) et le Département de construction des réacteurs (DCR de Rémy Carle), et en accord avec EDF, a commencé à rédiger des recommandations détaillées pour les critères de sûreté à retenir pour les grandes centrales du type

---

23 *Ibid.*

24 *Ibid.*

1 200 MWe. Ce document qui doit être discuté avec le ministère de tutelle se veut un premier pas vers l'établissement d'une réglementation technique plus rigoureuse qui permette à la France de proposer concrètement une ligne de conduite « plutôt que de nous faire imposer des critères par les USA comme cela a été le cas pour l'eau légère. »[25]

D'ailleurs, les organisations internationales cherchent toutes à diriger les opérations d'harmonisation de la réglementation ou des critères de sûreté. Selon le délégué à la sûreté et à la protection du CEA, « c'est une opération très louable en principe mais qui, si elle est prématurée, risque de se traduire par des surenchères sur le plan de la sévérité – parfois gratuite – des dispositions imposées. »[26] C'est pourquoi tant le CEA que le Service central de sûreté des installations nucléaires, mis sur pied depuis plus d'un an, participent à ses réunions de façon très prudente. Le CEA estime cependant que l'objectif n'est pas de développer un système autonome, mais de coopérer avec l'étranger, sous la forme d'accords de préférence bilatéraux.

11.2.4. Le dimensionnement de Superphénix 1

Fin 1972, une liste de critères de sûreté pour Superphénix est proposée au ministère de l'Industrie. Celui-ci les accepte, mais de façon non officielle et sous une forme provisoire. Il entend pouvoir éventuellement les réviser pour tenir compte des informations nouvelles provenant de l'exploitation de Phénix et des résultats des études et essais de sûreté en cours. Il est d'ailleurs prévu que ces critères, notifiés aux responsables du projet, servent de base à une future réglementation pour les réacteurs à neutrons rapides. Les critères définissent en particulier les accidents à prendre en compte et les principes pour en prévenir l'apparition, les moyens de les détecter et les moyens destinés à en réduire les conséquences.

L'accident majeur envisagé pour Superphénix est dénommé « Accident de dimensionnement du confinement » (ADC). Il prévoit la prise en compte d'un accident fortement énergétique, caractérisé par une perte globale du refroidissement à pleine puissance (arrêt des quatre pompes primaires), sans chute de barres de sécurité, suivie d'une forte vaporisation du sodium et d'un dépôt élevé d'énergie provoquant la dispersion d'une portion du combustible, suivie éventuellement soit d'une interaction violente du combustible avec le sodium, soit d'un nouvel apport brutal d'énergie par recompaction du combustible. Cet accident condui-

---

[25] *Ibid.*

[26] Gauvenet, A., « Note pour le comité : Évolution de la mission Protection et Sûreté Nucléaires en 1973-1974 » du 6.6.74. Archives CEA, Fonds du haut-commissaire, F5.09.47.

rait à un dégagement d'énergie de 800 MJ. Cette valeur a servi de base au dimensionnement de la cuve contenant le cœur et de la dalle de béton qui ferme le réacteur et elle a été retenue pour le décret d'autorisation de création. L'avancée des connaissances doit éventuellement permettre de ne pas retenir ces hypothèses pour les réacteurs qui doivent suivre Superphénix I (SPXI). Les études de sûreté jouent donc un rôle majeur pour le développement éventuel de cette filière.

11.2.5. Les études et recherches de sûreté sur les RNR

Vers le milieu des années 1970, les préoccupations premières des analystes de sûreté en ce qui concerne les rapides ont trait à trois aspects : le comportement du combustible en cas d'accidents de refroidissement, les accidents de puissance, et les feux de sodium.

11.2.5.1. Le comportement du combustible en cas d'accident de refroidissement : SCARABEE

Lancé en 1967 par le CEA à Cadarache, le programme SCARABEE est conçu pour étudier les accidents de refroidissement des réacteurs à neutrons rapides. Une première série d'essais, réalisés entre janvier 1971 et juillet 1974, ont fait l'objet d'un accord tripartite avec la UKAEA de Grande-Bretagne et la GFK (Gesellschaft für Kernforschung) d'Allemagne fédérale, en vue de leur interprétation.[27]

Les premières conclusions qualitatives tirées de ces essais en 1978 sont rassurantes. L'objectif de telles études – vérifier *a posteriori* que des marges suffisantes ont bien été prises pour faire face aux incertitudes – est atteint. Confirmant des résultats déjà entrevus trois ans plus tôt,[28] le rapport du DSN note : « les transitoires d'ébullition [s'avèrent] moins violents que les théories antérieures les prévoyaient, les aiguilles non irradiées sont remarquablement robustes, aucune interaction violente entre le combustible fondu et le sodium n'a été mise en évidence. »[29]

[27] Les études d'accidents concernent la possibilité de bouchages locaux des canaux, de bouchage global d'un assemblage avec maintien de la puissance, et de réduction globale du débit simulant un arrêt de pompe (sans chute de barres mais avec réduction de puissance par effet Doppler). Les essais sont menés sur des aiguilles combustibles (sur 1 puis 7 aiguilles), vierges puis irradiées, jusqu'à la fusion, pour étudier les conséquences de l'ébullition du sodium et le comportement du sodium en double phase pendant l'accident.

[28] Ringot, C., « Études techniques de sûreté », *BIST*, CEA, n° 209, déc. 1975, p. 1.

[29] IPSN, *Rapport annuel*, 1978, p. 37-38.

11.2.5.2. Accidents de puissance : le programme CABRI

Conçu à l'origine en 1964 pour étudier les transitoires sur les réacteurs à eau, Cabri va servir à partir de 1973 à mener des études visant à modéliser les phénomènes complexes intervenant au cours d'un accident de réactivité sur un réacteur à neutrons rapides, conduisant à un emballement de la réaction en chaîne et à un dégagement colossal d'énergie en un temps très bref. Pour mieux comprendre ces phénomènes, les chercheurs étudient le comportement du combustible soumis à des rampes de variation de puissance élevées, simulant ce qui se produirait par exemple en cas d'éjection de barres de contrôle.

Lancé en 1973 en commun par la France et l'Allemagne à la suite des essais américains effectués sur le réacteur TREAT dès 1959, le programme CABRI est rejoint par le Japon en 1975, l'Angleterre l'année suivante, les États-Unis en 1978. Les premiers résultats sont obtenus en 1978 et le programme s'achèvera en 1987.

Le principe des expériences menées sur Cabri à Cadarache est le suivant : une aiguille d'UO_2 est introduite dans une cellule d'essais, reliée à un circuit extérieur assurant une circulation de sodium. La cellule est placée au centre d'un cœur de réacteur thermique de type piscine. Le retrait de certaines barres dites « de départ », provoque par dépressurisation d'hélium 3 les transitoires expérimentaux, dont la puissance peut atteindre 5 000 fois la puissance nominale pendant quelques millisecondes. Pressions, températures, débits, déplacements sont mesurés et interprétés par des modèles théoriques. Ceux-ci doivent ensuite servir de base aux projeteurs pour l'établissement d'un code global (PHYSURAC) permettant de traduire l'ensemble des effets produits par ce type d'accident.

Au cours de quinze années de fonctionnement, deux chefs de projet, un Français et un Allemand auront coordonné le travail d'expérimentation, une vingtaine de techniciens étrangers auront été détachés à Cadarache pour participer à la préparation et à l'analyse des essais. Finalement, les spécialistes de sûreté du CEA estiment que CABRI a été une réussite. Le programme a permis d'obtenir des données précieuses dans un domaine difficile à explorer et une base d'information commune « sur des aspects sensibles de la sûreté de ce type de centrale. »[30]

11.2.5.3. Feux de sodium

Les énormes quantités de sodium contenues dans les réacteurs Phénix (1 200 tonnes) et Superphénix (5 000 tonnes) et le risque d'in-

[30] Bourgeois, J., Tanguy, P., Cogné, F., Petit, J., *La sûreté nucléaire en France et dans le monde*, Polytechnica, Paris, 1996, p. 160.

cendie concomitant conduisent au lancement d'études pour mieux comprendre les phénomènes de combustion du sodium dans l'air et les moyens d'y porter remède. Celles-ci vont s'étaler sur toute la décennie et au-delà. Malgré des recherches théoriques (mise au point de codes de calculs) et expérimentales (expérimentations à Cadarache en caisson jusqu'à 400 m^3) et la mise au point de dispositifs destinés à isoler la nappe de feu de l'air (bacs étouffoirs) ou la fabrication de poudres extinctrices, on reste toujours à la fin de la décennie dans l'incapacité d'éteindre un feu de sodium de grande ampleur.[31]

11.2.6. Recherches en matière de sûreté : une optique biaisée ?

On ne peut manquer de s'interroger sur la logique de ces études de sûreté. Les opposants font remarquer que des études sont lancées pour vérifier un certain nombre de paramètres alors que la décision de construction est déjà prise. Cette question semble particulièrement pertinente pour les réacteurs rapides, où l'empressement domine, et pour lesquels le CEA apparaît beaucoup plus juge et partie. Certaines expressions, que l'on pourrait mettre sur le compte de la maladresse en matière de communication, peuvent laisser songeur. Un responsable des études de sûreté du CEA, dans la revue *Annales des Mines*, alors que les options fondamentales de sûreté SPX1 ne sont pas arrêtées et que des études sont nécessaires pour les confirmer, écrit par exemple : « il est attendu de ces études des résultats sur lesquels on puisse baser les analyses de sûreté, ce qui permettra d'atténuer les rigueurs d'une analyse qui est actuellement trop pessimiste, faute de tels résultats expérimentaux. »[32] L'analyste adopte une attitude prudente en aggravant les conditions d'examen du fait de connaissances insuffisantes, mais est-ce son rôle de souhaiter le succès (l'inverse serait tout aussi choquant) de la filière qu'il examine ? Les études de sûreté sont conçues comme un moyen de promouvoir la filière en démontrant que les marges de sécurité sont excessives : si les résultats sont favorables, on pourra imposer des conditions de sécurité moindres, et donc contribuer à la diminution du coût de l'installation. Avec le nouveau code PHYSURAC disponible en 1986, le calcul pour l'accident de dimensionnement de Superphénix conduit à une valeur de 210 MJ, nettement inférieure à la limite exigée pour la

---

[31] Un nouveau programme est lancé au début des années 1980, en coopération avec EDF et des sociétés étrangères, sous le nom d'ESMERALDA. Il doit avoir la capacité de brûler jusqu'à 70 tonnes de sodium et de valider un code de calcul. Il sera abandonné au début des années 1990.

[32] Lelièvre, J., « L'analyse de sûreté et les études correspondantes », *op. cit.*, p. 58.

résistance du confinement (800 MJ) qui avait été calculée sur la base de lois pessimistes en 1974 par le code SURDYN.[33]

Pour répondre aux interrogations sur la déontologie des études de sûreté, c'est encore Jean Bourgeois qui développe, en 1973, un argumentaire qui sera de nombreuses fois cité ou repris par les responsables successifs de la sûreté au CEA :

> Tous les organismes de recherche nucléaire, publics ou privés, consacrent actuellement une part notable de leurs activités à la solution de problèmes relevant de la sûreté. On pourrait s'en étonner, jugeant qu'il y a contradiction apparente entre le fait d'autoriser la mise en service d'un réacteur nucléaire, sans risques inacceptables pour les travailleurs et le public, et l'engagement de dépenses importantes pour résoudre les problèmes techniques liés à la sûreté de ces mêmes installations.
>
> En fait, il n'y a pas à notre avis de réelle contradiction. La sûreté nucléaire résultera toujours d'un compromis effectué sur la base des connaissances disponibles et devra s'adapter en permanence à l'évolution de ces connaissances, qu'elle résulte de recherches en laboratoire ou du fonctionnement des installations en service. Dans leur examen, les analystes de sûreté s'efforceront toujours de se placer du côté conservatif, c'est-à-dire de conserver des marges de sécurité surabondantes et de ne les abandonner qu'au vu de résultats expérimentaux indiscutables. La recherche a donc essentiellement pour but de préciser l'importance réelle des marges, et éventuellement de permettre leur réduction. Il ne faut cependant pas exclure qu'elle fasse également apparaître que des éléments importants ont pu être sous-évalués et qu'elle contribue à la tendance générale actuelle d'une diminution de la probabilité des risques liés à l'utilisation de l'énergie nucléaire.[34]

À partir de 1980, des discussions ont lieu entre les trois protagonistes de la sûreté nucléaire en France, l'exploitant (EDF et CEA-groupe), l'expert technique des autorités (l'IPSN), et les pouvoirs publics (SCSIN) pour définir les caractéristiques de sûreté des futurs réacteurs à neutrons rapides qui succéderont à SPXI. Les discussions aboutissent à un consensus entre les partenaires, en particulier sur l'épineuse question de savoir quels accidents graves prendre en compte, les accidents hors dimensionnement (HD). Une nouvelle définition de ces accidents émerge : ceux-ci se caractérisent non seulement par leur faible probabilité (et des grandes conséquences, sinon la sûreté ne s'en préoccupent pas), mais aussi par le fait que ces accidents doivent être évalués suivant un ensemble de règles, calculs ou essais, moins rigides que ceux utilisés

[33] IPSN, Rapport d'Activité 1987, p. 68.

[34] Bourgeois, J., « L'analyse de sûreté des réacteurs de puissance en France. Principes généraux et applications pratiques », *Symposium sur les principes et les règles de sûreté des réacteurs*, Jülich, 5-9 février 1973, *IAEA*, SM-169/16, p. 161.

pour les différentes catégories d'accidents servant à dimensionner le réacteur. Selon EDF, les accidents HD peuvent être exclus, ce qui n'est pas l'avis de l'IPSN.

S'appuyant sur l'évolution des connaissances depuis la conception de Superphénix concernant la fiabilité des systèmes d'arrêt et au vu des programmes de recherche et développement engagés, le SCSIN[35] accepte la démarche proposée par EDF consistant à mettre l'accent sur la prévention des accidents et non sur la solidité du confinement en cas d'accident hypothétique pour les réacteurs qui doivent suivre Superphénix. Ainsi, l'hypothèse d'accidents dégageant une forte énergie n'est pas retenue pour le dimensionnement de Superphénix II et l'étude de risques ne prend en compte les accidents qu'à un niveau plus bas.

Les « connaissances acquises » qui « permettent de mieux cerner la concevabilité des accidents graves hypothétiques »[36] sont également invoquées par les responsables de l'IPSN pour justifier la démarche de sûreté retenue pour les réacteurs suivant Superphénix I. En revanche, si l'accident majeur envisagé pour SPX1 apparaît moins concevable qu'il avait paru quelques années auparavant, l'attention des spécialistes de sûreté s'est focalisée sur les accidents d'assemblages : l'IPSN estime nécessaire d'envisager pour les accidents de dimensionnement la prise en compte de la fusion de 7 assemblages et non pas 1, car il paraît peu probable que l'exploitant n'arrive jamais à démontrer la non-possibilité de propagation de la fusion d'un assemblage aux assemblages voisins.[37]

11.3. Une nouvelle branche de l'énergie atomique

La décennie soixante-dix voit véritablement l'émergence d'une nouvelle spécialité au sein du monde de l'énergie nucléaire français, la sûreté nucléaire. De nombreux faits l'attestent, que ce soit le nombre de colloques spécialisés, l'internationalisation du domaine qui conduit à un début d'harmonisation des méthodes, des règles et pratiques. Les contrats de recherche sont plus nombreux, plus volumineux, et débordent le cadre national.

Une nouvelle profession se structure : l'ampleur du travail d'analyse à accomplir pour le compte de l'administration croît brutalement et oblige à recruter du personnel. Jusque-là, la sûreté était l'affaire de

35 Lavérie, M., Avenas, M., « Les réacteurs à neutrons rapides : le point de vue de la sûreté », *Annales des Mines*, janvier 1984, p. 47-54.

36 Tanguy, P., Pelcé, J., « L'importance de la recherche dans les progrès de la sécurité nucléaire », *Revue Générale Nucléaire*, 1983, n° 3, mai-juin, p. 125-218.

37 IPSN. Réunion « sûreté des réacteurs à neutrons rapides », 12 mars 1980. Archives CEA, Fonds du haut-commissaire, F3 23 49.

missionnaires, d'éclaireurs. Avec l'institutionnalisation de la sûreté, de nouvelles possibilités de carrière s'ouvrent. Au CEA, nombre de techniciens qui étaient impliqués dans les projets de développement de certaines filières finalement abandonnées sont désormais disponibles pour les activités de sûreté.

Le milieu des années 1970 voit également l'apparition des premiers discours des spécialistes de la sûreté sur leur discipline, les premières tentatives de définition de la spécificité de leur champ d'activité. En 1974 par exemple, un chef de service des études de sûreté précise les tâches et le profil des ingénieurs chargés de l'analyse de sûreté. Ceux-ci appartiennent à deux catégories distinctes, les généralistes et les spécialistes :

> Les généralistes, groupés par filière (réacteurs à eau ordinaire, à neutrons rapides, etc.), prennent en charge l'évaluation de la sûreté de chacune des installations soumises à examen. Ils suivent celles-ci à tous les stades de leur développement (conception, construction, mise en service et fonctionnement) pour fournir des données techniques d'appréciation et proposer les avis de sûreté nécessaires aux autorités responsables. L'expérience acquise par ces généralistes intervient pour une grande part dans l'élaboration de leur jugement. [...] Néanmoins, les problèmes techniques posés aux généralistes par les installations font appel à un nombre si grand de disciplines qu'il est nécessaire en outre de disposer d'un ensemble de spécialistes de ces disciplines. Ces derniers, qui rassemblent chacun la somme des connaissances acquises dans leur technique, sont capables de fournir aux questions posées par les généralistes soit une réponse, soit un constat de lacune.[38]

Cette nouvelle activité scientifique couvre les domaines classiques de l'énergie nucléaire (neutronique, mécanique, thermique, hydraulique, transferts radioécologiques) et de nouvelles recherches spécifiques, comme celles concernant les accidents possibles, les études des sites (transferts des produits radioactifs, etc.), apportant de nouvelles méthodes (l'approche probabiliste).

Des concepts communs pour les analyses se dégagent progressivement, qui sous des noms différents et avec des nuances, reposent sur une démarche semblable : vérification que les barrières physiques s'opposant à la dispersion de produits radioactifs sont valides en fonctionnement normal et accidentel ; examen des « fonctions de sûreté » associées à la défense des barrières ; étude des conséquences d'accidents hypothétiques dont le déroulement résulterait de multiples transgressions dans les consignes ou défauts de fonctionnement : c'est le concept de « défense en profondeur ».

---

[38] Lelièvre, J., « L'analyse de sûreté ... », *op. cit.*, p. 55.

La délimitation du champ spécifique des études et recherches n'est cependant pas toujours aisée, car dans bien des domaines la frontière entre le domaine de la sûreté et celui du projet est en partie arbitraire, le contact entre les deux domaines étant même revendiqué par les experts du CEA. On assiste malgré tout à une indépendance croissante du champ d'investigation des experts de la sûreté nucléaire qui leur donne une position particulière et même une vision propre, en partie différentes de celles des industriels, des exploitants, ou encore des autorités réglementaires, auxquelles ils ne sont pas encore complètement soumis.

Quatrième partie

Three Mile Island : la révision des certitudes (1979-1986)

CHAPITRE 12

L'accident de Three Mile Island : le choc

La période 1979-1986 marque l'entrée de l'énergie nucléaire française dans une nouvelle phase : la phase d'exploitation industrielle. En mars 1979, cinq tranches du palier CP0 ont été couplées au réseau (Fessenheim 1 et 2, Bugey 2, 3, et 4). Alors que la quatrième tranche de Bugey sera couplée en juillet, de nombreuses tranches du palier CP1 sont sur le point de démarrer : sept doivent être couplées en 1980, six en 1981. Malgré des points de vue différents sur la nécessité de renforcer les mesures de sûreté, malgré des divergences sur la sélection de certains sites, un sentiment de confiance domine parmi les artisans du nucléaire français. C'est à ce moment où l'exploitation des centrales nucléaires françaises doit apporter la preuve de leur robustesse que survient l'accident de la centrale américaine de Three Mile Island, le 28 mars exactement. Qualifié d'accident le plus grave jamais survenu dans une centrale nucléaire jusqu'à la catastrophe de Tchernobyl, l'accident de TMI allait avoir des conséquences considérables pour l'industrie nucléaire mondiale.

12.1. L'accident du 28 mars 1979 à Three Mile Island

12.1.1. Scénario de l'accident

La centrale de Three Mile Island est située à environ 16 kilomètres au sud-est d'Harrisburg, 90 000 habitants, capitale de l'État de Pennsylvanie. Elle comporte deux réacteurs à eau sous pression de 900 MWe de conception Babcock and Wilcox (B&W), très semblables aux réacteurs Westinghouse construits en France. La deuxième tranche de la centrale, TMI-2, a été mise en service commercial le 30 décembre 1978, un peu plus de quatre ans après TMI-1, et fonctionne à pleine puissance. C'est sur ce deuxième réacteur que, dans la nuit du 28 mars, à 4 heures du matin, débute l'accident. Il ne peut être question de décrire ici le déroulement complet de l'accident. Un résumé simplifié[1] devrait aider à

[1] Pour un récit exhaustif de l'accident et de son contexte, on pourra consulter l'ouvrage de Walker, Samuel J., *Three Mile Island, A Nuclear Crisis in Historical Perspective*, Berkeley, University of California Press, 2003.

appréhender les principales leçons qui en seront tirées, ainsi que les différents points de vue qui s'exprimeront à leurs sujets.

Au départ, il s'agit d'un incident banal sur le circuit secondaire au niveau du condenseur lors d'une opération de maintenance. Une série d'actions automatiques aboutit à la perte de l'alimentation normale en eau des générateurs de vapeur. Jusque-là, rien d'exceptionnel ne se produit : l'arrêt des pompes d'alimentation normale entraîne celui de la turbine et le démarrage des pompes d'alimentation de secours des générateurs de vapeur.

Il s'ensuit une augmentation de température et de pression dans le circuit primaire qui entraîne automatiquement l'ouverture de la vanne de décharge du pressuriseur afin de réduire la pression dans le circuit primaire, et l'arrêt d'urgence du réacteur par chute des barres. La pression baisse alors progressivement. Au bout de 12 secondes, la pression devenue suffisamment faible, un automatisme envoie à la vanne de décharge l'ordre de se refermer. Mais celle-ci se coince et reste ouverte. L'opérateur l'ignore puisque le voyant en salle de commande lui indique qu'elle est fermée. En salle de commande, on ignore donc qu'il y a une petite brèche dans le circuit primaire. Celle-ci laisse s'échapper l'eau au rythme d'une tonne par minute dans un réservoir de décharge du pressuriseur situé à l'intérieur de l'enceinte de confinement. La pression du circuit primaire baisse et deux minutes après le début de l'accident elle tombe à 110 bars ce qui provoque la mise en service automatique du système d'injection de sécurité pour envoyer de l'eau froide dans le circuit primaire afin d'empêcher que le cœur, insuffisamment refroidi, ne commence à fondre. Respectant une consigne réglementaire à suivre dans toutes les situations transitoires sur le circuit primaire, l'opérateur s'attache à vérifier que le niveau d'eau ne monte pas trop dans le pressuriseur et qu'il conserve une bulle de vapeur qui sert d'amortisseur pour éviter que les variations brutales de pression n'usent les tuyauteries du circuit primaire. Or, le niveau d'eau s'est mis à monter rapidement, et croyant que la vanne de décharge est refermée, l'opérateur conclut qu'il y a trop d'eau dans le circuit primaire et arrête manuellement l'injection de sécurité.

Dès lors, l'eau, qui continue de fuir par la vanne de décharge, n'est plus remplacée : six minutes après le début de l'accident, l'eau du circuit primaire se met à bouillir. Au bout d'un quart d'heure, le ballon de décharge du pressuriseur, submergé, se rompt : l'eau radioactive du circuit primaire se répand alors dans l'enceinte de confinement. Pendant ce temps, le fluide primaire est de plus en plus composé d'un mélange d'eau et de vapeur, que les pompes primaires ont des difficultés croissantes à faire circuler ; elles se mettent à vibrer dangereusement. C'est pourquoi les opérateurs, 1h13 puis 1h40 après le début de l'accident, décident d'arrêter la première puis la deuxième pompe, espérant qu'une circulation naturelle va s'établir dans le circuit primaire. Or la vapeur s'accumule dans tous les points hauts tandis que l'eau se rassemble dans les points bas, il n'y a plus de circulation et la chaleur du cœur n'est plus évacuée par les générateurs de vapeur. Car si le réacteur a bien été arrêté, la puissance résiduelle continue de provoquer un dégagement de chaleur de plusieurs dizaines de mégawatts thermiques, qui provoquent l'ébullition de l'eau. Le refroidissement du combustible est moins efficace et le haut du cœur n'est plus recouvert d'eau ; les gaines atteignent des températures très élevées, se rompent puis fondent, libérant les produits de fission dans l'eau du circuit primaire, puis à l'intérieur du bâtiment réacteur. C'est la phase la plus critique de l'accident.

À 6h14, une alarme annonçant la présence de radioactivité dans l'enceinte se met en marche. Avec de grandes difficultés, l'opérateur remet en service une pompe primaire, qui envoie de l'eau froide sur le combustible. Cette action permet un meilleur refroidissement, mais provoque aussi des dégâts sur les éléments combustibles et une vaporisation de l'eau au contact des crayons combustibles surchauffés : la pression augmente dangereusement et l'opérateur ouvre à nouveau la vanne d'isolement, mais il entraîne ainsi un fluide encore plus radioactif vers l'intérieur du bâtiment réacteur. De nouvelles alarmes de radioactivité se déclenchent, et certaines à l'extérieur du bâtiment réacteur : en effet, l'eau qui se déverse dans l'enceinte est récupérée par des pompes qui l'envoient automatiquement dans un bâtiment auxiliaire qui lui n'est pas étanche. Ce sont les réservoirs qui accueillent cette eau qui ont à leur tour débordé, laissant s'échapper la vapeur radioactive vers l'extérieur. La situation d'urgence est alors proclamée : l'enceinte est isolée, le transfert de la radioactivité vers le bâtiment auxiliaire est interrompu.

À 6h22, un chef de quart du bâtiment voisin arrivé sur les lieux a compris que la vanne de décharge est restée ouverte. Les opérateurs l'isolent, arrêtant la fuite. À 7h20, l'opérateur remet en service l'injection de sécurité, ce qui permet le refroidissement du cœur, mais provoque un nouveau choc entre l'eau froide et le combustible chaud. Quatre heures après le début de l'accident, il semble que le cœur a été à peu près refroidi, mais les dégâts sont considérables. Ne parvenant pas à rétablir une circulation normale, l'équipe de quart assure le refroidissement en ouvrant et fermant successivement la vanne de décharge. Ce faisant, des produits radioactifs s'échappent du circuit primaire. Une bulle de gaz incondensables, principalement de l'hydrogène dégagé par la fusion des gaines, s'est concentrée au sommet de la cuve du réacteur. Dans l'enceinte, l'hydrogène réagit avec l'air, ce qui provoque à 13h50 une explosion localisée et un pic de surpression (2 atm) dans le bâtiment réacteur, mais on ne s'en rendra compte que le lendemain.

12.1.2. Une situation de crise

À vingt heures, il semble que l'accident est terminé : l'enceinte est isolée, le fluide primaire circule et refroidit le cœur. Mais toute inquiétude n'a pas disparu : une véritable situation de crise[2] va perdurer pendant plusieurs jours du fait de controverses entre experts sur la quantité d'hydrogène présente au sommet de la cuve et sur l'évaluation du risque d'explosion qu'elle représente.

En effet, la confusion va régner entre les experts de l'autorité de sûreté américaine (la NRC) dépêchés sur place, ceux restés à Washington, et ceux des exploitants (Metropolitan Edison) ou du constructeur Babcock & Wilcox, tandis que les autorités qui se veulent rassurantes émettent des informations contradictoires, auxquelles s'ajoutent les avis de laboratoires ou scientifiques indépendants, toutes informations relayées, amplifiées, mais parfois aussi déformées par les médias, provoquant ou attisant la panique parmi les autorités de l'État de Pennsylvanie et la population. Après avoir acquis la conviction qu'il n'y a pas de risque immédiat d'explosion, décision est prise de réduire progressivement la taille de la bulle par dissolution des gaz dans l'eau primaire et en les évacuant par un évent au sommet du pressuriseur.

Alors que la question de l'explosion de la bulle d'hydrogène dans la cuve divise les experts, un autre sujet d'inquiétude provient des effluents radioactifs, car il y avait en dehors de l'enceinte une importante quantité d'eau et de gaz radioactifs stockés dans des réservoirs situés dans les bâtiments auxiliaires. Le vendredi 30 mars, l'exploitant a décidé de rejeter une partie de la radioactivité à la cheminée pour libérer des réservoirs de stockage. Du fait de ces rejets, le gouverneur a été amené, sur une suggestion de la NRC, à recommander à la télévision l'évacuation des femmes enceintes et des enfants dans un rayon de 8 km autour de la centrale.

Fin avril, l'accident est proprement terminé. Les conséquences radiologiques sont faibles : les rejets à l'extérieur sont estimés à 13 millions de curies de xénon et une dizaine de curies d'iode : d'après les spécialistes, un individu théorique séjournant en permanence à la limite du site, dans la direction du vent, aurait reçu une dose maximale de 100 mrem (1 mSv), équivalent à la dose annuelle d'irradiation naturelle. Des irradiations plus importantes ont affecté le personnel de conduite

---

[2] Cf. Pharabod, J.-P., Schapira, J.-P., *Les jeux de l'atome et du hasard*, Paris, Calmann-Lévy, 1988, p. 107-114.

(30 à 40 mSv) au cours d'opérations concertées de prise d'échantillons d'eau primaire.[3]

12.1.3. Les conséquences de l'accident

Si les conséquences radiologiques sont limitées, les dégâts au niveau du cœur dépassent toutes les estimations. Alors qu'en 1979 les spécialistes de sûreté français, comme les experts américains, estiment que les conséquences sur le cœur sont limitées, que tout au plus quelques gaines ont fondu mais non l'uranium lui-même ; alors que quelques semaines après l'accident on pense encore pouvoir faire redémarrer le réacteur après avoir décontaminé la radioactivité et retiré le cœur, ce n'est que six ans plus tard, en 1985, qu'on apprendra l'étendue réelle des dommages sur le cœur du réacteur, en faisant passer une caméra de télévision entre les structures. Les dégâts sont beaucoup plus graves que prévu. Le cœur occupait initialement un volume de 33 m^3 et un vide de 9 m^3 est apparu dans sa partie supérieure. Deux couches de débris se sont formées, dont l'une au fond de la cuve. Les ingénieurs doivent admettre que le cœur a bien fondu lors de l'accident, et même à environ 39 %.

12.2. Les réactions à la suite de l'accident

12.2.1. Aux États-Unis

12.2.1.1. La commission Kemeny

Dans les jours qui suivent l'accident, le président Jimmy Carter instaure une commission chargée d'enquêter sur les événements d'Harrisburg. La commission « Kemeny », du nom de son président, John Kemeny, un expert en ordinateurs, regroupe des personnalités de divers horizons.[4] Le Congrès des États-Unis l'a autorisée à interroger les témoins sous serment. Après cinq mois de travaux au cours desquels elle a entendu entre autres les opérateurs de la centrale, les responsables de la NRC et ceux de la Metropolitan Edison, la Commission remet son

[3] D'après Libmann, J., *Approche et analyse de la sûreté des réacteurs à eau sous pression*, INSTN-CEA, 1986, p. 124. Jacques Libmann a fait toute sa carrière au CEA. Il s'est tourné vers la sûreté en entrant à l'IPSN en 1976.

[4] Le gouverneur de l'Arizona, un employé de Texas Instruments, un juriste, un syndicaliste, un animateur d'association écologique, une habitante de Middletown (commune sur laquelle est située la centrale), quatre professeurs d'université dont un de journalisme, un de sociologie, un de technologie.

rapport[5] au président Carter. Comme l'indique le sous-titre du rapport, *The Need for Change*, sa principale conclusion est que des changements fondamentaux sont nécessaires dans l'exploitation du nucléaire aux États-Unis pour maintenir les risques inhérents à cette énergie en deçà des limites tolérables.

Ce sont les pratiques de l'ensemble de l'industrie nucléaire qui sont rendues responsables de l'accident. La tentation eût été grande d'accuser les seuls opérateurs, en montrant que leur intervention, contrecarrant l'action des automatismes, n'a fait qu'aggraver la situation, comme cela a d'ailleurs été souligné dans toutes les analyses. La Commission montre qu'ils étaient

> insuffisamment formés, victimes d'erreurs de conception de la centrale, et sous-informés par la NRC et B&W (…). La salle de contrôle elle-même était mal conçue : trop grande, trop compliquée, avec certaines informations jugées à tort sans importance affichées derrière les opérateurs, avec tant d'alarmes réparties au hasard qu'au cours de l'accident il n'y eut jamais moins d'une cinquantaine d'alarmes lumineuses en fonctionnement.[6]

Confrontés au problème de savoir à qui attribuer les responsabilités[7] c'est toute la dimension organisationnelle, systémique de l'accident qui apparut aux membres de la commission : comment trancher entre d'une part la nécessaire centralisation de l'organisation liée au respect des consignes par les opérateurs pour les cas prévus par les ingénieurs, et d'autre part la nécessaire liberté de l'opérateur liée aux interactions non prévues entre systèmes auxquelles l'opérateur est seul à pouvoir apporter une solution ?

La commission Kemeny émet, en tout cas, de vives critiques à l'encontre de l'industrie atomique et de la NRC, et un certain nombre de recommandations. Aux exploitants et des constructeurs, la Commission recommande un changement d'attitude vis-à-vis de la sûreté et de la réglementation. Au vu des négligences constatées à TMI (entretien, mauvaises signalisations, absence de retour d'expérience, mauvaise forma-

---

5 Kemeny, John J., « Report of the President's Commission on Three Mile Island (The Need for change : The Legacy of TMI) », Washington DC, US Governement Accounting Office, 30 October 1979.

6 D'après : Pharabod, Schapira, *op. cit.*, p. 116.

7 D'après : Perrow, C., *Normal Accidents, Living with High-Risk Technologies*, New York, Basic Books, 1984, p. 392-395 de l'édition allemande. Après s'être intéressé aux organisations complexes, le sociologue Charles Perrow s'est appuyé en particulier sur l'accident de TMI pour développer le concept d'« accident normal » ou inévitable : les systèmes à hauts risques (centrales et armement nucléaires, grandes installations chimiques, aérospatiale) nécessitent la mise en œuvre de technologies qui créent de nombreuses interactions complexes, qu'on ne peut prévoir ni empêcher et qui conduisent nécessairement à des accidents.

tion, etc.), la Commission propose d'obliger chaque compagnie à disposer d'un service de sûreté chargé d'évaluer les procédures et les consignes, d'établir les programmes d'assurance qualité et de développer des actions visant à l'amélioration continue de la sûreté. Elle recommande également de « revaloriser le critère sûreté par rapport au critère coût ». La NRC est elle aussi sévèrement critiquée : la Commission réclame sa restructuration complète, et notamment le remplacement des cinq commissaires qui se trouvent à sa tête par une seule personne à choisir en dehors de l'effectif actuel. La Commission propose également la création d'un comité supérieur de la sûreté nucléaire rattaché à la présidence, chargé d'examiner l'efficacité de la NRC, et le renforcement de l'ACRS, le groupe consultatif d'experts en sûreté des réacteurs. Parmi les priorités assignées à la NRC, la Commission pointe les questions relatives à la formation des personnels, l'amélioration de la conception des salles de contrôle, la prise en compte des interactions entre systèmes, la surveillance des installations, la prise en compte du retour d'expérience.

Sur les principes de sûreté, le rapport critique la NRC pour s'être concentrée sur le risque des grands accidents de perte de réfrigérant primaire (LOCA) au détriment des petits, bien que ces derniers aient été signalés dès 1974 dans le rapport Rasmussen.

La *Revue Générale Nucléaire* française, dans ses pages d'actualités, relève parmi les conclusions du rapport Kemeny cette remarque fondamentale quant à la psychologie collective des ingénieurs du nucléaire à la veille de l'accident : « la croyance en une sécurité suffisante des centrales nucléaires est devenue une conviction. Cette attitude doit être modifiée. Il faut savoir que la puissance nucléaire est potentiellement dangereuse de par sa nature même et qu'il faut continuellement se demander si les sauvegardes déjà en place suffiront à prévenir des accidents graves. »[8]

C'est donc un profond changement d'attitude qui est exigé de l'industrie nucléaire : moins d'arrogance et plus de questionnement. L'autosatisfaction et une confiance en soi excessive s'avèrent une nouvelle fois comme des éléments majeurs communs à tous les accidents. La commission Kemeny souligne comme une cause profonde de l'accident de TMI les difficultés de la NRC à croire qu'un accident puisse un jour se produire : le sentiment voire la conviction, de l'infaillibilité des équipements s'était développé et ancré à force d'avoir répété que cette technologie était sûre. Si l'on a pu beaucoup s'interroger sur le facteur humain à propos des défaillances des opérateurs, la commission Kemeny estime que le facteur humain sans doute le plus important auquel la NRC et

---

8 Cité in RGN-Actualités, « TMI. Les conclusions du rapport Kemeny », *Revue Générale Nucléaire*, n° 5, septembre-octobre 1979, p. 523.

l'industrie nucléaire ont à faire face est leur disposition d'esprit à l'égard des accidents graves.[9]

12.2.1.2. La commission Rogovin

C'est également ce que conclut la Commission « TMI 2 Lessons Learned Task Force » instaurée par la NRC dans les semaines qui suivent l'accident. La Commission de la NRC remet deux rapports[10] qui éditent des recommandations urgentes et à court terme pour le premier, et des recommandations générales pour la sûreté des réacteurs nucléaires à l'avenir pour le second. La commission dirigée par Mitchell Rogovin critique la NRC pour son manque d'organisation et de coordination entre services ; elle recommande entre autres l'implantation des centrales nucléaires dans des endroits éloignés des populations, la suspension des autorisations de construction et de fonctionnement tant que les réformes profondes concernant la NRC n'auront pas été appliquées. Elle suggère une amélioration notable de l'entraînement et de la qualification des chefs de quart, une prise en compte plus systématique des facteurs humains dans la définition et l'agencement des salles de contrôle-commande, et aussi la création de compagnies de service national qui feraient fonctionner les tranches nucléaires à la place des compagnies d'électricité.

Conséquence immédiate de l'accident, entre la fin avril et la mi-mai, les quatre centrales Babcock & Wilcox en fonctionnement sont arrêtées progressivement afin de former le personnel et installer une instrumentation et des procédures nouvelles. Ces centrales doivent en outre être dotées d'un Senior Licensed Operator supplémentaire possédant un entraînement spécial sur l'accident qui s'est déroulé à TMI.

Alors que les anti et les pro-nucléaires aux États-Unis attendaient avec impatience la réponse de la commission du président Carter sur la question d'un possible moratoire, celle-ci s'est retrouvée partagée à égalité de voix. La résolution sur le moratoire n'est pas prise. « Il s'en est fallu de peu », note la *Revue Générale Nucléaire*. Mais il s'agit d'un moratoire de fait : quelques jours après la parution du rapport Kemeny, la NRC décide de suspendre la délivrance de nouvelles autorisations de centrales nucléaires aux États-Unis.

---

9 D'après Leveson, Nancy G., *Safeware, System Safety and Computers*, New York, Addison Wesley, 1995, p. 54.

10 Ref. NUREG-0578 en juillet 1979 et NUREG-0585 en octobre 1979.

12.2.2. Les réactions en France

L'accident de Three Mile Island provoque peu de réactions du public français, l'accident n'arrive même pas à redonner vie à la contestation nucléaire, sur le déclin après les manifestations violemment réprimées à Creys-Malville en 1977.

12.2.2.1. Premières réactions officielles

La question qui est immédiatement posée en France aux responsables de l'énergie nucléaire est de savoir si un accident semblable est oui ou non possible aussi en France.

La réponse du Premier ministre Raymond Barre dans le journal *Le Monde* du 3 avril 1979 est à l'évidence loin de correspondre à la réalité, qui met l'accent sur des différences de conception entre les réacteurs français et celui de TMI :

> C'est un événement considérable… Il est plus considérable par ses retombées psychologiques que par la réalité technique que nous pouvons observer. Sur cette réalité technique, je ne peux encore rien dire… Si la centrale de Three Mile Island est du même type que les réacteurs construits en France, cette centrale présente des caractéristiques techniques très différentes et le scénario qui s'est déroulé aux États-Unis ne pourrait se présenter de la même façon en France. Nous avons, en effet, des systèmes de sécurité qui prennent en compte de tels accidents techniques et ceci nous met à l'abri de conséquences qui pourraient être considérables.

Le Premier ministre, qui n'entend pas remettre en question son programme électronucléaire, a au moins l'excuse de ne pas être un spécialiste des questions nucléaires. C'est moins vrai de la part du directeur de la centrale de Fessenheim qui déclare le lendemain dans le même journal (*Le Monde*, 4 avril 1979) : « Au vu des renseignements qui me sont parvenus lundi, je puis affirmer que Fessenheim est à l'abri d'un accident comparable à celui de Three Mile Island. »[11]

Les spécialistes de sûreté, dans un entretien au mensuel *La Recherche* quelques mois plus tard, affirment eux qu'un accident semblable à celui de TMI est envisageable en France, si l'on entend par semblable, un accident qui aurait les mêmes conséquences, à savoir des dommages graves pour la centrale, une dégradation importante des combustibles, une forte augmentation de la radioactivité dans le circuit primaire, un

[11] Cités par *La Gazette Nucléaire*, n° 26/27, mai-juin 1979, p. 9.

rejet de radioactivité notable dans l'enceinte et dans le bâtiment auxiliaire, et un rejet faible mais non négligeable dans l'environnement.[12]

12.2.2.2. Le rapport Roche-Cayol, le comité des sages de l'Académie des sciences, la mission d'information du ministère de l'Industrie

Les développements de l'accident de TMI aux États-Unis sont suivis avec grand intérêt dans les milieux nucléaires en France : les États-Unis informent en direct (relevés de mesure par les capteurs de la centrale, comptes rendus des auditions, etc.). Le 1er avril, le gouvernement décide l'envoi d'une mission composée de deux experts, M. Roche, ingénieur au Service central de sûreté des installations nucléaires (SCSIN) et M. Cayol, ingénieur au CEA, afin de recueillir le maximum d'informations sur l'accident auprès de la NRC dans le cadre d'un accord de coopération avec le SCSIN. Leur rapport est rendu public le 27 avril 1979 au cours d'une conférence de presse présidée par M. Kosciusko-Morizet, directeur de la Qualité et de la Sécurité industrielles au ministère de l'Industrie.[13]

Conformément à une demande du président de la République, le rapport est examiné par un comité de hautes personnalités scientifiques composé de six membres de l'Académie des Sciences, dont trois physiciens (Néel, Kastler, Auger) et trois médecins ou biologistes (Jean Bernard, Gautheret, Latarjet). À côté de recommandations techniques, une grande partie du rapport des Académiciens porte sur l'information : les difficultés de communication entre ingénieurs et journalistes et la confusion entraînée dans la population par les multiples sources d'information nécessitent de mettre en place un porte-parole crédible.[14]

C'est également l'avis du ministère de l'Industrie. Celui-ci constitue une mission d'information qui se rend aux États-Unis du 29 avril au 5 mai afin de compléter les renseignements techniques recueillis par la première mission, d'examiner le dispositif mis en œuvre par les autorités américaines à l'occasion de l'accident et enfin d'analyser les conditions dans lesquelles ont été élaborées et diffusées les informations. La mis-

---

[12] Tanguy, P., Cogné, F., « Après l'accident de Three Mile Island : où en est la sûreté nucléaire ? », *La Recherche*, n° 102, juillet-août 1979, p. 799-804. Propos recueillis par Martine Barrère.

[13] Le Service central de sûreté des installations nucléaires a été rattaché en 1978 à cette direction du ministère de l'Industrie. François Koscuisko-Morizet (X 1960, Corps des ponts et chaussées) en est directeur de 1978 à 1982.

[14] Bulletin SN n° 11, septembre-octobre 1979, p. 6.

sion est présidée par Bernard Augustin, conseiller du ministre de l'Industrie.[15]

Dans son rapport[16] remis à André Giraud au début du mois de juin, la mission note en introduction que « jamais depuis la guerre du Vietnam et l'affaire du Watergate les États-Unis n'avaient connu un tel débat national. » Un mois après les événements, l'accident faisait encore la une des médias, témoignant par là même du traumatisme de l'opinion américaine. À propos de ce qui est ressenti comme une véritable humiliation technologique, la mission rapporte la formule employée par les anti comme les pro-nucléaires parlant de l'accident comme d'un « Vietnam pour la technologie américaine ». La presse américaine, qui a selon eux mal supporté d'être très mal renseignée dans les premières heures de l'accident ne ménage personne :

> Ni la Metropolitan Edison accusée d'incompétence en matière de technique et d'information, ni le constructeur de la chaudière nucléaire Babcock et Wilcox, particulièrement muet tout au long de l'accident, ni les compagnies d'électricité en général dont on doute qu'elles soient toutes qualifiées pour exploiter des centrales nucléaires, ni la NRC suspectée d'accorder avec un peu trop de légèreté des licences d'exploitation, ni le colonel Henderson responsable de la Défense civile de l'État de Pennsylvanie.[17]

Le rapport souligne le caractère exceptionnel de l'événement (200 000 personnes environ ont abandonné leur domicile) et sa dimension psychologique (peur spécifique de l'opinion à l'égard de l'atome). La diversité des sources d'information et leur crédibilité, les contradictions entre les nouvelles diffusées, les difficultés de communication entre les spécialistes utilisant un langage trop technique et les journalistes, ont largement contribué, par la confusion créée, à la panique parmi les populations locales et au retentissement national et mondial de la crise.

---

15 Elle comprend, outre les experts de la mission précédente (Roche et Cayol) deux représentants des ministères intéressés (J.M. Fauve, de la Direction générale de l'énergie et des matières premières du ministère de l'Industrie ; le général Marchand de la Direction de la sécurité civile du ministère de l'Intérieur), et six journalistes (Serge Chauvel-Leroux du Figaro, Jean-Loup Demigneux de TF1, Georges Leclere d'Antenne 2, Jean-Marie Pelou pour l'AFP, Michel Saint-Setiers du Dauphiné Libéré, Alain Wieder d'Europe 1).

16 Mission d'étude sur le déroulement de la crise, *L'accident nucléaire de Three Mile Island*, Sofedir, 4 juin 1979. On trouve de larges extraits de ce rapport dans la *Revue Générale Nucléaire* : « TMI : les difficultés de l'information pendant la crise », *RGN*, n° 3, Mai-Juin, 1979, p. 318-320, ou encore dans la Revue de l'Énergie : « L'élaboration et la diffusion de l'information pendant la crise de Three Mile Island », *Revue de l'Énergie*, 1979, p. 536-543.

17 RGN-Actualités, « TMI : les difficultés… », *op. cit.*, p. 318.

Les membres de la mission émettent un certain nombre de propositions pour l'amélioration des dispositions prises en France en cas d'incident sur une centrale nucléaire. Celles-ci consistent pour l'essentiel en une centralisation de l'information, que ce soit au niveau de l'exploitant qui devrait désigner pour chaque centrale un cadre de haut niveau susceptible de jouer un rôle de porte-parole vis-à-vis de la presse, ou au niveau des Pouvoirs publics, qui devraient constituer dès les premières heures d'un accident un état-major « Information de la presse et du public » sous la responsabilité du préfet. Cet état-major comprendrait un représentant préalablement désigné, de l'exploitant, du SCSIN, du SCPRI, de la Protection civile du département. Un responsable de ce « pool » serait chargé des conférences de presse et en cas de crise « toutes les personnes désignées devraient constituer, pour chacun des organismes qu'ils représentent, un passage obligé de toutes les informations techniques, des projets de décision et des dernières appréciations de la situation. »[18] Un certain nombre de moyens matériels devraient être mis sur pied : un centre de renseignements téléphoniques, la diffusion par le ministère d'un dossier à toutes les rédactions comprenant entre autres un glossaire des termes techniques, une notice donnant la signification des unités employées avec des échelles de comparaison, « une liste de personnes notamment du CEA (*a priori* étrangers à EDF et à l'IPSN) habilitées à donner des éclaircissements techniques généraux aux journalistes sur l'énergie nucléaire, la technologie nucléaire, les unités de mesure et d'une façon générale des explications permettant aux journalistes d'apprécier la portée des informations techniques en leur possession. »[19]

Derrière des impératifs d'efficacité de la communication, on ne peut manquer d'être frappé par cette vision de « l'information », préalablement filtrée, et distillée sous la houlette d'un préfet.

Cet état d'esprit est dans la droite ligne de celui du commanditaire du rapport : dans son discours devant l'Académie des Sciences le 15 octobre où il remercie les Académiciens pour leur travail, André Giraud, ministre de l'Industrie, généralise le propos en justifiant la politique du secret, hors contexte de gestion de crise, par les nécessités de l'expertise. Au cours de son exposé consacré aux rapports entre science et industrie, il aborde la question de l'information sur les nouvelles technologies :

> D'une part, elle doit être accessible aux contre-expertises – et dans ce cas elle doit être détaillée –, d'autre part, elle doit parvenir au citoyen sous forme assimilable pour lui – et digne de foi puisqu'elle est alors indirecte. (…)

---

18 *Ibid.*

19 *Ibid.*

> Au niveau des experts et de ceux qui (...) sont appelés à les vérifier, il convient comme il sied dans le travail scientifique d'examiner les problèmes qui se posent dans la sérénité et la rigueur. Comment cela serait-il possible s'ils savent que leur moindre geste peut déclencher une panique ? Il y a là un problème qui ne se limite pas d'ailleurs au cas de l'énergie nucléaire : à vouloir absolument tout publier tout de suite, on provoque la paralysie des organes de réflexion et de décision, et l'on crée des phénomènes d'autocensure des experts, de fuite devant les responsabilités, et de chicane défensive où l'on ne se soucie plus des faits, mais seulement de la rumeur. Dans le cas qui nous préoccupe, il serait fort à craindre que cela nuise gravement à la sécurité. C'est pourquoi il est indispensable d'assurer une zone de calme pour que les experts scientifiques puissent respirer. En complément des mesures prises pour garantir la valeur et les qualités morales des experts, il conviendra que, par des procédures appropriées – vérifications ou autres –, les citoyens puissent être convaincus de la qualité et du sérieux du travail des experts.
>
> Au niveau des citoyens, la multiplication d'informations isolées, qui correspondraient bien souvent à des hypothèses non vérifiées ou à des observations non encore interprétées, ne servirait à rien, si ce n'est à créer souvent la confusion et l'affolement dans les esprits qui ne sont pas préparés pour les analyser. Ce serait ouvrir la porte à toutes les démagogies. Faut-il que je rappelle toutes les erreurs des foules en désarroi, depuis l'exécution des généraux victorieux des îles Arginuses, suivie par celle de leurs accusateurs ? C'est d'une information accessible au plus grand nombre, vérifiée et commentée, que le grand public a besoin. Les Français ne peuvent accepter que l'on cherche à profiter de leurs connaissances forcément incomplètes pour les plonger dans la peur comme dans le danger.[20]

Cette conception d'une information domestiquée, dispensée par quelques porte-parole triés sur le volet en direction d'une opinion publique infantilisée, sera battue en brèche lors de l'accident de Tchernobyl. En revanche, cela restera la doctrine officielle jusqu'à nos jours en ce qui concerne le travail des experts : aucun des documents de travail de l'IPSN ou des Groupes permanents n'est public, afin de permettre aux experts de discuter entre eux le plus librement possible. Les décisions du SCSIN, l'autorité administrative, seront, elles, au cours des vingt ans qui suivront de plus en plus rendues publiques.

12.3. Après l'accident : la philosophie de la sûreté revisitée

12.3.1. La révélation d'un biais conceptuel

L'accident de TMI marque une véritable rupture, LA grande rupture dans l'histoire de la sûreté nucléaire, en France comme dans le monde.

[20] Cité dans le Bulletin SN, n° 11, septembre-octobre 1979, p. 6.

Malgré les dénégations officielles, l'accident de Three Mile Island a surpris tous les spécialistes, qui en viennent sur le moment à s'interroger sur la méthodologie utilisée jusque-là pour garantir la sûreté des installations nucléaires : « On ne peut nier, affirme Pierre Tanguy, qu'Harrisburg remette en cause l'approche de sûreté des réacteurs nucléaires : la séquence accidentelle n'avait pas été prévue, et les dégâts sur le cœur ont dépassé ce qui était considéré antérieurement comme acceptable, en particulier en ce qui concerne la formation d'hydrogène. »[21] Et encore ce jugement est-il émis par Tanguy alors que, comme l'ensemble de la communauté nucléaire, il pense encore que l'on n'a pas atteint une fusion majeure du combustible.

L'accident de Three Mile Island prouve qu'un accident sur une centrale nucléaire est possible et que des accidents graves peuvent provenir de défaillances mineures mais multiples et d'erreurs humaines. Dès 1976, les techniciens du Département de sûreté nucléaire (DSN) du CEA avaient attiré l'attention sur les risques d'accident grave, notamment après la lecture du rapport de Rasmussen de 1974. Il montrait, mais ce n'était pas la partie sur laquelle le rapport insistait le plus, que certains accidents beaucoup plus anodins que l'accident de dimensionnement pouvaient conduire à des accidents graves, c'est-à-dire allant jusqu'à la fusion du cœur. Le rapport évoquait notamment des petites brèches, ce qu'allait confirmer l'exemple de la brèche en phase vapeur du pressuriseur de Three Mile Island. Mais l'ensemble de la communauté nucléaire, concepteurs comme exploitants, restait fidèle à la méthodologie utilisée depuis le début des années 1950 : une liste conventionnelle d'accidents dits de dimensionnement servait à définir les niveaux de protection des installations. C'est l'exemple du célèbre LOCA (Loss Of Coolant Accident) grosse brèche, la rupture de la plus grosse tuyauterie primaire, pour lequel la conception avait défini les moyens d'injection de secours, s'était assurée que l'enceinte de confinement pouvait résister sous la pression de plusieurs bars qui en découle, et où les moyens étaient prévus pour refroidir le cœur. Armés de cette méthode, les ingénieurs du monde entier pensaient qu'ayant protégé l'installation contre les accidents « enveloppe », les plus graves, on était automatiquement protégé contre les accidents moins graves du même genre.

12.3.2. Experts vs exploitants, opinion, autorité ?

L'accident de TMI a été un révélateur, et le choc est rude chez les exploitants : jusque-là, chez EDF comme partout dans le monde, s'était installé le sentiment dominant que le niveau de sûreté atteint était suffisant, à tel point que jusqu'à TMI il était considéré comme « sacrilège »

---

[21] Tanguy, P., « L'accident de Harrisburg… », *op. cit.*, p. 531.

de parler de fusion du cœur. Évoquer un accident allant au-delà des accidents pris en compte dans le dimensionnement était un « sujet tabou ». Mis à part peut-être les experts des organismes de sûreté dont c'est la fonction, entre autres, d'envisager le pire, la plupart des ingénieurs du nucléaire en étaient venus à penser que la fusion du cœur, finalement, était un événement hypothétique dont on n'avait pas à se préoccuper directement.

Lors de journées organisées par la Société française d'énergie nucléaire (SFEN) et la Société française de radioprotection (SFRP), le 10 juin 1981, pour dresser le bilan de la sécurité nucléaire deux après l'accident de TMI, Pierre Tanguy témoigne, devant les principaux intéressés, de ce climat de confiance qui dominait chez certains :

> Il faut, je crois, reconnaître qu'avant TMI certains milieux nucléaires souffraient de ce que j'appellerai le « syndrome du météorite », par opposition au « syndrome chinois » qui sévissait sur l'autre bord. Il se trouve en effet que dans le célèbre rapport Rasmussen, l'évaluation du risque d'accident nucléaire coïncide avec celle du risque entraîné par la chute d'un gros météorite sur une zone habitée. Certains ont cru pouvoir en déduire que : « demander d'améliorer la sûreté des centrales nucléaires était aussi absurde que de doter la ville de San Diego d'un parapluie antiméteorite » ! Même s'il s'agit d'une boutade, elle reflète un état d'esprit : on en fait beaucoup pour la sûreté, peut-être trop, et les moyens disponibles seraient sans doute mieux employés ailleurs. Les exploitants eux-mêmes ne pouvaient manquer d'être influencés peu ou prou par cette attitude, et de juger eux aussi l'accident grave quasi impossible. L'accident de TMI allait faire voler en éclats cette assurance.[22]

Nous avons là l'une des rares expressions publiques d'une dissension au sein de la communauté nucléaire, d'habitude encline à montrer un visage très consensuel dans sa communication en direction de l'extérieur. Il serait abusif de parler de revanche des spécialistes de sûreté contre EDF, car personne dans la communauté nucléaire ne pouvait se réjouir d'un accident, qui s'il confirmait certains points de vue, ne pouvait que nuire à l'image globale du nucléaire. Mais TMI est l'occasion pour les spécialistes de la sûreté, qui ont mené une ferme bataille contre l'exploitant en vue de l'amélioration de la sûreté, de rappeler qu'ils avaient raison de demander qu'on ne se limite pas à l'étude des accidents de dimensionnement et qu'on aille au-delà, en s'appuyant pour cela sur des études probabilistes. Leur activité, à la différence de certaines accusations portées par les industriels, n'est pas un jeu de physiciens de salon, intéressés par des questions intellectuelles déconnectées

---

22 Tanguy, P., « L'impact de Three Mile Island », in SFEN, SFRP, *Les réalités de la sécurité nucléaire après Three Mile Island*, Paris, 1982, p. 7.

des réalités du terrain, mais bien une question fondamentale et concrète : les accidents graves doivent être pris en compte et on doit assurer leur gestion s'ils venaient à se produire.

Les experts avaient raison contre les exploitants, en particulier quant à la nécessité de mener des études et recherches expérimentales sur des scénarios d'accidents par ailleurs hautement improbables. C'est d'ailleurs un champ de l'expertise plus ou moins incompris à la fois des exploitants et des antinucléaires, plaide Cogné : « Les uns se demanderont pourquoi faire de telles dépenses pour des études non directement applicables, les autres diront, avec une logique imparable, que toutes ces études de sûreté doivent (ou auraient dû) être un préalable à toute réalisation. En définitive, l'absence d'accidents graves finit par rassurer tout le monde… et c'est Three Mile Island. »[23]

En fait, explique François Cogné, – et les autorités sont à leur tour visées –, on se trompait de cible : on essayait de convaincre le public, par des expériences « représentatives », qu'il était protégé contre toutes les éventualités en étant protégé contre ce qui était supposé être le pire envisageable. Cette façon de voir présentait l'avantage pour les exploitants de limiter les études, et pour les autorités réglementaires de se couvrir. Et cette volonté de démontrer, particulièrement de mise aux États-Unis, orientait l'ensemble des recherches dans une voie biaisée, en se détournant des vrais phénomènes physiques.[24]

Leur regard axé sur les impératifs de sûreté, détaché de l'impératif immédiat de production ou de réalisation d'un programme (vision distincte de l'exploitant), mais également peu sensible à la pression de l'opinion (à la différence de l'autorité réglementaire) a mis les experts de sûreté en position d'adopter une stratégie qu'ils estiment confirmée par les événements. Par là, les spécialistes de sûreté justifient leur existence en tant que groupe indépendant d'expertise. Mais les remarques des dirigeants de l'IPSN témoignent, a contrario, du fait qu'il ne suffit pas d'avoir raison pour faire que des idées justes rentrent en pratique. Un rapport de force suffisant est indispensable pour que l'exploitant accepte de se soumettre à ces exigences. On ne peut que constater que le Service central et son appui ne disposaient pas avant TMI du poids nécessaire.

La philosophie globale de la sûreté s'est en tout cas révélée efficace : la défense en profondeur, les mesures ultimes de sauvegarde ont protégé les populations contre les conséquences de l'accident. L'enceinte de

[23] Cogné, F., « Les grands programmes expérimentaux de sûreté des installations nucléaires », *Revue Générale Nucléaire*, 1982, n° 4, juillet-août, p. 328.

[24] Entretien avec François Cogné, 14 janvier 1999.

confinement, dont l'existence pouvait être contestée par certains milieux industriels, a effectivement joué son rôle de barrière ultime contre la dispersion de produits radioactifs dans l'atmosphère. Si la radioactivité contenue à l'intérieur du bâtiment réacteur n'avait pas été retenue par l'enceinte, les conséquences auraient sans aucun doute été catastrophiques.[25]

Du côté des promoteurs de l'énergie nucléaire, l'argument de l'efficacité des barrières et de l'enceinte ultime est rapidement utilisé pour montrer que même en cas d'accident les parades avaient été prévues et ont fonctionné. Sur la base de cette analyse, l'assurance revient : l'accident le plus grave, la fusion du cœur, n'a pas entraîné de catastrophe. TMI apporte la preuve de l'innocuité de cette forme d'énergie.

Ceci étant, l'accident de Three Mile Island va avoir des conséquences importantes sur l'approche globale de la sûreté. Les principales évolutions[26] vont concerner l'attention accrue portée à la sûreté en exploitation, la réflexion sur les accidents graves au-delà des accidents de dimensionnement, et la recherche et l'analyse des incidents significatifs susceptibles d'être les précurseurs d'accidents graves.

12.3.3. La sûreté en exploitation

12.3.3.1. L'analyse technique et les actions post-TMI

Comme leurs homologues étrangers, les ingénieurs français vont mener une étude approfondie de l'accident de Three Mile Island, qui conduit à certaines modifications des installations et des conditions d'exploitation.

Dès les premiers jours qui suivent l'accident,[27] la Direction de l'équipement (DE) et le Service de la production thermique (SPT), le service chargé de l'exploitation des réacteurs chez EDF, lancent un groupe de

---

25 Lors de l'accident de TMI, il régnait à l'intérieur du bâtiment réacteur une concentration de radioactivité colossale. 2 400 m^3 d'eau ont recouvert le fond du bâtiment, soit une profondeur de 2 mètres, à 800 000 curies par m^3. Un instrument de mesure en haut du bâtiment a indiqué un débit de dose de 30 000 rad par heure : un être humain recevrait la dose maximale admissible pour une année en moins d'un dixième de seconde, une dose mortelle en une à deux minutes. D'après Pharabod, Schapira, *Les jeux de l'atome...*, p. 105.

26 Cf. Cogné, F., « Évolution de la sûreté nucléaire », *Revue Générale Nucléaire*, 1984, n° 1, janvier-février, p. 18-31.

27 Cf. Fourest, B., Boaretto, Y., Cayol, A., Droulers, Y., Goudal, M., Oury, J.M., « Impact de l'accident de Three Mile Island sur le programme français et sur l'analyse de sûreté », Conférence ANS/ENS sur la sûreté des réacteurs thermiques, Knoxville (USA), 8-11 avril 1980, CEA-IPSN, Rapport DSN n° 367 f. Fourest, Boaretto, Cayol et Droulers représentent l'IPSN, Goudal EDF.

réflexion auquel est associé Framatome, puis l'IPSN, tandis que le ministère de l'Industrie demande à EDF d'examiner quels enseignements de l'accident américain peuvent être tirés pour les réacteurs français. À la mi-mai, EDF rend compte de ses premières conclusions : il convient de porter une attention plus grande aux incidents de fréquence modérée, initiateurs possibles d'accidents et donc d'améliorer la fiabilité des matériels. Il faut également faire porter l'effort sur les réactions de l'opérateur et la possibilité d'établir un diagnostic d'incident fiable en fonction de l'état de la centrale.

Consulté sur le sujet, le Groupe Permanent chargé des réacteurs nucléaires transmet un avis au SCSIN suggérant qu'à l'avenir, l'analyse de sûreté s'attache davantage aux problèmes rencontrés dans l'exploitation des réacteurs. Début août, le SCSIN met en place un groupe de travail sur les « facteurs humains » piloté par Jean Bourgeois, à la retraite depuis 1978 et rappelé à cette occasion par le ministère de l'Industrie.

Résultat de cette extrême mobilisation, EDF présente en août 1979 un programme détaillé de 46 actions se décomposant en 185 sous-actions élémentaires d'étude ou de modification, suivant trois grands axes : les études de système, l'amélioration des matériels, la fiabilisation des actions de l'opérateur. Ce programme colossal, proposé par EDF et accepté par le SCSIN avec des demandes d'analyse complémentaires, va s'étaler sur plus de dix ans.

12.3.3.2. Adopter le point de vue de l'exploitant : le facteur humain

Si jusque-là les ingénieurs avaient concentré leurs efforts sur la sûreté dans la conception et la qualité de la construction, l'une des grandes leçons tirées de l'accident de TMI concerne ce qu'on appellera la « sûreté en exploitation ». Car une centrale, aussi bien conçue et fabriquée qu'elle soit, fonctionne entre les mains d'exploitants, qui n'ont pas la même relation à la machine que les gens des bureaux d'étude ou des usines. Les ingénieurs doivent désormais étudier la sûreté des installations en se mettant à la place des exploitants. L'essentiel des modifications s'oriente vers la conduite des installations et les interfaces homme-machine au niveau des salles de commande.

Ce changement d'optique remet en cause l'ensemble du processus de conception et les relations entre les différentes structures qui contribuent à la réalisation d'un objet technique : le propriétaire de l'usine, les concepteurs système, les constructeurs principaux et leurs sous-traitants. Pendant les dix ans ou plus qui séparent l'initiation de la conception d'une centrale et sa connexion au réseau, ces différentes catégories industrielles ont des perspectives différentes sur les besoins de la conception, les exigences techniques, et les objectifs ; chaque groupe est orienté vers la solution de ses propres sous-problèmes, et jusqu'au dernier moment, très peu sont dirigés vers l'exploitation. Et même peu de ces participants sont au courant des activités humaines de l'exploitation, personne ne s'intéresse à l'opérateur qui fera fonctionner l'installation.[28]

Dans le cas français, la structure interne d'EDF incarne cette division des tâches ainsi que deux approches différentes de l'outil technique : la Direction de l'équipement (DE) est chargée de la conception et de la construction des ouvrages, tandis que l'exploitation est confiée au Service de la production thermique (SPT). Le débat est d'ailleurs permanent entre les hommes de la conception – qui ont tendance à nier le rôle de l'homme et à privilégier l'automatisation des fonctions – et les exploitants, comme le rapporte un ingénieur qui se considère comme un homme de l'exploitation :

> Si vous laissez faire les concepteurs, ils rêvent de la machine parfaite, pure et parfaite, qui va se conduire toute seule. (...) Par exemple, toutes les pompes primaires d'un circuit primaire principal sont faites de la même façon, dans la même usine, avec les mêmes critères de fabrication. Eh bien il n'y en a pas une qui démarre avec le même niveau vibratoire ! Elles se comportent TOUTES différemment ! Et les exploitants le savent, donc ils en tiennent compte dans la conduite. Ils savent que lors d'un démarrage à froid telle pompe va vibrer, puis sitôt qu'on va monter en température et en pression la vibration va se calmer. Par contre celle d'à côté qui est faite pareil qu'elle, elle démarre avec strictement aucun problème ! Et cela, allez l'expliquer à une machine ![29]

Les salles de commande vont subir un certain nombre de modifications, car les lacunes révélées aux États-Unis sont bien présentes en France également. Plusieurs études sont lancées auprès des équipes de conduite. Une étude du comportement des opérateurs sur simulateur révèle en particulier que dans huit cas sur dix, les opérateurs français testés avaient eu la même réaction que ceux de TMI. À la suite de ces études, les informations en salle de commande sont redisposées, les alarmes modifiées afin de permettre une meilleure conduite. Ce travail

---

28 D'après : Brooks, Malcolm J., « Human Factors in Reactor Safety Systems », in Sills, David L., Wolf, C. P., Shelanski, Vivien B. (eds.), *Accident at Three Mile Island : The Human Dimensions*, Westview Press, Boulder, 1982, p. 155-160.

29 Entretien avec Jean Fluchère, 15 février 1999. Sa carrière illustre parfaitement celle d'un homme de l'exploitation. Ingénieur de l'École supérieure d'électricité (1966), il entre à EDF en 1967 et travaille tout d'abord dans les centrales à charbon et à fuel. En 1971, il suit une année de génie atomique à l'Institut national des sciences et techniques nucléaires (INSTN). Il est affecté l'année suivante au démarrage de la centrale nucléaire de Fessenheim. De 1976 à 1982, il démarre le centre de formation des opérateurs nucléaires à Bugey. En 1982 il est nommé directeur-adjoint du site du Bugey, puis directeur de 1988 à 1995.

est mené en étroite liaison avec des ergonomes. Là encore, c'est une révélation pour les ingénieurs qui jusque-là pensaient qu'une salle de commande, « ça allait de soi ».[30] C'est un aspect de la conception auquel les ingénieurs avaient peu réfléchi auparavant, en France comme aux États-Unis.

En temps ordinaire, quand survient un incident, un certain nombre de voyants s'allument. Or sur les 2 000 indications que comporte le tableau de commande d'une tranche nucléaire, il y en a toujours une ou deux qui ne fonctionnent pas, pour telle ou telle raison, ce qui n'est pas grave pour des dispositifs annexes. Mais ce à quoi les ingénieurs n'avaient pas réfléchi, de l'aveu d'un responsable du service électrique d'EDF, c'est qu'en cas d'accident, en l'espace de dix minutes, tout clignote ! C'est ce qu'avait indiqué l'opérateur de TMI lors de son audition : les alarmes s'étaient toutes déclenchées au bout de quelques minutes et il ne savait plus où trouver les informations pertinentes. Cette prise de conscience a représenté une énorme évolution, car l'ergonomie n'était pas bien vue par les ingénieurs qui ne pouvaient s'empêcher de penser que les ergonomes « se mêlaient de ce qui ne les regardait pas », « qu'ils n'allaient pas leur apprendre leur métier », qu'ils « n'y connaissaient rien », etc. Après TMI la collaboration avec les ergonomes est devenue une évidence : il fallait concevoir la salle de commande de telle sorte qu'il y ait une hiérarchisation de l'information et une aide au conducteur.

12.3.3.3. Le concept d'accident de dimensionnement : un piège pour les exploitants

Mis à part ces questions d'interface entre la conception et l'exploitation, questions qui sont communes à de nombreux processus industriels, un aspect propre à la sûreté des installations nucléaires conduisait à désarmer les exploitants : le concept d'accident de dimensionnement.[31]

En effet, du schéma de l'accident de dimensionnement découlait tout le système d'exploitation : les opérateurs étaient dotés de procédures qui répondaient à l'accident de rupture brutale primaire due à une grosse brèche. D'après ce scénario, le problème est simple et ne demande pas beaucoup de mesures : la rupture d'une grosse tuyauterie survient, toute l'eau se vidange, il faut ramener l'eau dans la cuve. Or la grosse rupture

[30] Le paragraphe qui suit s'inspire d'un entretien avec Michel Dürr le 13 octobre 1999. Ancien élève de l'École polytechnique (X 1953), ingénieur Supélec (1961), Michel Dürr a débuté sa carrière sur les réacteurs graphite-gaz de Chinon et Bugey. Après avoir été responsable du service électrique pour les réacteurs à eau sous pression, il fait un bref passage sur le réacteur de Creys-Malville, avant de rejoindre des postes d'état-major. Il sera l'un des grands spécialistes d'EDF pour les débats avec le public.

[31] D'après un entretien avec François Cogné.

risque fort de ne jamais se produire car c'est un accident extrêmement improbable, alors que les petites ruptures sont beaucoup plus probables. Armé contre les gros accidents, l'exploitant ne l'était pas contre les plus petits, qui pouvaient alors dégénérer de façon inattendue, comme ce fut le cas à TMI, où l'opérateur a été confronté à une situation pour laquelle il ne disposait pas des procédures nécessaires, car il ne connaissait pas le scénario de l'incident. De plus, il ne disposait pas de l'instrumentation qui lui aurait permis de connaître l'état physique réel du cœur. Or avec une indication de température et de pression, les opérateurs auraient pu très facilement évaluer l'état du cœur, alors qu'ils ont passé plusieurs heures à essayer de reconstruire l'image physique du système avec de multiples autres indications. La mesure fondamentale de la distance à la saturation (le ΔTsat) – l'écart entre la température de saturation et la température réelle – n'était pas prévue, il n'y avait pas d'indicateur. Et si cette instrumentation n'existait pas à Three Mile Island, ce n'est pas uniquement parce que cela présentait des difficultés de mise au point, mais aussi parce que d'après le schéma de l'accident de dimensionnement, les concepteurs pensaient qu'il n'y en avait pas besoin. La mise au point de l'instrumentation pour connaître l'état physique de l'installation (niveau dans la cuve, pression de saturation, etc.) sera l'un des grands enseignements de TMI en France, pour permettre à l'opérateur de piloter son installation à l'aide de procédures adaptées à la réalité physique de l'installation.

La mesure la plus spectaculaire dans le nouvel agencement des salles de commande est la création d'un pupitre spécifique, le « panneau de sûreté » qui regroupe toutes les informations importantes pour permettre aux équipes chargées de la conduite de visualiser l'état physique du réacteur en cas d'accident. Un projet de simulateur est même lancé tout de suite après l'accident. Les travaux engagés durent plus de dix ans en liaison avec les Études et Recherches de Thomson et débouchent sur l'installation SIPA (Simulateur d'études et de formation en situations postaccidentelles) : le simulateur doit permettre à l'opérateur d'avoir la représentation mentale la plus juste possible de ce qui se passe dans l'installation.

Pour aider les exploitants à établir le bon diagnostic en cas d'accident, un poste d'Ingénieur Sûreté Radioprotection (ISR) est également rajouté au début de l'année 1980. En cas de problème, il établit son propre diagnostic, indépendamment de l'équipe de conduite et peut proposer des mesures correctives.

12.3.3.4. L'importance de la qualité du circuit secondaire

L'accident de TMI avait mis en lumière le mauvais état de l'installation, la défaillance des vannes, soupapes, et ainsi souligné l'importance de toute cette robinetterie dans l'initiation et le déroulement de l'accident.

Un effort d'amélioration de la plomberie nucléaire est engagé sur les centrales EDF à la demande du SCSIN. Cette question apparemment triviale de robinets révèle un autre biais : jusque-là, les experts de sûreté s'étaient rangés à l'explication de l'exploitant selon laquelle seules les vannes du circuit primaire posaient des problèmes de sûreté, les vannes du circuit secondaire mettant uniquement en cause la disponibilité de la centrale. « C'est peut-être une théorie que nous avions acceptée trop facilement », reconnaît le chef de l'IPSN, suivi par son adjoint : « Il est probable que la sûreté du secondaire doit être regardée de plus près, en particulier en ce qui concerne la fiabilité du matériel utilisé. »[32]

L'amélioration de la robinetterie représente un gros effort de la part d'EDF. Outre un grand nombre de vannes par tranche, la politique de standardisation choisie par EDF impose que les modifications soient effectuées sur toutes les tranches du parc, soit plusieurs dizaines d'unités. C'est le revers de la médaille de la standardisation. Au cours des années qui suivent, la mise en œuvre des modifications envisagées par EDF va être une grande source de tension avec les autorités qui en dénonceront régulièrement la lenteur. L'énorme enjeu économique du programme électronucléaire pèse principalement sur EDF mais aussi sur les experts et les autorités qui peuvent hésiter sur le rapport coût/bénéfice de telle ou telle modification, ou sur la date choisie pour les réaliser.

12.3.4. L'étude des accidents graves

Jusqu'à l'accident de TMI, l'étude des accidents graves conduisant à la fusion du cœur, à la traversée de la cuve par le cœur fondu, puis à l'attaque de la dalle du réacteur (le radier) par le magma d'éléments du cœur fondu (le corium) était restée de l'ordre des spéculations théoriques et n'avait pas conduit à prendre des mesures concrètes pour le cas où un accident de ce type surviendrait.

12.3.4.1. Les Plans particuliers d'intervention

L'élaboration des premiers Plans particuliers d'intervention (PPI) en octobre 1979 pour le démarrage de Fessenheim marque un début de prise en compte des accidents graves. Les PPI, rédigés avec le ministère de l'Intérieur, font partie du plan général ORSEC qui fixe les structures et l'organisation des secours en cas de catastrophe afin de limiter l'exposition des populations. Un plan particulier d'intervention est établi pour

32 Tanguy, P., Cogné, F., « Après l'accident de Three Mile Island : où en est la sûreté nucléaire ? », *La Recherche*, n° 102, Juillet-Août 1979, p. 799-804.

chaque site. Il est mis en œuvre par le préfet en coordination avec le Plan d'urgence interne (PUI) de la centrale.

Les PPI prennent en compte un accident plus grave que l'accident de dimensionnement. Les accidents graves ont été classés par l'IPSN en fonction de leurs rejets potentiels (appelés « termes sources ») : S1, S2, S3. Le rejet S3 représente quelques pour mille de l'inventaire du cœur pour les produits de fission volatils, ce qui correspond à un accident dont les rejets seraient effectués à travers un filtre, 24 heures ou plus après le début de l'accident. Les PPI mettent en œuvre les moyens devant permettre de supporter le terme source S3, considérant qu'il est possible, dans un délai de 12 à 24 heures après le début de l'accident, d'évacuer la population dans un rayon de 5 km et de confiner à l'intérieur des habitations la population située entre 5 et 10 km. Le rejet S2 correspond à quelques pour cent des produits radioactifs contenus dans le cœur qui seraient relâchés hors de l'enceinte directement à l'atmosphère, sans filtration, après plus d'un jour. À la suite de TMI, des procédures et des moyens spécifiques (éventage de l'enceinte de confinement à travers des filtres par exemple) seront instaurés pour réduire les rejets de type S2 à des rejets ne dépassant pas S3. Le rejet S1, le plus important, correspond à quelques dizaines de pour cent de la radioactivité du cœur ce qui suppose une rupture de l'enceinte de confinement du réacteur quelques heures seulement après le début de l'accident. Cette situation est considérée comme impossible par les autorités françaises pour les réacteurs à eau pressurisée.

12.3.4.2. De nouvelles procédures de conduite : les procédures ultimes et l'approche par état

À la suite du rapport Rasmussen, le SCSIN avait spécifié à EDF que le dimensionnement des installations devait être tel que la probabilité globale qu'une tranche soit à l'origine de conséquences inacceptables ne devait pas dépasser 10^{-6} par an, et 10^{-7} par famille d'événement. Cela signifiait que l'exploitant devait prendre en compte la perte simultanée de systèmes de secours redondants, hypothèse non retenue dans la conception initiale. Dans ce cadre, les pouvoirs publics avaient demandé à EDF d'étudier des procédures pour faire face à ces situations. Ces travaux aboutissent à la rédaction de procédures dites H, pour « Hors-dimensionnement ».[33]

[33] C'est ainsi que la procédure H1 devait faire face à la perte totale de la source froide, la procédure H2 à la perte totale de l'alimentation en eau des générateurs de vapeur, la procédure H3 à la perte totale des alimentations électriques internes et externes, la procédure H4 à la perte totale à terme des équipements de pompage et d'échange de chaleur en cas d'accident par perte de réfrigérant primaire.

Mais TMI allait soulever une question plus fondamentale propre à la conduite : que faire face à un scénario d'accident inconnu ? Jusqu'à TMI en effet, les procédures que les opérateurs devaient suivre en cas d'incident ou d'accident (procédures dites I et A) étaient basées sur le déroulement d'un scénario imaginé à l'avance, une séquence d'événements successifs, non cumulés. Chaque événement initiateur était associé à une conduite type décrite dans les procédures de conduite I et A. Or ce type de procédures s'était révélé inadapté lors de l'accident de TMI où l'opérateur avait été confronté à un accident hors des séquences préalablement étudiées.

Une solution pouvait consister à multiplier le nombre de scénarios possibles et donc le nombre de procédures de conduite, mais cela rendait le choix de la bonne procédure pratiquement impossible. De plus, cela rendait la conduite ultérieure d'autant plus dépendante du diagnostic initial. C'est pourquoi pour pallier les inconvénients de cette approche « événementielle », EDF et Framatome mettent au point au début des années 1980 une voie radicalement différente, « l'approche par états » (APE). Les procédures ne sont plus élaborées à partir d'un diagnostic effectué à un moment donné d'un scénario, mais à partir de l'état physique du réacteur. Ce nouveau concept part du principe qu'en cas d'accident, il n'y a qu'un nombre limité d'états thermohydrauliques possibles de la chaudière, et qui se traduisent par un certain nombre de grandeurs physiques : il s'agit donc de donner à l'opérateur les moyens d'identifier ces différents états et leur évolution pour pouvoir prendre les mesures nécessaires au refroidissement.

La première procédure à découler de l'approche par états est la procédure d'urgence baptisée « U1 ». L'objectif de cette procédure est d'éviter ou de limiter et retarder l'endommagement du cœur et ses conséquences radiologiques. Une procédure spéciale dite de « Surveillance permanente » permet de détecter les situations pour lesquelles les procédures en cours (I, A ou H) ne seraient plus efficaces. Un diagnostic d'état du réacteur dans le cas de dépassement de certains critères physiques entraîne le basculement dans la procédure d'urgence U1. Si celle-ci échoue, il faut alors se préoccuper des actions à suivre en présence d'un cœur fondu.

Les procédures ultimes destinées à gérer une situation où un accident grave se serait effectivement produit sont étudiées à partir de 1981, à la demande du SCSIN : elles sont destinées à prévenir ou à minimiser les conséquences radiologiques des accidents graves. Or en cas de fusion du cœur, l'essentiel est de se concentrer sur la tenue de l'enceinte. C'est un nouvel objectif de sûreté : il faut s'assurer que l'enceinte puisse réduire les rejets dans l'environnement à un niveau compatible avec les plans d'évacuation externes. Après celui de l'impossibilité de la fusion du cœur, c'est un autre dogme qui est mis en cause, celui de l'intégrité du confinement. Ainsi quatre procédures d'urgence voient le jour pour faire face à la perte de l'étanchéité de l'enceinte de confinement. Rasmussen avait envisagé différentes situations pouvant y conduire : une explosion de vapeur dans le cœur (mode α), un défaut d'étanchéité préexistant entre bâtiments (mode β), une combustion d'hydrogène (mode χ), une surpression (mode δ), et la traversée du radier (mode ε). Des études sont lancées en France pour évaluer leur vraisemblance et leurs conséquences.[34] Ainsi, les modes α et χ, sont jugés peu problématiques en France : aucune mesure concrète sous la forme de procédures n'est prévue pour les opérateurs. En revanche, une procédure U2 explicite la conduite à tenir en cas de défaut d'isolement de l'enceinte de confinement (le mode β). Le mode ε, correspondant à la rupture du radier après sa traversée par le corium, est considéré comme le plus probable, même si les rejets qui s'ensuivraient dans l'environnement sont estimés les plus faibles. Il fait l'objet d'une procédure ultime dite U4 : elle regroupe les dispositions visant à éliminer les voies de relâchement de produits radioactifs par le sol en cas de percement du radier. Enfin, une procédure U5 prévoit la décompression de l'enceinte à travers des filtres pour lutter contre le mode δ, consécutif à la libération progressive d'une très grande quantité de gaz pendant l'érosion du béton du radier par le corium, à laquelle se serait ajoutée la vapeur produite par l'eau utilisée pour ralentir la progression du corium en le refroidissant.

L'accident de TMI pousse donc les divers acteurs de la sûreté nucléaire en France et dans le monde à envisager les conséquences d'un accident grave, jusque-là considéré comme « hypothétique » et non prévu dans le dimensionnement. Le changement conceptuel est d'importance puisqu'on suppose que la prévention a échoué, que l'accident grave est survenu, que le cœur a effectivement fondu, et on s'intéresse aux actions à mener pour limiter ses conséquences. Cette « révolution culturelle » revient à ajouter un quatrième niveau dans la défense en profondeur : en plus de la prévention (fonctionnement normal : niveau 1), la surveillance (régulation, protection : niveau 2), la sauvegarde (incidents et accidents postulés, procédures I, A, H : niveau 3), les procédures ultimes permettent de gérer les accidents graves (le cœur a fondu) après avoir basculé dans la conduite « par états » (niveau 4).

12.3.4.3. Les études de sûreté sur les accidents graves

Parallèlement à la mise au point des procédures ultimes et afin de les valider, les études sûreté se réorientent sur les accidents sévères et les

---

34 Cf. notamment : Tanguy, P., « The French Approach to Nuclear Power Safety », *Nuclear Safety*, vol. 24, n° 5, September-October 1983, p. 589-606.

cœurs sévèrement dégradés afin d'améliorer les connaissances sur leur déroulement, les possibilités de les maîtriser ou de limiter leurs conséquences. Les recherches s'orientent également vers l'étude de séquences accidentelles plus physiques et plus réalistes que celles des accidents hypothétiques : on déplace l'accent mis jusque-là sur la rupture double débattement, au profit de l'étude d'accidents avec des brèches de toutes tailles.

Cette évolution peut être résumée, pour les réacteurs à eau sous pression, par les différentes étapes des études menées sur le réacteur Phébus de l'IPSN.[35] Entre 1979 et 1989, diverses séries d'expériences sont effectuées pour vérifier expérimentalement le comportement mécanique et thermique d'un faisceau de 25 crayons combustibles représentatifs des assemblages d'un réacteur 900 MW soumis à un accident de perte de réfrigérant primaire (APRP ou LOCA).

La première partie du programme baptisé « Phébus LOCA » s'attache à reproduire sur la gaine des crayons combustibles une évolution de la température et de la pression voisine de celle prévue en cas de rupture guillotine de la branche froide du circuit primaire : à partir d'une valeur de 300°C, on étudie la température de la gaine jusqu'à 1 200°C (Phases I et II du programme).

Les expériences se poursuivent à partir de 1984 avec le programme « Phébus CSD » (Cœur sévèrement dégradé) dont l'objectif est d'étudier les phénomènes physiques qui interviennent dans un cœur de réacteur pour des températures supérieures à 1 200°C. Dans un premier temps (phase III), les essais se déroulent entre 1 200 et 1 850°C (température de fusion des gaines). Ils se poursuivent avec la phase IV pour des températures allant jusqu'à 2 800°C (température de fusion de l'oxyde d'uranium).

Tous ces essais sont menés en parallèle avec la mise sur pied de codes de calcul chargés de les interpréter. Le code CATHARE (Code d'analyse thermohydraulique des accidents des réacteurs à eau) développé pour les essais des phases I et II, modélise un accident de perte de réfrigérant primaire avec fonctionnement des systèmes de refroidissement de secours. Le code ICARE développé pour les phases III et IV décrit lui la dégradation d'un cœur pour les accidents graves avec défaillance des systèmes de refroidissement de secours.

À partir de 1986 est étudié le programme « Phébus PF » (Produit de Fission) qui démarrera en 1989 en collaboration avec de nombreuses

[35] En 1983, ce sont près de 400 personnes qui travaillent au sein du Département d'études et de recherches en sécurité (DERS) de l'IPSN, dont les trois quarts sur le site de Cadarache où est située l'installation Phébus.

organisations internationales. Après des expériences à taille réduite permettant d'évaluer individuellement chacun des phénomènes se produisant lors d'une séquence accidentelle, ces connaissances sont intégrées sous forme de modèles physiques dans des codes de calcul d'accidents. Phébus PF se veut une expérience globale visant à vérifier qu'aucun phénomène élémentaire n'a été oublié. Phébus PF est le modèle réduit d'un réacteur 900 MW : il comprend un réacteur d'une puissance de 40 MW, un dispositif d'essai, une portion de circuit simulant le circuit primaire et un réservoir de 10 m^3 représentant l'enceinte de confinement. Phébus PF simule l'enchaînement des processus physico-chimiques dans le circuit primaire qui gouvernent le relâchement des produits de fission qui se trouveraient libérés hors du combustible jusque dans l'enceinte de confinement à la suite de la fusion totale ou partielle du combustible d'un réacteur. Phébus PF apportera de nombreux renseignements sur les accidents de fusion du cœur, parfois surprenants.[36]

12.3.5. Le retour d'expérience

L'analyse des incidents en exploitation est remise à l'ordre du jour de façon pressante après Three Mile Island. Ce n'est certes pas une préoccupation nouvelle pour l'industrie nucléaire, mais force est de constater que les problèmes, identifiés de façon précoce, n'étaient pas toujours suivis d'action. Dans les faits, on considérait qu'un incident sans conséquence n'avait pas d'importance.

L'accident de TMI avait ainsi été précédé d'incidents similaires. Des rapports avaient été rédigés sur ceux-ci, annonçant qu'ils pourraient se reproduire. La preuve avait établi que certaines centrales fonctionnaient avec des défauts d'équipements persistants et non corrigés. Tous ces signes avaient été ignorés ou sous-évalués.[37]

---

[36] Voir Partie V.

[37] À l'instar de l'incident sérieux survenu en 1977 sur la centrale américaine de Davis Besse, également construite par Babcock & Wilcox. Déjà, les systèmes principaux d'alimentation en eau n'avaient pas fonctionné à cause d'une vanne de décharge restée ouverte, et, comme à TMI, l'opérateur avait été conduit à mettre hors service les pompes d'alimentation de secours. Mais à la différence de Davis-Besse qui ne fonctionnait qu'à 9 % de sa puissance nominale, TMI-2 fonctionnait lui à 96 %, et la défaillance de la vanne de décharge fut découverte à Davis-Besse après 22 minutes alors qu'elle ne le sera qu'après plus de deux heures à TMI. Plus d'un an avant l'accident de TMI, un inspecteur de la NRC avait tenté de communiquer ses inquiétudes à sa hiérarchie, à l'exploitant et au constructeur. Finalement il trouva deux commissaires de la NRC qui acceptèrent de l'écouter : le rapport qu'ils envoyèrent à l'équipe de la NRC demandant des réponses aux questions de l'ingénieur fut remis le jour suivant l'accident de TMI. Des documents internes de B&W révélèrent plus tard que la compagnie était au courant des défauts de ses réacteurs.

À la suite de TMI, les préoccupations concernant la sûreté en exploitation se traduisent par la création d'organismes chargés d'assurer une meilleure utilisation de l'expérience d'exploitation des réacteurs nucléaires. Aux États-Unis, les différents exploitants fondent en septembre 1979 un institut, l'INPO (Institute of Nuclear Power Operators) pour mener des actions communes dans ce domaine. La NRC également crée un bureau d'analyse et d'évaluation des données d'exploitation : celui-ci développe un outil informatisé de recherche des défaillances de mode commun et d'interactions complexes entre systèmes qui est enrichi par des données historiques d'exploitation.

En Europe, le comité de sûreté de l'agence pour l'énergie nucléaire de l'OCDE (CSNI) met en place en 1980 un système de notification des incidents (IRS) : chaque année lors de la séance plénière, les responsables des différents pays présentent un rapport sur les incidents survenus dans les installations nucléaires dans leur pays.

En France, EDF renforce les procédures pour la prise en compte du retour d'expérience (REX). Le Service de la production thermique (SPT) crée une structure nationale d'analyse des incidents et se dote d'un fichier informatique des événements, en commun avec la Direction de l'équipement (DE) et la Direction des études et recherches (DER).

À partir de 1979, EDF doit transmettre chaque semestre au SCSIN les bilans des incidents survenus sur ses centrales. Ce bilan est examiné par le Groupe Permanent. L'analyse des incidents et l'évaluation de l'expérience d'exploitation du point de vue de la sûreté doivent permettre de détecter les précurseurs d'accidents plus sévères et définir les mesures correctives adéquates, d'évaluer les points faibles des installations afin d'homogénéiser le niveau de sûreté et ensuite de valider les évaluations probabilistes faites *a priori* sur les systèmes principaux. Enfin le retour d'expérience doit permettre la vérification du bien-fondé des mesures prises conformément à l'analyse des incidents. Le fichier des événements d'EDF est transformé début 1981 en un fichier national ouvert au SCSIN, au DSN de l'IPSN qui analyse de façon permanente les informations fournies par EDF, et aux Directions interdépartementales de l'industrie des régions comportant des centrales nucléaires.

Mais parmi tous les événements qui se produisent nécessairement dans une centrale, il a été nécessaire d'établir une procédure de sélection des événements que l'exploitant doit déclarer aux pouvoirs publics. Dans le cas français, deux groupes d'événements ont été distingués en fonction de leur gravité : les « événements intéressant la sûreté » et les « incidents significatifs ». Les premiers recouvrent tous les incidents qui ont conduit à la défaillance de matériels importants pour la sûreté ou au dépassement de certains seuils fixés pour les paramètres de fonctionnement. Ces événements, qui ne sont pas graves en général, ne font pas l'objet d'une procédure de déclaration particulière, ils sont simplement introduits dans le fichier informatisé. Les événements susceptibles d'être des précurseurs d'accidents graves, qui seuls méritent une analyse détaillée, ont été qualifiés « d'incidents significatifs ». Pour éviter que les interprétations sur l'importance des incidents ne varient d'une centrale à l'autre, le DSN du CEA a proposé un certain nombre de critères, qui ont été officialisés par le SCSIN. Ces « incidents significatifs » doivent être notifiés au SCSIN, dans les 24 heures, par téléphone ou télex. Un rapport détaillé répondant à un plan standard doit être envoyé dans un délai d'un mois.[38] L'analyse doit permettre à EDF de déceler les causes et de définir les mesures correctives éventuelles, et aux pouvoirs publics de juger de leur acceptabilité.

12.4. Bilan de TMI : la rupture ?

L'accident de Three Mile Island marque la grande rupture dans l'histoire de la sûreté nucléaire. Selon une expression attribuée à Pierre Tanguy, on passe d'un nucléaire « triomphant », très technique, où parmi les dirigeants on estime que rien ne peut se passer de grave, à un nucléaire « honteux » : contrairement à ce qui était répété, tout n'était pas prévu, l'accident n'est pas impossible. L'accident, considéré jusqu'ici comme hypothétique, s'est produit, déjouant tous les scénarios imaginés. Même si les conséquences pour l'environnement sont relativement faibles, ce qui prouve la validité de la philosophie globale de la sûreté, beaucoup de certitudes quant au fonctionnement des installations sont tombées. Des sujets tabous jusqu'ici, la fusion du cœur, l'intégrité du confinement en cas d'accident, deviennent sujet d'étude, des mesures sont prises non seulement pour prévenir ces situations, mais pour en limiter les conséquences. Autre conséquence majeure de l'accident de Three Mile Island, les ingénieurs-concepteurs du nucléaire ont découvert avec fracas ce « facteur humain » qu'ils avaient négligé jusque-là : l'homme qui pilote un système technique complexe ne peut plus être considéré comme un simple transistor supplémentaire dans la machine, un mécanisme qu'il s'agit d'adapter, de plier à la machine. Plus même, en se mettant à la place de l'homme chargé de la conduite, c'est une nouvelle vision de la machine et de son fonctionnement que l'on perçoit. En cela, les enseignements tirés de Three Mile Island marquent un net approfondissement de la démarche de sûreté.

---

[38] Après la période de démarrage du réacteur, plus riche en incidents, on compte de l'ordre de 10 incidents significatifs par mois et par tranche.

CHAPITRE 13

Le retour d'expérience à l'épreuve des incidents sérieux

La sûreté du parc nucléaire (1979-1986)

C'est pendant la phase d'exploitation que les principes de conception et de construction sont éprouvés. Ainsi, la période d'exploitation des centrales nucléaires françaises qui suit l'accident de Three Mile, entre 1979 à 1986, doit apporter la preuve de la validité des choix effectués quelque dix ans auparavant pour les centrales qui démarrent. Et l'un des critères de jugement est le retour d'expérience sur les problèmes et incidents qui se produisent au cours du fonctionnement.

Cette période voit tout d'abord se produire l'accident du réacteur graphite-gaz n° 2 de la centrale de Saint-Laurent-des-Eaux, considéré comme l'accident le plus grave qui se soit jamais produit sur une centrale nucléaire française. D'autres incidents vont défrayer la chronique comme l'affaire des « Défauts sous revêtements » découverts sur les plaques des générateurs de vapeur et sur les tubulures de cuve : ceux-ci affectent les 18 tranches PWR du premier contrat pluriannuel au moment de leur démarrage en rafale. D'autres défauts de fabrication toucheront ensuite, là encore de façon générique, les broches de maintien des tubes guides des grappes de commande des tranches, alors en fonctionnement. Le récit de ces incidents permettra d'illustrer le fonctionnement de l'expertise et les réactions des différents acteurs de la sûreté, eu égard aux répercussions pour la sûreté mais aussi aux conséquences économiques des options envisageables pour les solutionner. Enfin, la période post-TMI est marquée en France par un important incident sur le réacteur n° 5 de la centrale du Bugey. Sans conséquences sur l'environnement, celui-ci révélera des carences insoupçonnées de la conception et de l'analyse de la sûreté des réacteurs à eau pressurisée.

13.1. Incident du 13 mars 1980 sur Saint-Laurent A2

Le 13 mars 1980 à 17h40 le réacteur fonctionnant à sa puissance nominale soit 440 MWe, un accroissement brutal de la radioactivité du gaz de refroidissement a entraîné l'arrêt d'urgence du réacteur par l'intermédiaire du système de protection de détection générale de rupture de gaine.

> La libération des produits de fission et de l'uranium contenus dans les éléments combustibles à la suite de la détérioration de la gaine de certains d'entre eux a été la cause de l'augmentation notable de la pollution radioactive du circuit primaire dont le confinement est resté assuré par le caisson jouant le rôle de barrière d'étanchéité. Aucun rejet significatif de radioactivité n'a donc eu lieu sur le site et dans l'environnement.[1]

C'est ainsi que débute l'article du 14e bulletin du ministère de l'Industrie consacré à la sûreté des installations nucléaires relatant l'accident de la tranche n° 2 de la centrale UNGG de Saint-Laurent-des-Eaux. Preuve de l'importance de l'accident, le récit par le Bulletin SN[2] de mars-avril 1980 occupe plus de 80 lignes.[3] L'article décrit les mesures exceptionnelles envisagées par EDF (et acceptées par le SCSIN) pour évaluer les dégâts, et tout d'abord la vérification de l'efficacité des pièges à iode avant la décompression du caisson. Une caméra introduite à l'intérieur a révélé que l'incident résultait d'un défaut de refroidissement local dû à l'obstruction partielle d'environ six canaux par une plaque métallique servant à protéger des dispositifs de mesure de pression.

L'incident a conduit à la fusion totale de deux éléments combustibles (2 x 10 kg d'uranium naturel) et à une fusion importante de la gaine de deux autres éléments.[4] Après approbation par le ministère, EDF procède à partir du 15 avril au retrait de la poubelle qui a récupéré le combustible fondu. Mais auparavant des précautions particulières ont dû être prises

---

1 Bulletin sur la sûreté des installations nucléaires, *SN*, n° 14, mars-avril 1980, p. 3.

2 Le bulletin SN, publié depuis le premier trimestre de 1978, fait le bilan tous les deux mois de la sûreté des installations nucléaires. Il comporte de façon immuable une première partie traitant des « activités réglementaires » par centrale (lettres, décrets, autorisations du ministre de l'Industrie), suivie d'un chapitre sur le « fonctionnement des installations », qui rend compte en particulier des incidents de marche qui ont fait l'objet d'une analyse approfondie, centrale par centrale, par ordre alphabétique. Il présente ensuite en bref l'actualité nucléaire française (réunions des groupes permanents, de diverses commissions, les nominations, etc.) puis internationale (relations entre autorités de sûreté). Un encadré présente également l'activité des inspecteurs des INB au cours de la période couverte par le bulletin (visites d'installations, examens, contrôles des différentes centrales ou usines). Des dossiers spéciaux sont parfois ajoutés, comme par exemple lors de l'accident de TMI. Les articles occupent de cinq à dix lignes en moyenne, chaque page étant divisée en trois colonnes.

3 Mais suivant ce critère, ce n'est pas l'événement le plus marquant de ce numéro 14, puisque près de 130 lignes sont consacrées à l'incident survenu à l'usine de retraitement de combustibles irradiés de la Hague le 15 avril 1980 : un court-circuit a provoqué un incendie qui a détruit, notamment, la salle de contrôle de distribution de l'énergie électrique de l'établissement et a nécessité le déclenchement du plan d'urgence interne (PUI) et l'évacuation du personnel.

4 Bulletin sur la sûreté des installations nucléaires, *Sûreté nucléaire*, n° 19, janvier-février 1981.

étant donné le niveau très élevé de radioactivité régnant sous les échangeurs (10 rems/h au contact et plus de 1 rem/h d'ambiance à hauteur d'homme) : ce n'est qu'après décontamination de la partie basse du caisson pour permettre l'intervention du personnel que l'expertise et la réparation des structures internes ayant provoqué l'incident ont pu être entreprises. Des dispositifs spéciaux ont dû être mis au point, dont un outillage pour travailler à distance. La contamination à l'intérieur du caisson correspond à plusieurs milliers de curies de gaz rares relâchés. Plusieurs kilogrammes de déchets radioactifs seront retirés en février 1981. L'élimination des poussières nécessitera la mise en place d'une filtration spécialement conçue.

Après deux campagnes de filtration et une montée en puissance très progressive et après une modification des filtres dont la conception limitait la puissance atteignable par le réacteur, la centrale peut à nouveau fonctionner à sa puissance nominale en octobre 1983. L'incident aura conduit à l'arrêt de l'installation pendant près de quatre ans.

Un mois jour pour jour avant l'accident de Saint-Laurent A2, c'est la tranche n° 1 (A1) qui avait subi un incident de refroidissement. Une chute de barre automatique avait été provoquée par la détection générale de rupture de gaine (DRGG), mais elle avait été jugée intempestive, c'est pourquoi le réacteur avait été redémarré rapidement pour éviter l'empoisonnement du cœur par effet xénon. Au cours de la montée en puissance du réacteur, il s'était produit une élévation anormale de température qui fut arrêtée par la chute des barres commandée manuellement par les opérateurs. Il n'y eut pas de rejet de produits radioactifs mais des éléments combustibles dans trois canaux du cœur subirent une rupture de gaine. La montée en puissance avait été trop rapide et avec des conditions de soufflage limitées. Après examen par le SCSIN, le redémarrage avait été autorisé, mais de nouvelles ruptures de gaine s'étant produites ; le chef du Service central avait demandé le 21 mars le déchargement des éléments combustibles des canaux ayant pu être affectés par l'incident du 13 février. La puissance thermique devait être limitée à 1 100 MW. Une sécurité basée sur le « gradient de température » devait être mise en place.

Dans le cadre d'un programme de réévaluation systématique de la sûreté des réacteurs les plus anciens mis en œuvre par le SCSIN, les tranches 1 et 2 de la centrale de Saint-Laurent-des-Eaux font l'objet d'un examen par le Groupe permanent réacteurs au cours de deux réunions, le 5 avril et 15 mai 1984, sur la base de propositions formulées par le Département d'analyse de sûreté (DAS) de l'IPSN. Après examen des leçons tirées des incidents, le Groupe permanent recommande qu'EDF mène d'autres actions parmi lesquelles l'établissement de procédures d'urgence liées à la perte totale de l'alimentation électrique d'une tranche et aux inondations (la crue majorée de sécurité). En juillet-août 1984, le Service central conclut que l'exploitation de la centrale de Saint-Laurent peut se poursuivre « sous réserve d'intensifier et mettre en œuvre les différentes actions particulières destinées à améliorer le fonctionnement et la fiabilité de composants importants pour la sûreté et notamment de la fonction de soufflage. »[5]

De nombreux incidents ayant affecté ces moyens de refroidissement des réacteurs de Saint-Laurent au cours de l'année 1984, un nouvel examen est effectué par le DAS de l'IPSN. Le sujet est présenté devant le Groupe Permanent le 9 mai 1985. Ce dernier recommande la poursuite des efforts pour améliorer la fonction de soufflage tout en estimant que l'exploitation peut continuer.[6] Les inquiétudes quant à la sûreté de la centrale ne seront pas totalement dissipées et un réexamen complémentaire de la sûreté de Saint-Laurent est effectué et présenté en juillet 1986 devant le Groupe permanent.[7]

Les dispositifs de sûreté de la centrale seront une nouvelle fois éprouvés le 12 janvier 1987 : la centrale de Saint-Laurent A est en effet victime d'un nouvel incident, dû cette fois à une période de grand froid.[8] Le gel de la Loire provoque une baisse du niveau dans les stations de pompage de l'eau nécessaire au refroidissement de la centrale, conduisant à l'arrêt du réacteur 1 puis du réacteur 2. La situation est aggravée par la perte des alimentations électriques externes de 400 kV du réacteur 2, due à la défaillance de la centrale thermique de Cordemais, elle-même victime du froid. Pendant neuf minutes, le réacteur 1 a perdu les alimentations électriques de ses circuits de refroidissement d'ultime secours, mais le refroidissement est resté assuré par trois turbosoufflantes et deux groupes turboalternateurs d'une centrale auxiliaire. L'incident sera analysé, mais certaines dispositions retenues pour améliorer la sûreté de l'installation n'auront pas l'occasion de démontrer leur efficacité : les deux réacteurs de la centrale seront mis à l'arrêt définitif en 1990 et en 1992, pour des raisons économiques.

---

5 Bulletin SN, « La réévaluation de la sûreté de la centrale nucléaire de Saint-Laurent-des-Eaux A », n° 40, juillet-août 1984, p. 9.

6 IPSN, Rapport d'Activité 1985.

7 IPSN, Rapport d'Activité 1986.

8 Cf. Leblond, André, « 12 janvier 1987… incident à la centrale de Saint-Laurent A », *Contrôle*, n° 110, Avril 1996, p. 63-66.

13.2. Une mauvaise surprise : la découverte des « fissures » ou « défauts sous revêtements »

Dans une moindre mesure que TMI, une mauvaise surprise attend les spécialistes français des chaudières nucléaires avec la découverte de fissures, d'abord dans les plaques tubulaires de générateurs de vapeur puis dans les tubulures de cuve des réacteurs à eau pressurisée, deux énormes pièces particulièrement sensibles pour la sûreté des centrales. La présence de ces défauts, dont certains affectent des installations sur le point de démarrer, met en évidence une faille dans la procédure « d'Assurance de la Qualité ».

13.2.1. Une annonce de la CFDT

Au cours de deux conférences de presse de septembre 1979, la CFDT rendait publique l'existence de fissures dans l'acier des tubulures de sorties des cuves de réacteur et dans la plaque tubulaire des générateurs de vapeur. Ces fissures causées par des défauts de fabrication concerneraient toutes les centrales du programme.[9]

Les premières fissures avaient été découvertes dans le courant de l'année 1978 sur des plaques tubulaires de générateur de vapeur dans les ateliers de Framatome à Chalon-sur-Saône. Les plaques tubulaires sont des pièces massives de 3,5 m de diamètre et 53 cm de hauteur, séparant la partie basse du générateur de vapeur (par laquelle entre et sort l'eau primaire) de la zone supérieure où l'eau secondaire s'échauffe au contact de 3 361 tubes en U parcourus par l'eau primaire. La face inférieure de ces plaques en contact avec l'eau du circuit primaire est revêtue d'un « beurrage » de 7 à 12 mm d'un alliage d'inconel, qui préserve le métal de la corrosion. Les fissures ont été découvertes sous le revêtement d'inconel au cours de la fabrication d'une des dernières tranches du programme PWR 900 (la 21e).

Le même procédé de revêtement, mais en inox, est utilisé sur les cuves de réacteur. C'est au cours d'un contrôle au printemps 1979 dans les ateliers de Framatome que des fissures ont également été décelées sur les tubulures d'une cuve. Les tubulures sont des pièces assurant la liaison entre la cuve du réacteur et les tuyauteries des trois boucles primaires. Il y a deux tubulures par boucle, l'une pour l'arrivée de l'eau froide dans le réacteur et l'autre pour la sortie de l'eau chaude. Les tubulures par lesquelles sort l'eau chaude sont soumises à des cyclages

---

9 Nous nous appuyons ici sur le texte présenté en Annexes du n° 29 de *La Gazette Nucléaire*, organe du Groupement de Scientifiques pour l'Information sur l'Énergie Nucléaire, en septembre 1979, qui livre à ses lecteurs une part importante des dossiers de presse qu'a diffusés la CFDT au cours des conférences de presse.

thermiques très importants, les températures pouvant varier de 100° à l'arrêt à 350°C en fonctionnement.

Le dépôt du revêtement se fait par soudage en un certain nombre de couches successives pour atteindre l'épaisseur voulue. Comme toute opération de soudure, le dépôt de métal porté à fusion induit des contraintes thermiques importantes dans le métal, qu'on limite par une montée progressive en température de la plaque avant l'opération de beurrage : c'est l'opération de préchauffage durant laquelle la pièce est maintenue en température (200° environ) et le revêtement est déposé. L'opération terminée, il est nécessaire de baisser très progressivement la température de la plaque. Il est procédé ensuite à un post-chauffage, ou détensionnement, qui consiste à placer le générateur de vapeur dans un four, à une température d'environ 600°C de façon à homogénéiser la structure et à réduire les tensions internes. Après dépôt de la première couche de métal, des abrasions de surface et des contrôles sont effectués à l'aide d'un dispositif à ultra-sons.

Tandis que la première passe de revêtement a toujours fait l'objet d'un préchauffage et d'un post-chauffage, les couches suivantes ne faisaient pas l'objet de telles précautions, jugées superflues[10] pour les plaques comme pour les tubulures. Cet « allégement » du procédé s'expliquerait par des impératifs de planning et certainement aussi par des motifs économiques, qui peuvent être également à l'origine de l'apparition des fissures pour les plaques tubulaires. En effet, la fissuration a surtout été rencontrée sur les plaques revêtues côté « tête » du lingot d'acier dont elles étaient issues. Or cette partie du lingot de coulée comporte de nombreuses impuretés et défauts divers. Dans chaque lingot sont découpées trois à quatre plaques. Les lingots auraient été insuffisamment chutés, et des zones comportant une plus grande quantité de défauts auraient ainsi été recouvertes.

À la suite de ces découvertes, toutes les plaques tubulaires qui étaient en usine ont été testées et réparées : chacune comportait entre 30 et 200 défauts, dont la longueur variait jusqu'à 15 et 20 mm de long pour 6 à 8 mm de profondeur.

13.2.2. L'enjeu pour la sûreté

Il serait vain de chercher dans les publications officielles une explication de l'enjeu de ces fissures pour la sûreté. *La Gazette Nucléaire*, reprenant les éléments de la CFDT, explique, elle, que l'existence de ces fissures fragilise une partie essentielle du réacteur nucléaire et que par ailleurs « la rupture des tubulures de cuve comme la rupture des plaques

---

[10] *Bulletin SN*, n° 11, septembre-octobre 1979, p. 11.

tubulaires des générateurs de vapeur constituent des accidents non pris en compte dans la construction du réacteur nucléaire et dans l'élaboration des parades de sûreté car ces accidents sont considérés comme impossibles. »[11] Pour le Groupement de Scientifiques pour l'Information sur l'Énergie Nucléaire, la question est d'autant plus sérieuse que les autorités françaises chargées de la sûreté ont accepté ces arguments « en raison des assurances données par Framatome et EDF sur le niveau élevé de qualité, tant de conception que de réalisation de ces pièces, qui devait exclure tout risque de fissure ou de défaut pouvant conduire à leur rupture. »[12]

Le GSIEN, après la CFDT, essaie d'envisager les conséquences ultimes d'une rupture, conséquences qui n'ont pas été évaluées par les études de sûreté puisque ce type d'accident est considéré comme impossible :

> La rupture d'une tubulure de cuve peut être assimilée – au minimum – à la rupture de la soudure entre la tubulure et la tuyauterie primaire, qui est prise en compte aujourd'hui dans l'étude de sûreté de l'installation et justifie l'existence du refroidissement de secours. Mais on ne peut exclure un élargissement de la brèche au niveau de la cuve ainsi que des réactions mécaniques qui induisent d'autres ruptures sur le circuit primaire : ces deux situations rendraient inefficaces les systèmes de refroidissement de secours du cœur et pourraient conduire à la fusion de celui-ci. La rupture ou même une fuite importante sur les plaques tubulaires des générateurs de vapeur auraient pour conséquence la projection de l'eau du circuit primaire (radioactive) dans l'atmosphère extérieure. À l'heure actuelle, seule est prise en compte la rupture d'un tube de générateur de vapeur (sur les 1 300). Cet accident est classé dans la catégorie des accidents les moins probables et aux conséquences radiologiques les plus élevées (...).[13]

Après ces hypothèses pessimistes, l'auteur met en évidence les incertitudes scientifiques à propos des phénomènes de fissuration pouvant conduire à la rupture de ces pièces et à des accidents très graves. Selon lui, à partir du moment où il y a des fissures dans la pièce de métal, la rupture ne peut être exclue, elle doit avoir une certaine probabilité qui doit être prise en compte dans les calculs de sûreté pour que le cas échéant l'on mette au point des parades.

---

11 *La Gazette Nucléaire*, n° 29, Septembre 1979, p. 5.

12 *Ibid.*, p. 7.

13 *Ibid.*, p. 7.

13.2.3. Le récit de l'affaire par le Bulletin SN du ministère de l'Industrie

Il faut attendre le supplément du Bulletin n° 11 du Service central de sûreté des installations nucléaires couvrant les mois de septembre-octobre 1979 pour voir traité le problème des fissures.

On pourrait s'étonner que le Service chargé de la sûreté des installations nucléaires au ministère de l'Industrie, qui publie un bimestriel sur les problèmes rencontrés par les installations, n'informe ses lecteurs qu'aussi tardivement d'un problème découvert plus d'un an et demi auparavant. En fait, le SCSIN n'a été averti officiellement du problème qu'en août 1979. Jusque-là, c'est le Bureau de Contrôle de la Construction Nucléaire (BCCN) qui gère l'affaire. En effet, en application du décret modifié du 2 avril 1926 portant règlement sur les appareils à pression de vapeur et de l'arrêté du 26 février 1974 relatif au circuit primaire principal des chaudières nucléaires à eau, c'est la Direction interdépartementale de l'industrie de Bourgogne-Franche-Comté (dont dépend le BCCN) qui examine la conception et la réalisation de la chaudière. Celle-ci est ensuite suivie en fonctionnement par la Direction interdépartementale (DII) territorialement compétente. Les conclusions de l'analyse menée par le BCCN sont soumises pour avis à un groupe d'experts, la Section permanente nucléaire (SPN) de la Commission centrale des appareils à pression (CCAP). Au vu de cette instruction, le ministre de l'Industrie prend une décision assortie des prescriptions jugées nécessaires. Un procès-verbal d'épreuve finale du circuit primaire est délivré au constructeur de la chaudière.

Officiellement donc, le SCSIN n'a été prévenu par le BCCN qu'en août 1979. C'est ce que déclare Marcel Boiteux, président d'EDF, devant le Conseil de l'information sur l'énergie électronucléaire,[14] en sa séance du 6 novembre 1979. Ce conseil, présidé par Simone Veil, s'était étonné dans sa séance précédente de ne pas avoir été informé de l'affaire des fissures et avait adressé une lettre de protestation au Premier ministre à

[14] Le Conseil de l'information sur l'énergie électronucléaire a été placé (Décret n° 77-1233) auprès du Premier ministre pour veiller à ce que le public ait accès à l'information sur les questions relatives à l'énergie électronucléaire dans les domaines technique, sanitaire, écologique, économique et financier. Il donne son avis au Gouvernement sur les conditions d'accès du public à l'information et lui propose les formes et les modalités de la diffusion de l'information. La présidence en a été confiée à Simone Veil. Il comprend 18 membres nommés en février 1978 : quatre maires de communes concernées par l'implantation de centrales nucléaires, six représentants d'associations pour la protection de la nature et de l'environnement, quatre membres des Académies scientifiques, quatre personnalités qualifiées dans le domaine de l'énergie, de l'économie et des techniques de communication. Le Conseil publiera deux rapports annuels, en 1979 et 1980.

ce sujet. Le Conseil entend ainsi un exposé de Marcel Boiteux sur l'affaire des fissures.[15]

Le président d'EDF s'attache à rappeler la chronologie des événements pour montrer que l'évaluation de la gravité du problème qui a été faite à chaque étape de l'affaire par les services d'EDF ne justifiait pas que l'entreprise en informe le public.

En février 1978, les appareils de contrôle ne repèrent que quelques indications isolées sur une plaque tubulaire dans le beurrage : un défaut est détecté et l'expertise « ne fournit rien de significatif » selon M. Boiteux. En mai 1978, sur une autre plaque, on découvre un grand nombre de fissures. Rebutée, la plaque est analysée pendant trois mois : on conclut à une fissuration à froid. Le BCCN de Dijon est tenu informé par Framatome. On modifie alors le procédé de dépôt de la deuxième couche en réchauffant également le métal pour que cette deuxième couche soit elle aussi déposée à chaud. La mise au point de nouvelles méthodes de contrôle des plaques permet d'examiner systématiquement les plaques encore en usine. On constate ainsi en octobre 1978 que d'autres plaques présentent des défauts du même genre. Il n'est plus possible de conclure à un défaut isolé : le phénomène présente un caractère générique. EDF en informe fin octobre le BCCN de Dijon. L'expertise systématique révèle alors que les plaques posant problème sont celles qui sont revêtues du côté de la tête du lingot. Les expertises menées sur l'évolution des fissures, avec les hypothèses les plus pessimistes, ne font pas apparaître de problème.

En décembre 1978, des fentes sans dimension mais d'une certaine longueur sont découvertes sur une tubulure de cuve. L'expertise conclut en février 1979 au phénomène de fissuration à froid. Cela ne suscite aucune inquiétude car on attribue ce phénomène à un changement de méthode de fabrication effectué par Creusot-Loire. De plus, les calculs sur l'évolution des défauts sont rassurants, et les défauts n'affectent pas la partie la plus critique, le « nez » de la tubulure. Fin juillet 1979, les examens engagés en mars sur toutes les cuves révèlent des défauts de surface sur une cuve en cours de montage : ce n'est donc pas le changement de procédé de fabrication qui est en cause. Par ailleurs, des défauts sont détectés plus près du nez de la tubulure. L'état-major d'EDF est alors informé car on cesse d'être en présence d'un incident de routine. Le 10 août, le service de contrôle d'EDF présente la situation au BCCN qui décide d'en informer le SCSIN. L'analyse menée avec des calculs présentant d'énormes marges de sécurité conduit à penser qu'il n'y a aucun danger pour le public. En conclusion de son intervention,

[15] 2e rapport annuel du Conseil de l'information sur l'énergie électronucléaire, Annexe 3, Paris, La Documentation Française, 1980.

M. Boiteux affirme que « finalement, il n'y a pas eu pendant ces dix-huit mois un événement majeur justifiant un communiqué, mais une séquence d'incidents de routine débouchant pendant l'été sur un problème méritant attention. »[16]

Le Bulletin *SN* n° 11 couvrant les mois de septembre-octobre 1979 consacre un supplément de quatre pages aux défauts sous revêtement. Le dossier n'évoque pas les conséquences potentielles de cette fissuration. Il apporte des explications techniques sur le phénomène de fissuration à froid, les causes d'apparition des fissures, l'évaluation de leur nocivité par la mécanique de la rupture (en fonction d'un indicateur, le temps déterminé par le calcul au bout duquel le défaut perce le revêtement inoxydable), les techniques de contrôle et de réparation.[17] En octobre 1979, le Bulletin estime que grâce aux réparations effectuées en usine la population des défauts est statistiquement bien connue. Les calculs ont porté sur des défauts-types de taille supérieure au plus grand des défauts jamais rencontrés dans la pièce. Pour « pessimiser » encore les hypothèses, outre la majoration systématique des sollicitations auxquelles peut être soumise la pièce, une loi empirique pessimiste par rapport aux résultats expérimentaux a été choisie, « permettant d'apporter la certitude que l'évolution réelle sera plus lente que celle décrite par le calcul. » Après avoir mené des calculs à l'aide d'une loi « représentative » qui concluaient à l'innocuité des défauts rencontrés pour la durée de vie des centrales, Framatome, en liaison avec le BCCN, a décidé de poursuivre les calculs avec une loi dite « loi sûre », « apportant une garantie absolue de pessimisme ». Les résultats de ces calculs montrent que : « 1. Le défaut-type, majorant des défauts existants, n'évolue pas de façon significative au cours de la durée de vie d'une centrale, dans la plupart des zones concernées par le phénomène de fissuration. 2. Dans certaines zones, cependant, le calcul montre une évolution non négligeable. » Pour les plaques, un défaut de 15 mm de profondeur en zone centrale traverserait le revêtement entre huit et dix ans. Il faudrait entre six et huit ans pour que les fissures en périphérie traversent le revêtement. « Il s'agit là de temps minimaux, précise le Bulletin, pour les défauts majorants placés dans les positions les plus pénalisantes. » Pour les tubulures, le défaut le plus pénalisant percerait la cuve au bout de six à huit ans.

---

16 *Ibid.*, p. 39.

17 Bulletin SN, n° 11, septembre-octobre 1979. Supplément : « La fissuration sous revêtement des plaques tubulaires de générateur de vapeur et des tubulures de cuve des chaudières nucléaires à eau. »

Un an plus tard, le supplément au n° 17 du Bulletin *SN* d'octobre-novembre 1980 est plus précis sur les conséquences potentielles. Dans un petit encadré, on relativise le risque global :

> Parler de percement est un moyen commode de quantifier la vitesse d'évolution d'un défaut. Mais il convient de garder à l'esprit qu'un tel percement, s'il pouvait se produire, ne constituerait aucun risque pour la tenue de l'appareil. On se situe en effet à ce stade encore très éloigné de ce que l'on appelle la taille « critique » d'un défaut, susceptible de conduire à une rupture brutale. Or les calculs montrent que, si l'on n'intervenait pas, il faudrait encore plusieurs dizaines d'années d'évolution pour qu'un défaut traversant le revêtement atteigne la taille critique.[18]

Les articles du bulletin SN concluent inlassablement à l'innocuité des fissures, même quand celle-ci semble remise en cause par la découverte de nouveaux problèmes dans les numéros suivants qui font état de l'avancement des travaux. L'absence de risque est toujours réaffirmée, comme est réaffirmé le fait que la durée de vie des centrales n'est pas remise en cause. La lecture des différents numéros de la revue SN traitant du problème des fissures[19] montre pourtant qu'au fur et à mesure de l'approfondissement des études, on va de découverte en découverte. Pour le ministère dont dépend le SCSIN, l'enjeu de ces défauts est de taille : c'est l'ensemble du programme électronucléaire qui risque d'être perturbé s'il s'avère que ces défauts sont importants. Car il s'agit, même si on ne le détecte pas tout de suite, d'un problème générique : toutes les cuves installées ou en fabrication sont en cause.

Dans une conférence de presse fin septembre 1979, M. Kosciusko-Morizet, directeur de la qualité et de la sécurité au ministère de l'Industrie, indique que deux possibilités sont offertes pour traiter le problème : soit surseoir à la mise en route des centrales de Tricastin et Gravelines pendant un an afin de procéder aux réparations nécessaires, soit autoriser EDF à faire fonctionner ces centrales et mettre au point dans les cinq ans un appareil permettant de réparer le matériel en cause. Selon Boiteux, les solutions techniques pour réparer ne posent pas de problème. Les calculs économiques basés sur le coût d'immobilisation d'une centrale « montrent à l'évidence » qu'il vaut mieux ne pas attendre pour charger les centrales : « Entre la certitude de perdre 100 millions tout de suite si l'on ne charge pas, et la faible probabilité d'avoir à dépenser 100 millions dans quelques années si on démarre sans réparer, le choix est évident. »[20]

---

18 Bulletin SN, n° 17, octobre-novembre 1980, p. 12.

19 Il s'agit des numéros 11 (septembre-octobre 1979), 17 (octobre-novembre 1980), 21, 22, 23, 24 (de mai à décembre 1981), et 28 (juillet-août 1982).

20 2e rapport annuel du Conseil de l'information sur l'énergie nucléaire, p. 40.

Le constructeur et l'exploitant ayant mis au point « sous le contrôle des autorités de sûreté » un programme d'action sur les méthodes de contrôle et de réparation en prolongement des travaux engagés, celui-ci est examiné par le groupe permanent qui émet un avis favorable pour le chargement des premières tranches CP1 sous réserve de l'avis de la section permanente nucléaire pour ce qui concerne le problème des fissures (13 septembre 1979) ; l'avis favorable de la section permanente de la Commission centrale des appareils à pression est émis le 25 septembre, les décisions d'autorisation du ministre de l'Industrie pour le chargement de Tricastin (1 et 2) et Gravelines (1 et 2), Dampierre 1 sont prises le 1er octobre 1979.

À cette occasion, se ralliant aux arguments de la CFDT quant au risque que présentent ces fissures, le syndicat CGT appelle à s'opposer par la grève au chargement en combustible des premières tranches du palier CP1, rompant pour l'occasion avec son traditionnel soutien au programme électronucléaire français.

Poursuivant un important programme d'études et d'essais visant notamment à caractériser le mode d'apparition des fissures, le SCSIN informe que ces travaux viennent de montrer que certains des plus petits de ces défauts « pourraient ne pas être dus au phénomène de fissuration à froid, mais au phénomène de fissuration au réchauffage déjà rencontré à l'étranger. »[21] Le Bulletin affirme que cette hypothèse ne remet pas en cause les conclusions précédentes relatives à la sûreté des appareils pendant leur durée d'utilisation, mais pourrait impliquer des modifications des procédés de fabrication. Mais nouvelle surprise : « certains de ces petits défauts, sans doute dus aussi à un phénomène de fissuration au réchauffage, se rencontraient sur des viroles de cuves. »[22] Après les plaques tubulaires de générateurs de vapeur, après les tubulures de cuve, ce sont donc les viroles[23] de cuve qui sont affectées. Deux ingénieurs du BCCN confirment l'étonnement des spécialistes à l'époque :

> En ce qui concerne les soudures, (...) les défauts étaient redoutés et il y a toujours eu partout dans le monde des contrôles adaptés de ces soudures tant en fabrication qu'en service. (...) En revanche, personne ne s'attendait à ce que les procédés de revêtement des viroles, dûment testés, produisent des

---

21 Bulletin SN, n° 21, mai-juin 1981, p. 9-12.

22 *Ibid.*

23 La cuve d'un réacteur est constituée de viroles cylindriques forgées puis soudées entre elles. Elle est fermée en partie inférieure par un fond hémisphérique traversé par des pénétrations pour le passage de l'instrumentation du cœur. En partie supérieure, une virole spéciale reçoit les huit tubulures d'entrée et de sortie de l'eau primaire. Cette virole est complétée par une bride épaisse sur laquelle vient s'appuyer le couvercle de la cuve.

défauts sous le revêtement. Dès lors, il n'y avait pas, au début, de contrôle de fabrication adapté après cette opération.[24]

L'apparition de ces défauts sous revêtement au réchauffage fait l'objet d'un encadré d'une pleine page du n° 23 du Bulletin SN de septembre-octobre 1981. La fissuration au réchauffage est qualifiée de « phénomène relativement complexe mais étudié depuis longtemps sur le plan métallurgique, en France comme à l'étranger. » L'apparition de ces défauts, appelés encore « décohésions intergranulaires dues au réchauffage » ou DIDR est également liée au mode de soudage du revêtement inoxydable sur l'acier de base des composants chaudronnés, combiné avec les traitements thermiques de détensionnement que subissent les pièces en fin de fabrication.

Faisant le point sur l'ensemble des travaux menés sur les défauts sous revêtement, le bulletin SN n° 28 (juillet-août 1982) présente la position du SCSIN :

> Compte tenu des résultats présentés par le constructeur et l'exploitant vis-à-vis de l'expertise, de la nocivité et du contrôle des défauts, dus à ces deux phénomènes, des avis des groupes d'experts compétents et de l'instruction menée par ses appuis techniques, le SCSIN a conclu : 1) à la non-remise en cause des décisions prises en 1980, relatives à l'absence de risques, pour la tenue des appareils, liés aux défauts sous revêtement dus au phénomène de fissuration à froid ; 2) que les défauts liés au phénomène de décohésions intergranulaires dues au réchauffage, ne sont pas susceptibles, par leur évolution, de présenter un risque pour la tenue des cuves des chaudières nucléaires pour les vingt premières années d'utilisation prévue et qu'en ce qui concerne les risques d'instabilité de ce type de défaut dans les viroles de cuve, en fin de vie des réacteurs, le constructeur engage une étude complémentaire détaillée visant à préciser les marges des hypothèses prises dans les calculs.[25]

En 1999, la revue *Contrôle*, qui a succédé au Bulletin SN, publie un article du chef du BCCN et de son adjoint qui concluent de façon beaucoup plus prudente que leurs prédécesseurs quant à la durée de vie prévisible des chaudières : « Compte tenu du nombre de mauvaises surprises déjà rencontrées dans ce dossier, il serait bien imprudent de conclure que tout va bien jusqu'à 40 ans »,[26] la durée de vie envisagée pour les centrales. Quelque temps auparavant, on avait en effet découvert une douzaine de défauts significatifs sous le revêtement d'une virole de la

---

24 Schuler, M., Merle, P., « Cuve : de progrès en surprises », *Contrôle*, n° 129, juin 1999, p. 53-57. La revue *Contrôle* prend la suite du Bulletin SN n° 99. Elle démarre au n° 100 en octobre 1994.

25 Bulletin SN, n° 23, septembre-octobre 1981, p. 11.

26 Schuler, M., Merle, P., « Cuve : de progrès en surprises », *op. cit.*, p. 57.

cuve de Tricastin 1. Cette découverte faisait suite à une révision des modèles utilisés pour estimer la fluence, c'est-à-dire le nombre de neutrons reçus par la cuve. Ce nouveau mode de calcul avait conduit à augmenter de 50 % les estimations de ce phénomène qui joue un rôle si important dans le vieillissement des aciers de cuve.

13.2.4. Un problème technique ardu en 1979 et au-delà, sujet de controverses entre experts

Comme le confirme la monographie officielle de Framatome,[27] le problème des « micro-fissures » se situe à l'époque à la limite des connaissances de l'ingénieur. Un gros effort est fourni de la part de Framatome à partir de la découverte, en décembre 1978, des fissures sur les cuves, inaugurant même une « période de doute » dans l'entreprise. Une task-force est mise sur pied pour étudier le phénomène, sous la direction de Bernard Gonnet, qui coordonne l'ensemble des travaux de la société. L'ouvrage rend hommage à André Pélissier Tanon pour son rôle essentiel dans l'étude théorique de nocivité des fissures, ainsi qu'à René Labbens, de Creusot-Loire, présenté comme l'un des meilleurs spécialistes français des mécanismes de propagation des fissures dans les structures métalliques de forte épaisseur. L'enjeu industriel est de taille pour Framatome puisque la découverte des fissures est immédiatement identifiée comme un défaut générique affectant toutes les cuves installées ou en fabrication. Dans les six mois qui suivent, la société dépense 150 millions de francs en études. Les ingénieurs de Framatome vont visiter tous les laboratoires du monde ayant étudié ce type de matériaux afin de trouver une solution à ce problème vital pour l'entreprise et le programme électronucléaire français. Pour Framatome, la période de doute s'achève en 1981 par un colloque international à Paris, vécu par la société comme « un moment extraordinaire », puisque pour la première fois, Framatome, sur la base des connaissances développées sur le sujet, fait « un apport majeur à l'industrie mondiale du nucléaire et se fait reconnaître comme l'un de ses ténors. »[28]

Début 1986, EDF lance un projet « Durée de vie ». Dans ce cadre, des recherches sont poursuivies, d'autres lancées. Un des éléments importants pour la durée de vie des installations est celle de la cuve, qui de par la conception des centrales, ne peut pas être changée. Or celle-ci est soumise aux effets de l'irradiation par les neutrons rapides provenant en particulier des assemblages périphériques du cœur. Le dommage

---

27 Framatome, *Framatome : du bureau d'ingénierie nucléaire au groupe international*, Paris, Albin Michel, 1995.

28 *Ibid.*, p. 81.

d'irradiation[29] de la cuve est cumulatif au cours de la vie de l'installation et se traduit par une fragilisation et un durcissement du matériau. L'élévation de la température de transition, dite RTNDT (Reference Temperature for Nil-Ductility Transition), entre le domaine fragile et le domaine ductile est la donnée fondamentale. En cas de choc thermique sur la cuve à une température inférieure à cette température de transition, une fissure préexistante pourrait s'amorcer dans certaines conditions de contraintes alors qu'en régime ductile, cette fissure resterait stable. Typiquement ces « chocs froids » pourraient survenir dans certains accidents lors de l'injection de sécurité dans le circuit de refroidissement. La question de la valeur limite maximale admissible de cette température fait l'objet d'un débat permanent entre experts. La combinaison des différents paramètres qui influencent la fragilisation des cuves (température ductile-fragile qui croît inexorablement avec le temps d'utilisation de la centrale, RTNDT qui dépend elle-même de paramètres physico-chimiques comme la teneur en certaines impuretés (cuivre et phosphore), présence de défauts d'une taille significative combinée à certains chocs froids), en fait une « source inépuisable de controverses » selon les ingénieurs du BCCN.[30] D'ailleurs, la Section permanente nucléaire (SPN) de la Commission centrale des appareils à pression, le groupe d'experts spécialistes des cuves, n'aura toujours pas pris position sur la question en 1999. Si les débats sont restés confinés entre un petit nombre d'experts, ils furent néanmoins âpres entre spécialistes des aciers.[31]

Si, selon les experts, les conséquences au niveau de la sûreté semblent peu importantes, l'exemple des Défauts Sous Revêtement montre l'ordre de grandeur des conséquences en termes financiers d'un incident à caractère systématique rencontré dans la fabrication. La mise au point de nouvelles procédures de revêtement et les réparations conduisent à des retards dans la mise en service des centrales du palier CP1 de l'ordre de 24 mois x tranches. Le seul surcoût de ces retards est évalué par le Service des études économiques générales d'EDF en janvier 1981 à un total de 2 124 MF. Et ce chiffre considérable n'englobe pas le coût des études faites par le ministère de l'Industrie, par le constructeur ou EDF, ni le coût des réparations et mises au point effectuées par le constructeur.

29 Nous empruntons l'explication technique qui suit à trois ingénieurs d'EDF : Montardy (de), A., Rolland, P., Valibus, L., « Recherche et développement sur la durée de vie des centrales nucléaires », *Revue Générale Nucléaire*, 1988, n° 2, mars-avril, p. 162-165.

30 Schuler et Merle, « Cuves… », *op. cit.*, p. 53.

31 Cf. Novat, J., « Vingt ans de contrôle de la construction nucléaire », *Contrôle*, n° 122, avril 1998, p. 27-29. Jacques Novat a été ingénieur au BCCN pendant cette période.

13.3. Problèmes de qualité des fabrications

13.3.1. Broches de maintien des tubes guides de grappe de contrôle (incidents de 1982)

Trois ans après les Défauts Sous Revêtement, un autre phénomène fait l'objet d'une campagne d'information de la CFDT, qui le juge inquiétant.[32] L'organisation syndicale demande même que tous les réacteurs de la série en fonctionnement, soit 21 tranches, soient arrêtés pour inspection et réparation. Les préoccupations de la CFDT viennent du fait qu'au cours de l'année 1982 la rupture de broches de centrage des tubes guides de grappes de contrôle a été constatée sur quatre tranches. C'est à nouveau la qualité des fabrications qui s'avère insuffisante.[33]

En l'espace de deux ans, toutes les broches des 21 tranches françaises seront remplacées. Ce problème générique lié à un défaut de conception et de fabrication (état de surface) aurait dû être appréhendé par le retour d'expérience car des incidents analogues avaient eu lieu dans les centrales japonaises en 1978 et 1979 et aux États-Unis (fissures Ohi en 1980). Il coûte cher à EDF sur le plan économique en termes de disponibilité, même si toutes les tranches n'ont pas été arrêtées au moment de la découverte du problème à Gravelines 1. Avec l'accord du SCSIN qui n'a pas jugé ce problème à ce point important pour la sûreté qu'il justifie l'arrêt immédiat des tranches, les opérations de remplacement ont pu être effectuées au cours des arrêts annuels programmés. Le bilan est également lourd au point de vue dosimétrique : les opérations de remplacement ont coûté 2 Sv en moyenne par tranche, soit 10 % en moyenne de la dose collective annuelle d'une tranche.[34]

L'affaire rebondit avec la découverte sur Tricastin 4, le 15 mars 1987, puis sur Gravelines 1, le 8 février 1988 d'un corps migrant décelé par le système de détection acoustique puis identifié comme un écrou de broche. À la suite de l'incident de Tricastin 4, des expertises réalisées

---

[32] GSIEN, « En France, bilan des incidents », *La Gazette Nucléaire*, n° 50/51, 1983, p. 20.

[33] L'affaire des broches de maintien des tubes guides de grappes de contrôle apparaît dans les bulletins SN n° 25 (janvier-février 1982), n° 26 (mars-avril 1982), n° 28 (juillet-août 1982). Un récit très vivant de la découverte de la rupture des broches de Fessenheim en mars 1982 et des difficultés techniques qui s'en sont suivi est donné par l'ancien chef de la centrale : Greppo, Jean-François, « Les broches de Fessenheim », in Larroque, D., *Histoire du Service de la Production Thermique d'Électricité de France. Le temps du nucléaire. Tome second. 1973-1992*, Paris, Association pour l'histoire de l'électricité en France, p. 39.

[34] Dollo, R., « Interventions sur les tubes-guides de grappes de contrôle des réacteurs à eau pressurisée (REP 900 MW) », *Radioprotection*, 1985, vol. 20, n° 2, p. 135-149.

sur 46 broches prélevées sur des centrales de 900 MWe révèlent que 25 % de ces broches sont fissurées. La conclusion tirée par le Service central est qu'à court terme la rupture de broches ne pose pas de problèmes de sûreté, mais qu'il est nécessaire de prévoir leur remplacement dans un délai limité.[35]

13.3.2. L'arrêté « qualité » du 10 août 1984

La découverte fortuite des fissures, les défauts rencontrés sur les tubes de guidage des grappes de contrôle posent le problème de la validité des qualifications des procédés de fabrication : l'Assurance Qualité.

D'autres insuffisances dans les procédures de la qualité allaient être mises en évidence au début des années 1980. C'est ainsi qu'on allait détecter des défauts sur des soudures de tuyauteries des lignes principales de vapeur des réacteurs à eau pressurisée (REP), sur certains tronçons dits « protégés » en raison des dispositions particulières censées être prises lors de leur construction et du nombre de contrôles et d'inspections effectués en service. En vertu de ces précautions particulières, la rupture de ces tronçons[36] n'est pas considérée comme plausible et n'est pas prise en compte dans les conditions de fonctionnement. Le programme d'inspection en service a mis en évidence l'existence dans certaines soudures de ces tuyauteries, de défauts technologiques de soudage non conformes aux critères figurant dans les spécifications de fabrication. Des défauts ont été découverts sur onze des dix-neuf tranches qui ont été examinées à cette date.[37]

On apprend le même mois l'anomalie[38] de fabrication du « générateur de vapeur n° 76 », destiné à la deuxième tranche de Chinon B, dont la plaque tubulaire avait été percée par erreur de six alésages supplémentaires. Le BCCN qui l'avait examinée avait alors demandé au constructeur des justifications complémentaires. Les essais et calculs engagés dans ce but avaient alors montré l'existence d'un risque de fissuration par fatigue de deux zones entre alésages.

Malgré ces avertissements, les problèmes de failles dans l'Assurance Qualité n'étaient pas terminés puisqu'EDF devait informer le chef du Service central, par lettre du 27 janvier 1984, d'une anomalie relative à l'absence de réalisation de certains contrôles de fin de fabrication de

---

35 Bulletin SN, « Corrosion sous tension des broches de guides de grappe », n° 61, janvier-février 1988, p. 13-15.

36 Ces tronçons sont délimités d'une part par la vanne d'isolement de vapeur située hors de l'enceinte et d'autre part l'enceinte de confinement elle-même.

37 Bulletin SN, n° 34, juillet-août 1983, p. 9.

38 *Ibid.*

coudes des lignes principales de vapeur des premières tranches du palier 1 300 MWe.[39]

Alors qu'une fissuration débouchante est relevée sur une soudure du circuit d'injection de sécurité de Bugey 3 à l'occasion d'un arrêt programmé, le 11 novembre 1983, les études d'EDF concluent cette fois que l'origine de l'anomalie n'est pas un défaut de fabrication : la corrosion initiatrice de cette fissuration serait due aux conséquences d'un incident de démarrage particulier à Bugey 3. La façon dont l'installation a été conduite est cette fois la cause de la dégradation accélérée d'une pièce de tuyauterie importante pour la sûreté.

À partir de 1979 le Service central commence à piloter des groupes de travail chargés d'élaborer des règles françaises en matière de sûreté. La première Règle fondamentale de Sûreté traitant de la qualité (RFS V.2.a) est publiée le 3 novembre 1981. Elle est remplacée en 1984 par un arrêté « relatif à la qualité de conception, de la construction et de l'exploitation des Installations nucléaires de base », paru au Journal officiel du 22 septembre 1984, accompagné d'une circulaire d'application.

13.3.3. Appel à l'humilité des techniciens

Le soin de conclure sur les problèmes de défauts dans le circuit primaire, que ce soit à la conception, lors de la fabrication ou en exploitation, revient à un ingénieur du BCCN. Ayant joué un rôle moteur dans le retour d'expérience en matière de chaudières, Jacques Novat tire comme bilan de vingt ans de contrôle de la construction nucléaire qu'il faut désormais faire preuve de plus d'humilité :

> Le fait de croire, à l'origine, que le retour d'expérience ne serait pas source de modifications reposait sur une vision un peu utopique de la situation, à savoir : la conception permettrait de prévoir les différentes sollicitations auxquelles le matériel serait soumis ; les qualifications de procédés permettraient de s'assurer qu'il n'y avait, à l'issue de la fabrication, aucun défaut susceptible de devenir nocif en service ; les règles d'exploitation permettraient de garantir que les équipements ne subissaient pas de contraintes supérieures à ce qui était prévu au stade de la conception.[40]

Il constate que les problèmes rencontrés en service ont fait progresser tous les spécialistes, mais des domaines subsistent où règnent toujours beaucoup d'inconnues. C'est pourquoi, malgré l'absence d'incidents sérieux, la plus grande vigilance doit rester de mise.

---

[39] Bulletin SN, n° 37, janvier-février 1984, p. 7.

[40] Novat, J., « Vingt ans de contrôle… », *op. cit.*, p. 27-29.

13.4. L'incident de Bugey 5, 15 avril 1984

> Tranche 5. Le fonctionnement à la puissance nominale a été interrompu le 14 avril, à la suite de la défaillance de l'alimentation d'une des deux voies redondantes du système de contrôle commande de certains actionneurs de la tranche. Cette défaillance a entraîné l'arrêt d'urgence du réacteur et a provoqué la perte momentanée des alimentations externes de la tranche et un début de fuite aux joints de deux des pompes primaires. La tranche a été conduite à l'état d'arrêt à froid pour contrôle de certains matériels. (Bulletin SN, n° 38, mars-avril 1984, p. 3)

Telle est la première annonce de l'incident survenu sur la tranche n° 5 de la centrale PWR de Bugey par le Bulletin du ministère de l'Industrie. Cette annonce, laconique – la citation comporte l'intégralité du texte, 13 lignes – permet difficilement au profane de mesurer l'importance de ce qui sera considéré comme l'un des plus graves événements ayant affecté un réacteur PWR français.

Avant de décrire les causes puis le déroulement de l'incident, il faut préciser que sa gravité est due au fait que la tranche a frôlé la perte totale de ses alimentations électriques de puissance, une situation hors dimensionnement.

L'alimentation en énergie électrique nécessaire à la sûreté des centrales est assurée soit par deux sources externes constituées à partir du réseau national de distribution électrique, soit par deux sources internes constituées chacune d'un groupe électrogène à moteur diesel. En cas de perte des alimentations externes, on procède normalement à « l'îlotage » de la tranche : l'alimentation de ses auxiliaires est alors assurée par le fonctionnement même de la tranche. L'énergie électrique, qu'elle provienne des sources externes ou internes, est distribuée par l'intermédiaire de deux tableaux électriques qui correspondent chacun à une voie : la voie A est la voie « normale », la voie B assure le « secours » en cas de défaillance de la voie A. Ainsi, la défaillance simultanée de l'alimentation électrique des matériels nécessaires à la sûreté de la tranche peut provenir soit de la défaillance simultanée de l'ensemble des sources soit de celle des tableaux électriques.[41]

Le bulletin sur la sûreté des installations nucléaires revient plus longuement (125 lignes) dans son numéro de juillet-août 1984 sur la description de l'incident, les causes tirées d'une première analyse et les actions entreprises.

À la suite d'un défaut sur une carte de régulation, le redresseur qui fournit le courant continu 48 V de la voie A tombe en panne. À partir de

[41] D'après Libmann, J., *Approche et analyse de la sûreté des réacteurs à eau sous pression*, INSTN-CEA, 1986, p. 110.

là, le courant continu de la voie A est fourni uniquement par une batterie qui commence à se décharger. Le bulletin précise que cette situation a duré plusieurs heures pendant lesquelles l'exploitant n'est pas intervenu, pensant que le signal d'alarme provenait d'un défaut d'isolement. L'interprétation de l'opérateur n'est pas mise en cause, en effet « la verrine regroupant six alarmes différentes était déjà allumée et clignotait assez fréquemment depuis plusieurs jours en raison de défauts d'isolement. »[42] En fait, la batterie continuant à se décharger (la tension est tombée de 48 à 30 V), l'arrêt d'urgence survient, 3h40 après le début de l'incident. L'arrêt d'urgence est suivi du déclenchement de la turbine. C'est alors que le réacteur devrait basculer sur la source extérieure, mais le basculement échoue à cause du manque de tension. Pour la même raison, le diesel de la voie A refuse de démarrer. La tranche se trouve alors sans alimentation extérieure : seuls les tableaux de la voie B sont alimentés par le diesel voie B qui a, lui, démarré. À cet instant, il aurait suffi que ce ne soit pas le cas ou que le couplage sur le tableau B ne fonctionne pas pour aboutir à la perte totale des alimentations électriques. Le refroidissement est cependant assuré par thermosiphon et malgré d'autres défaillances dues à la baisse de tension 48 V, l'exploitant réussit finalement à rétablir les alimentations électriques et le refroidissement normal.

Une visite dans le bâtiment réacteur après l'incident met en évidence une fuite le long de l'arbre de deux des trois pompes primaires estimée à 150 litres par heure. Les variations de la pression primaire ont provoqué le déplacement des joints de ces pompes, créant une brèche dans le circuit primaire ; ils se sont remis en place par la suite.

Mais si le Bulletin SN n° 40 consacre un petit dossier à l'incident (125 lignes), à nouveau, rien n'est dit quant aux conséquences potentielles de l'incident, ni sur les difficultés qu'ont pu éprouver les opérateurs. Ceux-ci se sont en effet retrouvés dans une situation non prévue par la conception et ils n'avaient pas de consignes adaptées au problème. La situation réelle s'éclaire nettement à la lecture du grand dossier publié trois ans plus tard dans le Bulletin SN n° 58 de juillet-août 1987, qui tire le bilan de l'incident.[43] Il est vrai qu'entre temps est intervenu l'accident de Tchernobyl qui a mis en lumière les errements dans la communication de l'administration. Par ailleurs, suite à Tchernobyl, l'incident avait été porté à la connaissance du grand public par un article du *Canard Enchaîné* qui s'était emparé de l'événement en titrant : « Le

42 Bulletin SN, n° 40, juillet-août 1984, p. 8.

43 Bulletin SN, « Un exemple de retour d'expérience : leçons tirées de l'incident survenu à Bugey 5 le 14 avril 1984 », *SN*, n° 58, juillet-août 1987, p. 12-13.

jour où une centrale française a failli cramer. »[44] L'article reprenait les principales conclusions d'un rapport confidentiel de l'IPSN ayant analysé l'accident.[45] Étaient cités en particulier les passages suivants, dont le préambule : « Cet incident est pratiquement la répétition d'un incident identique qui avait eu lieu sur la tranche 1 de la centrale de Dampierre le 20 novembre 1980 (...). Malheureusement, l'analyse qui en avait été faite à l'époque et qui montrait le caractère néfaste de certaines dispositions n'avait pas été pris en compte. »[46] Le *Canard Enchaîné* citait aussi cette considération de l'expert sur les conséquences potentielles de l'accident :

> Une défaillance supplémentaire sur cette voie (refus de démarrage du diesel, refus de couplage sur le tableau LHB, etc.) aurait donc conduit à une perte complète des alimentations électriques de puissance, situation hors dimensionnement. Il faut noter que les matériels nécessaires à l'application de la procédure H3 destinée à faire face à cette situation n'étaient pas encore opérationnels sur le site. Même s'ils l'avaient été, comme on le verra dans la suite de l'analyse, l'application de la procédure H3 telle qu'elle est prévue aujourd'hui aurait été difficile, car cette procédure ne prend pas en compte l'indisponibilité du tableau LCA.[47]

Le journaliste indiquait que le rapport citait même quatre autres exemples d'incidents similaires.

En juillet-août 1987 donc, le Bulletin SN, sur plus d'une page et demie se propose de montrer à travers l'exemple de l'incident de Bugey 5 comment les leçons sont tirées en vue d'augmenter la sûreté. L'article permet de mieux comprendre en quoi l'incident a conduit à modifier un certain nombre d'idées, à la fois par la prise en compte à la conception de problèmes insoupçonnés, mais aussi par un changement d'attitude à l'égard du caractère jugé jusque-là hypothétique de certains événements. L'enseignement principal de l'incident est le suivant : « les défaillances par dégradation lente, non prévues à la conception, induisent des modes de fonctionnement aléatoires ainsi que des difficultés d'interprétation des informations d'alarme de la salle de commande. Elles peuvent amener à une situation complexe rendant la conduite de la tranche délicate. »[48] Parmi les conséquences réelles, l'auteur précise que jusqu'à l'incident du 14 avril 1984, « les défaillances de sources étaient limitées à une

---

44 Horeau, Louis-Marie, « Le jour où une centrale française a failli cramer », *Le Canard Enchaîné*, 21 mai 1986.

45 Rapport du Service d'analyse de sûreté des réacteurs, rapport SASR n° 46, 1985.

46 IPSN, Rapport SASR n° 46, cité par Louis-Marie Horeau, « Le jour... », *op. cit.*, p. 12.

47 *Ibid.*

48 *Ibid.*

seule et les procédures existantes ne tenaient pas compte de cas, plus rares il est vrai, de perte de plusieurs sources. Le jour de l'incident, aucune aide n'a pu être fournie aux opérateurs par les procédures existantes. »[49]

En fait, le principal problème qui est ressorti de l'incident est que le contrôle-commande de la voie A a continué de fonctionner, mais avec une source de tension 48 V qui allait en se dégradant, ce qui a entraîné un mode commun de défaillances non décelé jusque-là : des interdépendances complexes entre les différentes sources électriques ont été mises en évidence à la suite de l'incident. Conséquence du mode commun et du fonctionnement en mode dégradé, les moyens d'action normaux depuis la salle de commande ont été rendus aléatoires, et les informations présentes en salle de commande n'ont plus reflété la réalité. En effet, une baisse progressive de la tension affecte de façon variable et non simultanée le comportement des actionneurs et relais : tandis que certains s'ouvrent par baisse de tension, d'autres, pas tous, se ferment alors qu'ils devraient s'ouvrir.

Outre le mode commun, c'est la possibilité de défaillance non franche qui a fait l'objet des mesures correctives les plus importantes : comme l'indique le Bulletin SN : « toutes les analyses de sûreté, qu'elles soient déterministes ou probabilistes, ne prennent en compte que les défaillances complètes des équipements, à l'exclusion des modes de fonctionnement dégradés ou aléatoires. La prise en compte de tels fonctionnements n'est pas possible, en l'état actuel de l'analyse. Tout doit donc être mis en œuvre pour éviter ce mode de défaillance. »[50]

D'autres mesures sont immédiatement exigées qui témoignent du fait que l'importance d'une bonne organisation des alarmes (regroupements, couleurs des voyants, emplacements) n'avait pas été suffisamment analysée après TMI, ou que les modifications n'avaient pas été effectuées avec une diligence suffisante. À ce sujet, le Bulletin exprime une réprimande du Service central à l'égard d'EDF, estimant qu'il « n'est pas admissible qu'un matériel important pour la sûreté cesse de fonctionner (un redresseur à Bugey 5) sans que les agents de conduite en soient informés. » Pour les sources dites « sans coupure » comme celles du redresseur en question, EDF a mis au point des systèmes qui, au cas où un risque de défaillance non franche est détecté, permettent d'isoler la source douteuse de façon délibérée en provoquant une coupure franche. Pour traiter les conséquences d'une perte totale des sources électriques de puissance, des dispositions supplémentaires sont mises en

---

49 *Ibid.*

50 *Ibid.*

œuvre : la réalimentation électrique serait assurée par une tranche îlotée du site ou d'un site voisin ou d'un groupe hydraulique proche, par une turbine à gaz, ou par un groupe diesel de secours d'une autre tranche.

Si les conséquences en termes de santé publique ou même de dégâts matériels sont rigoureusement nulles, les répercussions de l'événement sont cependant telles qu'elles s'appliquent à tous les paliers PWR (900 et 1300) et aux autres filières de réacteurs. L'incident de Bugey 5 poussera EDF à poursuivre et à approfondir la réflexion sur les enseignements de TMI, et à accélérer la mise en œuvre de certains moyens. Comme un petit règlement de compte en passant, le Bulletin du SCSIN rappelle que les éléments de réflexion tirés de l'incident (alarmes, défaillance non franche, interdépendance entre sources électriques) « ne sont pas nouveaux d'ailleurs, mais (...) s'appuient sur des faits bien réels qu'on avait tendance jusque-là à classer dans les événements hypothétiques. »[51]

À une moindre échelle que l'accident de TMI, l'incident de Bugey 5 a mis en évidence une faille dans les raisonnements de sûreté, non seulement du point de vue des concepteurs mais aussi de celui des analystes chargés de vérifier que tout a bien été pris en compte. Le texte du Bulletin conclut sur la mise en évidence de cette faille : « Entre ce qui avait été admis à la conception, c'est-à-dire la défaillance brutale d'un matériel, et ce qui avait été postulé par les analystes de sûreté, c'est-à-dire la perte totale des systèmes redondants, il existait toutes sortes de défaillances, comme la perte partielle et la dégradation lente qui n'avaient pas été analysées. »[52]

L'accident de Three Mile Island et les analyses qui ont suivi ont bouleversé les certitudes établies dans certains milieux nucléaires quant au caractère hypothétique des accidents graves. Les techniciens doivent désormais faire preuve de plus d'humilité, les responsables politiques de moins de condescendance à l'égard des populations. L'analyse technique des incidents montre que la conception et même l'analyse des contrôleurs ne peuvent pas toujours tout prévoir ou déceler. Ceci étant, les incidents dont la plupart sont mineurs, font progresser la sûreté. Et c'est l'un des caractères originaux de l'énergie nucléaire que d'avoir organisé la collecte et l'analyse systématique des incidents pour en tirer les leçons et voir dans quelle mesure ils auraient pu ou non être initiateurs d'accidents plus graves.

---

[51] *Ibid.*

[52] *Ibid.*

CINQUIÈME PARTIE

L'EXPLOITATION DES CENTRALES D'EDF APRÈS TCHERNOBYL : L'AFFIRMATION DU POUVOIR DE L'ADMINISTRATION CHARGÉE DU CONTRÔLE DE LA SÛRETÉ (1986-2002)

CHAPITRE 14

L'accident de Tchernobyl et ses conséquences

À peine la mise en pratique des enseignements tirés de l'accident de TMI est-elle en voie d'achèvement sur les tranches du parc nucléaire français que se produit la catastrophe de Tchernobyl, en avril 1986. Si cet accident apparaît moins susceptible que TMI d'enseignements sur le plan de la sûreté pour les réacteurs à eau pressurisée français étant données les différences de conception avec le réacteur de Tchernobyl, le nombre des victimes et l'étendue des zones affectées par la contamination radioactive vont durablement entacher l'appréhension par l'opinion publique de l'énergie nucléaire.

14.1. L'accident

Au nord de l'Ukraine et proche de la Biélorussie, le site de la centrale est situé sur les bords de la rivière Pripyat non loin d'une ville du même nom, à 14 km de la ville de Tchernobyl, et à un peu plus de 100 km au nord de l'agglomération de Kiev (2 500 000 habitants). La centrale de Tchernobyl comporte quatre réacteurs de 1 000 MWe, un cinquième est en construction.

Ces réacteurs appartiennent à la filière RBMK – à tubes de force, uranium et graphite – développée en Union soviétique depuis les années 1950. Le premier réacteur de cette filière, celui d'Obninsk (6 MWe) a divergé en mai 1954 et a été la première centrale nucléaire au monde à produire de l'électricité. Il a été suivi en 1964 et 1967 par les deux réacteurs de Beloyarsk (100 et 200 MWe). Quatorze RBMK 1 000 MWe sont entrés en service à partir de 1973, quatre à Leningrad, quatre à Kursk, quatre à Tchernobyl et deux à Smolensk. Le premier réacteur de la génération suivante, d'une puissance de 1 500 MWe, a été construit à Ignalinsk et a démarré en mai 1985. À côté des réacteurs RBMK, des réacteurs de la filière VVER semblables aux PWR occidentaux assurent l'autre moitié de la production d'électricité d'origine nucléaire. Les réacteurs de la filière RBMK 1 000 MWe comportent un cœur en graphite de 12 m de diamètre et de 8 m de hauteur (1 700 tonnes), traversé verticalement par 1 681 tubes dits « tubes de force » qui contiennent les éléments combustibles sous forme d'oxyde d'uranium enrichi à 2 % (190 tonnes). 211 barres de contrôle en carbure de bore sont réparties dans d'autres tubes de force. L'eau qui assure le refroidissement parcourt les tubes de force de bas en haut et se vaporise partiellement vers le haut des tubes. La vapeur est séparée du liquide dans des cylindres collecteurs et elle est directement envoyée sur les turbines tandis que l'eau est reprise par des pompes.

Sur le plan de la sûreté, le réacteur est dimensionné pour faire face à un accident de perte de réfrigérant, selon des critères voisins de ceux utilisés pour les réacteurs à eau sous pression occidentaux. En revanche, le cœur n'étant pas composé d'une seule cuve mais de près de 1 700 tubes de forces indépendants, le confinement n'est pas assuré par une enceinte unique mais par plusieurs compartiments étanches, dont chacun doit pouvoir résister à la pression qui serait engendrée par une brèche. Les concepteurs russes étaient particulièrement fiers de ce système et estimaient que l'existence de plus de 1 000 circuits primaires individuels augmentait la sûreté du réacteur et qu'un accident grave par perte de réfrigérant primaire était pratiquement impossible.[1]

Les concepteurs russes étaient cependant conscients de certains inconvénients de leur système liés à ses caractéristiques neutroniques défavorables, qu'il est nécessaire d'expliciter brièvement étant donné leur rôle dans le déroulement de l'accident. L'un des principes de base de la sûreté des réacteurs nucléaires envisagés dès le tout début des travaux sur l'énergie atomique repose sur l'utilisation de phénomènes physiques intrinsèques devant assurer la stabilité de la réaction, que l'on résume par l'exigence d'un coefficient global de puissance devant être négatif. Or les réacteurs RBMK présentent un coefficient de vide positif, d'autant plus positif que les grappes de contrôle sont retirées du cœur. En revanche, le coefficient de température du combustible est lui négatif et sa valeur augmente avec la température ce qui vient contrebalancer le phénomène précédent. La stabilité du cœur est fonction du coefficient global de puissance qui est la somme de ces deux effets. Ce coefficient est négatif pour les puissances élevées mais il s'avère positif pour les puissances inférieures à 700 MW thermiques. C'est pourquoi les ingénieurs russes avaient donné aux opérateurs la consigne de ne pas fonctionner de façon continue au-dessous de 700 MWth[2] et de maintenir

---

1 L'avantage de ce système réside à leurs yeux dans l'absence de cuve sous pression et de générateurs de vapeur qui sont les parties sensibles des PWR. La conception de ces réacteurs permet le renouvellement du combustible de manière continue ce qui confère une grande souplesse du cycle du combustible, et la possibilité de régler le débit de refroidissement canal par canal et de contrôler pour chacun d'eux à la fois l'aspect thermique et l'intégrité des gaines du combustible. D'après Libmann, J., *Éléments de sûreté nucléaire*, les éditions de Physique, Paris, 1996, p. 310.

2 C'est du moins ce qu'ils ont affirmé dans un premier temps, mais il s'avérera que cette contrainte n'était en fait pas formalisée.

l'équivalent de 30 barres de commande insérées dans le cœur en fonctionnement normal. D'autres facteurs contribuaient également à l'instabilité neutronique du réacteur : étant donné sa grande taille, le cœur était sujet à des oscillations de puissance dues à l'effet xénon très difficiles à mesurer et à maîtriser.

L'accident a pour origine un essai de sûreté prévu sur la tranche n° 4 avant son arrêt pour entretien.[3] L'objectif de l'essai est de démontrer la possibilité d'alimentation électrique du système de refroidissement de secours par l'un des turbo-alternateurs en cas de perte des sources externes alimentées par le réseau, avant le démarrage des diesels de secours. Deux essais avaient été effectués précédemment en 1982 et 1984 mais n'avaient pas été concluants. Le nouvel essai devant être effectué dans une plage de puissance de 700 à 1 000 MWth (1/4 de sa puissance nominale), les opérateurs abaissent la puissance du réacteur dans la nuit du 25 avril. À 13h05, la puissance atteint 1 600 MWth, un premier turbo-alternateur est découplé, l'alimentation pour les besoins propres du réacteur est connectée au deuxième turbo-alternateur. À 14h, le système de refroidissement de secours est isolé, suivant en cela un programme d'essai mal conçu par une équipe de spécialistes en électrotechnique peu au fait des problèmes spécifiques de sûreté, et en violation des règles de sûreté. Il est 0h28 le 26 avril quand le basculement du système de régulation automatique de puissance au système manuel s'effectue mal : cela provoque la perte du contrôle automatique et l'effondrement de la puissance à 30 MWth. Pendant une demi-heure l'opérateur va avoir les plus grandes difficultés à faire remonter et à stabiliser la puissance à 200 MWth, ce qu'il parvient à faire en remontant manuellement beaucoup de barres. Si la puissance semble stabilisée à 1h du matin, on se trouve dans une gamme de puissance très inférieure aux 700 MWth prévus et dans laquelle le réacteur est très difficile à contrôler, d'autant plus que moins de trente barres sont insérées dans le cœur. Afin de poursuivre l'essai malgré tout, et alors que les seuils d'alarme de température et de pression sont franchis, les opérateurs bloquent les signaux d'alerte. Il n'y a plus alors que l'équivalent de 6 à 8 barres insérées dans le cœur alors que la réglementation prévoit l'arrêt immédiat du réacteur si la marge est inférieure à 15 barres. À 1h23, l'essai démarre : les vannes d'admission de la vapeur à la turbine sont fermées, sans que le réacteur soit arrêté. Les pompes de circulation alimentées par le groupe

[3] Cf. USSR State Committee on the Utilization of Atomic Energy, « The accident at the Chernobyl's nuclear power plant and its Consequences », *Report presented at the IAEA Experts Meeting*, Vienna, Austria, August 25-29, 1986. On pourra consulter notamment l'ouvrage de Pharabod et Schapira, ou le récit fait par le chef de l'IPSN : Cogné, F., « L'accident de Tchernobyl », *Annales des Mines*, Numéro spécial novembre 1986, p. 15-30.

turbo-alternateur ralentissent, le débit diminue dans le cœur. Ceci entraîne une augmentation rapide de la température de l'eau, qui se vaporise, augmentant la puissance par l'effet de vide. Cette augmentation de puissance accroît à son tour le volume de vapeur, et ainsi de suite.

À 1h23 et 40 secondes, le chef opérateur donne l'ordre d'insertion rapide des barres mais il est trop tard : le mécanisme qui entraîne les barres est trop lent, et en plus, on l'apprendra plus tard, l'insertion des premiers centimètres des barres, au lieu de ralentir l'augmentation de la réactivité l'accroît dans un premier temps. Quand, trois secondes plus tard, les opérateurs décident de laisser chuter les barres par gravité, les tubes de force sont déformés. À 1h23mn et 44 secondes se produit une augmentation très rapide de la réactivité, qui provoque une première explosion pulvérisant le combustible. Des calculs montreront par la suite que la puissance instantanée du réacteur aurait atteint 100 fois sa valeur nominale en quatre secondes. C'est certainement suite à la première explosion que la dalle de 2 000 tonnes située au-dessus du réacteur est soulevée, entraînant la rupture des canaux non encore détruits, de certaines tuyauteries et des barres de contrôle. Une deuxième explosion se produit 2 à 5 secondes plus tard, dont l'origine reste incertaine (seconde excursion de puissance ou déflagration de l'hydrogène par réaction de l'eau avec le zirconium des gaines et des tubes de force mélangé à l'air). Cette deuxième explosion finit de détruire les structures du haut du bâtiment réacteur.[4]

C'est seulement à 5 heures que les pompiers de Tchernobyl et de Prypiat intervenus promptement parviennent à maîtriser les nombreux foyers d'incendie qui se sont déclenchés : 28 d'entre eux mourront dans les jours qui suivent du fait de leur exposition aux radiations (203 sauveteurs très irradiés ont reçu des doses supérieures à 100 rads), s'ajoutant aux décès de deux opérateurs. Afin d'arrêter l'incendie des 1 700 tonnes de graphite et de recouvrir le réacteur, une flotte d'hélicoptères va déverser quelque 5 000 tonnes de matériaux (dolomite, argile, plomb, sable, carbure de bore) entre le 28 avril et le 10 mai. De crainte que le cœur non complètement éteint atteigne les soubassements du réacteur, de l'azote sous pression est envoyé sous le réacteur à partir du 5 mai pour le refroidir, tandis qu'un échangeur de chaleur est installé. À partir du 7 mai, démarre la construction du sarcophage, constitué de 300 000 tonnes de ciment et 600 tonnes d'acier. Elle s'étalera sur sept mois.

---

4 Selon un spécialiste, prenant le contre-pied de ce qui sera affirmé par la suite par les experts occidentaux qui mettront en avant l'impossibilité d'une telle catastrophe sur les réacteurs PWR du fait de l'existence de l'enceinte de confinement, « aucune enceinte de confinement de conception normale n'aurait réssisté à de telles explosions. » Cf. Libmann, J., *op. cit.*, p. 314.

Le rejet de radioactivité a été considérable : la quasi totalité des gaz rares sont allés à l'atmosphère, soit 200 millions de curies (MCi), 50 à 60 % de l'iode 131 (40 à 50 MCi), 20 à 40 % du césium 137 (2 MCi), 3 à 6 % des autres produits de fission, actinides contenus dans le cœur (0,2 MCi).[5] Le tiers de ces rejets s'est produit le premier jour de l'accident. Les 45 000 personnes que compte la ville de Pripyat, distante de 3,5 km de Tchernobyl, ont été évacuées par autobus le 27 à partir de 14h. Les habitants se trouvant dans un rayon de 30 km de rayon autour de la centrale, 90 000 personnes, confinées chez elles depuis le 28 avril, ont été évacuées par la suite. Outre ces 135 000 personnes directement exposées, près de 600 000 « liquidateurs » ayant participé aux opérations d'assainissement dans la zone de 30 km de rayon autour du réacteur ont reçu des doses dont l'évaluation est incertaine. Mais compte tenu de la direction des vents et les conditions météorologiques, il s'avère que la région de Gomel en Bélarus, une centaine de kilomètres au nord-est de Tchernobyl, a été particulièrement contaminée par le césium 137 (les niveaux de dépôts sont supérieurs à 555 kBq/m^2), de même que les régions de Bryansk-Kaluga-Tula-Orel, à 500 km. Près de 270 000 personnes vivant dans ces zones recevront notamment des doses à la thyroïde imputables principalement à la consommation du lait de vache contaminé à l'iode 131. Dix ans après l'accident, la conférence de Vienne d'avril 1996 qui veut dresser un bilan de la catastrophe prévoit parmi les liquidateurs un excès de 2 000 décès par cancer, 150 parmi les populations évacuées de la zone des 30 km, 1 500 parmi les zones contrôlées (Gomel, Bryansk, etc.), 2 500 parmi les autres zones contaminées, et un excès possible de 510 leucémies.

Derrière la froideur de ces chiffres, les drames humains, décrits par certains opposants,[6] sont épouvantables, que ce soit parmi les liquidateurs, les populations déplacées, les mères d'enfants… Les chiffres « officiels » donnés plus haut sont contestés par les opposants, qui avancent un nombre de victimes beaucoup plus important : lors d'une conférence tenue en 1992, le responsable d'une association de victimes des radiations indiquait que 70 000 liquidateurs étaient invalides et que 13 000 étaient déjà morts.[7]

---

[5] Selon un bilan global effectué lors d'une réunion en avril 1996 sous l'égide de l'AIEA et de l'Organisation Mondiale de la Santé : « Tchernobyl 10 ans après, Bilan des conséquences de l'accident ». Cité par Libmann, *op. cit.*, p. 316.

[6] Association Contre le Nucléaire et son Monde, *Sous l'épaisseur de la nuit. Documents et témoignages sur le désastre de Tchernobyl*, ACNM, Paris, 1993.

[7] *Wise-Amsterdam*, n° 381, 30/10/92.

14.2. Répercussions de l'accident de Tchernobyl

14.2.1. L'information sur l'accident de Tchernobyl en France. L'échelle de gravité

Le traitement calamiteux de l'information par les médias occidentaux, alimenté par la communication à minima des autorités soviétiques, par les tensions est-ouest, mais également par l'angoisse des populations à l'égard de la chose nucléaire en général, a été analysé par ailleurs.[8] Pendant une semaine, les estimations les plus folles vont être émises et/ou reprises par les médias faisant état de 2 000 victimes, et même de 20 000 morts. La polémique pourra rebondir avec l'épisode de la traversée de l'Europe par le nuage radioactif, mettant en lumière les différences de communication des agences gouvernementales chargées de la radioprotection et les différences dans les mesures sanitaires mises en œuvre par les différents gouvernements. Les médias français seront particulièrement véhéments à l'encontre du chef du Service central de protection contre les rayonnements ionisants du ministère de la Santé. À travers toutes ses interventions publiques, le professeur Pellerin entendait signifier qu'aucune « contre-mesure sanitaire » n'était justifiée en France à la suite de l'accident. En raison de la présence, jusqu'au 1er mai, d'un anticyclone centré sur les Açores puis la France, « la France, l'Espagne, le Danemark, et partiellement la Grande-Bretagne, ont été nettement moins exposés aux retombées de Tchernobyl (moins du tiers en moyenne de celles du reste de l'Europe) ». Ayant effectué, en plus de la surveillance réglementaire de la radioactivité de l'air, plus de 5 000 prélèvements exceptionnels, le SCPRI estime qu'« à aucun moment les résultats de ces mesures n'ont mis en évidence, en quelque point que ce soit du territoire, de situation susceptible, avec une très grande marge de sécurité, de conduire à un dépassement des normes de base de la Commission des communautés européennes, seules d'application réglementaire. »[9]

Les mesures prises pour remédier au traitement de l'information sont l'une des premières conséquences visibles en France de l'accident de

---

[8] Cf. Strazzulla, J., Zerbib, J.-C., *Tchernobyl*, Paris, La documentation française, 1991. En particulier le chapitre intitulé « De folles rumeurs à la Une », p. 17-48 ; et Friedman, Sharon M., Gorney, Carole M., Egolf, Brenda P., « Chernobyl Coverage : how the US media treated the nuclear industry », *Public Understand. Science*, 1, 1992, p. 305-323 ; Peter, Hans Peters, « The Credibility of information sources in West Germany after the Chernobyl disaster », *Public Understand. Science*, 1, 1992, p. 325-343.

[9] SCPRI, « Accident de Tchernobyl. Récapitulatif », 11 juin 1986, 5 p. (Archives CSSIN).

Tchernobyl au niveau des autorités : en même temps qu'il annonce le lancement d'un magazine d'information sur le nucléaire accessible par Minitel (MAGNUC), le ministre de l'Industrie modifie l'ancien Conseil supérieur de la sûreté nucléaire (CSSN) pour lui assigner une nouvelle tâche, celle d'information sur le nucléaire. Le Conseil supérieur de la sûreté et de l'information nucléaires (CSSIN)[10] accueille désormais six professionnels de la communication.

L'une des premières propositions du CSSIN est la mise sur pied d'un groupe *ad hoc* chargé de réfléchir à un système de critères objectifs qui permette d'établir une échelle de cotation des incidents et accidents nucléaires suivant leur gravité.

Échelle de gravité des incidents et accidents dans les réacteurs électronucléaires

NIVEAU	DÉFINITION	CRITÈRES	EXEMPLE
6	**Accidents majeurs**	Rejets à l'extérieur d'une fraction significative de l'inventaire du cœur en produits de fission (équivalence en iode 131 : de quelques centaines de milliers à quelques millions de curies).	Tchernobyl, 1986
5	**Accidents présentant des risques à l'extérieur du site**	Accidents conduisant à prendre des dispositions de protection extérieures au site en cas de rejets ou de menace de rejets (équivalence en iode 131 : de quelques milliers à quelques dizaines de milliers de curies).	Windscale, 1957 Three Mile Island, 1979
4	**Accidents sur l'installation**	Accidents entraînant des rejets extérieurs de l'ordre de grandeur des limites annuelles autorisées, n'entraînant pas de conséquences sanitaires significatives pour les populations et/ou endommagement partiel du cœur de l'installation et/ou agents de l'installation irradiés ou contaminés radioactivement, d'une gravité justiciable de soins médicaux spécialisés.	Saint-Laurent A2, 1980
3	**Incidents affectant la sûreté**	Incidents conduisant à des rejets supérieurs ou égaux au dixième des limites annuelles autorisées et/ou fuites internes significatives de radioactivité et/ou état dégradé des barrières ou des systèmes de sécurité et/ou agents de l'installation irradiés ou contaminés radioactivement à une valeur supérieure à la limite de dose annuelle autorisée.	Bugey 5, 1984
2	**Incidents susceptibles de développements ultérieurs**	Incidents ayant potentiellement des conséquences significatives pour la sûreté et/ou entraînant des réparations ou des travaux prolongés.	Creys-Malville, 1987
1	**Anomalies de fonctionnement**	Dépassement du domaine autorisé par les spécifications techniques et/ou utilisation justifiée de systèmes de sécurité.	Tricastin, 1987

Source : Bulletin SN, n° 62, mars-avril 1988.

[10] Décret n° 87-137 du 2 mars 1987.

Piloté par le Service central, le groupe composé de journalistes, de représentants d'EDF et de l'IPSN se réunit pour la première fois en octobre 1987. Il propose une échelle à six niveaux, partant du bas de l'échelle avec les anomalies de fonctionnement (niveau 1) jusqu'aux accidents majeurs (niveau 6) en haut de l'échelle, dans le même esprit que l'échelle de classement des tremblements de terre. Cette échelle se veut un outil destiné à faciliter la communication entre les techniciens de l'industrie nucléaire et l'opinion publique, les journalistes en particulier, qui peuvent ainsi très simplement avoir une idée du degré de gravité de tel ou tel événement à partir de l'annonce de son niveau de classement.

Après une période de rodage, l'échelle rentre en application le 20 avril 1988. C'est au départ l'exploitant qui, sur la base des directives données pour le classement et selon son propre jugement, affecte le niveau de gravité à un incident survenu sur son installation. Ce niveau est éventuellement modifié ensuite par les autorités de sûreté. Après la France et le Japon qui adopte une échelle à 8 niveaux, une échelle basée sur le même principe sera élaborée par l'OCDE et l'AIEA sous le nom d'INES (International Nuclear Event Scale) ; celle-ci comporte sept niveaux (le niveau 5 de l'échelle française est scindé en deux pour distinguer les accidents entraînant un risque hors du site d'un accident grave qui a vu un rejet important de radioactivité).

14.2.2. Un début d'harmonisation internationale de la sûreté ? INSAG 3

Mais la grande inquiétude pour les autorités françaises suite à l'accident de Tchernobyl est l'internationalisation des questions de sûreté nucléaire et en particulier les velléités de l'Agence internationale de l'énergie atomique (AIEA) de réglementer la sûreté des installations des différents États membres. L'accident de Tchernobyl a prouvé que les frontières nationales n'étaient absolument pas hermétiques aux poisons radioactifs, et que des pratiques nationales peu fiables en matière de sûreté pouvaient compromettre l'avenir de l'énergie nucléaire dans le monde entier.

Les quelques semaines qui suivent l'accident de Tchernobyl voient effectivement un regain d'activité des différentes agences internationales (CSNI de l'OCDE, experts de l'AIEA), tout d'abord pour analyser le déroulement et les incidences de l'accident. Dès sa réunion du 21 mai 1986, le Conseil des gouverneurs de l'AIEA note « le besoin évident d'un renforcement de la coopération en matière de sûreté nucléaire »[11] :

---

[11] Les principaux passages du communiqué publié à l'issue de la réunion par l'AIEA sont reproduits par le Bulletin SN, n° 51, mai-juin 1986, p. 9.

il propose « d'instituer des groupes d'experts représentant les gouvernements pour rédiger, en urgence, les accords internationaux » qui d'une part engageraient ses signataires « à fournir une notification rapide et une information complète sur les accidents nucléaires susceptibles d'effets au-delà des frontières », et aussi « à coordonner l'organisation de crise et l'assistance en cas d'accident ».

Mais surtout, le Conseil se propose d'instituer un groupe de travail d'experts pour examiner à plus long terme « les mesures supplémentaires pour améliorer la coopération dans le domaine de la sûreté nucléaire, y compris les moyens et les méthodes d'amélioration des normes de sûreté nucléaire. » C'est ce dernier point qui dérange le plus les autorités françaises. Celles-ci craignent que ces instances internationales ne viennent édicter des règles de sûreté plus sévères et surtout qu'on impose les moyens d'atteindre ces objectifs de sûreté. Mais au-delà, on craint côté français que ces normes ne menacent à terme le rôle de l'énergie nucléaire dans la production d'électricité. Le ministre français de l'Industrie exprimera la position de la France devant l'assemblée générale de l'AIEA : la responsabilité de la sécurité des installations nucléaires doit être une compétence exclusivement nationale afin d'assurer la cohérence et l'efficacité des règles de sûreté : « L'objectif de la meilleure sûreté est incompatible avec la dilution de responsabilité qu'entraînerait toute tentative d'internationalisation des normes et règlements en la matière. »[12]

En revanche, le ministre français exprime son accord avec le programme NUSS (Nuclear Safety Standards) lancé en 1974 par l'AIEA pour constituer des références définies par les experts mondiaux. L'agence se rangera à cette conception de son rôle en matière de sûreté nucléaire, confirmant la victoire des pays les plus nucléarisés. Après Tchernobyl, elle institue un Groupe consultatif international pour la sûreté nucléaire (INSAG, International Nuclear Safety Advisory Group). À la suite de réunions tenues du 25 au 28 août 1986, le groupe d'experts rédige un premier rapport récapitulatif sur l'accident de Tchernobyl (INSAG-1). Après deux ans de travail, un troisième rapport (INSAG-3)[13] propose des « Principes fondamentaux de sûreté pour les centrales nucléaires » devant permettre à tout constructeur, exploitant ou orga-

---

12 Discours d'Alain Madelin, reproduit dans le Bulletin SN, n° 53, septembre-octobre 1986, p. 10.

13 Safety Series n° 75-INSAG-3. « Basic Safety Principles for Nuclear Power Plants » (A Report by the International Nuclear Safety Advisory Group), IAEA, Vienna, 1988. INSAG-3 a été rédigé par des spécialistes internationalement parmi lesquels Herbert Kouts, l'ex-directeur de la NRC américaine, Adolf Birkhoffer, directeur de la Gesellschaft für Reaktorsicherheit (GRS) allemande, Pierre Tanguy, directeur de l'IPSN.

nisme réglementaire de viser l'excellence en matière de sûreté : il définit les responsabilités des organisations, la stratégie de la défense en profondeur, quelques principes techniques généraux et des principes plus spécifiques concernant l'implantation sur les sites, la conception, la construction et la fabrication, les autorisations, l'exploitation, la gestion des accidents et la préparation aux situations d'urgence. Après un accueil sceptique par certains spécialistes, INSAG-3 s'imposera comme un texte majeur, véritable référence de la communauté nucléaire internationale sur les principes qui fondent la sûreté des centrales nucléaires. INSAG-3 sera suivi d'autres rapports, dont INSAG-10 en 1997 consacré à la défense en profondeur.

14.2.3. Face à certaines pratiques de l'industrie, instaurer une « culture de sûreté »

Sur le plan technique proprement dit, les enseignements de l'accident de Tchernobyl sont faibles, mais comme à la suite de l'accident de TMI, les préoccupations concernant la sûreté en exploitation sont remises au premier rang des priorités. Le grand thème développé après Tchernobyl est résumé par la formule « culture de sûreté ». C'est l'absence d'une véritable culture de sûreté à tous les échelons qui apparaît être la principale responsable de l'accident de Tchernobyl.

Après la mise sur la sellette du sérieux des pratiques de l'industrie nucléaire américaine, c'est au tour du complexe nucléaire de l'Union soviétique de révéler ses carences. On ne peut mieux les illustrer que par le témoignage d'un ancien savant soviétique ayant passé toute sa carrière dans le domaine de l'électronucléaire. Dans un document paru dans la *Pravda* du 20 mai 1988 que l'on peut considérer comme son testament puisqu'il se suicide quelques jours après l'avoir rédigé, Valéri Legassov relate l'activité de la première Commission gouvernementale chargée de la gestion de l'accident de Tchernobyl dont il fut l'un des membres. Il livre au passage quelques souvenirs[14] et réflexions sur le développement du programme électronucléaire en Union soviétique. Son témoignage est d'autant plus intéressant qu'il illustre la difficulté que constitue le passage des recherches de laboratoire à une véritable industrie, processus au cours duquel les responsabilités en particulier en matière de sûreté passent d'un petit groupe d'éminents physiciens et

---

14 Né en 1936, Legassov obtient un diplôme d'ingénieur de l'institut Mendeleiev de Moscou qui forme des spécialistes destinés à travailler dans le secteur de l'industrie nucléaire. Après obtention d'un diplôme en matière de retraitement du combustible nucléaire à l'institut Kurtchatov de l'énergie atomique, il passe deux ans dans une usine de radiochimie en Sibérie, avant de retourner à l'institut Kurtchatov dont il deviendra premier vice-directeur. Élu à l'Académie des sciences d'URSS, ses travaux scientifiques lui valent le prix Lenine et le prix d'État de l'URSS.

ingénieurs (ici, V.A. Sidorenko en particulier) à la génération suivante, peut-être moins sensibilisée aux risques, et pour qui l'outil qu'elle a entre les mains apparaît d'un fonctionnement plus routinier.[15] Au cours de ses réflexions sur l'évolution du secteur électronucléaire qui devait fatalement conduire à la catastrophe, Legassov tient à livrer une « conviction intime », qui n'est pas partagée par ses collègues : pour lui, la distinction qui était faite dans le domaine nucléaire d'Union soviétique entre « responsable scientifique » et « constructeur » ne pouvait que conduire à la dilution des responsabilités qu'allait parfaitement illustrer l'accident de Tchernobyl.

> Lors des toutes premières étapes de l'économie atomique, la situation était encore raisonnable. Dans la mesure où l'on se trouvait ici en présence d'une toute nouvelle branche de la science – la physique de l'atome et des neutrons – la notion de direction scientifique se résumait comme suit : on communiquait aux constructeurs les principes de base de la construction des équipements, le responsable scientifique devant veiller à ce que lesdits principes soient exacts et sûrs du point de vue de la physique. Le constructeur les mettait ensuite à exécution avec l'aide constante des physiciens qu'il consultait en permanence. Tout cela était justifié au début de l'épopée nucléaire. Mais les organisations de constructeurs se développèrent au point de disposer de leurs propres centres de calcul et de physique ; c'est ainsi qu'apparut cette dualité de pouvoir sur une seule et même installation (...) d'où la naissance d'une « responsabilité collective » en matière de qualité.[16]

L'avarie de la centrale ukrainienne n'était pas un cas isolé et témoignait d'une gestion de plus en plus négligente de l'industrie atomique. À ce sujet, Legassov se remémore un cas particulièrement révélateur de procédures de qualité purement formelles couvrant des pratiques inadmissibles par leur désinvolture compte tenu de l'importance de ces travaux.

> Je me rappelais un cas significatif survenu un jour dans une centrale : au lieu de souder correctement un joint du circuit principal, les soudeurs s'étaient contentés de placer une électrode, la soudant à peine en surface. On avait risqué une avarie épouvantable, l'explosion d'une conduite importante, la destruction du VVER avec perte intégrale du fluide de refroidissement, la fonte de la zone active, etc. Mais heureusement, cette centrale disposait d'un personnel discipliné, attentif et précis ; en effet, le point non étanche détecté

---

[15] C'est un aspect des problèmes de sécurité auquel avait été confronté le CEA au début des années 1960 et qui avait contribué à la prise de conscience de la nécessité de créer une commission de sûreté interne de très haut niveau, chargée d'accorder ou de refuser les autorisations de fonctionnement sous l'angle unique de la sûreté.

[16] Legassov, V., *La Pravda*, 20/05/88, traduction : Association Suisse Pour l'Énergie Atomique, cité in Association Contre le Nucléaire et son Monde, *Sous l'épaisseur...*, *op. cit.*, p. 136.

> par l'opérateur n'était même pas décelable au microscope. On se lança alors dans des investigations pour découvrir que l'on se trouvait tout simplement en présence d'une soudure bâclée. On se mit ensuite à examiner les documents : ils portaient tous les signatures requises – celle du soudeur qui confirmait avoir effectué un travail de qualité, celle aussi du responsable de la détection du flux gamma qui disait avoir contrôlé ce joint, joint en réalité inexistant. Tout cela au nom de la productivité du travail, à savoir la soudure d'un nombre maximum de joints.[17]

Cet incident pourrait paraître extrême, mais les défaillances étaient fréquentes dans les circuits principaux, le mauvais fonctionnement des verrous, les canaux défectueux étaient des incidents connus, qui se répétaient chaque année. Legassov relate que depuis des années, on parlait d'installer des simulateurs et des systèmes de diagnostic sur l'état des équipements, qu'on constatait la baisse du niveau des ingénieurs et du personnel d'exploitation mais que rien n'était fait.

On atteint peut-être le paroxysme de cette attitude de négligence routinière avec la retranscription que fait Legassov de l'enregistrement d'un entretien téléphonique entre les opérateurs de la centrale de Tchernobyl à la veille de l'accident : « Un opérateur en appelle un autre et demande : "Dis-donc, ici dans le programme, il est dit comment procéder, et ensuite je vois que d'importants passages ont été biffés ; qu'est-ce que je dois faire ?" Après un instant de réflexion, l'autre lui répond : "Procède selon ce qui est supprimé." »[18] Selon Legassov, le fait qu'il y avait à la centrale des représentants du Gosatomenergonadzor (organisme national de surveillance des centrales nucléaires), mais qu'ils n'étaient pas au courant ni de l'essai en cours ni du programme en général, témoigne que les dysfonctionnements allaient bien au-delà de la centrale elle-même.

À la suite de la réunion d'experts de la fin août 1986 où les Soviétiques présentèrent les causes de l'accident et où un expert occidental s'était écrié que toutes ces pratiques dénotaient un total manque de « culture de sûreté », l'expression allait être généralisée dans la communauté nucléaire. Pour préciser ce concept, l'INSAG devait publier un quatrième rapport, INSAG-4, « Culture de sûreté », en 1991. La nouveauté de cette notion est l'accent mis sur le rôle des organisations, de la hiérarchie qui doit impulser un climat où la sûreté doit recevoir la priorité, car on estime que le comportement des opérateurs, du personnel, est conditionné par les exigences de son encadrement. Si celui-ci privilégie dans les faits la production à tout prix, en se contentant de faire des discours rituels sur la nécessité de bonnes pratiques, il ne peut

---

[17] *Ibid.*, p. 139.

[18] *Ibid.*, p. 141.

prétendre instaurer un climat propice à la sûreté. Une bonne « culture de sûreté » au niveau des individus comme des organisations passe par une « attitude interrogative », une « démarche rigoureuse et prudente », et une « bonne communication ». Un des aspects qui frappa le plus les experts qui ont analysé l'accident de Tchernobyl, au-delà des problèmes de conception qui ont certainement contribué à l'accident, c'est la volonté d'effectuer l'essai à tout prix avant l'arrêt programmé de la tranche pour entretien. D'ailleurs, la centrale de Tchernobyl était celle qui avait le meilleur coefficient de disponibilité.[19]

14.3. Les accidents graves réexaminés

Malgré l'accent mis par les experts occidentaux sur les spécificités des réacteurs RBMK et les pratiques de sécurité laxistes des Soviétiques pour expliquer qu'un accident de ce type serait inconcevable sur leurs réacteurs, l'accident de Tchernobyl allait pousser dans le sens d'un réexamen de la sûreté des réacteurs en service à l'Ouest. En particulier, l'accident de Tchernobyl allait remettre à l'ordre du jour un type d'accident qui avait été la préoccupation majeure des toutes premières études de sécurité des réacteurs dans le monde, à savoir la possibilité d'accidents de réactivité, c'est-à-dire d'un emballement de la réaction en chaîne conduisant à des conséquences inacceptables.

14.3.1. Les accidents de réactivité

À partir de Tchernobyl, la Nuclear Regulatory Commission américaine demande que soient étudiés des scénarios d'accident de criticité qui pourraient provenir soit de l'éjection de barres de sécurité, soit de l'injection d'eau non borée dans le cœur. Dans les réacteurs à eau pressurisée en effet, le contrôle de la réactivité se fait par l'intermédiaire des grappes de commande mais également par l'adjonction d'acide borique (le bore est un absorbant neutronique) dans l'eau du fluide primaire. Les études menées en France aboutissent à la conclusion que l'éjection simultanée de trois barres de contrôle pourrait affecter gravement l'intégrité du combustible, ce qui paraît pouvoir être exclu compte tenu des dispositions prises. En revanche, à partir de 1988 des études révèlent l'existence de scénarios, qui *in fine* pourraient conduire à la ruine de l'enceinte de confinement et au rejet de radioactivité dans l'environnement, à la suite d'une injection d'eau pure dans le cœur en lieu et place d'eau borée.[20] EDF procédera à l'installation sur toutes les

---

[19] IPSN, Département d'analyse de sûreté, « Mise à jour des enseignements tirés de l'accident de Tchernobyl », *Rapport DAS*, n° 300, novembre 1986.

[20] Un bouchon d'eau non borée pourrait se constituer dans une boucle du circuit primaire, être injectée dans le cœur, entraînant une divergence rapide, un dépôt

tranches 900 d'un automatisme devant permettre de détecter cette dilution et d'y remédier, diminuant notablement la probabilité d'occurrence du scénario considéré.

14.3.2. Gérer les accidents

L'accident de Tchernobyl, après celui de Three Mile Island donne finalement raison à ceux qui militaient en faveur de l'étude des accidents graves et de la mise en place de moyens pour leur faire face au cas où ils surviendraient.

Côté français, il contribue à accélérer ou à parachever l'instauration des procédures H et les procédures U étudiées après TMI. À la suite de l'accident, le Service central demande de plus à EDF de procéder à un réexamen des accidents non pris en compte dans le dimensionnement et non couverts par les procédures H et U pour les réacteurs à eau. Certains accidents ou certains modes de ruine de l'enceinte de confinement avaient en effet été considérés comme extrêmement peu probables lors d'examens antérieurs, et les autorités tiennent à vérifier le bien-fondé de ces conclusions à la lumière des études plus récentes.

Mais l'enseignement le plus important de l'accident de Tchernobyl est bien la nécessité d'approfondir et d'accentuer la préparation à la gestion par l'exploitant des situations d'urgence. Le Service central demande à l'exploitant de réexaminer les plans d'urgence interne. Il préconise qu'il mette au point des moyens robotiques d'intervention en situation grave sur un réacteur nucléaire : pour cela un groupement d'intérêt économique, INTRA (Intervention sur réacteur accidenté) sera mis sur pied en juin 1988 entre EDF et le Groupe CEA, l'absence de ces moyens à Tchernobyl avait coûté la vie aux intervenants de la première heure. Enfin, le Service central demande que l'IPSN approfondisse les connaissances sur certains phénomènes concernant les accidents graves comme la possibilité de refroidir un cœur sévèrement dégradé encore contenu dans le circuit primaire ou la possibilité de refroidir un « corium » attaquant le radier.[21]

---

d'énergie de plus de 300 calories par gramme dans les pastilles de combustible provoquant leur éclatement et la dispersion de poussières très chaudes. Au contact de l'eau de refroidissement, elles provoqueraient une explosion de vapeur, un transitoire de pression et la rupture du circuit primaire avec la création éventuelle de projectiles qui pourraient rompre l'enceinte. La nouveauté par rapport aux accidents de criticité pris en compte dans le dimensionnement concerne le risque d'éclatement et de dispersion des pastilles.

21 Bulletin sur la sûreté des installations nucléaires, « Études ou mesures à engager à la suite de l'accident de Tchernobyl », *SN*, n° 52, juillet-août 1986, p. 13-14.

À partir de la fin des années 1980, dans le cadre du projet de réacteur commun entre la France et l'Allemagne, il est demandé aux concepteurs de réfléchir à la façon de gérer toute la phase postaccidentelle : comment maintenir le refroidissement d'un cœur fondu, comment assurer l'étanchéité de l'enceinte de confinement à long terme. Il est demandé à EDF de ne plus se contenter de gérer la crise qui résulterait d'un accident par des mesures d'évacuation des populations à l'extérieur de la centrale, mais de prendre des dispositions pour gérer l'accident de l'intérieur.

14.3.3. La visite décennale de Fessenheim et la contre-expertise de la Commission locale de surveillance

Au cours de l'année 1989, les premières centrales nucléaires 900 MWe atteignent les dix ans d'activité. C'est l'occasion d'un premier bilan mais aussi d'une réflexion pour mettre leur sûreté au niveau de celle des centrales plus récentes de même taille comme la centrale de Chinon B4 mise en service en novembre 1987.

Conformément à la réglementation des appareils à pression, cette révision générale a lieu pendant la visite décennale du réacteur : tous les dix ans en effet, on profite de l'arrêt annuel pour vérifier l'état du circuit primaire, au travers en particulier d'une épreuve hydraulique. Au cours de cette épreuve, on soumet l'enceinte du circuit primaire principal à une pression hydraulique au moins 1,2 fois égale à la pression maximale atteinte en exploitation. La visite décennale est également l'occasion d'éprouver la tenue mécanique et l'étanchéité de l'enceinte de confinement du réacteur : en exerçant une pression (3,73 bars relatifs) à l'intérieur de l'enceinte pendant 24 heures, on vérifie son comportement mécanique et on mesure le taux de fuite à travers les parois.

La première centrale concernée par une visite décennale est la tranche n° 1 de la centrale de Fessenheim, mise en service en 1977.[22] Une telle visite représente un travail considérable pour les équipes EDF : on prévoit 19 semaines d'arrêt du réacteur et 600 000 heures de travail pour un budget de plusieurs centaines de millions de francs. L'organisation de ce gigantesque chantier est donc une nouveauté pour l'électricien, qui doit rôder cette procédure, amenée à être suivie par tous les autres réacteurs.

Mais la nouveauté réside également dans le contexte tout particulier dans lequel se déroule cet examen, puisque le Conseil général du Haut-Rhin a mandaté un groupe de contre-experts pour en évaluer les résultats.

---

[22] Cette révision est prévue dix ans après la première grande visite de « type décennal », qui est effectuée après un an environ de fonctionnement.

Afin de répondre à l'inquiétude très vive de la population et à une forte opposition anti-nucléaire – l'Allemagne et la Suisse sont proches, où l'opposition est vive – le Conseil général du Haut-Rhin avait créé en 1977 une commission de surveillance, regroupant des élus et des représentants des associations pour assurer un contrôle de la gestion et du fonctionnement de la centrale. Initialement, la commission de surveillance comprenait 10 conseillers généraux, 5 maires des communes environnantes et 5 représentants des associations anti-nucléaires ou de protection de la nature. Les réunions régulières de la commission servaient à faire le point sur le fonctionnement et les incidents. En présence du préfet ou de son représentant, les responsables de la centrale et les représentants des autorités de sûreté (DRIR) étaient chargés de fournir les informations aux membres de la commission. On notera qu'à la suite de l'accident de Tchernobyl, les associations avaient décidé de quitter la commission, estimant ne pas y trouver une information objective et complète.

C'est donc à l'occasion de la visite décennale que le Conseil général propose aux autorités la création d'une mission d'experts pour l'évaluation de la tranche n° 1 de Fessenheim pendant son arrêt : faute de désignation d'experts par le préfet ou le ministre, le Conseil général, le 14 avril 1989, charge 5 experts et 2 consultants associés (trois Français, trois Allemands et un Belge) de réaliser cette mission d'expertise indépendante.[23]

Sept réunions de la mission ont lieu entre le 11 mai et le 14 septembre. Mais en fait, les membres de la mission n'ont disposé que de deux mois seulement de travail effectif, pendant les vacances. Le travail avec le SCSIN et la DRIR Alsace est jugé « globalement positif ».

Les récits du déroulement de la visite décennale présentés par les contre-experts, EDF, ou par le SCSIN, présentent peu de différences notables quant aux épreuves, contrôles ou modifications effectués pendant l'arrêt de la centrale : l'épreuve hydraulique a donné des résultats satisfaisants, les épreuves d'étanchéité également (les fuites mesu-

---

[23] Les cinq experts sont Christian Kuppers et Lothar Hahn (Institut d'écologie de Darmstadt), Jochen Benecke (institut Sollner et université de Munich), Luc Gillon (Université catholique de Louvain et Centre d'études nucléaires de Mol) et Raymond Sené (CNRS – Collège de France), tandis que les deux consultants sont Patrick Petitjean (Groupement de scientifiques pour l'information sur l'énergie nucléaire (GSIEN)) et Michèle Rivasi (Commission de recherches et d'informations indépendantes sur la radioactivité (Crii-Rad)). Par rapport à la composition initiale, Lothar Hahn a remplacé Michael Sailer de l'institut de Darmstadt, tandis que Jack Steinberger, du CERN, se désistait, proposant Raymond Sené pour le remplacer. L'Institut international pour l'environnement de Luxembourg se faisait représenter par Jochen Benecke.

rées représentent 1/10e de la limite admissible), etc. Le rapport de la mission note simplement que quelques contrôles secondaires ont été reportés ou non effectués, que certaines modifications ou études de sûreté n'ont pas été achevées. Les critiques les plus importantes concernent la radioécologie autour du site, et notamment le refus de communication d'informations de la part du SCPRI et de la centrale. D'autres considérations sont mentionnées concernant la protection des travailleurs.

Les conclusions de la mission dans le rapport des contre-experts sont nuancées, et malgré des réserves, elle estime « ne pas devoir recommander le report de la remise en route du réacteur n° 1 de Fessenheim ».[24]

Le bilan de la première contre-expertise est mitigé : chacun des participants à la visite décennale reste sur ses positions. Les responsables de la centrale demeurent peu enclins à l'ouverture et s'en tiennent au fait qu'un « feu orange » n'est pas un « feu rouge », le Conseil général s'est dédouané vis-à-vis de la population en faisant acter un consensus sur le redémarrage, le Service central a coopéré et pu faire la démonstration de sa bonne volonté (tout en redoutant une généralisation de l'expérience), les opposants locaux ont pu s'appuyer sur certains aspects du rapport de la mission pour réitérer leur exigence d'arrêt d'une industrie qu'ils jugent dangereuse.[25]

Si sur le plan politique le résultat apparaît maigre, qu'en est-il des questions de sûreté soulevées par les contre-experts ?

14.3.4. Risque hydrogène, direct heating, explosion de vapeur

Les problèmes évoqués dans les annexes au rapport de la mission concernent un problème général des PWR, le risque « hydrogène », que nous évoquons par la suite.

En septembre 1989 les experts allemands produisent un rapport supplémentaire intitulé « Potentiel de risque des accidents graves dans les réacteurs à eau sous pression – Critique de la recherche en matière de sûreté et évaluation du risque pour la centrale nucléaire de Fessenheim ». Le rapport aborde différents points techniques qu'ils estiment négligés par les experts français et qui tournent tous autour de la tenue de l'enceinte de confinement en cas d'accident grave : la protection de la centrale nucléaire de Fessenheim vis-à-vis de la chute d'avion, les scénarios

---

24 Rapport du groupe d'experts constitué suite à la décision du Conseil général du Haut-Rhin du 14 avril 1989, p. 2. Le professeur Hahn a exprimé une divergence avec le reste de la mission estimant que les problèmes de tenue de l'enceinte de confinement étaient insuffisamment présents dans le rapport final alors qu'il les jugeait suffisants pour demander la non remise en route du réacteur.

25 La mission d'expertise indépendante sera reconduite à l'occasion des deuxième et troisième visites décennales de Fessenheim en 1999 et 2009.

d'accidents de fusion du cœur avec une mention particulière aux phénomènes d'explosion de vapeur et de « direct heating », les risques de détonation de l'hydrogène, le percement de la cuve du réacteur et l'interaction de la masse en fusion avec le béton, et enfin les mesures ultimes pour la gestion des accidents.

Les auteurs allemands, tout en les critiquant, s'appuyaient en fait sur deux études récentes, l'une américaine (NUREG 1150 a)[26] et la phase B de l'étude probabiliste allemande sur la sûreté des réacteurs (Deutsche Risikostudie Kernkraftwerke Phase B),[27] publiées respectivement en février 1987 et juin 1989.

Ils reprochent aux autorités françaises « de [regarder] de près uniquement la fusion du cœur avec la voie basse pression et [d'aller] jusqu'à exclure la ruine précoce du confinement des réacteurs à eau sous pression français "pour des raisons physiques". »[28] Ils considèrent que cette affirmation « n'est pas pertinente » justement pour des raisons physiques. Les auteurs expliquent que la voie haute pression de l'accident du cœur est la plus pénalisante dans la majorité des scénarios. Ils évoquent ensuite le scénario de « direct heating » récemment imaginé par les Américains qui pourrait conduire à une rupture précoce du confinement : dans le cas d'une rupture de tubes de générateur de vapeur en branche chaude sous l'effet de la température, l'atmosphère de l'enceinte

26 Publié par la NRC, « NUREG 1150 a » ou « NUREG Reactor Risk Reference Document », est la version soumise à commentaire. Une seconde version sera également publiée pour commentaire en juin 1989 sous le titre : « NUREG 1150 b » ou « NUREG Severe Accident Risks : An Assessment for five US Nuclear Power Plants ».

27 Il s'agit de la seconde étude de risque allemande. Une première étude avait été initiée en 1976 par le ministère fédéral pour la recherche et la technologie (BMFT) pour transposer aux conditions allemandes les résultats de l'étude de Rasmussen et confiée à la société pour la sûreté des réacteurs (Gesellschaft für Reaktorsicherheit, GRS), sorte d'équivalent allemand de l'IPSN français. Cette « Phase A » de la Deutsche Risikostudie (DRS) Kernkraftwerke était une étude probabiliste de niveau 3, c'est-à-dire évaluant non seulement la probabilité de fusion du cœur (niveau 1), la probabilité des différents niveaux de rejets (niveau 2) mais également les conséquences humaines et socio-économiques de ces rejets. L'étude s'appuyait sur un réacteur de référence, la tranche B de la centrale de Biblis. La phase B était lancée immédiatement après, et les résultats seront publiés en 1989. Elle devait se concentrer plus fortement sur les particularités des centrales allemandes et éliminer un certain nombre de mesures conservatives envisagées dans l'étude précédente. Elle se limitera elle à une analyse de niveau 2. Cf. Gesellschaft für Reaktorsicherheit, *Deutsche Risikostudie Kernkraftwerke*, Verlag TÜV Rheinland, Köln, 1979 ; Gesellschaft für Reaktorsicherheit, *Deutsche Risikostudie Kernkraftwerke Phase B*, GRS-A-1600, juin 1989.

28 Benecke, Reimann, *Potentiel de risque des accidents graves dans les réacteurs à eau sous pression – Critique de la recherche en matière de sûreté et évaluation du risque pour la centrale nucléaire de Fessenheim*, 2e version, novembre 1989, p. 71.

de confinement recevrait un mélange de vapeur surchauffée et de particules de masse en fusion finement fragmentées à fort potentiel d'énergie cinétique. De violentes réactions d'oxydation exothermiques se produiraient alors. Cet apport direct d'énergie thermique dans l'enceinte de confinement provoquerait une rapide augmentation de la température et de la pression pouvant conduire à la ruine de l'enceinte. Des mesures ultimes envisagées en France sont censées ramener le scénario haute pression au scénario basse pression. Mais le risque serait alors une explosion de vapeur dans la cuve, par une interaction thermique entre le combustible en fusion et le réfrigérant résiduel. Après la fusion en pression, l'explosion de vapeur, les auteurs citent un autre type de scénario pouvant mettre en péril l'enceinte de confinement, la formation puis la détonation de l'hydrogène dans certaines conditions. Pour les auteurs allemands, « ce type de scénario est fortement minimisé et ses conséquences possibles sont refoulées » par les experts français.

La position française à l'égard de ces risques avait été exprimée de façon semi-publique lors d'une séance du Conseil supérieur de la sûreté et de l'information nucléaires du 5 juillet 1988.[29] Le représentant de l'IPSN expliquait que l'explosion vapeur n'était pas considérée par la communauté des experts nucléaires comme susceptible de détruire l'intégrité de l'enceinte. Des interactions rapides entre le corium et l'eau pouvaient se produire au cours d'un accident, mais les explosions et les surpressions pouvant en résulter ne pouvaient pas mettre en danger l'enceinte. Vis-à-vis de l'échauffement direct (direct heating), le représentant français citait le consensus des experts des pays de l'OCDE pour considérer ce processus comme totalement irréaliste sur le plan physique, en particulier sur les tranches françaises, notamment parce que ce scénario suppose que le combustible pulvérisé non encore oxydé soit réparti de façon homogène dans l'enceinte, ce qui semble irréaliste. En ce qui concerne le risque hydrogène, compte tenu des connaissances acquises, les experts français estiment qu'il n'est pas possible qu'une explosion d'hydrogène mette en danger l'enceinte telle qu'elle se présente en France.

Le risque hydrogène mérite une mention particulière. Ce problème soulevé par le professeur Gillon et les contre-experts allemands avait été remis sous les feux de l'actualité l'année précédente avec la publication d'un rapport[30] de l'Office parlementaire d'évaluation des choix scienti-

---

[29] Archives CSSIN. Compte rendu de la huitième réunion du Conseil supérieur de la sûreté et de l'information nucléaires, 21 p.

[30] Office parlementaire d'évaluation des choix scientifiques et technologiques, *Rapport sur les conséquences de l'accident de la centrale nucléaire de Tchernobyl et sur la sûreté et la sécurité des installations nucléaires*, 17 décembre 1987.

fiques et technologiques où Luc Gillon avait mis en cause la tenue des enceintes en cas de détonation de l'hydrogène. La polémique avait été relancée dans la presse à la suite de la publication du rapport. *Libération* en page 2 titrait : « Nucléaire : un doute dans le béton », puis en caractère gras, « la détonation qui fissure. »[31]

L'importance de la question au point de vue de la sûreté repose sur le fait qu'une rupture précoce du confinement à la suite d'une détonation d'hydrogène provoquerait un rejet de type S1, le plus important, et contre lequel aucune parade n'est prévue en France. Le risque hydrogène n'est pas une question nouvelle et il est pris en considération dans les accidents de dimensionnement. Mais l'accident de Three Mile Island, où une petite explosion d'hydrogène s'était produite, avait montré qu'en cas de fusion du cœur, les quantités d'hydrogène pouvaient être plus importantes que prévu. Cela avait impulsé dans toute la communauté nucléaire internationale d'importants programmes de recherche sur cette question.

Le risque hydrogène est un problème scientifique complexe, les incertitudes sont nombreuses qui nourrissent la controverse : selon les hypothèses retenues, on peut conclure « raisonnablement » à l'absence de risque ou au contraire à la possibilité de rupture de l'enceinte. Il s'agit de savoir si l'hydrogène produit lors de la fusion des gaines de combustible pourrait brûler de façon détonante et non pas seulement déflagrante.[32] Les paramètres en jeu sont tout d'abord la quantité d'hydrogène susceptible d'être produite en cas d'accident grave : l'hydrogène provient principalement de l'oxydation des gaines de zircaloy (il y en a environ 20 tonnes), pouvant produire jusqu'à près de 10 000 m^3 d'hydrogène. On s'interroge ensuite sur les cinétiques de production, de diffusion, de combustion de l'hydrogène, sur les conditions d'échanges thermiques, les conditions de température et de pression, etc. Il est également nécessaire de savoir quels sont les volumes respectifs de vapeur d'eau, d'air, d'hydrogène. Il faut en particulier savoir si les concentrations d'hydrogène sont uniformes ou graduées. Si une détonation généralisée semble exclue dans des enceintes de grandes dimensions, s'ajoute le phénomène de Transition déflagration-détonation (DDT) : une déflagration initiée dans un espace plus petit, une casemate du circuit primaire, pourrait peut-être donner lieu à la propagation d'une onde de détonation dans le reste de l'enceinte.

---

31 *Libération*, mercredi 16 mars 1988, p. 2-3.

32 Dans le vocabulaire scientifique, contrairement à l'usage courant des termes, c'est la détonation qui est le phénomène dangereux, non la déflagration.

En France on considère[33] que les accidents pris en compte dans le dimensionnement des tranches conduisent à une production d'hydrogène avec une cinétique lente, c'est pourquoi on n'a pas jugé nécessaire d'équiper les centrales de recombineurs d'hydrogène. Ceux-ci seraient installés dans un délai de l'ordre d'une semaine pour diminuer la quantité d'hydrogène éventuellement produit lors de l'accident. Ces recombineurs permettent de maintenir la teneur en hydrogène dans l'enceinte au-dessous de 4 % ce qui exclut tout risque de combustion, et a fortiori, d'explosion. Pour les accidents hors dimensionnement qui conduisent à une production massive d'hydrogène avec une cinétique rapide, on considère en France que les recombineurs ne sont pas les appareils appropriés. Dans ce cas, il convient de s'assurer que les enceintes de confinement résistent à une éventuelle déflagration de l'hydrogène formé.

Les conditions d'une détonation sont définies par le diagramme de Schapiro. Pour avoir une combustion détonante, il faudrait prendre en compte les séquences accidentelles allant au-delà de l'oxydation de la totalité des gaines combustibles associées à une température d'enceinte relativement basse, inférieure à 70°C environ. D'autre part, l'énergie nécessaire pour initier une détonation directe est beaucoup (de l'ordre de 2×10^8 fois) plus grande que celle nécessaire pour initier une déflagration. Les experts français considèrent qu'il est donc hautement improbable qu'il se produise une détonation généralisée dans l'enceinte : s'il existe une source d'allumage, c'est très vraisemblablement une déflagration ou une combustion locale qui auront lieu.

14.3.5. L'évolution de la position des experts officiels

Les incertitudes sur ces questions conduisent les autorités de sûreté des divers pays à prendre des positions différentes, ce qui donne du poids aux arguments des opposants, car comment expliquer que d'un côté de la frontière on mette en œuvre certains dispositifs, jugés inutiles de l'autre ?

Alors que la question est examinée dans le cadre de l'OCDE au début des années 1980, les avis sont à peu près unanimes pour considérer que le risque est faible, mais que le sujet mérite d'être examiné attentivement. On estime qu'il est peu probable que la combustion d'hydrogène constitue une cause dominante de défaillance pour les enceintes, mais qu'il est nécessaire d'accorder plus d'attention à la capacité de survie des équipements de sûreté essentiels en liaison avec les effets de la pression et de la température. Un peu plus de dix ans plus tard, les conceptions se sont largement modifiées :

---

[33] Cf. Enerpresse n° 4539, lundi 21 mars 1988.

> On doutait dans le passé qu'un mélange détonant puisse occuper la totalité de l'enceinte de confinement. (...) Les progrès de la recherche, les nouvelles technologies et les EPS (étude probabiliste de sûreté) de niveau 2 ont donné lieu à des évaluations plus approfondies. De nouvelles initiatives sont prises dans plusieurs pays Membres pour mettre en œuvre des mesures de mitigation de l'hydrogène dans quelques grandes enceintes de confinement sèches.[34]

La gestion des accidents graves fait désormais partie des réponses que doit mettre en œuvre l'industrie nucléaire : le personnel d'une tranche nucléaire doit disposer des procédures et des équipements nécessaires pour que, en cas d'accident grave, il puisse arrêter la progression des dommages infligés au cœur tout en faisant le nécessaire pour que le cœur reste à l'intérieur de la cuve, pour sauvegarder l'intégrité de l'enceinte de confinement et minimiser les rejets hors du site. Parmi les stratégies de gestion des accidents graves, les experts de l'OCDE soulignent[35] la nécessité de maîtriser la quantité d'hydrogène produite par l'oxydation des métaux et libérée dans l'enceinte, afin d'éviter la formation de concentrations locales élevées d'hydrogène. Si les calculs de production d'hydrogène à l'intérieur de la cuve pour différentes séquences hypothétiques d'accidents restent encore entachés d'incertitude, il est désormais clair que si lors d'un accident grave on ne parvient pas à confiner dans la cuve les matériaux fondus du cœur, ceux-ci seront rejetés sur le plancher et donneront lieu à la production d'une quantité considérable d'hydrogène (plusieurs tonnes) par interaction prolongée entre le corium et le béton. Cette réaction produira en plus du monoxyde de carbone, un autre gaz combustible, et plusieurs gaz inertes.

Afin d'éviter des concentrations locales élevées d'hydrogène qui pourraient donner lieu à des phénomènes importants de combustion turbulente ou à une transition déflagration-détonation (DDT), des mesures particulières ont été étudiées dans des différents pays, telles que l'allumage délibéré de mélanges de gaz combustibles, la recombinaison de l'hydrogène ou encore l'injection d'un gaz inerte dans l'atmosphère de l'enceinte. On estime même que l'installation et l'efficacité de tels systèmes de recombinaison catalytique ou d'allumage présentent une importance capitale. Des recherches doivent être poursuivies pour savoir, pour chaque centrale particulière et pour différents types de scénarios

---

34 OCDE, AEN, Avis techniques de l'AEN, « Mise en œuvre des techniques de mitigation de l'hydrogène pendant les accidents graves dans les centrales nucléaires », Rapport rédigé par le Groupe de travail principal n° 4 sur le confinement des rejets accidentels de matières radioactives du Comité sur la sûreté des installations nucléaires (CSIN), NEA/CSNI/R(96)27, Paris, décembre 1996, p. 17.

35 OCDE, AEN, « Mise en œuvre de la gestion des accidents graves dans les centrales nucléaires », Paris, OCDE, 1996, 186 p.

d'accidents, quel est le nombre adapté d'igniteurs et de recombineurs qu'il conviendrait d'installer, quelle est la capacité locale des recombineurs et leur emplacement. Mais l'utilisation des igniteurs et recombineurs catalytiques soulève des problèmes complexes car les conséquences de certaines actions ne peuvent être prédites avec certitude. Le rapport de l'OCDE indique d'ailleurs que les pays Membres ont des opinions très différentes sur cette stratégie.

En France, après la mise en place des procédures dites « hors dimensionnement » (H) et « ultimes » (U) destinées à faire face aux situations accidentelles non prévues dans le dimensionnement initial des centrales, l'autorité de sûreté estime nécessaire en 1992 de prolonger la démarche dans le sens d'un approfondissement de la sûreté. Elle a demandé qu'EDF fasse le point des connaissances disponibles sur les accidents graves et définisse les scénarios pour lesquels de nouvelles mesures pourraient être mises en œuvre.[36] Elle précise que la priorité doit être donnée aux risques liés à l'hydrogène, aux scénarios de fusion de cœur lorsque le circuit primaire est sous pression, et à la définition et à la qualification de l'instrumentation nécessaire pour gérer une situation accidentelle grave.

Les positions d'EDF sont analysées par les experts de l'IPSN et lors des réunions du Groupe Permanent qui se tiennent le 23 juin et le 7 juillet 1994, puis le 5 janvier 1995, dans ce dernier cas plus spécifiquement sur le thème de la progression du corium dans la cuve et hors de la cuve. L'examen par le Groupe Permanent « a mis en évidence la nécessité qu'EDF définisse pour le début 1995 des dispositions permettant de faire face aux risques liés à l'hydrogène. »[37] Un second cycle de réunions est prévu en 1996, au cours duquel sera notamment examinée la proposition d'installer à demeure des recombineurs catalytiques d'hydrogène dans les enceintes des réacteurs français.[38]

Ces propositions montrent que le risque hydrogène est reconnu. D'ailleurs, les premières données expérimentales du programme Phébus PF démentent les considérations scientifiques avancées depuis les années 1980 sur la quantité et la cinétique de production de l'hydrogène en cas d'accident grave. Comme l'indique la revue d'information du CEA, les deux premières expériences du programme réalisées respectivement en décembre 1993 et juillet 1996 apportent des résultats inattendus, qui « ont mis en lumière des effets importants non pris en compte

---

36 Direction de la sûreté des installations nucléaires, *Rapport d'Activité 1991*, p. 85. À partir de 1991, le rapport d'activité de la DSIN comporte une partie « Accidents graves ».

37 Direction de la sûreté des installations nucléaires, *Rapport d'Activité 1994*, p. 185.

38 Direction de la sûreté des installations nucléaires, *Rapport d'Activité 1995*, p. 181.

dans les études actuelles, aussi bien concernant la fusion du cœur que les rejets radioactifs accidentels. » : « Tout d'abord, la cinétique de production d'hydrogène suite à l'oxydation des gaines a été sous-estimée par la plupart des codes de calcul (...). Par ailleurs, la "fusion" du cœur (...) intervient à des températures de 400 à 600°C plus faibles que celles attendues. »[39] Ces données viennent confirmer la nécessité de gérer la production d'hydrogène et de la combattre en cas d'accident grave.

En revanche, en France, un débat va durer pendant plusieurs années pour savoir si les moyens de combattre le risque hydrogène ne sont pas susceptibles de provoquer l'explosion qu'ils sont censés combattre. Après beaucoup d'hésitations, l'autorité de sûreté finira par prendre parti, en imposant à EDF l'installation de ces appareillages.[40] C'est plus le fait que les autorités de sûreté belge et allemande s'apprêtaient à prendre une telle décision qui décida les Français et en ce sens, la décision est plus de caractère politique que technique car l'incertitude scientifique demeure. L'unité entre experts et autorités internationaux est d'autant plus importante pour les Français qu'à partir de la fin des années 1980, les constructeurs Framatome et Siemens collaborent sur un projet de réacteur commun, qui doit respecter les critères des deux autorités de sûreté.

---

[39] Haessler, M., Schwarz, M., « Le programme phébus PF : premiers résultats inattendus », *Clés CEA*, n° 40, automne 1998, p. 2-14.

[40] Entretien avec André-Claude Lacoste.

CHAPITRE 15

Les difficultés rencontrées sur le parc nucléaire d'EDF au cours des années 1989-1992

Au tournant de la décennie 1980-1990, plusieurs problèmes techniques épineux affectent le parc nucléaire d'EDF. Il s'agit à la fois d'anomalies touchant des matériels importants pour la sûreté et de problèmes mettant en cause l'organisation de l'exploitant.

Au cours de ce chapitre, il nous sera nécessaire de décrire pas à pas un certain nombre de ces problèmes techniques, depuis leur découverte en passant par les hypothèses émises sur leur cause, sur les moyens de leur porter remède, jusqu'aux décisions retenues. Certaines hypothèses s'avéreront erronées, d'autres seront confortées, les solutions proposées seront plus ou moins déchirantes pour l'exploitant. La description de ces différentes étapes permet de suivre comme en temps réel le fonctionnement du système d'expertise français entre constructeur, exploitant, service de sûreté et ses différents experts, dans un contexte d'incertitude scientifique et technique : il s'agit en effet de mesurer l'importance de défauts eu égard à la sûreté, de prendre des décisions alors que des études ne sont pas toutes achevées, qui plus est sous la pression d'un parc de centrales presque neuf mais déjà essentiel pour la production d'électricité.

L'insistance sur le nombre d'incidents ou de problèmes techniques pourrait induire le sentiment d'une situation catastrophique, c'est pourquoi une précision s'impose : nous relatons ici uniquement les problèmes, car ces situations de crise plus ou moins grandes, sur le plan technique et entre organismes, sont propices à éclairer le fonctionnement plus routinier de l'expertise, en même temps qu'elles dévoilent les enjeux de telle ou telle décision. Une difficulté apparaît immédiatement pour l'historien confronté à la tâche de relater une situation de controverse : comment éviter l'arbitraire, le parti pris, ou la position de juge ? Nous voulons rapporter quels sont les tensions, les enjeux et comment ils s'expriment. Nous essaierons ainsi pour chacun des épisodes de présenter le point de vue de chaque intervenant, les enjeux respectifs, en donnant la parole aux différentes parties.

15.1. Les problèmes matériels

15.1.1. Les générateurs de vapeur

Parmi tous les problèmes techniques, les générateurs de vapeur vont susciter des inquiétudes croissantes à partir de la fin des années 1980.

On se souvient que les générateurs de vapeur (GV) sont des échangeurs de chaleur qui utilisent la chaleur extraite du cœur par l'eau du circuit primaire pour fabriquer de la vapeur à partir de l'eau du circuit secondaire. Les générateurs de vapeur sont d'immenses appareils d'une vingtaine de mètres de hauteur, de 300 à 400 tonnes selon les modèles. Ils font partie, avec la cuve et le pressuriseur, des récipients du circuit primaire qui est contenu dans le bâtiment du réacteur. Il y a trois générateurs de vapeur pour les tranches 900 MWe, quatre pour les 1 300. Les GV sont constitués de milliers de tubes en U dans lesquels circule l'eau primaire. L'eau secondaire qui baigne la face externe des tubes s'évapore à leur contact. On compte 3 300 tubes fixés sur la plaque tubulaire pour les générateurs de vapeur des réacteurs de 900 MWe, 5 400 pour ceux des 1 300 MWe. Ces tubes ont environ 2 cm de diamètre pour 1 mm d'épaisseur et sont soumis à de fortes différences de pression et à des températures supérieures à 300°C.

Les générateurs de vapeur sont l'un des points faibles des installations car ils constituent à la fois la deuxième et la troisième barrière. Partout ailleurs, lorsqu'on a une rupture du circuit primaire, la vapeur radioactive se dégage dans l'enceinte du réacteur et est donc arrêtée par cette troisième barrière. La rupture d'un tube de générateur de vapeur, du fait de la forte différence de pression entre le primaire (155 bars) et le secondaire (90 bars), peut-elle conduire, selon certains scénarios, à laisser échapper la vapeur radioactive directement à l'atmosphère. Après la détection d'une rupture, la parade réside dans l'intervention rapide des opérateurs suivant une procédure définie afin d'éviter ou limiter les rejets.

L'état des générateurs de vapeur est un sujet de préoccupation pour les spécialistes de sûreté depuis des années : le Groupe Permanent Réacteur s'était réuni[1] en décembre 1984 à la suite de diverses dégradations de tubes afin de s'assurer de la validité des hypothèses retenues dans les études de conception. Au vu du nombre plus élevé que prévu de

[1] En plus de la réunion du Groupe permanent Réacteurs qui se tient en décembre 1984, une séance du Conseil supérieur de la sûreté des installations nucléaires (CSSIN) aborde le problème en mai 1985.

ruptures de tubes de générateur de vapeur observé dans le monde[2] et de l'état dégradé sur certaines tranches françaises, des mesures avaient été recommandées, principalement pour limiter les rejets éventuels en cas de rupture. La question de l'état des générateurs de vapeur prend une acuité particulière en 1989-1990 du fait de la mise en évidence de nombreuses fissures de types différents. On constate également un phénomène d'usure par fatigue, par vibration, et la présence de corps migrants. Toutes ces dégradations, qui s'accentuent au tournant de la décennie, pourraient conduire à la rupture d'un, voire de plusieurs tubes de générateur de vapeur, pouvant conduire à un accident.

15.1.1.1. La prévention de la corrosion côté secondaire

Les concepteurs avaient pris un certain nombre de mesures pour éviter les phénomènes de corrosion des tubes, initiateurs probables de ruptures, en particulier côté secondaire, car c'est de ce côté que les problèmes étaient attendus.

En effet, dans les générateurs de vapeur une évaporation se produit côté secondaire ce qui rend possible la concentration d'espèces chimiques dans les interstices ou les recoins, l'eau du circuit secondaire pouvant être polluée par celle du circuit de refroidissement du condenseur. Des phénomènes de dégradation des tubes liés à la chimie du secondaire étaient apparus aux États-Unis au début des années 1970, ce qui avait permis, dès le début du programme français, de prendre des mesures préventives pour traiter cette eau secondaire. Les précédents américains avaient encore suggéré d'utiliser un acier austénitique, l'inconel 600, supposé moins sensible à la corrosion. Une autre précaution pour éviter la corrosion côté secondaire était l'opération dite de « dudgeonnage » des tubes sur la plaque tubulaire, cette plaque de 50 cm d'épaisseur percée de plusieurs milliers de trous dans lesquels sont

---

2 Peu avant 1989, au vu des statistiques des ruptures de tubes de générateurs de vapeur – six ruptures se sont produites dans le monde pour 1 600 « année-réacteur » de fonctionnement – on est amené à rehausser la fourchette de probabilité de cet accident. À l'origine, l'accident de rupture d'un tube de générateur de vapeur était mis en « quatrième catégorie » dans la classification française ce qui veut dire que la fourchette de probabilité de cet événement était estimée entre 10^{-6} et 10^{-4} occurrence par réacteur et par an. En 1989, le classement ramène cet événement à un accident de « troisième catégorie », c'est-à-dire à un événement se situant dans une plage de probabilité plus élevée, entre 10^{-4} et 10^{-2}. Ce changement de catégorie implique que des dispositions soient prises pour que les rejets pour un tel accident soient plus faibles que ceux considérés comme acceptables précédemment. En effet, les conséquences doivent être d'autant plus faibles que la probabilité est élevée. La nécessité de relever cette probabilité est d'ailleurs confirmée au cours de l'année 1989 puisque deux ruptures se produisent sur des centrales américaines, à North Anna et Mac Guire. Les rejets au cours de ces incidents sont certes limités mais invitent à la prudence.

fixées les deux extrémités des tubes de générateur de vapeur. Cette fixation, qui doit être aussi étanche que possible pour que l'eau du circuit primaire ne pénètre pas dans le circuit secondaire, est réalisée par une soudure à l'extrémité du tube sur la plaque, précédée d'un placage mécanique, opération appelée « dudgeonnage », obtenue par déformation du tube.[3]

15.1.1.2. La corrosion sous contrainte côté primaire, une surprise

L'exploitation des centrales allait révéler de nombreux problèmes délicats dus à des défauts de conception, de réalisation ou d'exploitation. La corrosion est un phénomène physico-chimique très complexe. Et c'est tout d'abord là où on ne l'attendait pas qu'elle a commencé à se manifester, du côté primaire.

Il s'avère que les tubes en inconel 600 sont sensibles à la corrosion sous tension principalement dans la zone appelée « zone de transition de dudgeonnage » en sortie de la plaque tubulaire, du côté primaire, où l'eau est presque pure, traitée et contrôlée. Dans le phénomène de corrosion sous contrainte, trois facteurs interviennent : les contraintes, la nature du matériau et le milieu. Dans le cas des tubes des générateurs de vapeur, la corrosion sous tension se caractérise par l'apparition de fissures longitudinales très nombreuses en peau interne des tubes dans la zone où les contraintes résiduelles dues aux différentes opérations de fabrication sont très élevées. Ces fissures nuisent à la tenue mécanique du tube. Ces phénomènes de fissuration présentent des temps de latence importants, quelquefois plusieurs dizaines de milliers d'heures.

Jusqu'en 1984, les fissures observées étaient des fissures longitudinales, qui laissaient penser qu'il y aurait une fuite avant la rupture du tube, c'est-à-dire que l'évolution d'un défaut pourrait être détectée par l'augmentation du débit de la fuite, c'est pourquoi le SCSIN avait accepté que les tubes affectés soient laissés en l'état. En 1984, on découvre un phénomène de fissuration circulaire ou circonférentielle. C'est un type de dégradation beaucoup plus gênant dans la mesure où une telle fissuration comporte le risque d'une rupture de tube sans fuite préalable. Des études sont alors entreprises pour évaluer la nature, la

---

[3] Au début, ce placage ne portait que sur une longueur limitée ; par la suite, un « dudgeonnage intégral » a été réalisé : le tube a été appliqué contre les parois de la plaque tubulaire sur toute l'épaisseur de celle-ci. Mais cette opération entraînant des contraintes mécaniques entre la partie dudgeonnée du tube et la partie libre, un dudgeonnage complémentaire a été effectué pour diminuer les contraintes. Il s'avérera en 1989 que malgré les mesures de dudgeonnage complémentaire, des fissures apparaîtront, parfois même de façon importante.

nocivité et la cinétique du phénomène.[4] L'hypothèse émise en 1985 est que ces fuites sont liées à la conjonction de deux anomalies de dudgeonnage. EDF prend alors la décision de boucher systématiquement tous les tubes présentant ces deux anomalies, le bouchage est réalisé au fur et à mesure des arrêts de tranches.

Pour améliorer l'état des tubes, différentes solutions ont été examinées, comme l'introduction d'un manchon pour renforcer le tube dans cette partie, ce qui a été fait à Fessenheim. Un autre remède appelé microbillage est proposé par EDF à partir de 1986 pour réduire les contraintes en peau interne : des microbilles viennent marteler la peau interne du tube, induisant des contraintes de compression sur la surface interne des tubes que l'on souhaite protéger. Mais si la technique semble en 1985 être efficace pour les tubes non encore affectés par le phénomène de corrosion sous tension, les essais sont moins concluants pour les tubes déjà malades.

C'est dans le cadre d'études menées par EDF pour approfondir la connaissance de ces phénomènes de corrosion que l'on découvre en juin 1985 que plusieurs tubes extraits des générateurs de vapeur de la tranche 1 de la centrale de Dampierre présentent des signaux particuliers lors des contrôles par courants de Foucault : outre les fissures longitudinales et les fissures circonférentielles, on découvre un type de dégradation inconnu jusque-là et se manifestant sous la forme d'un réseau de petites fissures longitudinales, très nombreuses et rapprochées, concentrées dans des zones circulaires au niveau des transitions de dudgeonnage. L'hypothèse émise alors sur l'origine de ces défauts serait la présence de soufre sur la peau interne des tubes.

Par mesure de prévention, un traitement thermique de l'inconel 600 est appliqué en fabrication au faisceau de tube pour les générateurs de vapeur non encore en service afin de diminuer leur sensibilité à la corrosion sous contrainte. Il est appliqué à partir de la 27e tranche 900, celle de Blayais 4. Les six derniers 900 et les premiers 1 300 reçoivent ainsi des tubes en inconel 600 traité thermiquement. Mais le traitement thermique ne met pas fin aux ennuis des tubes et c'est alors le matériau qui est mis en cause. À partir du palier N4, l'inconel 600 sera remplacé par l'inconel 690, testé depuis de nombreuses années et dont les études auront montré qu'il est moins susceptible à la corrosion sous contrainte que la nuance 600.

En dehors des réparations, l'essentiel de la prévention passe par la surveillance des tubes. Un programme de surveillance renforcée est

---

4 En fait, ce sont les fissures circonférentielles axisymétriques, c'est-à-dire affectant le tube d'une manière uniforme sur toute la circonférence qui ne respectent pas le critère de « fuite avant rupture ».

établi par EDF, en accord avec les autorités de sûreté. Au cours des arrêts de tranche, il est procédé à des contrôles par courants de Foucault qui permettent de détecter les fissures et de mesurer leurs dimensions. Les contrôles se font par échantillonnage, ils sont plus fins dans les zones où des maladies particulières sont susceptibles de se développer. En 1989, on contrôle un tube sur huit. En fonctionnement, on contrôle le volume des fuites entre le circuit primaire et le circuit secondaire. En 1989, on est capable de détecter des fuites de cinq litres par heure. Les progrès des techniques de détection permettront d'aboutir à des seuils de détection des fuites primaire/secondaire de un litre par heure (le critère de fuite admissible en fonctionnement normal était initialement de 70 l/h sur un GV.) La question complexe qui est posée aux experts est de savoir comment corréler un taux de fuite à un type de défaut, et quel est le risque de rupture des tubes présentant une fuite.

À partir d'un certain taux de fissuration, le tube de générateur de vapeur est bouché. Cette méthode n'est pas extensible à l'infini car à partir du bouchage d'un certain nombre de tubes, le fonctionnement du générateur de vapeur devient problématique pour l'extraction de la chaleur. Le critère retenu par les Américains et repris par EDF est qu'au-delà de 15 % de tubes bouchés il faut changer le générateur de vapeur. Le remplacement du générateur de vapeur est en effet la mesure ultime.

15.1.1.3. Apparition de la corrosion côté secondaire

Mais après le côté primaire, des problèmes apparaissent du côté secondaire. Grâce aux mesures préventives, le parc français avait été globalement épargné jusqu'en 1990-1991.

Un cas de dégradation d'un tube de générateur de vapeur sur la paroi externe avait cependant été découvert en 1986 à Fessenheim 1. Mais c'est la mise en évidence, en 1989, d'un nouveau phénomène de dégradation sur le réacteur de Nogent à l'issue de son premier cycle de fonctionnement, soit 10 000 heures environ, qui constitue un nouveau sujet de préoccupation pour la sûreté de ces appareils, d'autant que l'anomalie présente un caractère générique pour tout le palier 1 300.[5] Les contrôles effectués montrent que les générateurs de vapeur de six réacteurs 1 300 sur quinze sont touchés. Alors qu'on pense tout d'abord que ce défaut est spécifique des réacteurs 1 300, les générateurs de vapeur des 900 s'avèrent également affectés par le phénomène. Des investigations lancées par EDF montrent que l'anomalie détectée se caractérise par des

5 « Anomalie générique sur les générateurs de vapeur des réacteurs de 1 300 MWe », *Bulletin SN*, n° 71, décembre 1989, p. 16-17, et « Anomalie générique des générateurs de vapeur de 1 300 MWe, le point un an après », *Bulletin SN*, n° 78, mars 1991, p. 18.

déformations et des rétrécissements à la base des tubes de générateurs de vapeur. Ces défauts peuvent affecter plusieurs centaines de tubes, généralement situés au centre du faisceau tubulaire. Les études menées par EDF et le constructeur émettent l'hypothèse que c'est l'accumulation, sur la plaque à tubes, d'oxydes métalliques et de particules de métal qui conduirait à la dégradation des tubes et dans certains cas à des fissures pouvant conduire à la rupture. En effet, la présence de ces dépôts compacts se traduit par une augmentation des contraintes, soit par le gonflement de ces boues particulièrement dures entraînant la compression des tubes, soit par une augmentation de la température du métal. Ce problème est d'autant plus délicat qu'il est difficile de maîtriser localement la chimie au voisinage du tube en présence de ces dépôts, en pied de tube. L'origine des dépôts est attribuée à certaines phases de construction ou de mise en exploitation.

Comme dans chaque cas de découverte d'une nouvelle anomalie portant à conséquence sur la sûreté des installations, le SCSIN avec l'aide de ses appuis techniques examine les résultats des études et les propositions d'EDF pour juger si elles sont aptes à remédier au phénomène rencontré.[6]

À l'occasion de la découverte de l'anomalie affectant le palier 1 300, le SCSIN hausse le ton : il indique qu'il n'autorisera le redémarrage des réacteurs affectés que lorsqu'EDF aura apporté la preuve que les générateurs de vapeur sont en mesure de fonctionner pendant un cycle sans risque de rupture de tube. En décembre 1989, le SCSIN estime qu'EDF a apporté des réponses satisfaisantes justifiant que les réacteurs peuvent tenir un cycle, mais que tout risque de rupture ne peut pas être exclu. Aussi le SCSIN n'autorise le redémarrage des réacteurs 1 300 concernés que dans des conditions qu'il juge lui-même « particulièrement strictes » : le redémarrage n'est autorisé que pour une période de six mois à l'issue de laquelle un nouveau contrôle doit être effectué. Par ailleurs, il exige l'arrêt immédiat de tout réacteur sur lequel une fuite entre le circuit primaire et le circuit secondaire dépasserait trois litres par heure, ou augmenterait de 1 l/h en moins de 24 h à partir d'un débit de 1 l/h.[7]

---

6 Pour ce qui touche à la chaudière nucléaire dont font partie les générateurs de vapeur, le SCSIN se base sur l'expertise du Bureau de Contrôle de la Construction Nucléaire (BCCN) et sur l'avis de la Section Permanente Nucléaire (SPN) de la Commission centrale des appareils à pression (CCAP). Il dispose également de l'avis du Département d'analyse de sûreté (DAS) de l'IPSN, éventuellement suivi de l'avis du Groupe Permanent Réacteur qu'il peut convoquer pour les questions ardues.

7 « Anomalie générique sur les générateurs de vapeur des réacteurs de 1 300 MWe », *Bulletin SN*, n° 71, décembre 1989, p. 16-17

Les générateurs de vapeur resteront une préoccupation permanente, d'autant que deux ans plus tard s'ajoute un nouveau phénomène, le vieillissement prématuré par fatigue. Et là, les contrôles sont incapables de le détecter. La rupture par fatigue qui s'est produite sur la centrale japonaise de Mihama-2 vient rappeler que ces phénomènes, certes pas nouveaux mais qui étaient considérés comme secondaires, doivent être reconsidérés.

En 1992, on constate que le taux de bouchage des générateurs de vapeur augmente significativement d'une année à l'autre, tandis que le volume et le coût des contrôles s'accroissent.

15.1.1.4. Un problème technique délicat qui entraîne des frictions avec les autorités de sûreté

Le « problème » des générateurs de vapeur est suivi par le Service central avec une attention particulière depuis 1984-1985. Mais les relations se tendent entre EDF et l'autorité de contrôle à partir de 1987, cette dernière estimant que le problème devient préoccupant.

Les anomalies successives découvertes sur les générateurs de vapeur sont d'autant plus problématiques aux yeux du Service central qu'elles présentent un caractère générique de par la standardisation du parc nucléaire français. La standardisation apporte il est vrai une grande expérience en matière de sûreté – les enseignements tirés sur un réacteur sont transposables à tous les autres –, mais l'on aperçoit ici la contrepartie de cette politique industrielle. Certes, estime-t-on du côté de l'administration,[8] la défaillance d'un tube de générateur de vapeur ne constitue qu'un incident mineur ne devant conduire à aucun rejet s'il est bien maîtrisé. La prévention (le contrôle des tubes) mise en place par l'exploitant est jugée satisfaisante et l'on note les efforts fournis pour entraîner les opérateurs à bien gérer une éventuelle défaillance.

Mais si l'administration est satisfaite de la gestion à court terme du problème par EDF, elle estime que l'exploitant n'est pas assez prompt pour mettre en place une stratégie à moyen terme : EDF n'a toujours pas, en juillet 1988, proposé de méthode opérationnelle pour le remplacement des générateurs de vapeur, alors que la demande en avait été faite publiquement dès octobre 1987.[9] Le Service central considère que la poursuite de la dégradation des générateurs de vapeur est inéluctable et que le remplacement des appareils semble inévitable. Or cette opération de remplacement, qui risque de concerner un grand nombre de

[8] CSSIN, PV de la séance du 5 juillet 1988.

[9] CSSIN, PV de la réunion du 27 octobre 1987.

tranches, sera nécessairement une opération lourde, vraisemblablement longue de plusieurs mois, et dont EDF n'a pas l'expérience.

Le SCSIN craint par-dessus tout de se retrouver dans une situation où l'on considérerait souhaitable, au plan de la sûreté, de remplacer un générateur de vapeur et qu'on ne puisse pas le réaliser, soit parce qu'on ne sait pas faire, soit parce qu'il n'y a pas eu les approvisionnements en temps utile. La question est posée par le Service central dans son rapport d'activité 1989, le premier à être rendu public, et témoigne des difficultés et des responsabilités auxquelles est confrontée l'administration : « on peut concevoir qu'un problème générique découvert ou traité tardivement, puisse entraîner, au plan sûreté, l'arrêt simultané de tout un palier ; compte tenu de ses conséquences, une telle décision pourra-t-elle être prise dans un bon contexte ? »[10] En tout cas, ce problème dénote aux yeux de l'administration le manque d'anticipation d'EDF, manque d'anticipation qui dans un autre domaine générique et sensible pour la sûreté pourrait avoir des conséquences fâcheuses : « compte tenu du poids du parc électronucléaire standardisé, il est indispensable d'anticiper les problèmes techniques qui entraîneraient soit des immobilisations, soit la fin de vie des installations. » Et le SCSIN d'ajouter : « *Il ne serait pas acceptable (nous soulignons)* de prolonger le fonctionnement d'un ensemble d'installations devenues moins sûres, faute de capacités de remplacement engagées suffisamment tôt. »[11]

Du côté EDF, le problème des générateurs de vapeur mobilise un effort considérable. Mais les solutions ne sont pas évidentes : d'importantes études sont lancées, il faut mettre au point un appareillage spécialisé pour les opérations de réparation, qui plus est en limitant au maximum l'irradiation du personnel d'intervention. Les contrôles sur les générateurs de vapeur en service sont en augmentation constante,[12] et le remplacement de ces énormes appareils est une opération lourde, entraînant un surcoût très important pour l'opérateur.

---

10 SCSIN, *Rapport d'activité 1989*, p. 70.

11 SCSIN, *Rapport d'activité 1989*, p. 12. (Souligné par nous). Il ajoute qu'il « convient qu'à tout instant une marge dans les capacités de production permette de gérer correctement des immobilisations imprévues. » Le syndicat CGT, qui se déclare en accord avec le SCSIN sur cette question, réclame lui l'installation d'une puissance supplémentaire de l'ordre de 10 % pour l'ensemble du parc : ceci permettrait d'arrêter les tranches les unes après les autres pour faire face aux problèmes de matériels, ce qui n'est pas possible en l'état. 10 % de puissance installée supplémentaire représentent à l'époque 5 000 MWe soit 6 tranches 900 MWe, 4 tranches 1 300 ou 9 tranches 600 au charbon. Cf. FNE-CGT, « Assises sûreté nucléaire », dossier de presse daté du 19 juin 1990, p. 10.

12 Le nombre de tubes contrôlés passe d'environ 180 000 en 1989 à 350 000 en 1990 et à environ 400 000 en 1991 et 1992, d'après le Bulletin SN n° 91 de mars 1993.

Lors d'une réunion du Conseil supérieur de la sûreté et de l'information nucléaires[13] consacrée au dossier des générateurs de vapeur tenue le 21 mars 1989, le débat fait ressortir une très nette « insatisfaction intellectuelle » parmi de nombreux participants, résultant des incertitudes liées à la nature et à la cinétique de ces problèmes de corrosion. Certains font remarquer que tous les pronostics en la matière se sont révélés faux dans le passé. De plus, il est impossible de quantifier de façon précise le lien entre la probabilité de défaillance et l'état de la tranche, mais également de savoir dans quelle proportion la probabilité de l'événement est diminuée en lui consacrant tel ou tel effort financier. Pour l'autorité de sûreté, ceci entraîne, pour doser l'effort de prévention, des discussions difficiles qui ne peuvent reposer sur aucune corrélation précise. L'insatisfaction intellectuelle provient aussi du fait qu'EDF et Framatome, confrontés à des problèmes dont ils ont bien du mal à connaître la cause exacte, affirment néanmoins que les solutions qu'ils proposent sont appropriées.

Le dialogue entre EDF et l'administration prend une tournure moins conflictuelle à partir de 1989, quand l'exploitant annonce sa décision de procéder à un premier remplacement de générateur de vapeur sur la centrale de Dampierre 1 au cours de l'année 1990. Cette mesure devenait économiquement inévitable étant donné le coût que représentent les réparations et la surveillance des tubes. Cette opération est effectuée lors de l'arrêt pour la visite décennale débuté le 17 février 1990. La technique retenue par EDF est un changement de générateur de vapeur monobloc. Elle met en œuvre un grand nombre de méthodes spécialement mises au point : décontamination par des procédés chimiques et électrochimiques, découpe par machine à plasma, positionnement des nouvelles pièces après des mesures de topométrie. S'ensuivent un sondage et des épreuves hydrauliques des appareils. Le démontage et le remontage auront duré 70 jours, un record dont Framatome, le réparateur retenu, peut se prévaloir sur le marché international.

Le remplacement des générateurs de vapeur du fait de leur durée de vie de moitié inférieure aux estimations initiales[14] est un véritable pactole pour Framatome qui a été retenu comme constructeur réparateur à la

---

13 CSSIN, PV de la réunion du 21 mars 1989.

14 L'ouvrage qui retrace l'histoire du groupe Framatome relate que c'est à l'occasion de la première décennale de Fessenheim en 1989 que l'on s'aperçut que les tubes de générateur de vapeur vieillissaient plus vite que prévu. On constata alors que l'inconel 600 résistait moins bien à la corrosion que les calculs théoriques le laissaient espérer. De ce fait, on affirme que « la durée de vie réelle des générateurs de vapeur ne sera que d'une vingtaine d'années, au lieu de la quarantaine espérée. » (Framatome, *Framatome, du bureau d'ingénierie nucléaire au groupe international*, Paris, Albin Michel, 1995, p. 102.)

suite du lancement en 1991 par EDF d'un vaste programme de remplacement des générateurs de vapeur :

> D'emblée, indique la monographie de l'entreprise, dix-huit générateurs de vapeur sont commandés à Framatome : de quoi renouveler l'équipement de six chaudières de 900 MWe. Ces fabrications lourdes viennent à point nommé assurer le plan de charge de l'usine de Chalons-Saint Marcel, alors que le nombre de constructions de centrales neuves décroît. Mais elles font aussi de la maintenance un axe majeur de développement pour Framatome.[15]

Les techniques mises au point par Framatome à cette occasion lui permettront d'intervenir sur de nombreuses centrales à l'étranger (Suède, Espagne, Belgique, Corée, Chine, Afrique du Sud, États-Unis, Suisse). Le remplacement des générateurs de vapeur de Dampierre 1 sera suivi en France du remplacement de ceux de Bugey 5 en 1993, de Gravelines 1 en 1994, de Saint-Laurent B1 en 1995, de Dampierre 3 et Gravelines 2 en 1996, de Tricastin 2 en 1997, et de Tricastin 1 en 1998. Le coût d'un remplacement s'élève à 600 millions de francs par tranche de trois GV.

En 1996, les anomalies ayant affecté les générateurs de vapeur semblent maîtrisées ; leur état restera cependant un sujet de préoccupation persistant aux yeux des experts de l'IPSN et de l'autorité de sûreté. La question sera à nouveau examinée par le Groupe Permanent Réacteurs le 25 novembre 1999. Ces préoccupations auront conduit à développer des moyens de contrôle de plus en plus performants permettant de détecter des défauts toujours plus fins.

15.1.2. Les pressuriseurs et les couvercles de cuve

Après les générateurs de vapeur, des défauts vont affecter de façon générique d'importants matériels du circuit primaire des centrales d'EDF, les pressuriseurs, puis les couvercles de cuve, ce dernier problème étant considéré comme l'un des problèmes techniques les plus importants qu'aient jamais rencontré les réacteurs à eau pressurisée (REP) depuis le début de leur exploitation.

15.1.2.1. Les piquages des pressuriseurs 1 300 et l'échec de l'analyse prévisionnelle ou théorique

En avril et mai 1989, lors de l'épreuve hydraulique du circuit primaire de Cattenom 2 et Nogent 1 du palier 1 300, des fuites d'eau primaire sont détectées sur deux piquages d'instrumentation des pressu-

[15] Framatome, *Framatome…*, *op. cit.*, p. 103.

riseurs.[16] L'examen allait montrer la présence de fissures sur les piquages en inconel. Or sur les tranches 1 300, l'inconel a été préféré à l'acier inoxydable utilisé traditionnellement par Westinghouse, dans le souci de minimiser les contraintes thermiques.[17] La mise en cause du phénomène de corrosion sous tension de l'inconel allait à nouveau révéler un problème à caractère générique. La sûreté était directement concernée car on pouvait craindre le risque d'éjection du piquage affaibli par les fissurations. Le Service de la production thermique d'EDF, avec Framatome, engageait alors un programme d'études, et obtenait l'accord du SCSIN et de ses appuis techniques sur une stratégie combinant contrôles, réparations et mesures compensatrices, en particulier par l'installation de dispositifs anti-éjection.

Mais dès l'année suivante, c'est au tour de l'inconel 600 des pénétrateurs des couvercles de cuve de présenter des fissures. L'exemple des générateurs de vapeur et des pressuriseurs auraient dû être considérés comme des signes annonciateurs et remettre en question l'organisation du retour d'expérience vers le constructeur. C'est en tout cas un constat d'échec des analyses prévisionnelles.

15.1.2.2. Découverte de l'anomalie du couvercle de Bugey 3

Le 23 septembre 1991, alors que le réacteur n° 3 de Bugey est soumis à la toute dernière révision décennale d'une tranche du palier CP0, l'épreuve hydraulique réglementaire du circuit primaire[18] détecte une fuite d'eau de l'ordre d'un litre par heure sur le couvercle de la cuve. Les investigations menées montrent que cette fuite provient de la fissuration traversante de l'un des 65 manchons en inconel 600 permettant le passage des tiges de commandes des grappes de contrôle du cœur à travers le couvercle de la cuve du réacteur. L'origine de la fuite est attribuée à nouveau au phénomène de corrosion sous tension de l'inconel 600.

---

16 « Le pressuriseur est un réservoir d'une capacité d'environ 60 m^3 pour les centrales 1 300 MWe. Il constitue le dispositif de régulation et de limitation de la pression pour l'ensemble du circuit primaire principal. Il comporte, en particulier, 11 piquages d'instrumentation (...) permettant d'effectuer en fonctionnement des mesures de température, de niveau ou de pression. Ces piquages sont dudgeonnés, c'est-à-dire expansés radialement afin d'augmenter leur diamètre pour les immobiliser dans leur support. Puis ils sont soudés sur un renforcement du revêtement interne en acier inoxydable du pressuriseur. » (SCSIN, *Rapport d'Activité 1989*, p. 72)

17 L'alliage d'inconel 600 a un coefficient de dilatation thermique plus voisin de celui de l'acier du pressuriseur que l'acier inoxydable austénitique.

18 L'épreuve est réalisée après déchargement du combustible à une pression de 207 bars pour une pression de fonctionnement de 155, afin de s'assurer de l'étanchéité du circuit primaire.

15.1.2.3. Des hypothèses qui se sont avérées inexactes

Le suivi des hypothèses proposées au fil des ans pour expliquer la corrosion des pénétrateurs de cuve et qui résume l'état comme l'avancée des connaissances sur la question montre la difficulté d'analyse du phénomène de corrosion sous contrainte : la progression des études infirme certaines hypothèses affirmées l'année précédente, tandis que d'autres s'avèrent plausibles mais pas suffisantes...

Après l'hypothèse d'une sous-estimation du niveau de contraintes[19] dans les couvercles, c'est l'hypothèse de l'influence de la température qui est privilégiée. À la suite de la découverte des fissures à Bugey 3, la présence de fissures sur les autres réacteurs du palier CP0 et sur les réacteurs 1 300 MWe semble confirmer l'hypothèse sur la température, car les 1 300 fonctionnent à des températures de couvercle voisines de celles du CP0 (respectivement 309 et 315°C), et plus élevées que celles des couvercles des paliers CP1-CP2 (290°C). Sur cette base, EDF prévoit que les tranches CP1 et CP2 ne seraient affectées par les fissures qu'après un délai plus important. Or les premiers contrôles effectués en 1992 sur les réacteurs des paliers CP1 et CP2 révèlent également des fissures, démentant ces prévisions. L'hypothèse concernant l'influence de la température est remise en cause ce qui redonne de la vigueur à la thèse de la sous-estimation des contraintes. À partir de 1992, une hypothèse supplémentaire incrimine l'état de surface interne pour expliquer la susceptibilité particulière de l'acier français à la corrosion sous tension par rapport aux centrales étrangères.

Ces hypothèses affirmées puis infirmées ne manquent pas d'être raillées par les opposants, qui n'hésitent pas à parler de « cafouillage des métallurgistes ». Ils notent qu'à cette occasion « on s'est aperçu de l'absence d'archivage à EDF, de l'absence de spécifications de soudage, d'une grande variété non répertoriée des conditions mêmes de fabrication de l'alliage, etc. »[20] Une leçon qu'ils tirent de l'anomalie sur les couvercles est sans doute que les erreurs de pronostic des techniciens d'EDF devraient les inciter à une plus grande modestie technique. De façon récurrente, les opposants, mais aussi les ingénieurs de l'administration, reprochent aux dossiers des ingénieurs d'EDF de systématiquement avancer des arguments péremptoires, sous-entendant qu'ils sont les meilleurs, que quand ils ont étudié quelque chose, cela ne peut être que

---

19 Tanguy, P., *Sureté Nucléaire 1991*, Rapport de l'inspecteur général pour la sûreté nucléaire, EDF-Direction générale, 8 janvier 1992, p. 10.

20 Belbeoch, Bella, *La Gazette Nucléaire*, 155/156, janvier 1997, p. 30.

bon, qu'ils ont fait entièrement le tour de la question, que les meilleures études prouvent avec certitude qu'il n'y a aucun risque.[21]

15.1.2.4. L'incidence des fissures des couvercles

Si les causes exactes du phénomène ne sont pas cernées avec précision, le premier type de fissures détectées – il s'agit de fissures longitudinales – ne suscite pas trop d'inquiétude. Au cas où une fissure de ce type deviendrait traversante, elle pourrait occasionner une fuite dans le circuit primaire. Or une fuite correspond à une brèche du circuit primaire, un scénario prévu dans les analyses de sûreté, et les parades existent pour y faire face. De l'eau radioactive se déverserait à l'intérieur de l'enceinte de confinement du réacteur et l'application des procédures accidentelles devrait permettre de ramener le réacteur à l'arrêt dans un état sûr. Mais pour la sûreté, la question importante est la possibilité d'éjection d'une grappe de barres de commande en cas de fissuration circonférentielle. Ce serait une situation accidentelle, néanmoins jugée hypothétique.

Inquiète malgré tout, la Direction de la sûreté des installations nucléaires (le Service central a été transformé en Direction en mai 1991)[22] demande l'avis de ses comités d'experts, la Section permanente nucléaire puis le Groupe Permanent Réacteurs,[23] qui se réunissent respectivement en février et mars 1993. L'éjection d'une unique grappe de commande ne pose pas de problème car c'est un scénario étudié dans le rapport de sûreté et qui peut être géré. L'inquiétude réside dans le fait de savoir si l'éjection d'une grappe ne pourrait pas entraîner des dommages sur les grappes voisines et sur combien, auquel cas les conséquences sont plus difficiles à évaluer. Les comités d'experts sont amenés à se prononcer sur la stratégie de gestion de l'anomalie proposée par EDF. Les arguments de l'exploitant avancés dans des « études d'innocuité » sont discutés par l'un et l'autre groupe d'experts : les débats tournent autour de l'état de la fissuration initiale, le milieu chimique, les cinétiques d'amorçage et de propagation des fissures, l'évaluation des contraintes.

Dans un premier temps, l'effort porté par EDF concerne l'amélioration des moyens de détection par contrôles non destructifs, et des dispositifs de détection de fuite. Mais par anticipation, EDF installe un dispositif interdisant l'éjection des grappes en cas de rupture. La deu-

---

21 D'après un entretien avec Raymond Séné, animateur du GSIEN, 17 juillet 2000.

22 Michel Lavérie est le chef de la DSIN. Polytechnicien, ingénieur du Corps des Mines, il a succédé en juin 1986 à Christian de Torquat à la tête du SCSIN.

23 Rappelons que les réunions du Groupe Permanent sont préparées par un rapport du Département d'évaluation de sûreté de l'IPSN qui suit le dossier en continu.

xième défense possible est de réparer les manchons fissurés : les discussions très pointues entre les experts portent alors sur les critères de réparation et de maintien en service. La question posée est de savoir jusqu'à quelle profondeur de fissuration un manchon abîmé peut être laissé en service et pendant combien de cycles, avant d'être réparé. Des procédés de réparation sont mis au point qui visent à éliminer les défauts traversants ou potentiellement traversants par exemple par alésage puis par soudure pour compenser les pertes de matière. Une réparation plus définitive consiste à remplacer les adaptateurs fissurés ou à changer le couvercle. L'enjeu pour EDF est d'obtenir que les réparations puissent avoir lieu lors des arrêts programmés, et si possible de façon étalée dans le temps.

Fin 1992, un problème nouveau vient compliquer les choses. Des analyses montrent une amorce de fissuration circonférentielle sur la traversée qui avait fui à Bugey 3 : une fissure longitudinale traversante a laissé s'écouler de l'eau primaire qui a provoqué une fissuration circonférentielle en peau externe du manchon du couvercle. Cela remet en cause le jugement concernant l'innocuité des fissures longitudinales et des fuites. Ceci conduit EDF à mettre au point des méthodes de contrôle capables de détecter les traversées fissurées avant qu'elles ne fuient, ce qui pose de grandes difficultés du fait de la géométrie du lieu et de la radioactivité forte qui y règne.

15.1.2.5. La gestion de l'anomalie

Le caractère générique de l'anomalie – tous les couvercles peuvent être affectés – pose le problème de la gestion des réparations. Face à un problème d'une telle ampleur, deux stratégies s'offrent à EDF : soit contrôler régulièrement les traversées et réparer ou remplacer celles qui seraient fissurées, soit remplacer préventivement l'ensemble des traversées d'un couvercle dès l'apparition des premières fissures.[24]

La première stratégie, appliquée dès le début, s'avère fort coûteuse en termes de disponibilité mais également en termes de dosimétrie car elle conduit à d'importantes expositions aux radiations. Les expositions seront ensuite limitées par l'emploi de robots de contrôle et une meilleure organisation de la radioprotection (la dose collective sera réduite d'un facteur 10 alors que le nombre de contrôles sera multiplié par 5 en 1993 par rapport à 1992).

Le coût élevé des contrôles à répétition et des réparations à l'unité, comme le placement aléatoire de ces dernières lors des arrêts pour

---

24 Cf. Mercier, Jean-Pierre, « L'affaire des couvercles de cuve », in Larroque, D., *Histoire du service de la production thermique…*, *op. cit.*, p. 43-45.

rechargement sur toute la vie future des tranches conduisent EDF à opter en 1993 pour le remplacement à terme de l'ensemble des traversées de chaque couvercle par des éléments neufs en un nouvel alliage, l'inconel 690, dès que leurs fissurations atteignent un niveau qui ne permet pas d'envisager leur maintien en l'état pendant plusieurs cycles. Cette solution présente des avantages sur le plan technique et pour la sûreté, mais également d'un point de vue économique. Des réparations individuelles de traversées seront utilisées pour étaler le renouvellement. Tous les couvercles seront finalement changés. Le coût de l'affaire des couvercles est évalué selon les auteurs entre trois et cinq milliards de francs, hors indisponibilité des tranches.[25]

15.1.2.6. La DSIN critique la réactivité insuffisante d'EDF

Pour la Direction de la sûreté des installations nucléaires (DSIN), qui expose sa position lors d'une question d'actualité du CSSIN d'octobre 1991, comme dans le cas de la corrosion des générateurs de vapeur, ce n'est pas le défaut particulier qui est source d'inquiétude, car on estime qu'il sera réparé comme il faut. Le problème de sûreté ne sort pas de l'ordinaire. Il n'a pas fait courir de risques particuliers c'est pourquoi l'événement a été classé au niveau 2 de l'échelle de gravité. Le problème immédiat est le suivi du phénomène et des éventuelles réparations. La vraie question posée pour l'avenir réside plutôt dans la façon de gérer correctement des situations analogues qui pourraient se développer un jour sur l'ensemble du parc.

La DSIN insiste sur la nécessité d'anticiper.[26] À l'appui de ses exigences, la DSIN cite la lettre que les ministres chargés de l'Environnement et de l'Industrie – la DSIN a la double tutelle – ont envoyée en juillet 1992 à EDF lui demandant de prendre les mesures nécessaires afin d'améliorer sa réactivité et sa faculté d'anticipation sur ce type d'anomalie, et de procéder au réexamen des principales anomalies survenues par le passé sur le parc nucléaire afin de s'assurer du caractère suffisant de l'étendue des investigations menées.

15.1.3. Quelques autres exemples de problèmes sur les matériels

Aux problèmes sur les générateurs de vapeur, sur les pressuriseurs et sur les couvercles, s'ajoutent d'autres difficultés. Celles-ci sont d'une ampleur moindre car les matériels touchés ne représentent pas le même enjeu économique. Certains d'entre ces matériels jouent en revanche un rôle prépondérant du point de vue de la sûreté. Si la découverte de

---

[25] Cf. Mercier, *op. cit.*, p. 43 ; Berge, Philippe, « L'affaire de "l'Inconel" », in Larroque, *op. cit.*, p. 48-51.

[26] DSIN, *Rapport d'Activité 1992*, p. 66.

certaines anomalies ne sort pas du cadre d'un processus normal de contrôle industriel, ces problèmes viennent se cumuler à ceux décrits précédemment pour donner l'impression d'une série noire, ce qui ne contribue pas à l'amélioration des relations entre l'exploitant et les autorités de contrôle.

15.1.3.1. Anomalie des grappes de commande

À six mois d'intervalle, deux incidents affectent les grappes de commande qui assurent l'arrêt du réacteur : le 9 septembre 1988 sur le réacteur 1 de Dampierre, le 1er avril 1989 sur le réacteur 4 de Gravelines. Ces deux incidents sont dus à la rupture de l'un des 24 crayons d'une des 53 grappes de commande, précurseur potentiel de l'accident de non-fonctionnement des grappes de contrôles alors qu'elles sont sollicitées (l'ATWS américain). Ces ruptures ont été provoquées par une usure importante du gainage due à un phénomène de fatigue. La difficulté est venue du fait que l'anomalie était de caractère générique pour les tranches de 900 MWe. La méthode radicale pour traiter la question a été de prévoir le remplacement de toutes les grappes de commande des tranches de 900 MWe dès que possible : EDF cependant, confrontée à un problème d'approvisionnement, a dû se rabattre sur une stratégie plus fine. Une discussion difficile eut lieu avec les experts de l'autorité de sûreté sur les critères à adopter : à partir de la cinétique d'évolution du phénomène qui était relativement lente, il a été décidé de définir une politique fondée sur des contrôles renforcés et l'engagement d'effectuer le remplacement des grappes avant la fin 1990. L'incident de blocage de grappe sur Gravelines 4 est un exemple indéniable d'une anticipation insuffisante de la part d'EDF. L'expertise de l'incident précurseur de Dampierre aurait dû être plus prompte.

15.1.3.2. Fissures sur les tuyauteries de vapeur ; Fessenheim 1

Entre 1990 et 1992, des défauts dans les soudures sur des tuyauteries de vapeur principales sont détectés successivement sur les trois paliers de réacteurs. Ces défauts mettent en cause la qualité des matériaux, le mode de fabrication ou les conditions de soudage. Sans détailler[27] les conditions de leurs découvertes ni la gestion de ces défauts, on notera que ce dossier amène l'autorité de sûreté à exprimer publiquement des reproches extrêmement sévères à l'égard d'EDF dans son Rapport d'Activité 1991 :

[27] On pourra consulter le dossier publié dans le Bulletin de la sûreté des installations nucléaires, n° 89, décembre 1992, p. 18-19 qui dresse le bilan de cette affaire.

Lors de la découverte de défauts sur les lignes de vapeur du Blayais en 1990, l'exploitant s'était engagé, à la demande de la Direction de la sûreté des installations nucléaires, à développer une méthode de réparation et à la mettre en œuvre dès 1990. Malgré un travail important des équipes techniques chargées de cette mise au point et un investissement notable de l'autorité de sûreté dans le contrôle de la bonne qualification du procédé, EDF n'a pas effectué les réparations prévues en 1991. Ce retard est dû à une coordination insuffisante des services centraux d'EDF, tant en ce qui concerne les approvisionnements, que pour la gestion des équipes d'intervention et la programmation des arrêts des réacteurs. Un problème analogue s'est présenté concernant des remplacements de matériel prévus à Bugey. La DSIN constate donc l'insuffisance de l'engagement technique des services centraux d'EDF sur ce sujet en 1991, le manque de diligence dans le respect des engagements pris, et la référence trop fréquente à des considérations économiques en regard des impératifs de sûreté.[28]

Prenant acte des orientations proposées par EDF en fin d'année qui « paraissent aller dans la bonne voie », et constatant que le dialogue technique « a repris un tour normal », la DSIN annonce qu'elle n'en mènera pas moins « une surveillance extrêmement rigoureuse » des actions menées par l'exploitant en 1992 dans le domaine des lignes de vapeur principales.

15.1.3.3. Les liaisons bimétalliques, 1990-1993

Bien moins grave que les problèmes précédents mais venant s'y surajouter, la question des « liaisons bimétalliques », apparue en 1990 à la suite de la découverte de certaines anomalies sur des soudures,[29] va être suivie par la DSIN, gérée par EDF et expertisée par l'IPSN. En 1993, la DSIN semble satisfaite du traitement de cette question par EDF qui a dû mettre en place des investigations métallurgiques pour confirmer l'origine du phénomène, développer des techniques de contrôle en service performantes, lancer une étude de procédé de réparation par soudage. Si l'affaire des liaisons bimétalliques[30] s'avère sans gravité, elle illustre la question plus générale du contrôle dans toutes les conditions d'exploitation des matériels considérés comme importants pour la sûreté, et en particulier de leur vieillissement, accentué par les effets de la température ou de l'irradiation. La prévention des accidents repose en premier

---

28 DSIN, Rapport d'Activité 1991, p. 77.

29 Les liaisons bimétalliques sont des soudures entre les récipients du circuit primaire comme la cuve, les générateurs de vapeur ou le pressuriseur, fabriqués en acier ferritique, et les tuyauteries en acier inoxydable austénitique. Ces soudures entre matériaux différents ont toujours été considérées comme une opération délicate et font l'objet de contrôles périodiques lors des arrêts de tranche.

30 Cf. Rapport d'Activité DSIN 1991, p. 77-78 ; Rapport d'Activité DSIN 1992, p. 67.

lieu sur la surveillance de ces appareils et souligne l'importance de l'amélioration de la fiabilité et des performances des contrôles non destructifs.

15.2. Les incidents de maintenance de l'été 1989

Au cours de l'été 1989, deux incidents mettant en cause la maintenance à EDF vont recevoir un fort retentissement médiatique. Au-delà des erreurs ponctuelles, c'est toute l'organisation et la politique du Service de la production thermique d'EDF qui est mise sur la sellette : son organisation interne (relations entre services centraux et centrales nucléaires), sa relation avec les prestataires, la question des effectifs, leur qualification ou encore la course à la rentabilité.

15.2.1. Les faits : Gravelines 1, août 1989 ; Dampierre 1, juillet 1989

Le 16 août 1989, une anomalie de fonctionnement des trois soupapes de sécurité du circuit primaire est mise en évidence sur la tranche n° 1 de la centrale de Gravelines. Ces soupapes sont destinées à protéger le circuit primaire contre les surpressions incidentelles ou accidentelles. Ce sont des soupapes pilotées, c'est-à-dire que leur ouverture est commandée par la pression transmise par un circuit auxiliaire, le pilote. Réglementairement, ces soupapes doivent être testées chaque année, et c'est lors d'une de ces vérifications que l'anomalie a été découverte. La vérification du bon tarage des soupapes s'effectue à l'arrêt de la tranche, en pressurisant le pilote avec un banc d'essai. Pour cela, on isole la partie amont de la soupape en remplaçant une vis trouée par une vis pleine. Or lors de la vérification faite à Gravelines pendant l'arrêt annuel précédent, en juin 1988, les vis pleines ont été laissées en place sur les trois soupapes de la tranche. Pendant quinze mois, le réacteur a donc fonctionné dans une situation de sûreté dégradée, la protection du circuit primaire étant insuffisante puisque les soupapes ne se seraient ouvertes automatiquement en cas de besoin qu'avec retard et à des pressions plus élevées que la normale.

Dès le lendemain de la découverte de cet incident, EDF procède au contrôle systématique des circuits de protection du circuit primaire de l'ensemble des réacteurs, contrôle qui ne décèlera aucune autre anomalie. Dans les jours qui suivent, le chef du Service de la production thermique d'EDF lance une enquête pour tirer les leçons de cet incident. Selon Jean-Jacques Mira, responsable de cette enquête, celle-ci

> met en lumière un grand nombre d'anomalies à caractère générique, c'est-à-dire susceptibles de se reproduire tant à Gravelines que dans les autres CNPE. Qu'il s'agisse de l'absence de procédure, d'une formation insuffi-

sante des intervenants, de l'absence de contrôle, ... toutes ces anomalies avaient en facteur commun l'insuffisance de culture de sûreté des agents de maintenance.[31]

Alors qu'il évoque très clairement des problèmes à caractère organisationnel comme origine des incidents, c'est sur la « culture de sûreté » défaillante des agents qu'il rejette en fin de compte la responsabilité. Cette façon d'analyser les causes explique la réponse « qualitative » qui sera apportée dans un premier temps par le SPT, privilégiant une meilleure prise de conscience de la sûreté et non pas une réorganisation structurelle. Cette façon de voir sera vivement critiquée par les observateurs. Après avoir mené sa propre inspection sur place le 22 août, le SCSIN conclut pour sa part que « l'anomalie était due à plusieurs insuffisances dans l'organisation de la qualité. Il s'agit donc essentiellement de problèmes d'organisation et non d'une erreur humaine. »[32]

Étant donné sa gravité potentielle, le SCSIN classe cet incident au niveau 3 de l'échelle de gravité. Il s'agit là du premier « niveau 3 » depuis l'instauration de l'échelle de gravité en avril 1988, le deuxième depuis le début du fonctionnement du parc nucléaire français, après l'incident de Bugey 5 en 1984. Un tel classement a un effet désastreux auprès de l'opinion et des médias, mais ce n'est pas la seule sanction de l'incident. Le rapport d'activité du SCSIN pour l'année 1989 tient à souligner les suites judiciaires de l'affaire, la DRIR Nord-Pas-de-Calais ayant dressé un procès-verbal à l'exploitant de Gravelines en application de l'article 43 du 26 février 1974 relatif à la réglementation des appareils à pression aux chaudières nucléaires à eau. Il ajoute, à l'intention des plus hautes autorités d'EDF : « Il s'agit d'une proposition de sanction pénale qui dans l'esprit est destinée à l'exploitant dans son ensemble (même si elle implique personnellement le chef du centre de production nucléaire). »[33]

L'incident de Gravelines ne pouvait manquer de rappeler celui survenu un mois plus tôt, en juillet 1989 sur la tranche n° 1 de la centrale de Dampierre. Au cours d'une intervention dans le bâtiment réacteur, on constatait la présence anormale de bouchons sur un circuit de sûreté servant à assurer un brassage de l'air de l'enceinte de confinement et le piégeage de l'hydrogène pour éviter en particulier les risques d'explosion en cas d'accident. Là encore, les deux bouchons détectés avaient été installés pour procéder au contrôle de l'étanchéité de ce circuit lors

---

31 Mira, Jean-Jacques, « L'incident des soupapes SEBIM », in Larroque, *op. cit.*, p. 124. Jean-Jacques Mira (ingénieur supélec 1960), est alors adjoint du chef du SPT Lucien Bertron.

32 SCSIN, *Rapport d'activité 1989*, p. 78.

33 *Ibid.*, p. 65.

de l'arrêt annuel et ils auraient dû être retirés avant le redémarrage en décembre 1988. Le réacteur avait ainsi fonctionné pendant plus de six mois avec un circuit de sauvegarde indisponible, même si ce circuit n'est nécessaire qu'en cas d'accident de faible probabilité. Cet événement avait été classé au niveau 2 par le SCSIN.

15.2.2. Le jugement de l'autorité de sûreté

Les incidents de l'été 1989 ne font que donner plus de poids à l'un des dossiers sur lesquels l'autorité de sûreté avait décidé de mettre l'accent dès 1987.[34]

Un incident qui s'était produit le 20 octobre 1986 à Blayais 3 pouvait servir d'exemple, au cours duquel des anomalies rendant indisponibles la fonction de sauvegarde d'injection de sécurité avaient été signalées mais non repérées par l'équipe de quart lors du redémarrage ; elles le furent par l'Ingénieur Sûreté-Radioprotection. Pour parer aux incidents qui se produisaient au redémarrage, EDF avait mis en place des spécifications techniques applicables pendant les arrêts de tranche devant permettre de s'assurer que les matériels importants pour la sûreté sont effectivement disponibles et en état de fonctionnement. Un plan d'action sur la maintenance avait aussi été lancé en 1988 par EDF, illustrant la volonté de l'exploitant d'améliorer la situation. Mais la tâche n'est pas sans présenter des difficultés car la maintenance comporte des actions nombreuses et complexes, qui plus est, l'essentiel des opérations de maintenance s'effectue au cours des périodes d'arrêt de tranche, dont EDF essaie de diminuer la durée, chaque jour d'arrêt d'une tranche représentant un enjeu financier considérable. Les événements de Gravelines et Dampierre allaient mettre en évidence la nécessité de passer à la vitesse supérieure. Car après les deux incidents de l'été, d'autres défaillances de maintenance allaient être mises en évidence, soit par l'exploitant lui-même, soit par les inspecteurs des INB.[35]

Les opérations de maintenance peuvent susciter une inquiétude légitime, car, mal effectuées, elles peuvent introduire un risque de mode commun de défaillance : une intervention simultanée sur des systèmes de sécurité redondants peut conduire à une indisponibilité de tous les matériels de sûreté destinés à assurer une même fonction de sûreté, court-circuitant ainsi les défenses prévues à la conception. C'est pourquoi le SCSIN juge que ces défaillances dans les opérations de mainte-

---

[34] Cf. PV CSSIN, réunion du 27 octobre 1987.

[35] En septembre 1989, c'est la découverte à Tricastin 1, lors d'un essai, de l'indisponibilité du circuit de décompression de l'enceinte à travers des filtres à sable. L'orifice d'un diaphragme n'avait pas été percé à travers le fond plein qui avait permis l'essai du circuit en pression.

nance sont « inacceptables », utilisant une comparaison frappante qui sonne comme un rappel à l'ordre : « L'accident de Tchernobyl, comme celui de TMI, ont montré qu'un accident grave résultait généralement d'une série d'erreurs *a priori* sans conséquence, mais qui, cumulées, mettaient en défaut les protections du réacteur. »[36]

Les incidents de maintenance de l'été 1989 font l'objet d'une critique sévère à l'encontre d'EDF de la part de l'administration, exprimée publiquement dans le rapport d'activité 1989 :

> Dans les semaines qui ont suivi ces incidents, s'est développé chez certains interlocuteurs un discours minimisant l'importance des problèmes et désignant l'obligation de transparence comme cause, responsable de tous les maux : de tels incidents auraient toujours existé et seul l'emploi de l'échelle de gravité les aurait mis sur la sellette. Il est vrai que de tels incidents, surtout dans les périodes de démarrage, avaient pu être constatés lors des années précédentes et avaient déjà fait l'objet de diverses demandes du SCSIN. Leur nombre et leur gravité n'avaient cependant jamais constitué une telle accumulation.[37]

Les critiques du SCSIN sont reprises par les ministres de tutelle qui, par lettre du 19 septembre 1989, demandent à EDF d'engager une analyse critique de l'ensemble de l'organisation et des moyens mis en œuvre pour assurer la qualité des opérations de maintenance. Pour le SCSIN, le traitement en profondeur passe par l'amélioration de la définition des opérations dont les plus importantes doivent être établies au niveau central et appliquées ensuite à l'ensemble du parc. Sont également préconisés le renforcement de la préparation et du suivi des opérations confiées à des prestataires lors des arrêts de tranche, l'amélioration du retour d'expérience qui soit rendu plus rapide et exhaustif, et le renforcement du poids des structures destinées à assurer la sûreté à l'intérieur des centrales. Le SCSIN ajoute une exigence de moyens : « De plus, et même si une telle décision relève clairement de la responsabilité d'EDF, la mise en œuvre de ces différentes orientations nous paraît devoir s'accompagner d'une augmentation (éventuellement par des redéploiements internes) des moyens affectés aux tâches précitées. »[38] Pour la période transitoire qui précède la réalisation de ces actions, le SCSIN demande que lui soient proposées des mesures à court terme (dites mesures compensatoires) qui soient applicables dès le 1er janvier 1990.

Dans une lettre au SCSIN datée du 3 janvier 1990, EDF avait fourni une liste de mesures pour remédier aux problèmes de maintenance, qui

---

[36] SCSIN, *Rapport d'activité 1989*, p. 65.

[37] SCSIN, *Rapport d'Activité 1989*, p. 66.

[38] *Ibid.*, p. 66.

portaient essentiellement sur la culture de sûreté des intervenants, l'organisation, la qualité des dossiers d'intervention et la qualité du contrôle et du suivi. Mais les différentes inspections menées par l'Administration ou l'inspection nucléaire interne d'EDF devaient constater l'insuffisance de ces mesures qui n'avaient pas entraîné d'amélioration significative : de l'aveu même d'EDF, ces mesures n'avaient permis d'obtenir une maintenance satisfaisante que sur 40 % des centrales. De plus, de nouveaux incidents survenaient, en particulier à Dampierre 1 en septembre 1990, où au cours du redémarrage, les opérateurs découvraient que les capteurs de débit des trois lignes vapeur étaient isolés par suite d'une requalification incomplète. La cause était attribuée à une suite d'erreurs humaines provoquées par une trop grande parcellisation des tâches et des responsabilités, au niveau de l'intervenant comme de l'exploitant. Cela avait conduit le SCSIN à demander en octobre un renforcement de ces mesures compensatoires.

Pour le plus long terme, un certain nombre d'orientations avaient été élaborées par le SPT suite à la demande du directeur général d'EDF. Deux missions d'enquête et un groupe *ad hoc* proposaient des mesures, approuvées en juin 1990 par l'établissement. Ces mesures avaient plusieurs objectifs : clarifier les responsabilités et réduire la parcellisation des tâches ; développer les fonctions de contrôle ; créer un potentiel d'ingénierie de maintenance ; élever le niveau culturel des agents et créer un centre de formation spécifique ; créer des structures permanentes d'arrêt de tranche. Ces mesures, transmises au SCSIN, puis analysées par l'IPSN, firent l'objet de deux réunions du Groupe Permanent avant d'être présentées au CSSIN en novembre.

Elles allaient être jugées insuffisantes par l'autorité de sûreté.[39] Si certaines réflexions sont jugées intéressantes, le SCSIN estime que les mesures préconisées pêchent sur deux points fondamentaux. En premier lieu, la qualité de la maintenance passe par des moyens et du temps, et il n'y a pas de propositions quantifiées, précises dans le dossier d'EDF sur ce sujet, en particulier, au cours des arrêts de tranche, période au cours de laquelle s'effectue la quasi totalité de la maintenance, pour vérifier le bon déroulement des opérations de maintenance et la disponibilité de tous les matériels et systèmes de sauvegarde. En second lieu, les mesures avancées par EDF concernent les centrales et non les Services centraux, ce qui ne répond pas à l'absence de contrôle hiérarchique suffisant à EDF : selon le SCSIN, les centrales sont partiellement livrées à elles-mêmes car les Services centraux ne sont pas disponibles pour remplir pleinement leur rôle de définition de la doctrine, leur rôle de conseil et leur rôle de contrôle. EDF doit se doter d'un ensemble de

39 CSSIN, PV de la réunion du 28 novembre 1990.

contrôleurs du niveau central vers le niveau local. Cette insuffisance de contrôle est illustrée par le fait jugé tout à fait anormal que c'est parfois le SCSIN qui découvre les anomalies, alors qu'elles devraient être détectées au sein de l'établissement EDF.

Ce dernier point appelle une remarque de fond : dans l'esprit de l'organisation de la sûreté en France, on considère depuis le début que les Pouvoirs publics sont là non pas pour exercer un contrôle exhaustif mais pour vérifier que l'exploitant travaille et s'autocontrôle bien. C'est pourquoi les organismes de sûreté français ont été dotés de moyens plus modestes que ceux existant à l'étranger. Cette conception reposait sur l'hypothèse que les exploitants avaient des structures internes de contrôle fortes. Le constat que ces structures internes fortes n'existent pas au sein d'EDF pourrait signifier qu'il faut passer à un volume de contrôle des Pouvoirs publics comparable à celui pratiqué par exemple aux États-Unis, où un très grand nombre d'inspecteurs résident en permanence aux côtés des exploitants. Si l'on veut éviter cette évolution, qui est considérée comme une dérive par le Service central,[40] il faut qu'EDF mette en place des structures de contrôle fortes. Or, constate le SCSIN, dans ses propositions, EDF n'avance aucun chiffre permettant de quantifier son effort de contrôle interne.

C'est la définition des moyens qui posera le plus de difficultés entre EDF et le SCSIN. Les débats deviennent même venimeux sur la question récurrente de savoir si l'autorité de contrôle doit se contenter de parler d'objectifs ou si elle doit aussi se préoccuper des moyens. En effet, dans l'esprit de la réglementation technique de l'administration française, c'est l'exploitant qui est responsable de la sûreté : il est laissé libre des moyens, du « comment faire », pour atteindre les objectifs fixés par la réglementation. Or la limite entre moyens et objectifs est parfois théorique. Le SCSIN estime en l'occurrence que son rôle englobe les deux aspects : il doit définir les objectifs, mais il doit aussi, sur la base des moyens proposés par EDF, voir si ces moyens sont de nature à atteindre les objectifs.

15.2.3. Les incidents de maintenance en débat au CSSIN

Deux réunions du Conseil supérieur de la sûreté et de l'information nucléaires permettent de suivre la progression du dossier de l'amélioration de la maintenance à EDF.

La première réunion a lieu le 28 novembre 1990, quelques mois après qu'EDF a présenté ses réflexions dans un rapport (connu sous le nom de

---

40 *Ibid.*

rapport « Noc »)[41] et mis en place depuis janvier 1990 un certain nombre de mesures immédiates. La deuxième partie de la réunion du Conseil qui est consacrée à ces questions en fait une séance mémorable. Le compte rendu[42] est particulièrement révélateur du climat de tension ambiant : Pierre Carlier, le chef du SPT[43] d'EDF venu présenter son plan d'action, est vivement critiqué de toutes parts, ce qui fait date dans les réunions du conseil, habituellement plus ou moins consensuelles. Que ce soient les représentants des organisations syndicales (CGT surtout, mais aussi CFDT, FO), les représentants du ministère de l'Industrie (le directeur du SCSIN) et du ministère de la Santé (le directeur du SCPRI), tous critiquent (ou)vertement EDF. À la fin de la discussion, le président du Conseil constatant qu'il est impossible en l'état de prendre une résolution, propose que le Conseil rediscute de ce problème à la prochaine réunion. Il suggère de créer dans l'intervalle un groupe de travail avec des représentants d'EDF et du Conseil, ce qui revient de fait – et c'est un petit événement dans l'histoire du Conseil – à demander à EDF de revoir sa copie.

La séance suivante du Conseil supérieur qui se tient le 19 février 1991 se déroule de façon moins orageuse pour le chef du SPT qui expose les mesures concrètes prises par son service pour répondre aux différents points d'interrogation soulevés lors de la précédente réunion.[44]

Après avoir rappelé la volonté du SPT de mettre sur pied un « management adapté » passant par la décentralisation des responsabilités, son chef présente la réforme des Services centraux, dont il précise qu'ils comptent déjà 500 personnes. Cette réforme passe par un allégement des tâches du SPT, compensée par l'augmentation de l'ingénierie sur sites et l'augmentation du nombre d'ingénieurs consacrés à l'analyse et à l'expertise : cinq ingénieurs constitueront une division « générateurs de vapeur », cinq seront chargés d'étudier un nombre limité de lignes

---

41 Du nom de son auteur, Bernard Noc. Ingénieur supélec (1955), ancien du Septen et membre du groupe permanent réacteurs, inspecteur nucléaire au SPT d'EDF de 1981 à 1983, chef l'Exploitation Sûreté Nucléaire de 1984 à 1986, il est alors chef de mission sûreté nucléaire.

42 Archives CSSIN. Compte rendu de la quinzième séance du Conseil supérieur de la sûreté et de l'information nucléaires, 24 p.

43 Pierre Carlier a succédé à Lucien Bertron à la tête du Service de la production thermique en octobre 1989. Ingénieur diplômé de l'Institut industriel du Nord et de l'Institut national des sciences et techniques nucléaires de Saclay, Pierre Carlier a débuté sa carrière à EDF en 1963 dans le charbon. Il passe au nucléaire en 1971 lors du démarrage de Chinon A2 (UNGG). De 1976 à 1988, il a été successivement responsable de la tranche 1, puis chef adjoint puis chef du site de Bugey.

44 Archives CSSIN. Compte rendu de la vingtième séance du Conseil supérieur de la sûreté et de l'information nucléaires, 26 p.

politiques, un groupe de coordination des demandes venant des sites sera institué, deux ingénieurs formeront un observatoire de sûreté, le nombre d'ingénieurs chargés du contrôle externe passera de 16 à 26. Sur les sites nucléaires, il est prévu de renforcer l'ingénierie afin de désengorger les Services centraux par le recrutement de 200 ingénieurs sur deux ans, plus la formation de 400 contrôleurs en plus des 300 existants pour l'année 1991, et de 250 supplémentaires pour l'année 1992. Par ailleurs, la structure d'arrêt de tranche, période au cours de laquelle s'effectue la quasi totalité de la maintenance, sera maintenue toute l'année, tandis qu'une commission sera chargée de donner son aval au redémarrage de l'installation au vu des résultats des essais de requalification et des analyses. En ce qui concerne les prestataires extérieurs, un cahier des charges renforcé sera défini. Enfin, au niveau de la formation, une approche « sûreté » sera enseignée, notamment au travers de stages.

À l'issue de cette deuxième réunion en trois mois consacrée à la maintenance à EDF, le Conseil supérieur émet un avis[45] qui fait état de l'avancement du dossier, mais émet un certain nombre de recommandations fermes. Le Conseil supérieur attend de juger sur pièce de la réelle efficacité des réformes proposées par EDF, même si chacun est conscient que les mesures proposées mettront du temps avant de porter leurs fruits : EDF prévoit qu'elles devraient être pleinement efficaces vers 1995. Le SCSIN suivra le dossier de façon attentive, avec ses inspecteurs, pour s'assurer notamment que les sites appliquent de façon homogène ces réformes. Le bilan de la réforme sur la qualité de la maintenance présenté fin 1995 par EDF à la DSIN confirme aux yeux de cette dernière le bien-fondé de la réforme, puisqu'en particulier, il a été observé une baisse notable des incidents significatifs dont l'origine est attribuable à la maintenance.[46] En revanche, le facteur humain et la surveillance des prestataires continuent d'être un sujet de préoccupation.

15.2.4. Le point de vue d'EDF

En réponse aux critiques de la DSIN, l'inspecteur général[47] pour la sûreté nucléaire d'EDF reconnaît que la capacité d'anticipation d'EDF n'a pas toujours été à la hauteur (notamment sur les grappes de commande). Il conteste cependant l'attribution d'un niveau 3 pour l'anomalie de Gravelines : si elle a été considérée initialement comme potentiel-

---

45 CSSIN, « Avis sur le programme d'amélioration de la maintenance proposée par EDF suite aux incidents survenus dans les centrales nucléaires durant l'été 1989 », reproduit dans le *Bulletin SN*, n° 79, avril 1991, p. 12.

46 Direction de la sûreté des installations nucléaires, Rapport d'activité 1995, p. 156.

47 Il s'agit de Pierre Tanguy, qui a pris à ce poste la suite d'André Gauvenet, autre transfuge du CEA, en 1988. Voir plus loin.

lement très significative pour la sûreté, une analyse effectuée depuis montre, à son avis, qu'elle « devrait être "déclassée" au niveau 2, car les sécurités étaient restées opérationnelles »[48] :

> Des études et des essais ont pu montrer que les soupapes se seraient toujours ouvertes, à des pressions supérieures aux pressions normalement prévues certes, mais que l'intégrité du circuit primaire n'aurait pas été mise en cause. Il ne s'agissait donc pas d'un « presqu'accident », comme on pouvait initialement le penser, mais tout au plus d'une défaillance dans l'organisation qualité entraînant un affaiblissement significatif de la défense en profondeur, justiciable d'un niveau 2.[49]

De plus, il rappelle qu'une mission internationale commandée par le SCSIN sur l'incident de Gravelines a conclu qu'il devait être classé au niveau 2 de l'échelle internationale INES.[50] Plus loin dans son rapport annuel, l'inspecteur général critique « l'utilisation de l'échelle de gravité comme instrument de pression du SCSIN sur EDF [qui lui] paraît un détournement d'un outil qui ne sera un bon vecteur médiatique que s'il s'appuie sur la vérité technique. »[51] L'échelle de gravité est mise en place depuis un peu plus d'un an, ce qui donne un retentissement médiatique renforcé aux événements qui y sont classés. Seule la médiatisation change, pas la réalité technique, ce qui explique le désappointement vécu du côté des centrales où l'on joue la transparence mais où l'on ne se sent pas payé en retour.

Il faut noter que les incidents de maintenance surviennent dans un contexte plus général de réforme du Service de la production thermique d'EDF. À la suite des incidents, Pierre Tanguy a été chargé d'une mission « effectifs », qui constitue avec le Rapport « Noc » une des bases de la future réforme du SPT.[52] L'un des points sensibles de l'organisation de la maintenance est l'activité de contrôle : la notion de contrôle est mal perçue, à la fois par les contrôleurs et les contrôlés, ressentie comme une perte de compétence. L'instauration d'un métier de contrôleur se heurte à une vieille tradition au SPT qui privilégiait l'autocontrôle. Plus généralement, sont mises en évidence les difficiles relations entre les services « fonctionnels » et les services « opérationnels », faisant écho aux problèmes entre tâches du ressort des sites et tâches à la charge des Services centraux. L'organisation traditionnelle du SPT est également mise en cause pour expliquer les difficultés à accepter la

---

48 Tanguy, Pierre, *Sûreté Nucléaire 1989*, Rapport de l'inspecteur général pour la sûreté nucléaire, EDF-Direction générale, 1989, p. 6.

49 *Ibid.*, p. 24.

50 *Ibid.*, Rapport de synthèse, p. 10.

51 *Ibid.*, p. 13.

52 Pour le contenu de ces réformes, Cf. Larroque, D., *op. cit.*, p. 259-283.

coordination et la centralisation nécessaires à l'exploitation d'un vaste parc. Ce ne sont plus seulement des problèmes techniques, mais bien des problèmes humains, des problèmes organisationnels, managériaux, de relations sociales dans l'entreprise qui sont soulevés.

La réforme du SPT est d'ailleurs combattue par les syndicats[53] : derrière l'accent mis sur le professionnalisme par la direction, ils dénoncent la transformation des employés EDF en contrôleurs, en managers, alors que l'exécution serait confiée à des prestataires n'ayant pas le même statut. Ils rejettent les recettes de gestion des ressources humaines et les discours sur le projet d'entreprise dispensés par la hiérarchie en lieu et place d'une véritable formation scientifique et technique. Un des facteurs cités par les syndicats pour expliquer les problèmes au niveau de la maintenance est la « course permanente » à laquelle sont soumis les salariés : « il faudrait avoir terminé les révisions avant même d'avoir commencé », dénonce la CGT. « Cette cavalcade permanente » conduit à un recours massif à la sous-traitance en cascade, à la dégradation des conditions de travail et de la sûreté. La sous-traitance est considérée comme un « véritable fléau », en plus « d'un transfert de compétences particulièrement grave » : « Ce n'est pas d'agents EDF qui soient de bons contrôleurs dont la sûreté a besoin. Comment intervenir lorsque l'on ne connaît plus le matériel dans son détail pour l'avoir démonté, expertisé, réparé puis remonté ? Qui sera en capacité d'intervenir d'urgence demain sur un incident, en dehors de la présence du constructeur ou du prestataire de service ? »[54]

À la suite de l'accident de Three Mile Island, c'est essentiellement sur la conception des systèmes, sur le contenu de certaines procédures ou l'interface homme-machine que les efforts avaient porté. Du côté de l'exploitant, c'est donc surtout la conduite des installations qui avait reçu une attention particulière. Pierre Carlier, chef du Service de la production thermique d'EDF de 1989 à 1994, précise en 1991 que ces modifications avaient concerné les 3 000 personnes impliquées dans la conduite des installations et s'étaient étalées sur cinq ou six ans. Pour le programme lancé début 1991 à la suite des incidents de maintenance de l'été 1989, ce sont cette fois près de 20 000 personnes qui sont concernées : 10 000 au sein d'EDF, 10 000 chez les constructeurs et les entreprises prestataires.[55]

---

53 Cf. le dossier de presse intitulé « Sûreté Nucléaire », de la FNE CGT, distribué lors de la conférence de presse du 29 juin 1990.

54 *Ibid.*

55 RGN-Actualités, « Gérer la sûreté du parc électronucléaire. L'analyse de Pierre Carlier », *Revue Générale Nucléaire*, n° 6, 1991, p. 481-482.

15.3. Incidents et doutes autour de Phénix et Superphénix

Parallèlement aux problèmes rencontrés sur les réacteurs à eau, les réacteurs de la filière à neutrons rapides allaient également être victimes d'incidents conduisant l'autorité de sûreté à prendre une position ferme à l'égard des exploitants.

15.3.1. La fuite du barillet de Superphénix

Le premier incident est une fuite de sodium détectée en avril 1987 sur le barillet de transfert et de stockage du combustible de Superphénix. Une fissure horizontale d'une longueur de l'ordre de 60 cm a provoqué un débit de fuite allant jusqu'à 40 litres par heure.

Le réacteur n'a été arrêté que le 26 mai 1987, sur décision de l'autorité de sûreté, plusieurs semaines donc après la détection de la fuite, à cause d'un « délai de réaction excessif »[56] de l'exploitant qui a tardé à informer l'administration. La fuite de sodium du barillet est analysée par le Groupe permanent chargé des réacteurs le 13 novembre 1987. Sont particulièrement examinées la conception et la fabrication d'un certain nombre de matériels importants pour la sûreté. Il s'agit pour le Service central de s'assurer que les composants principaux comme la cuve, les enveloppes contenant le sodium des circuits primaire et secondaire ne sont pas susceptibles de défaillances semblables à celle du barillet. Les causes des défauts ayant entraîné la fuite ne sont pas connues à cette date, mais il ressort que l'organisation de la qualité et la qualité proprement dite de la fabrication de ce composant étaient insuffisantes. Cependant, estimant que les résultats des études ne remettent pas en cause la sûreté de l'installation, le Groupe permanent donne un avis favorable au redémarrage. Malgré cet avis favorable, le SCSIN et à sa suite le ministre de l'Industrie refusent en décembre 1987 leur accord au redémarrage de l'installation. Le ministre chargé de l'Industrie demande à l'exploitant de réexaminer certaines dispositions de sûreté du réacteur. Les points essentiels de la demande sont la qualité de conception et de fabrication des principaux composants du réacteur et en particulier la cuve principale,[57] la mise au point d'une procédure ultime (U4) permet-

---

[56] Selon les termes du Rapport d'activité 1992 de la DSIN, p. 97.

[57] Le réacteur Superphénix comporte quatre cuves. La première est celle du barillet où des fissures ont été constatées, elle est en acier noir (15D3). La deuxième cuve est celle de rétention du barillet, avec la même nuance d'acier. On trouve ensuite la cuve principale du réacteur, qui est elle en acier inoxydable, et enfin la cuve de rétention de cette dernière, elle aussi en acier inoxydable. C'est l'acier 15D3 qui est considéré comme suspect. Trois facteurs déterminants ont été associés à la fissuration de la cuve : des contraintes résiduelles consécutives à des opérations de soudage, une sensibilité particulière de la nuance d'acier à la fragilisation par l'hydrogène et une charge mécanique importante fruit d'une erreur de conception.

tant de faire face à une éventuelle fuite de la cuve principale du réacteur, et la définition de nouveaux moyens de manutention pour remplacer le barillet défaillant.

L'instruction technique durera vingt mois. Un travail considérable a été effectué par le CEA et EDF ainsi que par les analystes experts du SCSIN. Pour vérifier si la qualité de réalisation était ou non en cause, il a fallu reprendre les dossiers de fabrication et surtout relire les 25 000 radiographies des pièces. Sur les 2 500 radiographies prises initialement sur la cuve principale, la relecture a révélé une quinzaine d'indications, dont 9 avaient été identifiées lors de la fabrication. Sur les six nouvelles indications, deux ont une longueur significative. Du côté d'EDF et du CEA, un robot spécial a été développé (le MIR ou Module d'Intervention pour les Réacteurs rapides) pour être introduit entre la cuve principale et la cuve de sécurité. Équipé de détecteurs, il doit pouvoir contrôler les soudures. Plusieurs centaines de modifications ont été réalisées, dont une vingtaine importantes. C'est le cas en particulier du système de détection de fuites de sodium, qui était trop sensible pour fonctionner en ambiance industrielle et provoquait trop d'alarmes intempestives. C'est ce qui explique que l'alarme du 7 mars 1987 n'avait pas été traitée suffisamment rapidement par les opérateurs.

Le redémarrage du réacteur est autorisé en janvier 1989. Après neuf mois de fonctionnement, le réacteur est arrêté (du 7 septembre au 14 avril 1990) pour des opérations normales de maintenance. À cette occasion, l'autorité de sûreté demande à l'exploitant d'analyser pour la centrale de Superphénix les conséquences d'incidents de réactivité observés sur Phénix au cours des mois d'août et de septembre 1989.

15.3.2. Anomalies de réactivité sur Phénix

Le 6 puis le 24 août, et à nouveau le 14 septembre, des arrêts automatiques se produisent en effet sur le réacteur Phénix à la suite d'une baisse anormale de réactivité dans le cœur.

Le réacteur est arrêté volontairement le 1er octobre par l'exploitant afin d'effectuer des investigations sur les causes de ces arrêts. Après avoir envisagé puis rejeté l'hypothèse de perturbations électromagnétiques des instruments de mesure neutronique du cœur, les recherches s'orientent vers l'hypothèse d'un passage d'argon sur le cœur, phénomène physique pouvant effectivement amener une baisse rapide de réactivité. Les tests effectués semblent montrer la validité de l'hypothèse, des fuites d'argon ayant été observées au niveau de purgeurs du circuit primaire (l'argon, gaz neutre, est utilisé au-dessus des surfaces libres de sodium pour empêcher des entrées indésirables d'oxygène). Des purgeurs de conception différente seront installés. Au vu des examens et des améliorations apportées, le chef du SCSIN donne son accord, le

27 décembre 1989, pour le redémarrage de Phénix. Ces incidents seront classés au niveau 2 de l'échelle de gravité.

Mais un nouvel arrêt automatique se produit le 9 septembre 1990, à nouveau provoqué par une baisse anormale de réactivité dans le cœur, conduisant les autorités à « s'interroger sur l'efficacité des dispositions prises précédemment en fonction des hypothèses retenues, voire sur la validité même de ces hypothèses. »[58] Malgré les travaux d'un comité d'experts mis en place par le CEA, malgré l'analyse par l'exploitant et des recherches en vue d'acquérir une meilleure connaissance du comportement neutronique et hydraulique du réacteur, la cause exacte de ce phénomène de baisse de réactivité restera indéterminée. Cependant, aucune parmi toutes les hypothèses envisagées par les experts comme susceptibles d'être à l'origine des sauts de réactivité ne conduit à un scénario pouvant entraîner des dommages sur le cœur, tant pour Phénix que pour Superphénix.

15.3.3. Le rapport de Michel Lavérie sur Superphénix

Alors que Superphénix a redémarré depuis deux semaines, une fuite de sodium non radioactif se produit, le 28 avril 1990, sur un circuit secondaire, en dehors de l'enceinte de confinement. Rapidement détectée et maîtrisée, la fuite est jugée sans gravité pour la sûreté et le réacteur est autorisé à redémarrer. Mais le 20 juin 1990, Superphénix est victime d'un incident beaucoup plus sérieux, classé au niveau 2 de l'échelle de gravité, qui conduit à l'arrêt du réacteur le 3 juillet. Le réacteur ne sera autorisé à redémarrer que quatre ans plus tard, en juillet 1994, après diverses péripéties, d'ordre administratif et politique.

L'incident du 20 juin 1990 est provoqué par une pollution du sodium de la cuve : le taux d'impuretés présentes a dépassé les limites admises à cause d'une défaillance de matériel. Ce qui accentue la colère des autorités, c'est qu'une nouvelle fois, comme à la suite de l'incident sur le barillet en 1987, les exploitants du réacteur n'ont pas respecté les spécifications techniques d'exploitation qui exigeaient un arrêt immédiat du réacteur.

En octobre 1990, à la suite de l'incident, le ministre chargé de l'Industrie et le ministre chargé de l'Environnement formulent auprès de l'exploitant un certain nombre de demandes concernant la sûreté du réacteur. L'examen de la pollution du sodium et l'analyse des dossiers transmis par l'exploitant feront l'objet d'expertises par les appuis techniques de l'autorité de sûreté (dont trois réunions du Groupe permanent chargé des réacteurs les 10, 17 juillet, et 21 août).

---

58 Direction de la sûreté des installations nucléaires, *Rapport d'activité 1991*, p. 96.

Dans l'intervalle, en décembre 1990, une partie du toit de la salle des machines s'est effondrée sous le poids de la neige, provoquant des dégâts importants, en particulier la perte d'une des deux lignes d'alimentation en 400 000 V du réacteur.

Le bilan de l'instruction menée par la DSIN sur la centrale Superphénix est remis par Michel Lavérie, son directeur, aux ministres chargés de l'Environnement et de l'Industrie le 16 juin 1992. Dans son rapport,[59] il conclut à la possibilité d'autoriser le redémarrage, mais pour une période limitée à deux ans, à l'issue de laquelle une nouvelle autorisation devrait être étudiée, dans l'attente de progrès significatifs sur un certain nombre de points. Le rapport émet un certain nombre de réserves et demande un surplus de précautions liées à la complexité de l'installation et à son caractère de prototype.

> L'ensemble des événements survenus sur l'installation et notamment les trois incidents les plus importants (fuite du barillet en 1987, entrée d'air dans le réacteur en 1990 et effondrement du toit de la salle des machines en 1990) ont une signification statistique pour l'avenir. Ces défaillances correspondent soit à des problèmes techniques difficiles insuffisamment maîtrisés, soit à des carences de réalisation. Cette situation, qui est partiellement liée au caractère prototype de l'installation, doit être intégrée dans la décision et dans les précautions prises : il faut considérer que la probabilité d'apparition de nouvelles défaillances est significative.
>
> On constate de plus que les deux premiers incidents précités, affectant le réacteur lui-même, n'ont pas été maîtrisés conformément aux spécifications techniques du réacteur. En effet, l'interprétation correcte des événements a nécessité dans les deux cas plusieurs semaines, différant ainsi la mise à l'arrêt requise par la situation.
>
> Ce constat ne met pas en cause les équipes d'exploitation, mais plutôt la difficulté des diagnostics qu'elles ont à faire, compte tenu de la complexité particulière de l'installation. Des efforts ont été faits pour une meilleure maîtrise des situations incidentelles et accidentelles (…), mais le handicap lié à la conception sophistiquée de ce type de réacteur demeure.[60]

Michel Lavérie évoque ensuite trois particularités liées à la conception du réacteur qui rendent plus difficiles les démonstrations de sûreté. La première est liée au fait que le cœur peut présenter un coefficient de vide positif[61] ce qui nécessite de porter une attention particulière aux

[59] Lavérie, Michel, « Rapport à Madame le Ministre de l'environnement et Monsieur le Ministre de l'industrie et du commerce extérieur », cité in DSIN, *Rapport d'activité 1992*, p. 99-102.

[60] *Ibid.*

[61] Le coefficient de vide est le terme technique qui désigne l'effet du passage d'une bulle d'air dans le fluide réfrigérant. Dans le cas de Superphénix, la formation d'une bulle d'air dans le sodium a pour effet d'amplifier la réaction nucléaire : le coeffi-

divers événements pouvant influer sur la réactivité. La deuxième découle de l'emploi du sodium. Le rapport cite enfin les difficultés de contrôle et d'intervention, notamment à l'intérieur de la cuve :

> Contrairement aux réacteurs à eau pour lesquels il suffit de quelques jours pour examiner in situ tout composant sur lequel on aurait le moindre doute, une intervention souhaitable dans la cuve de Superphénix se chiffrerait en années d'arrêt (...). Si ce dernier point peut à la rigueur être admis pour un prototype, il compromettrait vraisemblablement le développement industriel de réacteurs ainsi conçus : la sûreté d'un réacteur ne peut être raisonnablement assurée s'il n'est pas possible, en cas de doute, d'en contrôler toutes les structures, dans des conditions aisément envisageables. À ce titre, l'expérience de Superphénix et les difficultés rencontrées par l'autorité de sûreté pour imposer le développement et la mise en œuvre de contrôles limités sur des structures aussi importantes que la cuve principale et les tubes de générateur de vapeur illustrent ce problème. Ces différentes considérations conduisent à penser que le développement de futurs réacteurs rapides nécessiterait de réexaminer et vraisemblablement de modifier de manière assez importante la conception de ces réacteurs.[62]

D'autres considérations spécifiques étaient évoquées comme l'importance de comprendre l'origine des incidents de réactivité de Phénix et les moyens de gérer une fuite importante de sodium sur une boucle secondaire à l'intérieur de l'enceinte. Sur ce deuxième point, la DSIN estime que l'étude menée par NERSA a été faite « avec des hypothèses favorables non justifiables » : si on mène les calculs avec d'autres hypothèses « raisonnablement enveloppes », on parvient à la conclusion que les galeries secondaires ne résisteraient pas et que la tenue de l'enceinte ne serait pas garantie. En fait, des essais récents conduits en particulier à la suite de l'incendie qui avait détruit la centrale solaire d'Alméria en 1986 avaient montré que certains feux de sodium pouvaient avoir des conséquences plus graves que celles retenues dans les hypothèses des rapports de sûreté, qui ne retiennent que l'hypothèse de feux de sodium « en nappe », relativement faciles à éteindre. Dans le cas d'un feu de sodium du type « pulvérisé », le sodium, pulvérisé en fines gouttelettes, réalise un mélange fin avec l'air, dégageant une énergie beaucoup plus importante : le feu est alors beaucoup plus difficile à maîtriser.

Jugeant non pleinement satisfaisants tant les hypothèses retenues par l'exploitant quant au risque que les moyens de prévention de ce dernier point, le rapport invite à un fonctionnement limité à six mois, à une puissance de 30 % avant que les mesures de prévention soient complétées.

---

cient de vide est positif. Il est négatif dans le cas des réacteurs à eau sous pression : dans ce cas, l'apparition d'un bulle conduit à un apaisement de la réaction en chaîne.

62 Lavérie, M., « Rapport... », *op. cit.*, p. 100.

Le rapport Lavérie sera très mal reçu par le pouvoir, et il se murmure que son auteur aurait été obligé de « revoir sa copie ». Il quittera la tête de la DSIN quelques mois plus tard. À la suite du rapport, le Premier ministre refusera le redémarrage de Superphénix. Dans un communiqué du 29 juin 1992, Pierre Bérégovoy annonce que le rapport de l'autorité de sûreté sera rendu public (il le sera le 7 juillet), que le redémarrage de Superphénix sera subordonné à la réalisation des travaux nécessaires pour faire face aux feux de sodium et qu'une enquête sera réalisée préalablement au redémarrage.

CHAPITRE 16

L'autorité de sûreté

Né en 1973 sous la forme d'un petit service du ministère de l'Industrie, l'organisme de contrôle de la sûreté nucléaire va poursuivre au fil des ans le renforcement de son autorité à l'égard des exploitants et de son indépendance à l'égard des ministères, malgré un appareil législatif qui ne s'étoffera qu'au milieu des années 2000.

16.1. Les relations entre l'autorité de sûreté et EDF : le tournant des années 1989-1992

Dans l'affirmation progressive de son autorité, les années 1989-1992 marquent un tournant pour ce qu'on appellera bientôt le « gendarme du nucléaire ». Les difficultés évoquées au chapitre précédent conduisent à une dégradation des relations entre l'exploitant EDF et l'autorité administrative qui n'entend plus poursuivre le dialogue en circuit fermé, le « French cooking » des acteurs du nucléaire français qui avait cours jusque-là.

Du côté d'EDF, la dégradation des relations entre l'autorité administrative de sûreté est attribuée principalement au contexte socio-politique qui pousserait les pouvoirs publics à « en demander toujours plus » à l'exploitant. Il est un fait que le contexte dans lequel évolue le nucléaire s'est sensiblement modifié. Et en particulier, d'autres acteurs se mêlent au débat et demandent des comptes.

16.1.1. L'implication des hommes politiques

C'est le cas de l'Office parlementaire d'évaluation des choix scientifiques et technologiques (OPECST), créé par une loi de juillet 1983 avec pour mission de fournir aux députés et aux sénateurs les moyens d'évaluer les conséquences de l'évolution scientifique et technologique sur l'organisation économique, politique et sociale de la France. Après un premier rapport sur les pluies acides en 1985, l'Office publie en décembre 1987 un rapport sur les « Conséquences de l'accident de la centrale nucléaire de Tchernobyl et sûreté et sécurité des installations nucléaires ». Le texte, dont les rapporteurs sont les sénateurs Jean-Marie Rausch et Richard Pouille, met en cause la crédibilité du contrôle administratif et préconise la création d'une agence nationale, indépendante des pouvoirs publics. En décembre 1989, le débat sur l'énergie à l'Assemblée nationale fait apparaître la demande d'une plus grande transparence du système du contrôle du nucléaire. Certains exprimeront même la volonté de créer une Haute autorité du nucléaire ou la prise en charge directe par le Parlement d'une supervision du système de contrôle. À la suite de ce débat, l'Office se voit confier en 1990 une mission d'examen de l'organisation du contrôle de la sûreté et de la sécurité des installations nucléaires. C'est ainsi que le député Claude Birraux, associé pour le premier rapport au sénateur Franck Sérusclat, en vient à publier chaque année un bilan sur le « contrôle de la sûreté et de la sécurité des installations nucléaires ». Ces rapports recommandent une plus grande indépendance et transparence des autorités de sûreté et de leur appui technique l'IPSN.

Hormis l'Office parlementaire, de nombreuses associations locales ou nationales interrogent également l'autorité de sûreté. Les archives du Conseil supérieur de la sûreté et de l'information nucléaires abondent de lettres émanant d'associations, de personnalités locales qui demandent à faire partie du Conseil pour renseigner leurs concitoyens, adhérents, clients, etc. Depuis 1982, le CSSIN s'est ouvert à d'autres que les hautes autorités du nucléaire, en particulier aux syndicalistes et à quelques opposants. Outre un rôle accru de relais d'information depuis 1987, le CSSIN aborde certains sujets, comme les déchets ou la radioprotection des travailleurs, pour lesquels il élabore des propositions.

Sur le terrain, on note la multiplication des Commissions locales d'information (CLI). Ces commissions entendent apporter une réponse à l'inquiétude des populations et à leur besoin d'une information moins officielle, considérée comme partisane. À la suite de la Commission locale de surveillance de Fessenheim créée en 1977 et celle de Saint-Laurent-des-Eaux en 1980, une circulaire du Premier ministre du 15 décembre 1981 allait lancer la création par les conseils généraux de ces Commissions locales d'information, placées auprès des grands équipements énergétiques, en fait principalement nucléaires. La circulaire prévoyait que les commissions seraient composées pour moitié au moins d'élus (maires, conseillers généraux, parlementaires), mais également de représentants des organisations syndicales, des milieux industriels et agricoles, des associations agréées de protection de l'environnement et de personnes qualifiées (universitaires, chercheurs). Ces commissions auraient pour mission à la fois d'organiser l'information des populations et de suivre l'impact des équipements. Mais la contre-expertise de Fessenheim effectuée à la demande de la Commission locale de surveillance du Conseil général du Haut-Rhin en 1989 reste un cas isolé. Les initiatives locales amènent cependant l'autorité à une plus grande communication sur ses activités.

16.1.2. L'opposition de la CGT à la direction d'EDF

La critique devait provenir également des organisations syndicales qui s'adressent à l'administration pour dénoncer les pratiques des exploitants. Après l'opposition de la CFDT dans les années 1970, c'est au tour de la puissante fédération CGT, jusque-là muette sur les questions du nucléaire, d'entrer en opposition ouverte à la politique d'EDF à la fin des années 1980.

La CGT justifie ce tournant par la dégradation de la sûreté à EDF. En juin 1990, elle organise des « Assises sûreté nucléaire », auxquelles sont conviés les journalistes, et où elle dénonce la démarche de rentabilisation financière du parc dictée par le gouvernement et appliquée par l'exploitant. Cette politique a, entre autres incidences néfastes, conduit à la mise en cause de la sûreté. Pour la CGT, la dégradation de la sûreté est manifeste, et les incidents de maintenance de l'été 1989 qui ont défrayé la chronique et qui ne sont pas des faits isolés « ont éclairé une situation préoccupante que l'on retrouve sur chaque site. Les causes de dégradation de la sûreté sont principalement de deux ordres : les défaillances de matériel dues à des problèmes de conception, de fabrication, de montage et d'utilisation anormale, et les conditions d'exploitation et d'entretien des installations. »[1] Dans le premier cas, le problème réside d'abord, selon la CGT, dans l'insuffisance des moyens financiers dégagés, pour élaborer les solutions techniques et les mettre en œuvre. La CGT se dit préoccupée par la position du SPT qui veut réduire à tout prix le volume des modifications à réaliser sous prétexte qu'elles nécessitent temps et argent. Mais pour la CGT, la cause de ces problèmes matériels réside aussi dans un dimensionnement insuffisant du parc de production.

La deuxième cause de la dégradation de la sûreté, jugée la plus préoccupante, tient au mode d'exploitation et de gestion du parc nucléaire, à la situation faite au personnel de tout niveau, et en particulier au recours systématique à la sous-traitance. La course permanente imposée aux équipes de maintenance, en période d'arrêt de tranche, mais également en période normale, conduit au recours massif à la sous-traitance en cascade, à la dégradation générale des conditions de travail. Au niveau des équipes de conduite des installations, la CGT rappelle « la grande grève de l'automne 1988 », qui fut nécessaire pour que la direction accepte d'ouvrir le débat sur les conditions et l'organisation du travail, les effectifs, la formation, les qualifications et leur reconnaissance. La CGT cite un colloque récent sur la santé qui a montré que les conditions actuelles de travail et de vie des exploitants du nucléaire ont

[1] FNE-CGT, « Assises sûreté nucléaire », dossier de presse, 9 juin 1990, p. 9.

des effets psychologiques mais aussi physiologiques sur les salariés, et en particulier sur ceux concernés par les opérations de maintenance au cours des arrêts de tranche. Le dossier de presse ajoute que la dosimétrie moyenne des agents EDF a subi une augmentation de 14,4 % entre 1988 et 1989, passant de 180 à 206 mrem/an, tandis que la dosimétrie moyenne des intervenants extérieurs est trois fois supérieure à celle du personnel statutaire EDF.

Pour la CGT, la sûreté doit être au cœur des revendications des salariés. La sûreté est l'intérêt commun entre population et salariés, car « le meilleur garant de la sûreté des populations réside dans la sécurité des salariés ». C'est pourquoi elle engage ses membres à faire de la revendication de la sûreté un levier dans les luttes. Toutes ces critiques, la CGT les énonce à la presse, mais également au chef du SCSIN et au député de l'Office Parlementaire qui prépare son rapport.

Nous ne discutons pas les motivations réelles de la CGT, dont les relations avec la direction d'EDF se sont dégradées. Mais les dénonciations qu'elle émet traduisent un certain climat, qui s'est envenimé, et permet de dresser un tableau de la situation, du point de vue des salariés d'exécution, sur lesquels repose la sûreté au quotidien.

16.1.3. Le changement de contexte pour EDF

Du côté d'EDF, le tournant des années 1980-1990 est également une période difficile qui voit les premières visites décennales pour le palier CP0 (Fessenheim et Bugey), conformément à la législation sur les appareils à pression. Mais outre ce bilan de santé pour les tranches après environ dix ans de fonctionnement, l'arrêt prolongé des réacteurs est l'occasion de procéder à des réévaluations de sûreté[2] pour adapter le niveau de sûreté des premières centrales à celui des dernières construites. C'est l'occasion pour l'autorité de sûreté d'exiger le renforcement de certains dispositifs, des modifications pour d'autres en fonction de l'évolution des connaissances et de la doctrine. C'est une spécificité de la législation française en matière nucléaire par rapport notamment aux États-Unis qui veut que ce n'est pas parce qu'une installation a été jugée conforme aux normes en vigueur à un moment donné qu'elle ne doit pas être modifiée pour suivre l'évolution de ces normes. C'est par exemple le cas pour les aspects liés à l'environnement comme la réévaluation du Séisme maximum historique vraisemblable (SMHV) pris en compte pour le dimensionnement de la centrale de Fessenheim, la qualification des matériels aux conditions postaccidentelles, le risque de chute

---

2 Cf. Mercier, J.-P., Debes, M., Hutin, J.-P., Le Coguiec, A., « Les visites décennales et la réévaluation de sûreté des centrales nucléaires du premier palier d'EDF », *Revue Générale Nucléaire*, n° 5, 1990, p. 479-491.

d'avions ou d'inondation interne. Les études et analyses menées pour la réévaluation de la sûreté des tranches conduisent pour certaines – après des discussions qui peuvent être âpres avec les experts de l'IPSN et l'autorité de sûreté – à des modifications importantes qui sont effectuées au cours de l'arrêt décennal.

La fin des années 1980 voit également la fin d'une époque pour EDF, la fin de la construction du grand programme : certains diront qu'à EDF on a pu faire preuve d'un certain triomphalisme, l'exploitant étant à la tête du plus grand parc nucléaire au monde, mais aussi d'un certain relâchement conduisant à une dégradation de la sûreté. On ne construit plus, il faut désormais gérer. Et du côté de la DSIN, on reproche à EDF d'être plus soucieuce de produire que d'accorder une priorité absolue à la sûreté.

16.2. Une nouvelle attitude de l'organisme de contrôle ?

Le contexte socio-politique est donc sensiblement modifié. Que ce soient le besoin d'information du public, l'envie d'exercer un contrôle du contrôle par les parlementaires, les dénonciations de la dégradation de la sûreté par les organisations syndicales, tous ces faits traduisent d'une façon plus ou moins indirecte une exigence accrue de l'opinion en matière de sûreté nucléaire et de transparence, que l'administration chargée du contrôle devait d'une façon ou d'une autre répercuter sous forme d'exigences plus grandes à l'égard des exploitants. Mais insistons à nouveau : si le contexte est bel et bien changé, les problèmes techniques délicats ne sont pas étrangers à la tension dans les relations avec l'exploitant.

16.2.1. Affirmation de son rôle, communication et ouverture vers l'extérieur

Les années 1988-1992 voient en effet l'affirmation, nouvelle, publique, de son rôle par le Service central.

Un exemple de cette nouvelle attitude du SCSIN est donné par la publication de sa « Charte de sûreté » dans le *Bulletin SN* n° 67 d'avril 1989. Ce petit dépliant synthétique, après avoir décliné sur quelques lignes le fonctionnement du SCSIN en différents grands thèmes, « Notre Mission », « Notre Ambition », « Nos Moyens », se termine par le paragraphe intitulé « Nos principes d'action » que nous reproduisons car c'est là que réside la nouveauté :

> Nous assurons notre mission dans le respect de principes fondamentaux :
>
> – Nous ne transigeons pas avec les règles de sûreté, quelles que soient les contraintes économiques, sociales, politiques.

– Nous veillons, de manière permanente, à ce que tous les acteurs concernés orientent leurs efforts dans le sens du renforcement de la sûreté nucléaire.

– Nous ouvrons l'information à tous les publics, en tenant un langage de vérité.[3]

Le fait nouveau est que le Service central affirme son pouvoir : quand le dialogue s'enlise – et l'on pourrait dire, parce que la solution technique est délicate et souvent coûteuse pour l'exploitant – l'autorité de contrôle tranche. Cette idée est exprimée clairement dans le rapport d'activité 1989 : « On constate avec satisfaction qu'un consensus est atteint sur de nombreux sujets. Mais le consensus ne peut être permanent et universel ; il est bien clair qu'après le dialogue, l'autorité réglementaire s'exerce sans être entravée par une éventuelle absence de consensus avec l'exploitant. »[4]

Mais en plus de l'affirmation de son indépendance de jugement, l'autorité de sûreté et plus précisément son chef, Michel Lavérie, met l'accent sur la communication avec le public sur ses activités de contrôle. Il est sans doute important de présenter rapidement Michel Lavérie, car ce sont aussi les hommes, avec leur personnalité, leur caractère, qui forgent l'histoire, et en particulier quand celle-ci repose sur la qualité d'un dialogue.

Michel Lavérie est le troisième chef du Service central de sûreté des installations nucléaires. Il succède ainsi à Jean Servant (1973-1977) et à Christian de Torquat (1977-1986). Né en 1945, Michel Lavérie est ancien élève de l'École polytechnique (X 1964) et ingénieur du Corps des mines. La première partie de sa carrière se déroule au sein des Directions régionales de l'industrie, de la recherche et de l'environnement (DRIRE). Son affectation dans la DRIRE de la région Bourgogne et Franche-Comté, dont il devient le directeur régional, est l'occasion d'enchaîner sécurité classique – sécurité nucléaire, puisque la région de Dijon concentre l'essentiel des usines de fabrication des composants du programme nucléaire de l'époque. Il poursuit dans cette voie au ministère de l'Industrie au niveau central en tant que chef adjoint du Service central de sûreté des installations nucléaires (SCSIN) de 1979 à 1986. Il est nommé chef du service le 6 juin 1986, puis deviendra directeur de la Sûreté des installations nucléaires (DSIN) en 1991 quand le service devient direction, poste qu'il occupera jusqu'en 1993.[5] Si en général le

---

3 Bulletin sur la sûreté des installations nucléaires, « La charte de sûreté », *Bulletin SN*, n° 67, avril 1989.

4 Service central de sûreté des installations nucléaires, Rapport d'activité 1989, p. 7.

5 Après treize ans passés dans le contrôle au niveau central de la sûreté nucléaire, il est nommé directeur général de l'Institut national de l'environnement industriel et des risques (INERIS), établissement public sous tutelle du ministère de l'Environnement

milieu des ingénieurs est assez avare en jugements sur les individus, un qualificatif revient souvent dans le propos de certains responsables vis-à-vis de la personnalité de Michel Lavérie, dépeint comme un homme de fort caractère, ne manquant pas d'exprimer par moments ses désaccords et parfois sa colère.

Dans le journal *Le Monde* du 23 mai 1989, Michel Lavérie publie un point de vue sous le titre « Nucléaire : éclairer… l'opinion ». Cet article témoigne de cette volonté de communication et d'information en direction du public. L'article est très bien résumé par sa conclusion :

> Notre parc nucléaire doit fonctionner avec un taux élevé d'acceptation de l'opinion, lequel ne se développera que sur la connaissance rationnelle de la réalité nucléaire. Il convient de sortir du cercle vicieux selon lequel on aurait intérêt à en dire le moins possible pour conforter l'indifférence générale. Il faut entrer dans un cercle vertueux où plus on en dit, plus les choix sont compris et plus les comportements deviennent responsables.[6]

Selon Michel Lavérie, l'opinion, après une vive opposition lors de la construction du parc nucléaire français, semble aujourd'hui résignée à l'existence des centrales. Mais résignation ne signifie pas approbation. Or la phase actuelle d'exploitation ne peut manquer d'engendrer des incidents, qui, mal interprétés par le public, pourraient conduire à un rejet en bloc de cette industrie. Il est donc nécessaire que l'opinion ait une vision claire de ce qu'est la sûreté, grâce aux élus, aux médias. Ceci passe par l'explication de la façon dont les pouvoirs publics exercent leur contrôle des activités de l'exploitant, par l'information sur les conditions d'exploitation requises (normes, situations hors normes) pour garantir un fonctionnement sans prise de risques inacceptables.

Établir des relations avec d'autres acteurs que les spécialistes est jugé nécessaire, et même bénéfique, par l'autorité de sûreté. Et il y a là une divergence fondamentale avec d'autres acteurs du nucléaire :

> La France s'est lancée depuis quelques années dans une politique de transparence exigeante. Cette politique se caractérise par *la reconnaissance d'un droit de regard* [souligné par M. Lavérie] sur les choix du nucléaire et notamment de sa sûreté. […] D'une façon générale, les divers regards extérieurs doivent être reconnus comme bénéfiques. Avec des approches différentes, ils *évitent la sclérose et les tentations d'autosatisfaction des spécialistes* [souligné par nous] Ainsi, les doutes, les réflexions, les contre-expertises, les critiques venant des élus, des associations concernées, des organisations syndicales, d'experts, d'organismes internationaux et de bien

---

qui a pour rôle de fournir études et expertises dans le domaine du risque industriel. En 1997, il sera nommé inspecteur général pour la Sûreté nucléaire au CEA.

6 Michel Lavérie, « Nucléaire : éclairer… l'opinion », reproduit in *Bulletin SN*, n° 69, août 1989, p. 15.

d'autres partenaires font progresser la sûreté. Les informations qu'ils émettent ou qu'ils relaient sont aussi des facteurs de progrès.[7]

16.2.2. Un organisme de contrôle moins « serviteur de l'État » qu'« au service du public » ?

La volonté manifestée par l'autorité de sûreté d'impliquer l'opinion traduit sans nul doute une nouvelle conception du rôle de l'État : l'administration qui exerce son contrôle au nom de l'opinion ne doit pas rendre des comptes seulement à sa hiérarchie et en dernier ressort à son ministre, mais également à l'opinion. Ce n'est que le début d'une évolution, qui sera encore accentuée par le successeur de M. Lavérie, traduisant l'indépendance croissante du service de contrôle vis-à-vis de sa tutelle. C'est une modification profonde de la conception du rôle de haut fonctionnaire : cette façon de rendre compte à l'opinion, aux journalistes, était impensable lors de la création du service en 1973. C'est un processus qui s'étire sur un peu moins de trente ans, une construction progressive dans le sens d'un pouvoir plus grand du service, face à l'exploitant, mais aussi face au ministre de tutelle : par une sorte de jurisprudence, les avancées obtenues par un chef du service constituent des jalons sur lesquels s'appuie son successeur, qui peut à son tour exiger plus. Après Jean Servant (1973-1977), Christian de Torquat (1977-1986) pouvait réclamer d'EDF l'étude de certains scénarios non pris en compte. Michel Lavérie (1986-1993) initie une politique de transparence et réclame l'étude et la gestion des accidents graves, politique qui sera poursuivie par son successeur André-Claude Lacoste, qui rendra publics certains rapports en même temps qu'il en informera le ministre.

Cette évolution s'insère également dans un contexte plus général de méfiance vis-à-vis de l'État : on a vu les administrations prises en flagrant délit de dissimulation avec l'affaire du Nuage de Tchernobyl, mais c'est également l'affaire du sang contaminé qui a éclaboussé l'administration chargée de protéger la santé publique, et qui révélait que les intérêts économiques étaient privilégiés et non l'intérêt général. Les plus hautes autorités, administratives et ministérielles allaient même être convoquées par la justice, et condamnées pour certaines d'entre elles. Les membres de l'administration chargée du contrôle de la sûreté ne pouvaient manquer de voir le sort réservé à leurs collègues du ministère de la Santé dans cette affaire, et qui serait le leur en cas de défaillance dans leur tâche de contrôle.

Administrativement, le renforcement du poids de l'organisme de contrôle se manifeste par sa promotion du statut de « Service » à celui

[7] *Ibid.*

de « Direction » de sûreté des installations nucléaires (DSIN) en 1991. La DSIN reste rattachée au ministère de l'Industrie, mais elle est placée sous la double tutelle du ministère de l'Industrie et du ministère de l'Environnement. D'une dizaine de personnes en 1973, le SCSIN a vu son effectif croître à 30-40 personnes en 1980, pour atteindre 80 agents à la DSIN, des ingénieurs pour les trois quarts.

À côté de cette administration centrale, le contrôle de la sûreté sur le terrain est effectué par 9 divisions nucléaires au sein des Directions régionales de l'industrie, de la recherche et de l'environnement (DRIRE) regroupant 90 personnes. Ce sont donc au total 170 personnes qui sont affectées au contrôle de la sûreté des installations nucléaires par les Pouvoirs publics. Le nombre d'inspecteurs des INB est passé d'un peu moins de 30 en 1980, à une centaine en 1990 (un tiers environ à la DSIN, les deux autres tiers dans les DRIRE), le nombre d'inspections durant la décennie est passé de près de 200 en 1980 à près de 500 au début des années 1990.

16.3. Les griefs d'EDF à l'égard des autorités de sûreté

16.3.1. Le rapport annuel 1989 de l'IGSN

On peut considérer que les griefs d'EDF contre les Autorités de Sûreté sont exprimés de la manière la plus explicite par Pierre Tanguy, alors inspecteur général de la Sûreté nucléaire d'EDF dans un rapport annuel de 1989. Le texte n'était pas destiné à être rendu public et il s'adressait au directeur général d'EDF ; il avait été distribué à une centaine de cadres. Le rapport IGSN 1989 compte parmi les expressions les plus franches formulées sur la sûreté des centrales d'EDF et sur les relations avec l'autorité de sûreté. Qui plus est, de la part de l'une des grandes figures historiques de la sûreté nucléaire en France, passé chez l'exploitant après près de 20 ans à la tête des organismes d'expertise de la sûreté en France et à l'étranger.[8] L'inspecteur général n'a de compte à rendre qu'à la Direction générale d'EDF pour lui proposer un panorama des centrales du seul point de vue de la sûreté et proposer un certain nombre d'actions pour son amélioration. Le point de vue d'EDF exploi-

8 Rappelons qu'après quinze ans comme développeur des réacteurs UNGG au CEA, Pierre Tanguy a été chef du DSN de 1970 à 1978, puis directeur de l'IPSN et président du Groupe permanent réacteurs de 1978 à 1985. Il est alors membre du comité consultatif international pour la sûreté des réacteurs (INSAG) de l'AIEA. Il a succédé en 1988 au poste d'IGSN d'EDF à André Gauvenet, autre transfuge du CEA en 1982. Claude Frantzen succédera à Pierre Tanguy au poste d'IGSN en 1994.

tant, souhaitant produire du kWh dans les meilleures conditions peut lui se résumer à « on nous en demande toujours plus. »[9]

Chaque rapport annuel de l'inspecteur général débute par un dossier de synthèse. Celui de 1989 développe une rhétorique qui fait l'apologie de la technique comme solution objective à toutes les difficultés. Véritable manifeste technocratique, le rapport de synthèse défend l'idée que le pouvoir doit revenir à ceux qui savent, et critique les hommes politiques, les médias, l'opinion publique, certains contre-experts et autres syndicats ou associations, incapables d'avoir d'une vision d'ensemble, pondérée, objective des questions techniques sensibles.

De façon très symbolique, le « panorama de la sûreté nucléaire » commence par un premier paragraphe intitulé « l'évolution de l'environnement national » qu'il est nécessaire de reproduire largement. Il débute comme suit :

> Les relations avec les Autorités de Sûreté ont évolué de manière très significative au cours de l'année 1989. On ne peut pas parler à proprement parler de « rupture », car cette évolution était déjà amorcée dans les années antérieures, mais 1989 a vu une succession de prises de position de la part du Service central de sûreté des installations nucléaires (SCSIN) qui ont indiqué sa volonté de marquer son indépendance vis-à-vis de l'exploitant nucléaire EDF, premier responsable de la sûreté de ses installations, et qui reflètent plus ou moins directement l'opinion des milieux politiques vis-à-vis des questions de sûreté et de protection de l'environnement, telle qu'elle s'est notamment manifestée au cours du débat parlementaire de décembre 1989. (…)
>
> Il va de soi qu'EDF ne peut que suivre les directives que lui donnent les Autorités de Sûreté, et qu'en outre nous nous félicitons de l'affirmation publique de l'indépendance de ces Autorités. Je considère pour ma part que l'indépendance de jugement en matière de sûreté a toujours été la règle depuis pratiquement les origines du programme nucléaire français, quoi qu'aient pu en dire certains critiques de ce programme. Ce qui me paraît néanmoins fondamental, c'est que cette indépendance s'est toujours appuyée sur une *analyse technique contradictoire, mais approfondie* [nous soulignons], des dossiers et il me paraîtrait dangereux qu'elle puisse désormais se fonder d'abord sur des considérations de nature socio-politique. Une telle dérive conduirait à un processus décisionnel qui se situerait en termes de conflit de pouvoir, et non plus de *recherche du meilleur compromis technique*. [nous soulignons]

---

9 Ce refrain du « Toujours plus… » est même le titre d'un éditorial de Francis Sorin dans le n° 5 de *la Revue Générale Nucléaire* de l'année 1992, à propos de « sécurité nucléaire et société » dont deux titres de paragraphe en gras résument bien l'esprit : « Le nucléaire "diabolisé" », « Radioprotection : l'escalade ».

L'évolution de nos relations avec le SCSIN me conduit donc à une mise en garde. On a tendance parfois à mettre sur le seul compte de la qualité des hommes et de l'organisation des entreprises le succès du programme nucléaire français par rapport à l'étranger. C'est trop vite oublier l'importance de l'environnement favorable sur les plans politique, juridique et réglementaire dans lequel notre programme a pu se développer. En ce qui concerne la contrainte réglementaire, il est généralement reconnu qu'elle a une large part de responsabilité dans l'échec du programme nucléaire américain, qui disposait au départ d'une avance technologique considérable. Il est instructif de noter que les « régulateurs » américains ont souvent cru de bonne foi qu'en marquant plus nettement leur pouvoir vis-à-vis de l'industrie américaine, notamment par un durcissement de leurs exigences, ils rendaient service à cette industrie, et regagnaient en même temps la confiance du public. Ils se sont doublement trompés.

Or je crains que nous n'assistions aujourd'hui à une tendance similaire en France, avec plus d'une décennie de décalage. Il me paraît significatif que les derniers mois aient vu se multiplier des propositions de restructuration de l'organisation nationale de la sûreté nucléaire, alors qu'aucun responsable ne met sérieusement en cause *le bien-fondé technique* des décisions prises dans le passé, et que la seule préoccupation avancée porte sur la perception de ces questions par l'opinion publique. Plusieurs initiatives locales, telle la « contre-expertise » organisée par le Conseil général du Haut-Rhin à l'occasion de l'épreuve décennale de Fessenheim, ressortissent à mon avis au même courant, même si souvent les préoccupations de protection vis-à-vis de la radioactivité l'emportent sur les soucis strictement de sûreté.

En pratique, cette évolution se traduit pour EDF par de nouvelles contraintes auxquelles l'Entreprise doit faire face. (...) Je pense que c'est avant tout sur *les aspects techniques de sûreté* que nous devons faire porter notre effort.

En effet, notre préoccupation essentielle doit être de maintenir en France un consensus sur les réponses à apporter aux problèmes techniques de sûreté (...). Nous devons nous efforcer de garantir *la qualité du dialogue technique* entre nos spécialistes et les experts indépendants qui apportent leur soutien aux Autorités de Sûreté.[10]

Cette franchise dans le propos à l'encontre de l'évolution en cours de l'opinion et des autorités ne met pas sous le boisseau les dysfonctionnements ou erreurs propres à EDF qui contribuent à un mauvais dialogue technique avec les autorités de sûreté. Pierre Tanguy reconnaît les torts de l'exploitant sur certaines questions et propose un certain nombre de voies de progrès au sein d'EDF :

Ceci impose que nous leur ouvrions tous nos dossiers, que nous respections à la lettre les engagements pris auprès du SCSIN comme du Groupe Perma-

[10] Tanguy, Pierre, *Sûreté Nucléaire 1989*, Rapport de l'inspecteur général de la Sûreté nucléaire, EDF-Direction générale, 15 janvier 1990, p. 5.

nent, notamment en ce qui concerne les délais d'étude, que nous réagissions rapidement sur les incidents, et que nous nous efforcions d'anticiper les problèmes plutôt que de les subir. Je sais que les Directions opérationnelles partagent ce point de vue, mais nous devons reconnaître que nous n'avons pas toujours été sans reproches sur certains points dans le passé.[11]

16.3.2. Les experts et l'opinion

Partisan de toujours de l'ouverture à l'expertise internationale, Tanguy estime en revanche que les opposants ou contre-experts n'ont jamais rien apporté à la sûreté nucléaire, que la plupart des critiques étaient « infondées ». « Même lorsqu'elles portaient sur des problèmes réels, ceux-ci étaient en général déjà connus des experts de l'administration, et les antinucléaires n'ont jamais apporté de solution nouvelle. »[12]

16.3.2.1. Un processus d'expertise à plusieurs niveaux

Il est vrai que dans le cas contraire, cela aurait signifié pour le spécialiste de la sûreté une remise en cause de ses compétences, de son travail, de sa raison d'être. Et il est certain que pour s'exprimer sur les questions de sûreté, il faut disposer de compétences techniques, dont il est détenteur.

Par ailleurs, il aurait été surprenant que des opposants non spécialistes des questions si pointues du nucléaire découvrent des problèmes insoupçonnés par les experts attitrés : pour la sûreté, près de 400 personnes à l'IPSN travaillent sur ces questions, recrutées parmi les spécialistes français de l'énergie nucléaire. De plus, le processus même de l'expertise de la sûreté procède par plusieurs lectures, avec des points de vue différents. La confrontation technique met en scène plusieurs niveaux d'experts : ce sont d'abord les spécialistes d'EDF qui proposent leurs arguments. Ceux-ci sont étudiés par les experts analystes de l'IPSN, qui remettent leurs conclusions à l'administration pour examen et décision. Quand les sujets s'avèrent importants et lourds de conséquences, les autorités demandent l'avis du Groupe Permanent d'experts concerné. Plusieurs lectures des dossiers sont donc faites, au niveau national, mais également en accord avec l'état de l'art au niveau international, à travers la participation à de multiples expériences, collaborations, colloques.

Ces diverses confrontations jouent sans nul doute un rôle important pour limiter l'esprit de groupe, de caste, et pour contrebalancer la logique interne d'une communauté qui pourrait avoir tendance à s'auto-

---

11 *Ibid.*

12 Tanguy, Pierre, *Nucléaire pas de panique !*, Paris, Nucléon, 1997, p. 46.

aveugler par des raisonnements acceptés en interne, déconnectés de la réalité et laissant de côté certains aspects importants. De ce point de vue, la sûreté nucléaire a été d'emblée – et le phénomène s'est amplifié avec le temps – une question discutée à l'échelon international, et les solutions nationales ont de moins en moins pu s'écarter des solutions dont le consensus s'était établi au niveau international. D'ailleurs, les opposants qui en France ont les plus grandes difficultés à obtenir les informations ont recours aux documents publiés à l'étranger. Paradoxalement, les spécialistes français si peu enclins à communiquer en France, s'expriment là librement, donnant à leurs collègues du nucléaire des informations qu'ils taisent au public sur le sol national.

16.3.2.2. Compétence scientifique et technique

Le discours de Pierre Tanguy est représentatif d'une vision CEA de l'expertise, issue d'une sorte « d'âge d'or », l'époque de Jean Bourgeois au CEA, où les discussions étaient menées entre spécialistes de l'exploitant et spécialistes de l'autorité de sûreté, entre « gens de bonne compagnie » pour résumer. On se souvient du fonctionnement de la Commission de sûreté des installations atomiques (CSIA) du CEA depuis 1960, où les débats se tenaient entre chefs des départements, sans ménagement ni compromission, sous la haute autorité du haut-commissaire Francis Perrin qui avait fait partie aux côtés de Joliot des premiers découvreurs en France des principes physiques de la fission. Cet âge d'or correspondait également au fait que l'organisme d'expertise résidait au sein du Commissariat à l'Énergie atomique, à son apogée pourrait-on dire : le CEA disposait de moyens conséquents, d'objectifs clairement définis, et de dirigeants de haut niveau.

Mais le CEA était également un organisme de recherche scientifique et technique qui de ce fait disposait d'une réelle compétence, quasi exclusive en France. La création du Service central en 1973 au sein de l'administration n'allait pas réellement modifier ce fonctionnement, en conservant son rôle d'appui technique pour les analyses et recherches à l'IPSN, issu en 1976 du CEA. Les premiers dirigeants de cet institut d'expertise ont compté parmi les quelques dizaines de pionniers du CEA qui ont assuré le développement industriel de l'énergie nucléaire en France au cours des années 1950 et 1960. Jean Bourgeois, puis Pierre Tanguy, François Cogné et plus brièvement Jean Rastoin, ont consacré près de vingt ans de leur début de carrière professionnelle au développement des premiers projets français en matière d'énergie nucléaire. Ce sont ces hommes qui ont par la suite modelé les organismes chargés de la sûreté. Ils ont pu recruter, à l'intérieur du CEA, les spécialistes compétents. Le CEA a constitué ce vivier dans lequel ils ont pu puiser des scientifiques et techniciens travaillant en liaison à la fois avec les recherches théoriques et avec la recherche appliquée aux réalisations concrètes les plus en pointe de l'énergie atomique.

La structure, la composition, le mode de travail de l'IPSN ont été conçus par Bourgeois et ses successeurs de façon à envisager les différents aspects de l'expertise de la sûreté. Ils insistent sur le soin qu'ils ont porté à regrouper à la fois des spécialistes pointus des différents domaines en jeu dans la sûreté des réacteurs, mais aussi des généralistes, ainsi que des laboratoires de recherche travaillant pour les précédents. Cette composition de l'IPSN devait correspondre aux tâches mêmes d'un service d'expertise technique, chargé de connaître les détails les plus spécialisés et les plus récents des connaissances scientifiques et techniques, mais devant aussi être capable d'esprit de synthèse pour mesurer l'importance, à l'aune de la sûreté, de telle ou telle donnée. Il faut pouvoir analyser des monceaux de documents techniques mais en même temps savoir ne retenir, dans la discussion avec l'exploitant, que les éléments pertinents pour la sûreté. C'est cela qui, selon eux, distingue l'analyse technique de l'analyse administrative.

L'analyse technique doit s'appuyer sur des données scientifiques, au moyen de modèles qui doivent être eux-mêmes vérifiés, validés sur des expériences. Ces expériences garantissent que les données et les modèles utilisés pour les interpréter sont valables, ce qui permet d'éviter des erreurs provenant de modèles implicites dont l'expert (ou la communauté d'experts) n'a pas conscience, parce qu'il utilise une relation tellement pratiquée qu'elle lui paraît naturelle.[13]

L'aspect scientifique de l'organisation mérite d'être souligné[14] car il se distingue d'autres types d'organisation de l'expertise dont le caractère est plus administratif ou industriel. Or le mode de fonctionnement de ces différents types de structure ne peut manquer d'influer sur le fonctionnement de l'expertise. Les modes de fonctionnement collectif peuvent être plus ou moins favorables à l'expression des compétences et au rôle d'expertise. Une condition sine qua non de l'expertise est la possibilité pour les experts de faire part de leurs doutes, de leurs inquiétudes, de discuter les divers aspects sans crainte des conséquences en termes de

---

13 Raymond Sené du GSIEN critique cette tendance des experts à utiliser des arguments d'autorité pour justifier leurs calculs, en se basant sur des lois, sur des courbes acceptées par toute la communauté mais dont plus personne ne sait quel est le domaine de validité, si ce n'est : « c'est une courbe à un million de dollars, parce que les Américains ont dépensé cette somme pour l'obtenir ». Plus généralement, M. Sené critique ce qu'il appelle une approche d'ingénieurs, où les experts mènent des calculs sans connaître la nature des phénomènes, comme par exemple en matière de corrosion sous contrainte. Entretien du 7 juillet 2000, Orsay.

14 D'après une conférence de Pierre Tanguy à la Maison des Sciences de l'Homme, Lyon, mai 1998.

coût, en termes d'efficacité immédiate, ce qui n'est pas le cas d'une organisation de type industriel. Le caractère scientifique de l'organisme d'experts institutionnalise le dialogue, qui est une caractéristique de la communauté scientifique : dans ce type d'organisations, les échanges, la discussion, la confrontation des points de vue, sont en effet considérés comme des facteurs clés permettant de faire progresser les connaissances. Dans le cas d'une organisation à caractère industriel, les critères sont plus centrés sur la rentabilité, les études sont ciblées et peu de latitude est laissée pour des idées sortant des sentiers battus. L'organisation de type administratif, dans le cas français, est prise entre deux feux politiques, les exigences de l'opinion et les volontés des dirigeants politiques également responsables du développement économique.

La gestion des carrières au sein de ces différents types d'organisation est également un facteur non négligeable pour se doter des compétences, les conserver ou éviter la sclérose des spécialistes. De ce point de vue également, selon Tanguy, le type d'organisation de l'IPSN approchait l'idéal car il était immergé dans un ensemble plus vaste, le CEA. Le fait que le corps d'expertise d'un millier de personnes baignait dans cette structure de 15 à 20 000 personnes permettait de gérer les carrières par des transferts entre les deux entités et pas seulement au sein de l'IPSN.

16.3.2.3. Une certaine vision de la science et de la technique

Le discours d'hommes comme Tanguy est également le discours d'une génération qui a connu cet enthousiasme technicien pour une technologie nouvelle dont on pensait qu'elle pourrait révolutionner le monde. Et rappelons que pour la génération qui a participé à cette aventure, car c'est ainsi que cela a été vécu, on est passé en un peu plus de trente ans de la découverte fondamentale de la fission à la production industrielle d'électricité. Par ailleurs, dans les années 1950, les savants et ingénieurs du nucléaire étaient présentés comme des héros contribuant au progrès de l'humanité. Le progrès technique apparaissait comme un facteur de libération de l'homme. Trente ans plus tard, les techniciens se sentent entourés d'une défiance, d'une hostilité de la part de l'opinion, d'une perte de confiance en tout cas. Un argument revient périodiquement dans l'argumentation des hommes du nucléaire à l'égard de l'opinion et de l'opposition : ce qu'ils appellent les contre-pouvoirs sont l'émanation d'une culture littéraire face à la culture scientifique, ce qu'illustre en particulier l'attitude des journalistes qui dans leur majorité dénigrent cette forme d'énergie. Plus généralement, ils mettent en parallèle le rejet de l'énergie nucléaire avec le rejet de la science qui s'est développé dans l'opinion à partir des années 1970 : ce ne sont plus les merveilles du progrès technique qui sont mises en exergue mais les dégâts de la technologie, les méfaits de la pensée rationnelle, ou encore les intérêts matériels personnels que poursuivent en fait les scientifiques sous couvert d'élargissement du spectre des connaissances.[15]

Cette génération de techniciens partage en outre une même vision de la technique : ils pensent qu'on peut découvrir la « vérité technique » et qu'elle s'imposera à chacun s'il est de bonne foi, dans un processus consensuel façonnant une sorte de « main stream » qui ralliera chacun. Leur façon de raconter l'histoire de la sûreté est symptomatique : c'est une histoire sans conflits.[16] Si ce n'est avec les opposants. La comparaison avec l'histoire retracée par cet autre expert de la sûreté, l'Américain David Okrent, est instructive : son récit, diamétralement opposé, fait part des difficultés, des débats, des divergences au sein du monde nucléaire, entre exploitants et experts de l'autorité d'abord, mais également entre experts techniques.[17]

Or les chefs de l'IPSN étaient bien placés pour savoir que le déroulement même de l'expertise technique, le dialogue, le débat entre l'expert de l'IPSN chargé d'un dossier et l'expert de l'exploitant, s'il n'est pas conflictuel, est forcément contradictoire et dépend nécessairement d'un certain rapport de forces.

Alors pourquoi les experts comme Tanguy se refusent-ils à témoigner de ces conflits ? On pourrait supputer une volonté de ne pas laver le linge sale en dehors de la famille nucléaire. Le devoir de réserve pourrait être évoqué, les experts n'étant pas propriétaires des informations qu'ils produisent, travaillant pour le compte de l'administration. Ou encore, en reprenant une explication commode, avancer que le public ne comprend pas ces sujets complexes techniquement et qu'on ne veut pas lui donner des informations qu'il pourrait être amené à mal interpréter.

---

15 Gerald Holton a analysé le rejet de la science dans certains courants intellectuels au XXe siècle, entre les années 1950 où un rapport demandé au président Roosevelt promettait une vie meilleure si la société favorisait le développement de la science, et la fin du siècle marquée par une baisse du prestige et de l'autorité de la pensée scientifique. Cf. Holton, Gerald, *Science en gloire, science en procès*, Paris, Gallimard, 1998.

16 Cf. Bourgeois, J., Tanguy, P., Cogné, F., Petit, J., *La sûreté nucléaire en France et dans le monde*, Paris, Polytechnica, 1996.

17 Cf. Okrent, David, *Nuclear Reactor Safety. On the History of the Regulatory Process*, Madison, The University of Wisconsin Press, 1981. Il s'agit de David Okrent qui est membre du Comité d'expert de 1964 à 1987. Il en est vice-président en 1965, président en 1966. Ingénieur mécanicien du Stevens Institute of Technology en 1943, docteur en physique de l'Université d'Harvard en 1951, il a travaillé depuis cette date au laboratoire national d'Argonne. Chef physicien pour la conception et le démarrage de la pile rapide ZPR-III puis EBR-II, il a dirigé le programme de sûreté des réacteurs rapides pendant plusieurs années, initiant le programme TREAT. Il a été délégué aux trois premières conférences des Nations unies à Genève en 1955, 1958 et 1964.

Parce que les informations sont utilisées par certains opposants malveillants ? Les experts peuvent également constater que dans le passé, ils n'ont pas eu besoin de l'intervention du public pour que les projets qu'ils jugeaient au sens propre inacceptables au plan de la sûreté n'aient pas été acceptés. Au vu du bilan, ils peuvent estimer que le dialogue entre les trois parties constituées (exploitant, expert, autorité de sûreté) est suffisant pour assurer une bonne gestion de la sûreté. D'un point de vue sociologique, on peut avancer que cette volonté de ne discuter qu'entre soi est une caractéristique partagée par l'establishment en général, qui n'aime pas que « ses affaires » soient exposées sur la place publique, que la rétention de l'information est un moyen d'assurer un pouvoir par la détention d'informations dont les subordonnés ou les opposants ne disposent pas. Toutes ces raisons jouent sans doute un rôle.

Mais l'histoire de leur parcours explique cette conception de l'expertise dont ils estiment que le déroulement ne doit pas être nécessairement un combat : ils ont été des constructeurs, des exploitants, œuvrant à la réussite de l'énergie nucléaire ; ils connaissent le point de vue de ceux qu'ils expertisent, dont ils partagent les finalités. Tanguy pense qu'il peut y avoir une finalité commune entre exploitant et contrôleur, au moins en ce qui concerne la prévention de l'accident. Chacun dans le cadre de ses responsabilités joue un rôle dans la réussite ou dans l'échec de cet objectif. Et l'un des moyens d'éviter que ce soit uniquement une question d'affrontement peut dans certains cas être une coopération entre les experts, sous réserve que chacun conserve sa liberté propre. François Cogné, d'ailleurs, estime que la sûreté, en tant que juge des autres, ne devrait être qu'une étape dans une carrière.[18] À ses yeux l'une des grandes missions de l'IPSN a été de former à la manière d'analyser la sûreté, aux méthodes de la sûreté, des ingénieurs de l'exploitant (EDF, CEA ou Framatome), qui ont pu mettre sur pied dans leur entreprise des départements de sûreté nucléaire qui n'existaient pas. La sûreté nucléaire est devenue largement répartie, à la fois du côté des Autorités de sûreté ou de ceux qui participent à leur soutien, mais aussi du côté de ceux qui font réellement la sûreté, les exploitants : « Parce que la vraie sûreté ce ne sont pas les voyeurs, ce sont ceux qui la font. »[19] C'est pourquoi à leurs yeux, le fait de passer de l'organisme d'expertise à un service de sûreté de l'exploitant ne pose pas de problème déontologique, c'est faire bénéficier d'une compétence l'organisme qui a en premier lieu la responsabilité de la sûreté. À la suite d'André Gauvenet, directeur de la sécurité nucléaire au CEA passé inspecteur général à EDF, Pierre Tanguy termine également sa carrière chez l'exploitant. Pendant plu-

[18] Entretien de l'auteur avec François Cogné, 14 janvier 1999, Paris.

[19] *Ibid.*

sieurs années après la création du Service central, certains techniciens de l'IPSN y seront détachés pour apporter leurs compétences.

D'autres transferts dans ces années pourraient apparaître plus choquants, quand des ingénieurs chargés du contrôle administratif au sein du Service central « pantouflent » chez l'organisme qu'ils étaient chargés de contrôler. Mais cela correspondait sans doute à une étape du développement du nucléaire en France, où les compétences étaient peu répandues, et où l'État, consciemment, a choisi de placer un certain nombre de gens compétents de l'administration chez les industriels pour leur permettre de s'améliorer. C'est d'ailleurs une question propre à tout domaine technologique en développement de savoir pour l'administration quel est le meilleur moyen d'utiliser le nombre limité d'experts compétents. Quand on estime qu'une personne, à la limite unique en France, est réellement compétente, où est-elle la mieux placée, chez le contrôleur ou chez le contrôlé ? Ce problème est lié aux possibilités d'évolution de carrière, car cette personne compétente, si elle souhaite poursuivre sa carrière dans l'administration, devra nécessairement faire autre chose si la taille de l'administration chargée du contrôle ne dépasse pas celle d'un simple « service ». Avec le renforcement des structures, ce genre de dilemme sera de moins en moins d'actualité, et les règles déontologiques interdiront ce type de transfert, quasiment inévitable, voire souhaitable pour certains, au démarrage d'une nouvelle activité.

Sur le fond, la négation de toute utilité aux contre-experts et aux regards extérieurs correspond parfaitement à l'image que donnait Jean Meynaud[20] du technocrate idéal ou idéalisé. L'idéologie technocratique développe un certain nombre de thèmes, au premier rang desquels, l'apologie de la fonction technique : c'est tout d'abord l'éloge de la compétence, l'accent mis sur la constatation objective des faits comme nécessaire à la formation d'une décision rationnelle dans un monde de plus en plus complexe. Cette analyse rationnelle est présentée comme possédant la vertu de rassembler les esprits que les controverses idéologiques tendent au contraire à diviser. Ceci est un point capital de la mentalité technicienne selon Meynaud : « la croyance que l'analyse et l'interprétation rationnelles des faits sont susceptibles de provoquer des positions d'unanimité du moins chez les hommes de bonne volonté. Le technicien qui croit posséder à fond une question est toujours surpris et souvent peiné quand il rencontre des oppositions à ses thèses : il est inévitablement tenté de les attribuer à l'ignorance ou à la mauvaise foi. » Et Meynaud d'évoquer « cette faculté prêtée à la fonction technique de rapprocher et de pacifier les esprits – dont les partisans oublient que la

---

20 Meynaud, Jean, *La technocratie, mythe ou réalité ?*, Paris, Payot, 1964.

constitution du dossier elle-même n'est jamais indépendante des prédispositions idéologiques de son auteur (…) »[21] conduisant au deuxième grand thème de l'idéologie technocratique, après l'exaltation du technicien : la critique de l'homme politique, souvent présenté comme incompétent, perméable aux intérêts particuliers et incapable de défendre l'intérêt public.

Dans la position de Tanguy, la sûreté est l'intérêt général, l'homme politique englobe et les politiciens et l'autorité de sûreté soumise aux pressions des contre-pouvoirs et de l'opinion. Les temps ont changé, et même s'il l'avait souhaité, le temps n'est plus où le technicien, l'expert, décidait. C'est désormais plus que jamais l'autorité de sûreté, l'administratif représentant le « politique », qui décide.

16.4. Une administration qui poursuit l'affirmation de son autorité

Si les tensions de la période précédente entre exploitants et autorité sont en partie apaisées lorsque André-Claude Lacoste prend la tête de la DSIN en 1993, il poursuit la politique de son prédécesseur et va même plus loin dans la volonté de transparence.

Né en 1941, polytechnicien (X 1960), ingénieur du Corps des mines (promotion 1965), André-Claude Lacoste est un homme du contrôle, qui plus est convaincu de cette tâche de contrôle que doit exercer l'État sur les activités industrielles. Il débute sa carrière professionnelle dans la région Nord-Pas de Calais, où pendant douze ans il s'occupe du contrôle de la sécurité dans l'industrie, et en particulier dans les mines. En 1978, il est nommé au sein de l'administration centrale du ministère de l'Industrie et gère l'ensemble des DRIRE jusqu'en 1990. Il introduit le contrôle des installations classées puis le contrôle du nucléaire dans les activités des DRIRE.[22] De 1990 à 1993, André-Claude Lacoste est adjoint au directeur général de l'Industrie. En avril 1993, il est nommé directeur de la sûreté des installations nucléaires. La DSIN et les Divi-

---

21 *Ibid.*, p. 202.

22 Dans le contrôle des mines, André-Claude Lacoste est tout d'abord chargé du sous-arrondissement minéralogique de Valenciennes (1966-1969), puis chargé de mission auprès du Préfet de région et chargé du sous-arrondissement minéralogique de Lille (1969-1971), avant d'être directeur de l'École des Mines de Douai et chef de l'Arrondissement minéralogique de Douai (1971-1978). Au sein de l'administration centrale, il occupe successivement les postes de chef des Services de la sécurité industrielle, d'adjoint au directeur de la Qualité et de la Sécurité Industrielles (1979-1982), de secrétaire général de la Délégation aux Affaires Régionales (1982-1985), puis de chef du Service de l'action régionale pour la sécurité et la compétitivité industrielles (1986-1990).

sions des installations nucléaires (DIN des DRIRE) sont alors regroupées au sein de l'Autorité de Sûreté nucléaire (ASN).

Les principales évolutions significatives au cours des années 1993-2001 sont l'élargissement du champ d'investigation de l'autorité de sûreté, qui intègre de plus en plus les préoccupations en matière de radioprotection. La sûreté n'est pas délaissée pour autant, avec l'accent mis au cours des années 1990 sur la prise en compte des accidents graves. Au cours de cette période, l'autorité s'attachera en particulier au renforcement du contrôle du vieillissement des installations et aux révisions de la sûreté des installations au cours de la deuxième série de visites décennales de la fin des années 1990. Plusieurs autres dossiers montrent que les exigences en matière de sûreté et de radioprotection vont poursuivre l'évolution amorcée depuis la création du SCSIN en 1973 allant dans le sens d'un renforcement des exigences et d'une plus grande indépendance vis-à-vis des promoteurs de l'énergie nucléaire, exploitant mais aussi ministère de l'Industrie. Cette évolution s'accompagne d'une transparence accrue des décisions de l'autorité de sûreté. Deux exemples sont particulièrement révélateurs, le rapport sur Superphénix en 1994 et le dossier des rejets des installations nucléaires.

16.4.1. Superphénix 1992-1997

En arrivant à la tête de la DSIN en avril 1993, André-Claude Lacoste hérite d'un dossier brûlant, celui concernant l'avenir de Superphénix.

Arrêté depuis le 3 juillet 1990 suite à une pollution de sodium, Superphénix avait fait l'objet d'un rapport de la DSIN en date du 16 juin 1992, qui prononçait un avis favorable au redémarrage du réacteur du point de vue de la sûreté, mais qui assortissait cet avis de nombreuses réserves. Or à l'été 1992, le Premier ministre avait décidé de ne pas autoriser le redémarrage. De ce fait, le réacteur Superphénix était resté arrêté pendant plus de deux ans, et juridiquement, en application du décret du 11 novembre 1963, le décret d'autorisation de création n'était plus valide. C'est pourquoi une nouvelle procédure d'autorisation avait dû être lancée en octobre 1992, cette procédure comportant une enquête publique et une instruction technique.

L'enquête publique, très critiquée,[23] s'est déroulée du 30 mars au 14 juin 1993. La Commission d'enquête a remis son rapport le 29 sep-

---

[23] Certains observateurs, dont Greenpeace, dénoncent le manque de neutralité de la Commission, accusant en particulier son président d'avoir choisi comme expert technique un ancien directeur de Framatome. On reproche également à la Commission d'avoir limité la possibilité de consultation de son rapport aux 5 km minima autour de l'installation requis par la loi sur les enquêtes publiques. Jean Pronost, président de la commission d'enquête publique pour la centrale de Creys-Malville, tient à pré-

tembre et conclu en faveur du redémarrage. L'instruction technique a été menée par la DSIN et ses appuis techniques, le Groupe Permanent Réacteurs consacrant cinq réunions à l'examen du dossier. André-Claude Lacoste remet son rapport sur Superphénix le 18 janvier 1994. Le gouvernement n'en a reçu une version que deux heures avant la presse, ce qui est un nouveau témoignage de la plus grande indépendance acquise par la DSIN vis-à-vis du ministère de l'Industrie. De plus, le rapport d'André-Claude Lacoste reprend l'essentiel des conclusions du rapport de son prédécesseur, l'avis positif au redémarrage, et surtout les réserves quant aux performances de Superphénix comme machine industrielle.

Le rapport conclut que « du point de vue de la sûreté, le redémarrage du réacteur Superphénix peut être autorisé. »[24] Mais là encore, ce redémarrage est soumis à différentes conditions : tout d'abord, la DSIN exige le constat d'achèvement des travaux de lutte contre les feux de sodium ; elle soumet ensuite le démarrage à une limitation de la puissance du réacteur pendant plusieurs mois pour valider les nouvelles conditions d'exploitation proposées par l'exploitant à la suite de l'incident de pollution de sodium de 1990. Comme son prédécesseur, M. Lacoste insiste sur le fait que Superphénix reste à ses yeux un prototype, considération qui a des conséquences importantes pour l'exploitation : premièrement, des incidents se produiront « très vraisemblablement », même s'ils devraient être sans conséquences. De ce fait, on doit s'attendre, dans certains cas, à arrêter le réacteur pour mener à bien les analyses approfondies de ces incidents. Deuxième conséquence du caractère prototypique de Superphénix sur laquelle insiste M. Lacoste, « la production d'électricité ne doit pas être un objectif premier. L'exploitation devra privilégier la sûreté et l'acquisition des connaissances pour préparer une éventuelle future génération améliorée de réacteurs à neutrons rapides. » Troisième conséquence, comme son prédécesseur M. Lacoste cite « l'effort important [qui] doit être engagé pour améliorer à terme les méthodes de contrôle et de suivi en service du vieillissement du réacteur. »

Dans un communiqué du 22 février 1994, le gouvernement français annonce sa décision : « Superphénix ne sera plus exploité comme une centrale nucléaire ».[25] Malgré une forte opposition du ministère de

---

ciser, lors de son audition devant la commission d'enquête parlementaire du 13 mai 1998, son total désaccord avec les critiques émises. Il précise entre autres que « l'enquête de Superphénix a donné lieu à une concertation très importante puisque l'on a reçu 4 235 courriers et des pétitions comportant 25 493 signatures. »

24 DSIN, « Communiqué de la DSIN du 18 janvier 1994 », *Rapport d'Activité 1994*, p. 203-204.

25 Reproduit dans le Rapport d'activité 1994 de la DSIN, p. 204.

l'Environnement, le Premier ministre Édouard Balladur annonce que SPX redémarrera, comme instrument de recherche, en tenant compte des conditions posées par la DSIN. À la fin de la première phase de montée en puissance du réacteur, une fuite est observée sur le dispositif d'alimentation en argon de l'un des huit échangeurs de chaleur situés dans la cuve du réacteur. L'analyse menée par l'exploitant démontre que les conséquences pour la sûreté sont acceptables et la DSIN accepte la poursuite de la montée en puissance début novembre. Mais cette affaire illustre une nouvelle fois la complexité de l'installation Superphénix : NERSA, le consortium qui exploite la centrale, a réfléchi pendant six mois avant de mettre au point la réparation, qui n'a duré que quelques minutes.

L'année 1996 s'avère satisfaisante pour le fonctionnement de l'installation et le réacteur est arrêté le 24 décembre conformément au programme pour procéder à des opérations de maintenance. C'est au cours de cet arrêt, le 28 février, que le Conseil d'État annonce l'annulation du décret d'autorisation de création du 11 juillet 1994 suite à la requête déposée par une organisation écologiste. Le Conseil d'État a estimé que les modifications apportées au réacteur n'étaient pas conformes au projet qui avait été soumis à l'enquête publique et qu'une nouvelle enquête était donc nécessaire. Le Premier ministre s'interrogera alors sur l'opportunité de prendre un nouveau décret à partir des procédures déjà menées, quand la dissolution de l'Assemblée par le président de la République amène une nouvelle majorité au pouvoir. Le nouveau Premier ministre, Lionel Jospin, déclare le 19 juin 1997 devant l'Assemblée nationale que le surgénérateur Superphénix sera abandonné.

Cette décision provoque le dépit des promoteurs, parlant de « condamnation sans jugement », « défi au bon sens le plus élémentaire », « faute monumentale ». Selon Georges Vendryes, le fonctionnement de Phénix et de Superphénix a certes été émaillé d'incidents trop nombreux, mais « qui n'ont à aucun moment mis en cause la sûreté », sans compter les « incidents imaginaires inventés de toutes pièces à seule fin d'affoler l'opinion. » Un bilan du fonctionnement du réacteur entre 1986 et 1996 montre que Superphénix a connu 53 mois d'exploitation normale, 25 mois d'arrêt consécutifs à des incidents constatés, et un total de 54 mois pendant lesquels la centrale, « quoique techniquement en état de marche, a été clouée au sol par les procédures en cours. En particulier, elle s'est trouvée immobilisée pendant plus de trois ans, de 1991 à 1994, par de pures et simples péripéties politico-administratives. »[26]

[26] Audition de M. Georges Vendryes, extrait du procès verbal de la séance du 26 mai 1998 de l'enquête parlementaire sur Superphénix.

Lot de consolation, l'abandon de Superphénix par le gouvernement s'accompagne du redémarrage de Phénix, malgré certaines oppositions dues à l'âge avancé du réacteur. Les débats ont été animés au sein du Groupe Permanent qui s'est réuni trois fois sur le sujet au cours de l'année 1997, et, fait exceptionnel, il y a même eu un vote sur certains points précis. Mais l'avis final a été adopté à l'unanimité. La DSIN a suivi cet avis favorable au redémarrage,[27] pour une période courte, jusqu'en 2004.

16.4.2. Les rejets

Après le domaine de la sûreté – la maîtrise des accidents –, le champ d'action de l'autorité de contrôle s'élargit à des domaines qui paraissaient jusque-là secondaires, liés au fonctionnement normal des installations : la radioprotection des travailleurs et les rejets des installations.

À partir de 1995, la DSIN exprime sa volonté de réduire les limites des rejets autorisés aussi bas que les techniques le permettent, en s'appuyant sur la philosophie du ministère de l'Environnement chargé du contrôle des installations classées, la doctrine du « Best Available Technology. » Une nouvelle réglementation sera instaurée par un décret du 4 mai 1995. Cette nouvelle exigence va provoquer un tollé parmi les industriels[28] (EDF, CEA, etc.), alors qu'ils font valoir des rejets très en deçà des normes et en diminution constante en raison d'une « politique drastique »[29] d'application du principe ALARA (As low as reasonable achievable). Selon eux, « les performances obtenues sont le fruit de l'application du principe d'optimisation et non de la contrainte administrative. »[30]

Pour la DSIN, les normes concernant les rejets ne peuvent pas être crédibles quand, du fait des progrès techniques, les niveaux des rejets des industriels sont, suivant les substances, à hauteur de 10 % voire 1 % des limites réglementaires. Par ailleurs, la DSIN avance une nouvelle

---

27 D'après l'audition de M. André-Claude Lacoste lors de l'enquête parlementaire sur Superphénix, extrait du procès-verbal de la séance du 7 mai 1998.

28 Comme en témoignent leurs réactions lors des deux séances du Conseil supérieur de la sûreté et de l'information nucléaires consacrées à ce sujet, les 8 juin et 28 septembre 1995.

29 Cf. Lecocq, P., Stricker, L., « Les actions d'EDF pour maîtriser les rejets des centrales nucléaires », *Contrôle*, n° 111, Juin 1996, p. 41-42. Pierre Lecocq et Laurent Stricker sont respectivement directeur technique de l'équipement et directeur adjoint de l'exploitation du parc nucléaire à EDF.

30 Déclaration commune des industriels du nucléaire devant le CSSIN, 25 septembre 1995.

idée cinq ans plus tard[31] : les normes doivent faire en sorte que les autorisations ne couvrent pas les situations incidentelles.

> Les autorisations accordées avant 1995 sont généralement excessivement élevées, ce qui fait que les exploitants peuvent se faire gloire de n'utiliser qu'un faible pourcentage de leurs autorisations. Ainsi un incident qui conduirait à rejeter dix fois l'activité habituellement rejetée serait couvert par l'autorisation existante et ne serait donc pas connu immédiatement du public et des pouvoirs publics. Cette situation est bien évidemment insatisfaisante et c'est pourquoi l'ASN souhaite que les nouvelles autorisations n'offrent pas de marge importante couvrant les situations incidentelles.[32]

Si tout le monde s'accorde sur le fait que les rejets d'effluents radioactifs ne posent absolument aucun problème sanitaire, pour l'autorité de sûreté, les réductions des autorisations de rejets vont dans le sens d'une démarche de progrès. Ainsi, les premiers arrêtés concernant les autorisations de rejets pour les nouvelles centrales de Chooz (1996), puis Civaux (1997), traduisent le durcissement de la réglementation : la radioactivité annuelle pouvant être rejetée dans l'environnement est réduite d'un facteur 5 (excepté pour le tritium et les effluents liquides) par rapport aux valeurs traditionnellement retenues. Lors du renouvellement de l'autorisation de Saint-Laurent, en 1998, l'autorisation globale de rejets est divisée par un facteur voisin de 35 par rapport aux anciennes autorisations de rejets hors tritium liquide et carbone 14.

16.4.3. L'accent sur la radioprotection

17.4.3.1. La radioprotection des travailleurs extérieurs

Le dossier de la radioprotection des travailleurs des entreprises extérieures, les entreprises sous-traitantes de l'industrie nucléaire, est abordé à la suite d'une réunion du Conseil supérieur de la sûreté et de l'information nucléaires du 19 janvier 1992, qui avait émis un avis comportant un certain nombre de recommandations.

Le suivi de la dosimétrie des travailleurs des entreprises extérieures pose entre autres le problème des relations entre le médecin du travail de l'entreprise d'origine du salarié et celui de l'entreprise utilisatrice. Une procédure avait été introduite par un arrêté du 31 juillet 1991 mettant en œuvre une carte de suivi médical ayant pour but d'attester en perma-

---

[31] DSIN, « Les rejets des installations nucléaires », *Contrôle*, n° 137, novembre-décembre 2000. Un premier dossier avait été consacré à ce thème dans le n° 111 de la revue *Contrôle* en juin 1996. Un nouveau dossier abordera les rejets radioactifs dans le n° 177 de la revue *Contrôle* en novembre 2007.

[32] Lachaume, Jean-Luc, « Les actions de l'ASN dans le cadre des autorisations de rejets des INB », *Contrôle*, n° 137, novembre 2000, p. 31-34.

nence qu'un travailleur est suivi médicalement. Mais en 1994, on devait constater que malgré cette procédure et les recommandations du CSSIN, ces mesures avaient eu peu d'effet. Lors de deux nouvelles réunions,[33] le CSSIN examine à nouveau la question de la radioprotection des travailleurs extérieurs. Au total, 29 000 personnes sont concernées pour EDF et le groupe CEA. D'après les chiffres de 1993, il est constaté qu'un travailleur extérieur intervenant dans une centrale d'EDF (ils sont 22 000 au total) est trois fois plus exposé qu'un agent EDF, le rapport étant de 1,7 au CEA. Un nouvel avis est émis par le CSSIN comportant des recommandations dont l'objectif est d'assurer une protection identique pour tous les travailleurs exposés aux rayonnements ionisants. Il demande aux pouvoirs publics, en particulier aux ministères chargés du travail et de la santé de traduire ces recommandations dans la réglementation, insistant pour que cette fois-ci les différents acteurs concernés en tiennent compte.[34]

Le recours aux entreprises extérieures et à des personnels en contrats à durée déterminée ou à des intérimaires est justifié par EDF par les modalités des arrêts de tranche qui ont lieu l'été : par voie de conséquence, les travaux de maintenance sont des tâches saisonnières et itinérantes. Ce recours conduit parfois à des situations fâcheuses : des travailleurs tournent très vite l'été de centrale à centrale, d'autres ou les mêmes ont un nombre d'heures de travail hebdomadaire très élevé, des travailleurs sont logés dans de mauvaises conditions, cumulent les doses radioactives reçues de centrale en centrale sans que les bilans globaux soient correctement établis.

Aux yeux de la DSIN, la question de la radioprotection mais plus généralement la question de la surveillance des prestataires est un sujet de préoccupation, dans la mesure où l'intervention de ces salariés porte sur des matériels importants pour la sûreté. Les problèmes de sûreté, de qualité et de conditions de travail sont en effet étroitement liés : des opérations de maintenance bien faites, par conséquent effectuées par des travailleurs qui ne sont pas dans des situations trop précaires, pas trop fatigués et qui sont suffisamment formés, sont garantes de la sûreté. En 1997, la DSIN constate des améliorations des pratiques d'EDF grâce à

---

33 Le 2 juin 1994 et le 19 mars 1995.

34 La Direction générale de la santé, la Direction des relations du travail travailleront à partir de 1996, en relation avec la Direction du gaz, de l'électricité et du charbon, à l'élaboration de textes sur ces questions et en particulier à la transposition en France de la directive Euratom 96/29 du 13 mai 1996 sur les normes de base en matière de radioprotection. Un comité interministériel de transposition sera mis sur pied pour produire les décrets concernant la protection de la population, la protection des travailleurs, les procédures de déclaration et d'autorisation administratives, les interventions en cas d'urgence radiologique.

un plan d'action mis en œuvre à partir de 1995, dans les domaines comme l'accroissement des contrats pluriannuels avec les entreprises prestataires, la protection des travailleurs contre les rayonnements ionisants, la formation et la qualification des prestataires. La DSIN entend à partir de 1998 réorienter sa surveillance en ce sens, en particulier sur des points liés à la sûreté, la qualité et la radioprotection et la sécurité.[35]

16.4.3.2. La radioprotection, indice de la sûreté

Au cours des années 1990, on estime du côté de la DSIN que les efforts fournis du côté de la sûreté ne peuvent pas pleinement porter leurs fruits auprès du public à cause de certains manquements du côté du contrôle de la radioprotection.

En effet, nombre de petits scandales qui surgissent dans la presse périodiquement et affectent l'ensemble de l'industrie nucléaire ressortissent du domaine de la radioprotection, contribuant à semer le doute sur toute l'activité de contrôle. D'un point de vue d'affichage vis-à-vis du public, les progrès en matière de sûreté ne pouvaient avoir de portée médiatique si, périodiquement, des événements du côté de la radioprotection défrayaient la chronique. C'est pourquoi il apparaissait nécessaire de progresser du côté de la radioprotection, notamment par un rapprochement avec la sûreté.

Sur le fond, un certain nombre de raisons expliquent pourquoi l'organisation de la radioprotection n'a jamais été à la hauteur de l'organisation du contrôle de la sûreté.[36] La sûreté, affaire d'ingénieurs, a eu d'emblée à s'occuper de gros engins comme les réacteurs ou les installations de recherche. L'objet d'étude était clairement identifié, au sein d'organismes centralisés comme le CEA, disposant de crédits importants. À partir du moment où l'État a décidé de créer ses propres structures de contrôle de la sûreté, au sein du ministère de l'Industrie, des postes ont été créés, de l'argent a été mis à disposition. Dans le cas de la radioprotection, les installations à contrôler sont beaucoup plus nombreuses, beaucoup plus diffuses (sources radioactives pour les applications médicales, appareils à rayons X, etc.) Historiquement, le contrôle de la radioprotection en France est né au sein de l'INSERM sous la forme d'un Service central de protection contre les rayonnements ionisants (SCPRI) à partir de 1954 et confié au professeur Pierre Pellerin. Considéré comme un despote éclairé, mais despote également contre les exploitants nucléaires qui devaient obéir à ses oukases, le professeur Pellerin, en charge du SCPRI pendant près de 40 ans, a assumé personnellement un grand nombre de décisions, mais s'est moins soucié de constituer une

---

[35] DSIN, *Rapport d'Activité 1997*, p. 193-194.

[36] D'après un entretien avec André-Claude Lacoste, 23 août 2000.

mécanique pour exercer le contrôle. Plus fondamentalement peut-être, la radioprotection a été organisée au sein du ministère de la Santé, un ministère disposant de peu de moyens et qui a confié l'ensemble du contrôle au SCPRI, l'organisme expert. Les rôles d'expertise et d'autorité administrative étaient de ce fait peu distincts. Mais le rattachement de la radioprotection à la Santé avait un effet « pervers » : du point de vue de la santé publique, la radioprotection ne peut pas être une priorité au regard des fléaux pour la santé que sont des problèmes comme l'alcoolisme, le tabagisme ou le cancer. La pauvreté du ministère explique alors pourquoi, ne comptant pas comme une priorité majeure, le traitement budgétaire de la radioprotection a toujours été faible.[37]

En 1994, le SCPRI est transformé en Office de protection contre les rayonnements ionisants (OPRI), et placé sous la tutelle conjointe des ministres chargés respectivement de la Santé et du Travail. Comme précédemment, les ministres, pour le contrôle de la radioprotection, ont préféré se reposer sur l'appui technique qu'est l'OPRI (200 personnes), et n'ont créé dans l'administration qu'un seul bureau en charge des problèmes de radioprotection regroupant au total une dizaine de personnes.

16.5. Des réformes de structure (1989-2006)

16.5.1. De l'IPSN à l'IRSN

Conformément au souhait des Pouvoirs publics de renforcer l'autorité et l'autonomie de l'Institut de protection et de sûreté nucléaire, un communiqué commun du ministère de l'Industrie et du Secrétariat d'État chargé de l'Environnement annonce le 24 juillet 1990 une première réforme de l'Institut : il dispose désormais d'un budget propre lui conférant un statut autonome tout en restant au sein du CEA ; une plus grande importance est accordée à la protection de l'homme et de l'environnement.

Nommé en 1991 directeur de l'Institut, Philippe Vesseron[38] s'attelle à préciser quels sont les départements de l'Institut qui travaillent pour le compte de tiers, pour éviter que l'IPSN puisse être considéré comme juge et partie dans l'analyse de sûreté. Il faut empêcher dans la mesure

---

37 Par ailleurs, même en considérant le seul domaine de la radioprotection, la priorité à accorder n'est pas évidente, du point de vue de la santé publique, entre la radioprotection des travailleurs du nucléaire, celle des milieux médicaux qui mettent en œuvre les rayonnements, ou la limitation des doses reçues par les patients.

38 Polytechnicien (X 1965), ingénieur du Corps des mines, Philippe Vesseron a travaillé de 1975 à 1986 au ministère de l'Environnement avant de prendre la tête du Département de protection technique de l'IPSN (1986-1990). Il est nommé directeur adjoint de l'IPSN en 1990, directeur l'année suivante.

du possible que l'institut soit à la fois consultant pour un industriel qui a besoin des spécialistes de l'Institut pour les domaines qu'il ne connaît pas, puis analyste, pour le compte des autorités, de la sûreté du projet qu'il a contribué à élaborer. Le nouveau directeur prend également des engagements à l'égard de l'opinion, avec un vocabulaire nouveau puisqu'il invoque, outre l'efficacité et la compétence, les valeurs d'honnêteté.[39] La grande différence est un appel à la confiance du public, par une plus grande transparence et une réflexion sur son propre travail.

L'évolution du statut de l'IPSN se poursuit à la fin des années 1990, dans le cadre d'une réforme du système global de contrôle du nucléaire, périodiquement objet de critiques, notamment de la part de l'Office parlementaire des choix scientifiques et technologiques, avec la volonté de mieux séparer l'expertise, le contrôle et l'exploitation.[40] Ainsi, en vertu d'une loi[41] du 9 mai 2001 précisée par un décret de 2002, les moyens d'expertise concernant la sûreté et la radioprotection de l'IPSN et de l'OPRI sont regroupés au sein d'un nouvel Institut de radioprotection et de sûreté nucléaire (IRSN), à statut d'établissement public à caractère industriel et commercial (EPIC), séparé du CEA. Le nouvel IRSN[42] est placé sous la tutelle de cinq ministres, chargés respectivement de l'Environnement, de l'Industrie, de la Recherche, de la Santé et de la Défense. On peut ici parler de rupture, car pour la première fois depuis les débuts de l'énergie nucléaire en France, l'organisme d'experts est structurellement détaché du Commissariat à l'Énergie atomique.

16.5.2. De la Direction générale à l'autorité indépendante

Du côté du contrôle, le gouvernement décide par décret du 22 février 2002 que les services de l'État chargés du contrôle de sûreté nucléaire et

---

[39] Institut de protection et de sûreté nucléaire, *Rapport d'activité 1991*, p. 7.

[40] Le Déaut, Jean-Yves, « Le Système français de radioprotection, de contrôle et de sécurité nucléaire : la longue marche vers l'indépendance et la transparence : rapport au Premier ministre », Paris, La documentation française, janvier 1998.

[41] Loi n° 2001-398 du 9 mai 2001 créant une Agence française de sécurité sanitaire environnementale. Le décret précisant la mission et l'organisation de l'institut sera pris l'année suivante (décret n° 2002-254 du 22 février 2002).

[42] Le Conseil d'administration de l'IRSN est présidé par un médecin, Jean-François Lacronique. Le nouveau directeur général est Jacques Repussard. Polytechnicien (X 1968) du Corps des ponts et chaussées, Jacques Repussard, a débuté sa carrière au ministère de l'Industrie au service de la Métrologie. A partir de 1981 il s'occupe de normalisation au ministère, puis à l'Association française de normalisation (AFNOR) et en 1991 à la direction du Comité européen de normalisation à Bruxelles. Il était depuis 1997 directeur général adjoint de l'Institut national de l'environnement industriel et des risques (INERIS).

de radioprotection sont rassemblés[43] au sein d'une Direction générale de la sûreté nucléaire et de la radioprotection (DGSNR), dont André-Claude Lacoste est nommé directeur général. La DGSNR est placée sous l'autorité de trois ministres (Industrie, Environnement, Santé), poursuivant le processus d'indépendance à l'égard du ministère de l'Industrie.

En ce qui concerne l'indépendance vis-à-vis des exploitants, le fait reste en avance sur le droit et le pouvoir de l'autorité de sûreté n'est pas mesurable à la seule aune des textes de lois ou réglementations. De facto, un certain nombre de dispositions sont appliquées qui n'existent pas de jure. Par exemple, l'un des prédécesseurs de M. Lacoste entre 1977 et 1986, Christian de Torquat, avait spécifié à EDF que toute centrale qui serait arrêtée plus de quinze jours pour un motif quelconque verrait son redémarrage soumis à son autorisation. Cette pratique toujours de mise n'a aucun fondement juridique, mais la décision est appliquée par les exploitants. Il en est de même avec la création en 2000 d'un système de mise en demeure de l'exploitant : la DSIN rendait publiques certaines décisions où l'exploitant était sommé de procéder à telle chose avant telle date sous peine de sanction. Dans le cadre des installations classées, cette pratique est inscrite dans la loi, ce qui n'est pas le cas des installations nucléaires. Malgré l'absence de textes de loi, les exploitants nucléaires se soumettent aux injonctions de l'ASN, qui dispose d'un pouvoir de fait : un certain rapport de force s'est construit au cours des quarante années de son histoire.

L'indépendance de l'autorité de sûreté se traduit depuis le début des années 1990 par une plus grande transparence : l'ASN informe sur ses activités, publie tous les incidents classés dès le niveau 1 de l'échelle de gravité, édite un volumineux rapport d'activité annuel et une revue bimestrielle. À partir de l'année 2000, elle rend publiques les décisions importantes qu'elle impose aux industriels ainsi que les mises en demeure qu'elle formule parfois pour leur rappeler leurs obligations. Les décisions de l'autorité de sûreté sont donc de plus en plus rendues publiques, mais on n'entend pas que le processus qui a conduit à la décision le soit. L'élaboration de la décision de l'autorité de sûreté est un processus complexe de dialogue entre l'ASN, son appui technique l'IRSN et le ou les exploitants concernés, et éventuellement d'autres experts au travers de nombreux échanges. L'ASN ne souhaite pas que ce processus de prise de décision soit rendu public, afin de garantir la

[43] La DGSNR regroupe ainsi la DSIN côté sûreté, et du côté radioprotection, le Bureau des rayonnements de la Direction générale de la santé au ministère de l'emploi et de la solidarité, la partie de l'OPRI qui par délégation exerçait de fait, au-delà de l'expertise, des tâches de contrôle, ainsi que le Secrétariat permanent de la Commission interministérielle des radioéléments artificiels (CIREA).

liberté d'expression en amont des experts, dont on craint qu'elle soit bridée en cas de diffusion publique. En revanche, l'ASN souhaite rendre compte *a posteriori* et justifier les décisions qu'elle a prises.[44] On estime de plus à l'ASN qu'une étape supplémentaire dans la transparence doit être franchie en permettant des consultations beaucoup plus larges de la population : organiser sur de grands sujets de politique générale des consultations ou des débats offrirait à chacun la possibilité de faire part de ses interrogations ou de ses observations avant que l'ASN ne prenne une décision.

Mais la dépendance formelle à l'égard du pouvoir politique continuera de susciter des critiques, c'est pourquoi une loi, annoncée dès 1999 et plusieurs fois reportée, est finalement adoptée le 13 juin 2006. La loi[45] relative à la Transparence et à la Sécurité en matière Nucléaire (TSN) instaure dans son article 4 une Autorité de Sûreté Nucléaire (ASN),[46] autorité administrative indépendante, sur le modèle du CSA. L'ASN est, à l'instar de la Nuclear Regulatory Commission américaine, composée d'un collège de cinq membres. L'indépendance est toutefois relative, puisque trois des commissaires, dont le président, sont désignés par le président de la République ; les deux autres sont désignés respectivement par le président de l'Assemblée nationale et par le président du Sénat. Leur mandat, non renouvelable, dure six ans. André-Claude Lacoste, principal promoteur de l'ASN, en est nommé président.[47] Les personnels et les moyens de la DGSNR[48] rejoignent l'ASN, tandis que l'IRSN assure l'appui technique de l'autorité.[49]

Mais cette indépendance vis-à-vis du politique, vieille revendication des opposants et présentée comme un gage de démocratie, est critiquée

---

44 Cf. Goellner, Jérôme, « La politique de transparence de l'Autorité de sûreté nucléaire : d'une mission d'information à la diffusion de documents bruts et à l'organisation du débat public », *Contrôle*, n° 141, juillet 2001, p. 74-79.

45 Loi n° 2006-686 du 13 juin 2006 relative à la transparence et à la sécurité en matière nucléaire.

46 En fait la DSIN utilise cette appellation depuis près de quinze ans, avec son logo depuis 1993.

47 Les autres commissaires nommés en 2006 sont François Barthélémy, polytechnicien du Corps des mines ; Michel Bourguignon, docteur d'État en médecine et en physique ; Marie-Pierre Comets, normalienne, agrégée de physique et docteur d'État en physique nucléaire ; Marc Sanson, énarque. L'ASN compte 440 agents en 2010, dispose d'un budget de 54 millions d'euros.

48 Le directeur général de l'ASN est Jean-Christophe Niel, polytechnicien (X 1980) du Corps des Ponts et Chaussées, docteur en physique théorique (Paris IV). Il a notamment travaillé à la DSIN de 1991 à 1995 puis à l'IPSN de 1995 à 2005.

49 L'IRSN compte près de 1700 agents ; son budget en 2007 est de 280 millions d'euros, dont près de la moitié consacré à la recherche. L'ASN est son plus gros client puisque le coût de cet appui technique est évalué à 70 millions d'euros.

car elle ne lève pas toutes les inquiétudes : on note que la sûreté est confiée à un collège de cinq commissaires, incontrôlables, irrévocables et légalement irresponsables, et que l'État est dessaisi d'une de ses tâches régaliennes. D'un autre côté, face aux prises de position de l'autorité de sûreté dénonçant certaines carences de l'EPR et compte tenu des difficultés rencontrées par les industriels français à l'export, ces derniers réclameront eux aussi que l'État « réaffirme le rôle régalien qu'il n'aurait jamais dû abandonner à une autorité indépendante »,[50] dénonçant « l'irresponsabilité » et l'excès de zèle[51] de cette autorité, menaçant l'avenir de l'énergie nucléaire.

Mais nous quittons là l'histoire proprement dite pour des sujets d'actualité… ou du passé, après l'accident de Fukushima.

---

50 Roussely, François, « Avenir de la filière du nucléaire civil », synthèse du rapport remis à Nicolas Sarkozy le 16 juin 2010, 23 p., p. 15. François Roussely a été président d'EDF de 1998 à 2004. D'après l'article 29 de la loi TSN, l'autorisation de création d'une INB est délivrée par décret, après avis de l'ASN, et c'est ensuite l'ASN qui autorise (ou non) la mise en service de l'installation.

51 Madelin, Thibaut, « Nucléaire : qui veut la peau de l'autorité de sûreté ? », *Les Échos*, 6 novembre 2010. L'article débute comme suit : « Le torchon brûle entre le gendarme du nucléaire et les différents acteurs de la filière. Critiquée par son excès de zèle, l'ASN est à la fois accusée de compliquer la tâche des industriels français et de gonfler la facture de l'EPR… »

Conclusion

Au terme de ce récit de plus de cinquante ans d'histoire de la sûreté nucléaire, celui-ci, loin de se réduire à une succession de défauts, d'erreurs, d'incidents ou d'accidents, invite à une réflexion sur les mécanismes d'apprentissage des ingénieurs.

Les mécanismes d'apprentissage : du rôle des accidents dans l'histoire des techniques

Les artisans du développement de l'énergie atomique ont souvent relevé que l'énergie nucléaire a bénéficié dès le départ de deux facteurs déterminants. Premièrement, les risques liés à l'utilisation de l'énergie atomique étaient identifiés : la nocivité de la radioactivité était connue depuis longtemps, à la différence de nombreuses industries telle l'industrie chimique où la toxicité de nombreuses substances n'est pas encore aujourd'hui parfaitement identifiée. Deuxièmement, physiciens et ingénieurs ont été particulièrement sensibilisés à l'importance que revêtait la sûreté pour que l'énergie atomique puisse un jour se développer de façon industrielle. Maintes fois depuis les débuts des recherches atomiques, la communauté nucléaire a exprimé la profession de foi que l'énergie atomique devrait se développer en évitant les accidents, ne pouvant pas se permettre de progresser grâce à la méthode des essais-erreurs, à la différence des techniques du passé. Or, dans ce domaine également et malgré ces préventions, la prise de conscience du risque atomique par les ingénieurs a aussi été le fruit de l'expérience de fonctionnement des installations et des accidents.

Le rôle de l'expérience réelle du fonctionnement des installations s'est trouvé renforcé par la volonté d'aller au plus vite dans la voie des réalisations. Tout le processus d'innovation des premières années de l'énergie nucléaire où le CEA est l'acteur hégémonique est marqué par cette course de vitesse qui se traduit par l'empirisme de l'apprentissage. Comme l'indiquait Jacques Yvon, qui a pourtant œuvré à partir de 1950 à asseoir les études de piles sur des bases plus mathématiques, plus théoriques, les premières constructions « furent loin d'être précédées de la collection d'essais qui auraient permis de réduire la part de l'empirisme. C'est qu'il faut un temps au moins aussi long pour monter et rendre productif un laboratoire susceptible de fournir des réponses décisives que pour construire un engin en tâtonnant. Le résultat est moins parfait mais l'expérience en vraie grandeur est acquise plus tôt. »[1] La construction pratique et le fonctionnement réel font partie du mécanisme d'apprentissage : la théorie mathématique qui régit la multiplication des neutrons existe, mais trop de paramètres, de conjectures demandent à être vérifiés. Il faut ensuite les coupler avec les questions d'échanges thermiques, de résistance et de qualité des matériaux. Seuls la construction et le comportement en marche du réacteur lui-même devaient permettre d'apporter des connaissances solides. De ce point de vue, la technique nucléaire n'est pas une science appliquée : les piles d'essais ne sont pas simplement des instruments pour vérifier des lois connues. Comme l'indiquait Kowarski sous forme de boutade lors de la construction du prototype EL2 : « Si le réacteur marche comme prévu, alors cette expérience aura été superflue. »[2] Elle ne le fut pas et de nombreuses connaissances furent tirées de la construction et du comportement en marche du réacteur. Pour parer aux zones d'incertitude, les ingénieurs-physiciens font appel à la vieille méthode d'ingénierie consistant à prendre des marges de sécurité. Des expériences de physique plus fondamentales sont menées en parallèle sur des piles de recherche.

La conscience du risque chez les ingénieurs a évolué : certaines pratiques des débuts de l'énergie atomique en matière de sûreté ont été rapidement prohibées. Par exemple, la pile EL2 démarre sans mécanisme de détection de rupture de gaine, et ce n'est qu'après le début de fusion d'un barreau d'uranium que le système qui était en préparation est installé ; les premières piles de recherche ne disposent pas d'enceinte étanche supportant la pression ; la pile G1 démarre sans filtre de rétention des iodes et l'accident de Windscale accélère l'étude de tels filtres ; les échangeurs de chaleur des piles G2-G3, si essentiels au refroidissement, sont situés à l'extérieur des bâtiments et donc particulièrement vulnérables. De la même façon, les critères de sélection des sites étaient à l'origine assez souples. Les pratiques de la période précédente paraissent ainsi inconcevables pour les techniciens de la période qui suit. La prise en compte des accidents graves le montre : l'histoire de la sûreté nucléaire est celle du renforcement et de l'approfondissement des mesures adoptées pour faire face à des scénarios toujours plus hypothétiques. S'ils avaient été exclus de prime abord car allant au-delà de l'accident maximal crédible (cet accident le plus grave mais choisi sur des bases raisonnablement pessimistes), des mesures pour les prévenir

1 Yvon, Jacques, « Les piles à graphite », *Échos du CEA*, Numéro Spécial, octobre 1965, p. 25-27.

2 Kowarski, Lew, « Zoé : le départ des piles françaises », *Échos du CEA*, Numéro Spécial, octobre 1965, p. 21-23.

ont ensuite été prévues, et même pour les gérer au cas où ils surviendraient malgré tout. Par ailleurs, on a non seulement appris des incidents, mais on prône depuis l'accident de Three Mile Island le retour d'expérience comme étant une mesure clé de la sûreté des installations nucléaires.

D'une vision statique à une vision évolutive de la technique

Les grands systèmes techniques à risque ne peuvent pas être appréhendés comme des objets inertes, figés une fois pour toutes. Dans le cas de l'énergie nucléaire, les mesures de sûreté ont été approfondies, non seulement à cause du durcissement de la réglementation lié aux exigences accrues de l'opinion, mais aussi du fait de la réévaluation des hypothèses induite par les progrès des connaissances. Tout cela montre l'importance de la qualité des principes initiaux de conception pour des installations techniques prévues pour vivre plusieurs dizaines d'années, mais aussi et surtout le facteur majeur qu'est la capacité d'évolution de ces machines. Les marges de sécurité sont un de ces éléments d'ajustement de la technique au fil du temps : s'il s'avère, au vu des progrès des connaissances, qu'elles sont excessives, on peut éventuellement les réduire ; si au contraire de nouveaux phénomènes insoupçonnés sont mis en évidence, elles peuvent compenser et permettre la poursuite du fonctionnement sûr.

L'internationalisation précoce des questions de sûreté a limité la tendance à l'ossification nationale des raisonnements des experts

L'internationalisation a fortement contribué à faire évoluer les pratiques des spécialistes de sûreté nucléaire de par le monde. Dès le milieu des années 1950, avec la première conférence des Nations unies de Genève en 1955, les questions de sûreté ont fait l'objet de débats internationaux, et toute la communauté nucléaire a en particulier pu bénéficier des apports des experts américains qui avaient une avance considérable en la matière. Cette internationalisation a conduit à élargir, approfondir et harmoniser les réflexions, à créer un noyau commun des concepts et des techniques nécessaires à l'obtention d'une bonne sûreté. Certains raisonnements ont pu être rapidement modifiés, comme le fait de considérer qu'il reviendrait à chaque ingénieur de gérer la sûreté de son installation, et qu'il ne serait pas nécessaire d'institutionnaliser un regard extérieur, indépendant de celui du concepteur, du constructeur ou de l'exploitant. La pratique consistant à confier l'examen des projets à un groupe d'experts plus ou moins indépendants des concepteurs, établie aux États-Unis dès la fin de la Seconde Guerre mondiale, sera généralisée dans toute la communauté nucléaire, en France à partir de 1960. Cette internationalisation a limité la tendance à la cristallisation de raisonnements « nationaux » d'experts, qui admettent ici tel scénario comme impossible alors que l'ensemble de la communauté des spécialistes de sûreté s'accorde pour penser qu'il faut en tenir compte, alors que les machines sont par ailleurs semblables. La nécessité du confinement, la possibilité de fusion du cœur, la nécessité de l'éloignement des sites urbains ou la prise en compte d'accidents allant au-delà des accidents de dimensionnement se sont progressivement imposées comme la norme parmi les experts des différents pays.

Le retard est parfois une chance

Dans le cas français, le retard dans le développement des filières atomiques par rapport aux concurrents américains, britanniques ou encore canadiens, a finalement été plus une chance qu'un handicap pour la sûreté. La France a pu tirer les leçons des accidents qui se sont produits dans les autres pays. Pour les réacteurs graphite-gaz, l'Angleterre était précurseur, les Français s'inspiraient des conceptions et des pratiques d'outre-Manche. L'accident de la pile plutonigène de Windscale en 1957, lors d'une opération de recuit que les techniciens du CEA expérimenteront pour la première fois deux ans plus tard sur le même type de machine, les fait bénéficier de riches enseignements, en ce qui concerne la nécessité de mesures de précaution comme l'installation de filtres à la cheminée.

Pour les réacteurs à eau légère, le modèle est venu des États-Unis. L'accident de Three Mile Island de mars 1979 survient alors que la première tranche PWR française a démarré deux ans plus tôt, et qu'une série d'autres centrales doit entrer en service dans les années suivantes. Outre les enseignements pratiques pour la sûreté, l'accident apporta du crédit aux experts de sûreté qui insistaient pour qu'EDF renforce les mesures de sécurité pour faire face à certains scénarios d'accident. Mais il faut noter que dans l'histoire des réacteurs à eau en France, le « retard » a été une stratégie : EDF a choisi consciemment de s'appuyer sur une licence de machines éprouvées, et les ingénieurs français pouvaient tirer des enseignements de l'exploitation des centrales modèles américaines, les « centrales de référence » qui devaient avoir fonctionné préalablement aux États-Unis. Ce décalage temporel était une façon de se prémunir contre les mauvaises surprises, et cette précaution était d'autant plus importante aux yeux d'EDF que l'opérateur avait choisi de construire toutes les tranches sur le même modèle. D'ailleurs, les leçons tirées de l'accident de Three Mile Island verront leur mise en œuvre facilitée par l'identité des centrales en France. La « discrétisation » du progrès technique, c'est-à-dire la conception d'un parc de centrales découpé en paliers de tranches identiques, a pu accélérer le retour d'expérience.

La durée est un aspect fondamental dans l'industrie nucléaire. Le décalage temporel joue un rôle majeur car entre la conception, puis la construction et l'exploitation d'une centrale nucléaire s'écoulent de nombreuses années, ce qui laisse le temps de réfléchir, de corriger d'éventuelles erreurs grâce à de multiples lectures des projets. L'obligation faite aux constructeurs à partir de 1960, à l'instar des procédures américaines, de rédiger différents rapports de sûreté, (avant et après la construction et avant le démarrage) sont des étapes cruciales dans cette réflexion sur la sûreté, en particulier grâce à la réflexion préalable sur les accidents à considérer. Ces rapports sont ensuite examinés, les démonstrations apportées analysées par des experts différents, sous l'angle exclusif de la sûreté.

Des méthodes de gestion de la sûreté qui ne sont jamais neutres, toujours le fruit d'un contexte

L'histoire de la sûreté nucléaire révèle que le passage du laboratoire à l'industrie a partout dans le monde constitué une étape importante dans la prise de conscience de la nécessité de formaliser les questions de sûreté. Avec la phase industrielle du développement technique, c'est l'irruption de la société, du contexte économique, politique, social dans le monde technique. La forme de l'institutionnalisation dépend du contexte propre à chaque pays et explique la plus ou moins grande efficacité du contrôle comme du développement ultérieur de la filière nucléaire.

Tant que le développement a lieu dans le cadre du laboratoire, certaines pratiques en matière de sûreté sont acceptées car le personnel est formé, conscient des dangers. À partir du moment où l'industrie a souhaité développer ses propres machines, Francis Perrin, haut-commissaire à l'Énergie atomique, a par exemple jugé que certaines pratiques qu'il acceptait dans le cadre du CEA pourraient être dangereuses si elles étaient mises en œuvre par l'industrie. Cet exemple illustre le fait que la sûreté de la technique dépend de qui la gère, et de la confiance qu'on lui accorde. Autant le manque de formalisation est accepté quand on connaît qui est en charge de la sûreté, autant celle-ci doit être plus poussée pour des organismes extérieurs en qui on n'a pas confiance *a priori*.

Nous avons montré comment la définition même des accidents majeurs envisagés dès le départ des projets, aspect le plus original de la sûreté nucléaire, fut le produit du contexte propre à chaque pays : aux États-Unis, un consensus plus ou moins arbitraire s'est établi entre régulateurs, experts, et industriels sur un accident maximum crédible à la fin des années 1950. Cet accident maximum crédible s'avéra l'outil de dialogue entre les nombreux protagonistes de l'industrie nucléaire américaine : les dizaines de sociétés privées proposant des conceptions d'installations différentes, les nombreux vendeurs de centrales, les dizaines d'exploitants, l'organisme réglementaire et ses corps d'experts. Ce concept fut par la suite adopté par l'ensemble de la communauté nucléaire dans le monde. Or de la définition de cet accident découlaient des zones d'exclusion dépendant en particulier du nombre de personnes résidant dans l'environnement de la centrale. Même si ces règles étaient contestées par les industriels américains, qui y voyaient une entrave au développement alors qu'ils proposaient des réacteurs très proches de sites urbains, le problème était moins prégnant aux États-Unis qu'en Europe où la densité de population est plus forte. C'est pourquoi, en premier lieu en Angleterre, on en vint à s'opposer à ces normes et par là au concept d'accident maximum crédible. Dans d'autres pays comme l'Allemagne, l'accident maximal crédible sera adopté, mais sans son corollaire, les distances d'exclusion. En France, si le concept d'accident maximum crédible est également utilisé, aucun critère formalisé ne viendra réglementer les distances. L'accent est mis sur la solidité de barrières successives, lors d'un examen entre experts basé sur un dialogue technique, où s'élabore un consensus sur les meilleures méthodes entre parties prenantes de la scène nucléaire, la sûreté étant envisagée comme l'intérêt commun. Ce dialogue est facilité dans le cas français car tout au long des années 1950-1970 les principaux acteurs partagent les mêmes valeurs, appartiennent à des organismes qui tous plus ou moins dépendent de la même tutelle étatique. Les partenaires sont par ailleurs peu nombreux, il y a un seul maître d'ouvrage, un constructeur principal, un organisme d'expertise et une administration. Par ailleurs, les installations sont standardisées, et la jurisprudence tirée de l'examen d'une installation peut être appliquée sans trop de modifications pour toutes les installations du même type.

La similitude de l'objet technique – le type de centrale nucléaire qui s'est imposé dans le monde est le PWR ou le BWR américains – met en évidence les similitudes ou les dissemblances du contexte industriel, social, culturel, politique, propre à chaque pays. De ce point de vue, l'adoption d'une même machine n'a pas déterminé le processus de gestion de sa sûreté. On remarquera que même en France, avec un parc standardisé et un contrôle pratiqué de façon identique par une administration centrale, les performances de sûreté d'un site à l'autre s'avèrent différentes, révélant, au-delà de l'identité de la machine, différents styles d'organisations, différentes traditions ou cultures techniques.

En ce sens, il faut à nouveau souligner l'importance jouée par le CEA dans la mise sur pied de l'organisation du contrôle de la sûreté en France, et il apparaît que c'est ce « style », le dialogue constructif mais néanmoins ferme qui a prévalu entre protagonistes de la scène nucléaire française.

Le rôle du contexte réglementaire : le « French cooking »

Il est difficile de tirer des conclusions définitives d'une situation en constante évolution, mais on peut constater que pour les cinquante années écoulées, l'environnement favorable sur les plans politique, juridique et réglementaire du nucléaire français a joué un rôle important dans son succès jusque-là. Au cours de toutes ces années, la politique nucléaire de la France, au-delà des changements de majorité, a été marquée par une grande constance. Nous retrouvons cette même continuité dans le domaine de la sûreté nucléaire, dont l'activité est incarnée par seulement quatre responsables successifs en quarante ans d'existence. Elle traduit la volonté des élites de faire en sorte que la sûreté nucléaire soit traitée de façon indépendante du contexte politique. Les conflits entre les divers acteurs (la structure étatique de contrôle, les organismes d'experts, EDF, et l'industrie) sont restés confinés entre experts du sérail nucléaire, hors de portée du public, qui ne disposait pas des moyens institutionnels pour contester les décisions prises par les plus hautes instances politiques et administratives.

Il est sans doute impossible de mesurer le poids des contraintes en matière de sûreté sur le succès ou l'échec des programmes nucléaires dans chaque pays, tant les critères économiques et politiques ont été déterminants. Mais la contrainte réglementaire est souvent évoquée par les industriels américains ou français pour expliquer l'arrêt momentané de la construction de nouvelles centrales aux États-Unis. En fait, face aux demandes croissantes des spécialistes de sûreté au cours des années 1970, les concepteurs et réalisateurs américains ont exigé de l'administration des règlements figés auxquels ils puissent se conformer. De leur côté, les régulateurs américains ont pensé qu'en multipliant et en durcissant leurs exigences réglementaires vis-à-vis de l'industrie américaine, ils assuraient une meilleure sûreté, répondaient aux souhaits de l'industrie nucléaire, tout en regagnant la confiance du public.

En France, l'administration chargée de contrôler la sûreté des installations nucléaires a été instituée en 1973 et, à partir de cette date, elle a élaboré une réglementation dans l'idée que celle-ci ne devait pas être une entrave au développement de cette industrie naissante. La souplesse de la méthode d'élaboration de la réglementation en France a été un atout pour l'industrie nucléaire, malgré les critiques initiales des industriels qui auraient souhaité une codification plus précise des règlements comme aide à l'export. Sur le fond, l'administration a considéré qu'il n'était possible d'établir une réglementation utile à la sûreté que pour un objet dont on ait une connaissance suffisante. Ajoutant à cela le fait que l'administration disposait à l'origine de peu de compétences en sûreté nucléaire, le choix en matière de réglementation nucléaire a laissé une large part de l'activité de contrôle à l'organisme d'expertise ou d'analyse technique et a de fait instauré un dialogue technique entre experts sur chaque problème : une expertise continue par un institut de recherche et des groupes d'experts réunis ponctuellement pour les questions plus complexes. Les avis de ces experts servent alors de support pour les décisions de l'autorité administrative de sûreté. La réglementation a seulement ensuite entériné cette analyse qui créait une jurisprudence.

La France ne dispose que depuis 2006 d'une loi nucléaire qui a assis juridiquement le poids gagné de fait au fil des ans par l'autorité de sûreté qu'elle a instituée. Mais si les industriels acceptent de se soumettre aux injonctions des autorités de sûreté, après des discussions d'autant plus âpres que les enjeux sont importants, ils n'y sont pas toujours légalement tenus et pourraient dans un autre contexte remettre en cause le statut juridique de certaines décisions de l'autorité de sûreté.

Une nécessaire immersion dans les questions techniques

L'analyse sociologique est une nécessité pour l'historien des grands systèmes techniques : la séparation des rôles permet aux experts et à l'autorité de sûreté d'acquérir une vision propre de la machine, qui les invite à focaliser leur attention sur des aspects allant au-delà de ceux privilégiés par les concepteurs. Dès 1960, la spécialisation des hommes du Groupe Technique de Sûreté des Piles illustre l'adage selon lequel la fonction fait l'homme : en se différenciant des projets, ils ont acquis une identité professionnelle nouvelle qui les a amenés à recommander certaines modifications jugées superflues par les exploitants.

Les rapports de force entre institutions et la plus ou moins grande séparation des rôles entre promoteurs, experts et autorité sont importants, mais ils n'expliquent pas tout : quand bien même les rôles seraient totalement séparés, quand même les contrôleurs disposeraient d'un pouvoir de coercition total, il serait illusoire de croire en la valeur de décisions de sûreté qui ne reposeraient pas sur un jugement technique de qualité. La capacité d'expertise technique est le fondement d'une véritable sûreté.

Un « hasard » de l'histoire fait l'originalité de l'expertise du nucléaire en France : celle-ci a été confiée à l'organisme qui avait développé les premières applications de l'énergie atomique. Le CEA a dû renoncer à jouer ce rôle après la décision du gouvernement d'opter pour la réalisation par EDF d'un programme nucléaire s'appuyant sur une licence achetée aux États-Unis. De fait, l'abandon de la filière UNGG du CEA, après une bataille retentissante, a libéré nombre de techniciens compétents qui étaient impliqués dans les tâches de développement et qui avaient acquis une expérience unique dans les questions atomiques. Une partie d'entre eux sont passés à la sûreté, dans le contrôle des activités d'EDF, leur ancien concurrent. Si la compétence des hommes est un facteur important, la nature de l'organisme expert l'est encore plus. Pour mener une expertise de qualité, outre une taille critique et un budget suffisants, il faut être capable de vérifier les projets présentés par les concepteurs ou les promoteurs, qui sont souvent des techniciens très compétents, disposant de moyens considérables. L'expertise consiste à pouvoir proposer une analyse contradictoire, être au moins aussi compétent que le projeteur. Or cette compétence ne peut s'acquérir qu'au contact de la réalité scientifique et technique la plus récente dans le domaine. Lié au Commissariat à l'Énergie atomique, l'organisme d'expertise (l'IPSN de 1976 à 2002) a pu bénéficier des recherches de pointe de cette agence scientifique, tout en lançant de son côté des études dans son optique particulière, la sûreté.

L'une des nouveautés de cette étude est justement d'avoir mis l'accent sur les divisions internes de la communauté nucléaire, fondées sur l'appartenance à des organismes aux intérêts et aux visions différents, mais aussi sur l'évaluation contrastée des problèmes techniques. Les experts de sûreté étaient eux-mêmes divisés sur un certain nombre de questions.

Seule une immersion dans les questions techniques permet de situer les enjeux pour les différents acteurs, qui plus est au fil du temps. Les controverses entre experts proviennent de questions techniques parfois épineuses. Au moment où un problème technique survient, les explications ne sont pas nécessairement disponibles, les hypothèses quant aux causes de certains phénomènes sont nombreuses, les solutions inexistantes ou multiples, rarement uniques. En fonction de ces hypothèses, les conséquences peuvent être plus ou moins graves. Le lancement d'études, la mise au point de nouveaux moyens de détection, permettent de conforter ou d'infirmer certaines hypothèses ou solutions proposées. Car la sûreté n'est pas la simple application de normes dont un gendarme peut se contenter de vérifier l'application. L'évaluation de la sûreté passe par une analyse technique détaillée d'un phénomène, dont il faut évaluer l'incidence sur le fonctionnement de l'installation et alors décider s'il met en danger les barrières et les protections prévues, examiner si on ne sort pas du cadre des études de risque *a priori*.

La description technique des problèmes permet de cerner les zones de consensus, les zones de divergence entre experts, et la part de politique des décisions prises, à savoir, de quel côté se place l'autorité étant donné les avis de ses experts. En effet, les décisions de sûreté ne reposent pas toutes sur des considérations parfaitement « scientifiques » : l'acceptabilité du risque de tel ou tel phénomène repose nécessairement sur une décision comportant une part d'arbitraire. Cette immersion minimum de l'historien dans les discussions techniques a été particulièrement importante dans le cas français où peu de normes, peu de textes réglementaires existent et où le processus d'analyse et d'expertise puis de décision constitue le cœur du travail de sûreté, ce fameux « dialogue technique ».

La description de la gestion technique de ces grands équipements est indispensable pour comprendre comment ils s'insèrent dans les sociétés actuelles.

Un rôle pratique pour l'histoire des techniques

L'histoire des techniques, qui montre les réussites, les échecs, en tout cas l'évolution des conceptions au fil du temps, doit rappeler au technicien qu'à chaque époque des certitudes tombent, certaines affirmations péremptoires s'avèrent fausses, l'hypothétique survient. Rien n'est en tout cas éternel. Jusqu'à Three Mile Island par exemple, les hommes du nucléaire pouvaient s'adresser à la population de façon arrogante, avec des arguments d'autorité : eux savaient que le risque était hautement improbable, voire impossible, les autres étaient ignorants. Après l'accident, le discours a dû changer, plus personne n'a parlé de risque nul ou d'accident impossible. Mais l'adjectif « impossible » repoussé, « l'improbable », « l'hypothétique », « l'invraisemblable » l'ont remplacé.

À la différence des histoires édifiantes de héros qui ont toujours raison, ou qui n'ont rencontré des obstacles que pour mieux les surmonter, une histoire des techniques faisant place aux débats entre experts, aux incertitudes, aux erreurs, peut ainsi participer concrètement à la formation des techniciens. Elle contribue à maintenir éveillé l'esprit critique qui est une condition de l'expérience scientifico-technique. Interrogé par Heisenberg sur sa définition d'un spécialiste, Niels Bohr a un jour apporté la réponse suivante : « Beaucoup vous répondraient peut-être qu'un spécialiste est un homme qui sait beaucoup de choses à propos d'un domaine particulier. Je ne pense pas être d'accord, car on ne peut jamais vraiment savoir beaucoup dans un domaine. Je formulerais plutôt la chose ainsi : un spécialiste est un homme qui connaît quelques-unes des plus grosses erreurs que l'on peut commettre dans un domaine donné, et qui par conséquent s'y entend à les éviter. »[3]

---

[3] Heisenberg, Werner, *Der Teil und das Ganze, Gespräche im Umkreis der Atomphysik*, München, 1967, p. 246, cité par Radkau, Joachim, *Aufstieg und Krise der deut-*

La science de son temps est toujours plus fine que celle de ses prédécesseurs, et en général plus lacunaire que celle dont disposeront les générations futures. Il faut rompre avec cette sorte d'histoire qui présente souvent la science comme éternelle, ne conservant que ce qui a été validé et qui sert aujourd'hui, laissant de côté les échecs, les idées confuses, les processus qui ont permis de valider ou d'infirmer certaines connaissances du jour.

Pour le grand public, une telle histoire des techniques peut montrer en quoi consistent les débats techniques et permet d'en éclairer les enjeux. D'ailleurs, le cas de la sûreté nucléaire n'est pas si particulier qu'il y paraît : les problèmes de générateurs de vapeur, de cuve, de corrosion, de fissures, sont communs à beaucoup d'industries. Seule une présentation ouverte des zones de doutes, des questionnements, des erreurs parfois, peut permettre de gagner la confiance du large public, en lui faisant partager en quoi consiste le travail technique concret, où les jugements sont rarement immédiatement ou « tout noir » ou « tout blanc ». Un tel récit est un facteur de vulgarisation et d'éducation, et en ce sens, rend réellement le public apte à cerner les enjeux globaux du risque nucléaire.

En l'absence de transparence, même dans la façon de raconter l'histoire, on ne peut pas prétendre éduquer le public et former les praticiens. Au-delà des points techniques forcément complexes, les principes et les moyens qui constituent la sûreté nucléaire le sont beaucoup moins, et les remettre en perspective permet de rendre accessible à tous le débat sur l'acceptabilité du risque nucléaire.

La gestion de la sûreté nucléaire : un modèle pour les autres systèmes techniques à risque ?

Le niveau de sûreté actuel de l'industrie nucléaire est la résultante des efforts consentis par ce secteur : on se protège contre des risques extrêmes aux probabilités infimes. C'est parce qu'on a beaucoup travaillé et dépensé qu'un tel niveau a été atteint. Loin de conclure qu'il faudrait diminuer les efforts en la matière, la voie est indiquée pour les autres industries. Cela démontre que de nombreux risques encourus aujourd'hui, et qui causent des victimes, pourraient être grandement diminués, parfois en consacrant des sommes ridicules au regard de celles investies dans le domaine nucléaire. Les techniques existent souvent pour cela, il faut y consacrer les moyens. Il serait sans doute riche d'enseignements de s'intéresser de la même façon à l'histoire de la sécurité

schen Atomwirtschaft, Reinbeck bei Hamburg, Rowohlt, 1983, p. 472. (Traduit par nos soins).

dans l'industrie chimique, industrie qui présente de fortes similitudes avec l'industrie nucléaire en matière de risque et de type d'installations. Le domaine aéronautique, précurseur comme l'industrie nucléaire en matière de risque et qui s'est développé dans un contexte différent, pourrait apporter d'autres éclairages sur la façon dont ces grands systèmes techniques s'insèrent dans nos sociétés.

Mais le modèle de gestion de la sûreté nucléaire est-il transposable pour les autres techniques à risque ? Nous avons montré que l'émergence et l'institutionnalisation de la sûreté ont été le produit d'une histoire particulière. Des recherches sur les qualités d'un bon management du risque, il ressort que celui-ci doit reposer sur trois pieds : un industriel qui présente des rapports de sûreté, un organisme d'expertise qui les analyse et remet un avis technique à une autorité administrative ou indépendante qui décide de l'acceptabilité. L'expertise ne doit pas être ponctuelle mais être le fait d'une communauté d'experts qui travaillent en continu, dans la durée, impulsant des recherches dans leur optique particulière, la sûreté. L'analyse doit être contradictoire et la confrontation des points de vue des experts doit permettre de localiser des zones de consensus, celles où le consensus est fort, celles où il l'est moins, pour identifier les véritables variables. Mais la construction de la gestion de la sûreté nucléaire a été le fruit d'une évolution, et le contexte politique, industriel, économique, organisationnel et humain du nucléaire est appelé à se modifier notamment du fait de la dérégulation et de l'ouverture du marché de l'électricité : les relations entre ces différents partenaires seront sans doute elles aussi amenées à se transformer.

Remerciements

La thèse de doctorat d'histoire dont est issu cet ouvrage n'aurait pas vu le jour sans l'entremise et la direction du professeur Girolamo Ramunni que je salue pour la passerelle institutionnelle et intellectuelle qu'il m'a offerte vers ce passionnant domaine qu'est l'histoire des techniques.

Je tiens à remercier toutes les personnes qui ont accepté de m'accorder leur témoignage oral, et en particulier Michel Dürr qui m'a reçu plusieurs fois et a mis à ma disposition une partie de sa documentation personnelle. L'intérêt que tous ont manifesté pour ce travail a constitué à chaque fois un sérieux encouragement. Je remercie également André-Claude Lacoste, Jacques Ibert et Jean-Christophe Niel pour l'autorisation de consulter les archives du CSSIN et celles du Groupe Permanent Réacteurs, Philippe Saint-Raymond pour sa participation au jury de thèse, ainsi que les documentalistes et archivistes qui ont gentiment répondu à mes demandes, et tout particulièrement Odile Frossard.

Depuis la soutenance de la thèse, j'aimerais saluer Yves Bouvier et Alain Beltran et remercier tout le comité d'histoire de la Fondation EDF pour le soutien qu'il a apporté à sa publication. Que soit également remerciée l'Académie François Bourdon/Fondation Arts et Métiers pour le prix d'histoire qu'elle m'a décerné en 2004 et pour ses encouragements à la publication. Je tiens également à saluer le professeur Michel Cotte pour son soutien, tout comme la Society for The History of Technology (SHOT) pour la nomination comme « International Scholar » 2005-2007.

Enfin, merci à Emmanuel Foasso pour ses critiques intransigeantes et ses patientes relectures.

Annexe 1 : Organigrammes du Commissariat à l'Énergie atomique

Organigramme du CEA, 1958 (extrait)

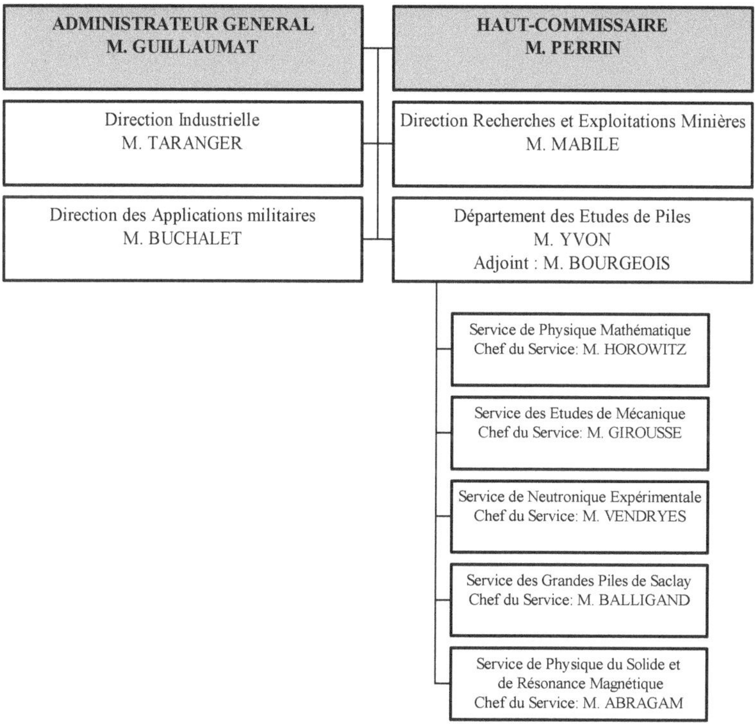

Organigramme du CEA au 1er janvier 1960 (extrait)

- **HAUT-COMMISSAIRE**
  M. F. PERRIN
  Directeur de Cabinet : M. BAISSAS
  Adjoint: M. LONG
- **ADMINISTRATEUR GENERAL**
  Délégué du Gouvernement
  M. P. COUTURE

- Direction de la Physique et des Piles Atomiques
  Directeur : M. YVON
  Adjoint : M. BOURGEOIS
  - Département des Etudes de Piles
    Chef du Département : M. HOROWITZ
    Adjoints : MM. CHAUVEZ, MESSIAH
  - Département du Synchrotron Saturne
    Chef du Département : M. NAILLET
    Adjoints : MM. CRUSSARD, FLORENT
  - Département d'Electronique
    Chef du Département : M. SURDIN
    Adjoints : MM. DOIREAU, LABEYRIE
  - Département de Recherche Physique
    Chef du Département : M. VENDRYES
    Adjoints : MM. DREVON, TROCHERIS
  - Département de Physique Nucléaire et de Physique du Solide
    Chef du Département : M. ABRAGAM
    Adjoint : M. COMBRISSON
  - Service de Physisque Appliquée
    Chef du Service : M. WINTER
  - Groupe de Propulsion Nucléaire
    Chef du Groupe : M. CHEVALLIER

- Direction des Matériaux et des Combustibles Nucléaires
  Directeur : M. PIATIER
  Adjoint : G. GEMAHLING
  - Département de Physico-Chimie
    Chef du Département : M. FREJACQUES
    Adjoint : M. MASIGNON
  - Département de Chimie
    Chef du Département : M. SARTORIUS
    Adjoint : M. SOUSSELIER
    - Usine du Bouchet
      Directeur : M. VERTES
      Adjoint : M. HUET
  - Département de Métallurgie
    Chef du Département : M. SALESSE
  - Département du Plutonium
    Chef du Département : M. GRISON
    Adjoint : M. REGNAUT

- Direction des Recherches et Exploitations Minières
  Directeur : J. MABILE
  Directeur-Adjoint : M. LECOQ

- Centre d'Etudes Nucléaires de Saclay
  Directeur : M. DEBIESSE
  Directeur-Adjoint : M. MAS
  Adjoint : M. CARCASSES

- Direction Industrielle
  Directeur : M. TARANGER
  Adjoint : M. GIROUSSE
  - Département Industriel
    Chef du Département : M. PASCAL
  - Centre de Production de Plutonium deMarcoule
    Directeur : M. de ROUVILLE
    Adjoint : M. COLSON

- Directeur chargé des Centres d'Etudes Nucleaires de Fontenay-aux-Roses et de Cadarache : M. ASTY
  - Centre d'Etudes Nucléaires de Fontenay-aux-roses
    Chef du Centre : M. LUCIEN
    Adjoint : M. LE GUERROUE
  - Centre d'Etudes Nucléaires de Cadarache
    Chef du Centre : M. FAURE

- Direction des Applications Militaires
  Directeur : M. BUCHALET
  Département des Etudes et Fabrications
  Dir-Adj. chargé des fonctions de Chef du Dept : M. ROBERT

- Centre d'Etudes Nucléaires de Grenoble
  Directeur : M. NEEL
  Adjoint : M. DELAPALME

Annexe 2 : Réacteurs nucléaires construits en France

Réacteurs de puissance UNGG

	Site	Année d'engagement	Divergence	Couplage	Puissance électrique (MWe)
G1	Marcoule	1952	01.1956	09.1956	7
G2	-	1955	07.1958	04.1959	40
G3	-	1955	06.1959	04.1960	40
EDF1	Chinon	1956	09.1962	06.1963	60
EDF2	-	1957	08.1964	03.1965	220
EDF3	-	1959	03.1966	08.1966	480
EDF4	Saint-Laurent	1963	01.69	03.1969	480
Saint-Laurent II	-	1966	07.71	08.1971	515
Bugey 1	Bugey	1965	03.72	04.1972	540

Tranches PWR EDF

Engage-ment	Tranche	Palier	MWe	Premiers bétons	Couplage au réseau	Autorisée le :
1970	Fessenheim 1	CP0	880	09.71	04.77	03.02.72
1971	Bugey 2	CP0	920	11.72	05.78	20.11.72
1972	Fessenheim 2	CP0	880	02.72	10.77	03.02.72
	Bugey 3	CP0	920	09.73	09.78	20.11.72
1973	Bugey 4	CP0	900	06.74	03.79	27.07.76
1974	Bugey 5	CP0	900	07.74	03.79	27.07.76
	Tricastin 1	CP1	915	11.74	05.80	02.07.76
	Tricastin 2	CP1	915	12.74	08.80	02.07.76
	Gravelines 1	CP1	910	02.75	03.80	24.10.77
	Gravelines 2	CP1	910	03.75	08.80	24.10.77
	Dampierre 1	CP1	890	02.75	03.80	14.06.76
	Dampierre 2	CP1	890	04.75	12.80	14.06.76
1975	Tricastin 3	CP1	915	04.75	02.81	02.07.76
	Tricastin 4	CP1	915	05.75	06.81	02.07.76
	Gravelines 3	CP1	910	12.75	12.80	24.10.77
	Gravelines 4	CP1	910	04.76	06.81	24.10.76
	Dampierre 3	CP1	890	09.75	01.81	14.06.76
	Blayais 1	CP1	910	01.77	06.81	14.06.76
1976	Dampierre 4	CP1	890	12.75	08.81	14.06.76
	St Laurent B1	CP2	880	05.76	01.81	08.03.78
	St Laurent B2	CP2	880	07.76	06.81	08.03.78
	Chinon B1	CP2	870	03.77	11.82	04.12.79
	Paluel 1	P4	1290	07.77	06.84	10.11.78

1977	Chinon B2	CP2	870	03.77	11.83	04.12.79
	Blayais 2	CP1	910	01.77	07.82	14.06.76
	Blayais 3	CP1	910	04.78	08.83	05.02.80
	Blayais 4	CP1	910	04.78	05.83	05.02.80
	Paluel 2	P4	1290	01.78	09.84	10.11.78
1978	Cruas 1	CP2	880	07.78	04.83	08.12.80
	Cruas 2	CP2	880	10.78	09.84	08.12.80
	Paluel 3	P4	1290	02.79	09.85	03.04.81
1979	Cruas 3	CP2	880	05.79	05.84	08.12.80
	Cruas 4	CP2	880	10.79	10.84	08.12.80
	St Alban 1	Hybride	1300	03.79	08.85	12.11.81
	Flamanville 1	Hybride	1290	12.79	12.85	21.12.79
	Cattenom 1	P'4	1265	12.79	11.86	24.06.82
1980	Gravelines 5	CP1	910	10.79	08.84	18.12.81
	Gravelines 6	CP1	910	10.79	08.85	18.12.81
	Paluel 4	P4	1290	01.80	04.86	03.04.81
	St Alban 2	Hybride	1300	04.79	07.86	12.11.81
	Flamanville 2	Hybride	1290	05.80	07.86	21.12.79
	Cattenom 2	P'4	1265	03.80	09.87	24.06.82
1981	Chinon B3	CP2	870	10.80	10.86	07.10.82
	Belleville 1	P'4	1275	05.80	10.87	15.09.82
	Belleville 2	P'4	1275	08.80	07.88	15.09.82
	Nogent 1	P'4	1275	05.81	10.87	28.09.82
1982	Chinon B4	CP2	870	02.81	11.87	07.10.82
	Nogent 2	P'4	1275	01.82	12.88	28.09.82
	Cattenom 3	P'4	1265	06.82	07.90	
1983	Penly 1	P'4	1290	09.82	05.90	23.02.83
	Golfech 1	P'4	1275	11.82	06.90	03.03.83
1984	Cattenom 4	P'4	1265	09.83	05.91	29.02.84
	Chooz B1	N4	1455	01.84	08.96	09.10.84
1985	Penly 2	P'4	1290	85	02.92	09.10.84
1986	Golfech 2	P'4	1275	86	06.93	31.07.85
1987	Chooz B2	N4	1455	87	03.97	18.02.86
1991	Civaux 1	N4	1450	91	12.97	06.12.93
1993	Civaux 2	N4	1450	93	12.99	06.12.93

Annexe 3 : chefs des divers organismes liés à la sûreté nucléaire

Administration :

SCSIN, DSIN, DGSNR, ASN

	Chef du service, directeur, directeur général, président	Adjoint conseiller scientifique et technique
1973-1977	Jean Servant	Jean Bourgeois
1977-1986	Christian de Torquat	
1986-1993	Michel Lavérie	Daniel Quéniart (1989-1993)
1993-2012	André-Claude Lacoste	*La fonction disparaît en 1994*

CIINB

	Président		Président
1963-?	?	1990-1994	Daniel Videau
En 1973	Henri Lavaill	1995-2005	Yves Galmot
1984-1989	Jean Grégoire	2005-2009	Marie-Eve Aubin

CISN

	Secrétaire général		Secrétaire général
1975-1980	Jean Servant	1988-1991	Yves Moures
1980-1985	Bernard Augustin	1991	Jean Anciaux
1985-1986	Michel Lajus	1991-1995	Claude Guizard
1986-1988	Gérard Cureau	1995-... ?	Jacques Deschamps

CSSN, CSSIN, HCTISN

	Président		Président
1983-1986	Louis Néel	1995-1997	Pas de président
1987-1990	André Blanc-Lapierre	1998-2003	Philippe Lazar
1991-1992	Maurice Tubiana	2005-2008	Michel Van der Rest
1993-1994	Claude Fréjacques	2009-...	André Revol

Experts :

IPSN, IRSN

	Directeur, directeur général	Directeur adjoint
1976-1978	Jean Bourgeois	
1978-1985	Pierre Tanguy	
1985-1988	François Cogné	
1989-1990	Jean Rastoin	
1991-1996	Philippe Vesseron	Michel Livolant
1997-2002	Michel Livolant	Daniel Quéniart
2003-...	Jacques Repussard	

GROUPES PERMANENTS

Groupe Permanent chargé des Réacteurs (GPR)

	Président	Vice-président
1973-1978	Jean Bourgeois	
1978-1985	Pierre Tanguy	Michel Lavérie
1985-1994	François Cogné	Jean Scherrer
1994-2001		Philippe Saint-Raymond
2002-2003	Robert Guillaumont	
2003-2009	Pierre Govaerts	

Groupe Permanent « Usines » (GPU)

	Président	Vice-président
1973-1987	Pierre Régnaut	
1978-1983	Pierre Lécorché	
1983-1986	François Sébilleau	Roger Guillaumont (?-1991)
1986-1989	Christian de Torquat	
1989-1999	Roland Muxart	Daniel Quéniart (1992-...)
1999-2008	Pierre Chevalier	
2009-...	Philippe Saint-Raymond	

Groupe Permanent chargé des déchets radioactifs

	Président	Vice-président
1986-		Ch. de Torquat (4 sept 1986-...)
1991-2003	Robert Guillaumont	R. Muxart (1991), Jean Lefevre (1992-1996)
2004-2009	Pierre Bérest	

Groupe Permanent du transport des matières radioactives et fissiles à usage civil

	Président	Vice-président
1999-2005	François Barthélémy	Jérôme Joly
2006-2009	Jacques Aguilar	

Section permanente nucléaire de la Commission centrale des appareils à pression (SPN-CCAP)

	Président	Rapporteur général, puis vice-président
1981(?)-1990	Armand Osselet	Rémi Guillet
1990-1994	Jacques Boissé	Daniel Pierre
1994-2004	Jean Scherrer	Jérôme Goellner
2004-2009	Rémi Guillet	
2009-...	Pierre Palat	

Industriels :

Commissariat à l'Énergie atomique (CEA)

	Haut-commissaire		Administrateur général
1945-1950	Frédéric Joliot-Curie	1945-1951	Raoul Dautry
1950-1970	Francis Perrin	1951-1958	Pierre Guillaumat
		1958-1963	Pierre Couture
		1963-1970	Robert Hirsch
1970-1975	Jacques Yvon	1970-1978	André Giraud
1975-1993	Jean Teillac		
		1978-1983	Michel Pecqueur
		1983-1986	Gérard Renon
		1986-1989	Jean-Pierre Capron
		1989-1993	Philippe Rouvillois
1993-1998	Robert Dautray	1993-1995	
		1995-1999	Yannick d'Escatha
1998-2003	René Pellat		
		2000-2002	Pascal Colombani
2003-2009	Bernard Bigot	2003-2009	Alain Bugat
2009-…	Catherine Cesarsky	2009-…	Bernard Bigot

Électricité de France (EDF)

	Présidence	Direction générale	Direction de l'équipement	SPT/Direction de la production nucléaire
1946-1947	P. Simon	P. Simon	P. Massé	R. Boudrant
1947-1948	E. Audibert	R. Gaspard		
1948-1949			R. Giguet	
1949-1952	L. Escallier			
1952-1954	M. Flouret			
1954-1955				F. Torresi
1955-1962			D. Olivier Martin	
1962-1963	R. Gaspard	A. Decelle	J. Cabanius	
1963-1964				R. Ginocchio
1964-1966	P. Guillaumat			
1966-1967	P. Massé			J. Féron
1967-1969		M. Boiteux	J. Guilhamon	
1969-1972	P. Delouvrier			
1972-1977			M. Hug	J.-P. Roux
1977-1979				R. Carle
1979-1982	M. Boiteux	C. Chevrier		C. Bigeard
1982-1983			R. Carle	
1983-1987		J. Guilhamon		J. Leclercq

1987-1989	P. Delaporte	J. Bergougnoux	M. Albert	L. Bertron
1989-1990				P. Carlier
1990-1992			Y. Cousin	
1992-1994	G. Ménage			
1994-1996		F. Ailleret		B. Dupraz
1995-1996	E. Alphandery			
1996-1998		P. Daures		
1998-2004	F. Roussely			
2004-2009	P. Gadonneix			
2009-...	H. Proglio			

Inspecteur général pour la Sûreté nucléaire (EDF)

1982-1985	André Gauvenet
1985-1995	Pierre Tanguy
1995-2001	Claude Frantzen
2002-2008	Pierre Wiroth
2009-...	Jean Tandonnet

Annexe 4 : Sigles et abréviations

AEC	Atomic Energy Commission (USA)
AEN	Agence de l'Énergie Nucléaire (OCDE)
AIEA	Agence Internationale pour l'Énergie Atomique
ASME	American Society of Mechanical Engineers
BCCN	Bureau de Contrôle de la Construction Nucléaire, puis Bureau de Contrôle des Chaudières Nucléaires
BWR	Boiling Water Reactor
CANDU	Canadian-deuterium-uranium
CCSIA	Commission centrale de sûreté des installations atomiques (CEA)
CEA	Commissariat à l'Énergie Atomique
CEGB	Central Electricity Generating Board, Grande-Bretagne
CEN	Centre d'études nucléaires, CEA
CIINB	Commission interministérielle des installations nucléaires de base
CIPR	Commission internationale de protection radiologique
CIR	Comité d'instrumentation en radioprotection
CISN	Comité interministériel de la sécurité nucléaire
COGEMA	Compagnie générale des Matières nucléaires
CNPE	Centre nucléaire de production d'électricité
CPFC	Cahier des Prescriptions de Fabrication et de Contrôle (EDF)
CREST	Committee on Reactor Safety Technology, Comité sur la technologie de sûreté des réacteurs de l'AEN (OCDE)
CRII-Rad	Commission régionale indépendante d'information sur la radiologie
CSIA	Commission de sûreté des installations atomiques (CEA)
CSIN	Comité sur la sûreté des installations nucléaires de l'AEN de l'OCDE
CSSN	Conseil supérieur de la sûreté nucléaire
CSSIN	Conseil supérieur de la sûreté et de l'information nucléaires
DAM	Direction des applications militaires, CEA
DEP	Département d'études de piles, CEA
DGEMP	Direction générale de l'énergie et des matières premières, ministère de l'Industri
DIGEC	Direction du gaz, de l'électricité et du charbon, ministère de l'Industrie

DII	Direction interrégionale de l'industrie, transformée en DRIR puis DRIRE
DITEM	Direction de la technologie, de l'environnement industriel et des mines, ministère de l'Industrie
DMCN	Direction des matériaux et des combustibles nucléaires, CEA
DPA	Direction des piles atomiques, CEA
DPPA	Direction de la physique et des piles atomiques, CEA
DRG	Détection de Rupture de Gaines
DRGG	Détection de Rupture de Gaine généralisée
DRIR	Direction régionale de l'industrie et de la recherche, transformée en DRIRE
DRIRE	Direction régionale de l'industrie, de la recherche et de l'environnement
DSN	Département de sûreté nucléaire, CEA
EPS	Étude Probabiliste de Sûreté
GAAA	Groupement Atomique Alsacienne Atlantique
GRS	Gesellschaft für Reaktorsicherheit
GTSP	Groupe Technique de Sûreté des Piles, CEA
INB	Installation nucléaire de base
HCTISN	Haut Conseil pour la transparence et l'information sur la sécurité nucléaire
INES	International Nuclear Event Scale
INSAG	International Nuclear Safety Advisory Group (Groupe consultatif international pour la sûreté nucléaire de l'AIEA)
INSTN	Institut national des sciences et techniques nucléaires
IPSN	Institut de protection et de sûreté nucléaire
LMFBR	Liquid Metal Fast Breeder Reactor
LWR	Light Water Reactor
NEA	Nuclear Energy Agency (OECD)
NERSA	Nucléaire Européenne de Réacteur à neutrons rapides SA
NRC	Nuclear Regulatory Commission (USA)
OCDE	Organisation pour la Coopération et le Développement Économique
OECD	Organization for Economic Cooperation and Development.
OPRI	Office pour la Protection contre les Rayonnements Ionisants
OSART	Operating Safety Analysis Review Team
PAT	Prototype A Terre, prototype de sous-marin à propulsion nucléaire
PEON	Production d'Énergie d'Origine Nucléaire, (Commission consultative pour la…, dite commission PEON)

PPI	Plan Particulier d'Intervention
PUI	Plan d'Urgence Interne
PWR	Pressurized Water Reactor
REN	Région d'Équipement Nucléaire, EDF
REP	Réacteur à Eau Pressurisée
RETN	Région Thermique Nucléaire, EDF
RFS	Règles Fondamentales de Sûreté
SCPRI	Service de protection contre les radiations ionisantes, puis Service de protection contre les rayonnements ionisants
SCRGR	Service de contrôle des radiations et de génie radioactif ? CEA
SCSIN	Service central de sûreté des installations nucléaires
SCSP	Sous-Commission de sûreté des piles, CEA
SENA	Société d'énergie nucléaire franco-belge des Ardennes
SEPTEN	Service des études et projets thermiques, EDF
SFAC	Société des forges et aciéries du Creusot
SHARP	Service d'hygiène atomique et de radiopathologie, CEA
SPM	Service de physique mathématique, CEA
SPR	Service de protection contre les radiations. (1951-1956), puis à partir de 1958, Service de protection radiologique, CEA
SPT	Service de la production thermique, EDF
SREN	Sous-Région d'Équipement Nucléaire, EDF
UKAEA	United Kingdom Atomic Energy Agency
UNGG	Uranium Naturel Graphite Gaz
USAEC	United States Atomic Energy Commission

Sources primaires

Articles, rapports techniques, revues spécialisées

Les débats théoriques sur la sûreté nucléaire entre spécialistes de l'énergie atomique se déroulent, comme c'est le cas de nombreux débats techniques, dans les revues spécialisées, les rapports techniques ou les communications présentées lors de colloques internationaux, écrits par les acteurs mêmes de la sûreté de l'énergie nucléaire. Ils ont constitué la principale source imprimée.

Revues scientifiques ou de vulgarisation

La liste qui suit indique les revues qui ont été dépouillées de façon systématique. Pour une présentation de ces différentes revues ainsi que la liste des articles, nous renvoyons le lecteur à notre thèse.

Annales des Mines, Atomes, La Recherche, Atompraxis, Bulletin d'Informations Scientifiques et Techniques (BIST) du CEA, Bulletin of the Atomic Scientists, Bulletin de la Direction des études et recherches, Série A, Collection des notes de la DER-EDF (1990 à 1994), Bulletin sur la Sûreté des installations nucléaires (SN), Clefs-CEA, Contrôle, Échos CEA, Échos du Groupe CEA, Énergie Nucléaire, La Gazette Nucléaire, Nuclear Safety, Nucleonics, Revue Générale Nucléaire, Revue Générale de l'Électricité, Radioprotection, Le Travail Humain.

Les articles relatifs à la sûreté des revues suivantes : *Nuclear Technology, Power engineering, Nuclear News, Nuclear Engineering International, The Journal of the British Nuclear Energy Society.*

Rapports scientifiques du CEA, Rapports de l'IPSN

Une source d'une grande richesse est constituée des rapports de l'IPSN : rapports DSN (1972-1982), DAS (1983-1990) et DES (1991-2000).

Le Département de sûreté nucléaire (DSN) du CEA a publié 180 rapports DSN entre 1972 et 1982. De 1970 à 1978, le DSN est un département du CEA, avant de rejoindre l'Institut de protection et de sûreté nucléaire (IPSN) en 1978. Sur les 180 rapports DSN, 93 sont en « diffusion restreinte », 9 sont classés « confidentiels ». Seuls les documents en « diffusion libre » sont accessibles sans dérogation.

Le Département d'analyse de sûreté (DAS) de l'IPSN a publié 778 rapports entre 1983 et 1990, dont la moitié environ est en « diffusion libre ». Une partie seulement a été consultée.

Le Département d'évaluation de sûreté (DES) succède au DAS au sein de l'IPSN en 1990. Il a publié près de 400 rapports au 31 décembre 1999. Nous avons pu consulter sur place quelques rapports non accessibles au public, en particulier les rapports de synthèse pour les réunions du Groupe Permanent Réacteurs (GPR).

Organisations internationales : actes des colloques

En dehors des revues spécialisées qui tendent parfois à présenter la « version officielle » du milieu nucléaire, les actes des congrès internationaux fournissent une source d'information irremplaçable car c'est dans le cadre de ces grandes conférences qu'apparaissent clairement les controverses ou les différences de points de vue entre experts des différents pays.

- Conférences des Nations unies sur les utilisations pacifiques de l'énergie atomique tenues à Genève en 1955, 1958, 1964 et 1971 ;
- Symposiums de l'Agence internationale de l'énergie atomique consacrés à la sûreté en 1962, 1963, 1967 et 1971 ;
- ANS/ENS : American Nuclear Society, European Nuclear Society, 1975, 1978, 1980.

Rapports d'activité

- Commissariat à l'Énergie atomique (1950-1978) ;
- Institut de protection et de sûreté nucléaire (1978-2000) ;
- Service central de sûreté des installations nucléaires/Direction de la sûreté des installations nucléaires (1989-2001) ;
- Inspecteur général pour la Sûreté nucléaire d'EDF (1988-2001) ;
- United Kindgom Atomic Energy Authority (1954-1966) ;
- United States Atomic Energy Commission/Nuclear Regulatory Commission (1956-1978).

Archives

Archives du Commissariat à l'Énergie atomique

Le fonds du haut-commissaire (HC) a été la principale source utilisée aux Archives du CEA. Le fonds HC rassemble en particulier les boîtes contenant les procès-verbaux des séances de la Commission de sûreté des installations atomiques (CSIA) entre 1960 et 1970. Les fonds de la Direction des relations internationales (DRI) et de la Division d'étude et de développement des réacteurs (DEDR) éclairent les relations avec les États-Unis, en particulier pour la sûreté des réacteurs à neutrons rapides.

Archives CSSN/CSSIN

Créé en 1973 en même temps que le Service central de sûreté des installations nucléaires (SCSIN), le Conseil supérieur de la sûreté nucléaire (CSSN) est un organisme créé auprès du ministre de l'Industrie et chargé d'émettre toutes recommandations utiles pour accroître l'efficacité de l'action poursuivie dans le domaine de la sûreté nucléaire. Jusqu'en 1982, il est composé principalement de hautes personnalités des différents secteurs de l'énergie nucléaire.

Les Archives du CSSN, hébergées au ministère de l'Industrie par le SCSIN qui en assure le secrétariat, n'ont pas conservé la trace des premières années du conseil. En revanche, elles disposent des procès verbaux, des enregistrements, et des documents préparatoires aux réunions du conseil à partir de 1982, pour chacune de la cinquantaine de réunions tenues depuis cette date. En 1982, la composition du conseil a été modifiée pour accueillir des personnalités représentant des associations de défense de la nature et des syndicalistes. Le CSSN a été transformé en CSSIN (Conseil supérieur de la sûreté et de l'information nucléaires) en 1987.

Archives DES-IPSN et Groupe Permanent

Les archives de l'Institut de protection et de sûreté nucléaire sont conservées au Département d'évaluation de sûreté (DES) à Fontenay-aux-Roses. Sur près de 3 kilomètres linéaires, elles comportent aussi bien les rapports des experts, les études effectuées par les différents services, les courriers internes à l'IPSN, les avis remis aux autorités de sûreté, ou encore les documents techniques des exploitants. La plupart de ces documents ne sont pas consultables sans une dérogation de l'autorité de sûreté. Elles regroupent également les documents préparatoires aux réunions des Groupes permanents d'experts dont l'IPSN assure le secrétariat. Cette source, découverte tardivement et d'accès limité du fait des clauses de confidentialité, n'a pu malheureusement être utilisée qu'à la marge.

Entretiens

L'histoire contemporaine nécessite une histoire orale, c'est pourquoi des entretiens ont été réalisés pour compléter les sources écrites. Le corpus des personnes interrogées recouvre essentiellement des ingénieurs du CEA, d'EDF et de l'administration, chargés de la sûreté. Ils ont en majorité occupé de hautes responsabilités pendant la période « glorieuse », celle du lancement du programme PWR d'EDF. Quelques témoignages ont en outre été recueillis pour s'imprégner du « vécu » des installations et de l'expertise, permettant de découvrir la réalité du fonctionnement derrière les structures théoriques, écrites ou prescrites.

Pierre Bacher, 20/10/98 ; M. Barbaut, 13/12/99 ; Jean-Pierre Bergeret, 11/2/99 ; Jacques Brisbois, 20/10/98 ; Jean Bussac, 19/04/99 ; Rémy Carle, 2/11/98 ; François Cogné, 14/1/99 ; Gilles Cognet et Paul Andanson, mars 1999. Michel Dürr, 13/10/99 et 26/10/99 ; Jean Fluchère 15/2/99 ; André Gauvenet, 21/10/98 ; Michel Hug, 19/05/98 ; Denis Kirschtetter, 19/05/98 ; André-Claude Lacoste, 23/08/00 ; Michel Lavérie, 14/1/99 ; Corentin Le Doaré, 12/03/01 ; Jean-Christophe Niel, 12/03/01 ; Gilles Ollivon, 9/11/99. Daniel Quéniart, 19/04/01 ; Jean Rastoin, 2/12/99 ; Monique Sené et René Sené, 17/07/00 ; Jean Servant, 15/01/01 ; Pierre Tanguy, 9/11/98 ; Georges Vendryes, 19/04/99.

Bibliographie

Histoire de l'énergie atomique. Controverses sur l'énergie atomique

Ailleret, Charles (Général), *L'aventure atomique française. Comment naquit la force de frappe*, Paris, Grasset, 1968.

Association Contre le Nucléaire et son Monde, *Sous l'épaisseur de la nuit. Documents et témoignages sur le désastre de Tchernobyl*, Paris, ACNM, 1993.

Bacher, Pierre, *Quelle énergie pour demain ?*, Paris, Nucléon, 2000.

Balogh, Brian, *Chain Reaction. Expert debate and public participation in American commercial nuclear power, 1945-1975*, Cambridge, Cambridge University Press, 1991.

Barth, Jacques, *40 ans d'énergie nucléaire dans le monde*, Paris, Sofedir, 1981.

Barwich, Heinz, *Das rote Atom*, München, Scherz Verlag, 1967.

Belbéoch, Bella et Roger, *Tchernobyl, une catastrophe*, Paris, Éditions Allia, 1993.

Bendjebbar, André, *Histoire secrète de la bombe atomique française*, Paris, Le Cherche-midi éditeur, 2000.

Bertin, Michel, *Les effets biologiques des rayonnements ionisants*, Paris, EDF, 1991.

Bessis, Joseph, *Les risques auprès des centrales nucléaires*, Paris, Eyrolles, 1979.

Bienvenu, Claude, *Superphénix, le nucléaire à la française*, Paris, L'Harmattan, 1999.

Blanc, Daniel, *La sûreté nucléaire*, Que sais-je, Paris, PUF, 1982.

Blowers Andrew, et David Pepper (eds.), *Nuclear Power in Crisis*, New York, Nichols Publishing Company, 1987.

Boiteux, Marcel, *Haute tension*, Paris, Odile Jacob, 1993.

Bourgeois, Jean, Pierre Tanguy, François Cogné, Jean Petit, *La sûreté nucléaire en France et dans le monde*, Paris, Polytechnica, 1996.

Bourgeois, Jean, « La sûreté des installations nucléaires », *Guide international de l'énergie nucléaire 1978*, Éditions O. Lesourd, Paris, 1978, p. 246-272.

Brown, Andrew, *The Neutron and the Bomb : a Biography of Sir James Chadwick*, Oxford, Oxford University Press, 1997.

Bupp, Irvin C., Derian, Jean-Claude, *Light Water. How the Nuclear Dream Dissolved*, New York, Basic Books, 1978.

Burn, Duncan, *Nuclear Power and the Energy Crisis : Politics and the atomic Industry*, Londres, Mac Millan, 1978.

Camilleri, Joseph A., *The State and Nuclear Power. Conflict and Control in the Western World*, Seattle, Wheatsheaf Books, 1984.

Carle, Rémy, *L'électricité Nucléaire*, Que sais-je, Paris, PUF, 1995.

CEA, *Actes des colloques du 50ᵉ anniversaire du CEA*, 3 tomes, CEA, 1997.

Colson, Jean-Philippe, *Le nucléaire sans les Français. Qui décide ? Qui profite ?*, Paris, Petite collection Maspero, 1977.

Curtis, Richard, and Elisabeth Hogan, *Nuclear Lessons : An Examination of Nuclear Power, Safety, Economic and Political Record*, Harrisburg, Stackpole Book, 1980.

Damian, Michel, « Nuclear Power, The ambiguous lessons of history », *Energy Policy*, July 1992, pp. 596-607.

Dawson, F.G., Frank G., *Nuclear Power, Development and Management of a Technology*, Seattlel, University of Washington Press, 1976.

De la Gorce P.-M. (dir.), *L'aventure de l'atome*, Paris, Flammarion, 1992.

Debeir, Jean-Claude, Jean-Paul Deléage, Daniel Hémery, *Les servitudes de la puissance. Une histoire de l'énergie*, Paris, Flammarion, 1986.

Dürr, Michel, « Le tournant nucléaire d'EDF », in Henri Morsel, *Histoire de l'Électricité en France*, tome III, p. 693-782, Paris, Fayard, 1996.

EDF Production Transport-Exploitation du Parc Nucléaire, Département sûreté nucléaire, *Memento de la sûreté nucléaire en exploitation*, Édition 1994, EDF, 1994.

Fagnani, F., Nicolon, A. (dir.), *Nucléopolis. Matériaux pour l'analyse d'une société nucléaire*, Presses universitaires de Grenoble, 1979.

Farmer, F.R. (ed.), *Nuclear reactor safety*, Nuclear Science and technology, vol. 18, Academic Press, New York, 1977.

Faulkner, Peter, *The Silent Bomb : A Guide to the Nuclear Energy Controversy*, New York, Vintage, 1977.

Faussat, Armand, *Les déchets nucléaires, les connaître, nous en protéger*, Paris, Stock, 1997.

Finon, Dominique, *Les États face à la grande technologie dans le domaine civil. Le cas des programmes surgénérateurs*, Thèse pour le Doctorat d'État ès sciences Économiques, présentée et soutenue publiquement le 18 mars 1988.

Floquet, Pierre-Henri, *Histoire de la centrale nucléaire des Ardennes*, Paris, Association pour l'Histoire de l'Électricité en France, 1995.

Foasso, Cyrille, *Histoire de la sûreté de l'énergie nucléaire civile en France (1945-2000) : Technique d'ingénieur, processus d'expertise, question de société*, Thèse de doctorat d'histoire, Université Lyon 2, 2003.

Ford, Daniel, *Meltdown : The Secret Papers of the Atomic Energy Commission*, New York, Simon and Schuster, 1986.

Framatome, *Du bureau d'ingénierie nucléaire au groupe international*, Paris, Albin Michel Communication/Framatome, 1995.

Frost, Robert L., *Alternating Currents. Nationalized Power in France, 1946-1970*, Ithaca and London, Cornell University Press, 1991.

Gillon, Luc, *Le nucléaire en question*, Duculot, 1986.

Girard, Yves, *Un neutron entre les dents*, Paris, Éditions Rive Droite, 1997.

Goldschmidt, Bertrand, *L'aventure atomique, ses aspects politiques et techniques*, Paris, Fayard, 1962.

Goldschmidt, Bertrand, *Les rivalités atomiques, 1939-1966*, Paris, Fayard, 1967.

Goldschmidt, Bertrand, *Le Complexe atomique. Histoire politique de l'énergie nucléaire*, Paris, Fayard, 1980.

Goldschmidt, Bertrand, *Pionniers de l'atome*, Paris, Stock, 1987.

Golovine, I., *I.V. Kurchatov : A Socialist-Realist Biography of the Soviet Nuclear Scientist*, Washington D.C., Joint Publications Research Service, 1959.

Gowing, Margaret, *Britain and Atomic Energy 1939-1945*, London, Macmillan, 1964.

Gowing, Margaret, *Independance and Deterrence – Britain and Atomic Energy, 1945-1952, Volume I, Policy Making*, London, Macmillan, 1974.

Gowing, Margaret, *Independance and Deterrence – Britain and Atomic Energy, 1945-1952, Volume II, Policy Execution*, London, Macmillan, 1974.

Graham, J., *Fast Reactor safety*, Nuclear Science and technology, vol. 12, New York, Academic Press, 1971.

Gravelaine (de), F., O'Dy, S., *L'État EDF*, Paris, Alain Moreau, 1978.

GSIEN, *Électronucléaire : Danger*, Paris, Seuil, 1977.

Guedeney, C., Mendel, G., *L'angoisse atomique et les centrales nucléaires*, Paris, Payot, 1973.

Guéron, Jules, *Les Matériaux Nucléaires*, Que sais-je, Paris, PUF, 1977.

Hatch, Michael T., *Politics and Nuclear Power. Energy Policy in Wetsern Europe*, Lexington, The University Press of Kentucky, 1986.

Hecht, Gabrielle, *Le rayonnement de la France : Énergie nucléaire et identité nationale après la Seconde Guerre mondiale*, Paris, La Découverte, 2004.

Herblay, Michel, *Les hommes du fleuve et de l'atome*, La Pensée Universelle, Paris, 1977.

Hewlett, Richard G., Anderson, Oscar E., *The New World, 1939-1946 : Volume I of A History of the United States Atomic Energy Commission*, The Pennsylvania State University Press, 1962.

Hewlett, Richard G., Duncan, F., *Atomic Schield, 1947-1952 : Volume II of A History of the United States Atomic Energy Commission*, The Pennsylvania State University Press, 1969.

Hewlett, Richard G., Moll, Jack M., *Atoms for Peace and War, 1953-1961*, Berkeley, University of California Press, 1989.

Hug, Michel, *Un siècle d'énergie nucléaire*, Paris, Le manuscrit, 2009.

IFOREP, « Pour une connaissance des travailleurs du nucléaire : Un état des lieux », *Les cahiers de l'IFOREP*, Supplément n° 84, mars 1997.

Jagger, John, *The Nuclear Lion. What Every Citizen Should Know About Nuclear Power and Nuclear Waste*, New York, Plenum Press, 1991.

Jasper, James M., *Nuclear Politics. Energy and the State in the United States, Sweden, and France*, Princeton, Princeton University Press, 1990.

Jones, Peter Lloyd, *The Economics of Nuclear Power Programmes in the United Kingdom*, London, Macmillan Press, 1984.

Jungk, Robert, *Der Atomstaat. Vom Fortschritt in die Unmenschlichkeit*, München, Kindler Verlag, 1977.

Kaser, Greg, *Acceptable Nuclear Risk : Some examples from Europe*, Florence, European University Institute (EUI) working paper n° 89/409, 1989.

Kasperson, E. Roger, Kasperson, X. Jeanne (eds.), *Nuclear Risk Analysis in Comparative Perspective*, Boston, Allen & Unwin, 1987.

Kenedi, A., Clément, D., *Le management du parc nucléaire d'EDF*, Paris, L'Harmattan, 2007.

Kevles, Daniel J., *The Physicists : The History of a Scientific Community in Modern America*, New York, Alfred A. Knopf, 1978.

Kramish, Arnold, *Atomic Energy in the Soviet Union*, Stanford University Press, Stanford, 1959.

Küppers, Christian, Britta Nockenberg, Michael Sailer, Gerhard Schmidt, *Umwelt-, Sicherheits-, Entsorgungs- und Akzeptanzaspekte der Kernenergienutzung*, Studie A.4.3.a, in Energie und Klima, Herausgegeben von der Enquete-Kommission « Vorsorge zum Schutz der Erdatmosphäre » des Deutschen Bundestages, Band 5, Kernergie, (pp. 421-916), Bonn, Economica Vergag, 1990.

Labbé, Marie-Hélène, *Le nucléaire à la croisée des chemins*, Paris, La documentation française, 1999.

Lamiral, Georges, *Chronique de trente années d'équipement nucléaire à Électricité de France*, Paris, AHEF, 1988.

Larroque, Dominique, *Histoire du Service de la Production Thermique d'Électricité de France. Le temps du nucléaire. Tome second. 1973-1992*, Paris, AHEF, 1999.

Larroque, Dominique, *Histoire du Service de la Production Thermique d'Électricité de France, tome premier (1946-1973)*, Paris, AHEF, 1997.

Leclercq, Jacques, *L'ère nucléaire*, Paris, Hachette, 1986.

Lewis, Elmer Eugene, *Nuclear Power Reactor Safety*, John Wiley & Sons, New York, 1977.

Libmann, Jacques, *Approche et analyse de la sûreté des réacteurs à eau sous pression*, INSTN-CEA, Saclay, 1986.

Libmann, Jacques, *Éléments de sûreté nucléaire*, Les éditions de Physique, Paris, 1996.

Lovérini, Marie-José, *L'atome, de la recherche à l'industrie. Le Commissariat à l'Énergie Atomique*, Découvertes Gallimard Sciences, Paris, 1996.

Marples, David R., *Chernobyl and the Nuclear Power in the USSR*, Houndmills, Macmillan Press, 1986.

Medvedev, Grigori, *La vérité sur Tchernobyl*, Moscou, VAAP, 1989, Albin Michel pour la traduction française, 1990.

Mez, Lutz (ed.), *Der Atomkonflikt, Berichte zur internationalen Atomindustrie, Atompolitik und Anti-Atom-Bewegung*, Berlin, Olle & Wolter, 1979.

Mez, L., Osnowski, R., *RWE, Ein Riese mit Ausstrahlung*, Köln, Kiepenheuer & Witsch, 1996.

Mills, Mark M. (ed.), *Modern Nuclear Technology*, New York, Mc Graw Hill, 1960.

Ministère de l'Économie, des Finances et de l'Industrie, Secrétariat d'État à l'industrie, ministère de l'Aménagement du territoire et de l'Environnement, *Sûreté nucléaire en France. Législation et réglementation*, 4e édition, Paris, Les éditions des Journaux Officiels, 1999.

Ministère de l'Industrie et de la Recherche, *La sûreté nucléaire en France*, La documentation française, Paris, 1976.

Moatti, Jean-Paul, *Économie de la sécurité. De l'évaluation à la prévention des risques technologiques*, Paris, La documentation française, 1989.

Modelski, George A., *Atomic Energy in the Communist Bloc*, Melbourne, Melbourne University Press, 1959.

Morsel Henri (dir.), *Histoire de l'électricité en France*, tome III (1946-1987), Paris, Fayard, 1996.

Nader, R., Abbotts, J., *The Menace of Atomic Energy*, New York, W.W. Norton, 1977.

Neirynck, Jacques, *Les cendres de Superphénix*, Paris, Desclée de Brouwer, 1997.

Nelkin, D., Pollak, M., *The Atom Besieged : Extra-Parliamentary Dissent in France and Germany*, Cambridge, Mass, MIT Press, 1980.

Novick, Sheldon, *The Electric War. The Fight Over Nuclear Power*, San Francisco, Sierra Club Books, 1976.

Nowotny, Helga, *Kernenergie : Gefahr oder Notwendigkeit*, Frankfurt, Suhrkamp, 1980.

Okrent, David, *Nuclear Reactor Safety. On the History of the Regulatory Process*, Madison, The University of Wisconsin Press, 1981.

Openshaw, Stan, *Nuclear Power : Siting and Safety*, London, Routledge & Kegan Paul, 1986.

Paul, Septimus H., *Nuclear Rivals. Anglo-American Relations, 1941-1952*, Ohio State University Press, 2000.

Pershagen, Bengt, *Light Water Reactor Safety*, Oxford, Pergamon Press, 1989.

Pharabod, J.-P., Schapira, J.-P., *Les jeux de l'atome et du hasard*, Paris, Calmann-Lévy, 1988.

Picard, Jean-François, *Recherche et Industrie, Témoignages sur quarante ans d'études et recherches à Électricité de France*, Paris, Eyrolles, 1987.

Picard, J.-F., Beltran, A., Bungener, M., *Histoire(s) de l'EDF*, Paris, Dunod, 1985.

Pignon, Dominique, *Enquête au cœur des centrales nucléaires*, Paris, Fernand Nathan, 1981.

Pinault, Michel, *Frédéric Joliot-Curie*, Paris, Odile Jacob, 2000.

Pocock, R.F., *Nuclear Power : Its Development in the United Kingdom*, Institute of Nuclear Engineers, London, 1977.

Poulter, D. R. (ed.), *The Design of Gas-Cooled Graphite-Moderated Reactors*, Oxford University Press, London, 1963.

Price, Jerome, *The Antinuclear Movement*, Boston, Twayne Publishers, 1990.

Pringle, Peter, et James Spigelman, *Les barons de l'atome*, Paris, Seuil, 1982.

Puiseux, Louis, *La Babel nucléaire*, Paris, éditions Galilée, 1977.

Puiseux, Louis, *Crépuscule des atomes*, Paris, Hachette, 1986.

Radkau, Joachim, *Aufstieg und Krise der deutschen Atomwirtschaft 1945-1975*, Reinbek bei Hamburg, Rowohlt, 1983.

Radvanyi, P., Bordry, M., *La Radioactivité artificielle et son histoire*, Paris, Seuil, 1984.

Rainaud, Jean-Marie, *L'Agence internationale de l'énergie atomique*, Paris, Armand Colin, 1970.

Rainaud, Jean-Marie, *Le droit nucléaire*, Que sais-je, Paris, PUF, 1994.

Reuss, Paul, *La neutronique*, Paris, Presses universitaires de France, 1998.

Rolina, Gregory, *Sûreté nucléaire et facteurs humains : la fabrique française de l'expertise*, Paris, Presse des Mines Paris Tech, 2009.

Scheinman, Lawrence, *Atomic Energy Policy in France Under the Fourth Republic*, Princeton, Princeton University Press, 1965.

Sills, David L., Wolf, C.P., Shelanski, V.B. (eds.), *Accident at Three Mile Island : The Human Dimensions*, Boulder, Westview Press, 1982.

Simonnot, Philippe, *Les Nucléocrates*, Grenoble, Presses universitaires de Grenoble, 1978.

Six, Jules, *La découverte du neutron (1920-1936)*, Éditions du CNRS, 1987.

Skogmar, Gunnar, *Nuclear Triangle. Relations between the United States, Great Britain and France in the Atomic Energy Field, 1939-1950*, Copenhagen, Copenhagen political studies Press, 1993.

Strazzula, J., Zerbib, J.-C., *Tchernobyl*, Paris, La documentation française, 1991.

Sylves, Richard T., *The Nuclear Oracles. A political history of the General Advisory Committee of the Atomic Energy Commission, 1947-1977*, Ames, Iowa State University Press, 1987.

Syndicat CFDT de l'Énergie atomique, *L'Électronucléaire en France*, Paris, Seuil, 1975.

Syndicat CFDT de l'Énergie atomique, *Le dossier électronucléaire*, Paris, Seuil, 1980.

Tamplin, Arthur R., Gofman, John W., *Population Control through Nuclear Pollution*, Chicago, Nelson Hall Company, 1970.

Tanguy, Pierre, *Nucléaire pas de panique !*, Paris, Nucléon, 1997.

Teller, E., Latter, Albert L., *Notre avenir nucléaire*, Paris, Plon, 1959.

Thompson, T.J., Beckerley, J.G., *The Technology of Nuclear Reactor Safety*, MIT Press, 1964.

Torres, F., Lefebvre, V., *Chooz de A à B. Une histoire de la filière à eau pressurisée racontée par Électricité de France*, Paris, Efil Communication, 1996.

Touraine, A., Hegedus, Z., Dubet, F., Wieviorka, M., *La prophétie anti-nucléaire*, Paris, Éditions du Seuil, 1980.

Traube, Klaus, *Plutonium-Wirschaft ? Das Finanzdebakel von Brutreaktor und Wiederaufarbeitung*, Reinbek bei Hamburg, Rowohlt, 1984.

Tubiana, Maurice, (Pr.), *Le refus du réel*, Paris, Robert Laffont, 1978.

Tubiana, M., Bertin, M., *Rabiobiologie, radioprotection*, Paris, PUF, 1989.

Turlay, René (ed.), *Les déchets nucléaires, un dossier scientifique*, Paris, Les Éditions de Physique, 1997.

Union of Concerned Scientists, *The Risks of Nuclear Power Reactors, A Review of the NRC Reactor Safety Study WASH-1400*, Cambridge, Mass., 1977.

United Kingdom Atomic Energy Authority, *The Nuclear Energy Industry of the United Kingdom*, London, Charles Rosner & Associates, Museum House, 1961.

Vaïsse, Maurice (dir.), *La France et l'atome*, Bruxelles, Bruylant, 1994.

Vallet, Bénédicte, *The Nuclear Safety Institution in France : Emergence and Development*, Dissertation for the Degree of Doctor of Philosophy at New York University, 1986.

Vendryes, Georges, *Superphénix pourquoi ?*, Paris, Nucléon, 1997.

Walker, Samuel J., Mazuzan, George T., *Controlling the Atom. The Beginnings of Nuclear Regulation 1946-1962*, Berkeley, University of California Press, 1984.

Walker, Samuel J., *Containing the Atom. Nuclear Regulation in a Changing Environment, 1963-1971*, Berkeley, University of California Press, 1992.

Walker, Samuel J., *Permissible Dose. A History of Radiation Protection in the Twentieth Century*, Berkeley, University of California Press, 2000.

Weart, Spencer R., *La grande aventure des atomistes français. Les savants au pouvoir*, Paris, Fayard, 1980.

Weart, Spencer R., *Nuclear Fear, A History of Images*, Cambridge, Harvard University Press, 1988.

Winnacker, Karl, et Karl Wirtz, *Kernenergie in Deutschland*, Düsseldorf, Econ Verlag, 1975.

Winnacker, Karl, *Schicksalsfrage Kernenergie*, Düsseldorf, Econ Verlag, 1978.

Histoire et sociologie du risque

Amalberti, R., *La Conduite des systèmes à risques*, Paris, PUF, 1996.

Bourrier, Mathilde, *Le Nucléaire à l'épreuve de l'organisation*, Paris, PUF, 1999.

Crousse, B., Greven, Michael Th. (eds.), *Political Science and Science Policy in an Age of Uncertainty*, Frankfurt/Main, Campus Forshung, 1985.

Dourlens, C., Galland, J.P., Theys, J., Vidal-Naquet, P.A., *Conquête de la sécurité, gestion des risques*, Paris, L'Harmattan, 1991.

Duclos, Denis, *L'homme face au risque technique*, Paris, L'Harmattan, 1991.

Duclos, Denis, La *peur et le savoir, la société face à la science, la technique et leurs dangers*, Paris, Éditions la Découverte, 1989.

Evers, A., Nowotny, H., *Über den Umgang mit Unsicherheit, Die Entdeckung der Gestaltbarkeit von Gesellschaft*, Frankfurt/Main, Suhrkamp, 1987.

Fabiani, J.-L., Theys, J. (dir.), *La société vulnérable. Évaluer et maîtriser les risques*, Paris, Presses de l'École Normale Supérieure, 1987.

Gilbert, Claude, *Le Pouvoir en situation extrême. Catastrophes et politiques*, Paris, L'Harmattan, 1992.

Graham, James H. (ed.), *Safety, Reliability, and Human Factors in Robotic Systems*, New York, Van Nostrand Reinhold, 1991.

Kletz, T., Chung, P., Broomfield, E., Shen-Orr, S., *Computer Control and Human Error*, Rugby, Institution of Chemical Engineers, 1995.

Kourilsky, P., Viney, G., *Le Principe de précaution*, Paris, Odile Jacob-La Documentation française, 2000.

Lagadec, Patrick, *La civilisation du risque, Catastrophes technologiques et responsabilité sociale*, Paris, Seuil, 1981.

Lagadec, Patrick, *États d'urgence*, Paris, Seuil, 1988.

Le Breton, D., *La sociologie du risque*, Paris, Que-sais-je, PUF, 1995.

Leveson, Nancy G., *Safeware, System Safety and Computers*, Reading, Mass., Addison-Wesley Publishing Company, 1995.

Llory, Michel, *Accidents industriels : le coût du silence. Opérateurs privés de parole et cadres introuvables*, Paris, L'Harmattan, 1996.

Mez, L., Weidner, H. (eds.), *Umweltpolitik und Staatsversagen*, Berlin, Sigma, 1997.

Nicolet, J.-L., Carnino, A., Wanner, J.-C., *Catastrophes ? Non Merci ! La prévention des risques technologiques et humains*, Le Nouvel Ordre Économique, Paris, Masson, 1989.

Perrow, Charles, *Normal Accidents. Living with High-Risk Technologies*, New York, Basic Books, 1984.

Renn, O., Zwick, Michael M., *Risiko- und Technik- akzeptanz*, Berlin, Springer, 1997.

Roqueplo, Philippe, *Entre savoir et décision, l'expertise scientifique*, Paris, INRA Éditions, 1997.

Rowe, David W., *An « Anatomy » of Risk*, Environmental Protection Agency, Washington, D.C., March 1975.

Villemeur, Alain, *Sûreté de fonctionnement des systèmes industriels : fiabilité, facteurs humains, informatisation*, Paris, Eyrolles, 1988.

Wynne, Brian, *Risk Management and Hazardous Waste. Implementation and the Dialectics of Credibility*, Berlin, Springer Verlag, 1987.

Histoire des sciences et des techniques. Histoire des élites scientifiques, techniques et administratives

Adas, Michael, *Machines as the Measure of Men. Science, technology, and Ideologies of Western Dominance*, Ithaca and London, Cornell University Press, 1989.

Baudouï, Rémi, *Raoul Dautry, 1880-1951. Le technocrate de la République*, Paris, Balland, 1992.

Belhoste, B., Dahan-Dalmedico, A., Picon, A., *La Formation polytechnicienne. 1794-1994*, Paris, Dunod, 1994.

Belhoste, B., Dahan Dalmedico, A., Pestre, D., Picon, A. (dir.), *La France des X, deux siècles d'histoire*, Paris, Economica, 1995.

Bell, Robert, *Les péchés capitaux de la haute technologie*, Paris, Seuil, 1998.

Beltran, A., Griset, P., *Histoire des techniques aux XIXe et XXe siècles*, Paris, Armand Colin, 1990.

Beltran, A., Carré P.-A., *La fée et la servante : la société française face à l'électricité*, Paris, Belin, 1991.

Beltran, A., Soutou, G.-H. (dir.), *Pierre Guillaumat, la passion des grands projets industriels*, Paris, Rive droite, 1994.

Beniger, James B., *The Control Revolution : Technological and Economic Origins of the Information Society*, Cambridge, Mass., Harvard University Press, 1986.

Bijker, Wiebke, et John Law (eds.), *Shaping technology-Building Society, Studies in sociotechnological Change*, Cambridge, MIT Press, 1992.

Bourdieu, Pierre, *La Noblesse d'État. Grandes écoles et esprit de Corps*, Paris, Éditions de Minuit, 1989.

Bourg, Dominique, et Jean-Michel Besnier (dir.), *Peut-on encore croire au progrès ?*, Paris, PUF, 2000.

Brunot, A., Coquand, R., *Le Corps des Ponts et chaussées*, Éditions du CNRS, Paris, 1982.

Callon Michel (dir.), *La science et ses réseaux. Genèse et circulation des faits scientifiques*, Paris, La Découverte, 1989.

Caron, François, *Histoire générale du XXe siècle*, Paris, Albin Michel, 1997.

Caron, François, *Le résistible déclin des sociétés industrielles*, Paris, Éditions Perrin, 1983.

Chandler, Alfred D. Jr., *The Visible Hand. The Managerial revolution in American Business*, Cambridge (Mass.), Belknap, 1977.

Derian, J.-C., Staropoli, A., *La Technologie incontrôlée ?*, Paris, Presses universitaires de France, 1975.

Dierkes, Meinolf, et Ute Hoffmann (ed.), *New Technology at the Outset. Social Forces in the Shaping of Technological Innovations*, Frankfurt/New York, Campus/Westview, 1992.

Ekeland, Ivar, *Le Calcul, l'Imprévu. Les figures du temps de Kepler à Thom*, Paris, Seuil, 1984.

Ewald, François, *L'État providence*, Paris, Grasset, 1986.

EHESS, « Histoire des techniques », *Annales, Histoire Sciences Sociales*, 4-5, 1998.

Gille, Bertrand, *Histoire des techniques*, Paris, Éditions de la Pléiade, 1978.

Gilpin, Robert, *France in the Age of the Scientific State*, Princeton, Princeton University Press, 1968.

Guesnerie, R., Hartog, F. (dir.), *Des Sciences et des Techniques : un débat*, Paris, Éditions de l'EHESS, 1998.

Holton, Gerald, *Science en gloire, science en procès. Entre Einstein et aujourd'hui*, Paris, Éditions Gallimard, 1998.

Hughes, Thomas P., *Networks of Power. Electrification in Western Society, 1880-1930*, Baltimore, The John Hopkins University Press, 1983.

Inglehart, Ronald, *The Silent Revolution, Changing Values and Political Styles Among Western Publics*, Princeton, Princeton University Press, 1977.

Kosciusko-Morizet, J.-A., *La « Mafia » Polytechnicienne*, Paris, Le Seuil, 1973.

Kuhn, Thomas S., *La structure des révolutions scientifiques*, Paris, Flammarion, 1983.

Kuisel, Richard F., *Le capitalisme et l'État en France. Modernisation et dirigisme au XXe siècle*, Paris, Gallimard, 1984.

Landes, David S., *L'Europe technicienne*, Paris, Gallimard, 1975.

Latour, Bruno, *La science en action*, Paris, La Découverte, 1989.

Lévy-Leboyer, M., Casanova, J.-C. (dir.), *Entre l'État et le marché : l'économie française des années 1880 à nos jours*, Paris, Gallimard, 1991.

Lévy-Leboyer, Maurice (dir.), *Histoire de la France industrielle*, Paris, Larousse, 1996.

Meynaud, J., *La technocratie, mythe ou réalité ?*, Paris, Payot, 1964.

Mumford, Lewis, *The Myth of the Machine*, Norwich, Fletcher & Son, 1967.

Mumford, Lewis, *The Pentagon of Power*, London, Secker & Warburg, 1971.

Noble, David F., *Forces of Production, A Social History of Industrial Automation*, New York, Alfred A. Knopf, 1984.

Pestre, Dominique, *Physique et physiciens en France, 1918-1940*, Éditions des archives contemporaines, 1984.

Picard, Jean-François, *La République des Savants : La recherche française et le C.N.R.S.*, Paris, Flammarion, 1990.

Picon, Antoine, *L'invention de l'Ingénieur moderne : L'École des Ponts et chaussées, 1747-1851*, Paris, Presses de l'École Nationale des Ponts et chaussées, 1994.

Prades, Jacques (dir.), *La technoscience. Les fractures du discours*, Paris, L'harmattan, 1992.

Prades, Jacques, *La création-destructrice. L'économique, la technique et le social*, Paris, L'Harmattan, 1995.

Ramunni, G., Savio, 1894-1994, *Cent ans d'histoire de l'École Supérieure d'Électricité*, Supélec, 1995.

Rival, Michel, *Les Apprentis sorciers, Fritz Haber, Wernher von Braun, Edward Teller*, Paris, Éditions du Seuil, 1996.

Rosanvallon, Pierre, *L'État en France*, Paris, Seuil, 1990.

Rosenberg, Nathan, *Inside The Black Blox*, Cambridge, Cambridge University Press, 1982.

Salomon, Jean-Jacques, *Le destin technologique*, Paris, Éditions Balland, 1992.

Salomon, Jean-Jacques, *Prométhée empêtré, La résistance au changement technique*, Paris, Anthropos, 1984.

Shapin, S., Schaeffer, S., *Leviathan et la pompe à air. Hobbes et Boyle entre science et politique*, Paris, La Découverte, 1993.

Suleiman, Ezra, *Les élites en France. Grands corps et grandes écoles*, Paris, Seuil, 1979.

Thépot, André, *Les ingénieurs des mines du XIXe siècle : Histoire d'un corps technique d'État*, Paris, Éditions ESKA/IDHI, 1998.

Thuillier, Guy, *Pour une histoire de la bureaucratie en France, Comité pour l'histoire économique et financière de la France*, Paris, Ministère de l'Économie, des Finances et de l'Industrie, 1999.

Woronoff, Denis, *Histoire de l'industrie en France du XVIe siècle à nos jours*, Paris, Seuil, 1994.

Index

Collection « Histoire de l'énergie »

La collection « Histoire de l'énergie » est née du constat de l'éparpillement des publications sur le thème de l'énergie, au moment même où les approches sont en train d'être profondément renouvelées. Le projet scientifique de la collection consiste à rendre compte, par la publication de thèses, d'actes de colloques ou de travaux de recherche, de la diversité des approches scientifiques. L'objectif est de proposer une vaste réflexion sur les différentes énergies, tant pour ce qui est de leur production que de leur consommation. Les acteurs (entreprises, États, consommateurs), les marchés, les modes de vie conduisent à privilégier une approche globale dans laquelle les différentes énergies sont toutà la fois concurrentes et complémentaires.

En adoptant ces perspectives volontairement larges, la collection « Histoire de l'énergie » entend servir de point d'ancrage à des travaux académiques et faciliter leur diffusion.

FSC
www.fsc.org
MIX
Papier | Fördert
gute Waldnutzung
FSC® C083411

Kolibri 360 GmbH
Ferdinand-Jühlke-Straße 7
99095 Erfurt, Deutschland
produktsicherheit@kolibri360.de